LEHRBUCH DER PHYSIOLOGIE

IN ZUSAMMENHÄNGENDEN EINZELDARSTELLUNGEN

UNTER MITARBEIT EINER
REIHE VON FACHMÄNNERN

HERAUSGEGEBEN VON

WILHELM TRENDELENBURG †

UND

ERICH SCHÜTZ

OTTO F. RANKE UND HANS LULLIES

GEHÖR · STIMME · SPRACHE

SPRINGER-VERLAG

BERLIN · GÖTTINGEN · HEIDELBERG

1953

PHYSIOLOGIE DES GEHÖRS

VON

DR. OTTO F. RANKE

O. Ö. PROFESSOR DER PHYSIOLOGIE
DIREKTOR DES PHYSIOLOGISCHEN INSTITUTS DER UNIVERSITÄT ERLANGEN

MIT 132 ABBILDUNGEN

PHYSIOLOGIE DER STIMME UND SPRACHE

VON

DR. HANS LULLIES

O. PROFESSOR DER PHYSIOLOGIE
DIREKTOR DES PHYSIOLOGISCHEN INSTITUTS DER UNIVERSITÄT DES SAARLANDES

MIT 78 ABBILDUNGEN

SPRINGER-VERLAG

BERLIN · GÖTTINGEN · HEIDELBERG

1953

ISBN-13:978-3-642-92600-6   e-ISBN-13:978-3-642-92599-3
DOI: 10.1007/978-3-642-92599-3

Vorwort.

Am Ende des vorigen Jahrhunderts hat die Physiologie des Gesichtssinnes nicht nur durch die Erfindung des Augenspiegels, sondern besonders auch durch die breite Basis der Fortschritte der Photographie einen schnellen Aufschwung erlebt. Eine ähnliche Lage ist in den letzten 30 Jahren auf dem Gebiete der Akustik durch das allgemeine Interesse der Technik an Rundfunk, Schallplatte und Bandtongerät entstanden und ist sowohl der Physiologie des Gehörsinnes, wie auch der Physiologie der Stimme und Sprache zugute gekommen. Und während in unserer Studentenzeit die Physiologie des Gehörs noch unter der Überschrift „Hörtheorien" abgehandelt wurde, hat uns die moderne Elektroakustik nicht nur Meßverfahren, sondern durch die Entdeckung von FORBES, MILLER und Mitarbeitern im Reizfolgestrom ein Untersuchungsobjekt beschert, dessen Einbau in die Physiologie des Gehörs erlaubte, unser Wissen vom Gehörsinn in den letzten Jahren gewaltig zu fördern. Unsere Kenntnisse an Einzelheiten vom Reiz bis zu den höchsten Zentren gehen jetzt auf dem Gebiet des Gehörs über das hinaus, was an Entsprechendem auf dem Gebiet des Gesichtssinnes bekannt ist.

Im englischen Sprachkreis liegt das ausgezeichnete Buch „Hearing" von STEVENS und DAVIS vor, das unter reichlicher Verwendung dieser Erkenntnisse eine ganz neue Sicht der Physiologie des Gehörs erlaubt. Im deutschen Sprachkreis fehlt aber noch immer eine zusammenfassende Darstellung, so daß wir es dankbar begrüßt haben, durch Herausgeber und Verlag die Möglichkeit zu einer Ausfüllung dieser Lücke erhalten zu haben.

Die Physiologie des Gehörs erfordert mehr mathematische Unterlagen als andere Teilgebiete der Physiologie. Mit Rücksicht auf den Leserkreis haben wir uns jedoch entschlossen, in der Darstellung die Mathematik so gut wie völlig zu vermeiden. Die Zusammenhänge lassen sich auch so darstellen, und der mathematisch gebildete Leser kann sich an Hand der Literatur die mathematischen Unterlagen unschwer beschaffen. Dagegen haben wir versucht, in höherem Maß als bei den vorhandenen Vorbildern eine geschlossene Darstellung vom Reiz bis zur Physiologie der Hörzentren zu geben, besonders waren wir bemüht, eine Synthese zwischen elektrophysiologischen und mechanisch-hydrodynamischen Untersuchungen zu finden, um die Trennung, die sich durch die Literatur hindurchzieht, in der Darstellung zu überwinden. Ganz von selbst haben sich dabei die Lücken gezeigt, an denen unsere Kenntnis noch immer unzureichend ist, so die Physik des Endolymphkanals und die Stoffwechselvorgänge in den Sinneszellen.

Auch die Physiologie der *Stimme und Sprache* hat von der modernen Elektroakustik und ihren Meßverfahren großen Nutzen gehabt, oder wird ihn noch haben. Die genaue Kenntnis der physikalischen Beschaffenheit der Stimm- und Sprachlaute, und die Möglichkeit, sie mit jeder gewünschten Genauigkeit nachzubilden, bedeutet für den Physiker und Techniker in der Regel das Ziel, dem Physiologen bei seinen Bemühungen, die Vorgänge bei der Stimmbildung aufzuklären, aber offenbar nur einen Anfang.

Um die Synthese der neuen Erkenntnisse, unter Anwendung moderner methodischer Hilfsmittel für die Untersuchung der Vorgänge beim Singen und Sprechen, war ganz besonders W. Trendelenburg bemüht. Ihm verdankt die Physiologie der Stimme und Sprache wichtige neue Erkenntnisse. So sei diese Darstellung dem Andenken an Wilhelm Trendelenburg, der, wenn er noch lebte, diesen Abschnitt seines Lehrbuches selbst, und sicher mit besonderer Liebe zum Gegenstand geschrieben hätte, dankbar gewidmet.

Mit der Anordnung des Stoffes ergab sich von selbst auch eine Auslese der Literatur. Doch wurde darauf geachtet, überall die neuesten Veröffentlichungen heranzuziehen, um dadurch dem Leser die Möglichkeit zum Anschluß auch an nicht berücksichtigte klinische Arbeiten zu geben.

Unser Dank gilt nicht nur dem Verlag, der uns besonders bei der umfangreichen Bebilderung willig gefolgt ist, sondern auch zahlreichen Fachkollegen für ihre bereitwillige Unterstützung und unseren Mitarbeitern, sowohl den wissenschaftlichen, wie denen, die durch ihre Sorgfalt saubere Abbildungen aus oft bedeutend weniger schönen Originalen und ein hoffentlich brauchbares Literatur- und Sachverzeichnis ermöglicht haben.

Erlangen und Homburg (Saar), September 1953

Otto F. Ranke. Hans Lullies.

Inhaltsverzeichnis.

Physiologie der Stimme und Sprache. Von Professor Dr. Hans Lullies, Homburg (Saar)

Physiologie des Gehörs.

Von

Otto F. Ranke.

Mit 132 Abbildungen.

Einleitung.

Durch die Sinnesorgane erfahren wir etwas von den Bedingungen der Umwelt, in der wir leben, indem objektive, auch mit physikalischen oder sonstigen Meßgeräten feststellbare Umwelteinwirkungen zu Bewußtseinsvorgängen führen. Der Anfang dieser Kausalkette, die Zustände der Umwelt, ist unserer Untersuchung mehr oder weniger vollständig zugänglich. Je weiter wir aber gegen das Ende, gegen die Bewußtseinsvorgänge, fortschreiten, desto lückenhafter werden unsere naturwissenschaftlichen und damit für alle überzeugenden Kenntnisse, bis hin zum Bewußtseinsvorgang selbst, der überhaupt naturwissenschaftlich nicht zu fassen, sondern als subjektiver Tatbestand nur festzustellen ist. Von dieser Kausalkette gehen aber mehr oder minder reichlich Seitenzweige ab, die das Bewußtsein entweder überhaupt nicht oder nur auf Umwegen nachträglich erreichen: Die Umweltbedingungen können über die Sinnesorgane unmittelbar zu Reaktionsweisen des Körpers führen. Hierbei können zwei Stufen unterschieden werden, von denen die erste die Schutz- und Bereitschaftsreflexe der Sinnesorgane selbst, die zweite alle Einflüsse auf den übrigen Körper, beispielsweise die Stellreflexe zur Erhaltung des Gleichgewichts bei Reizung des statischen Organs, darstellt. Es ist kein Zweifel, daß auch in den Gang der Verarbeitung derjenigen Sinneseindrücke, die letztlich zu Bewußtseinsvorgängen oder -zuständen führen, solche unbewußte Zwischenstufen eingeschaltet sind. Wir sehen, hören und fühlen nicht unmittelbar die Umweltbedingungen, sondern davon, was die Sinnesorgane an Reizen trifft, kommt eine sehr kleine Auswahl durch die Tätigkeit vorgeschalteter nervöser Einrichtungen zum Bewußtsein, wobei die Einwirkungen der Umwelt schon vor dem Bewußtwerden durch die Wirkungsweise dieser Einrichtungen abgewandelt werden.

Schon diese kurze und ganz allgemeine Betrachtung der Sinneswahrnehmungen läßt es uns wünschenswert erscheinen, vollkommen klar zwischen den Umweltbedingungen zu unterscheiden, die zu Bewußtseinsvorgängen oder sonstigen Zuständen und Tätigkeiten des Körpers führen können, wenn sie auf ein Sinnesorgan in ausreichender Stärke einwirken, und eben diesen Folgen im Innern unseres Körpers einschließlich des Gehirns. Die Umweltbedingung, die zu solchen Wirkungen führt, nennen wir *Reiz*, die Veränderungen, die dabei an einzelnen Organen des Körpers einschließlich des Gehirns eintreten, nennen wir *Erregung*, soweit sie die unmittelbare zeitliche Folge des Reizes sind. Einen Teil der Erregungen, z. B. der Sinneszellen, der Nervenfasern und vieler anderer Zellen, können wir in seinen physikalischen und chemischen Begleiterscheinungen mehr oder weniger vollständig erfassen, und in manchen Fällen gelingt es auch, das Überspringen der Erregung von einer Zelle zur nächsten noch physikalisch oder chemisch als naturwissenschaftlich vollständig oder nahezu vollständig verständlichen Vorgang zu beschreiben. In solchen Fällen kommt man sehr leicht in Versuchung, die Erregung der vorhergehenden Einheit als Reiz für die der nachfolgenden zu bezeichnen. Dies ist in der Physiologie weithin üblich, es sei nur an das „Reizleitungssystem" des Herzens erinnert, das natürlich nicht Reize im oben angegebenen Sinn, sondern zweifellos Erregung leitet.

Die Sinnesorgane im allgemeinen und das Gehörorgan im besonderen bestehen nun aus Einrichtungen, die eine oder wenige Umweltbedingungen aus deren Fülle herausgreifen und durch besondere Bauweise und Funktion befähigt sind, schon sehr schwache Umweltveränderungen in Erregung zu verwandeln. So wird durch die Eigenschaft des Sinnesorgans eine Art der Umweltbedingungen zum *adäquaten Reiz*. Dieser ist demnach nicht von der Physik her zu definieren, sondern von seiner Eignung zur Umwandlung in Erregung seitens des Sinnesorgans. Licht ist das, was man sehen kann, und ist nur ein Teil der elektromagnetischen Wellen der Physik, sowohl in qualitativer Hinsicht, nämlich nach der Wellenlänge, wie in quantitativer Weise, indem zu geringe Intensität der elektromagnetischen Wellen nicht zur Reizung des Auges ausreicht.

Der *adäquate Reiz* für das Gehörorgan heißt *Schall*. Die physikalische Untersuchung der Bedingungen, die zu Schallwahrnehmungen führt, lehrt uns, daß aller Schall auf mechanischen Schwingungen beruht. Aber nicht alle mechanischen Schwingungen der Physik führen auch zu Schallwahrnehmungen. Die erste Aufgabe einer Physiologie des Gehörorgans wird es daher sein, aus der Fülle der mechanischen Schwingungen diejenigen auszusondern, die Schall sind, und deren Eigenschaften in rein physikalischer Hinsicht so weit zu beschreiben, daß für die Besprechung der Leistungen des Gehörorgans eine feste Basis geschaffen ist.

Der Verwandlung des adäquaten Reizes in Nervenerregung gehen nun bei den meisten Sinnesorganen physikalische Vorgänge voraus, wobei die wesentlichen Eigenschaften des Reizes noch unverwandelt physikalischer Natur bleiben und die Energie noch aus dem Umweltvorgang stammt. Beim Auge wird das Licht an der Vorderfläche der Cornea nach rein physikalischen Gesetzen gebrochen und gelangt so nach weiteren Brechungen, aber immer noch als elektromagnetische Welle, schließlich an die Sinneszellen. Gleichzeitig erfolgt dabei ein Transport der Energie des adäquaten Reizes an die Sinneszellen, von der Oberfläche des Körpers bis an die geschützten Stellen, an denen die Sinneszellen liegen. Ein Teil der Energie wird dabei in ungeordneter Form, sei es als Wärme, sei es als Streulicht, verloren und kann daher nicht mehr zur Erregung der Sinneszellen verwendet werden. Ganz entsprechend wird der Schall aus der Luft am Trommelfell aufgenommen und rein mechanisch ohne Umwandlung in andere physikalische Vorgänge unter Energieverlust durch Reibung zum Innenohr weitergeleitet. Autrum nennt daher das Mittelohr Reizleitungsorgan. Nur um die Verwechslungsmöglichkeit zu vermeiden, die durch die geschichtlich begründete Namensgebung „Reizleitungssystem" am Herzen hervorgerufen werden könnte, möchte ich dafür lieber in Anlehnung an den alten Begriff des Antransportorgans das Mittelohr *Reiztransportorgan* nennen. Seine wesentliche Aufgabe besteht also darin, die Energie des Reizes von der Körperoberfläche ohne jede weitere Verwandlung weiterzuleiten bis zur Schnecke. Freilich muß es dabei ebenso wie etwa technische Systeme gleicher Aufgabe so gebaut sein, daß ein möglichst großer Teil der Energie aufgenommen, ein möglichst kleiner Teil reflektiert oder durch Reibung vernichtet wird.

In der Flüssigkeit der Schneckentreppen wird nun der Reiz immer noch als mechanische Schwingung an die Sinneszellen herangebracht. Aber ebenso, wie im Auge das Licht durch die brechenden Medien abgebildet wird, also nicht nur ein wahlloser Transport von Energie, sondern eine Sonderung der Verteilung des Reizes auf die Netzhaut eintritt, wird in der Schnecke der physikalische Reiz in verwickelter Weise abgebildet, er wird, wieder nach Autrum, physikalisch transformiert. Nun ist unglücklicherweise das Wort Transformation im Bereich der Sinnesorgane vergeben und bedeutet die Umwandlung des Reizes in Erregung. Daher möchte ich für diesen Teil des Antransportorgans, der den Reiz auf die einzelnen Sinneszellen verteilt, den Namen *Reizverteilungsorgan* vorschlagen, der noch nichts darüber aussagt, nach welcher physikalischen Qualität des Reizes und nach welchen physikalischen Gesetzen diese Verteilung erfolgt. So handelt es sich beispielsweise beim Auge um eine Abbildung, wobei Punkte des Sehraumes auf Punkte der Netzhaut abgebildet werden. Beim Gehör dagegen werden wir sehen, daß diese Reizverteilung eine Dispersion der Frequenzen darstellt, die beim Auge als chromatische Aberration nur eine nebensächliche und unerwünschte Rolle spielt. Der Name Reizverteilungsorgan läßt noch alle Möglichkeiten offen, und ist daher als allgemeiner Begriff für alle Sinnesorgane geeignet, während Reizdispersionsorgan nur für das Gehör als Bezeichnung der physikalischen Bedeutung der Schnecke zutreffend ist.

Reiztransportorgan und Reizverteilungsorgan zusammen sind an Hand ihrer anatomischen Bauweise und ihrer physikalischen Wirkungsweise gemeinsam diejenigen Teile des Sinnesorgans, die den Reiz aus der Umwelt an die Sinneszellen heranbringen, sie bilden daher zusammen das *Antransportorgan*, dessen Eigenschaften noch ganz vorwiegend mit physikalischen Methoden zu untersuchen sind. Hierbei wird es sehr scharfsinniger Überlegungen bedürfen, um sauber zu trennen, was alles von den Sinneswahrnehmungen physikalisch durch die Eigenschaften dieser Organe naturwissenschaftlich erklärbar ist, und was jenseits davon bei der physikalischen Umwandlung des Reizes in Erregung und bei der Erregungsleitung und der Erregungsverarbeitung der naturwissenschaftlichen Erforschung ungleich höheren Widerstand entgegensetzt.

Überall in allen Sinnesorganen kennen wir Zellen, die befähigt sind auf Grund eines physikalischen oder chemischen Reizes in Erregung zu geraten. Die Sinneszellen des CORTIschen Organes haben vieles gemeinsam mit den Sinneszellen des Gleichgewichtsorgans. Während bis an die Sinneszelle der physikalische Reiz, im Falle des Gehörorgans der Schall, auch physikalisch nachweisbar ist, tritt hier eine grundsätzliche Veränderung in die Erregung ein, die auch am Gehörorgan wie an allen anderen bekannten Sinneszellen mit elektrischen Erscheinungen einhergeht. Die Sinneszellen müssen wir daher als besonderes Organ, als *Transformationsorgan* auch gesondert betrachten. Freilich wird es dabei nicht nur auf die einzelne Sinneszelle ankommen, sondern wie z. B. am Auge die Sehschärfe nur durch die Anordnung der Sinneszellen, und die Abnahme der Sehschärfe in der Dämmerung nur durch ihre Verknüpfung erklärbar werden, müssen wir erwarten, daß auch im Ohr die Anordnung und die Verknüpfung der Sinneszellen Einfluß auf die Umwandlung des Reizes in Erregung haben, soweit diese Erregung dann weitergeleitet wird. So gehören zum Transformationsorgan auch noch die nervösen Einrichtungen, die in der Schnecke die Sinneszellen versorgen. Ob wir berechtigt sind, schon in der Schnecke etwa in der Anordnung der Nervenfasern in ihrer Beziehung zu den Sinneszellen ein besonderes *Erregungsverteilungsorgan* abzutrennen, wie das in der Netzhaut die Ganglienzellschicht darstellt, ist eine noch nicht endgültig geklärte Frage.

Weiterhin wird im Nervus cochlearis ausschließlich Nervenerregung geleitet, auf die der physikalische Reiz keinerlei Einfluß mehr hat. Die gleichen Nervenerregungen, auf unphysiologische Weise z. B. durch Anlegen von Reizströmen hervorgerufen, bringen unserer Überzeugung nach ganz entsprechend wie am Auge Sinneswahrnehmungen hervor, die sich nur durch ihre Ordnung oder Unordnung von natürlicherweise entstandenen unterscheiden. Spätestens vom Ganglion spirale an haben wir es also nur mehr mit *Erregungsleitung* zu tun. Die Erregung wird in den verschiedenen Zentren weiterverarbeitet, bis sie endlich über Teile des Zentralnervensystems, die nicht mehr zum Gehörorgan im weitesten Sinne gehören, zu Handlungen führen kann.

Für die Einteilung des Stoffes bietet sich mit diesen Überlegungen ein Schema an, das alle einzelnen Stufen der Verwandlung des adäquaten Reizes in die Wahrnehmung der Reihenfolge nach, in der sie hintereinandergeschaltet sind, aufzählt.

Dieses Schema entspricht aber keineswegs den üblichen Untersuchungsmethoden. Bei jedem Versuch am Kranken, bei den einfachen Stimmgabelversuchen, wie bei der Aufnahme einer Hörschwellenkurve mit moderner Apparatur, springen wir vom Reiz bis zur Wahrnehmung. Nur durch genaue Kenntnis der Abwandlungen, die die Wahrnehmung durch Veränderung eines Zwischengliedes des Schemas erleidet, können wir feststellen, an welcher Stelle des Schemas die krankhafte Veränderung zu suchen ist. Im Tierversuch versagt diese Methode, da uns das Tier

Tabelle 1. *Übersicht.*

	Organteil	Anatomische Begrenzung	Funktionsweise	Untersuchungsmethode
Antransportorgan — Reiztransportorgan	Umgebung	Trommelfell	Schallwellen	Akustik
	Mittelohr		erzwungene Schwingung	Physikalische Untersuchung und Beobachtung
		Steigbügelfußplatte		Reizfolgestrom und Bestandsstrom (elektrische Ableitung von Gleich- und Wechselspannungen)
Reizverteilungsorgan	Kopfknochen		erzwungene Schwingung	
	Schneckentreppen	Steigbügelfußplatte	hydrodynamische Schwingung	
		Basilar- und REISSNERsche Membran		Aktionsströme
	Endolymphkanal		hydrodynamische Schwingung?	
Transformationsorgan	Sinneszellen	Sinneszellhaare	Verstärkerwirkung?	Wahrnehmung
		Terminales Nervennetz		
Erregungsverteilungsorgan?	N. cochlearis		Nervenleitung Kontrast? Reflexe?	Mittelohrmuskel-Reflexe
	2. Neuronen	Nucl. cochlearis ventralis und dorsalis	Nervenleitung ?	
		Kern in der lateralen Schleife?		
	3. Neuronen	Hinterer Vierhügel? Medialer Kniehöcker	Nervenleitung Reflexe? Zusammenschaltung beider Ohren?	Kopfwendung zur Schallquelle?
Nervenleitung	Hörstrahlung		Nervenleitung	
	Primäre Hörrinde Sekundäre Hörrinde		Bedingte Reflexe? Gnostische Zentren	Bedingte Reflexe

nur selten durch erworbene Verhaltensweisen (bedingte Reflexe PAWLOWs) zum Ausdruck bringen kann, ob eine Wahrnehmung zustandegekommen ist. Hier können jedoch Reflexe wie der PREYERsche Ohrmuschelreflex beim Meerschweinchen als Ersatz herangezogen werden. In neuerer Zeit ist jedoch sowohl von oben wie von unten die Kette des Schemas im Tierversuch erfolgreich verkürzt worden. Der Reizfolgestrom [FORBES und Mitarbeiter, WEVER und BRAY (*1*)] kann mit Sicherheit als Nebenerscheinung der Erregung der Sinneszellen betrachtet werden, während die Aktionsströme im Nervus acusticus und in den primären Hörzentren hier objektive Erscheinungen beim Einwirken des Reizes feststellen lassen. Kürzlich berichtete G. v. BÉKÉSY brieflich, daß es ihm gelungen sei, den Reizfolgestrom bei Berührung der freigelegten REISSNERschen Membran auszulösen. So sind wir wenigstens im Tierversuch in der Lage, einzelne Glieder oder wenigstens kürzere Abschnitte des Schemas getrennt zu untersuchen.

Für die Darstellung des Stoffes können zwei Wege eingeschlagen werden: STEVENS und DAVIS (*2*) gehen von der Wahrnehmung aus, und erklären sie dann durch die Funktionsweise des Ohres. Hier soll umgekehrt die Funktionsweise jeden Gliedes des Schemas der Reihe nach behandelt werden. Dann ergeben sich die Tatsachen der Wahrnehmung als Folge der Funktionsweise. Man könnte diese Darstellung als kausale der mehr finalen gegenüberstellen. Mir liegt jedoch hauptsächlich daran, die Bedeutung der physikalischen Glieder des Schemas, also vom Reiz bis zu den Sinneszellen herauszustellen, so daß dann nur mehr ein nicht allzu großer Rest der Psychologie vorbehalten bleibt. Nach Möglichkeit soll dabei versucht werden, alles, was physikalisch verständlich wird, auch physikalisch zu erklären. Hierbei ist unter Erklären eine quantitative Übereinstimmung, ein volles Zurückführen der Wahrnehmungserscheinungen auf bekannte physikalische Abläufe zu verstehen, nicht nur ein qualitatives Wahrscheinlichmachen. Es wird sich zeigen, daß trotz aller Fortschritte der letzten 25 Jahre gerade die quantitative Seite noch keineswegs erschöpfend bearbeitet ist. Doch zeichnen sich schon Vorstellungen ab, die den Kontrast, eine bisher rein psychologische Angelegenheit, wenigstens teilweise als Schaltungsschema deuten lassen. Und statt unbestimmter Schwingungsvorstellungen ist bis in den Ductus endolymphaticus die Physik so weit vorgedrungen, daß vieles, was früher überhaupt nicht beachtet oder als Beiwerk vernachlässigt war, klinisch von höchster Bedeutung geworden ist.

Freilich ist der Weg durch die Physik rauh und klippenreich. Eine Darstellung ohne Gleichungen und Formeln, wie sie hier gegeben wird, darf nicht darüber hinwegtäuschen, daß anschaulich zu schildernde physikalische Vorgänge nur erkannt und aufgeklärt werden durch mühselige Kleinarbeit und langwierige Rechenoperationen. Die Ergebnisse, in Form von Kurven und Diagrammen, sollen dem, der diese Voraussetzungen zur Weiterarbeit auch am Kranken benötigt, leichteren Einblick gewähren. Aber sie können nicht durch Spekulationen ohne ebenso gründliche Kleinarbeit angezweifelt oder abgewandelt werden. Gerade die mathematische Betrachtung aller Vernachlässigungen erlaubt apodiktische Aussagen, die leicht als oberflächlich oder unsicher angesehen werden, wenn ihre Gründlichkeit nicht durch eigene Kenntnis und Nachforschung untersucht würde. Die Quellen für solche Nachforschung stehen jedermann offen, nur die nötigen Mittel sind, um mit Wagner in Goethes „Faust" zu sprechen, recht schwer zu erwerben, und eh man nur den halben Weg erreicht, — winken aussichtsreichere Ziele.

I. Adäquater Reiz. Physikalische Akustik.

1. Allgemeines.

Als Schall bezeichnen wir diejenigen mechanischen Schwingungen, die zu Gehörswahrnehmungen führen. Die obere und untere Grenze der Frequenz dessen, was Schall ist, wird dabei aus der Gesamtheit der mechanischen Schwingungen ausschließlich durch die Funktionsweise des Gehörorgans bestimmt. An beiden Grenzen gelingt es auf Grund der Schwingungsfähigkeit und Dämpfung der betreffenden Teile im Gehörorgan nicht mehr, ausreichende Energiemengen an die Sinneszellen selbst heranzubringen. Die untere Hörgrenze ist daher sowohl mit Rücksicht auf den Empfindungscharakter als Schall nicht völlig scharf, wie auch abhängig von der Amplitude der mechanischen Schwingung, die ins Gehörorgan übertragen wird. Eine scharfe Grenze wird willkürlich dadurch festgesetzt, daß als obere zulässige Grenze der Amplitude die Schmerzgrenze angesehen wird. Der Schnittpunkt der Schwellenkurve (Abb. 3 S. 13 und Abb. 75 S. 99) mit der Schmerzgrenze liegt etwa bei 18 Hz, bei derselben Frequenz, unterhalb der keine verschmolzene Tonempfindung mehr auftritt. Während bei niedrigen Frequenzen sehr wohl noch sogar große Energiemengen in die Schneckenflüssigkeit übertragen werden und dort nur ohne Reizung von Sinneszellen über das Helicotrema verpuffen, liegt die obere Hörgrenze da, wo die Übertragung von Energie auf die mechanisch schwingenden Teile des Innenohres nicht mehr in ausreichender Weise gelingt. Unter geeigneten Übertragungsverhältnissen kann jedoch auch noch weit über der altersbedingten oberen Hörgrenze zwischen 25000 und 16000 Hz hinauf bis zu Ultraschallfrequenzen von 60000 Hz eine inadäquate Reizung von Sinneszellen herbeigeführt werden, wenn nur ausreichende Energiemengen bis an die Sinneszellen herangebracht werden können. Subjektiv wird dann ein hoher Ton gehört, der nicht von den höchsten als adäquater Reiz verarbeiteten Frequenzen unterscheidbar ist. Der eigentliche Schall umfaßt somit den Frequenzbereich von 18 bis etwa 25000 Schwingungen in der Sekunde. Langsamere Schwingungen sind nicht adäquater Reiz für das Gehörorgan, sondern für das Tastgefühl und den Vibrationssinn, frequentere Schwingungen (Ultraschall) können zwar bei ausreichender Amplitude unter Umständen noch zu Gehörswahrnehmungen führen, im allgemeinen jedoch werden sie nur als Wärme oder bei großen Amplituden als Schmerz wahrgenommen.

Der Schall zerfällt nun nach einem letzten Endes wiederum willkürlichen Gesichtspunkt in zwei große Abschnitte, für die nicht eine exakte physikalische Grenze anzugeben ist. Das eine Extrem des Schalles ist die einfache, genau sinusförmige Schwingung, wie sie alle elastisch aufgehängten Massen bei sehr kleinen Amplituden als Eigenschwingung haben. Das andere Extrem ist volle Unregelmäßigkeit der mechanischen Schwingungen ohne jede Wiederholung gleicher Schwingungszustände, das reine Geräusch. Die besondere Bedeutung der einfachen Sinusschwingungen beruht aber nicht nur auf der Tatsache, daß solche Schwingungen als Eigenschwingungen von elastisch aufgehängten Massen in der Natur häufig vorkommen. Die zweite, nicht minder große Bedeutung der reinen Sinusschwingung liegt auf mathematischem Gebiet. Durch FOURIER, nach dem die Analyse noch heute genannt wird, wurde nachgewiesen, daß sich jede beliebige Funktion der Zeit in eine, und nur eine einzige Reihe von Sinusschwingungen zerlegen läßt, die wir als Grundton und Obertöne empfinden und daher auch in der Physik als Grundfrequenz und Oberfrequenzen bezeichnen. Die einzige Voraussetzung für die eindeutige Zerlegung in FOURIER-Glieder besagt, daß die Funktion der Zeit, die zerlegt werden soll, sich nach beliebig langen, aber gleich großen Zeitintervallen wiederholt. Man nennt eine derartige Zeitfunktion eine periodische Funktion der Zeit und die Häufigkeit, wie oft diese Periode in einer Sekunde wiederholt wird, die Grundfrequenz. Der FOURIERsche Satz von der Zerlegbarkeit jeder beliebigen periodischen Funktion bleibt aber nicht nur mathematische Theorie. Sämtliche bekannten Frequenzmesser der Technik beruhen darauf, daß man dem FOURIERschen Satz eine physikalische Bedeutung derart unterlegen kann, daß aus einer Reihe zahlreicher schwingungsfähiger Gebilde mit abgestufter Eigenfrequenz diejenigen „Resonatoren" in maximale Schwingung geraten, deren Frequenzen in der FOURIER-Analyse der dargebotenen Schwingung enthalten sind. Dabei gibt die Stärke der Mitschwingung der Resonatoren auch noch die Amplitude dieser Teilschwingungen wieder. Ist daher an einem beliebigen physikalischen System die Art seiner Antwort auf alle Sinusschwingungen bekannt, so läßt sich daraus die Antwort auf eine beliebige Schwingung ohne weiteres zusammensetzen. Umgekehrt kann durch Mischung geeigneter Sinusschwingungen jedes beliebige Zeitgesetz einer Schwingung aufgebaut werden, wenn man nur die Teilschwingungen mit solchen Amplituden zumischt, wie sie der FOURIER-Zerlegung des betreffenden Zeitgesetzes entsprechen. So hat die einfache Sinusschwingung eine grundsätzliche Bedeutung als Elementarteil aller beliebigen Schwingungen, die ihre physiologische Bedeutung in der Empfindung weit übertrifft.

Die meisten physikalischen Schwingungen, wie sie etwa als Schwingung tatsächlicher schwingungsfähiger Gebilde in der Natur auftreten, sind allerdings bei nicht allzu kleinen Ausschlägen keineswegs mehr einfache Sinusfunktionen der Zeit. So schwingt z. B. ein Uhrpendel schon so stark abweichend von der reinen Sinusschwingung, daß bei astronomischen Uhren dieser Unterschied ausgeglichen werden muß. Immer dann, wenn bei schwingenden Körpern eine der drei wesentlichen Größen, die Masse, die Elastizität oder die Reibung nicht streng konstant sind, so gilt kein reines Sinusgesetz. Dies gilt auch für die schwingungsfähigen Gebilde im Gehörorgan: Sinusschwingungen ausreichender Amplitude werden im Ohr in eine FOURIER-Reihe mit zahlreichen Obertönen verwandelt. Daher bedingen reine Sinusschwingungen nur bei kleiner Amplitude eine besonders einfache Empfindung, den reinen *Ton.*

Werden mehrere Sinusschwingungen verschiedener Frequenz überlagert, besonders solche mit ganzzahligen Vielfachen einer Grundfrequenz, so hört unser Ohr einen *Klang*, aus dem die einzelnen Teilfrequenzen als Teiltöne herausgehört werden können. Ein mechanisches Registriergerät, das denselben Klang aufnimmt, kann dabei je nach der Art der Zusammensetzung der Teilfrequenzen ganz verschiedene Formen von Zeitbildern der Auslenkung aus der Ruhelage aufzeichnen, ohne daß diesen verschiedenen Zeitbildern auch verschiedene Empfindungen zugeordnet sind. Steigt jedoch die Zahl der überlagerten Schwingungen, und handelt es sich dabei besonders um ein physikalisches Gemisch von Schwingungen, die sich nicht als ganzzahlige Vielfache einer Grundfrequenz aus dem Bereich des Schalles darstellen lassen, dann hören wir ein *Geräusch*. Es ist sehr gut denkbar, daß die subjektive Grenze zwischen Klang und Geräusch von Person zu Person ziemlich stark streut, so daß der dafür Begabte noch einen schönen Terzengang von Sopranstimmen hört, den ein anderer schon nach Wilhelm Busch charakterisiert: „Musik wird störend meist empfunden, weil sie stets mit Geräusch verbunden." Der charakteristische Unterschied zwischen Ton und Klang einerseits, Geräusch andererseits ist dermaßen bekannt, daß niemand, auch kein Laie, im Zweifel ist, ob er einen Klang oder ein Geräusch hört. Töne und Klänge haben eine bestimmte, mit anderen Tönen vergleichbare Tonhöhe, die besonders im mittleren Frequenzbereich des Schalls erstaunlich genau angegeben werden kann, Geräuschen dagegen fehlt eine derartige exakt angebbare Tonhöhe. Es kann subjektiv wohl zwischen hohen, zischenden und dumpfen, hohl klingenden Geräuschen unterschieden werden. Wir werden bei der Besprechung des Reizverteilungsorgans sehen, daß diese subjektive Eigenschaft einer objektiven physikalischen entspricht. So ist auch diese Unterteilung des adäquaten Reizes in Töne, Klänge und Geräusche eine Folge der Bauweise und Funktion unseres Gehörorgans, und es wäre grundsätzlich denkbar, daß für eine Fledermaus noch Musik ist, was für uns schon Geräusch ist.

Diese Betrachtungen zeigen schon, daß die Eigenschaften des Gehörorgans auf physikalische Bezeichnungen zurückwirken, wie ja in den meisten Lehrbüchern der Physik der Stoff geradezu nach unseren Sinnesorganen in Optik, Akustik, Mechanik und Wärmelehre unterteilt ist. Rein physikalisch haben aber mindestens Optik und Akustik die Wellenlehre völlig gemeinsam. Es empfiehlt sich, für eine Betrachtung der Leistungen des Gehörorgans so streng als irgend möglich zu scheiden zwischen objektiven physikalischen Gegebenheiten und subjektiven Empfindungen. Wir werden sehen, daß z. B. einer einfachen Sinusschwingung mit kleiner Amplitude zwar ein einfacher, aber keineswegs immer genau derselbe subjektive Ton entspricht, daß aber schon reinen Sinusschwingungen einer physikalisch feststehenden Frequenz je nach der Amplitude gesetzmäßig etwas verschiedene Tonhöhen, und bei großen Amplituden sogar Klänge entsprechen.

Für die Betrachtung der Physik des Schalls soll daher von Amplitude, Frequenz und Überlagerung verschiedener Frequenzen, von Amplitudenzunahme und Dämpfung, von Phase, Brechung, Reflexion und Beugung der Wellen gesprochen werden. Leider neigt die Physik dazu, immer wieder die subjektiven Begriffe für objektive Eigenschaften zu verwenden. So hat sich als logarithmisches Maß der Amplitude der ursprünglich eine Empfindung bezeichnende Begriff Lautstärke eingebürgert. Die Physiologie ist damit gezwungen, einen eindeutigen, den Empfindungen zuzurechnenden Begriff, nämlich die Lautheit, an die Stelle der früheren Lautstärke zu setzen. Mit Einschränkungen, die erst im Laufe der Untersuchung des Gehörorgans im einzelnen dargestellt werden können, entsprechen den oben aufgeführten physikalischen Begriffen der Reihe nach Lautheit, Tonhöhe und Klangcharakter oder Klangfarbe, während Anklingen und Abklingen ein Jahrhundert lang durch ihre Gleichsetzung mit Amplitudenzunahme und Dämpfung zu heute überwundenen Verwirrungen geführt haben. Wie es keine physiologischen Parallelbegriffe für Phase, Brechung, Reflexion und Beugung gibt, vielleicht abgesehen von der zwar festzustellenden, aber subjektiv nicht empfundenen Veränderung der Reflexion durch die Mittelohrreflexe, so gibt es keine physikalische Entsprechung zur physiologischen Adaptation, zum Kontrast und zur Aufmerksamkeit.

2. Frequenz.

Die Frequenz einer Schwingung wird angegeben durch die Zahl der ganzen Hin- und Herbewegungen in der Sekunde. Sie hat damit die Dimension $\sec^{-1}$. Zu Ehren von HEINRICH HERTZ (1857—1894) wurde die Einheit der Frequenz das Hertz genannt. Eine Schwingung von 1000 vollen Schwingungen in der Sekunde hat demnach 1000 Hz. In der englisch-amerikanischen Literatur wird dafür die Abkürzung cps (cycles per secunde) benutzt.

Die Lösung der Differentialgleichung einfacher schwingender Körper (Abb. 14 S. 23) hat stets die Form, daß die augenblickliche Lage im Raum dargestellt wird durch eine mathematische Funktion $A \cdot \sin \omega t$, wobei A die größte Auslenkung aus der Ruhelage, die Amplitude, und ω die sog. Kreisfrequenz ist. Die Schwingungsdauer T ist erreicht, wenn $\sin \omega \cdot (t + T)$ gleich $\sin \omega t$ geworden ist. Dabei ist t die Zeit, von einem durch die Anfangsbedingungen bestimmten festen Zeitpunkt an gerechnet. Da nun der Sinus eines Winkels immer wieder den gleichen Betrag annimmt, wenn der Winkel um 360° oder 2π vermehrt wird, ist $\omega T = 2\pi$. Daraus ergibt sich die Frequenz $1/T$, gemessen in Hertz, gleich $\omega/2\pi$, die Kreisfrequenz ist daher 2πmal so groß wie die Frequenz in Hertz. Wenn weiterhin kurzweg von Frequenz die Rede ist, so soll damit stets die Frequenz in Hertz gemessen angegeben werden, während bei den seltenen Fällen, wo die Kreisfrequenz benötigt wird, ausdrücklich darauf hingewiesen werden soll. Für den mathematischen Zusammenhang zwischen dem Zeitgesetz einer Sinusschwingung und ihrer Form läßt sich eine sehr anschauliche Darstellung geben, die in Abb. 1 und 2 benutzt wurde. Die Sinusschwingung kann nämlich als Projektion einer Kreisbewegung betrachtet werden. Läßt man ein Fadenpendel geeigneter Länge eine reine Kreisbewegung mit der Umlaufsfrequenz N Umläufe in der Sekunde machen, so ist die Bewegung des Schattens, den eine weit entfernte Lichtquelle von dem Pendel an der Wand entwirft, eine Sinusschwingung mit der Frequenz N. Für die Darstellung wird dagegen die Ansicht des Pendels von oben gezeichnet, wobei ein Pfeil aus dem Mittelpunkt die augenblickliche Lage des Pendels auch nach der Größe des Ausschlags, und ein weiterer Pfeil in der Umlaufsrichtung die Frequenz durch den Winkel andeutet, den er umschließt. Die Sinusschwingung wird erhalten, wenn man etwa photographisches

Papier in der Senkrechten bewegt, so daß der Pendelschatten darauf die Schwingung verzeichnet.

Zu dem Zeitpunkt, an dem ein elastisch aufgehängter Körper (z. B. ein Pendel) die größte Auslenkung erreicht, ist auch die in der elastischen Verbindung aufgespeicherte potentielle Energie ein Maximum. Zu diesem Zeitpunkt ist die Geschwindigkeit des Körpers gleich Null. Die Geschwindigkeit dagegen erreicht

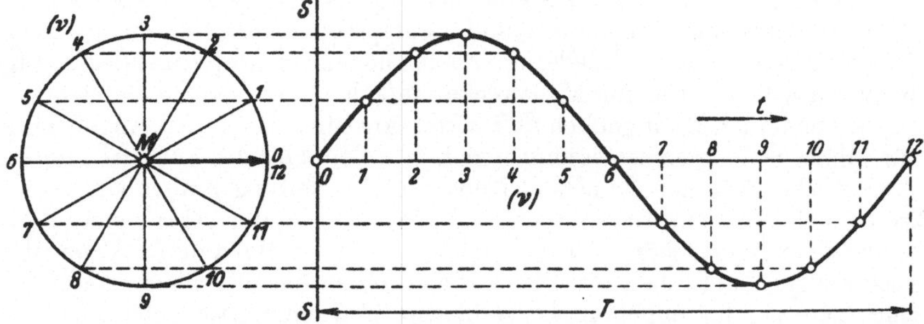

Abb. 1. Konstruktion der Zeitkurve einer Sinusschwingung aus der Darstellung als umlaufender Pfeil. [Aus K. W. WAGNER (2).]

ihr Maximum zu dem Zeitpunkt, zu dem der Körper durch seine Ruhelage hindurchschwingt, also eine Viertelschwingung vor dem Maximum der Auslenkung. Zur Zeit des Geschwindigkeitsmaximums steckt die gesamte Schwingungsenergie in der kinetischen Energie des Körpers. Da solche Schwingungen einem Sinusgesetz folgen, und der Sinus eines veränderlichen Winkels immer dann wieder den gleichen Wert erreicht, wenn der veränderliche Winkel um 360° oder im

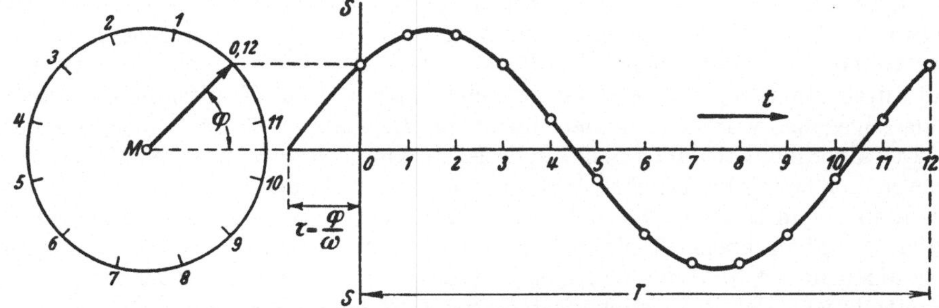

Abb. 2. Darstellung des Phasenwinkels einer Schwingung als Anfangswinkel in der Pfeildarstellung und in der Zeitkurve. [Aus K. W. WAGNER (2).]

Bogenmaß um 2π gewachsen ist, wird die Voreilung der Geschwindigkeitsamplitude gegenüber der Druckamplitude oder Kraftamplitude im Winkelmaß oder Bogenmaß gemessen. Sie beträgt 90° oder $\pi/2$. Der Vorteil dieser Art der Messung statt in Zeiten besteht darin, daß diese Angabe unabhängig von der Frequenz der Schwingung ist. Allgemein heißt der Winkel der Voreilung einer Schwingung gegenüber einer anderen der Phasenwinkel. Er wird positiv gerechnet für eine Voreilung, negativ für eine Nacheilung (Abb. 2). Der Phasenwinkel bekommt besondere Bedeutung bei der Betrachtung zusammengesetzter Schwingungen und bei der erzwungenen Schwingung.

3. Amplitude und Maßsysteme.

Die Amplitude wird bei festen Körpern gewöhnlich als größte Auslenkung zu dem Zeitpunkt, zu dem $\sin \omega t = 1$ ist, in Zentimeter gemessen. Beim Schall jedoch handelt es sich überwiegend um wellenförmige Luftbewegungen, bei denen

die Auslenkungen der Teilchen aus ihrer Ruhelage der Messung nur schwer zugänglich und zudem sehr klein sind. Hier wird daher die Amplitude des Luftdruckes über dem mittleren Luftdruck der ruhenden Luft in dyn/cm² oder,
weniger gebräuchlich, in Atmosphären gemessen. Die Technik dieser Messung
ist eine erst in den letzten Jahrzehnten mit Hilfe der modernen Elektroakustik
befriedigend gelöste Aufgabe, die hier nicht näher beschrieben werden soll. Es
sei nur davor gewarnt, ohne Messung der Eigenschaften von Summern, Verstärkern, Schaltungen, Telephonen und Lautsprechern die Spannung am Tongenerator oder einem seiner Glieder unbesehen gleich der Amplitude der erzeugten
Frequenz zu setzen. Die für Meßzwecke einfach als obsolet zu bezeichnenden
älteren Methoden, z. B. angeblich definiertes Anschlagen von Stimmgabeln, sind
nur für klinische Vergleichsmessungen zwischen dem Ohr des Patienten und dem
des Arztes oder zwischen Knochenleitung und Luftleitung brauchbar.

Da es sich bei dem Druck einer Schallquelle nur um sehr kleine Beträge
gegenüber dem Atmosphärendruck handelt, wäre eine Messung in Atmosphären
unzweckmäßig. Als Einheit des Druckes wird daher das Mikrobar, identisch mit
dyn/cm² benutzt, das ungefähr der millionste Teil einer Atmosphäre ist. Auch
das Mikrobar ist für den Schall in Schwellennähe noch unbequem groß.
Dazu kommt, daß der ganze Bereich von Druckamplituden, den unser Ohr zu
unterscheiden vermag, in mittleren Frequenzen um 1000 Hz rund 7 Zehnerpotenzen des Schalldrucks umfaßt, nämlich von 0,0002 bis 2000 Mikrobar. Es
wurde nun, teils um praktisch brauchbare Zahlen zu erhalten, teils unter dem
Eindruck des WEBER-FECHNERschen Gesetzes von der logarithmischen Empfindlichkeit der Sinnesorgane, eine logarithmische Skala der Schallenergie als
Lautstärkenskala festgelegt. Das Maß hierfür ist in Deutschland vielfach das
Phon, in der englisch-amerikanischen Literatur vorwiegend das Dezibel. Die
Definition dieser Einheiten, ganz besonders des Phon, lag lange Zeit im argen,
und es muß als wesentliches Verdienst von BARKHAUSEN anerkannt werden,
daß durch ihn wenigstens eine einheitliche Vorschrift zur Ermittlung der Phonskala angegeben wurde. Trotzdem bleibt die Vielzahl der Skalen unbefriedigend.

Der Energieinhalt einer Schallwelle ist zusammengesetzt aus der kinetischen
Energie der bewegten Teilchen und der potentiellen Druckenergie. Der Energieinhalt in einem fest gewählten Raum, durch den ebene Schallwellen hindurchlaufen, hängt im ebenen Schallfeld physikalisch streng mit der Druckamplitude
zusammen derart, daß der Energieinhalt proportional dem Quadrat der Druckamplitude ist. Der Proportionalitätsfaktor ist dabei $\frac{1}{2}\,\varrho\,c$, wenn ϱ die Massendichte des Mediums und c die Wellengeschwindigkeit ist. Wir werden diesem
Produkt $\varrho\,c$, dem Schallwellenwiderstand, bei der Besprechung der Reflexion
wieder begegnen. Bei laufenden Wellen tritt die Energie dauernd von der Schallquelle her in den betrachteten Raum ein, und verläßt ihn an der der Schallquelle
abgewendeten Seite. Durch einen senkrecht zur Fortpflanzungsrichtung aufgestellten Quadratzentimeter fließt damit je Sekunde die oben angegebene
Energie hindurch. Eine Energie in der Zeiteinheit ist aber eine Leistung. Die
Schalleistung, in der Physik auch Schallstärke genannt, ist die durch einen
Quadratzentimeter hindurchfließende Energie in der Zeiteinheit. Die Definition
der logarithmischen Maßeinheiten ging ursprünglich von der Schalleistung aus.
Es wurde der Logarithmus der Schalleistung zur Basis 10 noch einmal mit dem
Faktor 10 multipliziert als Maß benutzt.

Das Verhältnis zweier Schallenergien I_1 und I_2 ergibt damit den Lautstärkenunterschied 10mal $\log^{10} I_1/I_2$ in Dezibel. Verhalten sich z. B. die beiden Schallenergien I_1 und I_2 wie 1 : 10, so haben sie einen Lautstärkenunterschied von
10 Dezibel, da der Logarithmus (zur Basis 10) der Zahl 10 gleich 1 ist, und 1·10

gleich 10 ist. Der Logarithmus eines Quadrates ist gleich dem Doppelten des Logarithmus der einfachen Zahl, z. B. ist der Logarithmus von 10^2 gleich 2. Die Skala von Dezibel, gemessen in Schalldruck, hat daher halb so große Schritte wie die Skala in Schallenergie, und bei einem Schalldruckverhältnis von 1 : 10 besteht ein Schallstärkenunterschied von 20 Dezibel, weil dann das Verhältnis der Energien 1 : 100 beträgt. Ein Dezibel entspricht einem Schalldruckverhältnis von 1 : 1,12202, ein Verhältnis, das in der Nähe der Amplitudenschwelle des Ohres (Unterschiedsschwelle für Lautstärken) liegt. Der Nullpunkt der logarithmischen Skala wurde gleichzeitig mit dem der Phonskala 1937 international festgelegt. Null Dezibel und Null Phon bei 1000 Hz haben danach eine Schalldruckamplitude von $2 \cdot 10^{-4}$ Mikrobar bei 20° Celsius und 736 mm Hg Barometerstand, das entspricht einer Schall-

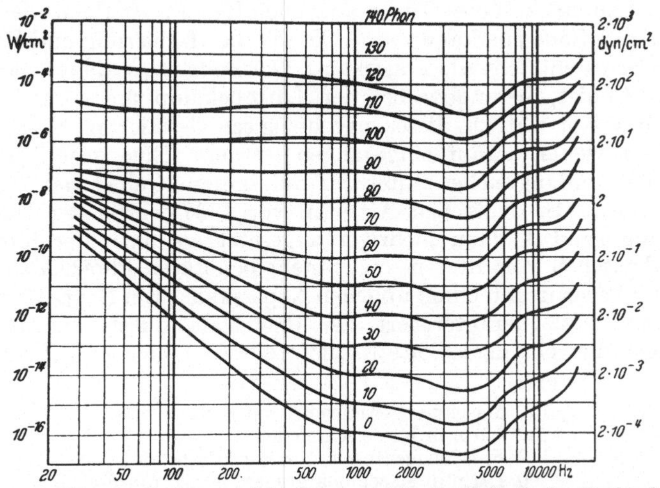

Abb. 3. Darstellung der Hörschwellenkurve und der Kurven gleicher Lautheit. In der Abszisse ist die Frequenz logarithmisch, in der Ordinate der Schalldruck, ebenfalls logarithmisch, angetragen. [Nach FLETSCHER und MUNSON.]

leistung von 10^{-16} Watt/cm². Von dieser Basis gehen jedoch drei verschiedene Skalen aus, nämlich:

1. Die Schallstärkenskala, englisch intensity level. Hier ist für alle Frequenzen der Nullpunkt beim angegebenen Wert von $2 \cdot 10^{-4}$ Mikrobar. Die Teilung ist logarithmisch, so daß jeder Zehnerpotenz des Schalldruckes 20 Dezibel entsprechen.

2. Die Lautstärkenskala, englisch sensation level. Für 1000 Hz stimmt der Nullpunkt mit dem der Schallstärkenskala überein, für jede andere Frequenz dagegen wandert der Nullpunkt entsprechend Abb. 3 mit der Hörschwellenkurve. Der senkrechte Abstand zweier Lautstärkenkurven bleibt aber im Gegensatz zur Abb. 3 überall derselbe, die Skala ist also für jede Frequenz in Dezibel geteilt. Leider fehlt eine besondere Bezeichnung der so definierten Dezibel zum Unterschied von der Schallstärkenskala.

3. Die Lautheitsskala, englisch loudness level. Für 1000 Hz stimmen Nullpunkt und Teilung der Lautheitsskala mit der Lautstärkenskala und der Schallstärkenskala überein. Für jede andere Frequenz dagegen wandert der Nullpunkt — ebenso wie für die Lautstärkenskala — mit der Hörschwelle, darüber hinaus· ändert sich aber auch die Teilung der Frequenz derart, daß Kurven gleicher Lautheit auch gleichen Zahlenwert der Lautheitsskala haben. Die Schritte auf der Skala werden Phon genannt. Bei 1000 Hz stimmen damit Dezibel und Phon überein. Da jedoch sowohl höhere als auch ganz besonders tiefere Frequenzen

bei Verstärkung ihrer Amplitude schneller an Lautheit zunehmen als der Ton bei 1000 Hz, sind die Phonschritte besonders bei tieferen Frequenzen kleiner als die Dezibelschritte. Die Kurven gleicher Lautheit sind in Abb. 3 eingetragen. Wegen dem anscheinend unregelmäßigen Verlauf der Kurven sei schon hier auf S. 138 und Abb. 116 verwiesen. Besonders in der technischen Akustik wird diese hier Lautheitsskala genannte Teilung häufig ebenfalls Lautstärkenskala genannt.

Außer diesen 3 Skalen, die immerhin wenigstens bei 1000 Hz übereinstimmen und physikalisch definiert sind, spielt in der technischen Akustik eine weitere, rein psychologisch definierte Skala mit dem „Sone" als Einheit eine zunehmend wichtige Rolle. Die Definition dieser englisch „loudness" genannten Skala geht aus von der Lautstärke eines Tones von 1000 Hz mit 40 Phon, dem der Lautwert (loudness) 1 Sone zuerkannt wird. Durch die Halbierung und Verdoppelung dieses Lautwertes entsteht die Soneskala. Die Bedeutung dieser Skala liegt auf technischem Gebiet, besonders bei der Lärmbekämpfung. Da es bisher ein physiologisches Korrelat zu dieser psychologisch definierten Skala nicht gibt, soll hier nicht weiter darauf eingegangen werden. Eine gute Übersicht über den Stand der umfangreichen Literatur auf diesem Gebiet hat G. QUIETZSCH kürzlich gegeben. In deutschen Arbeiten vor 1937 wurde der Nullpunkt der Phonskala um rund 4 Phon niedriger angesetzt als nach der internationalen Regelung, abgesehen von älteren, nicht mehr benützten Phonskalen zur Basis 2 und der in der Fernsprechtechnik üblichen Neperskala. Ein Neper ist 8,67 Dezibel. F. TRENDELENBURG charakterisiert die Phonskala durch die untenstehende kleine Tabelle, die teils nach SCHEMINZKY, teils nach eigener Erfahrung ergänzt wurde:

Phon

150 Maschinengewehrfeuer auf Panzerplatten
130 Lärm in Kesselschmieden
110 Flugzeuggeräusch, 4 m vom Propeller
90 Lärm in Maschinenräumen, lautes Autohupen
70 Lärm in verkehrsreicher Großstadtstraße
50 Umgangssprache
30 Geräusche in Varortanlagen
10 Leises Flüstern, sehr leises Blätterrauschen
0 Hörschwelle

4. Laufende Wellen und Fortpflanzungsgeschwindigkeit.

Während bei einem schwingenden Pendel immer an derselben schwingenden Masse die potentielle Energie in kinetische und zurück-verwandelt wird, kann die Schwingungsenergie bei Schwingungen in ausgedehnten Körpern, ganz besonders in einem unbegrenzten Kontinuum wie der Luft oder einer großen Wasseroberfläche, von einem Teilchen zum nächsten weitergegeben werden. Die Drucksteigerung, die dadurch entsteht, daß Luftmoleküle bei ihrer Schwingung sich den benachbarten Molekülen nähern, führt zu einem Druckgefälle für die nächsten Moleküle, so daß diese beschleunigt werden, während die bisher schwingenden einen Teil ihrer Energie dabei verlieren. Es erfolgen laufende Wellen.

Hierbei folgen sich Druckberge, an denen die Luftmoleküle ihre (gerichtete) Geschwindigkeit verloren haben, Druckanstieg und Druckabfall an den Orten, an denen die Moleküle gerade ihre größte Geschwindigkeit mit und gegen die Fortpflanzungsgeschwindigkeit haben, und Drucktäler mit gerade umkehrenden Molekülen. Hieraus geht schon hervor, daß die Strömungsgeschwindigkeit der Luftteilchen ebenso wie der Druck einem Sinusgesetz gehorcht. Dabei ist die Geschwindigkeitswelle der Druckwelle an jedem Ort um eine Viertelschwingung oder 90° voraus. Dieser Phasenwinkel zwischen Druck und Geschwindigkeit wird weniger als 90°, wenn ein merklicher Teil der Bewegungsenergie durch Reibung vernichtet wird.

Die Fortpflanzungsgeschwindigkeit der laufenden Wellen muß nach der Entstehungsweise um so größer sein, je größer der Druck oder die Rückstellkraft bei der Auslenkung ist, und um so kleiner, je größer das spezifische Gewicht der bewegten Teilchen ist, da ja die Beschleunigung mal dem spezifischen Gewicht gleich der erforderlichen Kraft je Volumeinheit ist. Die Druckkräfte bei Kompression von Luft sind nur gering gegenüber denen bei Wasser, daher ist die Fortpflanzungsgeschwindigkeit des Schalles in Luft trotz des geringen spezifischen Gewichts der

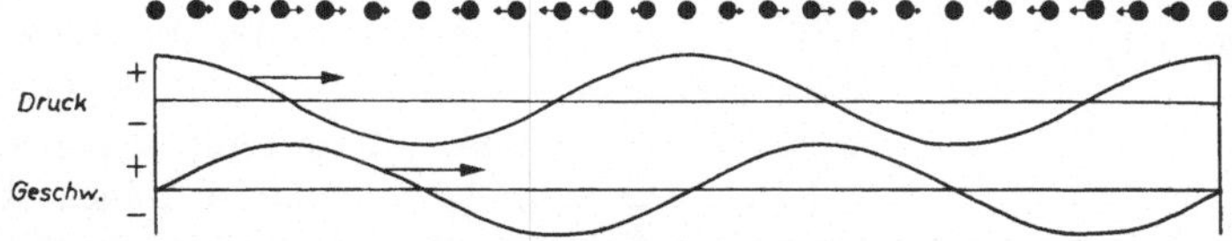

Abb. 4. Laufende Welle in einem kompressiblen Medium. Fortpflanzungsrichtung von links nach rechts. Die Geschwindigkeitswelle ist der Druckwelle um eine Viertelschwingung voraus.

Luft gegenüber dem von Wasser wesentlich kleiner, nämlich rund 340 m/sec, während sie in Wasser etwa 1440 m/sec beträgt. Viel geringer ist die Fortpflanzungsgeschwindigkeit von Oberflächenwellen auf Wasser, denn hier ist die beschleunigende Kraft nur gleich der Hebung der Wasseroberfläche gegenüber der Umgebung und nicht abhängig von der Kraft, die das Wasser einer Volumverminderung entgegensetzt. Entsprechendes gilt für die Fortpflanzung von Wellen in elastischen Rohren, wie z. B. den Blutgefäßen oder den Schneckenkanälen, bei denen die Wellengeschwindigkeit von den elastischen Eigenschaften des Rohres und dem spezifischen Gewicht der Flüssigkeit, aber nicht von der Kompressibilität der Flüssigkeit abhängt.

Betrachten wir den Momentanzustand, der sich etwa bei einer Wasseroberfläche einstellt, wenn irgendwo eine Schwingung erzeugt wird, z. B. durch regelmäßig fallende Tropfen, so werden wir als Momentaufnahme Kreise von Wellenbergen und Wellentälern um die Schwingungsquelle sehen. Man kann dann die Wellenlänge λ von einem Wellenberg bis zum nächsten ausmessen. Nehmen wir die nächste Momentauf-

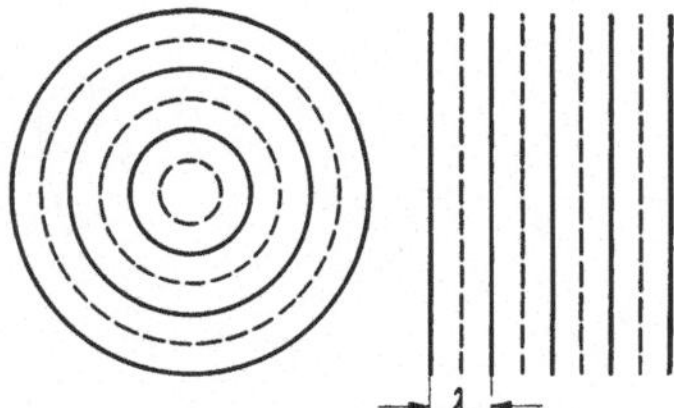

Abb. 5. Wellenberge und Wellentäler bei einer kreissymmetrischen Welle (Tropfenfall ins Wasser) und bei einer ebenen Welle. [Aus F. TRENDELENBURG.]

nahme genau um die Zeit später auf, die dem zeitlichen Abstand des Tropfenfalles entspricht, so werden wir genau das gleiche Bild erhalten, nur sind alle Wellen inzwischen um eine Wellenlänge weitergewandert. In der Sekunde können wir das so oft machen, als Tropfen in der Sekunde fallen, als also die Frequenz des Tropfenfalles angibt. Hieraus läßt sich sofort entnehmen, daß Wellenlänge λ, Frequenz N und Fortpflanzungsgeschwindigkeit c durch das wichtige Gesetz $\lambda \cdot N = c$ verknüpft sind. Dies ist auch die einzige Art, in der die Wellenlänge λ, die in Zentimeter gemessen wird, und die Frequenz N, die in 1/sec gemessen wird, sich zu einer Geschwindigkeit mit der Benennung cm/sec zusammensetzen lassen. In der Luft und in vielen anderen Medien ist die Fortpflanzungsgeschwindigkeit der Wellen in weitem Bereich unabhängig von der Frequenz und konstant. Das hat zur Folge, daß ein Gemisch aus zahlreichen Sinusschwingungen, etwa ein Klang, ohne Veränderung seines zeitlichen Ablaufes weitergeleitet wird. Die Klangveränderung von leisen Geräuschen nahe am Ohr und etwas weiter entfernt, und die des Donners beruht nicht auf verschiedener

Fortpflanzungsgeschwindigkeit, sondern auf der verschieden starken Dämpfung unterschiedlicher Frequenzen. Da die Wellen in Medien mit konstanter Fortpflanzungsgeschwindigkeit für alle Frequenzen nicht nach der Frequenz gesondert werden, nennt man ein solches Medium eines ohne Dispersion. Ganz anders verhält sich schon eine Wasseroberfläche. Hier ist die Wellengeschwindigkeit der kurzen Wellenlängen wesentlich geringer, entsprechend der Formel

$$c = \sqrt{g\,\frac{\lambda}{2\pi}}\ (g = \text{Erdbeschleunigung}).$$ Erst wenn die Wellenlänge λ größer wird als die Wassertiefe h, gilt die Formel $c = \sqrt{g \cdot h}$. Man sagt, die Oberflächenwellen werden in tiefem Wasser mit Dispersion weitergeleitet. Das zeitliche Bild eines Klanges ist in einem derartigen Medium an jedem Ort ein anderes. Hierfür gibt Abb. 6 ein anschauliches Beispiel.

Auf der Dispersion der elektromagnetischen Wellen in Glas beruht die Zerlegung des weißen Lichtes in ein Spektrum durch ein Prisma. Die Dispersion ist eine Methode der Klangzerlegung ohne Resonanz, die bisher in der Literatur nicht beachtet wurde. Der Vergleich der beiden Abb. 7 und 8 zeigt außerdem, daß ein ganzzahliges Verhältnis im zeitlichen Ablauf von Grundton und Obertönen nur für den Spezialfall eines Mediums ohne jede Dispersion auch ein ganzzahliges Verhältnis im räumlichen Bild der Wellen zur Folge hat. Im

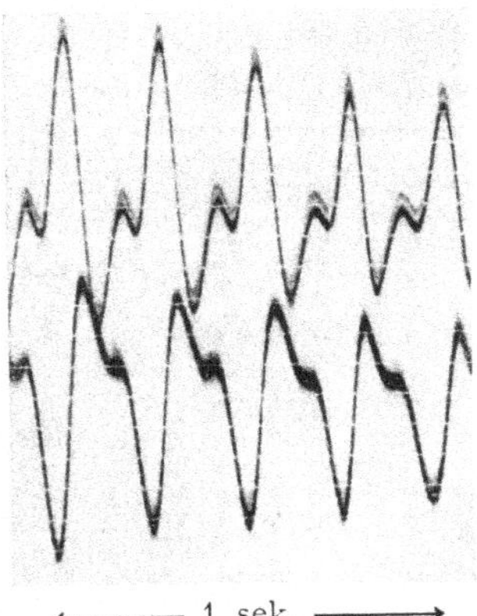

Abb. 6. Oberflächenwelle mit Dispersion (Quecksilberoberfläche). Erregung von Grundton (3,9/sec) und erster Oberoktave am Anfang, Abstand der Registrierstellen 3,75 und 7,0 cm von der Erregungsstelle. Wegen der höheren Fortpflanzungsgeschwindigkeit des Grundtones ändert sich das Bild beim Fortschreiten. [Aus RANKE (2).]

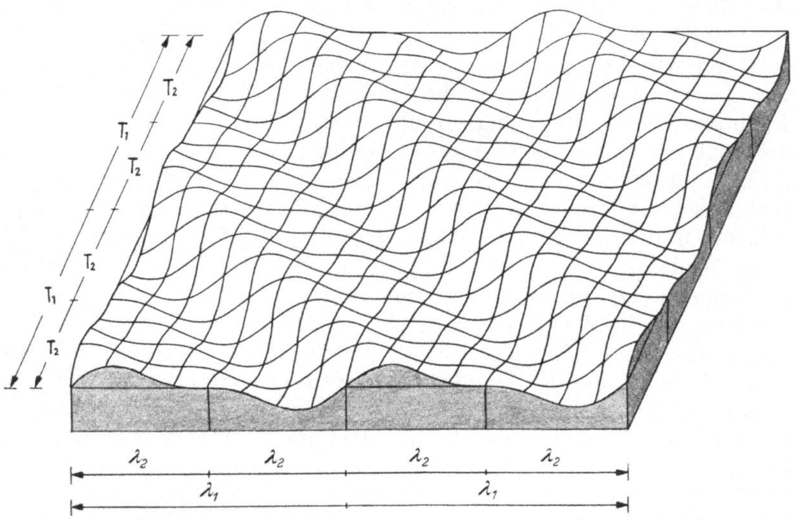

Abb. 7. Orts-Zeitdiagramm von Grundton und Oberoktave in einem Medium ohne Dispersion. Abszisse (von links nach rechts) ist der Ort, von hinten nach vorne ist die Zeit, Ordinate die Auslenkung aus der Ruhelage. Waagrechte Wellenzüge sind gleichzeitige Zustände an verschiedenen Orten, Kurvenzüge von hinten nach vorne sind die Veränderungen in der Zeit an einem festgehaltenen Ort.

allgemeinen dagegen führt ein ganzzahliges Verhältnis im zeitlichen Ablauf zu einer räumlichen Schwingung, bei der kein Wellenbild sich örtlich wiederholt, oder wenigstens erst nach langen Strecken, die ein Vielfaches der Grundfrequenz ausmachen, und die z. B. im Innenohr schon deswegen nicht in Betracht kommen, da hier gar nicht eine so lange, viele Wellenlängen der Grundfrequenz enthaltende Strecke zur Verfügung steht. Ganzzahlige

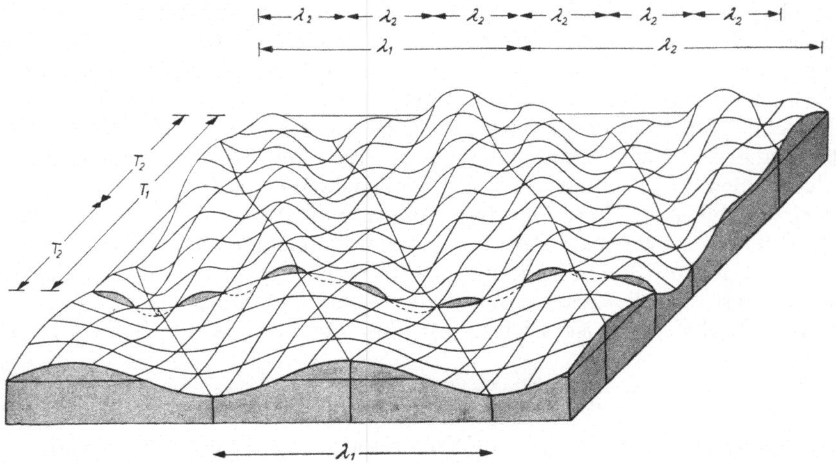

Abb. 8. Orts-Zeitdiagramm von Grundton und Oberoktave in einem Medium mit Dispersion. Gleiche Darstellung wie Abb. 7. Im vordersten, spätesten Drittel ist nur der Grundton gezeichnet. Der Oberton pflanzt sich langsamer fort als der Grundton, dessen Wellenberge und Wellentäler durch die schrägen Geraden kenntlich gemacht sind.

Verhältnisse der Frequenz, also im zeitlichen Ablauf, nennen wir auf Grund der besonders einfachen und wohltuenden Empfindung harmonisch. Die soeben angestellte Überlegung zeigt, daß Harmonie in der Musik unbedingt etwas rein Zeitliches sein muß, und nichts mit dem z. B. in die Architektur übertragenen Begriff des örtlichen oder räumlich ausgedehnten Zusammenpassens zu tun hat. Die Hörtheorie hätte sich manchen Umweg sparen können, wenn solche Vorstellungen rechtzeitig entwickelt worden wären: Harmonisch klingt, was nach wenigen zeitlichen Perioden der Grundfrequenz wieder zum gleichen, unter Umständen aber durchaus verworren anmutenden örtlichen Zustand der Wellen führt, und besonders einfach aussehende örtliche Bilder der Schwingung entstehen keineswegs bei harmonischen Tönen. Übrigens, das sei hier schon hervorgehoben, ist die Empfindung bei einem Klang aus zwei Tönen durchaus nicht dasselbe wie die Summe der beiden Einzelempfindungen, wie auch physikalisch z. B. die Abstände

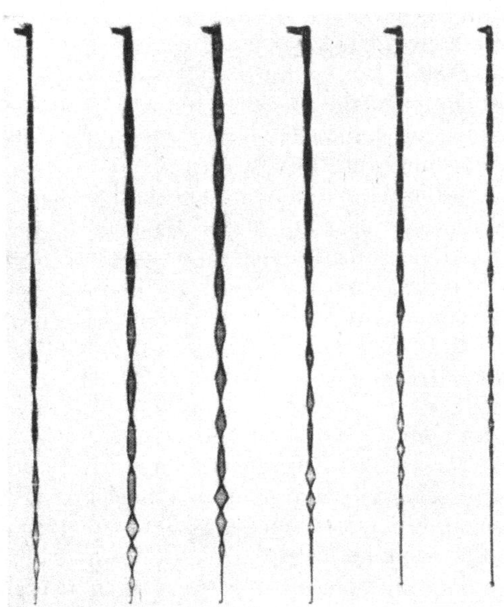

Abb. 9. Abnehmende Wellenlängen von oben nach unten an der frei hängenden Kette, die oben durch einen Exzenter erregt, unten durch Öl gedämpft ist. Steigende Frequenzen von links nach rechts. [Aus RANKE (2).]

der Maxima der Oberschwingung durch den darunter hinweggleitenden Grundton ungleichmäßig werden, allerdings ungleichmäßig im Rhythmus dieses Grundtones.

In einem homogenen Medium wie etwa der Luft ist die Fortpflanzungsgeschwindigkeit der Wellen praktisch überall gleich. Nur durch Temperaturunterschiede kann es zu einer örtlichen Veränderung der Fortpflanzungsgeschwindigkeit kommen. Ebenso ist die Wellengeschwindigkeit einer Schlauchwelle oder auf einem gespannten horizontalen Seil konstant. Läßt man jedoch ein Seil mit freiem Ende senkrecht herabhängen, so ist die Längsspannung des Seils am freien Ende gleich Null, während am oberen Ende das Seilgewicht als Längsspannung wirkt. Daher sinkt die Fortpflanzungsgeschwindigkeit der Wellen am senkrechten Seil von oben nach unten, und die Wellenlängen werden nach unten immer kürzer, wie das Abb. 9 für eine frei hängende Kette zeigt. In den Blutgefäßen steigt von der Aorta zur Peripherie die Pulswellengeschwindigkeit von etwa 4 m/sec bis gegen 13 m/sec an, und zwar wegen der Zunahme des elastischen Widerstandes, den die Arterienwand der Dehnung entgegensetzt. Die Kenntnis dieser Verhältnisse ist wichtig für das Verständnis der Schwingungen in der Cochlea.

5. Reflexion und stehende Wellen.

Trifft eine laufende akustische Welle senkrecht auf eine feste Wand, so sind an der Wand keine Bewegungen der Teilchen senkrecht zur Wand möglich. Daher befinden sich die der Wand unmittelbar benachbarten Teilchen stets in Ruhe. Dafür steigt aber beim Ankommen der Welle der Druck an der Wand auf den doppelten Betrag der Druckamplitude der freien Welle an, und diese Drucksteigerung wirkt als Quelle für eine rückläufige Welle gleicher Frequenz und gleicher Amplitude wie die ankommende Welle. Die Überlagerung einer rechtläufigen und einer rückläufigen Welle ergibt nach Abb. 10 eine stehende Welle. Es gibt nun feste Orte im Raum mit dem Abstand der halben Wellenlänge, an denen dauernd der Druck konstant gleich dem Atmosphärendruck bleibt, und an denen maximale Bewegungsamplituden der Luftteilchen herrschen, und um eine Viertelwellenlänge davon entfernte Orte, an denen die Luftteilchen dauernd in Ruhe sind, dafür aber der Druck maximale Amplitude der Schwingung hat. Die erste Art von Orten sind die Druckknoten und Geschwindigkeitsbäuche, die zweite Art sind die Druckbäuche und Geschwindigkeitsknoten der stehenden Welle. In genau der gleichen Weise bilden sich die stehenden Wellen auf den Saiten der Musikinstrumente aus. Hier spielen die Befestigungspunkte der Saiten die Rolle der reflektierenden Wand. Jedoch können sich auf Saiten nur solche Frequenzen zu stehenden Wellen ausbilden, für die die halbe Wellenlänge ein ganzzahliges Vielfaches der Saitenlänge ist. Diejenige Schwingung, bei der die Saitenlänge gleich einer halben Wellenlänge ist, ist die Grundschwingung, deren Frequenz den Grundton der Saite bildet. Die Obertöne entstehen dadurch, daß auf der Saite ein oder mehrere Knoten der Schwingung vorhanden sind. Somit hat jede beiderseits befestigte Saite eine feste, nach tiefen Tönen streng durch ihre Länge und, wegen der davon abhängigen Fortpflanzungsgeschwindigkeit, ihre Spannung begrenzte Schwingungsmöglichkeit. Bei der Saite wirken die Befestigungspunkte stets wie eine feste Wand, an der nur Bewegungsknoten möglich sind. Bei Luftsäulen dagegen, etwa in einer offenen Pfeife, bilden die Öffnungen an den Enden gerade die entgegengesetzte Grenzbedingung. Hier ist die abgeschlossene Luftsäule in offener Verbindung mit dem Luftraum, daher kann hier die Luftbewegung in der Pfeife keine Drucksteigerung hervorrufen. An den Enden der offenen Pfeife stehen daher notwendig Druckknoten und Bewegungsbäuche. Da jedoch der Abstand von einem Druckknoten zum anderen ebenfalls eine halbe Wellenlänge ist, steht auch in jeder offenen Pfeife als Grundton eine halbe Wellenlänge. Mit der festen Fortpflanzungsgeschwindigkeit des Schalles von 340 m/sec ergibt

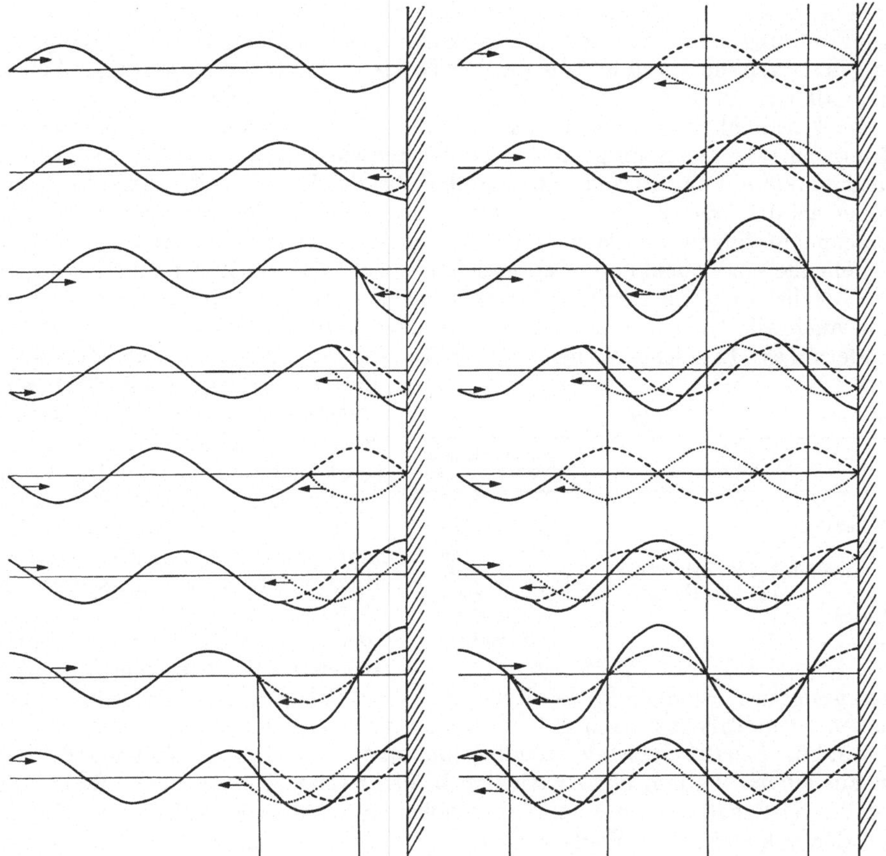

Abb. 10. Entstehung einer stehenden Welle durch Reflexion einer laufenden Welle an einer festen Wand. Im ersten Bild ist die laufende Welle eben an der festen Wand angekommen, jedes weitere Bild unterscheidet sich vom vorhergehenden um $^{1}/_{8}$ Schwingungsdauer.

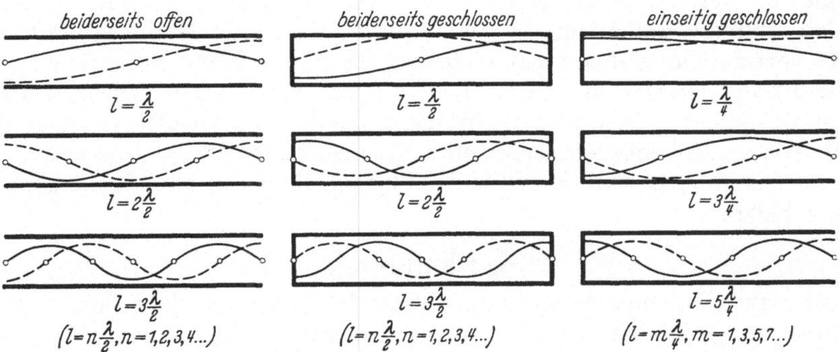

Abb. 11. Schwingungsform von Luftschwingungen in Rohren bei verschiedener Abschlußart. Ausgezogene Kurve: Druckschwankung. Gestrichelte Kurve: Geschwindigkeitsschwankung. [Aus F. Trendelenburg.]

sich so die Frequenz jeder offenen Pfeife sofort aus $\dfrac{2 \cdot \text{Länge in Metern}}{340}$. So hat z. B.

die tiefste Orgelpfeife 16 Hz, und damit würde ihre Länge $\dfrac{340}{2 \cdot 16} = 10{,}6$ m oder

32 „Fuß" zu 33 cm. Tatsächlich hat sie jedoch nur 16 „Fuß". Dies wird dadurch

erreicht, daß die Pfeife am Ende verschlossen ist. Nun muß die Welle von der Anblasöffnung zum Ende und zurück laufen, bis sie an eine Öffnung kommt, an der ein Druckknoten steht. In der „gedackten" Pfeife steht daher $^1/_4$ Wellenlänge als Grundton.

In Wirklichkeit gibt es weder absolut „feste" Wände noch vollkommene Öffnungen. Bei der Saite geht ein Teil der Schwingungsenergie über die Befestigungspunkte auf den Resonanzkasten über, bei der Pfeife ist die wirksame Länge größer als die tatsächliche, weil sich der Druck am Pfeifenende erst in die freie Atmosphäre hinein ausgleichen muß. Die Grenzbedingung, daß am offenen Pfeifenende ein Druckknoten, am geschlossenen Ende ein Druckbauch steht, ist eine Idealisierung. Tatsächlich kommen bei Hindernissen für die Schallausbreitung auch alle Zwischenzustände vor, je nach dem Schallwellenwiderstand des Hindernisses. In solchen Fällen geht ein Teil der ankommenden laufenden Welle in das Hindernis, ein Teil wird reflektiert, genau in der gleichen Weise wie an einer Wasseroberfläche ein Teil des auffallenden Lichtes ins Wasser eindringt, ein Teil reflektiert wird. Der Schallwellenwiderstand eines Mediums ist das Produkt aus Fortpflanzungsgeschwindigkeit und Massendichte $\varrho \cdot c$, genauer der Quotient aus Schalldruck der Welle dividiert durch die Bewegungsgeschwindigkeit der Teilchen. Der Schallwellenwiderstand einiger Medien ist in Tabelle 2 nach F. TRENDELENBURG angegeben.

Tabelle 2.

Stoff	Schallwellenwiderstand, g cm^{-2} sec^{-1}
Wasserstoff	11,0
Luft	41,5
Trommelfell bei 800 Hz etwa .	40
bei 200 Hz etwa .	250
Wasser	148000
Stahl	3940000

Sind die Schallwellenwiderstände beider Medien gleich, so gehen laufende Wellen aus einem Medium ohne Reflexion in das zweite Medium über. Beim Auftreffen von Schall auf ein Medium mit höherem Schallwellenwiderstand wird ein Teil der ankommenden Welle reflektiert, ein Teil der Energie wird ins härtere Medium aufgenommen. Der reflektierte Anteil ist um so größer, je härter das zweite Medium im Verhältnis zum ersten ist. Soll z. B. in einem Raum der Nachhall vermindert werden, so müssen die Wände mit schallschluckenden Stoffen ausgekleidet werden, deren Schallwellenwiderstand möglichst gleich dem der Luft ist, und die außerdem die auftreffende Schallenergie durch Reibung in Wärme verwandeln, daher nicht mehr an der festen Wand reflektieren lassen. Auf Grund der Gesetze, die beim Übergang von akustischen Wellen aus einem Medium ins andere gelten, und die formal völlig denen der Optik gleichen, lassen sich akustische Hohlspiegel, Linsen und Prismen bauen, Dinge, die zwar für die Raumakustik wichtig sind, aber für die Physiologie des Hörens keine große Bedeutung haben.

6. Dämpfung.

Läßt man z. B. einen Stein in eine glatte Wasseroberfläche fallen, so breiten sich kreisförmige Wellen aus, die um so schwächer werden, je weiter sie von der Auftreffstelle entfernt sind. Außerdem hört die Schwingung nach einiger Zeit wieder auf, indem die Amplituden mit zunehmender Zeit immer kleiner werden. Die Amplitudenabnahme nach der Entfernung kommt in diesem Beispiel aus zwei Ursachen: Einmal muß ja mit dem Fortschreiten ein immer größerer Kreis des Wassers in Mitbewegung versetzt werden, die Wellenenergie verteilt sich also auf immer größere Wassermengen. Andererseits aber nehmen auch gerade Wellen, etwa die durch den Wind erzeugten, beim Fortschreiten allmählich an Amplitude ab. Die Ursache ist, daß stets ein Teil der Schwingungsenergie durch Reibung in Wärme überführt wird: die Welle ist beim Fortschreiten örtlich gedämpft, auch wenn sie am Entstehungsort über längere Zeit mit gleicher Amplitude erzeugt wird. Die Energie, die der fallende Stein dem Wasser erteilt hat, wandert außerdem mit der Welle vom Auftreffpunkt fort, daher nimmt diese Welle auch am

Ort der Entstehung mit fortschreitender Zeit an Amplitude ab: Sie ist zeitlich gedämpft. Bei schwingenden Saiten, Stimmgabeln und ähnlichen schwingenden Körpern mit geringer räumlicher Ausdehnung ist nur die zeitliche Dämpfung der Schwingung meßbar. Die von ihnen ausgehenden akustischen Wellen der umgebenden Luft dagegen verlieren sowohl durch die Zerstreuung als auch durch die Reibung in der Luft mit zunehmender Entfernung an Amplitude. Und in den Blutgefäßen, die durch das Herz näherungsweise mit stets derselben Kraft angestoßen werden, pflanzt sich die hohe Frequenz der Incisur nur etwa bis zur Carotis fort, sie ist stark gedämpft, und daher schon in der Brachialis nicht mehr nachweisbar, während die tiefe Frequenz des Pulses als Ganzes sogar durch das besonderes Verhalten des Wellenwiderstandes im Gefäßsystem an Amplitude zunimmt.

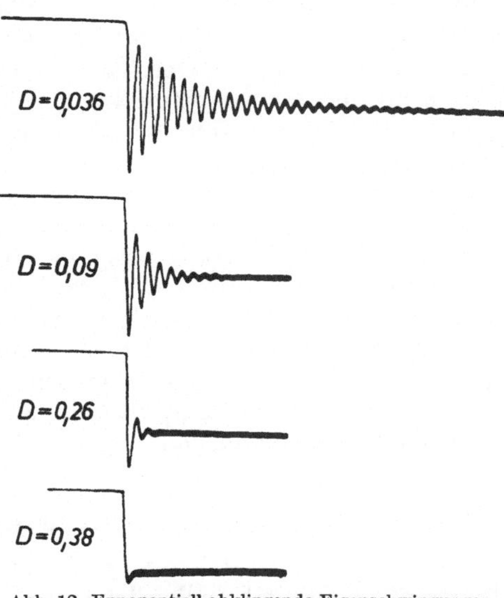

Abb. 12. Exponentiell abklingende Eigenschwingungen bei verschiedener Dämpfung. [Aus F. Trendelenburg.]

Die örtliche Dämpfung von Schlauchwellen ist, wie daraus zu entnehmen ist, in vielen Fällen von der Frequenz abhängig, wiederum eine Tatsache, die für die Physik der Cochlea von entscheidender Bedeutung ist. In sehr vielen Fällen, nämlich stets dann, wenn die Reibungsverluste proportional der Bewegungsgeschwindigkeit der schwingenden Körper sind, folgt die Dämpfung einem Gesetz, nach dem das Verhältnis aufeinanderfolgender Schwingungsamplituden unabhängig von ihrer absoluten Größe konstant ist.

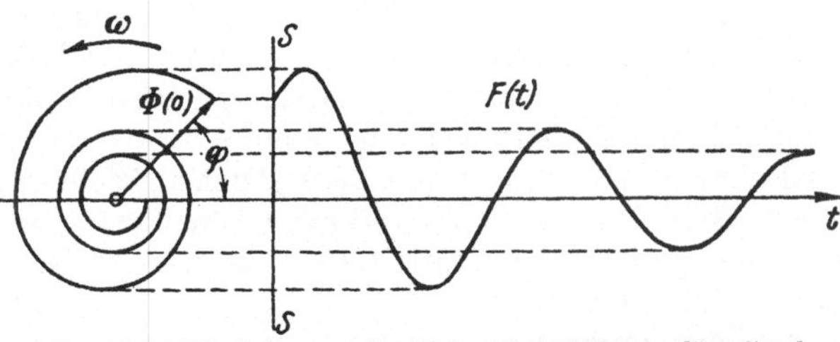

Abb. 13. Pfeildarstellung und zeitlicher Verlauf einer gedämpften harmonischen Schwingung. Der Pfeil läuft auf einer logarithmischen Spirale, bei der der Abstand aufeinanderfolgender Umläufe vom Mittelpunkt für jeden Winkel das konstante Verhältnis 10^{A} hat. [Aus K. W. Wagner (2).]

Der Logarithmus dieses Verhältnisses aufeinanderfolgender Amplituden gleicher Ausschlagsrichtung (also nach einer ganzen Periode der Schwingung) heißt das logarithmische Dekrement A (s. Abb. 13). Je nach der Art der Schwingung kann ein örtliches oder ein zeitliches logarithmisches Dekrement oder beide vorhanden sein. In älteren Arbeiten findet sich auch der Logarithmus des Verhältnisses nach einer Halbschwingung aufeinanderfolgender Amplituden als logarithmisches Dekrement bezeichnet. In der mathematischen Behandlung der Schwingungen wird außerdem gerne der durch O. Frank (1) eingeführte Dämpfungsfaktor benutzt, der unschwer ins logarithmische Dekrement umzurechnen ist. Bei sehr starker Dämpfung, wie sie z. B. ballistische Galvanometer besitzen, erfolgt die Rückkehr in die Ruhelage nach einem Anstoß ohne Schwingung mit „überaperiodischer Dämpfung". Der Grenzfall, bei dem eben keine Schwingung mehr erfolgt, der bei der Mehrzahl der elektrischen Registriergeräte angestrebt wird, heißt aperiodische Dämpfung. Für diesen Fall ist der FRANKsche Dämpfungsfaktor D gerade gleich 1, während er bei allen periodischen Dämpfungen unter 1 ist. Der Fall einer sowohl örtlich wie zeitlich überaperiodischen Dämpfung tritt z. B. ein, nachdem die Oberfläche eines Glases Honig aus ihrer Ruhelage entsprechend der Schwerkraftwirkung gebracht wurde, und zwar auf Grund der hohen Viscosität des Honigs. Akustische Wellen sind so gut wie nie aperiodisch gedämpft, in den meisten Fällen vielmehr ist die Dämpfung so gering, daß eine einmal angestoßene Schwingung viele Sekunden lang nachklingt. Höhere Dämpfung ist in Luft z. B. bei hoher Luftfeuchtigkeit, besonders bei Nebel vorhanden. Hier wird überall ein Teil der Schwingungsenergie dadurch verzehrt, daß bei Erhöhung des Druckes Wasserdampf in Nebeltröpfchen kondensiert. Die dabei freiwerdende Wärme wird aber sofort an die umgebende Luft abgegeben, so daß bei der folgenden Druckerniedrigung die Wärme nicht mehr zur Verfügung steht, um das Nebeltröpfchen wieder vollständig verdunsten zu lassen. Daher ist die örtliche Dämpfung von Schall im Winter bei kalter Luft infolge der geringen Wasserdampfspannung merklich geringer als im Sommer.

7. Eigenschwingung und Resonanz.

Der Schall trifft bei seinem Fortschreiten durch den Gehörgang auf das Trommelfell, dessen Schallwellenwiderstand im mittleren Frequenzbereich nahezu der gleiche ist wie derjenige der Luft. Die Energie der Schallwellen wird daher vom Trommelfell fast vollständig verschluckt und — immer im mittleren Frequenzbereich — nur ein kleiner Teil läuft als reflektierte Welle zurück. Am Trommelfell hängt die Gehörknöchelchenkette, und letzten Endes das ovale Fenster. Alle diese Teile sind je nach ihrem Material in sich elastisch, wobei nur der Widerstand gegen Verbiegung oder Dehnung am Trommelfell sehr viel niedriger ist als an den Knöchelchen; außerdem sind sie elastisch mit Bändern befestigt. Sie sind daher entsprechend ihrer Masse und den in Betracht kommenden Elastizitäten schwingungsfähig. Während sie für die Luft im Gehörgang ein elastisches Kissen nahezu mit dem gleichen Wellenwiderstand wie die Luft darstellen, bedeutet für die Gehörknöchelchenkette die Luftschwingung im Gehörgang eine periodische Kraft, die sie in Mitschwingung versetzt, und das ovale Fenster, das einen wesentlichen Teil der von der Luft übertragenen Schwingung auf die Perilymphe des Innenohres überträgt, bedeutet für die Gehörknöchelchenkette eine Dämpfung ihrer Schwingung, da ja hier Energie aus ihrer Schwingung entnommen wird. Es ist daher notwendig, die Antwort schwingungsfähiger Gebilde auf eine periodisch wirksame Kraft zu untersuchen. Statt des komplizierten Aufbaues des Mittelohres mit zahlreichen schwingenden Massen und noch mehr auf verschiedene Stellen verteilten Elastizitäten genügt es aber zunächst, sich ein physikalisches Modell zu wählen, das näherungsweise den gleichen physikalischen Gesetzen gehorcht, aber leichter zu überblicken ist. Es ist ja das Wesen eines Modells, daß dabei zwar die eben betrachteten Verhältnisse vollkommen mit denen der tatsächlichen Ausführung vergleichbar sind und denselben Gesetzen gehorchen, während andere Eigenschaften vernachlässigt werden. So wird es niemand einfallen, bei einem Schiffsmodell, an dem der Wasserwiderstand untersucht werden soll, die Inneneinrichtung wie bei dem tatsächlichen Schiff auszubauen. Bei der Betrachtung der Schwingungsfähigkeit des Mittelohres muß sogar noch einen Schritt weitergegangen werden. Wir benutzen dazu zunächst ein physikalisches Bild, bei dem nur eine einzige Eigenschaft mit dem Mittelohr übereinstimmt, nämlich die Schwingungsfähigkeit einer elastisch aufgehängten, gedämpften Masse. Durch Verknüpfung mehrerer solcher Bilder kann dann zum Modell fortgeschritten werden.

Das einfachste Modell einer schwingungsfähigen Masse mit Dämpfung ist in Abb. 14 dargestellt: eine an einer Feder aufgehängte Masse m, die eine etwa in Öl bewegte Dämpfungsscheibe D trägt. Bei einer Dehnung der Feder um 1 cm zieht diese mit c Kilogramm nach oben, c ist die „Feldstärke" der Feder. Bei einer Auslenkung der Masse aus ihrer Ruhelage schwingt sie gedämpft mit ihrer Eigenfrequenz um die Ruhelage. Das obere Ende der Feder kann über einem Exzenter mit der Frequenz N Umläufe/sec als erzwingende Kraft angetrieben werden. Seit SEEBECK ist die Bewegung dieser angehängten Masse eindeutig für alle Frequenzen bekannt. Die Anwendung der erzwungenen Schwingungen auf Registriersystem wurde von FRANK (1) in seiner berühmten Arbeit „Die Kritik der elastischen Manometer" eingeleitet, und von BROEMSER (2, 3) auf physiologischem Gebiet, inzwischen auch innerhalb von Physik und Technik auf allen Gebieten vorangetrieben. Das Ergebnis läßt sich allgemeingültig darstellen, wenn man die erzwingende Frequenz in Vielfachen der Eigenfrequenz der Masse (ohne Dämpfung), und die Amplitude in Vielfachen des Ausschlags angibt, der bei sehr langsamer Drehung des Exzenters eintritt, Abb. 15. Ist die erzwingende Frequenz wesentlich niedriger als die Eigenfrequenz, so macht die Masse dieselbe Bewegung mit wie die Exzenterstange. Mit Annäherung

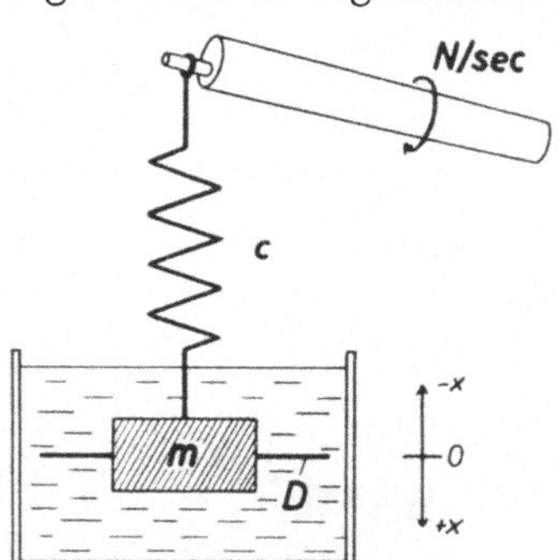

Abb. 14. Einfachstes Modell einer schwingungsfähigen Masse m, die über die Feder mit der Feldstärke c kg/cm von einem Exzenter angetrieben und durch die Dämpfungsscheibe D gedämpft ist.

der erzwingenden Frequenz an die Eigenfrequenz macht die Masse viel größere Ausschläge als der Exzenter, wobei das Ausmaß der Überhöhung abhängig ist von der Dämpfung. Bei hohen Exzenterfrequenzen endlich ist die Bewegung der Masse gering, um zuletzt ganz zu verschwinden. Die größten Ausschläge macht die Masse im Falle der Resonanz. Diese tritt nahe bei der Eigenfrequenz der Masse auf. Die Resonanzkurve wird um so spitzer, die Überhöhung beschränkt sich also auf einem immer kleineren Frequenzbereich, je geringer die Dämpfung ist. Die Ausschläge der Masse hinken zeitlich immer hinter denen des Exzenters nach. Stellt man die Zeit als Phasenwinkel dar, um den die Bewegung der Masse hinter der des Exzenters nacheilt, so erhält man Abb. 16. Sie zeigt, daß der Phasenwinkel mit wachsender Frequenz wächst, und zwar beträgt er im Fall der Resonanz eine Viertelschwingung oder 90°, im Winkelmaß gemessen $\pi/2 = 1{,}57$, jenseits der Resonanzkurve nähert er sich einer Halbschwingung oder 180°, im Winkelmaß $\pi = 3{,}14$. Von diesem Phasenwinkel kann man sich sehr leicht überzeugen, wenn man z. B. ein Pendel am Faden in Resonanz bringt. Die bewegende Hand muß dann nur eine Viertelschwingung dem Pendel voreilen. Größere Phasenwinkel als π oder 180° kommen bei Resonanz nie vor.

Etwas verwickelter, aber ebenfalls vollkommen durchsichtig sind die Verhältnisse dann, wenn die erzwingende Kraft nicht eine einfache Sinusschwingung ausführt. Da nach FOURIER jede beliebige periodische Schwingung in lauter harmonische Schwingungen von Sinuscharakter zerlegbar ist, muß beim Einwirken einer komplizierten Schwingung nur für jede Frequenz die Mitbewegung der schwingenden Massen nach Amplitude und Phase aus Abb. 15 und 16 aufgesucht werden. Die Summe aller dieser Einzelschwingungen ist dann die Antwort der Masse auf die zusammengesetzte erzwingende Kraft. Es leuchtet ein, daß die schwingende Masse die tiefen Frequenzen gegenüber den hohen, ganz besonders also die Frequenzen in der Umgebung der Resonanzfrequenz bevorzugt, falls die Dämpfung nicht zu groß ist. Bei der Übertragung von Energie über schwingungsfähige Gebilde wird daher das Amplitudenverhältnis der Teiltöne verändert.

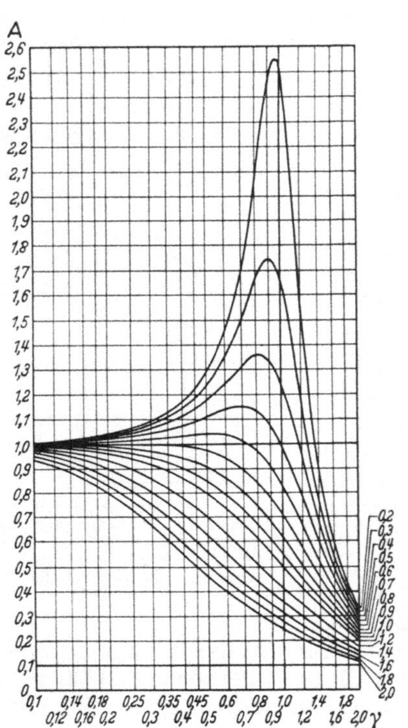

Abb. 15. Resonanzkurven mit verschiedener Dämpfung. In der Abszisse ist das Verhältnis Eigenfrequenz zu erzwingender Frequenz, in der Ordinate das Verhältnis Exzenteramplitude zu Amplitude der Masse m der Abb. 14 angetragen.
[Umzeichnung von HANSEN nach BROEMSER (2).]

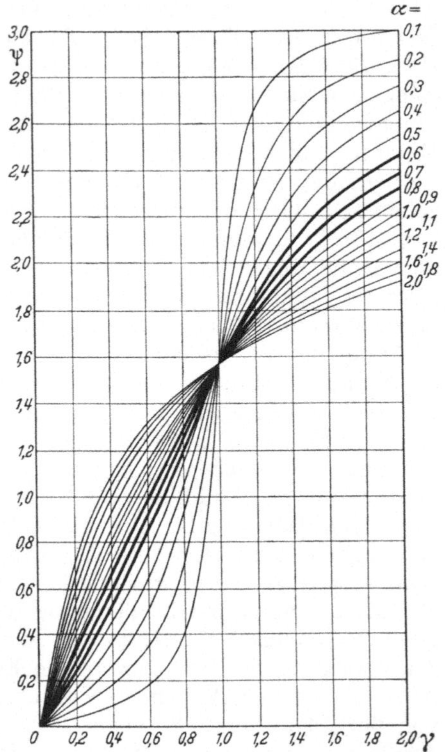

Abb. 16. Phasenverschiebung zwischen der erzwingenden und der erzwungenen Schwingung. Abszisse-Verhältnis der erzwingenden Frequenz zur Eigenfrequenz, in der Ordinate der Phasenwinkel. Im Falle der Resonanz (Abszisse 1,0) ist der Phasenwinkel $1,57 = \pi/2$, jenseits der Resonanz nähert er sich dem Wert π.
[Umzeichnung von HANSEN nach BROEMSER (2).]

Die schwingungsfähige Masse führt nach einem kurzen Anstoß gedämpfte Eigenschwingungen aus. Ein solcher kurzer Anstoß ist z. B. auch das plötzliche Einschalten oder Ausschalten einer Sinusschwingung. Da jedoch diese Eigenschwingungen gedämpft sind, werden sie nach kurzer Zeit verschwinden. Beim Einschalten einer Sinusschwingung wird demnach durch das Mittelohr ebenso wie bei einem plötzlichen Druckstoß, etwa einem Funkenknall, auf das Innenohr Energie im Rhythmus der Eigenschwingung des Mittelohres übertragen. Es bedarf ganz besonderer Vorsichtsmaßnahmen beim Einschalten und Ausschalten von reinen Tönen, um diese Eigenschwingung so schwach zu machen, daß sie unhörbar wird.

Die Gesetze der Resonanz können leicht dazu benutzt werden, um ein Gemisch verschiedener Frequenzen, z. B. die Schwingungen eines Maschinensockels in die einzelnen Frequenzen genau nach der Art der FOURIER-Zerlegung zu trennen. Hierzu dient z. B. der Zungenfrequenzmesser, bei dem eine Reihe kleiner Massen

an elastischen Zungen so angebracht ist, daß die Eigenschwingungszahl von einer
Zunge zur nächsten gleichmäßig steigt. Abb. 17 zeigt die Seitenansicht, Abb. 18
die Aufsicht von oben beim Einwirken eines Klanges von Grundton und Oberoktave bei sehr geringer Dämpfung der Zungen. Mit zunehmender Dämpfung
z. B. durch Öl müßte ein solcher Frequenzmesser zunächst stärker erregt werden,
um die gleichen Amplituden an der Resonanzstelle zu zeigen. Außerdem würden
dann entsprechend dem flachen Verlauf der Resonanzkurven die Nachbarfedern
in deutliche Mitschwingung geraten, so daß die beiden Gipfel für Grundton und
Oberoktave zuletzt in einen gemeinsamen Berg zusammenfließen würden. Ge-
läufiger als der technische Zungenfrequenzmesser und seine Wirkungsweise ist
die Mitschwingung der Saiten eines

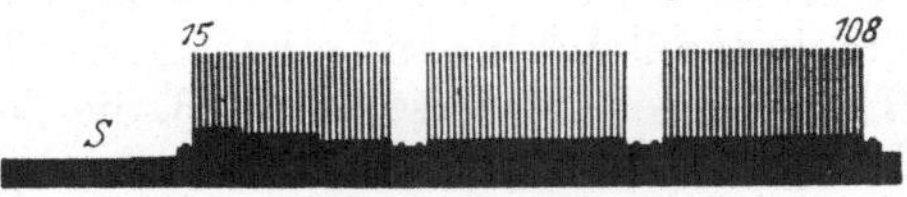

Abb. 17. Schattenriß der Blattfedern eines
Zungenfrequenzmessers in Seitenansicht. [Aus POHL.]

Klavieres, wenn ein Vokal in den Kla-
vierkasten gesungen wird. Es schwingen
dann diejenigen Saiten ganz besonders
stark mit, deren Schwingungszahl in
dem erregenden Vokal enthalten ist, so
daß das Klavier den Vokal weitertönen läßt, sowie die Stimme aussetzt. Beim
Klavier ebenso wie bei Abb. 17 des Zungenfrequenzmessers sind die hoch abgestimmten Saiten rechts, die Saiten mit niedriger Schwingungszahl dagegen
links angeordnet. Um den quantitativen Vergleich des Mitschwingens der Klavier-
saiten mit den Resonanzkurven (Abb. 15) durchzuführen, müssen wir uns das
Klavier spiegelbildlich vorstellen, die Tasten für die hohen Töne links, die für die
tiefen Töne rechts. Die Frequenz des hineingesungenen Tones sei z. B. das
Kammer-a mit 440 Hz. Diese Frequenz entspricht dann der Abszisse 1,0 der
Abb. 15. Für alle Saiten, die höher abgestimmt sind, liegt diese erzwingende
Frequenz unter ihrer Eigenschwingung, und
der links von der Abszisse 1,0 der Abb. 15 ab-
fallende Schenkel der Resonanzkurve gibt uns
unmittelbar die Amplitude der Mitschwingung
im Verhältnis zu der Saite mit 440 Hz Eigenschwingung an. Für die Saite mit 880 Hz ist
die erzwingende Frequenz von 440 nur 0,5 der

Abb. 18. Schattenriß eines Zungenfrequenz-
messers beim Einwirken von Grundton und
Oberoktave bei geringer Dämpfung der
Zungen. [Aus POHL.]

Eigenschwingung, sie ist also bei der Abszisse 0,5 zu suchen. Für die tiefer
abgestimmten Saiten dagegen ist die erzwingende Frequenz über der Eigenschwingung, ihre Mitschwingung findet sich rechts der Abszisse 1,0 der Abb. 15.
Ganz entsprechendes gilt nun auch für die Phase des Mitschwingens, für die
Abb. 16 heranzuziehen ist. Eine Schwingung von 440 Hz ist mit dem Auge natürlich nur als Unschärfe der Saite zu sehen. Die genaueren Einzelheiten können
aber dadurch anschaulich gemacht werden, daß wir vor unser Auge ein Stroboskop schalten, das 439mal in der Sekunde einen kurzen Augenblick die Saite
sehen läßt, die übrige Zeit aber die Saite verdeckt. Dann scheint die Saite nur
einmal in der Sekunde hin- und herzuschwingen. Wenn wir nun alle Saiten
überblicken, so folgen die hoch abgestimmten Saiten dem erzwingenden Ton
entsprechend Abb. 16 links, früher, als die tief abgestimmten Saiten, und die
Saite mit 440 Hz folgt genau eine Viertelschwingung verspätet. Das Bild sieht
dann so aus, als ob eine Welle von den hoch abgestimmten Saiten zu den tief
abgestimmten laufen würde, die nacheinander alle Saiten ergreift, und dabei die
nahe der Resonanzfrequenz liegenden Saiten zu bedeutend größerer Amplitude
mitnimmt. Der Phasenunterschied zwischen der am höchsten und der am niedrig-
sten abgestimmten Saite ist dann höchstens $^1/_2$ Schwingung oder im Winkelmaß
gleich π, höhere Phasenunterschiede können bei einem Resonatorensatz nicht
vorkommen. Der Eindruck einer laufenden Welle über die Saiten ist dabei nur

Schein, ebenso wie der Wind über einem Getreidefeld eine Wellenbewegung vortäuscht. Es ist notwendig, sich das Bild der Mitschwingung eines Resonatorensatzes so anschaulich als möglich vorzustellen, denn nur dann kann bei Besprechung der Hydrodynamik der Schnecke der Unterschied zwischen einem Resonatorensatz mit einzelnen verschieden hoch abgestimmten Resonatoren mit einer Scheinwelle und der Flüssigkeitswelle in der Schneckenflüssigkeit klar erkannt werden.

Man hat seit G. S. Ohm und H. v. Helmholtz (2) geglaubt, und viele sind auch heute noch davon überzeugt, daß das Ohr nach Art eines Fourier-Analysators auf Grund von Resonanz arbeitet. Dagegen hat Wien (2) den nach ihm benannten Einwand erhoben. Ein Resonatorensatz, der in der Lage ist, noch 0,3% Tonhöhenunterschied, z. B. die Töne 1000 und 1003 Hz durch verschiedene Lage der Schwingungsmaxima anzuzeigen, müßte so schwach gedämpft sein, daß damit unmöglich die Trillergeschwindigkeiten aufgenommen werden könnten, die wir mit unseren Ohren noch hören, da jeder so schwach gedämpfte Resonator dann lange Zeiten für Einschwingen und Ausschwingen bräuchte. Freilich werden wir sehen, daß für das Hören von Schwebungsfrequenzen gar nicht die physikalische Schwingung in der Cochlea, sondern das Anklingen und Abklingen der Empfindung als zentraler physiologischer Vorgang die obere Grenze bildet. Aber was vorher nicht „in mundo", in unserem Fall physikalisch in der Schwingung der Cochlea enthalten ist, kann hinterher auch nicht „in sensu" sein, nur der umgekehrte Schluß wäre unerlaubt. Allein hierdurch ist schon ausgeschlossen, daß das Innenohr nach Art eines Resonatorensatzes ankommende Klänge zerlegt. Nur für die Übertragung der Schallenergie aus der Luft über das Mittelohr benötigen wir die Kenntnis der Resonanzgesetze.

Dort sind allerdings eine Reihe von schwingungsfähigen Massen, nämlich Trommelfell, Hammer, Amboß und der Steigbügel zusammen mit dem Anfangsteil der Perilymphe, hintereinandergeschaltet und durch elastische Verbindungen aneinandergekoppelt. Solche gekoppelten Systeme haben im allgemeinen eine Reihe von Eigenschwingungen, die übrigens nicht dieselben sind wie die der einzelnen Teile, und daher eine komplizierte Resonanzkurve, die mehrgipflig oder bei der hohen Dämpfung, wie sie im Mittelohr verwirklicht ist, wenigstens über einen größeren Frequenzbereich ausgedehnt sein kann. Die Analyse dieser gekoppelten Schwingungen für den Spezialfall des Mittelohres stammt von Frank (2).

Im gewöhnlichen Sprachgebrauch wird das Wort Resonanz in einer viel allgemeineren Bedeutung benutzt, etwa gleichbedeutend mit Mitschwingung. In diesem Buch dagegen soll das Wort Resonanz ausschließlich für diejenige Art von Mitschwingungen verwendet werden, die den hier angedeuteten Gesetzen der Resonanz gehorchen. Auch diese Resonanz ist ein Mitschwingen, jedoch von einer Größe und Phase, die aus den Resonanzgesetzen errechenbar sind. Verwechslungen kommen allzu leicht vor, wenn hier nicht klare Begriffe verwendet werden. So erfolgt die Frequenzanalyse des Innenohres wohl durch Mitschwingen der Perilymphe und der Basilarmembran, jedoch nicht mit einer Amplitude und Phase, wie sie aus den einfachen Resonanzgesetzen ableitbar sind, also beruht die Frequenzanalyse zwar wohl auf dem Mitschwingen, nicht aber auf Resonanz der Basilarmembran. Daher lassen sich auch die Resonanzgesetze nicht auf die Basilarmembranschwingung anwenden, und alle Überlegungen über die Abstimmschärfe und die Abklingzeiten der Basilarmembranschwingung, die von den Resonanzgesetzen ausgehen, sind unerlaubt, wie ein Verstoß gegen das Gesetz von der Erhaltung der Energie.

8. Modulation und Schwebungen.

Wirken auf den gleichen schwingungsfähigen Körper gleichzeitig Schwingungen verschiedener Frequenz ein, so erfolgt eine Überlagerung dieser Schwingungen. Diese Überlagerung ist bei jedem tatsächlichen Schall von der menschlichen Stimme bis zu den Musikinstrumenten die Regel, und es bedarf besonderer apparativer Vorsichtsmaßnahmen, um reine Sinusschwingungen zu erhalten. Solange die Amplituden der einzelnen Schwingungen nicht zu groß sind, ist die Gesamtbewegung eines schwingungsfähigen Körpers gleich der Summe aller der Teilbewegungen, die beim Einwirken aller einzelnen, im gemischten Schall vorkommenden Sinusschwingungen eintreten würden. Schon die Entstehung stehender Wellen durch Reflexion an einer festen Wand ist eine solche Überlagerung zweier Schwingungen allerdings mit gleicher Frequenz. Wie besprochen bilden sich dann Orte, wo die beiden Schwingungen gleichzeitig ihr Druckmaximum

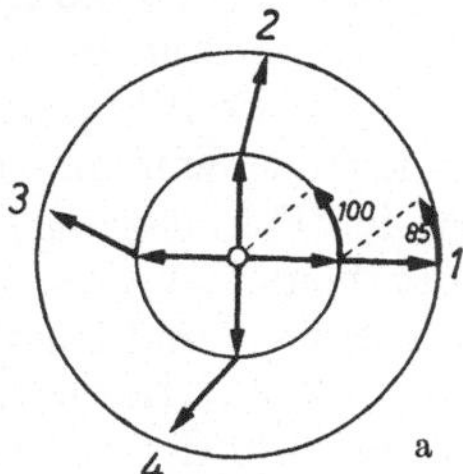

Abb. 19a u. b. a Pfeildiagramm. b Zeitkurve einer Schwebung der Frequenzen 100 und 85 bei gleicher Amplitude der beiden Töne. Die Umhüllende ist eine Sinuslinie mit der Frequenz 100 — 85 = 15.

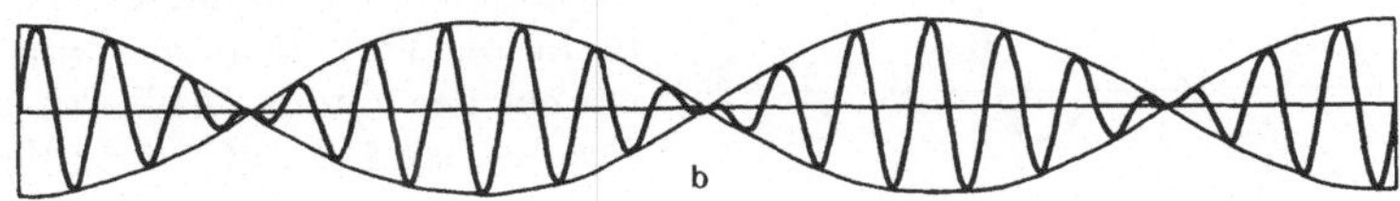

durchlaufen, die Druckbäuche, und solche Orte, an denen die beiden Schwingungen gerade um eine Halbschwingung Phasendifferenz besitzen, die Druckknoten, aus. An den Druckbäuchen addieren sich die beiden Amplituden der einzelnen Schwingungen, an den Druckknoten subtrahieren sie sich.

Die Darstellung der Überlagerung von zwei oder mehr Schwingungen verschiedener Frequenz, Amplitude und Phase, die auf den gleichen schwingungsfähigen Körper einwirken, erfolgt am anschaulichsten nach dem Verfahren, das an Hand der Abb. 1 und 2, S. 11 erläutert wurde. Die verschiedenen, den einzelnen Sinusschwingungen entsprechenden Pfeile von einer Länge, die die Amplitude verkörpert, werden entsprechend dem Phasenwinkel zwischen den Sinusschwingungen aneinandergehängt. Dann ist die Länge der Verbindungslinie des Mittelpunktes mit dem Endpunkt des letzten angehängten Pfeiles die Amplitude und ihre Richtung die Phase der Überlagerungsschwingung. Läßt man jeden eine Sinusschwingung darstellenden Pfeil sich um solche Winkel weiterdrehen, wie sie der Frequenz jeder Teilschwingung entsprechen, so ergibt sich das ganze Zeitbild der zusammengesetzten Schwingung.

Besonders übersichtlich und einfach werden die Verhältnisse, wenn die beiden Schwingungen gleiche Amplitude haben. Es läßt sich dann die Summe der beiden Schwingungen auch mathematisch leicht als Produkt schreiben: $A \sin at +$ $A \sin bt = 2A \sin\left(\dfrac{a+b}{2}\right)t \cdot \cos\left(\dfrac{a-b}{2}\right)t$. Die erste der beiden Schreibweisen, links des Gleichheitszeichens, ist identisch mit der FOURIER-Analyse der Schwebung der beiden Töne. Ein Resonatorensatz nach Art der Abb. 17 würde beim Einwirken einer derartigen Schwebung mit maximaler Amplitude der beiden auf Resonanz abgestimmten Resonatoren antworten, so lange die beiden Frequenzen nicht allzu nahe benachbart sind. Erst dann, wenn nur eine Schwebung in einer Zeit auftritt, in der die Resonatoren Gelegenheit haben auf Grund ihrer Dämpfung vollkommen abzuklingen, dann antwortet auch ein Resonatorensatz nach Art der rechten Seite der obigen Gleichung, indem der Resonator mit der Mittelfrequenz an- und abklingt. Wann also ein Resonatorensatz nach FOURIER in einzelne Frequenzen zerlegt, wann er mit der Mittelfrequenz antwortet, ist eine Frage seiner Dämpfung. Je höher er gedämpft ist, desto raschere Schwebungen kann er nicht mehr spektral auflösen. Ein Beispiel einer Schwebung 100 und 85 Hz in Form des Pfeildiagramms gibt Abb. 19a, in Form der Zeitkurve Abb. 19b. Hier wiederholt sich das gleiche Bild jeweils erst nach verhältnismäßig vielen Schwingungen. Sehr viel einfacher noch wird die Überlagerung gleicher Amplituden, wenn die beiden Frequenzen in einem ganzzahligen Verhältnis zueinander stehen, wie Grundton und Oberoktave im Verhältnis 1 : 2, oder Grundton und Quinte im Verhältnis 2 : 3. Hier wiederholt sich das gleiche Bild der Schwingung nach einer Zeit, die gleich der vollen Anzahl der Schwingungen der Teiltöne in diesem Verhältnis ist. Zum Beispiel ist bei der Quint (Abb. 20) aus den Frequenzen 440 und 660 Hz die Grundfrequenz $660 - 440 = 220$ Hz oder $^1/_2$ von 440, musikalisch also die Unteroktave des tieferen der beiden Töne, und die Zeit für eine Periode der Grundfrequenz von 220 Hz ist $^1/_{220}$ sec, in der die Frequenz 440 zwei und die Frequenz 660 drei volle Schwingungen ausführt. Es wiederholt sich, wie gesagt, nach dieser Zeit immer wieder das gleiche zeitliche Bild der zusammengesetzten Schwingung, wie das Abb. 20 zeigt. Freilich ist das zeitliche Bild dann noch verschieden je nach der Phase, die der Oberton zur Zeit des Nulldurchganges des tieferen Tones hat. Weitere Zeitbilder der Quint außer den beiden in Abb. 20 gezeichneten werden erhalten, wenn man die untere Abbildung auf dem Kopf stehend ansieht, oder die obere von rechts nach links liest. Noch deutlicher wird die Verschiedenheit der Zeitbilder bei verschiedenen Phasenlagen des Obertones, wenn die Amplitude des Obertones wesentlich kleiner ist als die des Grundtones, wie das für das Beispiel von Grundton und Oberquinte mit einem Amplitudenverhältnis 4 : 1 die Abb. 21 zeigt. Es war für die Hörtheorie und ist für die Physiologie des Reizverteilungsorgans von großer

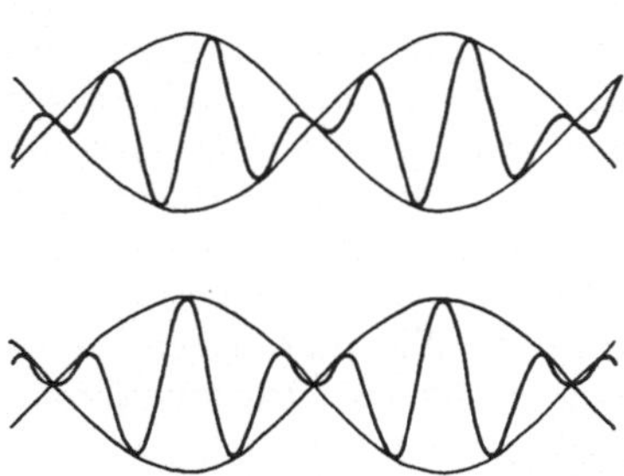

Abb. 20. Schwebung 2 : 3, Grundton und Quinte, in zwei verschiedenen Phasenzuständen. Die Umhüllende ist eine Sinuslinie mit der Frequenz gleich der Unteroktave des Grundtones.

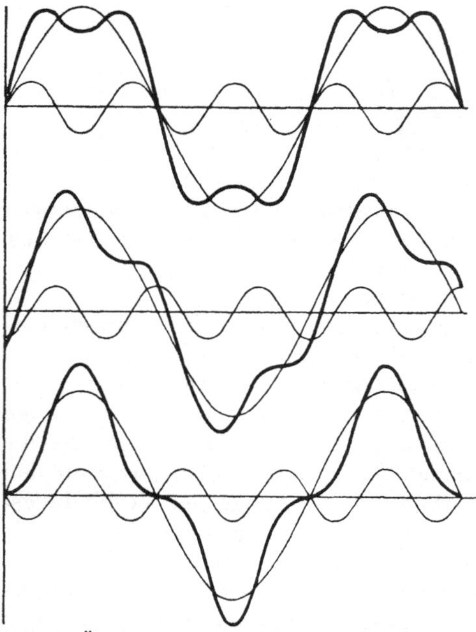

Abb. 21. Überlagerung von harmonischen Schwingungen mit dem Frequenzverhältnis 1 : 3 und dem Amplitudenverhältnis 4 : 1 bei verschiedener Phasenverschiebung von 0, 90 und 180°. [Aus K. W. WAGNER (2).]

Bedeutung, daß alle diese verschiedenen Zeitbilder zu fast genau derselben Empfindung eines Klanges ohne deutliche Unterschiede der Klangfarbe oder einer anderen psychologischen Qualität führen. D Phase der Teiltöne eines Klanges hat keine physiologische Entsprechung abgesehen von einer Veränderung der Lautheit der Teiltöne und besonders der Differenztöne (CHAPIN and FIRESTONE, LEWIS and LARSEN). Dies wird noch heute mit als Beweis dafür angegeben, daß das Ohr einen Klang nach Art eines Resonatorensatzes, nach FOURIER, in seine Teiltöne zerlegt, und nicht nach der Klangbildertheorie von EWALD. Zahl und Amplitude der Obertöne eines Klanges sind maßgebend für die Klangfarbe. Die Töne der verschiedenen Musikinstrumente unterscheiden sich abgesehen vom Einsatz (BACKHAUS) hauptsächlich durch die Art ihrer Obertöne.

Der allgemeine Fall einer Überlagerung zweier Schwingungen ungleicher Frequenz und ungleicher Amplitude läßt sich nicht mehr so einfach behandeln

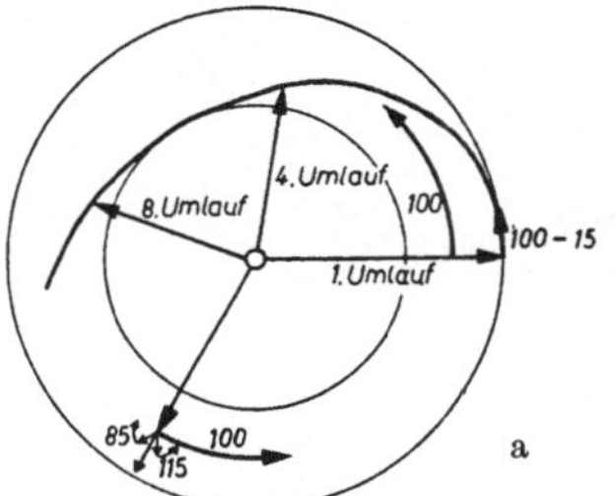

Abb. 22a u. b. a Pfeildarstellung. b Zeitkurve einer reinen Amplitudenmodulation. Im Pfeildiagramm ist unten links die spektrale Zusammensetzung aus den drei Frequenzen 100 (Trägerfrequenz), 85 und 115, rechts und oben die Entstehung durch Schrumpfung und Verlängerung des mit konstanter Frequenz 100 umlaufenden Pfeiles dargestellt. Der Abstand von Nulldurchgang zu Nulldurchgang, sowie von Maximum zu Maximum der Zeitkurve ist völlig konstant.

Amplitudenmodulation

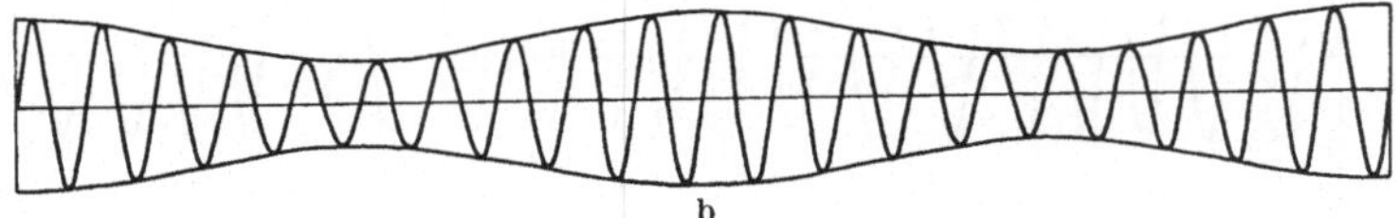

b

wie der Fall einer Schwebung gleichstarker Amplituden. Er soll stufenweise aufgebaut werden mit Hilfe der Modulation von Frequenz und Amplitude.

Die Überlagerung von Sinusschwingungen sehr verschiedener Frequenz führt zu einem in der Radiotechnik sehr wichtig gewordenen Gebiet, der sog. Modulation. Beim Rundfunk und bei der Telephonie über große Entfernungen wird die Frequenz des zu übermittelnden Schalles, etwa der Stimme, einer sehr viel höheren sog. Trägerfrequenz als Modulation aufgezwungen. Die zwei Extremfälle der Modulation treten ein, wenn entweder nur die Frequenz oder nur die Amplitude der Trägerfrequenz im Rhythmus der Modulationsfrequenz schwanken. Wegen der für die Zwecke der Hörtheorie unnötigen Komplikation beschränken wir uns hierbei auf geringen „Hub", also auf eine im Verhältnis zur Amplitude der Trägerfrequenz kleine Amplitude der Modulationsfrequenz. Wir stellen wieder wie bei Abb. 1, 2 und 19a die Amplitude der Trägerfrequenz als Pfeil dar, der sich mit der entsprechenden Frequenz um den Nullpunkt dreht. Diese Drehung bringen wir nun, wie K. W. WAGNER (2) das anschaulich schildert, dadurch zum Stillstand, daß wir uns selbst auf einer Drehscheibe mit der gleichen Frequenz umlaufend vorstellen. Dann sieht man nur noch die Relativbewegungen der Modulationsfrequenz, die als Ansatzpfeil an den Pfeil der Trägerfrequenz dargestellt ist.

Eine reine Amplitudenmodulation (Abb. 22a und b) ergibt sich, wenn entweder (Abb. 22a, Pfeil nach links unten) der Trägerfrequenz von 100 Hz zwei gleichgroße, aber entgegengesetzt relativ zur Trägerfrequenz umlaufende Schwingungen mit den Frequenzen (100—15) und (100 + 15) überlagert werden. Die Abbildung stellt den Augenblick dar, in dem sich die beiden Amplituden der aufgesetzten Schwingungen noch teilweise addieren. Nach einer Achtelschwingung werden sie sich gerade aufheben, und nach einer weiteren Viertelschwingung werden sie den Pfeil der Trägerfrequenz bis auf den inneren Kreis verkürzen. Oder aber die Amplitudenmodulation kann aufgefaßt werden als entstanden durch einen Pfeil, der während seinem Umlauf seine Länge ändert, indem er innerhalb einer Reihe von Umläufen von der Länge des Radius des äußeren Kreises zu der des inneren Kreises schrumpft und dann wieder wächst, wie das die Abb. 22b rechts oben darstellt. In beiden Darstellungsarten bleibt trotz der Überlagerung die Umlaufsfrequenz des Trägerpfeiles vollkommen unbeeinflußt und konstant 100/sec mit dem Zeitgesetz $y = (A + a \sin \omega t) \sin \Omega t = A \sin \Omega t + a/2 \cos (\Omega t - \omega t) - a/2 \cos (\Omega t + \omega t)$. Die Amplitudenmodulation kann somit

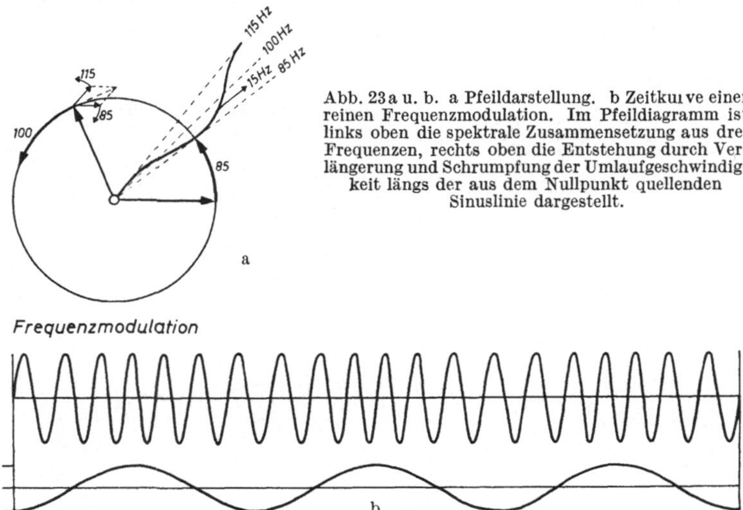

Abb. 23a u. b. a Pfeildarstellung. b Zeitkurve einer reinen Frequenzmodulation. Im Pfeildiagramm ist links oben die spektrale Zusammensetzung aus drei Frequenzen, rechts oben die Entstehung durch Verlängerung und Schrumpfung der Umlaufgeschwindigkeit längs der aus dem Nullpunkt quellenden Sinuslinie dargestellt.

wahlweise als Summe von drei Schwingungen oder als einzelne Schwingung mit wechselnder Amplitude dargestellt werden. Wiederum ist es eine Frage der Dämpfung des schwingenden Systems, auf das eine derartige modulierte Schwingung auftrifft, ob das System dem Abnehmen und Wachsen der Amplitude folgen kann, oder ob eine spektrale Zerlegung in die Summe der drei Schwingungen auch drei getrennte Resonatoren mitschwingen läßt. Praktisch kommt die Amplitudenmodulation ohne Frequenzmodulation im Schall kaum vor, weil die meisten schwingenden, Schall abgebenden Systeme mit einer Amplitudenmodulation von selbst eine Frequenzmodulation verbinden. Das An- und Abschwellen der Orgel dagegen geht so langsam und meist einmalig vor sich, daß kein Sinusgesetz der Modulation erfolgt. Im Hinblick auf die Hörschwelle für Amplitudenmodulation sei ausdrücklich hervorgehoben, daß die Überlagerung von zwei Schwingungen ungleicher Frequenz und ungleicher Amplitude keine reine Amplitudenmodulation ergibt. So bleibt die Amplitudenmodulation auf die Rundfunktechnik und auf seltene Versuche beschränkt.

Die reine Frequenzmodulation (Abb. 23a und b) kann in genau der gleichen Weise auf zwei verschiedenen Wegen erhalten gedacht werden, nämlich (Abb. 23a, links oben) als Summe von drei Schwingungen, die sich von denen der Amplitudenmodulation nur durch die Phase der aufgesetzten Schwingungen unterscheiden: Für schwache Modulation ist

$$A \sin \left(\Omega t + \frac{q}{\omega} \sin \omega t\right) = A \sin \Omega t + \frac{A q}{2\omega} \sin (\Omega + \omega)t - \frac{A q}{2\omega} \sin (\Omega - \omega)t$$

oder, wie das rechts auf Abb. 23a dargestellt ist, als einzelne Schwingung, die ihre Frequenz dauernd ändert. Freilich muß darauf aufmerksam gemacht werden, daß diese Darstellung nur für sehr schwache Frequenzmodulation ausreichend genau ist, bei merklicher Frequenzmodulation ergeben sich in der Darstellung nach dem Gleichheitszeichen eine ganze Reihe von Schwingungen, die sog. Seitenbänder. Und wenn es auch allmählich langweilig wirkt, so muß auch hier wieder gesagt werden, daß es allein von der Dämpfung eines schwingungsfähigen Systems abhängt, ob beim Einwirken einer Frequenzmodulation eine Reihe von einzelnen Resonatoren gleichzeitig dauernd nach Art der Summenzerlegung mitschwingt, oder ob zu jeder Zeit nur einer, aber im Verlaufe der Modulation bald

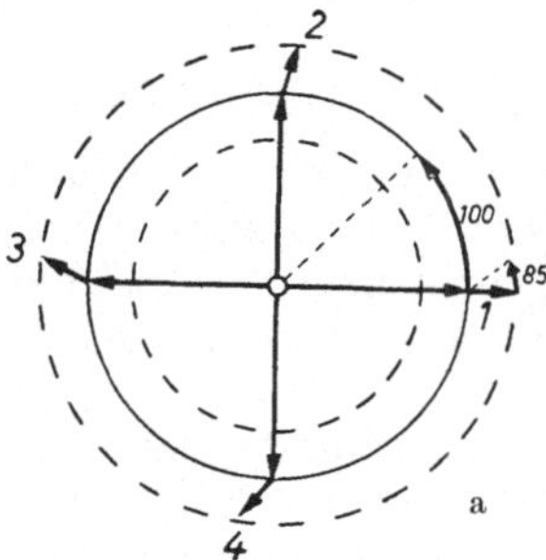

Abb. 24a u. b. a Pfeildiagramm. b Zeitkurve einer Schwebung 100:85, wobei die Amplitude der Frequenz 85 nur $^1/_4$ der Frequenz 100 ist. In der Zeitkurve ist die Umhüllende eine Sinuslinie, aber auch die Frequenzen wechseln zwischen einem Minimum zur Zeit der großen Amplituden und einem Maximum zur Zeit der kleinen Amplituden der Schwebung.

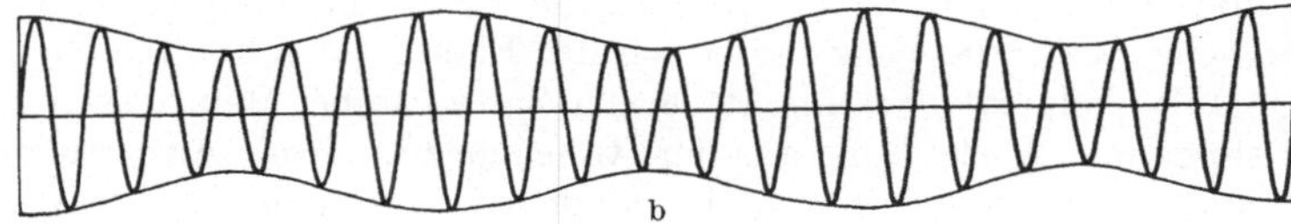

höher, bald tiefer abgestimmte Resonatoren mitschwingen. Eine bekannte Frequenzmodulation ist das Vibrato der Sängerstimme oder der Geige. Der Geigenspieler ändert dabei durch Bewegung der linken Hand die Saitenlänge und damit ihre Schwingungszahl. Außerdem wird die Frequenzmodulation in der Rundfunktechnik benutzt.

Die Überlagerung von zwei Schwingungen verschiedener Frequenz bei ungleicher Amplitude kann nun aufgefaßt werden als die Summe aus einer frequenzmodulierten und einer amplitudenmodulierten Schwingung. Der aufgesetzte Pfeil mit der Frequenz 85 der Abb. 24a verlängert und verkürzt bald den Pfeil der Trägerfrequenz 100. Zur Zeit der Verlängerung wird er vom Trägerfrequenzpfeil überholt, so daß die Resultierende sich mit kleinerer Geschwindigkeit als die Trägerfrequenz um den Ursprung dreht, zur Zeit der Subtraktion überholt die Resultierende aus beiden Schwingungen die Trägerfrequenz. Das Ergebnis ist ein Tremolo, bei dem die Frequenz zur Zeit der größten Lautstärke etwas tiefer, zur Zeit der kleinsten Lautstärke etwas höher als die mittlere Trägerfrequenz ist. Ein Resonatorensatz würde bei geringer Dämpfung der Resonatoren mit zwei maximal schwingenden Resonatoren antworten, die den beiden Frequenzen 85 und 100 entsprechen, während alle anderen dazwischen liegenden Resonatoren schwächer oder nicht angestoßen werden würden. Bei ausreichender Dämpfung dagegen wird jeweils während dem Tremolo die ganze Reihe von Resonatoren vom tiefsten, der beim Frequenzminimum zur Zeit der größten Lautstärke, bis zum höchsten, der zur Zeit des Frequenzmaximums und der kleinsten Lautstärke in Resonanz ist, hin und zurück durchlaufen, entsprechend einer Mischung aus Frequenz- und Amplitudenmodulation, die sich nicht mehr so einfach wie bei den beiden oben angeführten Fällen reiner Modulation als Produkt anschreiben läßt. Abb. 24b gibt das Zeitbild einer derartigen Überlagerung, bei dem zwar die Amplitudenmodulation sofort zu sehen ist, aber erst bei näherem Zusehen kann man erkennen, daß auch die Abstände von einer Schwingung zur anderen nicht ganz gleich sind. Diese Art von Modulation ist sowohl bei der menschlichen Stimme wie bei Musikinstrumenten häufig, auch dann, wenn eigentlich bloß eine Amplitudenmodulation angestrebt wird, weil dann die Abweichungen der elastischen Eigenschaften vom Idealfall der Abb. 14, S. 23 in Betracht kommen. Die drei Modulationsarten werden bei der Besprechung der Schwellen sowie der Rauhigkeit von Schwebungen benötigt werden (S. 149).

9. Abweichungen vom Hookeschen Gesetz und Kombinationstöne.

Die Antwort eines schwingungsfähigen Systems auf eine sinusförmig verlaufende erzwingende Kraft ist nur dann wieder sinusförmig, wenn die elastische Kraft streng proportional dem Ausschlag ist. Zeichnet man die Auslenkung aus der Ruhelage in der Abszisse, die dabei wachgerufene elastische Kraft in der Ordinate an, so gilt ein Sinusgesetz nur für den Fall einer geraden Linie als Dehnungskurve. In der Technik werden auch schwach gekrümmte Dehnungskurven noch durch eine Gerade genähert, um den meist unnötigen, weil nicht entscheidend wichtigen mathematischen Ballast gekrümmter Dehnungskurven zu vermeiden. So wird als Näherung das Hookesche Gesetz von der Proportionalität zwischen Dehnung und elastischer Kraft benutzt, obwohl es fast kein Material gibt, für das das Hookesche Gesetz im ganzen Bereich der Elastizität (ohne bleibende Formänderung) Gültigkeit hat. So nimmt bei der Saite wie bei Membranen die Spannung mit steigender Auslenkung aus der Ruhelage zu. Große Amplituden führen damit zu einer Erhöhung der Eigenschwingungszahl. Genau umgekehrt ist es bei Blasinstrumenten, deren Eigenschwingungszahl mit steigender Amplitude abnimmt, weil der Druckknoten dabei aus der Öffnung herausgeblasen wird, die wirksame Pfeifenlänge damit vergrößert wird, wenn der Bläser diese Änderung nicht am Mundstück etwa der Oboe wieder ausgleichen kann.

Es muß unterschieden werden zwischen solchen Abweichungen vom Hookeschen Gesetz, die für positive und negative Auslenkung aus der Ruhelage symmetrisch sind, also etwa eine S-förmige Dehnungskurve ergeben, und solchen Abweichungen, die bei positiven Ausschlägen eine andere Form haben als bei negativen Ausschlägen, die also unsymmetrisch um den Nullpunkt sind. Viele einfache Materialien, wie z. B. Stahl, haben eine einigermaßen symmetrische Dehnungskurve, und besonders die Saiteninstrumente und Membranen besitzen bei positiver und negativer Auslenkung aus der Ruhelage im allgemeinen die gleiche Abweichung vom Hookeschen Gesetz. Schon ein gewöhnliches Kohlemikrophon dagegen hat eine unsymmetrische Dehnungskurve, weil die Membran hier einseitig an den Kohlekörnern anliegt, und daher nach dieser Seite nicht in gleicher Weise ausgelenkt werden kann, als entgegengesetzt. Dazu kommt dann noch eine entsprechende elektrische Asymmetrie. Aber auch die Stapesbewegungen bei sinusförmiger Druckschwankung im Gehörgang zeigen eine asymmetrische Dehnungskurve. Bei der Übertragung von reinen Sinusschwingungen durch solche Systeme entstehen Obertöne, die den Charakter des Tones wesentlich verändern. Jedermann ist das Klirren geläufig, das bei Übersteuerung von Rundfunkgeräten auftritt, wenn die Verstärkung sich nicht auf den linearen Teil der Charakteristik der Verstärkerröhren beschränkt. Die umfangreiche mathematische Behandlung nichtlinearer Systeme, die H. v. Helmholtz (2) begonnen hat, ist bei F. Trendelenburg angegeben. Nicht nur eine nichtlineare Elastizität, sondern ebenso eine Veränderung der schwingenden Masse (Schaukelpferd) oder der Reibung z. B. bei der Viscosität von schwingenden Flüssigkeiten führt zu den gleichen Erscheinungen.

Besonders wichtig werden die nichtlinearen Verzerrungen aber erst beim Einwirken von Klängen auf ein solches System. Seit H. v. HELMHOLTZ sind die dabei auftretenden Kombinationstöne bekannt. Unsymmetrische Verzerrung führt zu besonders starker Differenztonbildung, wie das Abb. 25 für ein Kohlemikrophon zeigt. Der Differenzton erster Ordnung hat eine Frequenz, die gleich der Differenz der beiden Primärtonfrequenzen ist. Allgemein bilden sich Differenztöne nach einem Bildungsgesetz $f_k = m f_1 \pm n f_2$, wenn f_1 und f_2 die Frequenzen der Primärtöne sind, m und n sind dabei der Reihe nach alle ganzen Zahlen. Im Ohr einer Katze haben NEWMAN, STEVENS und DAVIS nicht weniger als 76 Kombinationstöne in nachweisbarer Stärke gefunden.

Die nichtlineare Verzerrung wird technisch bei der Hochfrequenzgleichrichterröhre benutzt, die im Rundfunkgerät die Modulation der Trägerfrequenz wieder heraussiebt, so daß die Modulationsfrequenz allein weiterverstärkt und dem Lautsprecher zugeführt werden kann. Im Gehörorgan finden sich Nichtlinearitäten sowohl im Mittelohr, wie im Innenohr, und die Kombinationstöne benutzt der

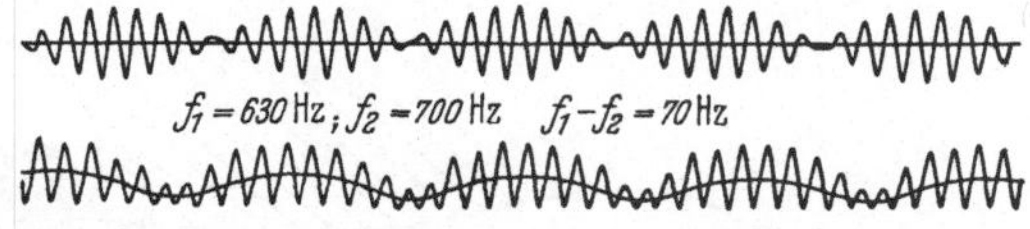

Abb. 25. Differenztonbildung an einem nichtlinearen System (Kohlemikrophon). [Aus F. TRENDELENBURG.]

Musiker unbewußt zum Stimmen der Instrumente, auch wenn sie gar nicht im Instrument oder in der Luft vorhanden sind, indem er sie sich in seinem Ohr erzeugt. Das angeführte Bildungsgesetz läßt sofort erkennen, daß die Differenztöne dann harmonisch zu den Primärtönen werden, wenn es sich um ganzzahlige Verhältnisse zwischen den Primärtönen handelt. So haben Grundton und Oberoktave als Differenzton erster Ordnung wieder den Grundton, Grundton und Quint die Unteroktave des Grundtones, Grundton und Quart die zweite Unteroktave der Quart. Die Differenztöne höherer Ordnung dagegen sind nur dann harmonisch, wenn Grundton und Oberoktave zusammen erklingen. Ohren mit starker symmetrischer Nichtlinearität, bei denen besonders die Differenztöne zweiter Ordnung entstehen, hören daher z. B. eine Terz mit dem Zahlenverhältnis $4:5$ der Primärtöne durch die Differenztöne zweiter Ordnung. $2 \cdot 5 - 4 = 6$ und $2 \cdot 4 - 5 = 3$ ergänzt zum Durdreiklang $4:5:6$, wobei die miterklingende Sext $3:5$ unharmonisch klingt. Fehlt dagegen die symmetrische Nichtlinearität, und wird nur der Differenzton erster Ordnung gebildet, so hört man bei der Terz nur die zweite Unteroktave mit heraus. Die gleiche Musik hören daher verschiedene Beobachter unterschiedlich je nach der nichtlinearen Verzerrung ihres Gehörorgans.

II. Reiztransportorgan.

1. Einleitung und Abgrenzung.

Das Antransportorgan für den Schall besteht anatomisch aus all den Teilen, die die Schallenergie von der Umgebung an die Sinneszellen im CORTISchen Organ heranbringen. Das Antransportorgan im engeren Sinn ist dabei die eigentliche Schalleitung: Ohrmuschel, äußerer Gehörgang, Mittelohr und die beiden Perilymphkanäle. Es wird sich allerdings bei näherer Prüfung herausstellen, daß auch die Schwingungsfähigkeit der Kopfknochen und besonders das Unterkiefergelenk wesentlich zur Übertragung von Schall auf die Perilymphe der Schnecke beitragen. Die Abgrenzung des Antransportorgans muß daher irgendwie willkürlich erfolgen, indem nur die anatomischen Teile dazugerechnet werden, die

ganz vorwiegend mit der Energieübertragung des Schalles zum Transformationsorgan zu tun haben, während die hauptsächlich anderen Zwecken dienenden
Organe wie der Unterkiefer nicht mehr zum Gehörorgan gerechnet werden
können.

Das gesamte Antransportorgan zerfällt, wie schon hervorgehoben, seiner Aufgabe nach nochmals in zwei auch anatomisch deutlich getrennte Abschnitte.
Ohrmuschel, äußerer Gehörgang und Mittelohr mit Trommelfell, Gehörknöchelchen und Mittelohrmuskeln dienen ausschließlich dazu, die Schallenergie auf-
zunehmen und möglichst ohne Veränderung ihrer physikalischen Besonderheiten
der Frequenzzusammensetzung, auf die Perilymphe der Schnecke zu übertragen.
Dieser Teil des gesamten Antransportorgans stellt somit eine reine Transport-
einrichtung dar, die den adäquaten Reiz aus der Fülle der übrigen Reize aus-
sondert und weiterleitet. Es soll daher dieser Teil als Reiztransportorgan

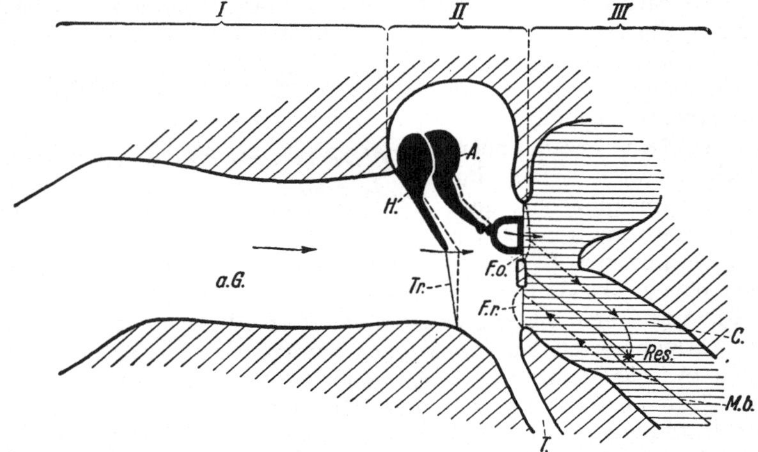

Abb. 26. Übersicht über Außenohr (*I*), Mittelohr (*II*), und Innenrohr (*III*). *a. G.* äußerer Gehörgang, *H.* Hammer, *A.* Amboß, *Tr.* Trommelfell, *F. o.* ovales Fenster mit Steigbügel, *F. r.* rundes Fenster (punktiert seine Ausweichmöglichkeit bei Druckerhöhung im Innenohr). *T.* Tube, *C.* Cochlea, *M. b.* Basilarmembran,
Res. Resonanzstelle für eine bestimmte Frequenz. (Aus REIN.)

bezeichnet werden. Freilich sind in diesem anatomischen Abschnitt Einrichtungen
getroffen, die zugleich dem Schutz des Ohres gegen Schädigung durch zu starke
Schallreize dienen. Außer der Bevorzugung des adäquaten Reizes für die Aufnahme hat damit das Reiztransportorgan weitere Aufgaben. An diesem Abschnitt
schließt hinter der Stapesfußplatte das Innenohr mit den beiden Perilymph-
kanälen, der Scala vestibuli und der Scala tympani an, dazwischen der Endolymphkanal mit dem CORTISCHEN Organ. Hier erfolgt nicht mehr nur ein Energie-
transport, sondern je nach der Qualität des Reizes, nach der Frequenz, wird die
ankommende Energie auf verschiedene Stellen des Transformationsorgans verteilt, wie im Auge das Licht durch den dioptrischen Apparat auf verschiedene
Netzhautelemente verteilt wird. Doch wird noch immer die unverwandelte mechanische Energie des Reizes ohne Umwandlung in Nervenerregung zerlegt. Für
diesen Teil, den wir damit noch nicht zum Transformationsorgan rechnen können,
schlage ich den Namen Reizverteilungsorgan vor. Das gesamte Antransportorgan läßt sich damit in das Reiztransportorgan und das Reizverteilungsorgan
unterteilen, wobei die Grenze an der Innenseite der Steigbügelfußplatte liegt.
Wie jede Unterteilung, enthält auch diese etwas Willkürliches. Denn die Eigenschaften des Reiztransportorgans lassen sich weder untersuchen noch beschreiben,
ohne daß die Ankoppelung der Endolymphe beachtet wird.

Der adäquate Reiz trifft in den meisten Fällen als Schwingung der umgebenden Luft auf unseren Körper, nur beim Hören der eigenen Stimme und z. B. beim Horchen mit dem Hörrohr werden mechanische Schwingungen über die Weichteile oder unmittelbar über die Kopfknochen auf das Innenohr übertragen. Wir müssen daher von vorneherein zwei verschiedene Wege des Transportes von Schall zum Innenohr unterscheiden, nämlich

die Luftleitung über Gehörgang — Trommelfell — Kette der Gehörknöchelchen zum ovalen Fenster, und

die Knochenleitung, bei der die Schwingung der Schädelknochen unmittelbar auf die Perilymphe übertragen wird, während die Gehörknöchelchenkette relativ stillsteht.

Der Gesamtmechanismus des Mittelohres kann von verschiedenen Gesichtspunkten aus betrachtet werden. Zunächst ist er ein schwingungsfähiges Gebilde, dessen Bewegungen beim Einwirken periodischer Kräfte am Trommelfell den Gesetzen der erzwungenen Schwingung gehorchen. Weiterhin wird die geringe Luftdruckschwankung am Trommelfell, wo sie auf eine große Fläche einwirkt, auf die viel kleinere Stapesfußplatte übertragen, so daß dort die Kräfte größer, die Volumverschiebungen dafür kleiner sind. Das Mittelohr kann also als Kraftübertragung betrachtet werden. Endlich muß der Energiestrom aus dem Schall in der Luft in die Flüssigkeit der Perilymphe untersucht werden. Ein Teil der Schallenergie wird am Trommelfell reflektiert, ein Teil wird ans Innenohr weitergegeben. Der Mechanismus wird einen um so größeren Teil der auftreffenden Schallenergie weiterleiten, je weniger reflektiert wird. Zuletzt verändert die Übertragungseinrichtung sowohl durch ihre elastischen Eigenschaften, wie durch ihre Trägheit, aber auch durch die Veränderung ihrer Eigenschaften unter der Einwirkung der Mittelohrmuskeln nicht nur die Amplitude des auftreffenden Schalles, sondern gelegentlich auch die Zahl und Amplituden der Obertöne.

2. Äußeres Ohr und Gehörgang.

Schon die Tatsache, daß die Vögel keine Ohrmuschel besitzen, zeigt, daß dieses Organ zum Aufnehmen des Schalles nicht unbedingt notwendig ist. Bei einer großen Zahl von Säugern stellt die Ohrmuschel einen Schalltrichter dar, durch den die auf die größere senkrecht zur Schallrichtung stehende Projektion der Ohrmuschel auftreffende Energie nach Art eines Parabolspiegels an die äußere Öffnung des Gehörganges reflektiert und somit gesammelt wird. Je nachdem, in welche Richtung die offene Seite der Ohrmuschel gedreht wird, kann so der Schallempfang aus einer Richtung bevorzugt werden, während die Projektionsfläche um so kleiner wird, je weiter seitlich von dieser Richtung der Schall auffällt. So hat die Fledermaus Rhinolophus ferrumequinum (MÖHRES) lebhafte schallokalisierende Bewegungen ihrer im Verhältnis zur Tiergröße auffallend großen Ohrmuscheln. Aber daneben spielte die Ohrmuschel bei den Säugern eine wichtige Rolle als mimisches Ausdrucksmittel, und besonders bei Pferden, Hunden, und übrigens auch Kamelen kann der Geübte (K. LORENZ) die Stimmung der Tiere daran ablesen. Und wer dem Liebesspiel der Pferde zugesehen hat, weiß, wie sehr hier der Ausdruck mittels der Ohrmuscheln dem Partner jede leiseste Regung verrät. Beim Menschen spielt die fast unbewegliche, nahezu am Kopf anliegende und nur in dem kleinen unteren Teil trichterförmige Ohrmuschel akustisch nur eine geringe Rolle. So soll auch das Gehör durch Verlust der Ohrmuschel nicht merklich beeinträchtigt werden (SCHEMINZKY). Lediglich für die Unterscheidung, ob Schall von hinten oder von vorne kommt, ruft die Ohrmuschel beim Richtungshören eine Differenz der Lautstärke durch Abschirmung gerade von hinten kommenden Schalles hervor (s. S. 154). Der Mensch ist jedoch gewohnt, bei leisen Geräuschen die hohle Hand als Schalltrichter und Abschirmung hinter das Ohr zu halten, wenn ohne dieses Hilfsmittel das Geräusch, auf das die Aufmerksamkeit gerichtet ist, zu leise ist oder im allgemeinen Lärm untergeht. Hier zeigt sich auch gleich, daß beim Menschen das Ohr allein keine mimische Bedeutung hat, daß vielmehr neben der übrigen vom Facialis innervierten Gesichtsmuskulatur besonders Handbewegungen das ersetzen, was beim Säugetier die Ohrmuschelbewegungen bedeuten.

Der teils knorpelig, teils knöchern begrenzte Gehörgang ist bei den meisten Säugern wesentlich anders geformt als beim Menschen. So biegt der Gehörgang beim Schwein kurz vor dem Trommelfell von seinem horizontalen Verlauf senkrecht nach oben um. Das Eindringen von Wasser ist hierdurch sicher mehr erschwert, als durch den von B. Henneberg behaupteten Verschluß des Gehörganges durch die Ohrmuschel. Beim Menschen besitzt der Gehörgang nur eine leichte Doppelkrümmung, durch die der äußere Eingang etwas tiefer steht als der innere knöcherne Teil. Er ist etwa 2,7 cm lang und hat einen Durchmesser zwischen 6 und 8 mm. Da das Trommelfell stark gegen die Gehörgangsachse geneigt ist, und außerdem den Schall nicht total reflektiert, läßt sich die wirksame Pfeifenlänge als gedeckte Pfeife viel einfacher experimentell als rechnerisch ermitteln, wie das schon Helmholtz getan hat. Es ist hierzu nur die Tonhöhe zu bestimmen, die beim Anblasen des Ohres über den Tragus mittels eines Schlauches oder bei Wind von vorne gehört wird, indem man einen Otoaudionton möglichst ebenso hoch einstellt. Es werden dabei Werte zwischen 2000 und 3000 Hz gefunden, entsprechend einer wirksamen Pfeifenlänge von 4—2,75 cm. Durch die Resonanz der Luftsäule im Gehörgang werden demnach Töne entsprechend dem Eigenton der Luftsäule verstärkt. Druckmessungen (Fleming) ergaben eine Drucküberhöhung am Trommelfell im Bereich zwischen 2500 und 4000 Hz, während die später zu besprechenden Messungen von G. v. Békésy einen etwas tiefer liegenden Bereich ergaben. Littler fand eine Hörschwellensenkung im Bereich um 9000 Hz, wenn die Luft im Gehörgang durch Wasserstoff ersetzt wurde, in dem die Schallgeschwindigkeit 1261 m/sec statt 332 m/sec in Luft besitzt. Die Wirkung der Gehörgangsresonanz wird zweckmäßig einbezogen in die Gesamtwirkung des Mittelohres auf die Übertragung des Schalles aufs Innenohr. Immerhin ist es beachtenswert, daß das Sausen des Windes nicht allein einer objektiven Gegebenheit auch ohne den Menschen entspricht, sondern durch das Anblasen der Eigenresonanz des äußeren Gehörganges eine, nicht bei allen Menschen gleiche, charakteristische Tonhöhe erhält. Die Bedeutung eines Verschlusses des Gehörganges für das Hören muß im Zusammenhang mit der Knochenleitung besprochen werden.

3. Anatomische Vorbemerkungen zum Mittelohr.

Die gesamte Paukenhöhle mit den angeschlossenen Nebenräumen des sehr verschieden stark pneumatisierten Felsenbeines ist mit einfachem Plattenepithel ausgekleidet, nur die Tuba Eustachii besitzt Flimmerepithel, dessen Wirkung Sato untersucht hat. Die Schleimhaut absorbiert nach den Partiardruckverhältnissen ebenso wie die Pleura beim Pneumothorax dauernd sowohl Sauerstoff wie Stickstoff, so daß Holmgreen (1, 2) bei sorgfältiger Abdichtung einer Meßeinrichtung in der Bulla beim Verschluß der Tube innerhalb einiger Stunden meßbare Drucksenkungen im Mittelohrraum fand. Normalerweise wird durch die Tube, die sich nach Perlmann nicht regelmäßig beim Schlucken, aber begünstigt durch Vorwärtsneigen des Kopfes öffnet, der Luftdruckausgleich zwischen Nasenrachenraum und Mittelohr hergestellt. Gleichzeitig schützt die gewöhnlich verschlossene Tube das Mittelohr vor Infektion und vor den Luftdruckschwankungen bei Atmung, Husten und Stimmgebung. Die Ausdehnung der Paukenhöhle und die Anordnung der Gehörknöchelchenkette schwankt von Tierart zu Tierart sehr stark, und nur die Menschenaffen besitzen eine dem Menschen ähnlich gestaltete Gehörknöchelchenkette und Paukenhöhle [Ardouin (1, 2)]. Bei den Nagern und besonders bei allen Wüstentieren [Zavattari (1, 2)] ist die Paukenhöhle zur Bulla erweitert. Für experimentelle Arbeiten ist es wichtig, daß beim Meerschweinchen fast die gesamte Schnecke frei in der Bulla von drei Seiten zu sehen ist, dafür allerdings ist das runde Fenster beim

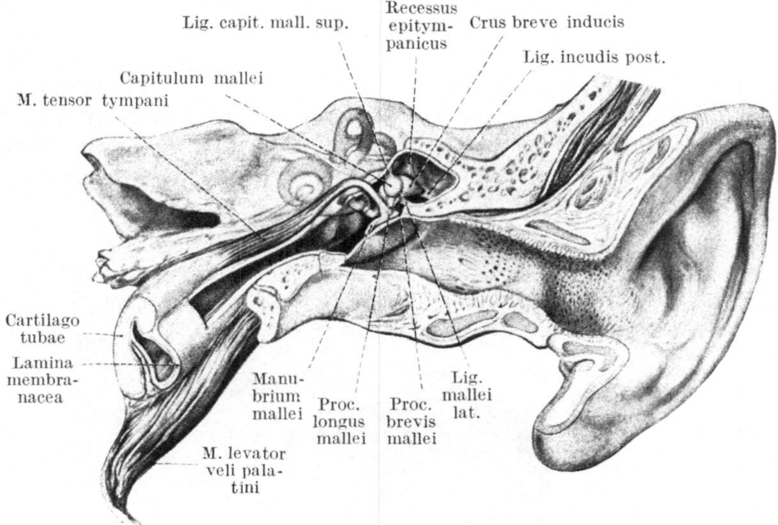

Abb. 27. Übersichtsbild über das Gehörorgan. [Aus Benninghoff.]

Meerschweinchen vom Amboßschenkel (Tanturri und Malan) und dem Steigbügel so beengt, daß es nur schwer zugänglich ist. Bei der Katze dagegen liegt das runde Fenster hinter der Gehörknöchelchenkette und ist sehr leicht auch operativ zu erreichen, ohne daß die Gehörknöchelchenkette dabei gefährdet wird. Während beim Menschen zwischen der Nische des ovalen Fensters und dem tief versteckt liegenden runden Fenster das Promontorium liegt, bildet bei Katze und Meerschweinchen nur der Wulst des unteren Endes der Scala tympani eine Abtrennung der beiden Fenster.

Die Grenze zwischen äußerem Gehörgang und dem Mittelohr bildet das etwa 10 mm im Durchmesser messende, gegen die Sagittalebene beim Menschen um ungefähr 45° von oben außen nach unten innen geneigte Trommelfell, das außerdem trichterförmig nach innen gewölbt ist (Abb. 27). Außer der in allen Lehrbüchern der Anatomie beschriebenen Pars flaccida im oberen, etwa über den sonst kreisförmigen Umriß seiner Befestigungslinie hinausreichenden Quadranten beschreibt G. v. Békésy (16), daß auch der Unterrand des Trommelfelles mit einer leichtbeweglichen Falte versehen ist, die vielleicht besser als Vorwölbung dieses Unterrandes nach innen mit einem Krümmungsradius von 0,5—0,8 mm beschrieben wird, und wie sie auch auf Abb. 28 nach G. v. Békésy (16) und Abb. 29 nach Benninghoff deutlich erkennbar ist. Das Trommelfell ist aufgebaut aus straffen, radiären elastischen und zirkulären Bindegewebsfasern, deren Altersveränderungen Zanzucchi beschreibt, und mit elastisch unwirksamen Haut- und

Schleimhautschichten überzogen. Nach H. v. HELMHOLTZ (*1*) stellt das Trommelfell eine Membran dar, die durch Dehnung besonders der Zirkularbündel nach innen weiter vorgewölbt wird, wenn von außen ein Überdruck auf ihr lastet. Während H. v. HELMHOLTZ die statische Ausbauchung des Trommelfelles beim Einwirken eines konstanten Druckes berechnet hat, hat G. v. BÉKÉSY (*16*) die dynamische Ausbauchung beim Einwirken eines Schalles mit einer kapazitiven Sonde ausgemessen. Er findet, daß sich bis etwa 2400 Hz der mittlere Teil des Trommelfelles mit etwa 55 mm² Fläche wie eine starre Platte mit dem Hammerstiel zusammen um die Hammerachse dreht, während nur in der restlichen Randfläche von etwa 30 mm² und besonders stark gegenüber der Hammerachse am Unterrand des Trommelfelles die Amplitude der Trommelfellbewegung rasch abfällt. Die Kurven gleicher Bewegungsamplitude, wie sie nach G. v. BÉKÉSY (*16*) Abb. 30 zeigt, sind zu lesen wie eine Schichtlinienkarte. Die größte Am-

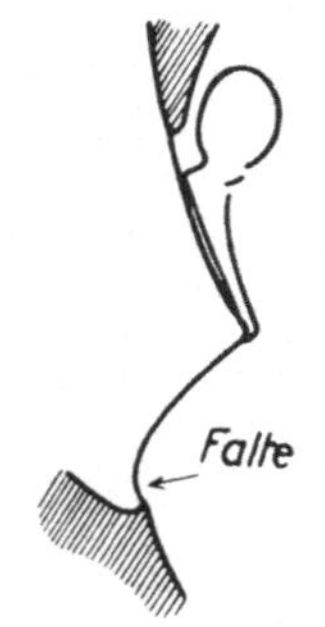

Abb. 28. Schnitt durch das Trommelfell. Am Rand gegenüber dem Hammergriff ist eine leichtbewegliche Falte. [Nach G. v. BÉKÉSY (*16*).]

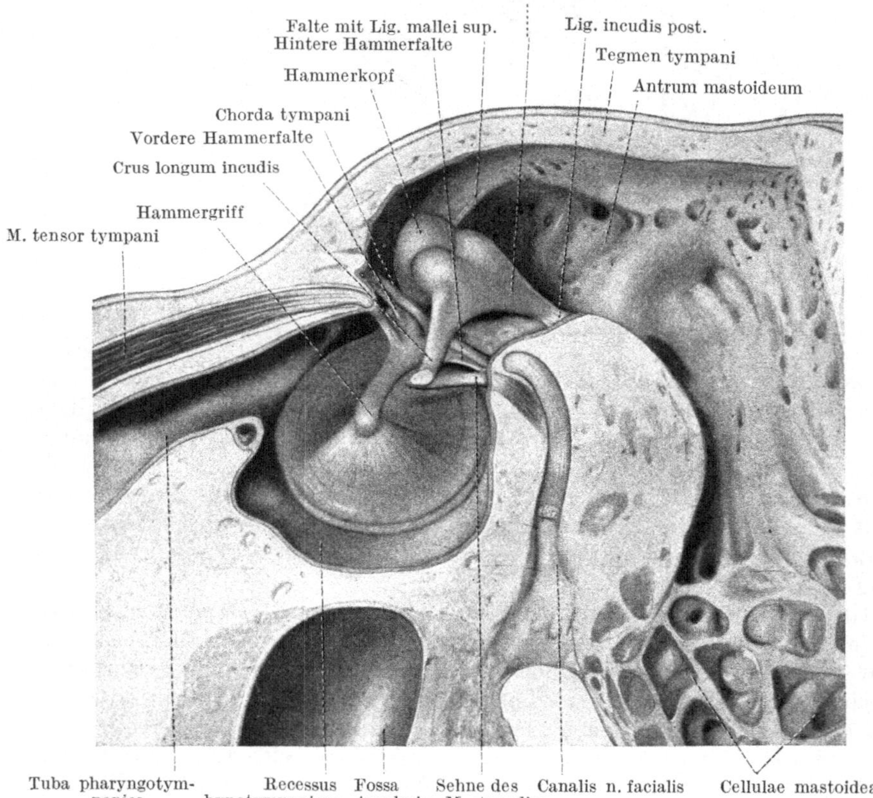

Abb. 29. Aufsicht auf das Trommelfell von medial her nach Entfernung des Felsenbeins einschließlich des Stapes. Zur Darstellung der Falte am Unter-Vorderrand des Trommelfelles und der Gehörknöchelchen. [Aus BENNINGHOFF.]

plitude zeigt das Trommelfell demnach nahe dem unteren Rand, also weit außerhalb des Hammergriffes. Oberhalb 2400 Hz dagegen verliert der konische Teil des Trommelfelles seine Starrheit, und der Hammergriff bleibt dann gegenüber der Ausbuchtung der benachbarten Trommelfellteile zurück. Die Ausbauchung des Trommelfelles ist dann dieselbe wie bei statischem Druck, wenn der Hammergriff festgehalten wird.

Von der sensiblen Versorgung des Trommelfelles ist erwähnenswert, daß nicht nur Berührung von außen, sondern auch größere Bewegungsamplituden bei Schwingungen nach LIERLE und REGER zu Schmerzempfindung führen, die bei gleichlautem Schall und fehlendem Trommelfell ausbleiben soll.

Von den Gehörknöchelchen, Hammer, Amboß und Steigbügel hat nur der Amboß mit seinem kurzen Fortsatz eine gelenkige Lagerung am Knochen der Paukenhöhlenwand. Der Hammer, dessen Griff mit dem Trommelfell verwoben ist, wird durch zahlreiche Bänder, besonders das Achsenband und das Lig. Mallei sup. sowie durch den Zug der Sehne des Musculus tensor tympani elastisch in seiner Lage gehalten, bei der er in dem durch H. v. HELMHOLTZ (1) so ausfühlich beschriebenen sattelartigen Gelenk mit dem Amboß in Berührung steht. Der Steigbügel endlich, dessen schwache, in horizontaler Richtung etwa 3 mm lange und senkrecht darauf etwa 1,3 mm hohe Fußplatte im Foramen ovale elastisch mit

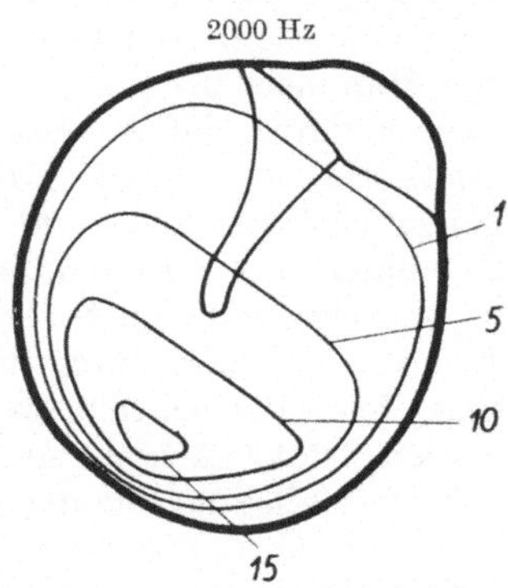

Abb. 30. Kurven gleicher Schwingungsamplitude am Trommelfell bei Frequenzen unter 2400 Hz. [Aus G. v. BÉKÉSY (16).]

geringer Beweglichkeit eingelenkt ist, und dessen Köpfchen durch den Musculus stapedius (Abb. 31) nach rückwärts gezogen werden kann, ist mit dem langen Amboßschenkel ebenfalls gelenkig verbunden. Die Steigbügelfußplatte steht auf

der Innenseite in Berührung mit der Perilymphe der Scala vestibuli. Dabei ist nach G. v. BÉKÉSY (13) das Ringband am vorderen Teil leichter dehnbar als hinten, so daß bei Kippung des Steigbügels um eine senkrechte Achse der Vorderrand wesentlich mehr als der Hinterrand bewegt wird.

Besonders beachtet muß noch die Lagerung der Gehörknöchelchen werden. Wie man sofort einsieht, handelt es sich bei Hammer und Amboß um Hebeleinrichtungen, bei denen die einwirkende Kraft einen anderen Hebelarm hat als die weitergegebene Übertragungskraft. Solche Hebel, wie wir

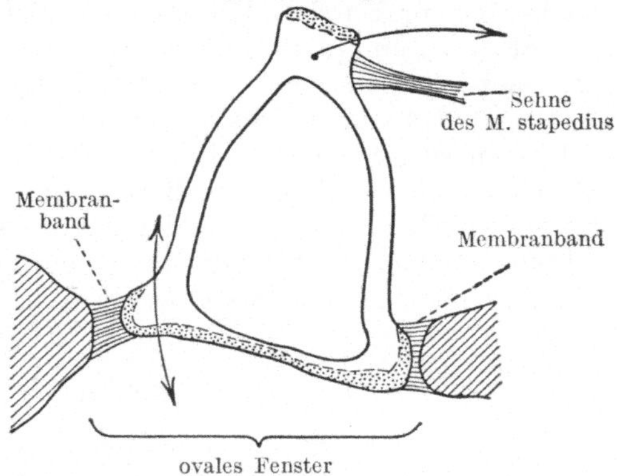

Abb. 31. Wirkung des M. stapedius auf den Steigbügel. Die Zugrichtung der Sehne geht nach hinten am Schädel. [Aus REIN].

sie z. B. als Schreibhebel in der Physiologie verwenden, üben im allgemeinen einen merklichen Druck auf ihre Lager aus. Dieser Lagerdruck wechselt bei Schwingungen dauernd die Richtung, beim Hingang hat die Lagerkraft die umgekehrte Richtung wie beim Zurückgang eines derartigen Hebels. Es gibt aber bei jedem Hebel eine mögliche Lage der Achse, bei der unter Berücksichtigung der Massenkräfte, nach der dynamischen Grundgleichung Masse mal Beschleunigung = Kraft, die durch die Bewegung der Masse des Hebels wachgerufen werden, die Lagerkraft gleich Null wird. Bei Maschinen sucht der Ingenieur die Lagerkräfte möglichst klein zu halten, indem die Massen ausgewuchtet werden, die Lokomotive besitzt an jedem Triebrad ein Gegengewicht, das der

Massenkraft des Gestänges Gleichgewicht hält, und die Zylinder von Verbrennungsmotoren werden in geeigneter Weise versetzt, so daß ein Kolben aufwärts geht, wenn der andere sich abwärts bewegt. G. v. BÉKÉSY (*16*) hat hierzu ebenso einfache wie eindeutige Versuche gemacht. Der Hammer wird über die Bänder Lig. proc. long. mall, Lig. cap. mall. sup. und Lig. mall. lat. in seiner Stellung gehalten. Die Lagerkräfte können daher nur über diese Bänder übertragen werden. Schneidet man nun diese Bänder durch, so bleibt die Bewegung des Hammers beim Einwirken von Schwingungen vollkommen unverändert, ein Beweis dafür, daß bei Schwingungen die Lagerkräfte des Hammers gleich Null sind. Hierzu muß der Drehpunkt des Hammers im gemeinsamen Schwerpunkt seiner eigenen Masse und der bei seiner Bewegung mitgenommenen Massen von Trommelfell und Amboß liegen. Auch beim Amboß scheint die Massenverteilung so zu sein, daß sein Schwerpunkt bei der Schwingung in Ruhe bleibt, daß also keine Lagerkräfte durch die Massenbeschleunigung des Amboß ausgeübt werden. Aus dieser Betrachtungsweise wird auch verständlich, wozu Hammer und Amboß jenseits ihrer Achsen so verhältnismäßig große Knochenmassen besitzen, die für die Hebelübersetzung selbst keine Bedeutung haben.

Nach G. v. BÉKÉSY (*13*) geht die Verbindungslinie vom kurzen Amboßschenkel zum Ansatzpunkt des vorderen Achsenbandes des Hammers durch die Schwerpunkte der beiden Knöchelchen, und diese Verbindungslinie ist zugleich die Drehachse. Die Bedeutung dieser Feststellung sieht G. v. BÉKÉSY ebenso wie BÁRÁNY darin, daß dadurch die beim Sprechen zum Mittelohr gelangenden Schwingungen vom Ohr abgehalten werden sollen.

Der Steigbügel ist mit seinem Ligamentum annulare im ovalen Fenster mit geringer Bewegungsmöglichkeit befestigt. Da sich hinter der Steigbügelfußplatte sofort die praktisch inkompressible Perilymphe befindet, ist eine Bewegung der Steigbügelfußplatte nur möglich, wenn gleichzeitig die Perilymphe ausweicht. Die einzige Stelle des knöchernen Labyrinthes, an der Flüssigkeit ausweichen kann, ist das runde Fenster, das ebenfalls durch eine elastische Membran verschlossen ist. Nach G. v. BÉKÉSY (*20*) finden sich sowohl Ohren, bei denen die elastische Rückstellkraft bei Bewegung des Steigbügels im ovalen Fenster gering, dafür die Membran des runden Fensters verhältnismäßig hart ist, wie solche Ohren, wo umgekehrt der Steigbügel eine große Steifigkeit besitzt, dafür die Membran des runden Fensters sehr weich ist.

4. Statik der Gehörknöchelchenkette.

Die Beschreibung der Bewegungsmöglichkeiten der Gehörknöchelchenkette ist unglückseligerweise lange Zeit damit belastet gewesen, daß zunächst von dem Zweck der Übertragung der Trommelfellschwingungen auf die Perilymphe des Innenohres ausgegangen wurde, und mehr oder weniger vollständig festgestellt wurde, ob und wie die Gehörknöchelchenkette diese ihre vom Untersucher gestellte Aufgabe erfüllt. Erst die Entwicklung der modernen elektroakustischen Meßmethoden erlaubte es, mit Aussicht auf Erfolg die Frage der Energieübertragung anzugehen.

Durch die gesamten elastischen Verbindungen der Gehörknöchelchenkette untereinander und durch ihre Befestigungen am Trommelfell, am Gelenk des kurzen Amboßschenkels und an der Stapesfußplatte wie durch die Muskelsehnen ist jedem Druckunterschied zwischen äußerem Gehörgang und Mittelohr eine einzige Gleichgewichtslage der Gehörknöchelchenkette zugeordnet, so lange weder Massenbeschleunigungen noch Undichtigkeiten der Perilymphräume etwa durch Auspressen von Blutgefäßen oder durch den Aquaeductus cochleae eine Rolle spielen. Diese Gleichgewichtslagen, der Verlauf der statischen Kennlinie zwischen Druckdifferenz und Auslenkung aus der Ruhelage, sind experimentell nicht untersucht und auch nicht besonders bedeutungsvoll, denn praktisch kommen eben nur rasche Schwingungen mit Massenbeschleunigungen in Frage, und die experimentelle Feststellung der Gleichgewichtslagen scheitert daran, daß für langsame Veränderungen der Druckdifferenz die Perilymphe aus den aufgeführten Gründen einfach ausweichen kann. Nur über die Flüssigkeitsverschiebung in der Scala vestibuli hat H. KOBRAK (4) einige statische Messungen gemacht. Die statische Kennlinie kann jedoch durch langsame Schwingungen nicht wesentlich verändert werden, so lange die Kräfte keine Rolle spielen, die zur Beschleunigung der Masse der Knöchelchen aufgewendet werden müssen. Bis etwa 200—300 Hz ist zu erwarten, daß sich die dynamische Kennlinie nicht aus Gründen der Massenbeschleunigungen von der statischen Kennlinie unterscheidet. So hat G. v. BÉKÉSY (13, 16) langsame Schwingungen zur Untersuchung der Bewegungsform des Steigbügels benutzt. Die stempelartige Bewegung der Steigbügelfußplatte ins Foramen ovale, wie sie sich H. v. HELMHOLTZ (1) vorgestellt hat, und die auch O. FRANK (3) seinen Berechnungen zugrunde gelegt hat, konnte im Experiment überhaupt nicht beobachtet werden. Vielmehr beobachtete G. v. BÉKÉSY (13) bei mittleren Schalldrucken am Leichenpräparat, daß bei einer Einwärtsbewegung des Trommelfelles und damit des Hammergriffes der Amboß um seinen Drehpunkt am Ende des kurzen Fortsatzes das Köpfchen des Steigbügels im wesentlichen nach vorne einwärts verschiebt (Abb. 32 oben), so daß der vordere, beweglichere Teil der Steigbügelfußplatte Perilymphe verdrängt, während bei Auswärtsbewegung des Hammergriffes der Steigbügel wieder zurückgedreht wird, und die Perilymphe wieder nachdrängen kann. Bei größeren

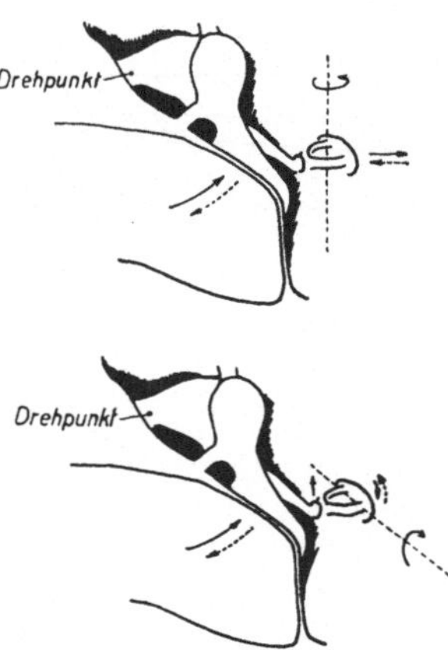

Abb. 32. Schwingungsform der Gehörknöchelchen nach G. v. BÉKÉSY, oben Schwingung um die vertikale Achse bei kleinen Amplituden, unten Schwingung um die horizontale Achse, nach G. v. BÉKÉSY oberhalb der Schmerzgrenze eintretend. [Aus G. v. BÉKÉSY (13).]

Bewegungsamplituden des Trommelfelles beschreibt dagegen G. v. BÉKÉSY (13) den Übergang dieser Schwingungsform in eine andere, bei der das Steigbügelköpfchen nach oben und unten schwingt, so daß sich die Fußplatte des Steigbügels um ihre Längsachse dreht (Abb. 32 unten). Die Flüssigkeitsverschiebungen in der Perilymphe sollten mit dem Umspringen in diese Schwingungsform sogar kleiner als vorher bei geringeren Trommelfellamplituden werden. Da diese zweite Schwingungsform besonders bei niedrigen Frequenzen hoher Amplitude beobachtet wurde, vermutet G. v. BÉKÉSY hierin einen Schutz vor den großen Amplituden, z. B. des Donners. Obwohl KOBRAK (5) bei der Wiederholung der Versuche G. v. BÉKÉSYs sich sehr vorsichtig ausdrückt, und nur davon spricht, daß einige Beobachtungen gemacht wurden, die wenigstens auf ein teilweises Umkippen zu deuten schienen, sind die oben skizzierten Vorstellungen G. v. BÉKÉSYs inzwischen Allgemeingut geworden. Nachuntersuchungen durch E. WANDERER (Abb. 33 a, b) zeigen jedoch, daß es nur ein kleiner Prozentsatz von Ohren ist, bei denen überhaupt eine deutlich meßbare Veränderung der Schwingungsform langsamer Schwingungen mit steigender Amplitude vorkommt. Schon bei den geringsten Drucken dreht sich der Steigbügel in einer schief liegenden Achse, die gewöhnlich von hinten oben nach vorne unten verläuft, deren Neigung gegenüber der senkrechten Achse aber von einem Ohr zum anderen schwankt. Es ist viel häufiger, daß die Drehung von vorneherein, schon bei kleinen Drucken, vorwiegend nach

Abb. 32 unten erfolgt, und nur in einem pathologischen Fall mit schwerer
Mittelohrvereiterung konnte vor der Zerstörung durch zu große Druckamplituden vorübergehend das oben beschriebene Umkippen von einer in die andere

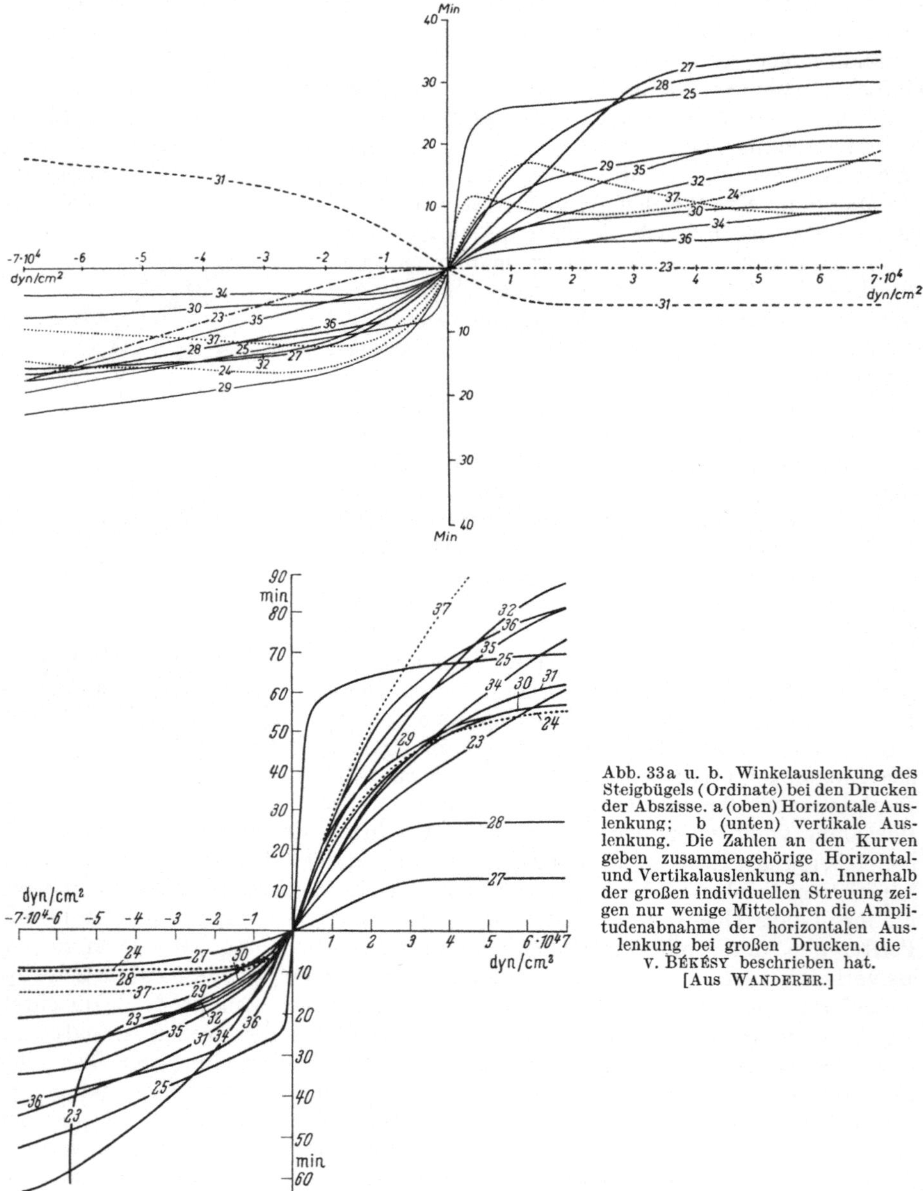

Abb. 33a u. b. Winkelauslenkung des
Steigbügels (Ordinate) bei den Drucken
der Abszisse. a (oben) Horizontale Auslenkung; b (unten) vertikale Auslenkung. Die Zahlen an den Kurven
geben zusammengehörige Horizontal-
und Vertikalauslenkung an. Innerhalb
der großen individuellen Streuung zeigen nur wenige Mittelohren die Amplitudenabnahme der horizontalen Auslenkung bei großen Drucken, die
v. Békésy beschrieben hat.
[Aus Wanderer.]

Schwingungsform beobachtet werden. Dagegen wurde beobachtet, daß die Auslenkungen um die senkrechte Achse nach Abb. 32 oben schon bei Drucken von
1000—20000 dyn/cm² mit etwa 10 Bogenminuten näherungsweise ihren Maximalwert erreicht haben. Weitere Steigerung des Druckes bedingt nur in einzelnen
Fällen eine weitere Drehung des Steigbügels um die senkrechte Achse. Dagegen
nimmt die Drehung um die waagrechte Achse meist bis zu wesentlich höheren

Drucken noch zu, etwa bis auf 1 Grad gegenüber der Ruhelage. Im allgemeinen sind die Drehungen bei positiven Drucken besonders um die waagrechte Achse wesentlich größer als bei Unterdruck im äußeren Gehörgang. Doch ist nur in Ausnahmefällen die Kennlinie in der Nähe der Ruhelage so deutlich gekrümmt, daß im Bereich zwischen Hörschwelle und Schmerzgrenze schon eine Entstehung von Kombinationstönen zu erwarten ist. Endlich beschreibt die Steigbügelfußplatte bei merklichen Drucken, aber auch schon unterhalb der Schmerzschwelle, eine komplizierte Bahn. Die Drehung um die waagrechte Achse hat einen deutlichen Phasenwinkel gegenüber dem um die senkrechte Achse, so daß die Einwärtsbewegung anders verläuft als die Auswärtsbewegung. Die Achse der gemeinsam schwingenden Teile Hammer und Amboß bildet nach G. v. Békésy (13) mit der Senkrechten einen Winkel von 20—35⁰. Schon hierdurch ist eine Labilität in dem Sinn erreicht, daß neben der Schwingung des Steigbügels um die senkrechte Achse mit dem Einpressen des vorderen Abschnittes der Fußplatte auch die Schwingung um die waagrechte Achse einen Anstoß erhält. Doch erscheint es uns fraglich, ob solche anatomische Angaben allgemein gemacht werden können. Größe und Form der Gehörknöchelchen variieren von Ohr zu Ohr so stark, daß sehr wohl auch diese Achsenverdrehung eine persönliche Konstante sein kann. G. v. Békésy (13) meint, das Hammer-Amboßgelenk sei für die Änderung der Bewegungsart bei großen Amplituden bedeutungslos. Dann müßte sich aber bei der Drehung der Steigbügelfußplatte um die waagrechte Achse der Hammergriff gegen das Trommelfell verdrehen. Bei solchen Betrachtungen muß aber immer im Auge behalten werden, daß es sich um Winkel von einigen Bogensekunden handelt, die durchaus im Bereich der elastischen Befestigungen möglich sind. Im Gegensatz zu weitverbreiteten Auffassungen ist nicht allein die Kontraktion der Binnenohrmuskeln für die Änderung der Bewegungsart bei großen Amplituden verantwortlich zu machen, denn alle hier beschriebenen Bewegungen sind an Leichenpräparaten gewonnen.

Durch eine statische Druckdifferenz zwischen Gehörgang und Paukenhöhle wird die Ruhelage, um die die Gehörknöchelchenkette bei Schalleinfall schwingt, verschoben. Überdruck im Gehörgang oder, was häufiger ist, Unterdruck in der Paukenhöhle etwa durch Verlegung der Tuba Eustachii ruft nicht nur eine Verschiebung von Labyrinthflüssigkeit mit Drucksteigerung im Innenohr hervor, wie das Kobrak (4) im Tierversuch gezeigt hat, sondern außerdem in bekannter Weise eine Erhöhung der Hörschwelle, die nach E. Thompson, H. A. Howe und W. Hughson ab 5 mm Hg meßbar wird. Unterdruck in der Paukenhöhle oder Überdruck im Gehörgang bewirken nach Huzisawa stärkere Hörschädigung als ein umgekehrt gerichteter Druckunterschied, freilich kehrt sich nach Dishoeck das Verhältnis bei sehr starken Unterdrucken im Gehörgang um, wohl mit deswegen, weil dabei die Schmerzen ganz beträchtlich größer sind als bei Überdruck im Gehörgang. Für die Beseitigung des Unterdruckes in der Paukenhöhle fand Gatscher einen Reflex, dessen sensible Bahn in den Fasern des Glossopharyngicus über dessen Kern zum Nucl. salivatorius geht, der effektorische Nerv ist die Chorda tympani, die vermehrte Speichelsekretion hervorruft. Dadurch wird ein Schluckakt ausgelöst, der durch Öffnung der Tube zum Luftdruckausgleich führt.

Zunächst läßt die Krümmung der Kennlinie für die Stapesdrehung abhängig vom Luftdruck vermuten, daß durch statische Druckdifferenzen eine nichtlineare Verzerrung der Schwingungsübertragung aufs Innenohr hervorgerufen werden kann. E. G. Wever, Ch. W. Bray und M. Lawrence (3) fanden jedoch, daß bei Veränderung des Druckes in der Paukenhöhle bei der Katze keine deutlichen Änderungen im Gehalt an Obertönen am Cochleaeffekt gefunden werden konnten.

Auch die wirksame Hebelübersetzung der Gehörknöchelchenkette kann nicht wirklich statisch gemessen werden, weil dabei einfach Perilymphe durch den Aquaeductus cochleae abfließt, statt einen Druck im Innenohr zu erzeugen. So soll zunächst nur die Theorie dieser Übertragung erwähnt werden: Es handelt sich nicht nur darum, daß die Hebelarme, der lange Hammerfortsatz einerseits, der lange Amboßschenkel andererseits, von der Drehachse aus gemessen verschieden lang sind. Hauptsächlich wirkt der — schwache — Schalldruck auf die große Trommelfellfläche, von der etwa 55 mm² als wirksame Fläche zu betrachten sind, während die Steigbügelfußplatte nur eine Grundfläche von 3,2 mm² hat, mit der sie auf die Perilymphe drückt. Da nun die Kraft gleich Druck mal Fläche ist, muß schon bei gleichen Hebelarmen der Druck in der Perilymphe 55/3,2mal oder etwa 17mal so groß sein wie der auf dem Trommelfell liegende äußere Überdruck, damit Gleichgewicht herrscht. Bei der zusätzlichen Hebelübersetzung von 1,3 zu 1 vom langen Hammerfortsatz auf den langen Amboßschenkel wird somit bei gleichem Produkt Kraft mal Hebelarm der Druck in der Perilymphe 17mal 1,3 = 22mal so groß wie der äußere Überdruck auf dem Trommelfell. Von der Arbeit Kraft mal Weg, die der äußere Überdruck auf dem Trommelfell bei der Verschiebung des Trommelfelles leistet, wird nun ein Teil als elastische Formänderung in den Bändern, Gelenken und auch in der Verbiegung der Knöchelchen gespeichert, und nur ein Teil wird als Arbeit, als Druck mal Volumen, auf die Perilymphe übertragen. Es wäre zu wünschen, daß so unklare Ausdrucksweisen wie massale und molekulare Schwingungen der Gehörknöchelchen durch die hier beschriebenen klaren, physikalisch verständlichen Vorstellungen ersetzt werden.

5. Dynamik der Gehörknöchelchenkette.

Schall besteht aus verhältnismäßig raschen Schwingungen, und es muß nun untersucht werden, welche Bewegungen der Gehörknöchelchenkette und besonders des Steigbügels bei Schwingungen zu erwarten sind. In der Abb. 34 sind schematisch alle in Frage kommenden Elastizitäten und Massen angedeutet, nur die Reibungen sind nicht besonders hervorgehoben. Die räumliche Anordnung der Aufhängung der Gehörknöchelchenkette in ihren Bändern und Gelenken läßt vermuten, daß weder Beschleunigungen nach aufwärts und abwärts, noch solche nach vorwärts und rückwärts merkliche Bewegungen hervorrufen. Beim Aufsetzen des Fußes durchläuft den Körper eine Verzögerungswelle, ein Stoß, der natürlich wenn auch abgefedert durch die Wirbelsäule auch den Kopf betrifft, und der z. B. bei Stirnhöhlen- oder Kiefereiterung zum charakteristischen Stoßschmerz führt. Infolge ihrer Trägheit müssen die Gehörknöchelchen dabei eine wenn auch geringe Auslenkung aus ihrer elastischen Ruhelage nach abwärts erleiden. Hierdurch kann aber der Steigbügel höchstens um seine waagrechte, in Abb. 34 in der Zeichenebene gelegene Achse gedreht werden, so daß auf der unteren Hälfte der Fußplatte ebensoviel Perilymphe nach einwärts verdrängt wird, als auf der oberen gleichzeitig ausweichen kann. Die Bauart des Mittelohres mit der waagrechten Längsachse der Steigbügelfußplatte ist demnach besonders geeignet Verzögerungsstöße des Kopfes nicht auf das Innenohr zu übertragen. Dagegen werden seitliche Stöße am Kopf oder seitliche Schwingungen des Felsenbeines zu Relativverschiebungen der Gehörknöchelchenkette gegenüber dem Knochen der Schädelkapsel auf Grund ihrer Trägheit führen, die mit Einpressen und Herausziehen der Steigbügelfußplatte im Foramen ovale verbunden sind. Dies trifft in gleicher Weise für die Bauart des Vogelohres zu, bei der die ganze Gehörknöchelchenkette ersetzt ist durch einen einzigen Knochen, die Columella, die unmittelbar Trommelfell und ovales Fenster verbindet. Nur wenn statt der Hebelübersetzung mit einem Doppelhebel von Hammer und Amboß ein einziger doppelarmiger Hebel vorhanden wäre, wenn also der Steigbügel an der Stelle der Masse des Hammerkopfes angebracht wäre, würden ovales Fenster und Trommelfell bei seitlicher Beschleunigung des Kopfes einander entgegenwirken. Die Einzelheiten hierüber werden bei der Knochenleitung besprochen. Für die Übertragung der Luftdruckschwingungen vor dem Trommelfell auf das ovale Fenster sind alle drei angedeuteten Bauweisen gleicherweise geeignet.

Je rascher nun die Gehörknöchelchen schwingen müssen, um den Druckschwankungen im äußeren Gehörgang zu folgen, ein desto größerer Betrag der

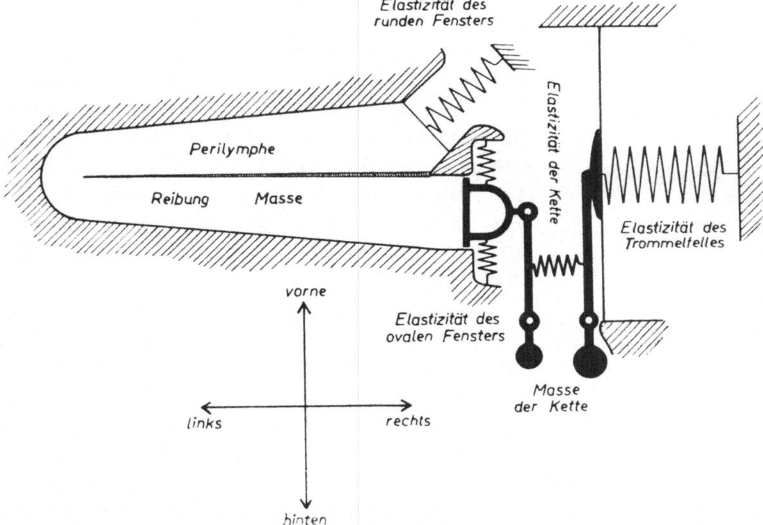

Abb. 34. Schematische Darstellung der Massen und Elastizitäten, die bei der Schwingung des Mittelohres eine Rolle spielen.

zur Verfügung stehenden Kraft wird nicht mehr zur Spannung der in Abb. 34 angegebenen vier Elastizitäten (Trommelfell, Knöchelchenelastizität, ovales Fenster und rundes Fenster), sondern zur Beschleunigung der trägen Massen sowohl der Gehörknöchelchenkette wie der Perilymphe verwendet. Daher sinkt mit steigender Frequenz die Bewegungsamplitude der Steigbügelfußplatte bei gleicher Druckamplitude vor dem Trommelfell ab. Wie das FRANK (3) zuerst ausgeführt hat, müssen wir in der Gehörknöchelchenkette eine Reihe schwingungsfähiger Gebilde sehen, die jedes mit Masse behaftet und elastisch durch Bänder mit der Umgebung und durch ebenfalls elastische Gelenke miteinander verbunden sind. So kann z. B. der Hammer bei festgehaltenem Amboß zusammen mit dem Trommelfell schwingen, es kann aber auch der Amboß zwischen Hammer und Steigbügel auf Grund der Elastizität der Gelenkverbindungen schwingen. Nur der Steigbügel kann nicht ohne Mitnahme der Perilymphe schwingen, er stellt daher mit der Masse der Perilymphe und der Elastizität des ovalen und runden Fensters für sich ein zusammenhängendes schwingungsfähiges System dar. Jedes dieser Teilsysteme hat eine charakteristische Eigenschwingung und Dämpfung. So ist nach G. v. BÉKÉSY (20) die Eigenschwingungszahl des soeben als letztes aufgeführten Systems Perilymphe/rundes Fenster nach Abbau der übrigen Kette 1400 Hz, wenn der Steigbügel experimentell beseitigt wird. Diese schwingungsfähigen Gebilde sind jedoch elastisch miteinander gekoppelt, ganz ähnlich wie

z. B. bei einem Manometer die schwingende Flüssigkeitssäule im Zuleitungsrohr über die Elastizität der Manometermembran mit dem schwingungsfähigen Schreibhebelsystem gekoppelt ist. Die Theorie der gekoppelten Schwingungen ist trotz der speziellen Anwendung von FRANK auf die Gehörknöchelchenkette noch heute ein relativ unhandliches Instrument, um solche hintereinandergeschaltete Systeme vollständig zu analysieren. Sie gibt aber den wichtigen Hinweis, daß es für die Leistung eines solchen Systems im wesentlichen nur auf die tiefste vorkommende Eigenfrequenz und ihre Dämpfung ankommt. Ist diese tiefste Eigenschwingung bekannt, so kann die Registrierleistung des Systems damit ausreichend beschrieben werden. Bei der sehr geringen Masse der Gehörknöchelchenkette ist es nicht zu verwundern, daß das ganze System eine Eigenschwingung besitzt,

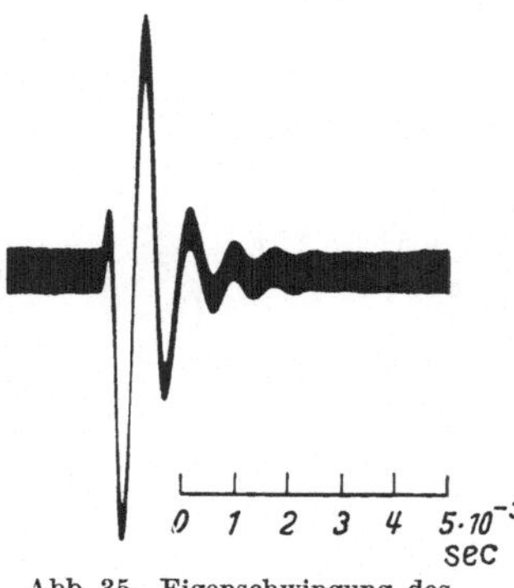

Abb. 35. Eigenschwingung des Hammergriffes bei Auslösung durch einen Funkenknall. [Aus G. v. BÉKÉSY (16).]

die im Apparatebau mit mechanischen Systemen, z. B. bei einem Manometer mit mechanischer Registrierung, auf große Schwierigkeiten stoßen würde. Das Trägheitsmoment der Gehörknöchelchenkette für Drehung um das Achsenband hat FRANK (3) zusammen mit BROEMSER zu 2,5 mg/cm² bestimmt. Auch die ersten Eigenschwingungskurven stammen von FRANK (3), wie von ihm eine Untersuchung darüber stammt, daß sich die elastischen Verhältnisse nach dem Tode sowohl am Ohr wie an den Arterien erst mit Einsetzen starker Fäulnis deutlich ändern. Seine Zahlen, um 1200 Hz, sind inzwischen durch zahlreiche Nachuntersucher ergänzt worden. KOBRAK (2) hat wieder an Leichenohren Eigenfrequenzen zwischen 550 und 800 Hz gemessen.

G. v. BÉKÉSY (16) endlich hat 1936 ungewöhnlich schöne Eigenschwingungskurven von möglichst frischen Leichenohren veröffentlicht, von denen Abb. 35 ein Beispiel ist. Er bestätigt den Bereich zwischen 800 und 1500 Hz für die Gehörknöchelchenkette, die Eigenschwingung liegt also in dem Bereich der für die Sprachverständlichkeit wichtigsten Frequenzen [WEGEL (1)]. Die Dämpfung hat schon FRANK (3) und wieder KOBRAK (2) zu etwa $D = 0,3$ gemessen. Nach Abb. 15, S. 24, wird die Amplitude einer auf das Trommelfell übertragenen Schwingung in der Resonanzfrequenz gegenüber der Amplitude niedrigerer Frequenzen etwa 1,6fach überhöht, oder um etwa vier Dezibel stärker auf die Schneckenflüssigkeit übertragen. Diese geringe Resonanzüberhöhung spielt gegenüber den sonstigen Änderungen der Hörschwelle bei verschiedenen Frequenzen nur die Rolle einer Korrektur. Bei Resonanzüberhöhungen im Lautsprecher billiger Rundfunkgeräte handelt es sich immer gleich um 10—20 Dezibel oder mehr, wenn uns diese Resonanzen stören. Sehr viel wichtiger ist die Folgerung aus den Resonanzkurven der Abb. 15, daß oberhalb der Resonanzfrequenz die Amplitude der Knöchelchenschwingung mit steigender Frequenz rasch abnehmen muß. Etwa oberhalb 2000 Hz vermögen die Gehörknöchelchen den Schwingungen der Luft vor dem Trommelfell nur mehr mit verschwindend kleiner Amplitude zu folgen. G. v. BÉKÉSY (16) hat diese Übertragung des Druckes am Trommelfell auf den Steigbügel für zwei Extremfälle durchgemessen. Ebenso, wie die Muskelkontraktionen beschrieben werden durch die Extremfälle der isotonischen und der isometrischen Kontraktionen, hat er einmal dafür gesorgt, daß im Innenohr kein Gegendruck erzeugt wird, und dabei die Volumamplitude der Perilymphverrückung abhängig von der Frequenz gemessen, was also der isotonischen Bewegung entspricht. Der andere Grenzfall ist erreicht, wenn keine Bewegung der Steigbügelfußplatte eintritt, also eine isometrische Druckerhöhung. Diese Übertragung hat G. v. Békésy dadurch erzeugt, daß er ins Innenohr einen passend gewählten, in der gleichen Frequenz schwingenden Gegendruck einführte, bei dem die Volumverrückung gerade ausblieb. Bei dieser isometrischen Druckübertragung (Abb. 36) erreicht die Druckübersetzung zwischen dem Druck vor dem Trommelfell (ausgezogene Linie) und dem Druck im Innenohr Werte zwischen 10- und 20facher Verstärkung, um erst kurz oberhalb 2000 Hz steil abzufallen. Wird statt dem Druck am Trommelfell der Druck an der äußeren Gehörgangsöffnung gemessen (gestrichelte Linie), so steigt die Verstärkung im Bereich der Gehörgangsresonanz etwas über 2000 Hz (s. S. 36) auf das 40fache an, und fällt bei höheren Frequenzen zwar auch, aber nicht so schnell wie bei Messung des Druckes am Trommelfell. Bei isotonischer Messung der Steigbügelamplitude (Abb. 37) kann nicht in gleicher

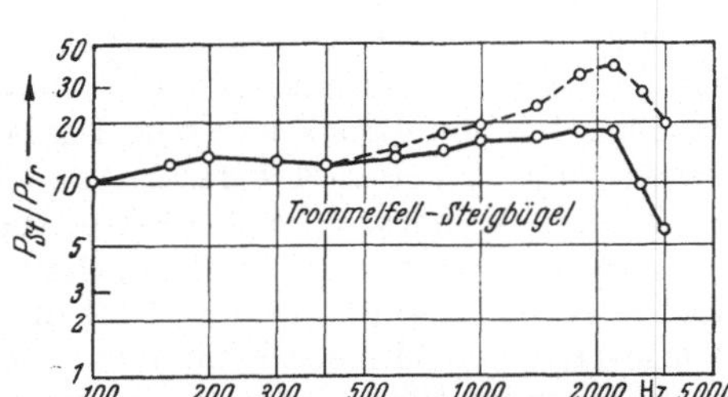

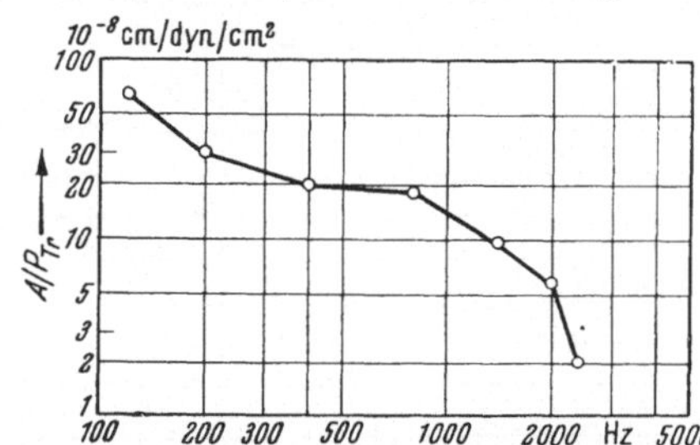

Abb. 36. Druckübertragung vom Trommelfell (ausgezogen) und der Gehörgangsöffnung (gestrichelt) auf die Steigbügelfußplatte. Durch Zuführung eines Gegendruckes im Vestibulum wurde eine rein isometrische Druckübertragung erreicht. Die Ordinate gibt das Verhältnis dieses notwendigen Gegendruckes zum Luftdruck an. [Aus G. v. Békésy (16).]

Abb. 37. Frequenzabhängigkeit der Schwingungsamplitude der Steigbügelfußplatte (gerechnet als Stempelbewegung) bei rein isotonischer Bewegung. Hierzu wurde die Labyrinthflüssigkeit entfernt. Die Ordinate gibt das Verhältnis der Verschiebungsamplitude der Steigbügelamplitude zum Schalldruck am Trommelfell an. Beachte die Kleinheit der absoluten Werte! [Aus G. v. Békésy (16).]

Weise ein Übersetzungsverhältnis angegeben werden, da nun am Trommelfell der Druck, an der Stapesfußplatte dagegen ein Volumen gemessen ist. Der Quotient aus diesen beiden Größen ist nicht eine unbenannte Zahl eines Übersetzungsverhältnisses, sondern der reziproke Wert eines Volumelastizitätsmoduls, Volumenverrückung dividiert durch Druck. Hier sinken die Volumamplituden schon etwa ab 1000 Hz deutlich, von 2000 Hz an sehr steil ab, wenn die Frequenz gesteigert wird, der scheinbare Volumelastizitätsmodul steigt also mit steigender Frequenz steil an. Denn nun muß ein zunehmend großer Teil der Kraft am Trommelfell zur Beschleunigung der Gehörknöchelchen in der erzwingenden Frequenz verwendet werden, so daß oberhalb 2000 Hz fast nichts mehr zur Erzeugung einer Verschiebung der Gehörknöchelchenkette übrigbleibt. G. v. Békésy (16) zieht aus dieser Tatsache den Schluß, daß erst durch Mitwirkung der Perilymphe die Gehörknöchelchenkette zu einem, wenn auch stark gedämpften schwingungsfähigen System wird, daß also bei höheren Frequenzen die Perilymphe einen wesentlichen Teil der elastischen Gegenkraft gegen Volumverrückungen beiträgt. Einen kleinen Beitrag mag außerdem das Luftkissen der Paukenhöhle als weitere Elastizität bringen. Weder die Abb. 36 noch die Abb. 37 sind reine Resonanzkurven. Das liegt zum Teil daran, daß neben der Hauptschwingungszahl zwischen 800 und 1500 Hz, die zugleich die am meisten wirksame tiefste Eigenschwingungszahl des Systems Mittelohr darstellt, noch verschiedene höhere Eigenschwingungen vorhanden sind. Dadurch fällt die Übertragung jenseits der Resonanz von rund 1000 Hz bei diesem komplizierten Schwingungssystem mit mehreren gekoppelten Schwingungen nicht so rasch ab, wie das bei einem einfachen schwingungsfähigen System mit einer einzigen Eigenfrequenz entsprechend Abb. 15 der Fall wäre.

Um nun den Anteil der einzelnen Teile des gekoppelten Systems an der Übertragung der Schallschwingungen auf die Perilymphe zu erfassen, hat G. v. Békésy (*20*) die Übertragungskette von beiden Seiten her am Leichenpräparat abgebaut und die Schwingungsweise des Restes untersucht. Das Ergebnis zeigt die Abb. 38. In den vier oberen schmalen Streifen ist die Phase der Mitschwingung gegenüber der erzwingenden Kraft angegeben, und zwar bedeutet „Feder" die Mitschwingung ohne Phasenverschiebung, „Reibung" wird entweder bei reiner Reibung, aber auch im Falle der Resonanz erreicht und bedeutet eine Phasenverschiebung von 90⁰, „Masse" endlich bedeutet 180⁰ Phasenverschiebung wie bei einer schwingenden Masse weit jenseits der Resonanz. Im unteren Teil der Abb. 38 ist die Volumverrückung für die Druckeinheit angegeben. Während das vollständige Mittelohr bis etwa 1000 Hz ein konstantes Verhältnis der Volumverrückung zum Druck und eine Eigenschwingung von etwa 800 Hz besitzt, ist ohne die Gehörknöchelchenkette die Volumverrückung um mehr als eine halbe Zehnerpotenz kleiner, und es fehlt eine ausgesprochene Eigenschwingung, die erst wieder deutlich wird, wenn auch der Steigbügel entfernt wurde, so daß die Schneckenflüssigkeit ausschließlich mit der Elastizität des runden Fensters eine Eigenschwingung bei 1400 Hz besitzt. Das runde Fenster hatte in den Messungen G. v. Békésys einen Volumelastizitätsmodul von 10^9—10^{10} dyn/cm⁵, oder in Worten, bei einem Druck von 1—10 Atm. würde erst 1 mm³ Perilymphe in der Vorwölbung des runden Fensters Platz finden. Überhaupt ist es beachtenswert, wie ungeheuer klein die physiologischen

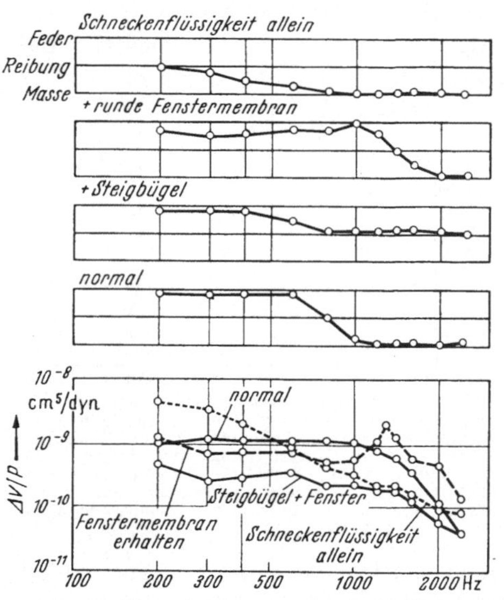

Abb. 38. Phase (obere vier schmale Streifen) und Volumamplitude (unten) der Perilymphschwingung beim allmählichen Abbau des Ohres. „Feder" bedeutet keine Phasenverschiebung, „Reibung" bedeutet 90⁰, „Masse" bedeutet 180⁰ Nacheilung. Beachte die Kleinheit der absoluten Werte! [Aus G. v. Békésy (*20*).]

Bewegungen im Mittelohr sind. So ist für den schon recht lauten Schalldruck von 1 dyn/cm² bei 1000 Hz die Steigbügelamplitude, als Stempelbewegung gerechnet, von der Größenordnung $3 \cdot 10^{-8}$ cm, oder 3 Å, also weit unter der Sichtbarkeitsgrenze auch mit stärkster Mikroskopvergrößerung, mit der noch gerade etwa 1000 Å sichtbar sind. Im Meerschweinchenohr ist die Trommelfellbewegung unter der Lupe bei lauten Tönen gerade noch als Unscharfwerden der Konturen zu sehen, während schon der Hammergriff auch bei lauten Tönen völlig ruhig zu stehen scheint. Die Kleinheit solcher Bewegungen warnt davor, mit unzureichender Methodik Messungen durchführen zu wollen, wie das leider auch heute noch recht häufig der Fall ist.

Besonders hervorgehoben soll noch die Wirkung des gesamten Mittelohres auf die Phase der übertragenen Schwingung gegenüber der Phase des einwirkenden Luftdruckes werden. Die Schwingung der Steigbügelfußplatte und damit der Perilymphe hinkt gegenüber dem den Kopf umgebenden Luftdruck nach, da zunächst schon die Luft im äußeren Gehörgang Zeit zur Fortleitung der Wellen ans Trommelfell benötigt, und außerdem die Gehörknöchelchenkette gegenüber dem Luftdruck am Trommelfell mit ihrer Schwingung zeitlich nacheilt. Solange die einwirkende Frequenz niedrig ist, spielt die Zeit zum Durchlaufen von 4 cm

Gehörgang bei der Schallgeschwindigkeit von 332 m/sec, die rund 0,00012 sec beträgt, keine Rolle. Bei einer Frequenz von 2000 Hz dagegen mit einer Schwingungsdauer von 0,0005 sec ist diese Zeit schon ein Viertel der Gesamtschwingungsdauer oder, als Phase ausgedrückt, 90° Nacheilung. Jenseits der Eigenschwingung der Gehörknöchelchenkette, also oberhalb etwa 1000 Hz, hat die Bewegung der Steigbügelfußplatte nach Abb. 38 ebenfalls eine Phasenverschiebung von mehr als 90—180° gegenüber dem Druck am Trommelfell. Insgesamt wechselt damit die Phase der Stapesfußplatte zwischen ganz geringen Beträgen bei niedrigen Frequenzen bis zu Werten nahe 180° bei Frequenzen oberhalb 2000 Hz. Bei hohen Tönen bewegt sich demnach die Steigbügelfußplatte näherungsweise gerade nach auswärts, wenn der Luftdruck am äußeren Ohr ansteigt. Diese Phasenverschiebung ist wichtig zum Verständnis der Knochenleitung und ihrer Veränderung durch Behinderung der Gehörknöchelchenschwingungen.

Beim plötzlichen Einschalten eines Tones hört man einen Knack, ebenso wie das plötzliche Ausschalten eines Tones mit einem solchen Knack verbunden ist. In den meisten Darstellungen wird dieser Knack aus der FOURIER-Analyse des Einschaltstoßes des Tones mühsam abgeleitet. Der plötzliche Beginn einer Sinusschwingung kann aber viel einfacher mit Hilfe der erzwungenen Schwingung dargestellt werden, wie BROEMSER (1) gezeigt hat. Am einfachsten wird die Darstellung, wenn die Sinusschwingung zur Zeit eines Nulldurchganges eingeschaltet wird: Dann muß das Mittelohr ebenso wie ein Registrierinstrument aus der Ruhelage auf die Geschwindigkeit angestoßen werden, mit der der Sinuston durch die Nullage hindurchgeht. Vermöge seiner Trägheit folgt dann das Mittelohr der beginnenden Sinusschwingung nicht völlig, sondern es überlagert sich der Sinusschwingung ein Anstoß der Eigenschwingung, deren Amplitude so groß ist, daß dadurch eben im Zeitpunkt des Einschaltens eine der Sinusschwingung entgegengesetzt gerichtete Geschwindigkeit entsteht. Diese Eigenschwingung klingt dann entsprechend der Dämpfung des Mittelohres innerhalb einiger Schwingungen ab. Jede andere Form des Einschaltens kann mit nur wenig größerem mathematischem Aufwand genau so behandelt werden, ohne die FOURIER-Reihe des Einschaltstoßes aufzusuchen. Und diese Eigenschwingung ist die Ursache des Knackes beim Einschalten und Ausschalten eines Tones. Sie kommt in gleicher Weise bei plötzlichen Luftdruckänderungen ohne nachfolgende Schwingung im Rhythmus eines Tones zustande, und hat immer die gleiche, nicht exakt angebbare Tonhöhe der Eigenschwingung, sobald der Einschaltstoß scharf genug ist. Bei Frequenzen weit unterhalb der Eigenschwingung des Mittelohres ist der Anstoß der Eigenschwingung so schwach, daß dieser Knack weder in der Schwingung noch in der Empfindung deutlich ist. Dieser Knack ist somit wieder eine Verfälschung des Frequenzbildes der Luftdruckschwingungen durch die Schwingungseigenschaften des Ohres, ebenso wie das schon erwähnte Windessausen. TÜRK hat die physiologische Einschwingzeit bei plötzlich eingeschalteten Tönen und nach Abrundung des Einschaltvorganges mit verschiedenen Hüllkurven untersucht und dabei gefunden, daß schon eine Abrundung des Einschaltstoßes mit einer Zeitkonstanten von 0,25 msec genügt, um den Einschaltknack an die Grenze der Wahrnehmbarkeit abzuschwächen.

6. Schallenergietransport durchs Mittelohr.

Bei der Übertragung der Schwingungen aus der Luft des Gehörganges auf die Perilymphe wird letzten Endes Schallenergie vom Trommelfell zur Stapesfußplatte transportiert. Ein Teil der Schwingungsenergie, die in den laufenden Wellen der Luft in den Gehörgang eindringt, wird am Trommelfell reflektiert und verläßt den Gehörgang als rückläufige Welle, geht somit für die Erregung des Gehörorgans verloren. Ein weiterer Teil der durch das Trommelfell aufgenommenen Energie wird innerhalb der Gehörknöchelchenkette in Reibung und damit letzten Endes in Wärme überführt, wird also auch nicht zur Anregung der Schwingung der Perilymphe verwendet. Und nur der Rest an Energie nach diesen beiden Verlusten wird ans Innenohr abgegeben. Freilich werden wir sehen, daß auch von diesem Rest noch ein großer Teil innerhalb der Perilymphe der beiden Skalen durch Reibungsverluste in Wärme verwandelt wird. Sämtliche Reibungsverluste innerhalb der Gehörknöchelchenkette, aber auch die Energieabgabe an die Perilymphe erscheinen als Dämpfung der Schwingung der Gehörknöchelchenkette, sowie keine neue Energie mehr mit der Luft ankommt. Aus der Dämpfung der Mittelohreigenschwingung kann weder allein auf den Reibungsverlust, noch auf den tatsächlich transportierten Teil an Energie geschlossen werden. Meßbar ist bisher nur die Energieaufnahme am Trommelfell, zahlenmäßig auswertbare Angaben über den Energieverlust innerhalb der Gehörknöchelchenkette fehlen. Würden die Schallwellen direkt aus der Luft auf die Perilymphe übertragen — wobei noch dafür Sorge getragen werden muß, daß eine Druckdifferenz zwischen den beiden Fenstern besteht —, so würde wegen des hohen Schallwellenwiderstandes in der Perilymphe fast die gesamte Luftwelle reflektiert, und nur etwa 3 % aufgenommen werden können. Nur dadurch, daß der Schallwellenwiderstand des Trommelfelles

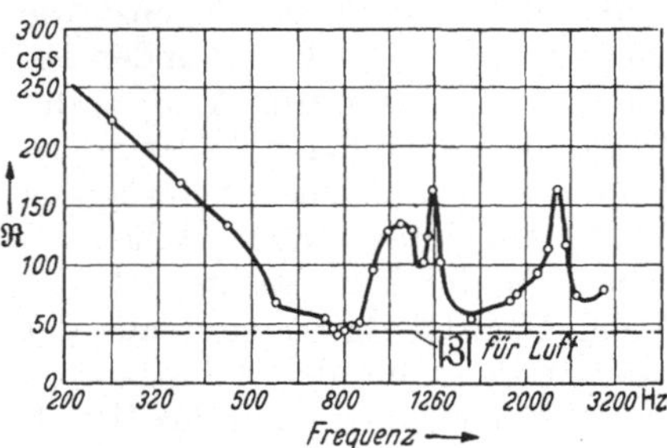

Abb. 39. Schallwellenwiderstand des Trommelfelles abhängig von der Frequenz. Der Schallwellenwiderstand der Luft beträgt 41,5 g/cm² · sec (strichpunktierte Horizontale). [Aus TRÖGER.]

dem der Luft weitgehend angeglichen wird, kann die Schallaufnahme verbessert werden. Für den Fall, daß der Schallwellenwiderstand des Trommelfelles gleich dem der Luft ist, nämlich 41,5 g/cm² · sec, wird die gesamte mit den laufenden Wellen in der Luft antransportierte Energie vollkommen vom Trommelfell geschluckt, es tritt keine Reflexion der Wellen und der in ihnen enthaltenen Schallenergie ein. Aus dieser Überlegung heraus hat TRÖGER schon 1930 den Schallwellenwiderstand des Gehörgangsabschlusses gemessen (Abb. 39). Der Gang des Schallwellenwiderstandes abhängig von der Frequenz zeigt, daß durch die Vorschaltung des Mittelohrapparates vor die Perilymphe eine sehr erhebliche Verbesserung der Energieaufnahme gegenüber einer Grenzfläche Luft gegen Wasser mit einem Schallwellenwiderstandsverhältnis von 41,5/148000 = 1/357 erreicht wird. Besonders haben die Messungen TRÖGERs ergeben, daß im Frequenzbereich um 800 Hz der Schallwellenwiderstand des Trommelfelles gleich dem der Luft ist. Bei niedrigeren und höheren Frequenzen steigt er an, allerdings mit weiteren Tälern besonders um 1600 Hz. Bei 800 Hz geht somit die gesamte in den Gehörgang gelangende Schallenergie ohne Reflexionsverlust auf das Reiztransportorgan über. Die Methodik solcher Messungen ist von WAETZMANN (3) und KEIBS und WAETZMANN verbessert und ausgebaut worden. In Erweiterung der TRÖGERschen Ergebnisse wurde dabei besonders gefunden, daß die beiden Ohren einer Versuchsperson im allgemeinen sehr ähnliche Kurven des Schallwellenwiderstandes ergeben, während die Kurven von Person zu Person starke Unterschiede zeigen, die bei nahen Verwandten kleiner sind als bei Nichtverwandten (R. KURTZ). W. MENZEL hat die Messungen TRÖGERs mit einer anderen Versuchseinrichtung und an einer anderen Versuchsperson im wesentlichen bestätigt (Abb. 40), wobei in diesem Fall der ganze Bereich bis etwas über 2400 Hz durch hohe Schallabsorption ausgezeichnet ist. Die gestrichelte Kurve zeigt zugleich die Schallabsorption bei fehlendem Trommelfell, die nicht nur absolut niedrigere Energieaufnahme, sondern auch ein tiefer liegendes Maximum bei etwa 800 Hz zeigt. Für Fälle mit fehlendem Trommelfell hat POHLMANN einen der Vogelcolumella nachgebildeten Gehörstransformator angegeben, der wieder eine Verbesserung der Energieaufnahme nach Entfernung der Gehörknöchelchenkette bewirken soll.

Aus der Pathologie ist bekannt, daß jede Mittelohrerkrankung zu einer Schwellenerhöhung besonders für den unteren Bereich der Frequenzen im erkrankten Ohr führt und zu einer Verbesserung der Knochenleitung, so daß die auf den Scheitel aufgesetzte Stimmgabel (WEBER) ins kranke Ohr lateralisiert wird. Modellversuche hierzu hat LÜSCHER (*1, 2* und *3*) mit Trommelfellbelastung durch Gewichte auf den Hammergriff und durch Einfüllen von Wasser oder gewogener

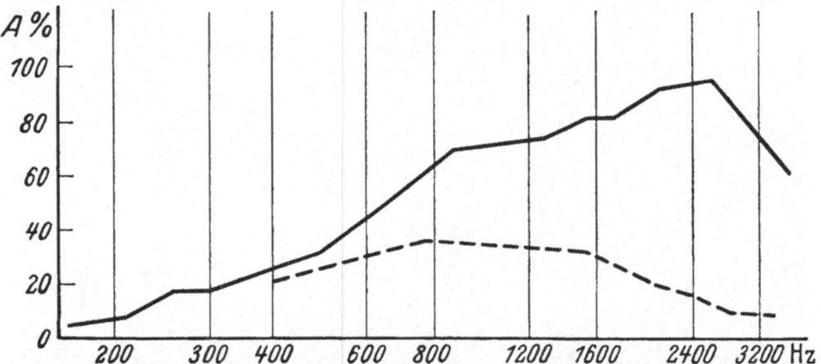

Abb. 40. Schallabsorption des Trommelfelles, ausgezogen normal, gestrichelt bei einem Patienten mit fehlendem Trommelfell. [Aus F. TRENDELENBURG nach MENZEL.]

Quecksilbertropfen durchgeführt. Eine Belastung allein der Pars tensa des Trommelfelles ergab dabei unerwarteterweise auch eine erhebliche Einbuße bei hohen Frequenzen mit Einschränkung der oberen Tongrenze, während im allgemeinen mehr oder weniger typische Mittelohrschwerhörigkeiten dadurch erzielt wurden.

Kleinere Defekte im Trommelfell brauchen die Schallübertragung durchs Mittelohr im unteren Frequenzgebiet keineswegs einzuschränken, wenn damit nicht wegen ihrer Ursache, einer Mittelohreiterung, sonstige Veränderungen der Schwingungsfähigkeit oder der Masse der Gehörknöchelchenkette verbunden sind. Da das Mittelohr dafür sorgt, daß an der Stapesfußplatte ungefähr der 20fache Druck wie am Trommelfell herrscht, ist auch das Eindringen der Luftdruckschwankungen bis zum runden Fenster in solchen Fällen nahezu bedeutungslos. KOBRAK, LINDSAY und PERLMAN (*3*) haben gezeigt, daß Tonzuführung in die Paukenhöhle sogar zu größeren Perilymphverschiebungen führt als die Zuführung in den Gehörgang, solange die Gehörknöchelchenkette normal ist, weil dann das Trommelfell in umgekehrter Phase schwingt als das runde Fenster, und damit den Stapes nach außen zieht, während das runde Fenster einwärts gedrückt wird.

7. Die Mittelohrmuskeln und ihre Wirkung.

Im Mittelohr befinden sich zwei Muskeln, deren Sehnen an der Gehörknöchelchenkette ansetzen, und die durch Anlagerung in Knochenkanäle sowie durch ihre Kleinheit vor allen anderen Muskeln des Körpers ausgezeichnet sind. Beide Muskeln sind ihrem Aufbau nach gefiedert, haben also relativ zu ihrem Volumen zwar große Kraft, können sich aber nur um geringe Beträge verkürzen. Der Musculus tensor tympani setzt mit seiner Sehne, die um eine Art Rolle den Zug des Muskels in die Bewegungsrichtung des Hammergriffes umlenkt, an diesem Hammergriff, und zwar unweit des Achsenbandes, an. Bei Zug an der Sehne wird, wie schon H. v. Helmholtz (1) beschrieben hat, das Trommelfell etwas einwärts gezogen, nach Tsukamoto, Shinomiya und Toida beim Kaninchen in Narkose wesentlich weniger als im wachen Zustand, wo bis zu 0,011 mm Einwärtsverschiebung gemessen wurde. Der M. tensor tympani wird vom N. pterygoideus medialis, einem Ast des Trigeminus innerviert, während der M. stapedius vom Facialis versorgt wird. Die Sehne des M. stapedius setzt am Köpfchen des Steigbügels an und zieht dieses parallel zur Längsachse der Steigbügelfußplatte nach hinten (s. Abb. 31). Hierbei wird die Steigbügelfußplatte nach

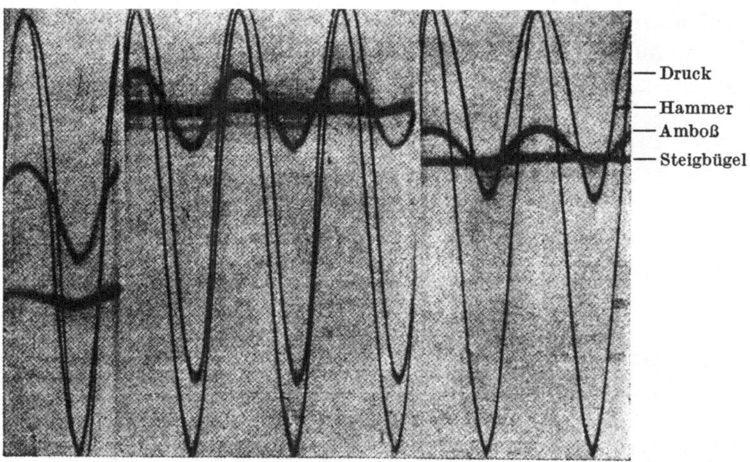

Abb. 41. Wirkung der Binnenohrmuskeln auf die Schwingungsfähigkeit der Gehörknöchelchen bei einer Druckschwankung von einer Schwingung in 7,5 sec. Linkes Drittel: Schwingungen der Knöchelchen ohne Muskelbeeinflussung. Mitte: bei Zug an der Stapediussehne. Rechtes Drittel: Bei Zug an beiden Muskelsehnen. [Aus Kobrak (2).]

üblicher Auffassung im ganzen etwas aus dem ovalen Fenster herausgezogen. Bei Reflexen am Tier fanden allerdings Tsukamoto und Shinomiya, daß durch den gleichzeitigen Reflex beider Muskeln eine Labyrinthflüssigkeitsverschiebung ins Innenohr entsprechend einem Tiefertreten der Steigbügelfußplatte von 0,027 mm beobachtet werden konnte. Über die Wirkung der Muskeln für die Schallübertragung ist seit H. v. Helmholtz (1) viel diskutiert worden, schon allein, ob sie Synergisten oder Antagonisten sind, wie darüber, ob sie Lauschmuskeln oder Schutzeinrichtungen darstellen. Die ersten exakten Ergebnisse verdanken wir Kobrak (1, 2 und 4). Darnach ist es kein Zweifel, daß beide Muskeln bei ihrer Kontraktion die Übertragungsamplitude langsamer Schwingungen am Steigbügel herabsetzen, und zwar der M. stapedius sehr viel deutlicher als der M. tensor tympani (Abb. 41). Dagegen bleibt die Eigenschwingungszahl der Gehörknöchelchenkette durch den Zug an den Sehnen der Muskeln nach Kobrak unbeeinflußt. Nur über die tatsächlich bei reflektorischer Erregung der Muskeln auftretenden Kräfte können diese Versuche am Leichenohr ebenso wie die von Wever und Bray (2) an der Katze keine Auskunft geben, da hier die Kontraktion durch Zug an der Sehne mit Gewichten ersetzt wurde. Während Kobrak, vielleicht bei unphysiologisch großen Kräften an den Muskelsehnen, den Muskeln eine Schutzwirkung im Sinne einer Herabsetzung der Amplituden zuschreibt — das deckt sich mit der Erfahrung, daß die Reflexe bei lauten Tönen auftreten —, denkt G. v. Békésy (13) an eine weitere Aufgabe.

Bei hohen Frequenzen — und die Reflexe werden durch hohe Frequenzen viel leichter ausgelöst als durch tiefe — treten ganz beträchtliche Beschleunigungskräfte an den Knöchelchen auf, die unter Umständen zu einem Klirren an den Gelenken zwischen den Knöchelchen führen könnten, wenn diese nicht fest genug aufeinandergedrückt sind. Als Vergleich sei an den Zusammenprall und das Abheben der Puffer eines lose gekuppelten Güterzuges beim Anfahren und Bremsen erinnert. Durch festere Kupplung, das heißt Aufeinanderpressen der Puffer in Ruhelage, werden diese Stöße bei Personenbeförderung vermieden. Ebenso könnten die antagonistisch die Gehörknöchelchen aufeinanderpressenden Muskeln bei ihrer Kontraktion das Klirren der Knöchelchen verhindern. Ein

überschläglicher Versuch bestätigte G. v. Békésy (13), daß bei der manchen Menschen möglichen willkürlichen Tensorkontraktion die zur Verhinderung des Klirrens erforderlichen Kräfte eines Zuges von 20 g an der Tensorsehne von diesen Muskeln zusätzlich aufgebracht werden können. Mit dieser Deutung stünde es wieder in guter Übereinstimmung, daß die reflektorischen Muskelkontraktionen beim Kaninchen nach Kobrak (1) mit um so geringerer Reizschwelle auslösbar sind, je höher die Tonhöhe ist. Mit steigender Frequenz steigen auch die Beschleunigungskräfte. Sehr viele Menschen bekommen bei den bekannten hohen Quietschtönen,

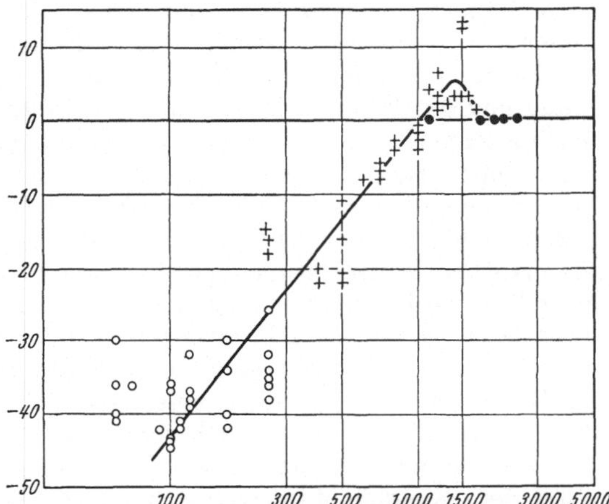

Abb. 42. Wirkung der Mittelohrreflexe auf die Hörschwelle (gemessen am Reizfolgestrom) beim Meerschweinchen. Abszisse Frequenz, Ordinate Veränderung der Schwelle in Dezibel. Oberhalb 0 Hörverbesserung, unterhalb 0 Hörverschlechterung. [Aus Wiggers.]

wie sie durch Kratzen mit dem Messer auf dem Teller oder durch Reiben an Glasplatten entstehen, heftige, mit deutlichem Kitzel bis Schmerz im Ohr verbundene reflektorische Muskelkontraktionen der Binnenohrmuskeln. Demnach scheint beim Menschen der Reflex bis zu den höchsten noch gehörten Frequenzen auslösbar zu sein. Kobrak, Lindsay und Perlman (1 und 2) haben nun den Reflex bei Personen mit Trommelfelldefekten unmittelbar beobachten können, wie das später Lüscher (3) mit demselben Erfolg durchgeführt hat. Darnach wird der Reflex beim Menschen ebenso wie beim Kaninchen bei einer Lautstärke ausgelöst, die für alle Frequenzen etwa gleichviel Dezibel über der Hörschwelle liegt, so daß der Stapediusreflex als objektive Hörprüfung benutzt werden kann. Die Reflexe können auch durch Knochenleitungstöne ausgelöst werden, und beim Tier ergeben Mittelohrschädigungen eine Herabsetzung der Reizschwelle für Knochenleitungstöne, ebenso wie es beim Menschen der Webersche Stimmgabelversuch beweist. Das Reflexzentrum liegt nach Tsukamoto in der Pons. Die Latenzzeit des Stapediusreflexes bestimmten Perlman und Case für einen lauten Ton von 1000 Hz zu 0,0105 sec, sie ist nach Kobrak von der Lautstärke abhängig.

Die Frage der Wirkung auf das Hören wurde nach Vorbereitungen von Hallpike und Hallpike und Rawdon Smith (1) von H. C. Wiggers durch systematische Versuche am Meerschweinchen geklärt. Die elektrischen Wechselpotentiale, die von der Schnecke abgeleitet werden können (s. S. 110), werden bei gelegentlichen spontanen Muskelkontraktionen der Binnenohrmuskeln bedeutend abgeschwächt. Diese Schwächung ist mit geringer Streuung (Abb. 42) abhängig von der Tonhöhe, und zwar werden niedrige Frequenzen ganz unverhältnismäßig stärker abgedämpft als höhere, die so gut wie nicht beeinflußt werden. Beim Meerschweinchen liegt die Tonhöhe, bis zu der die Übertragung der Schwingungen vermindert wird, etwa bei 1000 Hz, darüber erfolgt um 1300 Hz eine geringe Verstärkung. Oberhalb 2000 Hz hat die Kontraktion der Binnenohrmuskeln keinen Einfluß auf die Übertragung. Darnach könnte man den Binnenohrmuskeln beim Meerschweinchen höchstens in dem Sinn eine Lauschfunktion zuschreiben, daß durch ihre Tätigkeit die mittleren und hohen Töne gegenüber den tiefen bevorzugt werden. WIGGERS selbst neigt der Ansicht zu, daß die Binnenohrmuskeln als Schutzorgane gegenüber allzulauten Schalleinwirkungen zu betrachten sind. Dem widerspricht aber, daß die Reflexe mit hohen Tönen schon bei geringerer Amplitude auslösbar sind als bei tiefen, obwohl die Übertragung der hohen Töne gar nicht beeinflußt wird. So scheint die Verhinderung des Klirrens immer noch die beste Deutung der Aufgabe der Binnenohrmuskeln zu sein. Subjektiv ist die Auslösung des Reflexes verbunden mit einem leisen Rauschen bis Brummen und leichtem Kitzelgefühl bis Berührungsempfindung, die ins Ohr selbst verlegt werden. Klonische Stapediuskontraktionen sollen nach FREY gelegentlich zusammen mit Blepharospasmus vorkommen, und die manchen Menschen mögliche Tensorkontraktion klingt, wenn sie rhythmisch ausgelöst wird, wie Maschinengewehrfeuer. G. v. BÉKÉSY (13) äußert einmal, diese bei sehr niedrigen Frequenzen von 0,5—10 Hz ohne Hörempfingung allein auftretende, bis zu Schmerz gesteigerte Empfindung werde wahrscheinlich durch die Berührung des Steigbügels mit den darüber und darunter vorgewölbten Wandungen des Mittelohrraumes hervorgerufen. Demgegenüber muß aber hervorgehoben werden, daß der Abstand der Schleimhaut der Paukenhöhle über und unter dem Steigbügel individuell variiert, und gewöhnlich so groß ist, daß Kippungen des Steigbügels um etwa 10° erforderlich wären, um solche Berührungen zu ermöglichen. Die Lokalisation einer Empfindung sagt eben wie überall, so auch hier nichts darüber aus, wo objektiv der Reiz ansetzt.

An dieser Stelle mag noch der PREYERsche Ohrmuschelreflex des Meerschweinchens Erwähnung finden, der nach YOSHIDA (1, 2) ein kurzer, rasch abklingender Tetanus von etwa 0,2 sec Dauer und einer Aktionsstromfrequenz von 55—70 Hz des M. auricularis ant. ist. Nach GERSTNER (1) ist der Reflex ungefähr 80 Dezibel über der Hörschwelle auslösbar und kann beim Meerschweinchen als Verfahren zur objektiven Hörprüfung benutzt werden.

8. Knochenleitung.

Die Betrachtung der Schwingungsweise der Gehörknöchelchenkette, ganz besonders der steile Abfall der Druck- und Schwingungsamplitude oberhalb 2000 Hz, der in Abb. 36 und 37 dargestellt wurde, lehrt, daß das Mittelohr zur Übertragung merklicher Schwingungen auf die Flüssigkeit im Innenohr nur in dem Frequenzbereich bis etwa 2000 Hz geeignet ist. Schwingungen höherer Frequenz müssen auf andere Weise aus der Luft der Umgebung auf das Innenohr wirken. Es läßt sich leicht zeigen, daß die Schwingungen eines Stimmgabelstieles als Ton wahrgenommen werden, wenn er irgendwo auf den Kopf gedrückt wird (WEBER 1834). Besonders deutlich auch noch bei kleinen Amplituden der Stimmgabel ist die Wahrnehmung beim Aufsetzen auf den Warzenfortsatz. Aber auch von allen anderen Stellen, an denen nicht allzu dicke Weichteilpolster die Übertragung auf den Knochen dämpfen, wird der Ton der Stimmgabel gehört. Besonders gelingt die Übertragung nicht nur von den Knochen der Schädelkapsel, sondern auch von den Zähnen des Unterkiefers, der ja in elastischen

Gelenkpfannen gelagert, getrennt von den übrigen Kopfknochen schwingen kann. Hierbei erfolgt eine Kompression der Luft im äußeren Gehörgang, so daß die Unterkieferschwingungen nur auf dem Umweg über die Luftleitung das Innenohr erreichen.

Dementsprechend muß zwischen der reinen Knochenleitung und der osseo-tympanalen Leitung unterschieden werden.

Osseo-tympanale Leitung.

Der Unterkiefer ist, besonders bei offener Zahnreihe, in seiner Gelenkpfanne mit dem knorpeligen Meniscus gegenüber dem übrigen Schädel verschieblich. Dabei liegt das Unterkieferköpfchen dicht an der vorderen unteren Wand des knorpeligen Gehörganges. Bei Erschütterung des ganzen Schädels ebenso wie bei Erschütterung des Unterkiefers schwingt der Unterkiefer gegenüber dem Schädel und führt so zu einer Verengerung und Erweiterung des äußeren Gehörganges im Rhythmus der Erschütterung. Besonders bei tiefen Frequenzen etwa bis in die Gegend von 1100 Hz, bei denen der Oberschädel als Ganzes schwingt, kann so die vordere untere Gehörgangswand durch die Trägheit des Unterkiefers zur Schallquelle werden. Ein Teil der dadurch erzeugten Luftdruckschwankungen gleicht sich natürlich nach außen aus, ein Teil jedoch trifft auch das Trommelfell und wird mit der gewöhnlichen Luftleitung über die Gehörknöchelchenkette aufs Innenohr übertragen. Wird der Ausgleich nach außen durch Verschluß des äußeren Gehörganges etwa mit dem Finger verhindert, so wird dadurch die ganze Luftdruckschwankung ohne Verlust aufs Trommelfell übertragen, und es erfolgt eine Verstärkung der Töne, wie sie in Abb. 47 (S. 60) dargestellt ist, bis auf das 10fache. Natürlich kann diese Verstärkung nur die Frequenzgebiete betreffen, die über das Mittelohr übertragen werden, sie nimmt daher oberhalb der durch die Luftsäule des Gehörganges bis zu 2000 Hz überhöhten Eigenschwingung der Gehörknöchelchenkette rasch ab.

Diese Art der Übertragung von Schwingungen auf das Innenohr spielt eine geringe Rolle beim Einfall von Luftschall auf den Schädel, weil hier in dem Frequenzgebiet bis 2000 Hz die normale Luftleitung gegenüber der Mitnahme des Schädels weit überwiegt. Dagegen wird die osseotympanale Leitung bei Erschütterung des Schädels sowohl durch schwingende Gegenstände wie die auf dem Schädel aufgesetzte Stimmgabel, als auch durch die Schwingungen der Weichteile bei der eigenen Stimme wirksam. G. v. Békésy (*19*) erklärt mit der bei osseo-tympanaler Leitung veränderten Amplitudenverteilung über die Frequenzen die Tatsache, daß man die eigene Stimme bei Schallplattenaufnahme nicht erkennt.

Eigentliche Knochenleitung.

Die schier unübersehbar große Literatur über Knochenleitung krankt daran, daß nur selten unterschieden wird zwischen dem „Schall", der aufs Innenohr übertragen werden soll, und der Schallenergie, die an der Perilymphe der Schneckentreppen Arbeit leisten muß, um zur Erregung der Sinneszellen zu führen. Es kommt nicht darauf an, daß möglichst viele Schallwellen oder solche mit großer Amplitude das Innenohr erreichen, sondern darauf, daß hier Energie abgegeben wird. Ehe daher eine Theorie der Knochenleitung aufgestellt werden kann, muß festgestellt werden, auf welche physikalische Weise die Perilymphe in den Schneckenkanälen in Bewegung gebracht werden kann. Soviel ich sehe, hat sich nur G. v. Békésy (*6*) Gedanken darüber gemacht, auf welche physikalische Weise Arbeit an der Perilymphe durch Schallwellen geleistet werden kann. Er hat dabei die Druckarbeit bei allseitiger Kompression des Knochens nach

Rejtö (*1, 2*) und Herzog in den Vordergrund gestellt, aber auch die Wirkung von Parallelverschiebungen mittels Trägheit der Gehörknöchelchen erwähnt (die Ansichten von Kulikowsky (*1, 2*) sind in den zugänglichen Referaten leider nicht klar dargelegt). So erscheint es zweckmäßig, zunächst ganz allgemein zu klären, welche Arten von Energieübertragung auf die Perilymphe der Skalen denkbar sind.

Eine Flüssigkeit kann grundsätzlich nur durch Druckdifferenz zwischen verschiedenen Orten in Bewegung versetzt werden. Allseitiger Druck führt nur zur Kompression, aber nicht zu Strömungen. Druckdifferenzen können aber auf mindestens vier ganz verschiedenen Wegen in einer Flüssigkeit erzeugt werden, nämlich

1. Durch Kräfte, die von außen an der Flüssigkeit angreifen.
2. Durch Trägheitskräfte bei Beschleunigung der Flüssigkeit.
3. Durch Unterschiede im spezifischen Gewicht der Flüssigkeit unter der Einwirkung der Schwerkraft und
4. Durch Reibungskräfte bei Bewegung der Flüssigkeit.

Ein Beispiel für das Einwirken äußerer Kräfte ist das Einpressen der Stapesfußplatte beim Auftreffen von Luftdruckschwankungen vor dem Trommelfell. Trägheitskräfte bringen die Endolymphe in den Bogengängen bei Drehbeschleunigungen relativ zum Knochen in Bewegung. Die calorische Reizung des Bogengangapparates ist ein Beispiel für die Erzeugung von Druckdifferenzen durch Veränderung des spezifischen Gewichts, und das Nachlassen des Nystagmus bei dauernder gleichmäßiger Drehung ist durch die allmählich erfolgende Mitnahme der Endolymphe infolge Reibung bedingt.

Bei den Bogengängen bewegt sich die Flüssigkeit in geschlossener Kreisbahn. Die Perilymphe der Schnecke dagegen kann nur bewegt werden, wenn an beiden Skalenenden eine Ausweichmöglichkeit vorhanden ist. Was etwa durch Einwärtsbewegung der Stapesfußplatte an Flüssigkeit in die scala vestibuli verdrängt wurde, muß durch Vorwölbung der Membran des runden Fensters ausweichen. Ist eine dieser beiden Ausweichstellen hart verschlossen (s. S. 118), so ist eine Bewegung der Flüssigkeit durch äußere Kräfte nicht mehr möglich, wenn dadurch auch nicht sämtliche Bewegungen verhindert werden. Es ist daher leicht verständlich, daß bei Stapesankylose eine Schallübertragung vom Mittelohr auf die Schnecke nicht mehr möglich ist. Beim Verschluß des runden Fensters hatte Hughson zunächst eine Verstärkung des Reizfolgestromes gefunden und daraufhin sogar bei Patienten einen operativen Verschluß des runden Fensters gewagt, wodurch angeblich Hörverbesserung eintrat. Dagegen fand Milstein nach Verschluß des runden Fensters ein Ausbleiben degenerativer Veränderungen im Cortischen Organ trotz Einwirkung schallschädigender hoher Töne und Culler, Finch und Girden konnten durch Plombierung der Nische des runden Fensters Schwellenerhöhungen für bedingte Reflexe bei Hunden um 10 Dezibel feststellen. Auch Wever und Lawrence fanden nur 10 bis höchstens 17 Dezibel Abnahme des Reizfolgestromes bei Verschluß des runden Fensters mit einem aufblasbaren Gummiballon. Dagegen haben jetzt Ranke, Keidel und Weschke mit einem durch eine Plastelinkuppe anpassungsfähig gemachten Hartgummistempel beim Verschluß des runden Fensters ein völliges Verschwinden des Reizfolgestromes der Katze unter die Grenze der Registrierbarkeit gefunden (s. Abb. 96, S. 118). Damit besteht völlige Übereinstimmung zwischen Theorie der Flüssigkeitsbewegung und experimenteller Erfahrung. Vielleicht ist es klinisch von Wichtigkeit, bei Hörverlusten nicht nur an die Stapesankylose, sondern auch an eine Verhärtung des Abschlusses am runden Fenster zu denken [Zöllner, Diskussionsbemerkungen 1951 und Rejtö (*2*)].

Wie nun G. v. Békésy (6) genauer ausgeführt hat, kann die Bewegung der Stapesfußplatte ersetzt werden durch allseitige Kompression der Wandungen des Vestibulums (Abb. 43). Da dann die einzige Ausweichstelle für die Perilymphe das runde Fenster ist, muß die aus den volumenmäßig weit überwiegenden Räumen des statischen Organs in die scala vestibuli verdrängte Flüssigkeit an der Stapesfußplatte vorbei die gleiche Bewegungsart hervorrufen, wie bei Bewegung der Stapesfußplatte. Der Rest an Knochenleitung, der bei völliger Stapesankylose übrigbleibt, ist physikalisch nur oder wenigstens ganz überwiegend auf diese Volumenkompression am Ort der Verdichtung der den Knochen durchsetzenden Schallwellen zu erklären.

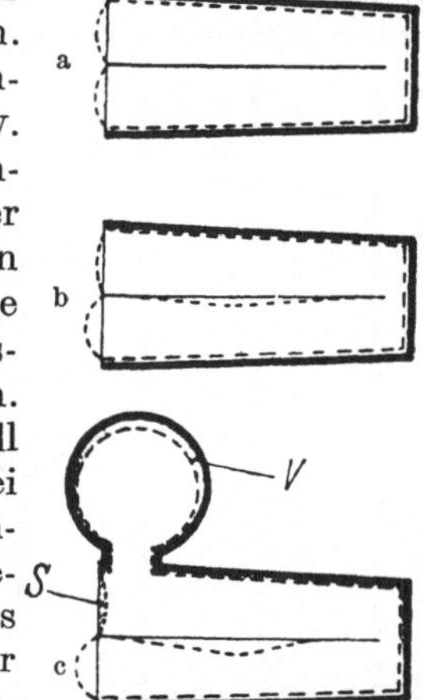

Abb. 43a—c. Schematische Darstellung der Schwingungsauslösung in der Perilymphe durch Volumkompression der Innenohrräume. a Für den Fall völliger Symmetrie tritt keine Schwingungsauslösung ein. b Asymmetrie nur durch verschiedene Elastizität der Fenster. c Asymmetrie auch durch verschiedenes Volumen, da an der Scala vestibuli die weiten Räume des Gleichgewichtsorgans angeschlossen sind. [Aus G. v. Békésy (6).]

Daß die Schwingungsform bei der normalen Knochenleitung identisch ist mit der bei Luftleitung, hat G. v. Békésy (18) dadurch nachgewiesen, daß er einen Knochenleitungston mit Hilfe eines Luftleitungstones geeigneter Amplitude und Phase vollkommen auslöschen konnte. In diesem Fall müßte die durch die Kompression verdrängte Flüssigkeitsmenge gerade durch die gleichzeitig nach auswärts bewegte Stapesfußplatte aufgenommen werden. Kobrak, Lindsay und Perlman (4) haben experimentell bei der Katze und am Leichenohr festgestellt, daß bei Verschluß des runden Fensters die restlichen Ausweichmöglichkeiten der scala tympani, besonders der Aquaeductus und die Venen, nur bei niedrigen Frequenzen — es fehlt eine zahlenmäßige Angabe, wahrscheinlich nur unter der unteren Hörgrenze — noch meßbare Flüssigkeitsverschiebungen zulassen. Ein fester Verschluß des runden Fensters muß bei akustischen Frequenzen jedes Ausweichen der Flüssigkeit aus der scala tympani verhindern. Freilich sind alle einschlägigen Versuche, auch die mit Fixierung des Steigbügels durch Verschluß des äußeren Gehörganges mit und ohne Überdruck im äußeren Gehörgang, und durch Unterdruck in der Paukenhöhle, alle mit Verstärkung der Knochenleitung, kein sicherer Beweis dafür, daß die Knochenleitung allein durch Volumenkompression der Innenohrräume zustande kommt.

Bis zur ersten Fensterungsoperation (Passow 1897, Holmgreen 1922) hatte die Physiologie keine Ursache nach neuen Wegen der Knochenleitung zu suchen. Wenn jedoch die Knochenleitung durch Volumenkompression in den Räumen des statischen Organs zustande kommen soll, dann muß jede zusätzliche Ausweichstelle für die Flüssigkeit im Gebiet dieser Räume, also auch das künstliche Fenster, die Knochenleitung sofort und endgültig verschlechtern, wenn nicht völlig aufheben. Die Fensterungsoperation und ihr Erfolg ist also der Grund, warum die Physiologie ihre Vorstellungen von der Knochenleitung revidieren muß. Umgekehrt war die Fensterungsoperation zunächst ein großes Wagnis, da sie nach aller damaligen Kenntnis das Gehör nur verschlechtern konnte.

Die zweite Art der Erzeugung einer Druckdifferenz zwischen den beiden Skalen, die die Perilymphe in der Frequenz des einwirkenden Tones bewegen kann, ist wenig durchüberlegt, wenn es auch Außenseiter der Otologie wie v. Gyergyay und v. Gyergyay jr., und Mygind (1, 2) gibt, die der Schwingungsfähigkeit der ganzen Schnecke oder einzelner ihrer Teile im Knochen Bedeutung zumessen. Das Prinzip der Anregung von Perilymphschwingungen durch Massenkräfte bei

Schwingung des ganzen Felsenbeines soll an einem Modell verdeutlicht werden. Bewegt man ein gewöhnliches zweischenkeliges Quecksilbermanometer periodisch auf und ab, oder erteilt man ihm Stöße in senkrechter Richtung, so wirkt die Beschleunigung auf beide Schenkel in gleicher Weise, und das Quecksilber bleibt relativ zum Glas in Ruhe. Daran ändert sich auch nichts, wenn einer oder die beiden gleichlangen Schenkel etwa durch gleichharte oder verschiedene Membranen verschlossen werden. Macht man denselben Versuch mit einem Quecksilberbarometer, bei dem das Quecksilber im evakuierten Schenkel um rund 76 cm höher steht als im offenen Schenkel, so werden bei jeder senkrechten Bewegung sofort Eigenschwingungen des Quecksilbers ausgelöst. Hier sind die Massen in beiden Schenkeln verschieden, und daher bewirkt der durch Masse mal Beschleunigung in jedem Schenkel erzeugte Druck eine bewegende Druckdifferenz. Translatorische Schwingungen des ganzen Felsenbeines können somit die Perilymphe in Bewegung versetzen, wenn eine Differenz zwischen der Massenbelastung beider Skalen besteht, und zwar dann, wenn die Bewegungsrichtung eine Komponente in der Richtung der Beweglichkeit dieser Massen hat.

Bis heute fehlen zahlenmäßige Angaben über die Asymmetrie der beiden Skalen, so daß nicht mit Sicherheit zu sagen ist, ob schon die Perilymphe beider Skalen mit verschiedener Masse in eine translatorische Bewegung eingeht. Hauptsächlich aber ist die scala tympani nur mit der Masse der dünnen Membran des runden Fensters, die scala vestibuli aber mit der ganzen Gehörknöchelchenkette belastet (Abb. 45); es sei ausdrücklich darauf aufmerksam gemacht, daß die verschiedene Härte der Membranen hier nur das Ausmaß der Bewegungen bei gleicher dyna-

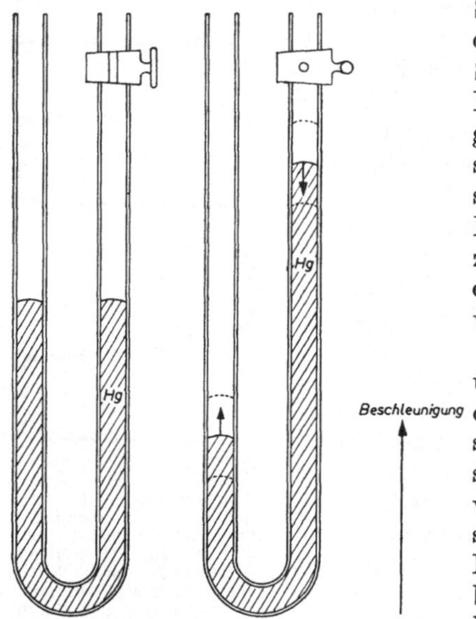

Abb. 44. Bei Beschleunigung nach oben bleibt das Quecksilber im linken Manometer in Ruhe (symmetrische Schenkel), während es im rechten Manometer in Schwingung gerät.

mischer Druckdifferenz begrenzt. Die Druckdifferenz durch Beschleunigung setzt teilweise die Flüssigkeit in Bewegung, teilweise wird ihr durch die elastische Spannung der Fenster Gleichgewicht gehalten. Je härter also eines oder beide Fenster gegen Volumenausbauchung sind, desto geringer wird das Ausmaß der Bewegung. Der elastische Widerstand der beiden Fenster gegen Volumenverschiebung addiert sich hierbei. Dies steht in scharfem Gegensatz zur Bewegung durch allseitige Kompression, bei der nur die Differenz der elastischen Kräfte beider Fenster die Druckdifferenz zur Bewegung der Flüssigkeit erzeugt.

Die erste Voraussetzung dafür, daß solche Massenbeschleunigungen zur Anregung der Perilymphschwingung führen, ist eine entsprechende Schwingungsfähigkeit des Felsenbeines gegenüber der Gehörknöchelchenkette. Beim Menschen ist das Felsenbein fest mit dem Schläfenbein zu einem Knochen verwachsen. Hier sind also nur Schwingungen der ganzen Schädelkapsel möglich. Beim Schwein und beim Rind (eigene Beobachtung) und nach BOENNINGHAUS, BEZOLD und LANGE auch beim Walfisch ist das Labyrinth lose nur mit Bindegewebe und Knorpel am Schädel befestigt, so daß das Labyrinth als Ganzes gegenüber dem Schädel und auch gegenüber der Gehörknöchelchenkette, die ja am Schädel mit Bändern aufgehängt ist, schwingungsfähig erscheint. ROSSBERG hat kürzlich die Eigenschwingungszahl des knöchernen Labyrinths im Schädel zu rund 2000 Hz bestimmt. Sie ist am trockenen Leichenpräparat nur wenig, am frischen, feuchten Präparat allerdings stark gedämpft. Leider ist aus seinen Angaben weder die Art der Erregung noch die Richtung der Schwingung deutlich zu entnehmen, so daß weitere Untersuchungen über die Schwingungsfähigkeit des Felsenbeines erforderlich erscheinen[1]. Die trichterförmige Anordnung der Schädelschuppe vor dem Felsenbein läßt vermuten, daß vielleicht jede Anregung des Schädels zu einer Schwingung des Felsenbeines in Richtung der Felsenbeinpyramide und damit senkrecht auf die Ebene durch die Stapesfußplatte führt. Die Membran des runden Fensters steht dann näherungsweise parallel zur Bewegungsrichtung und würde damit wesentlich geringeren Beschleunigungskräften unterliegen. Die Schwingungsform des Schädels als Ganzes hat G. v. BÉKÉSY (6, 23) qualitativ und quantitativ untersucht. Darnach hat der Schädel seine Resonanzfrequenz

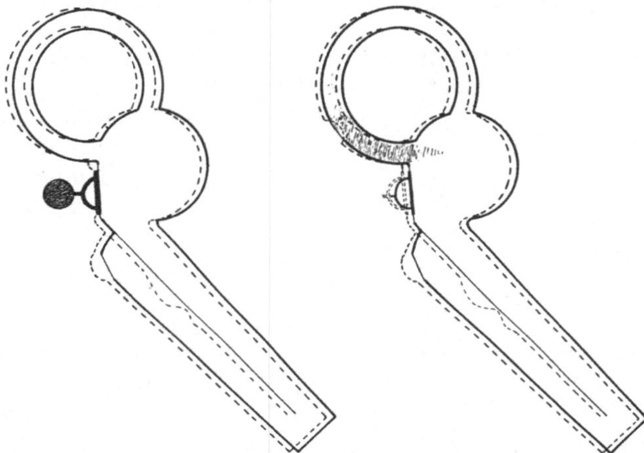

Abb. 45. Schematische Darstellung der Schwingungsauslösung in der Perilymphe durch Massenbeschleunigung bei seitlicher Schwingung des ganzen Felsenbeines, links beim Normalen mit beweglicher Stapesfußplatte weit oberhalb der Eigenschwingungszahl des Mittelohres, rechts bei Stapesankylose und Fensterung.

etwa bei 1800 Hz. Unterhalb dieser Frequenz bewegt sich der Kopf als Ganzes im Schallfeld. Oberhalb 800 Hz beginnen die Deformationen des Schädels meßbar zu werden, wobei die Schläfenbeine bei Schalleinfall von vorne stets seitlich schwingen. Zunächst bilden sich dabei zwei Knoten rechts und links vor der Schläfe aus, das Hinterhaupt bleibt bis 1600 Hz fast völlig in Ruhe, und dann entstehen allmählich weitere zwei Knoten der Schwingung, so daß gleichzeitig Stirn und Hinterhaupt auswärts schwingen, während die beiden Schläfen einwärtsschwingen, und umgekehrt (Abb. 46). Doch handelt es sich bei diesen Messungen um die Schwingungen des Schläfenbeines, von denen nicht unmittelbar auf die des Felsenbeines geschlossen werden kann, über die Messungen noch ausstehen. Oberhalb der Eigenschwingung des Schädels nimmt die Auslenkung umgekehrt proportional dem Quadrat der Frequenz ab. So läßt sich bisher eine quantitative Aussage über die Knochenleitung noch nicht machen. Wichtig erscheint jedoch, daß sich die Schwingungsform des Schädels gerade in dem Frequenzbereich der Eigenschwingung des Mittelohres derart ändert, daß unter der Resonanzfrequenz des Mittelohres die Schläfenbeine nur gleichsinnig und bei Schalleinfall von vorne nicht seitlich, bei höheren Frequenzen dagegen gegensinnig und bei Schalleinfall von vorne nach der Seite schwingen. Möglicherweise wird hierdurch der kontinuierliche Übergang zwischen der eigentlichen Luftleitung und der Knochenleitung mittels Massenkräften gesichert.

---

[1] *Anmerkung bei der Korrektur:* Siehe JAHN: Z. Laryng. usw. **1953** (im Erscheinen).

Beim WEBERschen Versuch wird der mit Stimmgabel auf dem Scheitel zugeführte Ton in demjenigen Ohr lauter gehört, in dem eine Mittelohrschwerhörigkeit besteht, in dem die Schwingungsfähigkeit der Gehörknöchelchenkette herab-

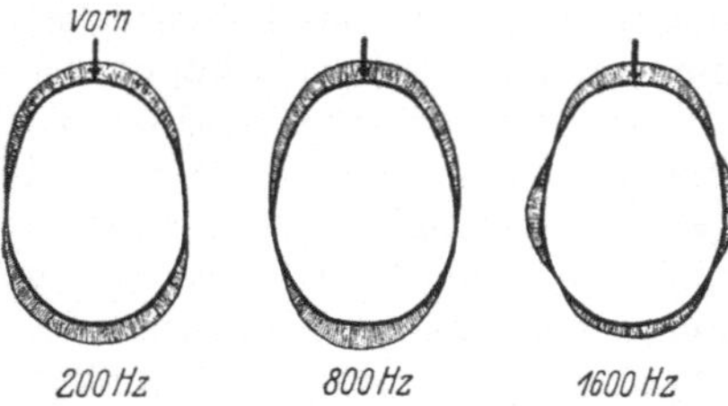

Abb. 46. Schwingungsformen des Schädels nahe der Schädelbasis bei Anregung durch einen Schwingkörper an der Stirne. [Aus G. v. Békésy (6).]

gesetzt ist. Es ist dabei gleichgültig, ob ein Ceruminalpfropf oder eine Mittelohrerkrankung die Ursache für die Behinderung der Mittelohrschwingung ist. Dies scheint nun zunächst der Auffassung zu widersprechen, daß die Gehörknöchelchenkette für die Zwecke der Knochenleitung nur als zusätzliche Masse vor dem Foramen ovale aufzufassen ist. Die Prüfung mit dem WEBERschen Versuch erfolgt jedoch mit einer Stimmgabel von 256 Hz, also weit unterhalb der Eigenfrequenz der Gehörknöchelchenkette. Hier muß der Druck hinter der Stapesfußplatte wesentlich ansteigen, wenn durch irgendeine Behinderung des Stapes ein Ausweichen der Perilymphe durchs Foramen ovale verzögert wird, so daß das weichere Foramen rotundum allein nachgibt, wenn durch Beschleunigungskräfte die Perilymphe sich gegen den Knochenkanal verschieben will. Daher wirkt ein Verschluß des Gehörganges auch nur bis zur Eigenfrequenz des Mittelohres

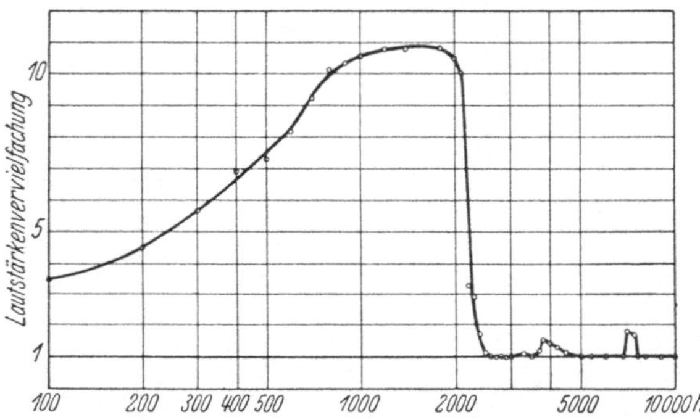

Abb. 47. Lautstärkenvervielfachung eines Knochenleitungstones bei Verschluß des äußeren Gehörganges mit einem Gummistopfen, der zum Druckausgleich eine feine Capillare enthielt.
[Aus G. v. Békésy (6).]

und etwas darüber hinaus verstärkend auf den Knochenleitungston, Abb. 47, wie das G. v. Békésy und viele andere

gemessen haben, seit E. MACH die Schallabflußtheorie ausgesprochen hat. Freilich spielt für die Messungen, die der Abb. 47 zugrunde liegen, auch die Schwingungs-

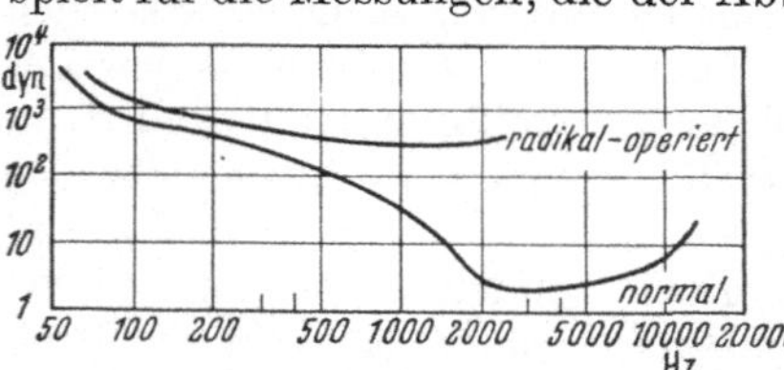

Abb. 48. Hörschwelle für Knochenleitung beim Normalen und beim Radikaloperierten. Die Ordinate gibt den Wechseldruck eines auf die Stirne gedrückten Schwingkörpers an.
[Nach G. v. Békésy (15).]

fähigkeit des Unterkiefers gegen den Schädel eine Rolle, da hierbei der Gehörgang weit außen verschlossen wurde. Einen unmittelbaren Nachweis des Einflusses der Massenbelastung der scala vestibuli durch die Gehörknöchelchenkette hat G. v. Békésy (15) dadurch geführt, daß er die Schwelle für die Knochenleitung bei Normalen und Radikaloperierten allerdings nur für die tiefen Frequenzen gemessen hat. Bei den Radikaloperierten — die sonst gesund waren, besonders keine Innenohrschwerhörigkeit hatten — ist das Foramen ovale nur mehr mit der Masse des Steigbügels belastet, die Schwelle muß daher mit steigender Frequenz sich immer weiter von der des Normalen entfernen. Die Anregung erfolgte in diesen Versuchen von der Stirn mit einem geeichten Schwingkörper (Abb. 48).

Im Gegensatz zu der Theorie der Knochenleitung durch Volumenkompression ist theoretisch für die Anregung der Perilymphe durch Massenkräfte zu fordern, daß jeder feste Verschluß eines Fensters die Knochenleitung gleichsinnig wie die Luftleitung verschlechtert. Es ist dabei gleichgültig, ob das ovale Fenster, etwa durch Otosklerose, oder das runde Fenster verschlossen ist. Bei Volumenkompression dagegen müßte ein Verschluß des ovalen Fensters die Knochenleitung verbessern. Umgekehrt muß bei Anregung durch Massenkräfte jede neue Ausweichmöglichkeit für die Perilymphe bei festem Verschluß des ovalen Fensters zu einer Verbesserung der Knochenleitung führen, wenn dabei nur eine Asymmetrie der Massenbelastung beider Skalen erhalten bleibt. So bietet diese Theorie der Knochenleitung volles Verständnis für die Wirkung eines operativ angelegten Fensters. Gewöhnlich wird das Fenster im lateralen Bogengang angelegt, so daß zwischen Vestibulum und Fenster einige Millimeter Bogengangsperilymphe als Massenbelastung eingeschaltet bleiben. WULLSTEIN (3) hat jedoch auch bei endokranieller Fensterung am oberen Bogengang Gehörsverbesserungen gesehen. Es ist auch theoretisch nicht notwendig, daß die ganze belastende Flüssigkeitssäule in der Schwingungsrichtung liegt.

9. Entstehung von Kombinationstönen im Mittelohr.

H. v. HELMHOLTZ (1) hatte die Kombinationstöne aus der angenommenen Krümmung der Kennlienie des Trommelfelles zu erklären versucht. Seither geht die Tendenz dahin, die Obertöne durch nichtlineare Verzerrung im Innenohr entstehen zu lassen, während die Kombinationstöne, besonders der erste Differenzton, im Mittelohr entstehen sollen. Hier können nicht alle Kombinationstöne besprochen werden, es soll nur das Für und Wider der Beteiligung des Mittelohres daran erwähnt werden. Bei der Bauart der Membranen im Mittelohr, sowohl des Trommelfelles wie der Membran des runden Fensters, aber auch der Befestigung des Steigbügels im ovalen Fenster kann gar kein Zweifel bestehen, daß diese Systeme keine lineare Dehnungskurve haben können. Das hat sich ja auch z. B. für die Steigbügelfußplatte (Abb. 33, S. 42) wie in einer Untersuchung der Membran des runden Fensters durch KOBRAK (6) bestätigt. Die Frage ist nur, ob die Abweichungen von der Linearität schon bei solch kleinen Bewegungen merklich sind, wie sie beim Hören tatsächlich auftreten, und ob diese Abweichungen die Stärke der Kombinationstöne erklären können. Es ist ein schlechter Beweis gegen die Entstehung im Mittelohr, wenn WEVER, BRAY und LAWRENCE (1, 2, 3) bei Zuleitung mit Knochenleitung oder nach Abbau des Mittelohres bis zum Stapesköpfchen, noch die gleichen Kombinationstöne wie mit intaktem Mittelohr erhalten, denn von den drei verzerrenden Stellen sind ja dann zwei noch in Wirksamkeit. G. v. BÉKÉSY (8) konnte dagegen nachweisen, daß die Obertöne vom Mittelohr nicht in den Gehörgang abgestrahlt werden, was zu verlangen wäre, wenn das Trommelfell der Ort der nichtlinearen Verzerrung wäre. Auch ändert ein Über- oder Unterdruck in der Paukenhöhle die Stärke und Art der Obertöne nicht. Dagegen müssen die Differenztöne durch Mitwirkung des Mittelohres entstehen, denn sowohl Tensorkontraktion als auch Unterdruck im Mittelohr vermindern den ersten Differenzton sehr deutlich. Nun entstehen die geradzahligen Obertöne durch symmetrische Nichtlinearität, der 1. Differenzton dagegen durch nichtsymmetrische Nichtlinearität. So ist es ein Beweis für die Unsicherheit des Entstehungsortes der Kombinationstöne, wenn STEVENS und NEWMAN bei Tensorkontraktionen nun gerade umgekehrt die geraden Obertöne gesteigert, die ungeraden unbeeinflußt fanden. Ich halte es für eine Utopie, ein für allemal den Entstehungsort der Kombinationstöne festlegen zu wollen. Abweichungen von linearen Dehnungskurven werden wir überall in der Natur begegnen, und bei dem komplizierten Bau des Gehörorgans wohl auch von Mensch zu Mensch verschiedenen Abweichungen. Es gibt sicher Mittelohren mit besonders starker nichtlinearer Verzerrung, und die Träger dieser Ohren sind die geborenen Klavierstimmer, da sie die Differenztöne und Obertöne lauter als andere Menschen hören. Andere dagegen dürften nur weniger starke Abweichungen von der Linearität haben, und damit einen mindestens andersartigen Genuß beim Hören von Musik.

10. Inadäquate elektrische Reizung des Ohres.

Nachdem RAMADIER und DAVID-GALATZ alte Versuche über Gleichstromreizung des Gehörorgans wieder aufgenommen und dabei Schließungs- und Öffnungshöreindrücke zur funktionellen Prüfung des CORTISCHEN Organs herangezogen hatten, haben ANDREJEW, ARAPOWA, BRONSTEIN, GERSUNI und WOLOCHOFF (13 Veröffentlichungen) und allem Anschein nach unabhängig davon CRAIK, RAWDON-SMITH und STURDY gefunden, daß man bei geeigneter Zuführung von Wechselstrom akustischer Frequenzen Gehörsempfindungen hervorrufen kann. Besonders bei niedrigen Frequenzen tritt dabei gewöhnlich eine Gehörsempfindung auf, deren Tonhöhe um eine Oktave höher liegt als es der Frequenz des Wechselstromes entspricht. STEVENS (2) hat dann die Hörschwellenkurve für elektrische Reizung aufgesucht und dabei festgestellt, daß gewöhnlich schon bei 200 Hz die Schwelle höher liegt, als die Schwelle für andere Empfindungen wie Kitzel und Schmerz, ebenso überschreitet die Hörschwelle meist bei 10000 Hz wieder die Kitzelschwelle. Sehr starke Obertöne und, bei gleichzeitiger Darbietung verschiedener Frequenzen, Kombinationstöne lassen darauf schließen, daß für die Transformation des elektrischen Stromes besonders starke nichtlineare Verzerrungen wirksam werden, wie sie durch teilweise Gleichrichtung des Wechselstromes an polarisierten Membranen auch zu erwarten sind. STEVENS und JONES haben diese Gleichrichtung unmittelbar nachgewiesen, indem sie dem Wechselstrom einen Gleichstrom überlagerten und damit die Lautstärke des Grundtones wesentlich erhöhen konnten. Eine starke Schwellenerhöhung für elektrische Reizung bei Mittelohrschäden legt den Gedanken nahe, daß durch Kondensatorwirkungen schon im Mittelohr mechanische Schwingungen der Gehörknöchelchenkette hervorgerufen werden, die dann auf ganz normalem Weg das Innenohr erregen. Hiermit entfallen aber viele Hoffnungen, etwa bei Schwerhörigen mit der elektrischen Erregung Vorteile zu erzielen. STEVENS und DAVIS (2) diskutieren auch die Möglichkeit, daß die Sinneszellen in der Lage sein könnten auf elektrische Potentiale mit chemischen Reaktionen zu antworten, eine Annahme, die sich logisch aus ihrer Auffassung der Sinneszellen als Piezo-Empfänger ergibt. Der Ort der Reizung mittels des elektrischen Stromes muß nur sicher vor den Nervenendigungen liegen, denn die Reizung des N. cochlearis ergibt die Empfindung eines Geräusches, nicht die eines Tones oder Klanges. Bisher scheint die Umwandlung in mechanische Schwingung durch eine mit starker Gleichrichterkomponente behaftete Lautsprecherwirkung im Mittelohr oder spätestens im Innenohr die größte Wahrscheinlichkeit für sich zu haben, zumal sich die Sinneszellen im CORTISCHEN Organ als äußerst empfindlich gegen äußere Spannungen erwiesen haben (FERNÁNDEZ, GERNANDT, DAVIS und McAULIFFE).

III. Die Schnecke als Reizverteilungsorgan.

Durch das Antransportorgan Mittelohr werden letzten Endes, sei es über die Luftleitung, sei es über die Knochenleitung, der Steigbügel und das runde Fenster in gegenphasige Schwingung versetzt, wobei die Perilymphe der beiden

Schneckenkanäle mitbewegt werden muß. Immer noch handelt es sich um den nach der Frequenz unveränderten, nur durch Einschwingvorgänge und durch verschieden starke Übertragung der Amplituden veränderten Reiz, um eine physikalische Schwingung. Und es ist nun zu untersuchen, welche physikalischen Verhältnisse die Fortleitung dieses Reizes bis zum eigentlichen Transformationsorgan, den Sinneszellen im Ductus endolymphaticus, erlauben, und in welcher Weise dabei eine Arbeitsteilung der Sinneszellen und der Nervenfasern vorbereitet wird. Für diese Arbeitsteilung ist durch H. v. HELMHOLTZ (2) in Anlehnung an das Gesetz der spezifischen Sinnesenergien von JOH. MÜLLER eine Vorstellung entwickelt worden, die nichts mit der Physik der Schnecke zu tun hat, die aber die Entwicklung der Hörtheorie grundlegend beeinflußt hat: Nach H. v. HELMHOLTZ reizt jede physikalische Frequenz das CORTIsche Organ an einer, dieser Frequenz zugeordneten Stelle, so daß die entspringende Nervenfaser nur die Qualität einer einzigen Tonhöhe dem Gehirn vermittelt. Diese Vorstellung entspricht allgemeinen Prinzipien der Physiologie der Sinnesorgane und stellt somit eine physiologische Forderung an die Physik der Schnecke dar, durch deren Erfüllung der Bau des zugehörigen Nervensystems in Übereinstimmung mit dem anderer Sinnesorgane besonders einfach würde. H. v. HELMHOLTZ glaubte diese Forderung an die Physik der Schnecke durch die Resonanztheorie zu erfüllen. Wie GILDEMEISTER (2) ausgeführt hat, ist eine solche Frequenzanalyse in der Schnecke aber nicht unbedingt an die Resonanzvorstellung gebunden, sie kann vielmehr allgemeiner als Einortstheorie unabhängig von der Resonanzvorstellung bestehen. Und die neuere Entwicklung hat gezeigt, daß die Physik der Schnecke Schwingungsarten aufgedeckt hat, die zwar für jede Frequenz eine mehr oder weniger umschriebene Stelle der Basilarmembran und ihrer Aufbauten in maximaler Amplitude schwingen läßt, trotzdem aber nicht auf Resonanz im engeren Sinne beruht. Das hiermit vorweggenommene Ergebnis der physikalischen Untersuchung ist die Verteilung der Frequenzen auf die Basilarmembran und das CORTIsche Organ derart, daß von der Basis der Schnecke zur Spitze stetig und monoton fortschreitend die Frequenzen von den höchsten bis zu den tiefsten Schwingungszahlen zu einem einzigen Ausbauchungsmaximum führen, dessen Lage auf der Basilarmembran für die Frequenz charakteristisch ist. Der adäquate Reiz wird durch die physikalischen Eigenschaften der Schnecke je nach seiner Frequenz auf verschiedene Sinneszellen verteilt, wie im Auge das Licht je nach seiner Einfallsrichtung auf verschiedene Stäbchen und Zapfen verteilt, weil abgebildet wird. Nur hat die Schnecke der physikalischen Analyse ihrer Schwingungsform einen ungleich größeren Widerstand entgegengesetzt als das Auge, das schon mit der einfachen geometrischen Optik fast ausreichend beschrieben werden kann. Und noch heute ist es schwierig, unter Vermeidung von Mathematik die Schwingungsform der Schnecke zu beschreiben, und es verlangt Geduld und Ausdauer beim Leser, dieser Beschreibung zu folgen.

1. Anatomische Vorbemerkungen.

Das gesamte Hohlsystem des Innenohres gliedert sich in das Vestibulum, die drei Bogengänge und die Schnecke mit ihren beiden Schneckentreppen. Die Fußplatte des Steigbügels bildet einen Teil der lateralen Wand des Vestibulums an der Stelle, an der es in die obere der beiden Schneckentreppen, die scala vestibuli, übergeht. Von der scala tympani, dem unteren, am runden Fenster endigenden Schneckengang, ist die Steigbügelfußplatte durch eine Knochenlamelle, die Fortsetzung der hier die beiden Skalen vollkommen gegeneinander abschließenden Lamina spiralis ossea, getrennt. Die Lamina spiralis ossea nimmt von

der Basis der Schnecke nach oben beständig an Breite ab, so daß die häutige
Trennwand zwischen den beiden Skalen, die Basilarmembran, von der Basis
zur Spitze an Breite zunimmt, bis beide, Lamina spiralis ossea und Basilarmembran, an der Schneckenspitze mit einem freien Rand derart endigen, daß die
scala vestibuli durch das Helicotrema in offener Verbindung mit der scala tympani
steht. Die Länge der Schneckentreppen, gemessen längs dem CORTISchen Organ,
ist beim Menschen nach HELD 33,5 mm, nach HARDY variiert sie zwischen 25,3
und 35,5 mm mit einem Durchschnitt von 31,5 mm. Die Länge der Schneckentreppen bei verschiedenen Tierarten wird im Zusammenhang mit den Modellgesetzen besprochen (S. 69). Die Breite der Basilarmembran ist nach HELD an
der Basis 0,104 mm, in der Mitte der Schnecke 0,336 mm und an der Spitze
0,504 mm. Nach E. G. WEVER ist die schmalste Stelle am vestibulären Ende
nur 0,080 mm breit, aber die breiteste Stelle ist etwa eine Halbwindung von der
Spitze entfernt und rund 0,498 mm breit, doch sollen die Maße von Ohr zu Ohr
viel mehr schwanken, als bisher bekannt war. Für die physikalische Betrachtung
sagt die Breite der Basilarmembran, die Länge der Basilarmembranfasern, gar
nichts aus. Die gleiche Saite gibt je nach ihrer Spannung hohe und tiefe Töne,
und der gleiche einseitig eingespannte Stab je nach seiner Biegungssteifigkeit
und dem Material, aus dem er besteht, verschiedene Eigenschwingungszahlen.
So kann nur die Untersuchung der Volumelastizität der Basilarmembran Auskunft darüber geben, ob die für die Schwingungsform wesentliche Elastizität
von der Basis zur Spitze stetig und monoton abnimmt. Und der gleiche Volumelastizitätsmodul kann trotz verschiedener Breitenabmessung durch entsprechende
Materialanordnung bei den verschiedenen Ohren an entsprechender Stelle der
Basilarmembran erreicht sein. So darf auf anatomische Messungen elastischer
Gebilde kein allzu großes Gewicht gelegt werden. Dagegen muß betont werden,
daß die REISSNERsche Membran, die von der scala vestibuli unter einem Winkel
von 40—45⁰ mit der Basilarmembran noch einen beträchtlichen Teil als Endolymphkanal abgrenzt, übereinstimmend als sehr dünn und überall gleich dick
beschrieben wird.

Soweit das Hohlsystem des Innenohres nicht vom häutigen Labyrinth und
dessen Inhalt, der Endolymphe, in Anspruch genommen ist, ist es völlig mit der
serösen, dem Liquor cerebrospinalis entsprechenden Perilymphe angefüllt. Der
Hohlraum der Perilymphräume bildet sich ursprünglich durch Verflüssigung der
gallertigen Zwischensubstanz zwischen dem Ductus cochlearis, der dem Ektoderm
entstammt, und dem Periost der Schneckentreppen. Dieser perilymphatische
Raum steht einerseits durch das Vestibulum in weiter offener Verbindung mit
den perilymphatischen Räumen um das Gleichgewichtsorgan, andererseits durch
den engen Aquaeductus cochleae mit dem Subarachnoidalraum. Dadurch ist
ein Druckausgleich zwischen den perilymphatischen Räumen des Innenohres und
dem Subarachnoidalraum sichergestellt, der allerdings wegen der Enge des
Aquaeductus längere Zeit in Anspruch nimmt, als daß Frequenzen des Hörbereiches noch durch diesen Weg abfließen könnten (KOBRAK). Die Strömungs-
richtung im Aquaeductus cochleae soll nach EGMOND im allgemeinen vom Subarachnoidalraum zum Labyrinth gerichtet sein. Für die physikalische Betrachtung ist es noch von Bedeutung, daß die beiden Schneckenkanäle im allgemeinen
eng, zwischen 2 und etwas unter 1 mm² Querschnitt von der Basis zur Spitze abnehmend sind, daß aber weder die Breite noch die Höhe der beiden Kanäle
eine stetige Funktion der Kanallänge sind, wie das J. ZWISLOCKI an einem
Wachsmodell ausgemessen hat (Abb. 49). Und von größter Wichtigkeit für die
physikalische Betrachtung ist es, daß der ganze Hohlraum des hier sehr harten
Knochens vollständig mit Flüssigkeit oder Gewebe ohne jede Gasblase gefüllt

ist. Zu- und Abstrom von Flüssigkeit kann nur durch die engen Arterien und Venen, sowie den schon besprochenen Aquaeductus cochleae erfolgen, und damit nicht der Frequenz des Hörbereiches folgen. Der gesamte Inhalt ist damit gegenüber den geringen Drucken des physikalischen Reizes praktisch inkompressibel. Gewebe und die viscöse Endolymphe werden Bewegungen nur gegen elastischen und Reibungswiderstand zulassen, während in der Perilymphe Bewegungen ohne elastische Gegenkraft und bei verhältnismäßig geringer Reibung möglich sind.

Seit ihrer Entdeckung durch SCARPA 1789 wird die Basilarmembran als elastische Haut zwischen den beiden Skalen aufgefaßt — wir werden sehen, daß sie dem physikalischen Bild einer Haut nicht entspricht — deren „Fasern" irgendwie die Frequenzanalyse des ankommenden Schalles durchführen, und so entsprechend der strengen Fassung des Gesetzes von den spezifischen Sinnesenergien im Sinne H. v. HELMHOLTZ (2) die Frequenzen auf die einzelnen Nervenfasern verteilen helfen. Der ganze häutige Ductus cochlearis, begrenzt von der Basilarmembran gegen die scala tympani, von der REISSNERschen Membran gegen die scala vestibuli, beherbergt dabei mit seinem komplizierten, später genauer zu besprechenden Aufbau nur das eigentliche Transformationsorgan, in dem die physikalischen Schwingungen in Nervenerregung umgewandelt werden. Während wir uns im großen und ganzen dieser so skizzierten Trennung in Reizverteilungsorgan — die perilymphatischen Skalen mit der elastischen Trennmembran — und das Transformationsorgan, den Ductus cochlearis mit dem erst 1851 durch CORTI entdeckten und nach ihm benannten Organ bedienen wollen, werden wir noch An-

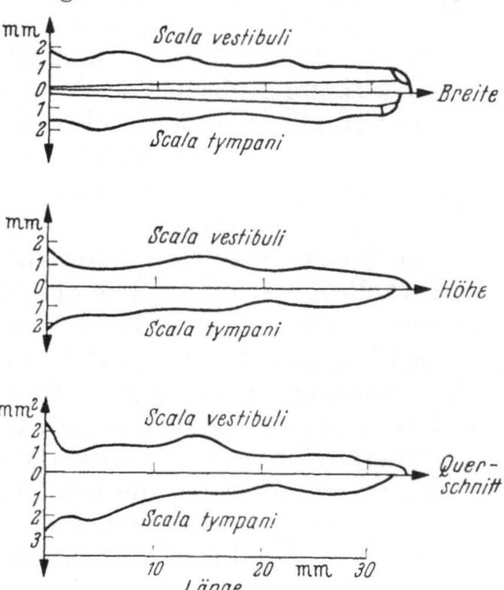

Abb. 49. Breite, Höhe und Querschnitt der Scala vestibuli und tympani. Abszisse Länge der Schnecke. Die Abmessungen der Scala vestibuli sind in allen drei Bildern nach oben, die der Scala tympani nach unten angetragen. Die schraffierte Fläche stellt die Basilarmembran dar, die daher doppelt vorkommt. [Aus ZWISLOCKI umgezeichnet.]

laß haben die Physik des Ductus endolymphaticus etwas kritischer zu betrachten, als es bisher meist geschehen ist. Diese Untersuchung soll jedoch erst im Abschnitt IV, Transformationsorgan, erfolgen. Für die Betrachtung des Reizverteilungsorgans genügt es zunächst, den ganzen Ductus endolymphaticus mit Basilarmembran, CORTIschem Organ und REISSNERscher Membran einschließlich der Endolymphe als eine einheitliche „Trennmembran" (G. v. BÉKÉSY) zu behandeln, die mit Elastizität, Masse und Reibung behaftet ist.

2. Physikalische Grundlagen.

Beim Einwirken eines Klanges, bestehend aus mehreren überlagerten sinusförmigen Schwingungen verschiedener Frequenz, hören wir die einzelnen Frequenzen wenigstens dann heraus, wenn wir unsere Aufmerksamkeit darauf richten. Dies steht in schroffem Gegensatz zu der Leistung unseres Auges, bei dem die Mischung einer Farbe aus verschiedenen Frequenzen des Lichtes nicht erkannt wird, wir haben nur eine jeweils einheitliche Gesamtempfindung der Farbe, einerlei, wie sie spektral entstanden ist. Nun kannte die Physik bis vor kurzem nur ein einziges Verfahren, um mehrere überlagerte Sinusschwingungen

zu trennen, nämlich das Verfahren mit Hilfe der Resonanz zahlreicher, auf die
einzelnen Frequenzen abgestimmter Resonatoren [WAETZMANN (2)]. So ist es
verständlich, daß lange Zeit die Resonanzvorstellung im Vordergrund gestanden
hat, ja, daß man aus der Resonanzvorstellung heraus deduktiv die Physiologie
der Schnecke verstehen wollte, statt wie überall sonst das physikalische Experiment schon gleich bei der Schwingungsform in der Schnecke anzuwenden. EWALD
war der erste, der versucht hat, Modelle der Schnecke herzustellen. Dies Verdienst
kann nicht dadurch geschmälert werden, daß die Schwingungsformen seiner
Modelle wesentliche Abweichungen von denen zeigen, die wir heute als die physiologischen Schwingungsformen ansehen. Sein Fehlschlag muß uns aber ver-
anlassen, bei der physikalischen Untersuchung der Schnecke Experiment und
Theorie dauernd Hand in Hand arbeiten zu lassen. Es wird sich zeigen, daß dem
Laien geringfügig erscheinende Änderungen der Modelle die Schwingungsform
von Grund auf zu ändern vermögen. Nur die Theorie vermag zu klären, welche
Eigenschaften ein Modell besitzen muß, um solche Schwingungen der Modellflüssigkeit und der Modelltrennmembran zu erzeugen, die mit denen der tatsächlichen Schnecke vergleichbar sind.

Die Physik, speziell die Mechanik, hat eine Reihe von grundlegenden Sätzen
entwickelt, die ausschließlich der Erfahrung entstammen und nicht aus anderen
ableitbar sind, die also den Axiomen der Geometrie entsprechen. Hierher gehören für unsere Betrachtung besonders die drei Grundgesetze: Das Gesetz von
der Erhaltung der Energie (1. Hauptsatz der Thermodynamik, ROBERT MAYER
und H. v. HELMHOLTZ), das Gesetz von der Energiezerstreuung (2. Hauptsatz
der Thermodynamik, CLAPEYRON und CLAUSIUS) und die dynamische Grundgleichung von NEWTON, die von EULER und NAVIER auf Flüssigkeitsbewegungen
übertragen wurde. Mit Hilfe des NEWTONschen Prinzips von der Gleichheit
zwischen actio und reactio besonders in der Form des D'ALEMBERTschen Prinzips
läßt sich fast die gesamte Mechanik aus diesen Sätzen ableiten. Als Hilfsmittel
hierzu dient die Differential- und Integralrechnung.

Die Anwendung der physikalischen Sätze auf die Schwingungen in der Schnecke
verlangt natürlich Spezialkenntnisse, die nicht jedermanns Sache sind. Die Darstellung der Ergebnisse dagegen sollte auch ohne allzu viel Eingehen auf diese
Grundlagen verständlich gemacht werden können. Nun ist der erste und bis zu
einem gewissen Grad auch der zweite Hauptsatz der Thermodynamik allmählich
Allgemeingut aller naturwissenschaftlich Gebildeten geworden, so daß nur die
dynamische Grundgleichung noch einiger erklärender Worte bedarf. Sie läßt
sich in den einfachen Satz fassen: Masse mal Beschleunigung ist gleich Kraft.
Und doch stecken in diesen wenigen Worten ebensoviel Definitionen. Zunächst
soll hervorgehoben werden, daß schon das harmlose Zeitwort mit seinem Beiwort,
,,ist gleich", eine Klippe darstellt, über die nicht nur Tertianer stolpern. Und
dann steckt in der dynamischen Grundgleichung das Maßsystem, in dem gerechnet
werden soll. Wenn Masse mal Beschleunigung gleich Kraft sein soll, dann müssen
beide Seiten dieser Gleichung auch mit dem gleichen Maß gemessen werden können.
Die verschiedenen Maßsysteme unterscheiden sich nur dadurch, daß sie entweder
die Masse oder die Kraft als Grundgröße betrachten, während die Beschleunigung
überall als Änderung der Geschwindigkeit in der Zeiteinheit, und die Geschwindigkeit als Weg durch Zeit definiert werden. Aus dieser Bemerkung über die
dynamische Grundgleichung soll eines anschaulich werden: Jede Gleichung enthält nicht nur eine zahlenmäßige Angabe über den Zusammenhang verschiedener Größen, sondern außerdem eine Angabe über die Benennung dieser Größen.
Die Beachtung dieses Umstandes wird uns auf den nächsten Seiten zu Modellgesetzen führen.

3. Modellgesetze.

Eine vollständige mathematische Analyse der Schwingungen in der menschlichen Schnecke ist bisher immer wieder an nicht zu überwindenden Schwierigkeiten gescheitert. Der mathematischen Behandlung trotzt die Schnecke nicht nur deswegen, weil wir über die genauen Abmessungen und besonders die Einzelheiten der elastischen Kräfte nicht Bescheid wissen, obwohl G. v. BÉKÉSY (*17* und *20*) und andere eine große Zahl von Unterlagen beigebracht haben, sondern auch deswegen, weil der komplizierte Aufbau z. B. als gewundene Schnecke auch bei bekannten anatomischen Angaben noch von niemand exakt angesetzt wurde. Dazu kommt, daß auch auf anderen Gebieten die Flüssigkeitsreibung zu den schwierigsten und nicht in allen Fällen lösbaren Gleichungen führt. Es muß also versucht werden, an Hand von Modellen die Schwingungen zu untersuchen, soweit das nicht an der natürlichen Schnecke gelingt. Schon die Herstellung von Präparaten aus Leichenohren, an denen der ganze Mittelohrapparat unverletzt und nicht z. B. durch Austrocknung wesentlich verändert, außerdem aber Teile der Basilarmembran für die Beobachtung zugänglich gemacht sind, ist eine Kunst, die bisher nur G. v. BÉKÉSY (*1*) gelungen ist. Hierbei mußte er die Schnecke jedoch anschleifen und die entfernte Wandung durch ein planes Deckglas ersetzen, so daß der Einwand, hierdurch sei die Schwingungsform wesentlich verändert worden, ausdrücklich entkräftet werden muß. Modelle lassen nun solche Veränderungen der anatomischen Verhältnisse systematisch untersuchen und sind damit für die Beweisführung unerläßlich. Wie G. v. BÉKÉSY (*1*) ausgeführt hat, müssen zwischen wirklicher Schnecke und Modell die Modellgesetze beachtet werden, die zwischen den Abmessungen, dem spezifischen Gewicht des Inhalts und seiner Zähigkeit, der Elastizität und den zeitlichen Verhältnissen gelten.

Die erste Voraussetzung für die volle Vergleichbarkeit der dynamischen Vorgänge in der tatsächlichen Schnecke und einem Modell ist geometrische Ähnlichkeit des Modells. Freilich gelingt es, durch Berechnungen und Versuche nachzuweisen, daß die geometrische Ähnlichkeit nicht vollkommen zu sein braucht, ohne wesentliche dynamische Eigenschaften zu verändern. So haben wir guten Grund, die spiralige Windung der Schnecke und den elliptischen Querschnitt der Skalen nicht für entscheidend wichtig zu halten, so lange wir nur die Perilymphschwingung untersuchen. Aus Gründen der technischen Herstellung wie aus solchen der Beobachtbarkeit der Schwingungsvorgänge ist es daher unter nur unwesentlichen Abweichungen erlaubt, Modelle gerade gestreckt und mit einem technisch leicht herstellbaren, etwa einem rechteckigen Querschnitt zu bauen. Um die Modellgesetze wenigstens in groben Umrissen darzustellen, seien in folgender Tabelle die wesentlichen Merkmale von Schnecke und Modell zusammengestellt:

Tabelle 3.

	Benennung	Schnecke	Modell	Verhältnis
Längenabmessung	cm	L	l	$L/l = \lambda$
Schwingungsdauer	sec	T	t	$T/t = \tau$
Massendichte der Baumaterialien .	$\mathrm{dyn\ sec^2/cm^4}$	M	m	$M/m = \mu$
Elastizitätsmodul der Baumaterialien	$\mathrm{dyn/cm^2}$	E	e	$E/e = \varepsilon$
Viscositätskonstante	$\mathrm{dyn\ sec/cm^2}$	V	v	$V/v = \eta$
Kraft	dyn	K	k	$K/k = \varkappa$
Druck	$\mathrm{dyn/cm^2}$	P	p	$P/p = \delta$

Natürlich müssen wegen der geometrischen Ähnlichkeit beider Ausführungen, der Schnecke und des Modells, gleichzeitig alle Längenmaße, z. B. die

Gesamtlänge der Skalen, die Breite und Dicke der Basilarmembran, der Durchmesser der Skalen im Maßstab $L/l = \lambda$ verändert sein. Als Schwingungsdauer ist etwa die der unteren und oberen Hörgrenze, oder die derjenigen Frequenz zu verwenden, deren Wellenverlauf gerade betrachtet werden soll. Bei der Massendichte handelt es sich sowohl um die der Flüssigkeiten Peri- und Endolymphe und der entsprechenden Modellflüssigkeiten, wie um die der Membran. Der Elastizitätsmodul ist die Materialeigenschaft z. B. des Gewebes, aus der die Basilarmembran und die Modellmembran bestehen. Statt des Material-Elastizitätsmoduls kann auch der Volumelastizitätsmodul von Schnecke und Modell verglichen werden, wie überhaupt abgeleitete Größen statt der aufgeführten verwendet werden können.

Modelle werden im allgemeinen aus Gründen der Herstellbarkeit wie solchen der Beobachtbarkeit der Schwingungen Vergrößerungen der Schnecke darstellen. Wird nun der Längenmaßstab λ frei gewählt, etwa so, daß das Modell in allen Abmessungen viermal gegenüber der tatsächlichen Schnecke vergrößert wird, so lassen die Modellgesetze eindeutig die zugehörigen Maßstäbe der übrigen Größen bestimmen. Beim Einwirken von Trägheits- und elastischen Kräften gilt das CAUCHYsche Modellgesetz, das sofort aus der allgemeinen Schwingungsgleichung für die Wellengeschwindigkeit $c = \sqrt{\dfrac{E}{M}}$ durch Einsetzen der Maßstabsfaktoren zu $\dfrac{\lambda}{\tau} = \sqrt{\dfrac{\varepsilon}{\mu}}$ erhalten wird, da die Wellengeschwindigkeit eine Länge je Zeit darstellt. Nach dem Zeitmaßstab τ aufgelöst heißt das CAUCHYsche Modellgesetz $\tau = \lambda \cdot \sqrt{\dfrac{\mu}{\varepsilon}}$. Wird z. B. ein vierfach vergrößertes Modell hergestellt, aber aus dem gleichen Material wie die tatsächliche Ausführung, so wird der Frequenzbereich um das Vierfache, um 2 Oktaven für obere und untere Frequenzgrenze gesenkt.

Für Flüssigkeitsbewegungen mit Reibung gilt aber außerdem das REYNOLDsche Modellgesetz, wonach nur Bewegungen bei gleicher REYNOLDscher Zahl vergleichbar sind. Nach diesem Modellgesetz ist $\tau = \lambda^2 \dfrac{\mu}{\eta}$. Die Zusammenfassung der beiden gleichzeitig geltenden Modellgesetze lautet dann durch Gleichsetzen der beiden Zeitmaßstäbe $\lambda \cdot \sqrt{\dfrac{\mu}{\varepsilon}} = \lambda^2 \cdot \dfrac{\mu}{\eta}$, was sich zu $\lambda = \eta \cdot \sqrt{\dfrac{1}{\varepsilon \mu}}$ zusammenfassen läßt. Dieses Modellgesetz für Trägheitskräfte von viscösen Flüssigkeiten unter der Wirkung von elastischen Kräften soll zunächst auf das Gehörorgan verschieden großer Säugetiere, etwa von der Maus bis zum Elefanten, angewendet werden. Hierbei darf angenommen werden, daß das spezifische Gewicht der Perilymphe und ihre Zähigkeit wie auch der Elastizitätsmodul der Basilarmembranfasern für alle Säugetiere nicht wesentlich verschieden ist. Demnach gibt es nur eine unveränderliche Größe der Säugetierschnecke für alle Tiergrößen, bei der volle Ähnlichkeit der dynamisch-elastisch-viscösen Schwingungsvorgänge gewahrt ist, jede Abweichung von dieser Normalgröße der Schnecke führt dazu, daß die Schwingungen nicht mehr voll vergleichbar sind. Nur durch Verwendung anderer Baumaterialien etwa bei der Fledermausschnecke [IKEDA und YOKOTE], bei der die Basilarmembran verdickt und mit einer spiraligen Knochenleiste versehen ist, kann der Elastizitätsmodul wesentlich gesteigert werden, und damit aber sowohl der Längenmaßstab wie der Zeitmaßstab verkleinert werden, so daß ein wesentlich höherer Frequenzbereich erreicht wird. Solche Schnecken mit höherem Frequenzbereich müssen notwendig kleiner in allen Abmessungen sein als die anderer Tiere mit niedrigerem Frequenzbereich, weil Zeitmaßstab und Längenmaßstab gleichsinnig verändert werden müssen, um das Modellgesetz zu befriedigen. Die Ähnlichkeitsbedingungen lassen daher einen ziemlich sicheren Schluß von der Größe der Cochlea auf den Frequenzbereich zu. Nach J. A. KEEN (1, 2) ist die Gesamtlänge der Basilarmembran bei verschiedenen Säugetieren:

Aus den Modellgesetzen folgt aber noch eine weitere Ähnlichkeitsbedingung für die Kräfte, die für vergleichbare Schwingungen auf die Schnecke wirken müssen. Der Kraftmaßstab $\varkappa$, mit dem die Kraft k am Modell multipliziert werden muß, um die Kraft K an der

Tabelle 4.

	Basilarmembranlänge mm	Obere Hörgrenze
Maus		25000—30000
Meerschweinchen . .	21	33000
Katze	20	50000
Hund	24	36000—38000
Mensch	32	18000—20000
Schaf	35	
Kalb	33	

Schnecke zu erhalten, muß nach dem allgemeinen NEWTONschen Modellgesetz der dynamischen Grundgleichung sein: $\varkappa = \mu\,\lambda^4/\tau^2$; da nun der Druck gleich Kraft je Fläche ist, ist dann der Druckmaßstab $\delta = \mu\lambda^2/\tau^2$ und durch Einsetzen des Zeitmaßstabes $\tau = \lambda\,\sqrt{\dfrac{\mu}{\varepsilon}}$ wird der Druckmaßstab $\delta = \varepsilon$, d. h., die erforderlichen Drucke am ovalen Fenster sind nur abhängig von der Elastizität der Basilarmembran, nicht von den Abmessungen oder sonstigen Eigenschaften, wenn das Modell wirklich ähnlich ist. Die erforderliche Energie dagegen, die ja Druck mal Volumen ist, steigt mit der dritten Potenz des Längenmaßstabes. Das bedeutet, daß bei einer linear zweifach vergrößerten Schnecke achtmal so große Energiemengen erforderlich sind, die bei gleichem Schalldruck nur aufgenommen werden können, wenn das Trommelfell entsprechend vergrößert ist. Soll die gleiche Hörschwelle erreicht werden, so müssen die Trommelfellabmessungen mehr als die Schneckenabmessungen wachsen. Eine Anwendung der Modellgesetze auf die vergleichende Anatomie steht noch aus.

Die Modellgesetze erlauben eine Untersuchung darüber, ob physikalische Modelle der Schnecke ähnlich sind, insbesondere, ob sie gleiche Schwingungsformen ergeben werden wie die natürliche Schnecke. Nun sind wir aus technischen Gründen nicht gut in der Lage, Materialien mit geringerem Elastizitätsmodul zu verwenden, als dem der Basilarmembran, und auch die Massendichte der Flüssigkeit ist nur in geringen Grenzen frei wählbar. Eine Vergrößerung der Modelle gegenüber der natürlichen Schnecke ist unter diesen Umständen nur unter Erhöhung der Viscosität und Vergrößerung des Zeitmaßstabes möglich, oder, was dasselbe ist, unter einer Veränderung der vergleichbaren Frequenzen entsprechend $\tau = \lambda^2\,\dfrac{\mu}{\eta}$. Bei der genaueren Betrachtung von Modellen werden wir jedoch sehen, daß es sich bei der Viscosität weniger um die der Perilymphe handelt, als um die innere Reibung der Trennmembran mit allen ihren Aufbauten. Dies geht auch schon aus einer allgemeinen Überlegung hervor, die in einer Diskussion zwischen FRANK (5), BROEMSER (4) und mir (1) ergab, daß die Strömungsgeschwindigkeit im Querschnitt bei beschleunigter Strömung, aber ohne wesentliche Grundströmung, nicht der Reibungsverteilung entspricht, sondern den ganzen Querschnitt gleichmäßig erfüllt. Die Flüssigkeitsreibung bedingt jedoch bei hohen Frequenzen eine weit höhere Dämpfung von Schwingungen, als es dem einfachen Reibungsansatz nach HANSEN entspricht, wie STEGEMANN kürzlich nachwies. Für Modelle der Schnecke kann von der Viscosität der Perilymphe trotzdem weitgehend abgesehen werden. Denn G. v. BÉKÉSY (20) erhielt bei

Verzehnfachung der Viscosität der Modellflüssigkeit nur eine Verschiebung des Wirbels entsprechend $^1/_2$ Oktave in Richtung zum Steigbügel. Das Modellgesetz verlangt dagegen, daß die Schwingungszeit umgekehrt proportional der Viscositätskonstanten geändert wird, das wären über 3 Oktaven. Es erscheint somit experimentell gesichert, wenn für die mathematische Behandlung die Viscosität der Perilymphe gegenüber der der Endolymphe und der Reibung innerhalb der Trennmembran vernachlässigt wird. Bei Modellen besteht keine Schwierigkeit, eine passende Viscosität durch Zusatz von Glycerin herbeizuführen, aber für die mathematische Behandlung ist die Viscosität der Perilymphe ein fast unüberwindliches Hindernis.

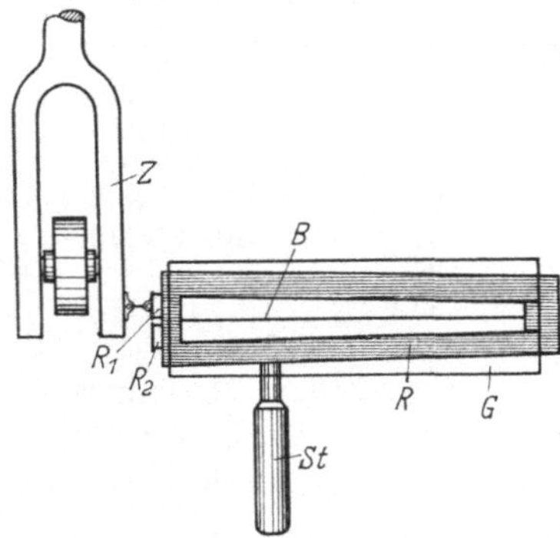

Abb. 50. Modell der Schnecke nach G. v. Békésy (1). Am Stiel *St* ist ein Messingrahmen *R* befestigt, der durch den die Gummimembran tragenden Blechstreifen *B* geteilt, und durch zwei Glasplatten *G* abgedichtet wird. R_1 ovales Fenster mit der Stimmgabelzinke *Z*, R_2 rundes Fenster. [Aus G. v. Békésy (1).]

4. Modelle der Schnecke und die darin beobachteten Schwingungen.

Seit den Modellversuchen von Ewald fehlte es nicht an den verschiedenartigsten Modellen und den zugehörigen Berechnungen. R. Wagner (1) und Wagner und Zintl haben auch mit einer lyraförmigen zusammenhängenden Membran, also nicht mit einzelnen Saiten, wahre Resonanz jeweils der auf einen Ton abgestimmten Membranstelle erhalten, und Kucharski hat in der entsprechenden Berechnung gezeigt, daß eine solche Membran Resonanz zeigen müsse, auch wenn sie als Trennwand in einem engen Doppelkanal liegt. Aber erst G. v. Békésy (1) hat bei seinen Modellen die Modellgesetze, die er hierfür abgeleitet hat, beachtet, und systematisch Abweichungen von der Ähnlichkeit mit der Schnecke herbeigeführt, um die dadurch bedingten Änderungen der Schwingungsform zu untersuchen. Als Modell benutzte er einen Metallrahmen, der beiderseits durch Glasplatten zu einem Kanal abgeschlossen wurde, und dieser Kanal wurde durch einen Blechstreifen in zwei Kanäle unterteilt. Der Blechstreifen endlich trug in einem von der Basis des Modells zur Spitze sich verbreiternden Schlitz eine aus Gummilösung hergestellte, äußerst feine Membran (Abb. 50). Bei Anregung dieses Modells über ein Steigbügelmodell mit einem Ton bildeten sich

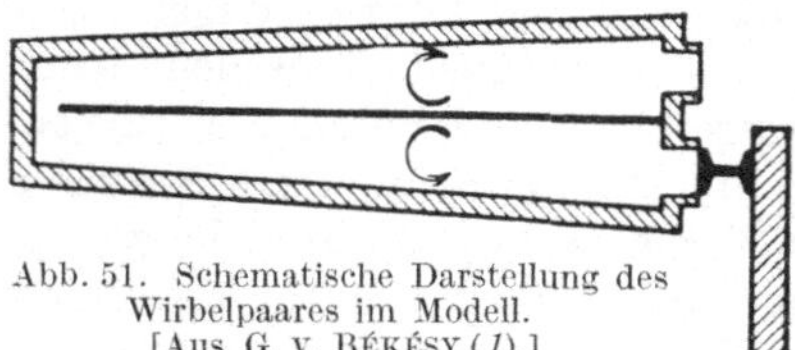

Abb. 51. Schematische Darstellung des Wirbelpaares im Modell. [Aus G. v. Békésy (1).]

laufende Wellenzüge aus, die freilich erst in späteren Veröffentlichungen [G. v. Békésy (20)] in allen Einzelheiten genauer beschrieben wurden. Damals 1928 stand im Vordergrund des Interesses ein Wirbelpaar, das an der Stelle maximaler Auslenkung der Membran in beiden Kanälen auftrat (Abb. 51 und 52), und das den Ort dieser maximalen Mitschwingung sehr genau bestimmen ließ. Nachdem G. v. Békésy (1) diese Wirbel im Modell gefunden hatte, konnte er sie auch in angeschliffenen Leichenschnecken nachweisen. Die Wirbel haben konstant ihre Drehrichtung so, daß die Flüssigkeit an der Membran helicotremawärts, und an der gegenüberliegenden Kanalwand steigbügelwärts strömt, einerlei in welcher Phase sich die Schwingung befindet. Die Drehgeschwindigkeit ist proportional der Amplitude der Schwingung, der Ort wird von der Frequenz bestimmt, und zwar wandert das Wirbelpaar mit zunehmender Frequenz steigbügelwärts. Diese Wirbel waren so überraschend, daß G. v. Békésy (1) selbst ebenso wie ich (2) damals die Gleichrichterwirkung des Wirbeldruckes für den eigentlichen Reiz auf das CORTISCHE Organ betrachteten. Es hat eines langen Weges bedurft, um wegen der elektrischen Erscheinungen in der Schnecke von dieser Vorstellung loszukommen. An dieser Stelle handelt es sich zunächst nur um die physikalische Schwingungsform der Basilarmembran, und zur Lokalisierung des Schwingungsmaximums hat sich das Wirbelpaar bisher als einfachstes und sicherstes Hilfsmittel erwiesen.

Schon in den ersten Modellen konnte G. v. BÉKÉSY (1) zeigen, daß das Wirbelpaar mit steigender Frequenz in streng gesetzmäßiger Weise steigbügelwärts wandert, wenn die Trennmembran dort schmäler und damit steifer gebaut war

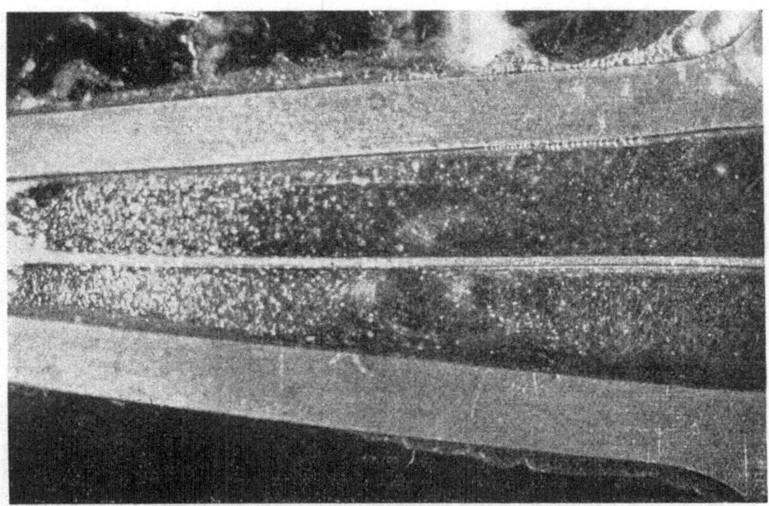

Abb. 52. Photographie des Wirbelpaares im Modell, durch Goldstaub in der Flüssigkeit sichtbar gemacht. [Aus G. v. BÉKÉSY (1).]

als helicotremanahe. Solange sich die elastischen Eigenschaften der Trennmembran nicht ändern, ist jedem Ort auf der Membran eine ganz bestimmte Frequenz zugeordnet. Ganz entsprechend, wie das H. v. HELMHOLTZ (2) für die Resonanztheorie gefordert hatte, sind die Schwingungsmaxima abhängig von der Frequenz über die Basilarmembran verteilt, die physikalische Frequenzanalyse gehorcht also der Forderung, die GILDEMEISTER (2) mit dem Begriff Einortstheorie charakterisiert hat: Jeder Ton führt zu maximaler Schwingung (und damit wahrscheinlich zur Erregung des CORTISCHEN Organs) nur an einer Stelle der Basilarmembran. Aus anatomischen Gründen war wegen der Breitenzunahme der Basilarmembran von der Basis zur Spitze von vornherein nur eine Verteilung derart ins Auge gefaßt worden, daß die tiefen Töne nahe der Spitze, die hohen Töne nahe der Basis ihr Schwingungsmaximum haben. Aber der Begriff der Einortstheorie von GILDEMEISTER (2) sollte vermeiden, schon eine festgelegte physikalische Erklärung etwa im Sinne von Resonanz für diese Tatsache der Frequenzverteilung vorwegzunehmen, in der klaren Erkenntnis, daß damals die physikalische Untersuchung der Schwingungsverhältnisse noch nicht weit genug vorangetrieben war. Dieser allgemein gefaßten Hypothese über die Zuordnung des Ortes des Schwingungsmaximums zur Frequenz lassen sich zahlreiche Zusatzhypothesen über die physikalische Ursache hierfür beigeben, von denen die älteste und früher allein physikalisch weitgehend durchgedachte die Resonanzhypothese ist.

5. Die Resonanzhypothese.

Nach der Resonanzhypothese schwingt jede „Basilarmembranfaser" mit der etwa bei ihrer Bewegung in Mitschwingung geratenden Flüssigkeit und sonstigen Massen, z. B. den Aufbauten auf dieser Faser, nach den Gesetzen der Resonanz entsprechend ihrer Eigenschwingungszahl und Dämpfung bei der Einwirkung eines Tones mit. Bei den „Basilarmembranfasern" kann es sich auch um schmale Abschnitte der Basilarmembran handeln, es ist nicht unbedingt notwendig, daß jede Faser wie eine Klaviersaite für sich allein schwingungsfähig ist. Das haben WAGNER und ZINTL an zusammenhängenden Gummimembranen gezeigt. Doch muß jede „Faser" auf eine bestimmte Frequenz abgestimmt sein. Die Resonanzfrequenz nimmt von der Basis zur Spitze sowohl wegen der zunehmenden Breite der Basilarmembran und damit der zunehmenden Länge der Fasern, wie wegen der zunehmenden Belastung durch die Flüssigkeitssäulen der Skalen von den Fenstern bis zu dieser Faser, endlich vielleicht wegen der Abnahme der Spannung der Fasern von der Basis zur Spitze ab. Es mag nun sogleich der fundamentale Unterschied zwischen der Schnecke und etwa einem Klavier, bei dem sich die Saiten tatsächlich so verhalten, wie es die Resonanzhypothese verlangt, hervorgehoben werden. Bei der Schnecke dringt die Schallenergie am Ort der am höchsten abgestimmten Resonatoren ins System ein, und von jedem Resonator wird an den nächsten nur der Rest an Schallenergie weitergegeben, der nicht inzwischen durch Reibungskräfte in Wärme überführt ist. Beim Klavier bringt die Erschütterung des Rahmens oder der Luft in der Frequenz eines hineingesungenen Tones gleichzeitig alle Saiten in Schwingung, wobei jede Saite es frei hat, ob sie viel oder wenig der aufgewendeten Gesamtenergie verbraucht. Beim Klavier handelt es sich um eine Reihe parallelgeschalteter Resonatoren. Die Energie wird nach dem Prinzip des geringsten Zwanges den Weg vorwiegend durch die auf die erregende Frequenz abgestimmten Saiten zur Verwandlung in Wärme nehmen, die dabei auch die größten Amplituden ihrer Schwingung erreichen. Bei der Schnecke sind die Resonatoren, die Basilarmembranabschnitte, hintereinandergeschaltet, und keiner kann für sich allein schwingen, ohne daß alle vor ihm fensterwärts gelegenen Resonatoren schon einen Teil der Energie verschluckt haben. Die Erweiterung der Resonanzvorstellung, wie sie durch F. LUX und H. E. ROAF dargestellt wurde, nimmt an, daß nicht die Schneckentrennwand allein resonanzfähig ist, sondern in Anlehnung an ein Wort H. v. HELMHOLTZ (2) mit „einer Art Wellenbewegung" die Masse der Flüssigkeitssäule in der scala vestibuli vom ovalen Fenster bis zur Resonanzstelle auf der Trennwand und in der scala tympani zurück bis zum runden Fenster mit der Elastizität der Trennwand ein schwingungsfähiges System mit wohldefinierter Eigenschwingungszahl sei. Die Flüssigkeit sollte dabei so ähnlich schwingen, wie in einem Manometer-U-Rohr das Quecksilber unter der Einwirkung der Erdanziehung als elastischer Kraft schwingt. Freilich ist zu beachten, daß für ein schwingungsfähiges System ovales Fenster—Perilymphe—Basilarmembranstelle—Perilymphe—rundes Fenster nicht nur die Elastizität der Basilarmembran, sondern auch die der beiden Fenster in Betracht kommt. Und diese Elastizitäten dürften wohl kaum unabhängig vom Zustand des Mittelohres, z. B. vom Innervationszustand der Binnenohrmuskeln sein.

G. v. BÉKÉSY (20) hat auf elegante Weise experimentell gezeigt, daß diese Vorstellungen von LUX und ROAF unhaltbar sind. Wenn nämlich in einem der beiden Kanäle Luftblasen vorhanden sind, so muß die nach dieser Vorstellung wirksame Masse wesentlich vermindert sein, und damit die Eigenschwingungszahl einer Basilarmembranstelle erhöht werden. Aber sogar, wenn nur ein Flüssigkeitstropfen in einem der beiden Kanäle (s. Abb. 53) die Membran berührt, treten die normalen Schwingungserscheinungen wie bei völlig gefülltem Doppelkanal auf. Wenigstens bei den mittleren und höheren Frequenzen muß sich daher der Einfluß der Flüssigkeit nur auf die unmittelbare Nähe der Membran erstrecken. Außerdem macht eine Belastung des ovalen Fensters mit zusätzlichen Massen nichts für die Schwingungsform aus (s. S. 85 und Abb. 63).

Diejenige Zusatzhypothese zu den Modellgesetzen, die für die Resonanztheorie Voraussetzung ist, wurde nicht durch die Vertreter der Resonanztheorie, sondern bei der Bearbeitung der hydrodynamischen Theorie gefunden und soll dort formuliert werden. Der Unterschied zwischen hintereinandergeschalteten und parallelgeschalteten Resonatoren läßt sich auf eine einzige Maßzahl zurückführen, die ich Massenverhältnis genannt habe. So läßt sich beweisen, daß die Resonanztheorie eine anatomische Angabe über das Verhältnis zwischen der Dicke der Basilarmembran zur Weite der Perilymphkanäle zur Voraussetzung hat, die anatomisch nicht erfüllt ist: Es muß die mitschwingende Masse der Basilarmembran über diejenige der Perilymphe wesentlich überwiegen, damit Resonanz eintreten kann, und das ist der Fall beim Klavier, bei der WAGNERschen Lyra-Gummimembran in Luft und bei dem WILKINSONschen Modell mit Metalldrähten als Basilarmembran, nicht aber bei der natürlichen Schnecke. Trotzdem müssen die Folgerungen aus der Resonanztheorie noch besprochen werden, um zu zeigen, daß es sich in der Schnecke nicht um Resonanz im engeren Sinne handeln kann.

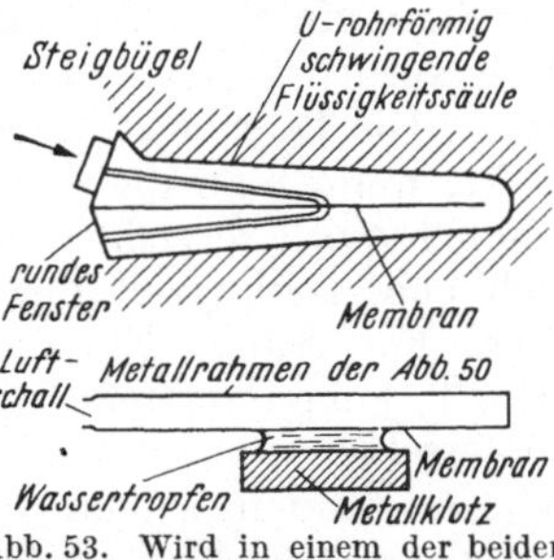

Abb. 53. Wird in einem der beiden Kanäle des Modells der Flüssigkeitsfaden entfernt und nur ein Tropfen eingefüllt, so bleibt als Gegenbeweis gegen die Vorstellung von LUX die Schwingungsform unverändert. [Aus G. V. BÉKÉSY (20).]

Nach den Gesetzen der erzwungenen Schwingung läßt sich entsprechend Abb. 15 und 16, S. 24, genau vorhersagen, mit welcher Amplitude und mit welcher Phase die einzelnen, auf verschiedene Frequenz abgestimmten Resonatoren einer erzwingenden Frequenz folgen. Besonders läßt sich auch berechnen, mit welcher Amplitude die der richtig abgestimmten Faser benachbarten Basilarmembranfasern mitschwingen müßten. Nun hat die Resonanztheorie eine an sich nicht notwendig mit ihr verknüpfte Zusatzvorstellung entwickelt, nämlich, daß am Ort maximaler Mitschwingung die Sinneszellen auch stärker erregt werden müßten, daß daher die Abstimmschärfe des Ohres davon abhängt, wie eng der Ort maximaler Mitschwingung auf einige wenige abgestimmte Fasern begrenzt sei. Ein Blick auf Abb. 15 zeigt, daß die Breite des Maximums eng mit der Dämpfung der Resonatoren zusammenhängt. Je geringer die Dämpfung ist, desto größer ist die Abstimmschärfe. Was jedoch nicht aus Abb. 15 und 16 abzulesen ist, sondern einer eigenen mathematischen Entwicklung bedürfte, ist die Tatsache, daß schwach gedämpfte Resonatoren eine längere Einschwingzeit bis zum Erreichen der vollen Amplitude entsprechend Abb. 15 benötigen als stärker gedämpfte Resonatoren. Nun läßt sich sowohl die Abstimmschärfe des Ohres wie die Einschwingzeit experimentell begrenzen, wenn man annimmt, daß nichts in der Empfindung auftreten kann, was nicht physikalisch begründet ist. Hieraus hat WIEN (2) 1905 den nach ihm benannten WIENschen Einwand gegen die Resonanztheorie des Gehörs formuliert: Die Abstimmschärfe der Resonatoren kann dadurch bestimmt werden — unter der eben angedeuteten Voraussetzung, daß nichts empfunden wird, was nicht physikalisch vorhanden ist, und daß das Maximum der Amplitude mit seinem Gipfel den Ort der Erregung bestimmt —, daß der Frequenzunterschied $\dfrac{\Delta n}{n}$ angegeben wird, bei dem ein Resonator mit einer eben merkbar kleineren Amplitude mitschwingt. Eben merkbar ist nun bei der Prüfung der Amplitudenschwelle im Sukzessivvergleich ein Unterschied von 10% in der Schallenergie. Daraus läßt sich berechnen, daß Resonatoren mit einer Abstimm-schärfe von $^{1}/_{2}\%$ $\left(\frac{\varDelta n}{n} = 0{,}005\right)$ eine Anklingzeit haben müßten, die weit den zeitlichen Abstand zwischen zwei kurzen, noch getrennt wahrnehmbaren Ton-impulsen bei Trillern übersteigt. Freilich hat WIEN (2) damals die Anklingzeit und Abklingzeit der Empfindung einfach als physikalische Anklingzeit und Ab-klingzeit der Resonatoren gedeutet. Heute wissen wir, daß diese Zeiten fast rein physiologisch durch das An- und Abklingen der Erregung in den Sinneszellen, den Nervenfasern und den Zentren aufzufassen sind, und nichts mit der Physik der Schnecke zu tun haben, deren An- und Abklingzeit ganz beträchtlich kürzer ist. Aber der WIENsche Einwand kann als Minimalbedingung aufgefaßt werden, und dann gilt auch heute noch, daß die Abstimmschärfe des Ohres in unlösbarem Widerspruch zur Einschwingzeit von Resonatoren mit gleicher Abstimmschärfe steht. Die Tatsachen des Hörens werden durch die Resonanzhypothese nicht ge-deckt, wenn man die physikalisch unvermeidlichen Konsequenzen aus der Re-sonanzhypothese zieht. Die experimentellen Ergebnisse (s. S. 89) über die tat-sächliche Abklingzeit der Basilarmembranschwingung bestätigen diese theore-tische Forderung. Ein zweiter, erst neuerdings durch die Versuche G. v. BÉKÉ-SYs (22) aufgetauchter Einwand gegen die Resonanzhypothese betrifft die Pha-senverschiebung zwischen den einzelnen Stellen der Basilarmembran. G. v. BÉKÉSY fand in seinen Modellen wie in der Leichenschnecke laufende Wellen, bei denen das Amplitudenmaximum bis zu anderthalb ganzen Perioden, das sind 540° oder 3 π, hinter dem erzwingenden Ton nacheilte. Bei Resonanz beträgt die maximal mögliche Phasenverschiebung entsprechend Abb. 16, S. 24 aber nur 180° oder 1 π. Der Eindruck der laufenden Welle könnte schon auch bei Resonanz durch die Phasenverschiebung zwischen den einzelnen Resonatoren hervor-gerufen werden, wie das S. 26 am Beispiel des Wogens eines Kornfeldes im Wind dargestellt wurde. Die gemessene Größe der Phasenverschiebung läßt sich aber mit Resonanz nicht erklären.

Die überragende Stellung der Resonanzhypothese in den letzten 100 Jahren ist nur daraus zu verstehen, daß die Physik lange Zeit „schlechterdings keine andere physikalische Methode der Klangzerlegung als die durch Resonanz" kannte [WAETZMANN (2) S. 686]. Mit der Resonanzvorstellung fallen eine große Zahl von bewußten und unbewußten Folgerungen aus dieser Vorstellung, von denen wenigstens eine besprochen werden soll, nämlich die FOURIER-Analyse.

Der mathematische Ausdruck der Resonanzvorstellung ist die FOURIER-Analyse. Ich weiß, daß mir jeder Mathematiker nun sofort entgegenhalten wird, die FOURIER-Analyse bestehe ganz unabhängig von der Resonanzvorstellung und sei die einzige, bestimmten Minimalbedingungen der Mathematik genügende, und die einfachste Zerlegung eines Klanges in seine Teiltöne. Und trotzdem enthält die FOURIER-Analyse heimlich die Resonanzvorstellung. Die FOURIER-Integrale zur Berechnung der Teilamplituden können nämlich sofort aufgefaßt werden als Integrale über die Arbeit, die die erzwingende Schwingung an dem mitschwingen-den Resonator leistet, sowie daraus noch der Cosinus des Phasenwinkels aus-geschieden wird, um den dieser Resonator nacheilt. Dabei muß dann allerdings vorausgesetzt werden, daß die erzwingende Schwingung beliebige Energie zur Verfügung hat, daß also der Verzehr von Energie durch den Resonator keine Rückwirkung auf die erzwingende Kraft hat. Und gerade diese Voraussetzung ist bei den hintereinandergeschalteten Resonatoren der Basilarmembranab-schnitte nicht erfüllt. Aber auch die zweite Behauptung der Mathematik, daß die FOURIER-Analyse eines Klanges die einfachste Zerlegung in die Teiltöne darstellt, trifft nur unter Voraussetzungen zu, die bei der Schwingung der Perilymphe in der Schnecke nicht erfüllt sind. Wir werden nämlich sehen, daß zwar eine FOURIER-Zerlegung der Perilymphschwingung in jedem Ort (als Abstand von den Fenstern gerechnet) denkbar ist, daß aber die entstehende FOURIER-Reihe von Ort zu Ort sowohl die Amplituden wie die Phasen der Teiltöne wechselt. Die FOURIER-Analyse berücksichtigt nur eine Veränderliche, gewöhnlich die Zeit, und dieselbe FOURIER-Reihe trifft an einem weiter entfernten Ort zu späterer Zeit nur unter der Voraussetzung ein, daß alle Teiltöne die gleiche Fortpflanzungsgeschwindigkeit und die gleiche Dämpfung besitzen, eine Voraussetzung, die wieder in der Schnecke nicht erfüllt ist.

Endlich ist auch die neuerdings [AUTRUM, CREMER (2)] für das Ohr herangezogene Ungenauigkeitsrelation der Wellenlehre letzten Endes eine Folgerung aus der FOURIER-Analyse oder der Resonanzvorstellung. Diese Ungenauigkeitsrelation (H. GUTH) besagt, z. B. für das Licht, daß wegen der Beugung eine nicht vermeidbare Ungenauigkeit der Wellenlängenmessung bei beschränkter Beobachtungszeit oder eine entsprechende Ungenauigkeit der Zeitmessung eintritt, so daß $\Delta t \cdot \Delta n = 1$ ist. Die Blende verändert nämlich notwendig die Wellenlänge, wenn sie eng genug ist, um genaue Wellenlängenmessungen durchzuführen. Aber hier, bei Beugungsspektren, erfolgt die Messung der Wellenlänge wieder durch die Überlagerung und Auslöschung des Lichtes am Beugungsspektrum, die als Resonanz mit Wegdifferenzen aufgefaßt werden kann. Diese Ungenauigkeitsrelation darf daher nicht unbesehen auf andere Arten der Wellenzerlegung übertragen werden. Darüber hinaus muß darauf aufmerksam gemacht werden, daß in der Wahrnehmung durchaus eine ganz bestimmte und scharf begrenzte Empfindung auftreten kann, obwohl der Reiz nicht zu so scharfer Begrenzung Anlaß zu geben braucht. So rüttelt die Ablehnung der Resonanzvorstellung an zahlreichen, bisher als wohlbegründet angesehenen Anschauungen, und es ist verständlich, daß man sich trotz der Fülle des Materials nur zögernd entschließt, die liebgewordene Vorstellung mit allen ihren so klaren Folgerungen beiseitezuschieben.

Nun könnte man argumentieren, ein Gegenbeweis gegen die Resonanztheorie kann nicht aus physiologischen Tatsachen der Empfindung wie dem WIENschen Einwand abgeleitet werden, denn durch Zusatzhypothesen über die physikalische Wirkung der Deckmembran oder anderer Teile des Endolymphkanals können solche Schwierigkeiten wieder überwunden werden (JUNG). So soll noch einmal ausdrücklich hervorgehoben werden: Die spezielle Frequenzauflösung durch einen Resonatorensatz in der Schnecke kann schon deswegen nicht aufrechterhalten werden, weil die beobachteten Schwingungen in Modellen und in Leichenschnecken Phasenverschiebungen bis zu $3\,\pi$ ergeben haben, und weil die erforderliche Zusatzhypothese über das Massenverhältnis zwischen Basilarmembran und Perilymphe nicht erfüllt ist. Sowohl experimentell wie mathematisch-theoretisch ist vollkommen geklärt, daß die Frequenzauflösung in der Schnecke nicht auf Resonanz im (S. 22) erläuterten engeren Sinn beruht.

6. Schallbilderhypothese.

EWALD hat in seinem camera acustica genannten Modell mit einer nach den Beschreibungen wahrscheinlich überall gleich breiten Membran stehende Wellen beobachtet, bei denen gelegentlich bis zu 11 Wellenberge zu sehen waren. Die Umgebungsflüssigkeit war Wasser. Es war dabei völlig gleichgültig, von welcher Stelle und in welcher Richtung die akustische Anregung der Membran erfolgte.

Auf Grund dieser Versuche gab er die durch die Resonanzvorstellung entwickelte physiologische Zusatzhypothese auf, die wir jetzt nach GILDEMEISTER Einortshypothese nennen, und wählte eine andere physiologische Zusatzhypothese: Nicht der Ort des Schwingungsmaximums auf der Basilarmembran, sondern der Abstand der Schwingungsmaxima voneinander sollte dem Nervensystem die Möglichkeit zur Bestimmung der Tonhöhe geben. Damit ist das Gesetz von den spezifischen Sinnesenergien für das Gehör verlassen. Der Abstand der Maxima und Minima war in seinen Versuchen näherungsweise umgekehrt proportional der Frequenz, also genau wie bei Obertönen auf Saiten, aber die Wellenzüge zeigten mit zunehmender Entfernung vom Anfangsrand des Membranstreifens deutliche Abnahme der Amplituden, also örtliche Dämpfung. Heute können wir sagen, die EWALDschen Modelle waren nach den Modellgesetzen der Schnecke nicht ähnlich, weil die Änderung der Elastizität der Membran längs ihrer Länge viel zu gering, und außerdem die Viscosität der Membran und der Flüssigkeit zu niedrig waren. Die physikalische Zusatzhypothese zu den Modellgesetzen, die es erlaubt, stehende Wellen mit vielen Wellenbergen zu erhalten, muß demnach aussagen, daß die Dämpfung genügend klein ist. Ähnliche Wellenzüge habe ich 1931 (2) und hat ZWISLOCKI 1948 unter entsprechenden Annahmen auch theoretisch berechnet. KOCH hat sich als erster für die theoretische Behandlung von der Resonanzvorstellung gelöst, wie er versuchte, die EWALDschen Versuche an Modellmembranen zu deuten. Seine Berechnungen dagegen betreffen nur den Randeinfluß bei statischer Ausbauchung einer Membran oder bei Membranschwingungen weit unterhalb der Resonanz, und ohne Berücksichtigung der umgebenden Flüssigkeit, wie ich dargetan habe. So war der Gedanke von KOCH, die Lösung von der Resonanzvorstellung, mitentscheidend für die weitere Entwicklung der Hörtheorie, nicht dagegen seine spezielle Anwendung und die daraus gezogene Deutung der EWALDschen Ergebnisse. So ist die Schallbildertheorie nicht über Anfänge hinausgekommen, die den wohlbegründeten Boden der Einortshypothese und das Gesetz der spezifischen Sinnesenergien verlassen haben, aber weder im Experiment an ähnlichen Modellen und an der Schnecke noch theoretisch bestätigt wurden.

7. Hydrodynamische Theorie.

Die nächste Zusatzhypothese physikalischer Art zu den Modellgesetzen sagt aus, daß für die Schwingungsart der Basilarmembran die Wellenbewegung in der Perilymphe zusammen mit der Elastizität der Basilarmembran entscheidend ist. Die erste Andeutung dieser Art ist eine Bemerkung H. v. HELMHOLTZ' (2), wonach als Belastung der Basilarmembranfasern unter anderem das Wasser der beiden Treppenschnecken in Betracht kommt, „da sich ohne eine Art Wellenbewegung in diesem die Membran gar nicht bewegen kann". Die Hörtheorien von P. BONNIER, C. H. HURST, E. TER KUILE und MAX MEYER [referiert bei WAETZMANN (2) 1926] sind Versuche, diese Wellenbewegung in den Schneckentreppen zu berücksichtigen, ohne daß dabei das nicht zu umgehende mathematisch-physikalische Rüstzeug zur Verfügung stand. Auch in neuerer Zeit gibt es wieder Versuche zu einer rein anschaulichen Behandlung der Flüssigkeits- und Membranschwingungen ohne physikalische Analyse, bei denen wie z. B. durch LEIRI versucht wird, Einzelheiten über die Schwingungen auszusagen. Der physikalisch Geschulte steht solchen Versuchen mit äußerster Skepsis gegenüber, besonders wenn dabei sofort als unmöglich erkennbare Annahmen über die Dämpfung oder über die Kontinuität die nötige Voraussetzung sind, ganz abgesehen von den oben erwähnten Grundaxiomen wie dem Gesetz von der Erhaltung der Energie. Jede Analyse der

Schwingungsform muß klar die zugrunde liegenden physikalischen Annahmen und die verwendeten mathematischen Vereinfachungen erkennen lassen, wenn sie gegenüber der heute nahezu vollständigen Übereinstimmung zwischen den Experimenten an der natürlichen Schnecke oder physikalisch ähnlichen Modellen und der mathematisch-physikalischen Theorie dieser Schwingungen Beachtung verlangt.

Der erste, der mit exakten physikalischen Annahmen mathematisch die Schwingungsform von Membranen in einem flüssigkeitsgefüllten Doppelkanal mit elastischer Zwischenwand zu berechnen versucht hat, war KUCHARSKI. Seine — exakt formulierten — Zusatzhypothesen lassen sich folgendermaßen kurz beschreiben: Unter der Annahme, daß die Querschnittsänderungen der Kanäle durch die Ausbauchung der Trennmembran verschwindend gering sind, eine vereinfachende Annahme, die bisher nur durch meine Entwicklungen überwunden wurde, und weiteren vereinfachenden Annahmen über die Verteilung der Ausbauchung über einen Querschnitt der Trennmembran kommt es auf die Reibung und auf die Änderung der elastischen Eigenschaften der Trennmembran längs ihrer Länge an, welche Schwingungsform eintritt. Bei genügend geringer Reibung werden die entstehenden laufenden Wellen am Helicotrema reflektiert, so daß hier stets ein Druckknoten entsteht, und es bilden sich stehende Wellen aus. Je nach der Frequenz kann dabei ein Druckbauch oder mehrere entstehen. Durch geringe Veränderung der Bedingungen kann auf diese Weise das Verhalten des EWALDschen Modells erklärt werden, nicht aber das Verhalten

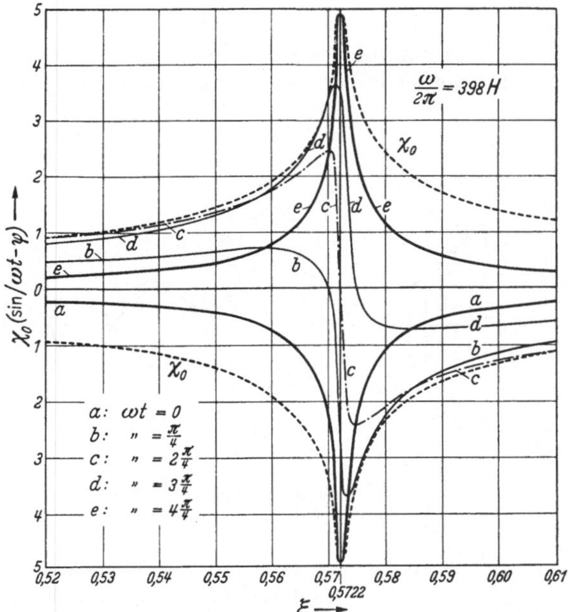

Abb. 54. Verschiedene Momentanzustände einer Modellmembran für eine Halbschwingung im Zeitabstand von $^1/_8$ der Schwingungsdauer unter Annahmen, bei denen Resonanz eintritt. [Aus KUCHARSKI.]

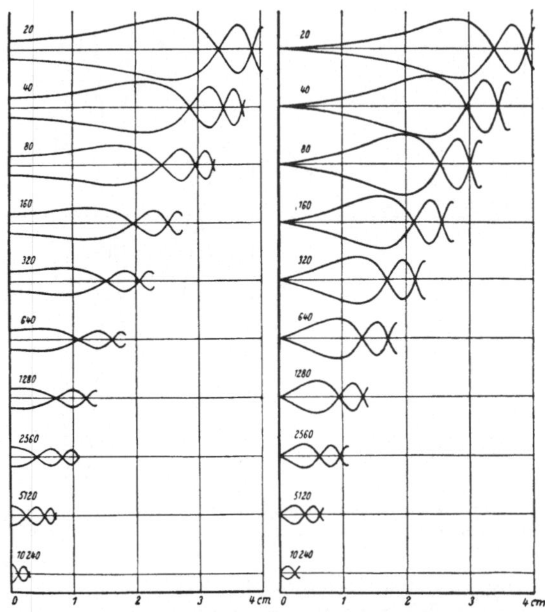

Abb. 55. Berechnete Ausbauchungsformen der Modellmembran ohne Berücksichtigung der Dämpfung, unter verschiedenen Annahmen für die Grenzbedingung am Anfang (links), für die angeschriebenen Frequenzen. [Aus RANKE (2) 1931.]

der Schnecke in den Versuchen, die G. v. Békésy (*1*) durchgeführt hat. Als zweite Annahme berücksichtigt Kucharski die Veränderung des elastischen Widerstandes neben der Masse und der Dämpfung der Trennmembran. Hierbei erhält er jeweils ein einziges Maximum der Ausbauchung der Membran, dessen Ort in gleicher Weise wie bei den Versuchen mit entsprechenden Modellen von der Frequenz abhängt. Phase und Amplitude der Membranschwingung gehorchen dabei den Gesetzen der Resonanz, so daß auch das An- und Abklingen der Membranschwingung wie das einer resonierenden Membran erfolgt. Experimentell wurde genau dasselbe Ergebnis von

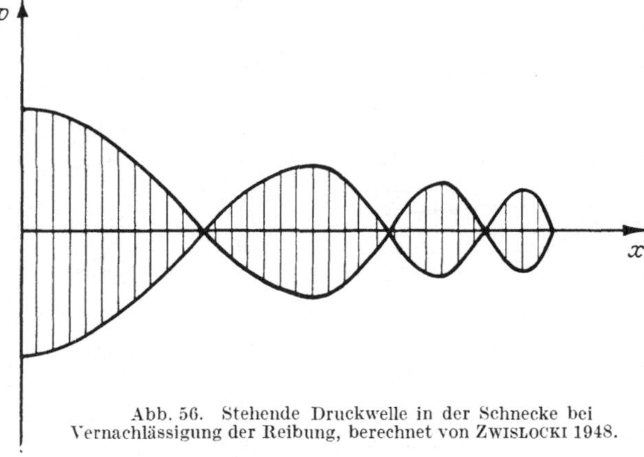

Abb. 56. Stehende Druckwelle in der Schnecke bei Vernachlässigung der Reibung, berechnet von Zwislocki 1948.

Wagner und Zintl erhalten, wenn sie eine Gummimembran von Lyra-Form in Luft schwingen ließen. Diese Art der Schwingung nach Phase und Amplitude entsprechend den Gesetzen der Resonanz ist also eine mögliche Schwingungsform elastischer Membranen zunehmender Breite, wie sie die Basilarmembran in erster Annäherung darstellt, es fragt sich nur, ob damit alle Beobachtungen gedeckt werden, die G. v. Békésy (*1*) im Experiment an Modellen und an der Schnecke gefunden hat. Da ist zunächst zu erwähnen, daß G. v. Békésy (*1*) neben dem Hauptmaximum noch ein bis zwei Nebenmaxima geringerer Amplitude in Modellen mit nicht allzu großer Viscosität bekommen hat, die nur bei sehr starker Dämpfung unmeßbar klein werden. Unter ähnlichen Grundannahmen wie Kucharski habe ich 1931 (*2*) und Zwislocki 1948, endlich L. C. Peterson und B. P.

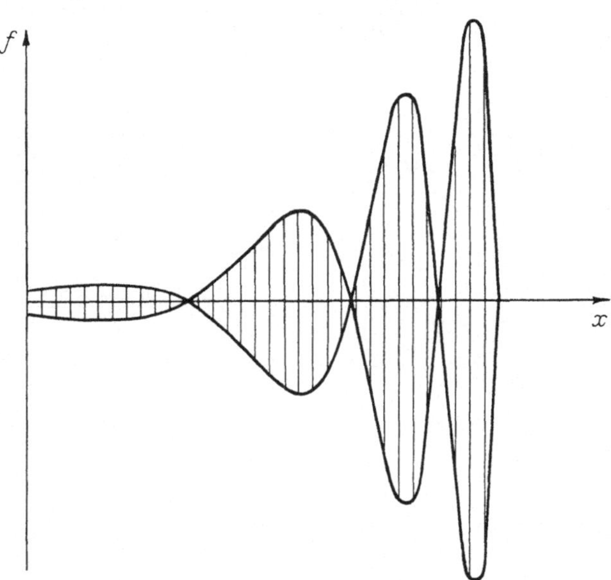

Ab. 57. Stehende Ausbauchungswelle auf der Basilarmembran entsprechend den Druckwellen der Abb. 56, berechnet von Zwislocki 1948.

Bogert die auftretenden Schwingungen berechnet. Dabei haben wir übereinstimmend Wellenzüge mit gegen die Schneckenspitze abnehmender Wellenlänge erhalten, die mehrere, von der Stärke der Dämpfung abhängige Maxima der Ausbauchungsamplitude haben (Abb. 55—57). Da Kucharski und später Zwislocki bei ihren Berechnungen die Masse der Membran berücksichtigen, ich sie dagegen für diese spezielle Rechnung vernachlässigt habe, war es wahrscheinlich, daß die so völlig verschiedene Schwingungsform durch verschiedene

Annahmen über die Membranmasse bedingt ist. Beide Schwingungsformen sind experimentell zu verwirklichen, aber bei verschiedenen Bedingungen. Die Resonanzkurven nach KUCHARSKI hat R. WAGNER (*1*) mit einer Gummimembran erhalten, die in Luft schwingt; die laufenden Wellen mit mehreren Amplitudenmaxima haben v. BÉKÉSY (*1*) und andere in flüssigkeitsgefüllten Doppelkanälen bekommen. Ich konnte (*3*) 1942 tatsächlich zeigen, daß das Verhältnis der Membranmasse zur Masse der mitschwingenden Flüssigkeit $\frac{\sigma q}{\varrho h}$ (σ Massendichte der Membran, ϱ Massendichte der Flüssigkeit, q halbe wirksame Dicke der Membran, h Tiefe eines Kanals von der Membran bis zur gegenüberliegenden Wand), das ich Massenverhältnis genannt habe, entscheidend für die Schwingungsform ist. Für Dämpfungen, die in Betracht kommen, tritt die Schwingungsform nach KUCHARSKI ein, wenn das Massenverhältnis groß gegenüber 1 ist, wenn also die Membranmasse praktisch allein eine Rolle spielt. Dieser Bereich, den R. WAGNER (*1*) experimentell und KUCHARSKI theoretisch geklärt haben, ist der Bereich der Resonanztheorie. Ist dagegen das Massenverhältnis klein, spielt die Membranmasse allein gegenüber der Masse der Flüssigkeit keine entscheidende Rolle, dann treten die von mir, ZWISLOCKI und anderen berechneten und zuerst durch G. v. BÉKÉSY (*1*) beobachteten Wellenzüge auf. Damit ist neben den beiden durch G. v. BÉKÉSY (*1*) aufgestellten Ähnlichkeitsbedingungen eine dritte gefunden worden, die erfüllt sein muß, damit ein Modell physikalisch der Schnecke ähnlich ist. Das tatsächliche Massenverhältnis in der Schnecke kann auf Grund anatomischer Unterlagen wenigstens ungefähr geschätzt werden. Freilich muß man etwas vorsichtig zu Werke gehen. Denn noch wissen wir nicht, wie sich die Endolymphe innerhalb des Endolymphkanals bei Ausbauchung der Basilarmembran und der REISSNERschen Membran bewegt, und es kommt auf die physikalisch wirksame Dicke der Trennmembran längs eines Flüssigkeitsfadens der Endolymphe in seiner Bewegungsrichtung an. Daher halte ich die umfangreichen Rechnungen von ZWISLOCKI über die wirksame Membranmasse für eine Selbsttäuschung an Genauigkeit. Grob anatomisch-histologisch kann das Massenverhältnis auf Werte zwischen 0,1 an der Basis und 0,3 an der Spitze geschätzt werden [RANKE (*3*)]. Für den Ton 300 Hz konnte es durch Vergleich der berechneten und der experimentell [G. v. BÉKÉSY (*22*)] gefundenen Ausbauchungskurven der Trennmembran auf Werte zwischen 0,27 und 0,19 eingeengt werden [RANKE (*5*)] und damit haben die Modellversuche und die Modellvorstellungen ein wichtiges, für die Zukunft unumstößliches Ergebnis gebracht: Die Resonanzvorstellung kann nicht nur die tatsächlichen Eigenschaften der Schwingungen nicht erklären, es ist auch physikalisch geklärt, welche Bedingungen erfüllt sein müßten, damit Resonanz auftreten kann. Diese Bedingungen sind in der tatsächlichen Schnecke vielleicht mit Ausnahme des noch genauer zu untersuchenden tiefsten Frequenzbereiches nicht verwirklicht.

8. Veranschaulichung der Flüssigkeitsschwingungen in der Schnecke.

Laufende Wellen mit abnehmender Wellengeschwindigkeit oder abnehmender Wellenlänge machen dem anschaulichen Verständnis viel größere Schwierigkeiten als stehende Wellen überall gleicher Wellengeschwindigkeit. Wir beobachten im täglichen Leben eben an Musikinstrumenten nur stehende Wellen, bestenfalls bei Obertönen solche mit überall gleicher Wellengeschwindigkeit. An Gewässern können laufende Wellen beobachtet werden, aber außer unter ganz besonderen Umständen wieder nur solche konstanter Wellengeschwindigkeit.

Für die Entstehung laufender Wellen bedarf es nur einer Quelle, an der die Wellen entspringen. Stehende Wellen werden daraus nur, wenn die laufenden

Wellen reflektiert werden. Die Reflexion kann nur auf zwei Wegen vermieden werden, von denen in offenen Gewässern, besonders größeren Seen, nur die eine verwirklicht und daher allgemein geläufig ist: Es muß das reflektierende Ufer so weit entfernt sein, daß entweder wegen der Reibung die rückläufigen Wellen den betrachteten Ort überhaupt nicht, oder wegen der Entfernung erst so spät erreichen, daß inzwischen die Beobachtung abgeschlossen ist. Außerdem können aber Wellen auch an einer Begrenzung, am Übergang in ein anderes Medium ohne Reflexion bleiben, wenn dabei die gesamte Wellenenergie verschluckt und in Wärme verwandelt wird. Hiervon wird in der Akustik, aber auch in der Elektrizitätslehre Gebrauch gemacht. Säle für Vorträge oder Kinosäle werden mit Schluckstoffen ausgekleidet, so daß keine unerwünscht starke Reflexion des Schalles erfolgt. Man braucht sich ja nur den Unterschied des langen Nachhalls in einem mittelalterlichen Dom gegenüber der guten Verständlichkeit auch schneller und leiser Sprache in einem modernen Vortragssaal anzuhören, um die Bedeutung der Schallabsorption durch Schluckstoffe zu erkennen. Nun benötigen auch die Sinneszellen des Innenohres Energie, wenn auch sehr wenig, um erregt zu werden. Diejenige Schwingungsform wäre die günstigste, bei der die ganze Energie der durch die Stapesbewegungen erzwungenen Wellen gerade an die Sinneszellen herangebracht würde, die erregt werden sollen. Das ist natürlich nur möglich über eine Bewegung der Endolymphe, wobei Energie durch innere Reibung der viscösen Endolymphe vernichtet wird. Was nun vom Standpunkt der Sinneszellen verwertbare Energie ist, ist für die Perilymphbewegung ein Energieverlust, eine Dämpfung: Am günstigsten wäre eine Schwingungsform der Perilymphe, bei der die laufenden Wellen an einer von der Frequenz bestimmten Stelle der Basilarmembran völlig verschluckt werden. Dann ist aber keine Energie mehr für reflektierte Wellen vorhanden, es müssen ausschließlich laufende Wellen, keine stehenden Wellen auftreten.

Die zweite Schwierigkeit der Anschauung, die Veränderung der Wellengeschwindigkeit beim Fortschreiten, könnte genauer besehen bei jeder brandenden Welle auch durch unmittelbare Beobachtung überwunden werden. Dabei laufen aber alle Vorgänge so rasch ab, daß sie im einzelnen nur mit geschultem Auge erkannt werden. Als einfachstes Beispiel für Wellen mit abnehmender Wellengeschwindigkeit wurde S. 18 schon das frei von der Decke herabhängende Seil ohne Belastung angeführt. Hier nimmt die Spannung und damit die elastische Rückstellkraft von oben nach unten ab. Aber auch ein horizontal gespanntes Seil, das nur von einem zum anderen Ende immer dicker gesponnen ist, zeigt bei der mehrfach unterteilten Schwingung am dicken Ende entsprechend der größeren Masse bei gleicher elastischer Kraft kürzere Wellenlängen als am dünnen Ende.

Erschwerend für die Anschaulichkeit der Wellenabläufe in der Schnecke ist aber noch die Tatsache, daß es sich hierbei um die Ausbauchung einer Trennmembran zwischen zwei engen Kanälen handelt, und nicht um eine freie Oberfläche. Da die Perilymphe im Verhältnis zur Nachgiebigkeit der Basilarmembran praktisch unzusammendrückbar, inkompressibel ist, muß das Gesamtvolumen der Perilymphe und des Endolymphkanals dauernd konstant sein. Die gleiche Flüssigkeitsmenge, die durch Einwärtsbewegung des Stapes verdrängt wird, muß zur gleichen Zeit durch Auswärtsbauchung des runden Fensters ausweichen. Nur entsprechend der geringen Kompressibilität der Perilymphe kann dabei eine Zeitverspätung höchstens gleich dem längsten in Betracht kommenden Weg, der doppelten Schneckenlänge von 60 mm dividiert durch die Schallgeschwindigkeit in der Perilymphe, also etwa 1450 m/sec, gleich 0,00004 sec eintreten. Diese Zeit spielt aber gegenüber der Zeit für eine volle Schwingung des einwirkenden Tones bis zu hohen Frequenzen keine Rolle, erst bei 10000 Hz wäre diese Zeit rund eine Halbschwingung, da kommt sie aber nicht mehr in Betracht, weil diese hohen Frequenzen zu Ausbauchungen der Basilarmembran ganz in der Nähe der Schneckenbasis führen. Dagegen bedingt die Ausbauchung des runden Fensters nach außen einen, wenn auch kleinen Druckanstieg in der gesamten Perilymphe, und daher überlagert sich über den Wellenvorgang in der Schnecke eine in der Frequenz der Schwingung mit Schallgeschwindigkeit in der Perilymphe ablaufende allgemeine Druckschwingung, die L. C. PETERSON und B. P. BOGERT berechnet haben. Zu einer Ausbauchung der Basilarmembran führt diese allgemeine Druckschwingung nicht, da sie ja keine Druckdifferenz zwischen den beiden Kanälen darstellt. Es ist noch nicht untersucht, ob der Schalldruck dieser Druckwellen bei längerer Einwirkung zu einer Verschiebung der Endolymphe innerhalb des Ductus cochlearis führen kann, und damit vielleicht zu einer physikalischen Erklärung der Adaptation an laute Töne.

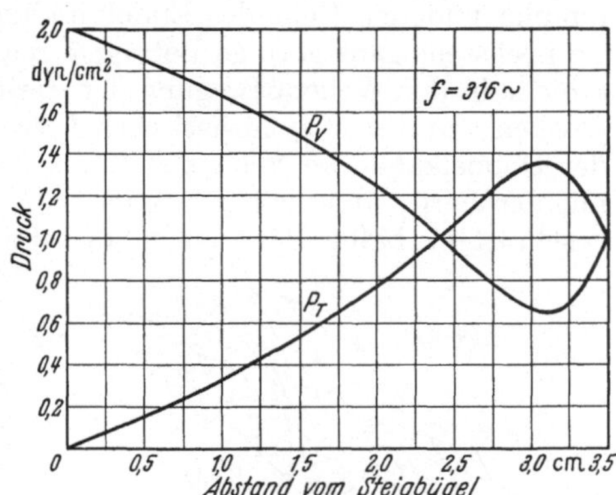

Abb. 58. Maximaldruck während einer Periode bei 316 Hz in der Scala vestibuli (p_v) und in der Scala tympani (p_t) für 2 dyn/cm² Druckamplitude an der Steigbügelfußplatte, Berechnung.
[Aus PETERSON und BOGERT.]

Eine Volumveränderung jeder einzelnen Skala ist nur auf zwei Arten möglich: entweder durch Verschiebung des Steigbügels oder des runden Fensters, oder durch Ausbauchung der Basilarmembran. Ein Ausgleich der Flüssigkeitsmenge in beiden Kanälen geht nur über das Helicotrema, ein Weg, der nur bei den tiefsten Frequenzen gangbar ist. Daher muß bei allen höheren Frequenzen, bei denen die Flüssigkeit am Helicotrema in Ruhe bleibt, die Volumvermehrung eines Kanals bei Ausbauchung der Basilarmembran durch eine Längsströmung vom entsprechenden Fenster her ermöglicht werden. Da nun die beiden Fenster praktisch gegenphasig schwingen, muß das Volumen in einem Kanal durch Ausbauchung der Basilarmembran gegen den anderen Kanal vermehrt sein, wenn im anderen Kanal gerade eine Volumverminderung durch diese Ausbauchung der Basilarmembran eingetreten ist. Aber es handelt sich dabei nur um den Gesamtbetrag aller Ausbauchungen, die mit richtigem Vorzeichen zusammengezählt werden müssen. Ob nur eine einmalige Ausbauchung, oder gleichzeitig mehrere

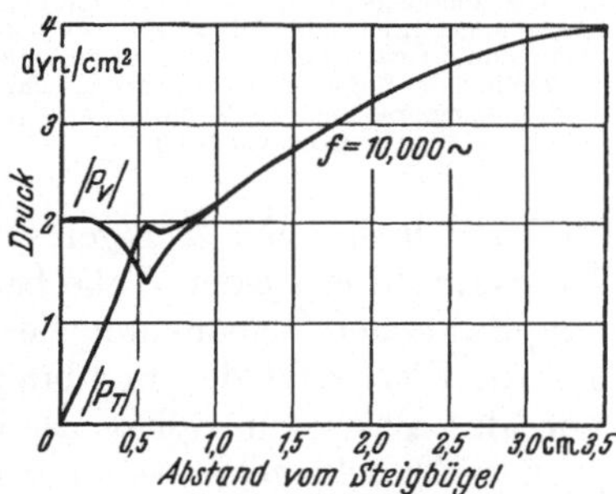

Abb. 59. Dasselbe wie Abb. 58, jedoch für 10000 Hz. Am Helicotrema hat sich ein Druckbauch einer stehenden Druckwelle ausgebildet, während die Druckdifferenz zwischen den beiden Skalen schon längst vorher ausgeglichen, die Membran daher dort nicht mehr ausgelenkt ist.
[Aus PETERSON und BOGERT.]

Wellen mit Ausbauchungen nach oben und unten vorhanden sind, darüber sagt die Bedingung der Inkompressibilität der Perilymphe nichts aus. Daher können die Ausbauchungen auch ohne Schwierigkeiten mit einer ihnen zukommenden Geschwindigkeit als Wellen von der Basis zur Spitze weiterlaufen, nur mit der einzigen Einschränkung, daß das Wellenbild für die scala tympani in jedem Zeitaugenblick um 180° oder eine Halbschwingung gegenüber dem in der scala vestibuli nacheilt, so daß die beiden Schwingungen wie Positiv und Negativ eines Reliefs ineinanderpassen. Eine geringe Abweichung hiervon ist nur denkbar, wenn die Endolymphe innerhalb des Endolymphkanals die Möglichkeit hätte, durch Längsströmungen einen Unterschied im Relief der Welle in der scala vestibuli und der scala tympani auszugleichen. Die Möglichkeit solcher Längsströmungen im Endolymphkanal ist noch nicht gründlich untersucht, sie erscheinen bei überschläglicher Betrachtung aber wegen der Zähigkeit der Endolymphe und der Enge des Endolymphkanals wenig wahrscheinlich. So können sie höchstens ganz geringe Beträge erreichen und daher auch nur geringe Unterschiede in der Wellenbewegung der Perilymphe beider Kanäle ausgleichen. Abgesehen von dieser hypothetischen Längsströmung der Endolymphe verhält sich der Doppelkanal der Schnecke damit wie zwei gleiche Einfachkanäle, bei denen mit der Perilymphe jeden Kanals als Masse eine geeignet in ihrer Dicke durchgeschnittene halbe Basilarmembran die elastische Kraft liefert, und die beide genau gleiche Wellengeschwindigkeit an einander entsprechenden Stellen, gleiche Amplitude und Dämpfung der Wellen, aber entgegengesetzte Phase haben. Erst dann, wenn mehrere Töne gleichzeitig auf das Ohr wirken, ist für die mathematisch-physikalische Untersuchung die gedankliche Trennung in zwei gleiche einfache Kanäle nicht mehr zulässig (s. S. 96).

Die Schwingungen in der Schnecke und in Modellen trotzen aber noch in einer anderen Richtung der Anschauung. Solange wir von weiteren Schwierigkeiten absehen, ist zwar die Amplitude der Druckdifferenz zwischen beiden Kanälen eine monotone, d. h. ohne Zwischengipfel oder Zwischenminima fallende Funktion der Kanallänge, wenn wir in Gedanken der einzelnen Welle an ihrem Druckbauch folgen. Die Energie der Welle wird durch

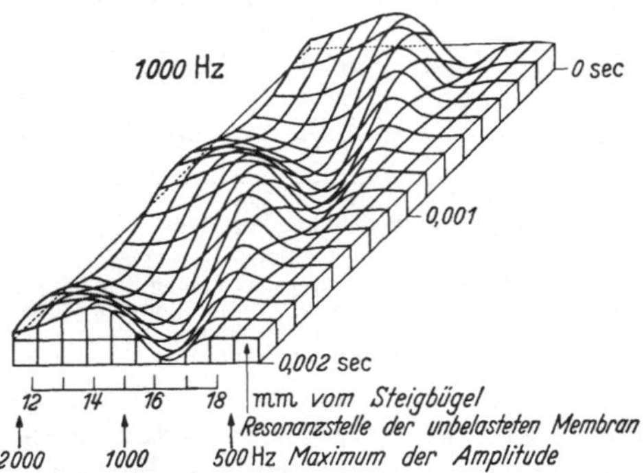

Abb. 60. Raum-Zeitdiagramm der Trennmembranschwingung bei 1000 Hz. Von links nach rechts Entfernung vom Steigbügel, von hinten nach vorne zunehmende Zeit. Jede waagrechte Wellenlinie stellt die Ausbauchungslinie der Trennmembran zu einem rechts angeschriebenen Zeitpunkt, jede von rechts oben (hinten) nach links unten (vorne) verlaufende Wellenlinie die Bewegung der unten angeschriebenen Trennmembranstelle im Verlaufe der Zeit dar. [Aus ALBERT.]

Reibung mehr oder weniger schnell verzehrt, und dementsprechend sinkt die Druckamplitude jeder Welle beim Fortschreiten. Anders verhält es sich mit der Amplitude der Ausbauchung der Trennmembran der Schnecke oder eines Modells. Da die Elastizität der Membran entsprechend der zunehmenden Membranbreite von der Basis zur Spitze abnimmt, erzeugt die gleiche Druckdifferenz um so größere Ausschläge, je weiter an der Spitze der Schnecke sie ankommt. So wächst bei tatsächlichen Wellen die Ausbauchungsamplitude beim Fortschreiten auf der Membran an, solange die Abnahme der Elastizität mehr ausmacht als die Abnahme der Druckdifferenz durch Reibung. Und dann sinkt die Ausbauchungsamplitude beim weiteren Fortschreiten wieder ab, so wie der Reibungsverlust so groß wird, daß er die weitere Abnahme der Elastizität übertrifft. Lassen wir viele Wellen gleicher Frequenz und damit gleicher Form durch das Modell hindurchlaufen und beachten überall nur den Maximalausschlag an jeder Stelle, so erhalten wir die Umhüllungskurve oder kurz die Umhüllende aller Augenblickslagen der Wellen. Und diese Umhüllende nimmt zunächst mit zunehmender Entfernung vom Steigbügel zu, durchläuft ein einziges Maximum, — einerlei, ob inzwischen schon weitere Wellen mit einem Augenblicksmaximum vom Steigbügel her eingetreten sind oder nicht — und fällt dann wieder ab. Physikalisch kann man daher die Einortshypothese von GILDEMEISTER (2) in die Worte fassen: Die Umhüllende der Amplitude muß für jede Frequenz ein einziges Maximum haben, dessen Ort mit zunehmender Frequenz immer mehr steigbügelwärts wandert. Es ist dabei ganz gleichgültig, ob vom Steigbügel bis zum Helicotrema dabei eine, zwei oder mehr ganze Schwingungen auf der Basilarmembran laufen, ob also die Phasendifferenz zwischen einem spitzenwärts gelegenen Ort der Schnecke und dem Steigbügel maximal 180⁰ wie bei der Resonanz, oder mehr oder weniger beträgt. Anschaulich kann man sich das Verhalten einer solchen Membran nur mehr machen, wenn man die Ausbauchungslinie etwa des Mittelstreifens der Membran als Ordinate in einem Diagramm ein-

trägt, das nach rechts die Entfernung vom Steigbügel, nach vorne die Zeit darstellt, wie es oben S. 16, Abb. 7 und 8, schon bei der Besprechung der Dispersion benutzt wurde. Abb. 60 ist die Wiedergabe des Tones 1000 Hz auf der Basilarmembran, die ALBERT nach meinem (5) Ansatz gerechnet hat. Die einzelne Welle, die am Steigbügel unsichtbar kleine Ausbauchungsamplituden hat, wächst im Fortschreiten bis zum Maximum der Umhüllenden, um dann mit abnehmender Geschwindigkeit fortschreitend, spitzenwärts zu sterben, ehe sie das Helicotrema

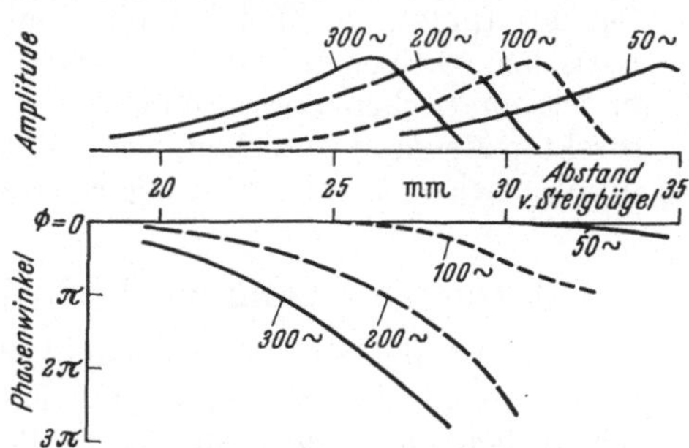

Abb. 61. Umhüllende der Basilarmembranausbauchung (oben) und Phase der Schwingungen (unten) nach Messungen an Felsenbeinpräparaten bei den angeschriebenen Frequenzen in Hz.
[Aus G. v. BÉKÉSY (22).]

erreicht hat. Schneidet man bei dieser Abbildung an irgendeinem Ort durch, und verfolgt, was an diesem Ort im Verlaufe der Zeit vor sich geht, so stellt man fest, daß die Frequenz der Schwingung überall dieselbe ist. Aber an jedem Ort ist die Amplitude anders, und die Phase, die Verspätung gegenüber dem Steigbügel, wächst mit der örtlichen Entfernung vom Steigbügel. Die gesamte Schwingung kann daher durch drei Angaben vollkommen beschrieben werden,

nämlich durch die Frequenz, durch den örtlichen Verlauf der Umhüllenden und den örtlichen Verlauf der zeitlichen Verspätung. Schneidet man dagegen die Abbildung zu einem festen Zeitpunkt durch, und verfolgt, was gleichzeitig als Schwingung auf der Trennmembran steht, so gleicht kein Zeitschnitt dem anderen, bis eine ganze Periode vorüber ist. Besonders können die Zeitschnitte nicht durch eine so einfache Angabe wie oben die Ortsschnitte beschrieben werden. Würde z. B. irgendein zeitlicher Zustand als FOURIER-Reihe dar-

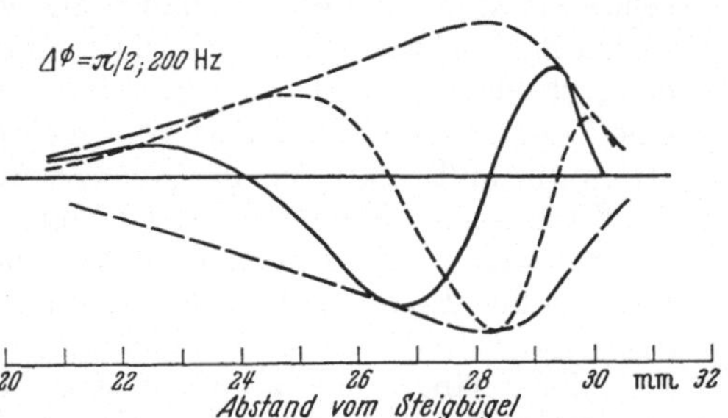

Abb. 62. Zwei um ¹/₄ Schwingung verschiedene Ausbauchungszustände der Basilarmembran, und (gestrichelt) Amplitudenumhüllende bei 200 Hz nach Messungen an Felsenbeinpräparaten. [Aus G. v. BÉKÉSY (22).]

gestellt, so würde sich jeder andere Zeitschnitt nicht nur nach den Koeffizienten, sondern auch nach den Phasen der Einzelglieder der Reihe von dem ersten Schnitt unterscheiden: Die FOURIER-Analyse, sonst nachweislich die einfachste mathematische Form der Darstellung einer komplizierten Schwingung, verliert ihre Bedeutung solchen Wellen gegenüber vollkommen. Und es mag mit dem Prinzip des geringsten Zwanges erklärt werden, wenn die Physiker solche der FOURIER-Analyse trotzenden Schwingungen bisher in der Akustik wenig beachtet haben.

Nach dem Vorgehen von G. v. BÉKÉSY (22) hat es sich eingebürgert, daß als charakteristische Größen für die Schwingungen im Innenohr und in Modellen die Frequenz, die Umhüllende für den Druckverlauf oder die Umhüllende für den

Ausbauchungsverlauf längs des Kanals und die Verteilung der Phase relativ zum Stapes angegeben wird, z. B. Abb. 61. So ist es möglich, in einem Diagramm den Phasen- und Amplitudenverlauf für eine ganze Reihe von Tönen anzugeben. Aufeinanderfolgende Momentanzustände der Trennmembranausbauchung dagegen, wie sie als Beispiel in Abb. 62 dargestellt sind, erfordern nicht nur viel mehr Zeichenaufwand, sondern auch mehr Vorstellungsvermögen beim Betrachten des Bildes. Endlich erlauben solche Darstellungen mit den drei charakteristischen Größen den genauen Vergleich zwischen experimentellen Messungen und theoretischen Berechnungen. Einige Konstanten der Schnecke, die sich der direkten Messung entziehen, wie z. B. die Dämpfung der Basilarmembran konnten durch solchen Vergleich in engen Grenzen bestimmt werden [RANKE (5)].

9. Querbewegung der Perilymphe und Dispersion der Wellen.

Noch ist aber die letzte Komplikation der Schwingungsform in der Schnecke nicht erreicht, die Schwingung mit Dispersion, bei der die Wellengeschwindigkeit der Wellen nicht nur vom Ort, sondern auch noch von der Frequenz abhängt. Wenn bis hierher die Auffassung der verschiedenen Bearbeiter noch einigermaßen konform geht, so trennen sich nun die Wege, und die Schwingung in der Schnecke mit Dispersion ist experimentell nur durch G. v. BÉKÉSY (20), theoretisch nur von mir (2, 3, 5) bearbeitet. Ohne ein Eingehen auf die Dispersion werden weder der Frequenzbereich, noch die Erscheinungen bei der Superposition von verschiedenen Frequenzen klar physikalisch durchsichtig, ganz abgesehen davon, daß v. BÉKÉSYs Versuche eine physikalische Erklärung verlangen.

Bei der mathematisch-physikalischen Untersuchung haben KOCH, KUCHARSKI, JUNG, ZWISLOCKI und neuerdings PETERSON und BOGERT eine Vereinfachung benutzt, deren Zulässigkeit besonders untersucht werden muß. Oben wurde schon erwähnt, daß die Ausbauchung der Trennmembran nur möglich ist, wenn in den Skalen zwischen den Fenstern und der Ausbauchungsstelle, ebenso zwischen etwa gleichzeitig vorhandenen entgegengesetzt gerichteten Ausbauchungsstellen eine Längsströmung der Perilymphe eintritt. Die Geschwindigkeit dieser Längsströmung muß natürlich bei gleicher Ausbauchung um so größer sein, je enger die Kanäle sind. Um nun diese Geschwindigkeit zu erreichen, muß die Perilymphe beschleunigt werden, wozu als Kraft eine Druckdifferenz nötig ist. Da die Kraft nur von den Eigenschaften der Trennmembran, die Geschwindigkeit aber außerdem vom Kanalquerschnitt abhängt, muß die Wellengeschwindigkeit und damit die Wellenlänge mit abnehmendem Kanalquerschnitt sinken, wie das seit FRANK (4) für die Blutgefäße ganz geläufig ist. Diese Forderung der Theorie hat v. BÉKÉSY (20) im Experiment nachgeprüft, indem er ein Modell baute, bei dem der Abstand von der Modellmembran zur gegenüberliegenden Kanalwand für beide Kanäle gemeinsam oder auch für einen der Kanäle in weiten Grenzen veränderlich war (Abb. 63). Als bequemes Merkmal des Ortes maximaler Ausbauchungsamplitude wurde der früher schon beschriebene Doppelwirbel benutzt. Dabei zeigte es sich, daß eine Vergrößerung der Kanaltiefe eines oder beider Kanäle von °1 bis auf 30 mm keinerlei Einfluß auf den Wirbelort hatte. Nur bei Verkleinerung der Kanaltiefe etwa auf 0,3 mm ändert sich nicht nur die Wirbelform, sondern außerdem verschiebt sich der Wirbel in Richtung zum Steigbügel, also in Richtung kürzerer Wellenlängen, wie es die Theorie erfordert. G. v. BÉKÉSY (20) faßt diese Experimente folgendermaßen zusammen: „Die Versuche über die Kanaltiefe scheinen zu zeigen, daß von der Natur die Kanaltiefe so verringert wurde, daß in dem höheren und mittleren Frequenzbereich eben keine Beeinflussung der Schneckentrennwandschwingung auftritt." G. v. BÉKÉSY (20) zieht aus allen einschlägigen Versuchen den Schluß, daß weder die einfache Resonanztheorie, noch die unter Berücksichtigung der Flüssigkeitsskalen bis zu den Fenstern den Tatsachen gerecht werden, sondern nur eine hydrodynamische Theorie, bei der die Mitbewegung der Flüssigkeit nur in der Nähe der Membran berücksichtigt wird.

Es genügt demnach nicht, nur die Längsbewegung der Flüssigkeit zu berücksichtigen. An den Stellen, an denen die Membran gerade ausgebaucht wird, müssen die Flüssigkeitsteilchen außer der Längsbewegung nahe an der Membran eine merkliche Bewegung senkrecht auf die Membran zu ausführen, damit die Ausbauchung zustande kommt. An der gegenüberliegenden Kanalwand dagegen verhindert die knöcherne Wand jede Bewegung außer in der Längsrichtung. Um diese Bewegung im einzelnen zu erfassen, geht es nicht an, den ganzen Querschnitt des Kanals summarisch zu behandeln, es muß auf die Unterschiede der Bewegung nahe an der Membran und weiter von ihr entfernt eingegangen werden. Seit FRANK (4) ist es vollkommen geklärt, daß die Querbewegungen der Flüssigkeit in elastischen Rohren berücksichtigt werden müssen, sowie die Wellenlängen nicht mehr lang im Verhältnis zum Durchmesser der Kanäle sind. Trotz meiner ausführlichen Darstellung der kurzen Wellenlängen 1931 haben bisher alle anderen Bearbeiter die Querbewegung weiterhin vernachlässigt. Es ist nicht zu leugnen, daß schon ohne diese Berücksichtigung ein unverhältnismäßig besserer theoretischer Einblick in die Wirkungsweise der Schnecke erreicht wurde, als ihn etwa die noch unklar gehaltenen früheren Vorstellungen erlaubten. Abbildungen wie die folgenden (Abb. 64) von ZWISLOCKI bilden aber einen Widerspruch in sich selbst, wenn dabei Wellenlängen bis herab zu 0,3 cm bei einer Kanaltiefe von 0,1 cm dargestellt werden, während die Grenze der Gültigkeit des Ansatzes ohne Querbewegung im äußersten Fall bei einer Wellenlänge von 0,6 cm (2π mal Kanaltiefe) liegt, ganz zu schweigen von den Abbildungen von PETERSON und BOGERT. Es wäre ja nun belanglos, ob die Theorie etwas weniger weit bis zur Übereinstimmung mit den Experimenten getrieben wird, wenn nicht diese physikalischen Verhältnisse zum Verständnis der Verdeckung und der Abstimmschärfe notwendig wären.

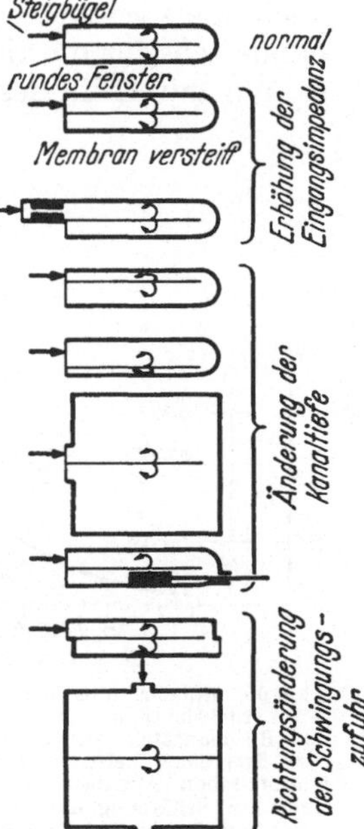

Abb. 63. Untersuchung des Wirbelortes in Modellen bei Veränderung der Anfangsbedingungen und der Kanalquerschnitte, aber ohne Veränderung der Trennmembraneigenschaften. Der Wirbelort ist unabhängig von der Massenbelastung oder der Elastizität am ovalen Fenster (oben), unabhängig von der Kanaltiefe, solange diese nicht unter 0,3 mm sinkt, und unabhängig von der Richtung der Energiezufuhr. [Aus G. v. BÉKÉSY (20).]

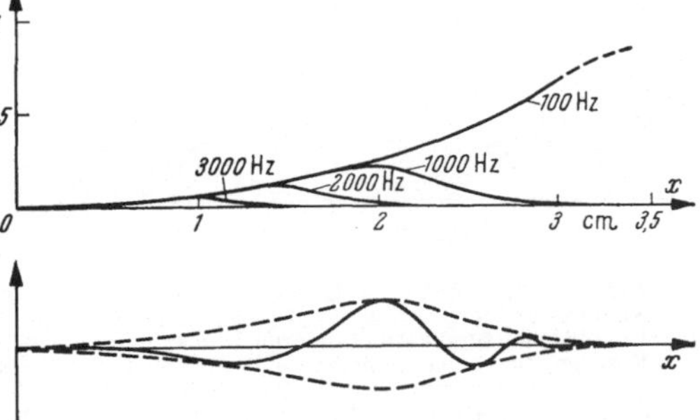

Abb. 64. Amplitudenumhüllende (oben) und ein einzelner Zeitzustand einer laufenden Welle bei 1000 Hz (unten) längs der Trennmembran (Abszisse) nach den Berechnungen von ZWISLOCKI, als Beispiel eines Widerspruchs zwischen Ergebnis (Wellenlängen bis zu 0,3 cm) und Ansatz (nur gültig für lange Wellenlängen). [Aus ZWISLOCKI.]

Nach einem ersten Anlauf 1942 (3) ist es mir 1950 (5) gelungen, den gesamten Bewegungsablauf unter Berücksichtigung auch noch der Querbewegung zu erfassen und damit vollkommene Übereinstimmung zwischen den Versuchen G. v. BÉKÉSYS (20) und der Theorie herzustellen. Nicht berücksichtigt ist bisher allein die Viscosität der Perilymphe. Dies ist nach den Ausführungen von Jung mindestens für die tiefen Frequenzen nicht ganz gleichgültig. Immerhin gelingt es nun mit Hilfe des Vergleichs von Theorie und Experiment, sämtliche Konstanten der Schnecke zu bestimmen, auch diejenigen, die sich der unmittelbaren Messung im Experiment entziehen. Die Berücksichtigung der Querbewegung bringt dabei einen ganz entsprechenden Nebenerfolg mit sich, wie er schon S. 16 bei den laufenden Oberflächenwellen in Wasser beschrieben wurde. Solange die Kanaltiefe von der Trennmembran zur gegenüberliegenden Wand des Kanals klein ist im Verhältnis zur Wellenlänge, ist die Fortpflanzungsgeschwindigkeit unabhängig von der Frequenz und für alle Frequenzen nur abhängig vom Kanalquer-

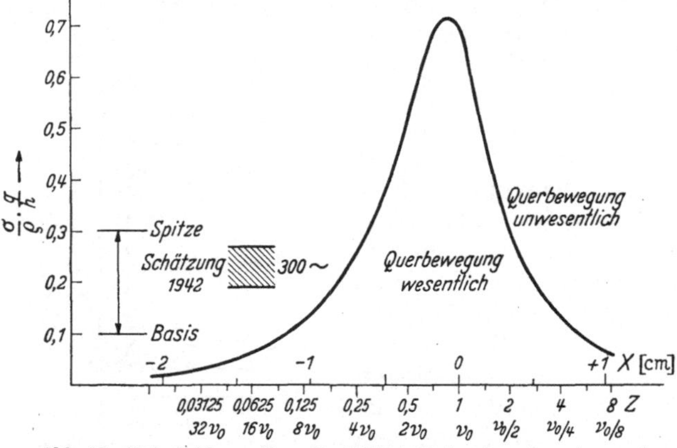

Abb. 65. Entscheidung über die Gültigkeit des Ansatzes ohne und mit Berücksichtigung der Querbewegungen. Abszisse Abstand von der Resonanzstelle der unbelasteten Trennmembran in Zentimeter (der Steigbügel befindet sich weiter links), Ordinate das aus den anatomischen Angaben zu errechnende Massenverhältnis, hierfür links eine Schätzung, daneben der aus Versuchen G. v. Békésys (20) errechnete Unsicherheitsbereich für 300 Hz. [Aus Ranke (5).]

schnitt und den elastischen Eigenschaften der Trennmembran. Sowie jedoch die Wellenlänge in die Größenordnung der mit 2π multiplizierten Kanaltiefe kommt, sowie also die Frequenz über eine für jeden Ort der Basilarmembran charakteristische Frequenz ansteigt, sinkt für einen berechenbaren Frequenzbereich die Wellengeschwindigkeit deutlich unter den Wert ab, der für niedrigere Frequenzen gilt. Und hier werden also die verschiedenen Frequenzanteile einer komplizierten Zeitfunktion, etwa eines Klanges sich voneinander trennen, die höher frequenten Anteile bleiben beim Fortschreiten zurück und werden dann über die Membranviscosität vernichtet, allein die tieferen Frequenzanteile rollen als Welle weiter bis zu einer Stelle, an der auch für sie die Wellenlänge kurz

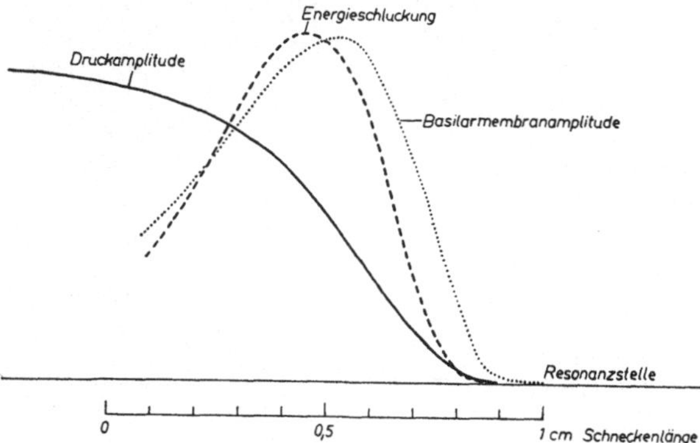

Abb. 66. Nach dem Ansatz von Ranke und der Rechnung von Albert für die Schwingung der Abb. 60 berechneter Verlauf der Umhüllenden für die Amplitude der Druckdifferenz zwischen beiden Kanälen, die Basilarmembranamplitude und die Energieschluckung der Basilarmembran. Die Unterschiedsschwelle des Gehörs liegt in der Größenordnung der Strichdicke der Millimetereinteilung unterhalb der Kurven!

wird: Die Wellen zeigen Dispersion, ganz entsprechend wie Oberflächenwellen in tiefem Wasser. Bei den tatsächlichen Abmessungen der Schnecke und der wirksamen Masse der Trennmembran muß die Querbewegung nach Abb. 65 etwa auf eine Strecke von 1—1,5 cm Länge bei höheren Frequenzen, auf geringere Strecken bei den tiefsten Frequenzen berücksichtigt werden. Im Anfangsteil der Schnecke, nahe der Basis, gilt die von vielen Bearbeitern in unwesentlicher Variation gleichartig entwickelte Bewegungsart, die oben geschildert wurde, ausreichend genau, aber gerade in der Gegend des Amplitudenmaximums ist nur die Lösung mit Berücksichtigung der Querbewegung und damit mit Dispersion zulässig. Den zeitlichen Ablauf einer solchen Welle für einen einfachen Ton zeigt die Abb. 60, S. 82 im Gültigkeitsbereich dieses Ansatzes. Darnach ist zwar der Anstieg der Welle vom Steigbügel zum Maximum nicht wesentlich verschieden von der einfacheren Berechnung, aber jenseits des Maximums erfolgt der Abfall der Amplitudenhöhe viel schneller und zugleich mit starker Abnahme der Wellengeschwindigkeit gegenüber der Abb. 64 von ZWISLOCKI ohne Dispersion. Und damit ist die Übereinstimmung mit den experimentellen Befunden G. v. BÉKÉSYs (20), Abb. 61, 62 und 63 weit besser als bei den Berechnungen ohne Berücksichtigung der Querbewegung.

Nun ist die Abnahme der Amplitude nur möglich durch Dämpfung, und wie schon oben auseinandergesetzt, bedeutet eine Dämpfung in der Perilymphbewegung eine Energieübertragung auf die Endolymphe und von da auf die Sinneszellen: Die Abb. 66 zeigt daher den örtlichen Verlauf der Umhüllenden für den Druck, die Ausbauchungsamplitude und die auf die Endolymphe übertragene Energie einer Schwingung gleicher Art wie Abb. 60. Es ergibt sich, daß der Druck überhaupt kein Maximum, die Ausbauchungsamplitude und die weggedämpfte Energie dagegen ein örtliches Maximum haben, von denen das für die Energie noch etwas weiter steigbügelwärts gelegen ist, als das für die Amplitude der Trennmembranschwingung. Aber der Gipfel dieser beiden Maxima ist annähernd gleich gestaltet und viel zu flach, als daß er die feine Abstimmung des Ohres, die Tonhöhenunterschiedsschwelle rein physikalisch erklären könnte.

10. Beziehungen zwischen Resonanztheorie und hydrodynamischer Theorie.

Das Verhältnis zwischen der Resonanztheorie und der hydrodynamischen Theorie der Basilarmembranschwingung muß endlich noch von einer anderen Seite her betrachtet werden. Auch die hydrodynamische Theorie enthält in allen mathematischen Formulierungen die Resonanz oder genauer die erzwungene Schwingung von gedankenmäßig herausgelösten Basilarmembranstreifen, die sich jedoch so dicht aneinanderschließen, daß dabei der Längszusammenhang der Basilarmembran gewahrt bleibt. Jedem solchen Streifen wird eine Masse, eine Elastizität und eine Dämpfung zugesprochen, die sich von der Basis zur Spitze der Schnecke kontinuierlich ändern. Jeder solche Streifen wird daher beim Einwirken einer Druckdifferenz, die zeitlich einem Sinusgesetz gehorcht, eine durch die Resonanz und die Dämpfung bestimmte Amplitude der Durchbiegung und Phase gegenüber der Druckschwingung besitzen. Betrachtet man aber die Basilarmembran als Ganzes, so sagt die Resonanzhypothese aus, daß der sinusförmige Druck am Steigbügel Amplitude und Phase der Elemente bestimmt. Hierzu müßte sich diese Druckdifferenz unendlich schnell oder wenigstens sehr schnell gegenüber der Wellenbewegung in der Schnecke über die ganze Schnecke ausbreiten. Dies tut sehr wohl der Gesamtdruck, der durch Einpressen des Stapes und Ausbauchung des runden Fensters erhöht wird, nicht aber die Druckdifferenz zwischen den beiden Skalen. Die hydrodynamische Theorie erweitert die Resonanztheorie nur insofern, als sie besagt, die Phase und Amplitude des Druckes ändert sich längs der Schneckenkanäle nach den Gesetzen der Wellenausbreitung, und deswegen erreicht den einzelnen Basilarmembranstreifen weder der Größe noch der Zeit nach die Druckdifferenz, die dicht hinter dem Steigbügel erzwungen wurde. Die dem betrachteten Streifen vorhergehenden Basilarmembranabschnitte haben durch ihre Trägheit die Phase, und durch ihre Dämpfung die Amplitude des Druckes schon geändert, ehe er an den betrachteten Ort gekommen ist. Diese Betrachtungsweise macht es auch sofort anschaulich, daß mit steigender Membranmasse im Verhältnis zur Trägheit der Perilymphe die hydrodynamische Einwirkung immer nebensächlicher würde, bis zuletzt bei einer in Luft schwingenden Membran praktisch allein die Resonanzhypothese genügt, und die Hydrodynamik nur eine unwesentliche Korrektur bedeutet.

Umgekehrt überwiegt in der Schnecke bei ihren tatsächlichen Abmessungen die Hydrodynamik so stark, daß die Resonanztheorie nur mehr eine geringe, wenn auch nicht unwesentliche Korrektur darstellt. Trotzdem geht auch, wie gesagt, die hydrodynamische Theorie davon aus, als ob jeder Basilarmembranstreifen auf eine bestimmte Tonhöhe abgestimmt wäre, wenn wir ihn nur ohne die umgebende Perilymphe untersuchen könnten. Praktisch ist diese Vorstellung nicht zu verwirklichen, denn sowie wir die Perilymphe entfernen, beginnt die Austrocknung, und damit die Veränderung der elastischen Eigenschaften der Masse und der Dämpfung. Man kann nun die Frage stellen, ob der Maximalausschlag der Basilarmembran beim Einwirken eines Tones an derselben Stelle ist, an der der gleiche Ton in Resonanz mit der Elastizität, Masse und Dämpfung des entsprechenden Membranstreifens ohne Perilymphe wäre, und darüber hinaus, ob die Verteilung der Amplitudenumhüllenden auf die Basilarmembran der entsprechenden Resonanzkurve, die Phase der Schwingung der Phase der Resonanz entspricht. Dann würde nämlich die hydrodynamische Theorie nur eine unwesentliche Abwandlung der Resonanzhypothese sein, wobei die Perilymphe in geeigneter Weise als Zusatzmasse betrachtet werden könnte. Keine der drei Fragen

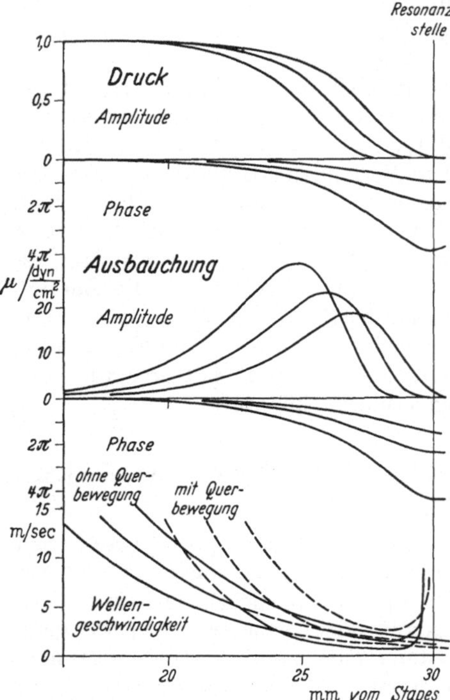

Abb. 67. Druckdifferenz, Ausbauchung und Wellengeschwindigkeit unter verschiedenen Annahmen für die physikalischen Eigenschaften der Schnecke. [Aus RANKE (5).]

kann mit ja beantwortet werden. Das Amplitudenmaximum liegt weit steigbügelwärts von der Resonanzstelle der Trennmembran, die Phase ist nicht die der Resonanz, und die Verteilung der Amplituden ist nicht die einer Resonanzkurve. An die Stelle, an der die Trennmembran allein in Resonanz mit der einwirkenden Schwingung wäre, dringt eine merkliche Druckamplitude nur vor, wenn die Dämpfung der Welle viel schwächer ist als in der natürlichen Schnecke. Wie die Abb. 67 zeigt, ist die Druckamplitude an der Resonanzstelle innerhalb der Zeichengenauigkeit schon längst durch die Dämpfung verzehrt, tatsächlich beträgt sie rechnungsmäßig hier noch etwa $1/_{4000}$ der Druckamplitude am Steigbügel für die mittlere der drei Kurven. Die Ausbauchung hat ihr Maximum 3—5 mm steigbügelwärts von der Resonanzstelle. Je nach den Eigenschaften der Basilarmembran, besonders ihrer Masse und Dämpfung, kann dieses Maximum an verschiedenen Stellen sein, wo etwa die Oberquint bis die Oberoktave der einwirkenden Frequenz in Resonanz mit der isolierten Membran sein würde. Die mathematische Behandlung zeigt aber außerdem, daß für die Form der Amplitudenumhüllenden außer der Dämpfung und der Membranmasse die Dichte der Frequenzfolge der Resonanzstellen auf der Basilarmembran, die Änderung der Resonanzhöhe beim Fortschreiten auf der Basilarmembran, eine entscheidende Bedeutung hat. Je schneller sich die Membraneigenschaften beim Fortschreiten im Kanal ändern, je dichter also die Resonanzstellen zusammengerückt sind, desto flacher werden die Gipfel der Amplitudenumhüllenden. Ein Auseinanderziehen der mittleren Frequenzen bedeutet also gleichzeitig noch spitzere Amplitudenmaxima, so daß beide Faktoren die Unterscheidungsmöglichkeit von Tönen gleichsinnig verbessern. Trotzdem kann die hydrodynamische Betrachtung der Schwingungen in der Perilymphe und der Trennmembran als Ganzes das ungeheuer feine Unterscheidungsvermögen des Ohres für Töne verschiedener Frequenz nicht allein physikalisch erklären. Daran ändert auch die Tatsache nichts, daß durch Einbeziehen der Reibung in der Perilymphe der Abfall der Amplitude besonders jenseits des Maximums der Umhüllenden vielleicht noch etwas steiler gefunden werden kann.

Die vorstehenden Entwicklungen wurden zunächst an dem Beispiel einer mittleren Frequenz, etwa 1000 Hz durchgeführt. Es mehren sich die Anzeichen, daß bei sehr tiefen Frequenzen, etwa unter 200 Hz, die Querbewegungen der Perilymphe eine wesentlich geringere Rolle spielen. Mit der Abnahme des Querschnitts der Skalen unter gleichzeitiger Zunahme des Querschnitts des Ductus endolymphaticus — der ja physikalisch zunächst zur Masse der Membran beiträgt — nähert sich die dritte Ähnlichkeitsbedingung mehr und mehr derjenigen für wahre Resonanz der Membran. Umgekehrt deuten manche Erscheinungen darauf hin, daß an der Basis der Schnecke die Masse der Membran eine verschwindend geringe Rolle gegenüber der der Perilymphe spielt, so daß dort dann mehr als anderthalb ganze Wellen wie in dem Beispiel für 1000 Hz mit merklicher Amplitude hintereinander her laufend den ganzen Wellenzug bilden, dessen höchste Erhebungen überall eine ihrer Form nach ähnliche Umhüllende berühren.

11. Anklingen und Abklingen.

Alles, was bisher über die Wellen auf der Basilarmembran gesagt wurde, gilt für einen Dauerton festgehaltener Frequenz und unveränderlicher Amplitude. Beim An- und Abklingen von Tönen sind aber nach allgemeinen Prinzipien der Wellenlehre noch eine Reihe von Besonderheiten zu erwarten, die bisher an der Schnecke weder experimentell noch theoretisch ausreichend untersucht worden sind. Nur die subjektiven Empfindungen dabei, z. B. bei Trillern, sind seit H. v. HELMHOLTZ (2,) beschrieben worden, und früher fälschlich für physikalische Angaben über die Schwingungsform gehalten worden. Auch die Frage des Abklingens hat G. v. BÉKÉSY (21) experimentell untersucht. Nach mancherlei Schwierigkeiten gelang es ihm, an der Leichenschnecke unmittelbar die Ausschwingvorgänge zu registrieren. Abb. 68 zeigt den Ausschwingvorgang für 100 Hz, 30,5 mm vom Stapes entfernt. Im ganzen Frequenzbereich erfolgte das Abklingen am Ort des Amplitudenmaximums mit einer Dämpfung, bei der das Amplitudenverhältnis zweier aufeinanderfolgender gleichseitiger Ausschläge zwischen 4:1 und 6:1 lag, entsprechend einem logarithmischen Dämpfungsdekrement von 1,4 bis 1,8 oder einem FRANKschen Dämpfungsfaktor D zwischen 0,22 und 0,25. Bei einer solchen Dämpfung läge das Amplitudenmaximum für die „Resonanzfrequenz" der Resonanztheorie deutlich steigbügelwärts von dem Ort, an dem die freie Schwingung im Abklingvorgang ihr Maximum hat, nämlich an einem Ort, der etwa um ein Fünftel Oktave oder 13% der Frequenz höher abgestimmt ist. Das müßte bedeuten, daß im Augenblick des Abklingens der Ton nach tiefen

Tönen verschwebt, wenn der Ort des Amplitudenmaximums für die Erregung maßgebend ist und wahre Resonanz maßgebend wäre. In der zitierten Arbeit G. v. Békésys (*21*) findet sich kein Hinweis, ob sich im Abklingvorgang der Ort des Amplitudenmaximums verschiebt.

Es wäre theoretisch möglich, das Anklingen oder Abklingen eines Tones durch eine Fourier-Reihe von Tönen verschiedener Frequenz und Amplitude darzustellen. Mir scheint jedoch der Weg, damit die Gesamtschwingungsform der Basilarmembran einigermaßen befriedigend darzustellen, wenig aussichtsreich. Leichter gangbar, wenn auch nicht völlig identisch mit dem An- und Abklingen, ist die Ver-

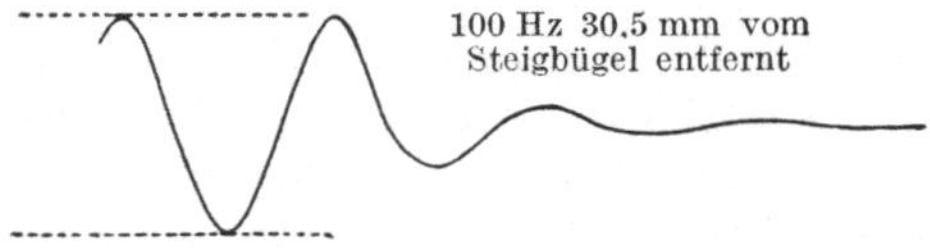

Abb. 68. Ausschwingkurve der Schneckentrennwand an der Stelle des Amplitudenmaximums für 100 Hz beim plötzlichen Absetzen der Erregung mit 100 Hz. [Aus G. v. Békésy (*21*).]

folgung einer Schwebung, bei der ja auch ein An- und Abschwellen der Amplitude des Schwebungstones erfolgt. Albert hat eine Schwebung für 1000 Hz mit $1066^2/_3$ Hz vollkommen durchgerechnet und graphisch nach Art der Abb. 60 dargestellt (Abb. 69). Man sieht dabei sehr deutlich, wie sich aus der unregelmäßigen Ausbauchung geringer Amplitude in der Differenzlage innerhalb weniger Schwingungen die volle, mit der Abb. 60 nahezu identische Form der Schwingung entwickelt. Auch theoretisch läßt sich überblicken, daß das Anklingen einer Schwingung innerhalb weniger, vielleicht einer vollen Periode erfolgt, und daß beim Abklingen wiederum nur für wenige, wahrscheinlich nur eine Periode die Schwingung ihr Amplitudenmaximum nicht an derselben Stelle hat, wie die ausgebildete Schwingung. Es kommt auf die besondere Art der Verteilung der Resonanzstellen für verschiedene Frequenzen an, ob ein Ton beim Anklingen sein Maximum vorübergehend weiter helicotremawärts hat, beim Abklingen weiter steigbügelwärts als bei ausgebildeter Schwingung, oder umgekehrt. Insbesondere ist zu erwarten, daß auch mathematisch die Bedingung gefaßt werden kann, die erfüllt sein muß, damit beim An- und Abklingen das Maximum der Amplitude seinen Ort nicht verändert. Bisher ist es wahrscheinlich, daß diese Bedingung nur für einen mittleren Frequenzbereich genügend genau erfüllt sein wird. Tiefere Töne kommen für mich subjektiv beim Anklingen von tieferen Tonlagen her, und verschweben beim Abklingen in die Höhe. Ob sich hohe Töne subjektiv

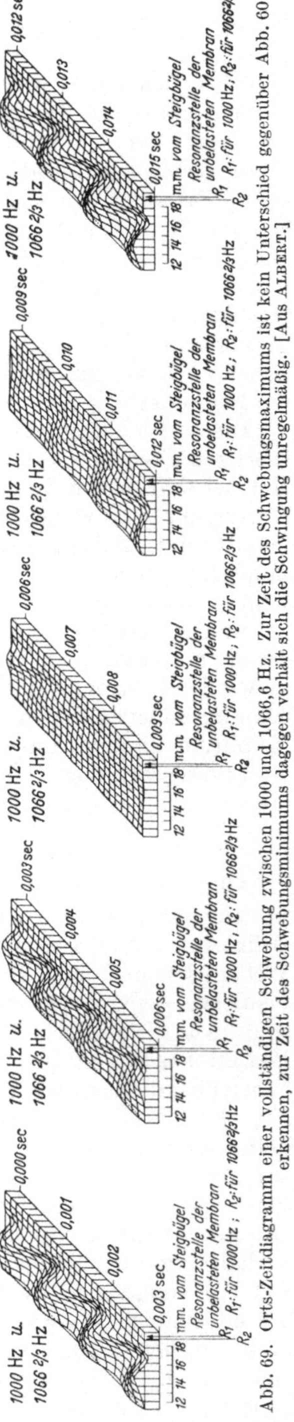

Abb. 69. Orts-Zeitdiagramm einer vollständigen Schwebung zwischen 1000 und 1066,6 Hz. Zur Zeit des Schwebungsmaximums ist kein Unterschied gegenüber Abb. 60 zu erkennen, zur Zeit des Schwebungsminimums dagegen verhält sich die Schwingung unregelmäßig. [Aus Albert.]

umgekehrt verhalten, wage ich nicht sicher zu entscheiden. Immerhin ist es beachtlich, daß derartige Feinheiten der subjektiven Empfindung auf physikalische Verhältnisse zurückzuführen sind.

Beim plötzlichen Ein- und Ausschalten eines Sinustones wird, wie S. 49 schon besprochen wurde, die Eigenschwingung des Mittelohres angestoßen. Dieser Anstoß ist um so kräftiger, je höher die erregende Frequenz über der Eigenschwingung liegt, und je weniger der Einschaltvorgang schon durch äußere physikalische Verhältnisse etwa des Tonsenders abgerundet ist. Es besteht die noch nicht ausgeschöpfte Möglichkeit, aus den Angaben von Türk über die erforderliche Abrundung des Einschaltstoßes bei verschiedenen Frequenzen Eigenschwingungszahl und Dämpfung des gesamten Gehörorgans zu errechnen. Freilich dürfte dabei die Eigenschwingung des Mittelohres so stark im Vordergrund stehen, daß praktisch kaum mehr zu erwarten ist als eine Bestätigung der schon mit einfacheren Mitteln bestimmten Eigenschwingung der Gehörknöchelchenkette. Natürlich pflanzt sich auch die Eigenschwingung der Gehörknöchelchenkette über die Stapesfußplatte in die Perilymphe fort, wo sie als Welle mit örtlicher, aber nun auch zeitlicher Dämpfung abläuft, in genau der gleichen Weise, wie das S. 97 für Knalle und Geräusche dargestellt wird.

12. Verteilung der Amplitudenmaxima verschiedener Frequenzen auf die Basilarmembran.

Nach der Einortstheorie von Gildemeister (2) erfolgt die Erregung der Nervenfasern des N. cochlearis derart, daß jeder Stelle der Basilarmembran eine Tonhöhe zugeordnet ist. Die physikalische Untersuchung der Perilymphschwingung mit der gesamten Trennmembran als Elastizität hat nun ergeben, daß schon diese physikalische Schwingung für jede Frequenz ihr Amplitudenmaximum an einer von dieser Frequenz eindeutig bestimmten Stelle hat. Ohne zunächst irgend etwas darüber

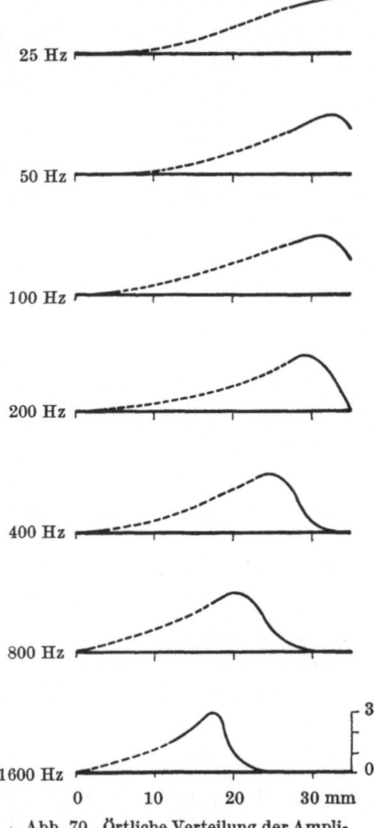

Abb. 70. Örtliche Verteilung der Amplitudenmaxima auf der Basilarmembran an Präparaten der menschlichen Schnecke bei verschiedenen Frequenzen. Abszisse Entfernung vom Steigbügel. [Aus G. v. Békésy (21).]

auszusagen, ob dieses Amplitudenmaximum nun auch der adäquate Reiz für die Sinneszellen ist, ob also die Verteilung der Amplitudenmaxima verschiedener Frequenzen über die Basilarmembran identisch ist mit der Verteilung der Erregung der Nervenfasern, soll hier nur untersucht werden, von welchen Bedingungen diese physikalische Verteilung der Amplitudenmaxima abhängig ist.

Experimentell liegen rein physikalisch nur die Versuche G. v. Békésys (21) vor, bei denen der Ort des Amplitudenmaximums für Frequenzen zwischen 25 und 1600 Hz durch unmittelbare Messung am Leichenohr festgestellt wurde (Abb. 70). Nur für diesen Bereich ist also der Ort des Amplitudenmaximums ohne weitere Hilfshypothesen festgelegt. Trägt man als Abszisse in linearem Maßstab die Entfernung vom Steigbügel, als Ordinate in logarithmischem Maßstab die Frequenz an, so ergeben die Messungen G. v. Békésys (20) die punktierte

Kurve der Abb. 71. Zum Vergleich ist die von Wegel und Lane aus den Unterschiedsschwellen für Tonhöhen errechnete Verteilungskurve eingetragen, die aber ebensogut um 3 mm Schneckenlänge nach unten verschoben dargestellt werden könnte, so daß sie sich im mittleren Frequenzbereich sehr gut mit der Kurve der Amplitudenmaxima G. v. Békésys decken würde. Ohne daß wir uns hier schon allzu genau festlegen, kann doch aus dem allgemeinen Verlauf beider Kurven der Schluß gezogen werden, daß die Frequenzen im mittleren Bereich entsprechend dem steileren Verlauf beider Kurven weiter auseinandergezogene Orte der Amplitudenmaxima erzeugen, als im unteren und oberen Bereich der Frequenz. Im Gegensatz dazu wurde bisher für die mathematische Behandlung gewöhnlich

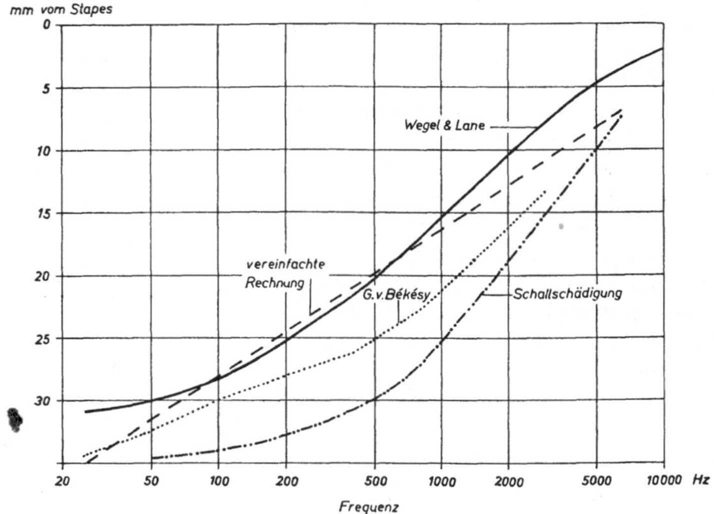

Abb. 71. Verteilung der Frequenzen auf der Basilarmembran. Abszisse Frequenz, Ordinate Entfernung vom Steigbügel. Punktiert: Unmittelbare Messung des Amplitudenmaximums an der Leichenschnecke. Ausgezogen: Aus der Verschiebung für jede Frequenzschwelle berechnet. Strichpunktiert: Ort der Haarzellenschädigung für Ausfälle im Audiogramm. Gestrichelt: Annahme einer streng logarithmischen Verteilung zur Vereinfachung theoretischer Berechnungen.

eine gleichmäßige Verteilung der Frequenzen auf die Schnecke zugrunde gelegt, wie sie die gestrichelte Kurve z. B. für meine (5) Berechnungen andeutet, während Peterson und Bogert eine davon nur unwesentlich abweichende Annahme machen. Hierdurch wird auch die Schwingungsform der Rechnung besonders in den Gebieten etwas ungenau, in denen die Frequenzverteilungskurve merklich gekrümmt ist. Gerade im mittleren Bereich scheint diese Kurve aber einen flachen Wendepunkt zu besitzen, und ist daher hier genügend genau durch eine Gerade zu ersetzen. Ganz einerlei, welcher Vorgang letzten Endes der adäquate Reiz für die Sinneszellen ist, die Auseinanderziehung der Amplitudenmaxima im mittleren Frequenzbereich bedeutet natürlich ein besonders feines Unterscheidungsvermögen für Frequenzunterschiede. Im Gegensatz zu diesem geschwungenen Kurvenverlauf haben freilich die Untersuchungen der histologisch nachweisbaren Schädigungen des Cortischen Organs durch Schall, bei denen im Leben ein Audiogramm den Frequenzausfall festgelegt hatte, eine Verteilung der Amplitudenmaxima nach der strichpunktierten Linie ergeben. Vielleicht kann schon hieraus der Schluß gezogen werden, daß nicht der Ort des Amplitudenmaximums allein, sondern ein größerer Bereich des Cortischen Organs bei jeder Frequenz erregt wird. Rein physikalisch dagegen ist der mittlere Frequenzbereich durch flacheren Verlauf der Verteilungskurve ausgezeichnet. Im Auge ist die größere

Sehschärfe in der Macula lutea aus optischen Gründen nur dadurch zu erreichen, daß hier die Sinneszellen dichter stehen und dichter mit Nervenfasern versorgt sind als in der Peripherie. Im Ohr dagegen läßt sich schon die „Abbildung" der Frequenzen an verschiedenen Stellen der Basilarmembran physikalisch dichter oder weniger dicht verteilen, und dementsprechend ist hier eine Veränderung an der Anordnung der Sinneszellen des Bereichs für die wichtigsten Frequenzen gegenüber den Randgebieten nicht erforderlich und auch nicht beschrieben.

Rein physikalisch bewirkt eine stärkere Auseinanderziehung der Frequenzen außerdem eine stärkere Überhöhung des Amplitudenmaximums, eine spitzere Umhüllende für die Ausbauchungsamplitude der Basilarmembran, wie das Abb. 67 für drei verschiedene Verteilungskurven zeigt. Freilich ist noch zu wenig darüber bekannt, ob dabei auch die Dämpfung überall gleich bleibt, wie das für die Rechnung angenommen wurde. Der steile Abfall der Kurve für 1600 Hz in Abb. 70 deutet vielleicht auf eine besonders geringe Dämpfung in diesem Bereich. Eine Abnahme der Dämpfung macht die Flanken der Umhüllenden steiler, dafür werden aber die Vorgänge beim An- und Abklingen verzögert.

13. Das HOOKEsche Gesetz und die Abweichungen davon.

Für alle physikalischen Berechnungen nimmt man in erster Annäherung die Gültigkeit des HOOKEschen Gesetzes an. Dieses sagt im speziellen Fall der Schnecke aus, daß zwischen Druckdifferenz und Ausbauchung Proportionalität

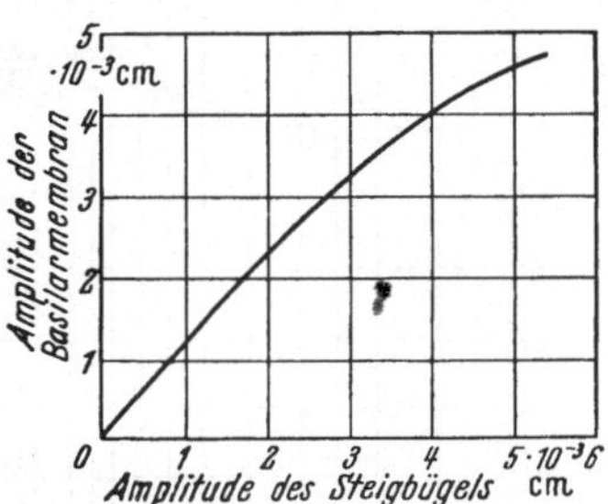

Abb. 72. Die Amplitude der Basilarmembran wächst langsamer als die des Steigbügels. Die Krümmung der Kurve wird allerdings erst bei unphysiologisch großen Auslenkungen merklich. [Aus G. v. BÉKÉSY (22).]

besteht, daß also bei Verdoppelung der Druckdifferenz zwischen beiden Kanälen auch die Ausbauchung der Trennmembran verdoppelt wird. In Wirklichkeit gibt es kaum ein Material, für das das HOOKEsche Gesetz in voller Strenge gilt. Besonders bei der Ausbauchung von Membranen nimmt vielmehr bei steigender Druckdifferenz die Ausbauchung im allgemeinen langsamer zu, wie das G. v. BÉKÉSY (22) auch für die Basilarmembran bestätigt hat (Abb. 72). Die Membranen sind höheren Druckdifferenzen gegenüber sozusagen härter als bei kleinen Druckdifferenzen, doch kommt auch der umgekehrte Fall gelegentlich vor. Solange die Druckdifferenzen gegenüber der Gleichgewichtslage nur klein sind, kann genügend genau mit dem HOOKEschen Gesetz als fast unentbehrlicher mathematischer Vereinfachung gerechnet werden. Bei großen Druckamplituden dagegen müssen die Abweichungen vom HOOKEschen Gesetz berücksichtigt werden. Sie bedingen dann beim Einwirken von Schwingungen eine Veränderung nach zwei Richtungen.

Nimmt der mittlere Elastizitätsmodul der Trennmembran in der Schnecke mit steigender Druckamplitude zu, dann wird die mittlere Wellengeschwindigkeit vergrößert. Damit steigt auch die Wellenlänge, und der Einfluß der Membranmasse wird entsprechend gesenkt. Die beim Einwirken von lauten Tönen in der Schnecke ablaufenden Wellen werden sich daher gegenüber leisen Tönen ebenso verhalten, als ob die Trennmembran härter geworden wäre. Ihr Ort des Amplitudenmaximums wird daher etwas weiter spitzenwärts liegen als bei leisen Tönen. Eine Zunahme des Elastizitätsmoduls der Basilarmembran kann nach G. v. BÉKÉSY (3) auch auf andere Weise, z. B. durch venöse Stauung an den großen Halsvenen und damit prallere Blutfüllung der Capillaren der Basilarmembran, hervorgerufen werden. In diesem Fall hören wir eine physikalisch unveränderte Frequenz im Augenblick der Stauung etwas tiefer. Der Versuch gelingt leichter mit Tönen weit unterhalb 1000 Hz. Nach dieser Erfahrung ist also zu erwarten, daß laute Töne dann, wenn der Elastizitätsmodul der Trennmembran mit steigender Druckdifferenz steigt, tiefer erklingen als leise Töne. Umgekehrt kann aus der Tonhöhenverschiebung mit wachsender Lautstärke direkt die Veränderung des Elastizitätsmoduls berechnet werden, falls die Tonhöhenverschiebung erstens ein rein physikalischer Effekt und zweitens nur durch die Veränderung des Elastizitätsmoduls, nicht auch der mitschwingenden Masse und der Viscosität hervorgerufen ist. Tonhöhenverschiebungen, abhängig von der Lautstärke, sind seit langem bekannt. Sie wurden 1930 von ZURMÜHL zuerst beobachtet. STEVENS (1) hat zuerst den ganzen Bereich von 150—12000 Hz bei einigen geeigneten Versuchspersonen durchgemessen, indem er einen lauten und einen leisen Ton, die alternierend gegeben wurden, auf gleiche Tonhöhe einstellen ließ. Dabei fand er, daß die tiefen Töne sofort mit Zunahme der Lautstärke tiefer zu werden scheinen, während etwa ab 1500 Hz zunächst eine Tonhöhenzunahme, dann erst ein Tieferwerden bei steigender Lautstärke eintritt, und oberhalb 3000 Hz steigt die Tonhöhe mit steigender Lautstärke. Doch scheint die Tonhöhenverschiebung abhängig von der Lautstärke eine individuelle Eigenschaft zu sein. KRAFFCZYK fand, daß die Grenzfrequenz, bis zu der eine Vertiefung mit steigender Lautstärke eintritt, bei verschiedenen Personen zwischen 1000 und 1500 Hz lag, und daß die Tonhöhenverschiebung ihr Maximum gewöhnlich in der Gegend von 500 Hz besitzt, während unterhalb 120 Hz sogar neuerdings eine Umkehr, wie bei hohen Tönen gefunden wurde. Abb. 73 gibt ein Beispiel einer derartigen Kurve. Im Gegensatz zu STEVENS und DAVIS (2) kann ein solches Verhalten nicht mit den Resonanzverhältnissen oder mit der abschwächenden Wirkung der Mittelohrmuskeln auf tiefe Töne erklärt werden. Die Tonhöhenänderung bei festgehaltener Frequenz ist vielmehr ein recht starker Beweis für die Gültigkeit des Gesetzes der spezifischen Sinnesenergien zusammen mit der Einortstheorie der Erregung (nicht nur der physikalischen Schwingung), wenn Abweichungen vom HOOKESchen Gesetz eine Veränderung der Schwingungsform abhängig von der Lautstärke hervorrufen. Es wäre wohl voreilig, aus der Umkehr der Tonhöhenverschiebung oberhalb 1500 Hz auf eine Abnahme des Elastizitätsmoduls mit steigender Druckamplitude zu schließen, wahrscheinlicher erscheint mir, daß es sich dabei um eine Zunahme der mitbewegten Massen oder um einen Viscositätseinfluß handelt. Besonders zu beachten ist aber, daß wiederum in einem mittleren Frequenzbereich die physikalischen Verhältnisse derart gestaltet sind, daß hier beim Lauter- oder Leiserwerden eines Tones keine subjektive Tonhöhenverschiebung eintritt. Der mittlere Frequenzbereich ist demnach nicht nur dadurch ausgezeichnet, daß hier durch die Verteilung der Amplitudenmaxima auf der Basilarmembran das Tonhöhenunterscheidungsvermögen besonders groß ist, außerdem sind hier die Veränderungen des Ortes,

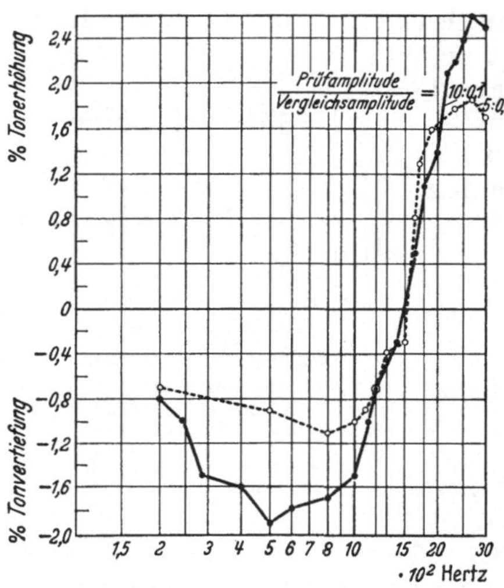

Abb. 73. Tonhöhenverschiebung (Ordinate) abhängig von der Frequenz für zwei Verhältnisse von Druckamplituden. Bei 1500 Hz kehrt der Sinn der Tonhöhenverschiebung um, und hat bei 500 und bei 2500 Hz je ein Maximum. [Aus KRAFFCZYK·]

an dem ein festgehaltener Ton sein Maximum hat, beim An- und Abklingen sowie bei verschieden großer Lautstärke besonders gering.

Abweichungen vom Hookeschen Gesetz, von der linearen Zuordnung von Spannung und Dehnung, bedingen aber bei laufenden Wellen noch eine weitere Abweichung von der Form, die sie bei Gültigkeit des Hookeschen Gesetzes hätten. Jedesmal, wenn die Druckdifferenz zwischen beiden Kanälen besonders groß ist, also am Druckmaximum und Druckminimum jeder einzelnen Welle, ist die Wellengeschwindigkeit wegen der Zunahme des Elastizitätsmoduls größer als beim Nulldurchgang der Druckdifferenz. Daher eilen Druckberg und Drucktal gegenüber den Wendepunkten des Druckes vor, die Welle deformiert sich beim Fortschreiten so, als ob sie Obertöne enthalten würde. Seit H. v. Helmholtz (2) ist diese Folge der Nichtlinearität zwar diskutiert, die zu fordernden Obertöne sind aber bis heute subjektiv nicht festzustellen, nur einen subjektiven Unterton hat Zurmühl beschrieben. Fügt man jedoch zu einem Grundton die erste Oberoktave in verschiedener Phasenlage (s. S. 28, Abb. 21) hinzu, so ist die erforderliche Schwellenamplitude des Obertones deutlich von der Phase, und außerdem entsprechend dem Hookeschen Gesetz von der Amplitude des Grundtones abhängig (Chapin und Firestone). Erst beim gleichzeitigen Erklingen mehrerer Töne machen sich die subjektiven Obertöne dadurch bemerkbar, daß sie mit zu Kombinationstönen Veranlassung geben. Doch sei gleich hier vermerkt, daß die Lautheit der subjektiven Differenz- und Summationstöne viel größer ist, als sie sich aus der theoretischen Untersuchung der Nichtlinearität ergeben würde. Differenz- und Summationstöne bedürfen daher noch einer anderen Erklärung als der Abweichung des Elastizitätsmoduls vom Hookeschen Gesetz (s. S. 96).

14. Klang, Superposition und mechanische Tonverdeckung.

Der Ablauf der physikalischen Schwingung in der Perilymphe und auf der Basilarmembran wurde bisher nur für den Fall betrachtet, daß eine reine Sinusschwingung als erregende Kraft die Perilymphe am Steigbügel in Bewegung setzt. Aber schon die einfachsten gewöhnlichen Töne, wie sie etwa die meisten Musikinstrumente und die menschliche Stimme bei Vokalen erzeugen, sind aus mehr oder weniger zahlreichen verschiedenen Frequenzen zusammengesetzte Klänge. Es ist daher nun zu untersuchen, wie physikalisch ein solcher Klang in der Perilymphe abläuft.

In einem Medium, für das das Hookesche Gesetz gilt, überlagern sich verschiedene Schwingungen kleiner Amplitude einfach ohne sich gegenseitig irgendwie zu beeinflussen. Bei großen Amplituden freilich erfolgt trotz der Gültigkeit des Hookeschen Gesetzes für die elastischen Kräfte eine gegenseitige Beeinflussung der Schwingungen, weil dann die Trägheitskräfte der bewegten Massenteilchen nicht mehr einfach aus der Addition derjenigen Kräfte hervorgehen, die bei den Einzelkomponenten des Klanges auftreten würden. Die Trägheitskräfte sind proportional dem Quadrat der Geschwindigkeit, die Beschleunigungen aber gehen linear mit den elastischen Kräften. Durch die Massenkoppelung, bei der die beiden Schwingungen dasselbe Massenteilchen bewegen, entstehen Kombinationstöne ebenso wie bei nichtlinearer Elastizität. Da eine theoretische Behandlung der Massenkoppelung in der Perilymphe noch nicht vorliegt, muß versucht werden rein anschaulich sich wenigstens die Richtung zu vergegenwärtigen, in der dadurch die Schwingung verändert wird, um diese mit den subjektiven Ergebnissen der Tonverdeckung zu vergleichen.

Je niedriger die Frequenz, desto tiefer dringt in die Schnecke die Längsbewegung der Perilymphe gegen die Schneckenspitze vor. Beim gleichzeitigen

Erklingen von Tönen verschiedener Frequenz überholt daher die Perilymphschwingung des tieferen Tones die Stelle, an der der höhere Ton unter maximaler Ausbauchung der Trennmembran und mit der Wirbelbewegung in der Perilymphe weggedämpft wird. Aber während in der scala vestibuli die Längsbewegung der Perilymphe gerade einwärts geht, und damit die aufgesetzte Schwingung des Obertones in Richtung zur Schneckenspitze zu verschieben versucht, geht die Perilymphbewegung in der scala tympani gerade entgegengesetzt. Nach einer Halbperiode des tieferen Tones haben die beiden Skalen mit der Bewegungsrichtung der Perilymphe ihre Rollen vertauscht. Hätte das Innenohr nur eine Skala, die durch die Basilarmembran etwa gegen das luftgefüllte Mittelohr elastisch abgeschlossen wäre, dann müßten hohe Töne in der Frequenz eines gleichzeitig einwirkenden tieferen Tones bald weiter spitzenwärts, bald weiter basiswärts ihr Amplitudenmaximum auf der Trennmembran erzeugen, sie müßten in der Frequenz des tieferen Tones modulieren. Dadurch, daß zwei Kanäle mit Perilymphe gegeneinandergeschaltet sind, ist ein zusätzlicher Zwang für jede Schwingung geschaffen. Es sind nur solche Schwingungen möglich, bei denen in beiden Kanälen die gleiche Trennmembranbewegung erzeugt wird. Jeder zusätzliche Zwang aber schränkt die Schwingungsmöglichkeit ein. Daher muß bei einem Klang die Amplitude der Perilymphbewegung und damit der Trennmembranbewegung besonders für den höheren Ton vermindert werden. Die Längsbewegung der Perilymphe in den basisnahen Teilen der Schnecke setzt sich dabei aus den überlagerten Bewegungen beider Frequenzen zusammen. Da nun die kinetische Energie proportional dem Quadrat der Gesamtgeschwindigkeit ist, ist die kinetische Energie eine Größe, die unter keinen Umständen einem Proportinalitätsgesetz bei der Überlagerung zweier Frequenzen gehorcht. So entstehen Kombinationstöne mit einer Frequenz gleich der Summe und der Differenz der beiden Grundfrequenzen, deren Amplitude keineswegs verschwindend klein ist: Die Kombinationstöne erster Ordnung sind Folgen der Massenkoppelung, weil die beiden Schwingungen an der gleichen Perilymphe ablaufen. Die Energie, die durch die Amplitudenverminderung besonders des höheren Tones eingespart wird, tritt wieder auf als Energie der Kombinationstöne. Soviel ich sehe, ist diese Art der Entstehung von Kombinationstönen bisher nicht exakt untersucht worden. Im Vordergrund aller bisherigen theoretischen Untersuchungen standen diejenigen sehr viel schwächeren Kombinationstöne, die durch elastische Kopplung bei Abweichungen vom HOOKEschen Gesetz zu erklären sind. Eine überschlägliche Betrachtung zeigt allerdings, daß bei den Massenkopplungstönen der zufällige Phasenwinkel zwischen den Teiltönen Bedeutung dafür hat, ob vorwiegend der Summationston oder vorwiegend der Differenzton auftritt. Bekanntlich wurde die Unabhängigkeit eines Klanges von der Phase der Teiltöne früher gegen die EWALDsche Schallbildertheorie aufgeführt. Inzwischen mehren sich aber die Beobachtungen, daß zwar der Klangcharakter des erzeugenden Klanges nicht von der Phase abhängt, wohl aber der Reichtum an Obertönen und Untertönen [Literatur s. STEVENS and DAVIS (2)] und die Lautheit des Klanges. Diese Erscheinungen sind bisher nur unter dem Gesichtspunkt der Erzeugung des elektrischen Reizfolgestromes nach einer gekrümmten Charakteristik über dem Schalldruck untersucht worden, entsprechend der Gleichrichterwirkung einer Audionröhre mit gekrümmter Charakteristik, nicht aber vom mechanisch-hydrodynamischen Standpunkt aus. Man braucht auch bloß die Abb. 69 anzusehen, um sich zu überzeugen, daß es schwierig sein wird, experimentell das Vorhandensein von Oberwellen nachzuweisen. Die Abschwächung der Töne eines Klanges, die Tonverdeckung (MASKING) ist vielfältig untersucht und wird bei der Besprechung der Empfindungen genauer geschildert werden. Dagegen hat ALBERT nachgewiesen, daß bei der Schwebung zweier benachbarter Töne der entstehende Wellenzug nicht nur in seiner Amplitude schwebt, sondern daß auch das Maximum der Amplitudenumhüllenden mit der Schwebungsfrequenz hin und her pendelt. Erst dann, wenn die Amplitudenumhüllenden für die beiden einzelnen Töne sich nicht mehr überlappen, verschwindet diese Schwebung des Maximums nach dem Ort. Die physiologische Folge, die Rauhigkeit eines musikalischen Intervalls, wird im Zusammenhang mit den Schwebungen S. 149 besprochen.

15. Knall und Geräusch.

Knalle, wie sie bei der Detonation von Explosivstoffen, aber auch durch Funken oder mechanisch etwa beim Zuschlagen einer Türe entstehen, bestehen physikalisch gewöhnlich aus einer einmaligen, sehr kurze Zeit anhaltenden hohen Druckspitze, auf die ein flaches, langgestrecktes Drucktal folgt. In den meisten Fällen sind dem Drucktal noch gedämpfte Schwingungen überlagert, weil nachträglich sich an jeden Knall eine gedämpfte Eigenschwingung der Luft oder der mechanisch durch den Knall angestoßenen schwingungsfähigen Körper anschließt. Die Schwingung der „Perilymphe" und der Trennmembran in einem Ohrenmodell beim Einwirken eines Knalles hat G. v. Békésy (9) schon

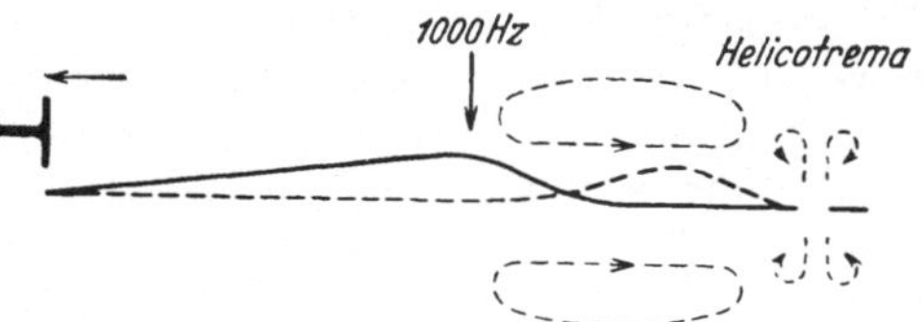

Abb. 74. Wanderwellen auf der Trennmembran eines Modells beim Einwirken eines Knalles. Gestrichelt ein etwas späterer Zustand als ausgezogen.
[Aus G. v. Békésy (9).]

1933 untersucht. Es bewegt sich dabei die Flüssigkeit im Modell etwa bis zu der Stelle, wo bei 1000 Hz ein Wirbel entsteht, kolbenartig mit, die Trennmembran buchtet sich bis dahin „momentan" aus, während weitere Abschnitte des Modells dann erst durch einen Wanderwirbel und eine Wanderwelle in Mitleidenschaft gezogen werden (Abb. 74). Die Wellengeschwindigkeit in der Perilymphe des Modells ist demnach für Knalle in der Nähe des Steigbügels sehr groß, und sinkt mit dem Weiterwandern sehr rasch ab. Für einen einzelnen Knall bildet sich auch nur eine einzelne Wanderwelle aus. Im Gegensatz zum Mittelohr, das nach einem Knall entsprechend dem dabei erfolgten Anstoß gedämpfte Eigenschwingungen ausführt, ist also die Flüssigkeitsbewegung im Modell aperiodisch gedämpft. Theoretisch sind Knalle noch nicht gründlich untersucht worden. Ein Knall läßt sich durch ein Fourier-Integral wohl in lauter Sinusschwingungen zerlegen, und wäre damit der mathematischen Analyse grundsätzlich zugänglich. Aber ebenso wie beim An- und Abklingen von Schwingungen erscheint dieser Weg der Analyse umständlich und wenig genau. Allein aus der Betrachtung der Differentialgleichungen der Flüssigkeitsbewegung läßt sich aber ableiten, daß voraussichtlich die Wellenfront des Knalles beim zunehmenden Eindringen in die Flüssigkeit immer mehr abgerundet und abgeflacht wird, so daß in einem ausgedehnten Gebiet der Schnecke die Perilymphbewegung weggedämpft und damit Energie auf die Endolymphe übertragen wird. So steht die Theorie der Hydrodynamik nicht im Widerspruch mit v. Békésys (1) Experimenten, wenn sie auch nur wenig zur Klärung beitragen kann.

Geräusche sind physikalisch nichts anderes als eine rasche, unregelmäßige Knallfolge. So läßt sich ohne weiteres verstehen, daß dabei entsprechende Wanderwellen über die Trennmembran hinweglaufen, durch die wiederum die Trennmembran Auslenkungen aus ihrer Ruhelage erfährt. Zur Ausbildung eines so ausgeprägten örtlichen Amplitudenmaximums wie bei der Einwirkung sinusförmiger Schwingungen kann es dabei nicht kommen, solange das Geräusch nicht, wie etwa der Konsonant r, eine regelmäßige Zeitfolge von Druckstößen enthält, die ihrerseits stärkere Ähnlichkeit mit einem Klang besitzt. Doch ist es verständlich, daß Geräusche ebenso wie Töne verdeckend wirken können, wenn durch sie die Perilymphbewegung für einen daneben dargebotenen — höheren — Ton unregelmäßig überlagert wird. Die verdeckende Wirkung von Geräuschen muß demnach zum Teil auch als physikalische Folge der Massenkoppelung in der Perilymphe aufgefaßt werden, nicht nur als physiologische Folge der Eigenschaften des Transformationsorgans und der Nervenendigungen (LANGENBECK). Die Tatsache, daß Knalle und Geräusche mit einer Schwellenamplitude schon gehört werden, die derjenigen der reinen Töne entspricht, gibt jedoch noch einen wichtigen Hinweis für die Physiologie des Transformationsorgans: Es kann sich bei der Reizung der Sinneszellen des CORTIschen Organs unmöglich um einen Vorgang nach Art der Ausbildung einer Resonanzschwingung mit stehenden Wellen handeln, denn sonst könnten die Wanderwellen der Knalle nicht als Reiz verwendet werden. Die Darstellung einer Knallfolge als FOURIER-Reihe oder FOURIER-Integral ist insofern eine Irreführung, als dadurch der Eindruck erweckt wird, als ob eine größere oder kleinere Zahl von Tönen nebeneinander und kontinuierlich wirkend bestünde. In Wirklichkeit läuft dabei für jeden Knall eine Wanderwelle über die Basilarmembran, und deren Anstiegsflanke oder ihr Maximum muß den adäquaten Reiz für das CORTIsche Organ abgeben. Je schärfer der Druckstoß einsetzt, desto steigbügelnäher beginnt die Wanderwelle. Freilich ist ihr Beginn auf der Basilarmembran dadurch begrenzt, daß das Mittelohr schnelleren Stößen wegen seiner Eigenschwingung einfach nicht mit voller Amplitude folgt, und erst unterhalb der Eigenschwingung den Stoß getreu registriert.

16. Physikalische Gesichtspunkte zur Form der Hörschwellenkurve.

Seit WIEN (*1*) und M. GILDEMEISTER (*1*) ist die Abhängigkeit der Hörschwelle von der Frequenz bekannt, wie sie z. B. in Form der Hörfläche nach WEGEL (*1*) (Abb. 75) dargestellt ist. Neuere Ergänzungen besonders für die tiefsten Töne nach G. v. BÉKÉSY (*12*) zeigt Abb. 76. Beschränken wir uns auf das Gebiet zwischen 20 und 20000 Hz, so sinkt die Hörschwelle von rund 1 dyn/cm² bei 20 Hz auf ein Minimum von etwa 0,0005 dyn/cm² bei 2000 Hz, um von da an wieder steil anzusteigen, so daß bei 20000 Hz etwa wieder 1 dyn/cm² erreicht ist. Bei der Messung der Hörschwelle springen wir von der — physikalischen — Messung des Reizes, etwa des Schalldruckes in dyn/cm², unmittelbar bis zur Wahrnehmung. Die Frage, ob wir nicht Zwischenglieder physikalischer Natur wie die Resonanzkurven und physiologischer Natur wie das NERNSTsche Gesetz zu einer kausalen Erklärung der Hörschwellenkurve heranziehen können, ist verhältnismäßig selten aufgeworfen worden. Neuerdings nimmt G. ROSSBERG auf Grund von Untersuchungen über die Resonanzkurve des Felsenbeines als Ganzes dazu Stellung. Er findet einen deutlichen Resonanzgipfel bei 2000 Hz, also hoch über der Eigenschwingungszahl des Mittelohres, und glaubt damit die Hörschwellenkurve erklären zu können. Hier handelt es sich zunächst nur darum, die Übertragung der Schallschwingungen aus der Luft auf die Perilymphe und die Trennmembran zu untersuchen, und erst mehrere weitere Schritte, nämlich die Physik des Ductus endolymphaticus, die Physiologie der Sinneszellen im CORTIschen Organ und die Physiologie des Nervus cochlearis könnten uns der Erklärung der Hörschwellenkurve als Verknüpfung von Reiz und Wahrnehmung näher bringen. Umgekehrt wirft aber die Diskrepanz zwischen dem physikalischen Anteil, der Anregung der Trennmembran, und der Hörschwellenkurve, Licht auf die weiteren, noch weniger genau analysierten Teile.

Tiefe Frequenzen unterhalb der Mittelohrresonanz von rund 1000 Hz werden einwandfrei vorwiegend durch die sog. Luftleitung, also über Trommelfell und Gehörknöchelchenkette der Perilymphe zugeführt. Entsprechend der Druckverstärkung durch die Mittelohrübersetzung ist dabei der Druck in der Perilymphe unmittelbar am Steigbügel etwa 22mal so groß wie am Trommelfell. Diese Schwingungen müssen durch den engen Doppelkanal der Schnecke 33 mm weit bis zum Helicotrema und ebenso weit zurück zum runden Fenster übertragen werden. Hierbei unterliegen sie einer örtlichen Dämpfung entsprechend der Zähigkeit der Perilymphe, die nach G. v. Békésy (1) eine Viscositätskonstante von 0,0197 bei 37º C hat (Wasser 0,0101). Nach Ranke (7) kann man abschätzen,

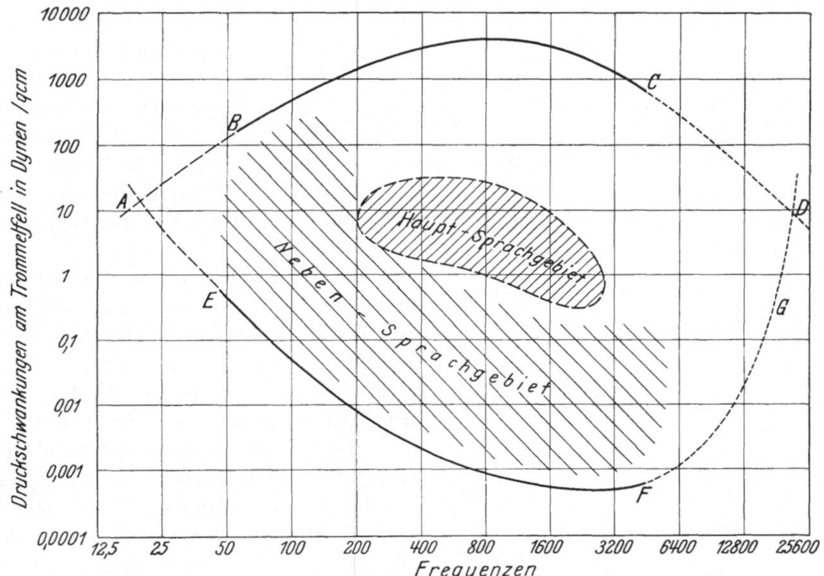

Abb. 75. Das normale Hörfeld nach Wegel (1) aus Gildemeister (1), 1926. *AEFD* Hörschwellenkurve, *ABCD* Kitzel- oder Schmerzgrenze. Die punktierten Kurvenstücke waren damals extrapoliert.

daß durch die Flüssigkeitsreibung auch unter der Berücksichtigung der Tatsache, daß die Viscositätsreibung von der Frequenz abhängt (Stegemann), die Schwingung unterhalb 100 Hz etwa auf 70—50% ihrer Amplitude ohne Flüssigkeitsreibung absinken könnte. Es würde dies eine Zunahme der Schwellenschalldrucke um höchstens 6 Dezibel gegenüber den mittleren Frequenzen erklären. Der steile Anstieg der Hörschwelle bei niedrigen Frequenzen dagegen kann nur damit erklärt werden, daß hier das Helicotrema einen Nebenschluß bildet, der in der Nähe der unteren Hörgrenze zum Kurzschluß wird. Am Helicotrema kann kein Druckunterschied zwischen den beiden Skalen bestehen, die Wellen werden also hier wie am offenen Ende reflektiert, und der rückläufige gedämpfte Wellenzug vermindert nicht nur die Amplitude, sondern auch die Phase gegenüber dem Steigbügel.

Eine genauere Untersuchung dieses Einflusses des Kurzschlusses am Helicotrema steht noch aus, es fehlen dazu auch die experimentellen Unterlagen über die nötigen Maßzahlen. Physikalisch können rund 30—40 Dezibel Schwellenerhöhung der tiefen Töne gegenüber dem mittleren Frequenzbereich ausreichend erklärt werden, gegenüber einer tatsächlichen Zunahme von über 80 Dezibel. Und selbst dieser Anteil von 30—40 Dezibel setzt voraus, daß die Erregung der

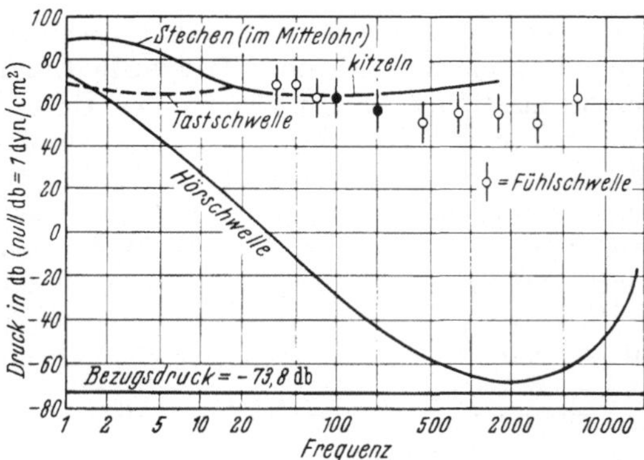

Abb. 76. Das normale Hörfeld mit Ergänzungen nach G. v. BÉKÉSY (12) und WEGEL (2) für die untere Hörgrenze und die Schmerzschwelle. Unterhalb 18 Hz werden nicht mehr kontinuierliche Töne gehört. Die senkrechten Striche bezeichnen die Schwankungen der Fühlschwelle. [Nach STEVENS und DAVIS (2).]

Sinneszellen durch die Ausbauchungsgeschwindigkeit, und nicht durch die Größe der Ausbauchung der Basilarmembran bestimmt wird. Für den Frequenzbereich zwischen 100 und 2000 Hz hat G. v. BÉKÉSY (21) experimentell an Leichenschnecken die Ausbauchungsamplitude der Trennmembran im Verhältnis zur Volumenverrückung durch den Steigbügel gemessen (Abb. 77, obere Kurve). Er schließt hieraus auch, daß die Bewegungsamplitude der Trennmembran nicht unmittelbar die Reizgröße für die Sinneszellen abgeben kann. Multipliziert man nun die Amplituden der Trennmembran noch mit der Frequenz, so wird für den Quotienten Volumenverrückung des Steigbügels durch (Trennmembranamplitude mal Frequenz) die untere Kurve der Abb. 77 erhalten. Experimentell ist demnach die Vorstellung, daß nicht die Ausbauchungsamplitude der Basilarmembran, sondern die Ausbauchungsgeschwindigkeit proportional dem physikalischen Reiz auf die Sinneszellen ist, sogar wesentlich besser gesichert als durch die vorstehenden theoretischen Überlegungen, die für den untersten Frequenzbereich diese Messungen immer noch extrapolieren müssen. Bei der Besprechung der Endolymphbewegung im Ductus endolymphaticus soll nochmals darauf eingegangen werden, warum nicht die Ausbauchung der Trennmembran selbst, sondern ihre Ausbauchungsgeschwindigkeit die wirksame Größe des physikalischen Reizes darstellt. Während bei den tiefen Frequenzen Reibung, Kurzschluß am Helicotrema und die differenzierende Wirkung des CORTIschen Organs die Übertragung der Energie auf die Sinneszellen begrenzen, wird mit steigender Frequenz schon die Übertragung der Schwingungen auf die Perilymphe immer geringer werden. Hier, weit oberhalb der Resonanzfrequenz des Mittelohres, bleiben die Gehörknöchelchen wie der Schwingkörper eines Seismographen vermöge ihrer Trägheit stehen, während der umgebende Knochen, also das Felsenbein samt dem inneren Ohr, eine

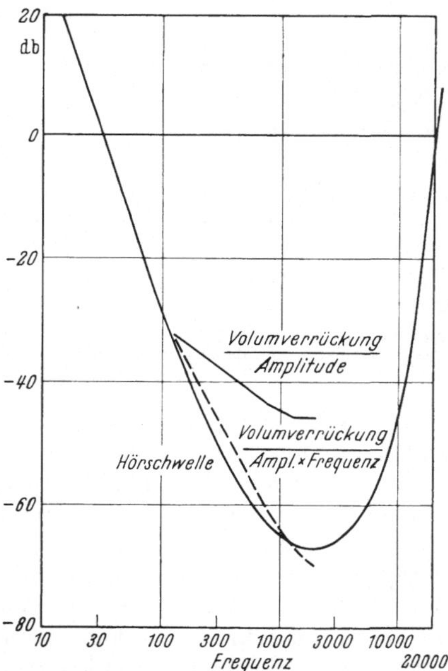

Abb. 77. Verhältnis der Volumenverschiebung des Steigbügels und der maximalen Ausbuchtung der Schneckentrennwand abhängig von der Frequenz [obere Kurve, auś G. v. BÉKÉSY (21)] und der mit der Frequenz multiplizierten maximalen Ausbuchtung, identisch mit der Ausbuchtungsgeschwindigkeit (untere Kurve). Die Hörschwelle wird durch diese untere Kurve gut gedeckt.

erzwungene Schwingung mitmacht. Die Druckdifferenz zwischen den beiden Skalen beruht somit hier nur auf den Trägheitskräften, die durch die Beschleunigung der

Gehörknöchelchenkette wachgerufen werden, und vielleicht auf solchen Trägheitskräften, die durch die Asymmetrie der beiden Schneckenskalen auftreten. Weit oberhalb der Resonanzfrequenz von 2000 Hz des Felsenbeins sinkt nach ROSSBERG die Amplitude des Felsenbeines wie bei einer Resonanzkurve (Abb. 78) etwa umgekehrt proportional dem Quadrat der Frequenz. ROSSBERG hat recht, wenn demnach die auf die Perilymphe übertragene Energie etwa proportional dem Produkt aus dem Quadrat der Amplitude mal dem Quadrat der Frequenz sein muß, ich glaube aber nicht, daß man ohne weiteres annehmen kann, daß „die auf die Nervenzellen der Basilarmembran" übertragene Energie proportional der Energie ist, die auf die Perilymphe übertragen wird. Weit oberhalb der Eigenschwingungszahl des Felsenbeines dürfte die Bewegungsamplitude des Felsenbeines wie die jeder schwingungsfähigen Masse unter der Einwirkung einer

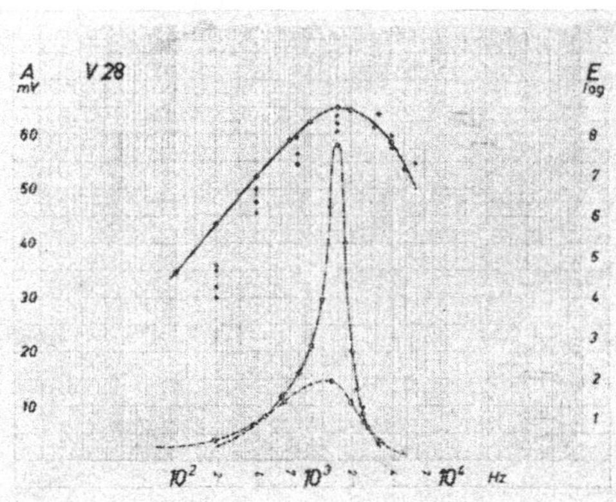

Abb. 78. Resonanzkurve des Felsenbeines (untere Kurve, Maßstab links), und daraus errechnete Kurve der Energieaufnahme (obere Kurve), mit Eintragung der Hörempfindlichkeitswerte von M. WIEN (Punkte). [Aus ROSSBERG.]

erzwingenden Kraft umgekehrt proportional dem Quadrat der Frequenz abnehmen, soweit ist ROSSBERG recht zu geben. Worüber wir aber bisher nichts Sicheres wissen, ist die Frage, ob dann nicht auch die Amplitude der Perilymphschwingung nochmals entsprechend den minimal mitbewegten Flüssigkeitsmassen und den Elastizitäten der Fenster umgekehrt proportional dem Quadrat der Frequenz bei konstanter Felsenbeinamplitude, insgesamt also umgekehrt proportional der vierten Potenz der Frequenz abnimmt. Erst dann würde die Steilheit des Anstiegs der Hörschwellenkurve bei hohen Frequenzen erreicht sein. Es mag in diesem Zusammenhang erwähnt werden, daß es nach einer mündlichen Mitteilung von WULLSTEIN nur selten gelingt, durch die Fensterungsoperation die Knochenleitungsschwelle

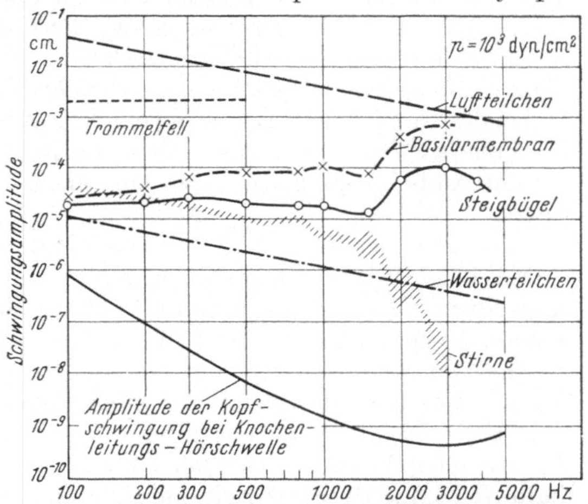

Abb. 79. Bewegungsamplituden von Stirne, Trommelfell, Steigbügel, Basilarmembran und von Wasser- und Luftteilchen bei einem Schalldruck von 1000 dyn/cm². [Aus G. V. BÉKÉSY (23).]

oberhalb 4000 Hz meßbar zu senken, so daß sie sich der normalen Schwelle auch nur im gleichen Ausmaß nähert, wie die bei tieferen Frequenzen. Man könnte versucht sein anzunehmen, daß die Masse der minimal mitbewegten Flüssigkeit nach der Fensterungsoperation wesentlich größer ist als normal, daß daher eine niedrigere Eigenschwingungszahl des dann das Mittelohr ersetzenden schwingungsfähigen Systems die Übertragung hoher Frequenzen behindert. Der merkwürdige Schwellenverlauf für Ultraschallfrequenzen, den KUNZE und KIETZ beschreiben, bedarf noch der Nachprüfung, die durch KEIDEL begonnen wurde.

Es ist zweckmäßig, sich für alle Überlegungen klar zu machen, wie ungeheuer klein die Bewegungsamplituden im Gehörorgan bei Schwingungseinwirkung sind. G. v. Békésy (*23*) hat eine Zusammenstellung der Bewegungsamplituden des Trommelfells, des Steigbügels, der Basilarmembran und der Stirne im Vergleich zu denen von Luft und Wasser bei dem (ungeheuer großen) Schalldruck von 1000 dyn/cm² gegeben. Abb. 79 zeigt z. B., daß bei diesem Schalldruck die Bewegungsamplitude der Basilarmembran in der Größenordnung von 1—10 tausendstel Millimeter liegt. Bei 2000 Hz ist die Hörschwelle bei einem Schalldruck, der nur ein Millionstel des der Abb. 79 zugrunde gelegten Druckes ist, so daß die Schwellenamplitude der Basilarmembran hier zwischen einem Milliardstel und 10 Milliardstel Millimeter liegt, das sind Wege, die klein sind im Verhältnis zur Größe eines Atoms.

17. Gesamtwirkung der Schnecke.

Die Untersuchung der Schnecke läßt eine Fülle von Erscheinungen der Gehörswahrnehmung physikalisch erklären. Aber im Gegensatz zu den Vorstellungen der Helmholtzschen Resonanztheorie läßt sie eine mindestens ebenso große Lücke zwischen dem, was sie leisten kann, und dem, was das Ohr als Ganzes vermag.

Die Frequenzanalyse derart, daß maximale Amplituden für die Reihe der Töne auf verschiedene Stellen der Basilarmembran verteilt werden, ist eindeutig geklärt. Je tiefer ein Ton, desto näher zur Schneckenspitze hin steht das Amplitudenmaximum der physikalischen Schwingung. Auch der Hörbereich von rund 11 Oktaven, und seine nicht gleichmäßige Verteilung auf die Länge der Basilarmembran stehen in guter Übereinstimmung mit der physikalischen Analyse. Bei der hohen Dämpfung der Perilymphschwingung erfolgt das physikalische An- und Ausschwingen sehr rasch, innerhalb von 1—3 Perioden des Tones. Mehrere gleichzeitig einwirkende Töne werden durch gleichzeitig bestehende Amplitudenmaxima abgebildet, aber sie stören sich dabei insofern, als die höheren Töne durch die tieferen in ihrer Amplitude merklich abgeschwächt werden, wobei Kombinationstöne entstehen, deren Physik noch der Untersuchung harrt.

Änderung der Elastizität der Basilarmembran, z. B. durch Blutfülle, aber auch durch lokale Verhärtungen oder Erweichungen führen zu einer Verschiebung und Formänderung des Amplitudenmaximums. Eine Versteifung der Basilarmembran bewirkt dabei, daß die entsprechenden Töne an Stellen abgebildet werden, an denen sonst tiefere Töne ihr Amplitudenmaximum hatten. Dasselbe erfolgt innerhalb des tieferen Tonbereiches bei einer Amplitudenzunahme für den Fall, daß die Basilarmembran, wie zu erwarten, nicht dem Hookeschen Gesetz gehorcht. Auch für den Fall, daß wie im oberen Frequenzbereich (oberhalb 1500 Hz) durch Amplitudenzunahme die Töne höher erklingen, hat die Physik Erklärungsmöglichkeiten, die allerdings noch genauer untersucht werden müssen. Bei Schwebungen kommt es nicht nur zu Schwebungen der Amplitude, sondern auch zu örtlichen Verschiebungen des Amplitudenmaximums, als ob die Frequenz der Schwebung variiert würde, ein Umstand, der die Rauhigkeit unharmonischer Intervalle beleuchtet.

Die Hörschwellenkurve läßt sich zwar noch nicht quantitativ aus der Physik des Antransportorgans erklären, aber es gibt genügend Hinweise, die es erhoffen lassen, die Erklärung eines Tages zu erreichen.

Diesen zahlreichen Übereinstimmungen zwischen Physik und Wahrnehmung stehen aber schwerwiegende Einschränkungen gegenüber, bei denen die Physik der Schnecke noch keinerlei Verständnis für die Tatsachen der Wahrnehmung schaffen kann. Keine physikalische Eigenschaft der Schwingungen hat einen so scharf von der Tonhöhe her bestimmten Verlauf, daß dadurch die Abstimmschärfe des Ohres erklärbar würde. Sowohl das Maximum der Amplitudenumhüllenden, wie das der Energieabsorption, und das Minimum der Wellengeschwindigkeit sind so flach, daß die Abstimmschärfe etwa von der Größenordnung einer halben Oktave sein müßte, sollte sie allein physikalisch mit der Schwingungsform in der Perilymphe erklärbar sein. Soweit nicht die noch wenig geklärte Physik des Ductus endolymphaticus Erklärungsmöglichkeiten für die Abstimmschärfe birgt, muß das Frequenzauflösungsvermögen des Ohres physiologisch in die besonderen Anordnungen, Erregbarkeit und in die Hemmung innerhalb des nervösen Apparates verlegt werden.

Während für die Abstimmschärfe die Physik weniger leistet, als die Wahrnehmung erwarten läßt, übersteigt die Dämpfung weit die Forderungen, die aus der Anklingzeit von Tönen abgeleitet werden kann. Hier hemmt also die Physiologie des nervösen Apparates eine volle Ausschöpfung der physikalischen Möglichkeiten, die nur für raschen Wechsel von Tonhöhen oder für Geräusche ganz ausgenutzt werden.

Zwischen der Physik der Schnecke und der Wahrnehmung liegen aber noch mannigfache Umformungen, die nun zunächst genauer betrachtet werden müssen.

IV. Transformationsorgan.

Das Transformationsorgan im engeren Sinn sind die Sinneszellen, gewöhnlich wegen ihrer dichtstehenden Härchen Haarzellen genannt, im CORTISchen Organ. In Analogie zu anderen Sinnesorganen löst in diesen Sinneszellen der physikalische, durch das Antransportorgan ausgelesene und charakteristisch verteilte, aber in seiner Natur noch unveränderte Reiz die Erregung aus. Während bis zu den Sinneszellen die antransportierte Energie nur durch Reibungs- und Reflexionsverluste abgeschwächt wird, erfolgt in den Sinneszellen höchstwahrscheinlich eine Verstärkung, indem Stoffwechselenergie in den gereizten Sinneszellen durch deren Erregung in Freiheit gesetzt wird. Die Befähigung zu dieser Leistung setzt aber voraus, daß die Sinneszellen den Reiz an der richtigen Stelle, an den Hörhärchen angeboten bekommen, und daß diese hochdifferenzierten Zellen vor anderen mechanischen Schädigungen geschützt sind. So muß auch die ganze Anordnung der Sinneszellen als notwendige Voraussetzung zu deren Funktion mit zum Transformationsorgan gerechnet werden.

Die Abb. 80 zeigt ein Raumbild des Endolymphkanals nahe der Schneckenspitze. Dabei dürfte die Deckmembran etwas stärker abgehoben gezeichnet sein, als sie im Leben ist, sie reicht auch nicht ganz bis über die äußeren Haarzellen, was sie im frischen Zustand tut. Die Sinneszellen sind in einen Wulst auf der Basilarmembran eingebaut, der durch einen komplizierten Stützapparat (Abb. 81) versteift ist. Dieser Wulst kann sich demnach nur im ganzen um die Anheftungsstelle der Basilarmembran an der Lamina spiralis ossea drehen, selbst wenn sich dabei die Basilarmembran unter dem Stützapparat verbiegt. Bei manchen Tierarten, z. B. der Fledermaus, ist die Basilarmembran unter dem Wulst verstärkt, und macht den Eindruck, als ob beiderseits des Wulstes eine Art Gelenk die Biegung nur außerhalb des Bereiches des CORTISchen Organs erlaubt. So ist durch den Bau des Stützapparates sichergestellt, daß die Sinneszellen ihre Hörhärchen nur eben über die Oberfläche des CORTISchen Organs herausstrecken, und daß die Sinneszellen selbst vor mechanischen Beanspruchungen gesichert sind. Die Sinneshaare dagegen müssen entsprechend der physikalischen Bewegungsart der Endolymphe bei der gegenseitigen Verschiebung von Basilarmembran, REISSNERscher

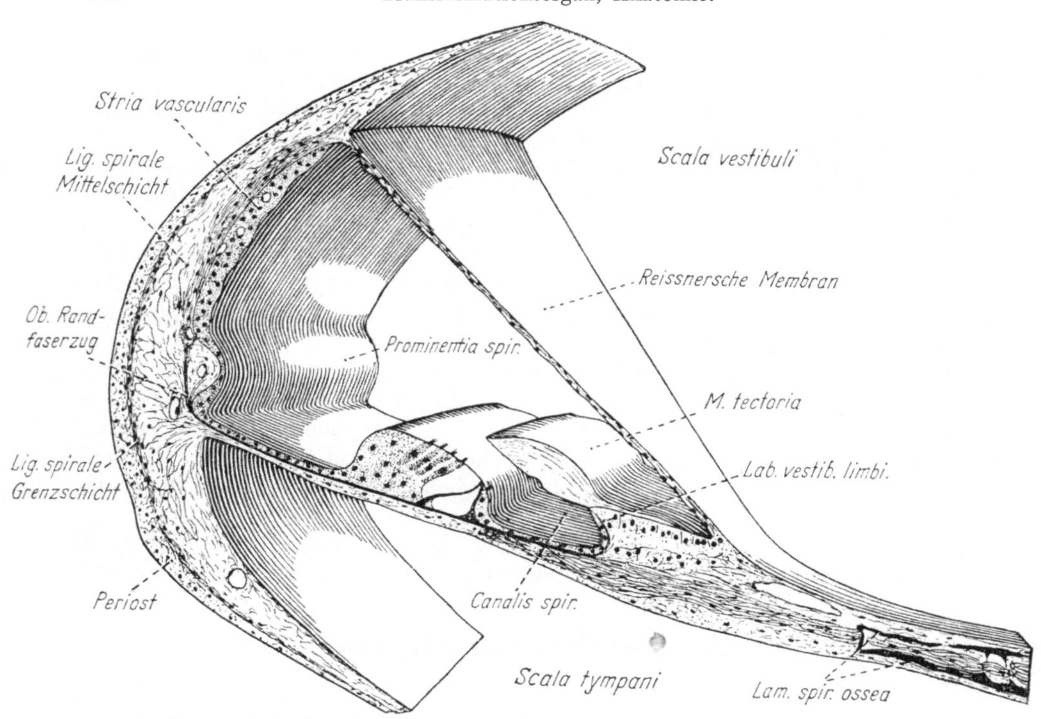

Abb. 80. Keilförmiges Raumbild des Ductus cochlearis der Spitzenwindung, aus Schnittbildern ergänzt.
[Aus NEUBERT.]

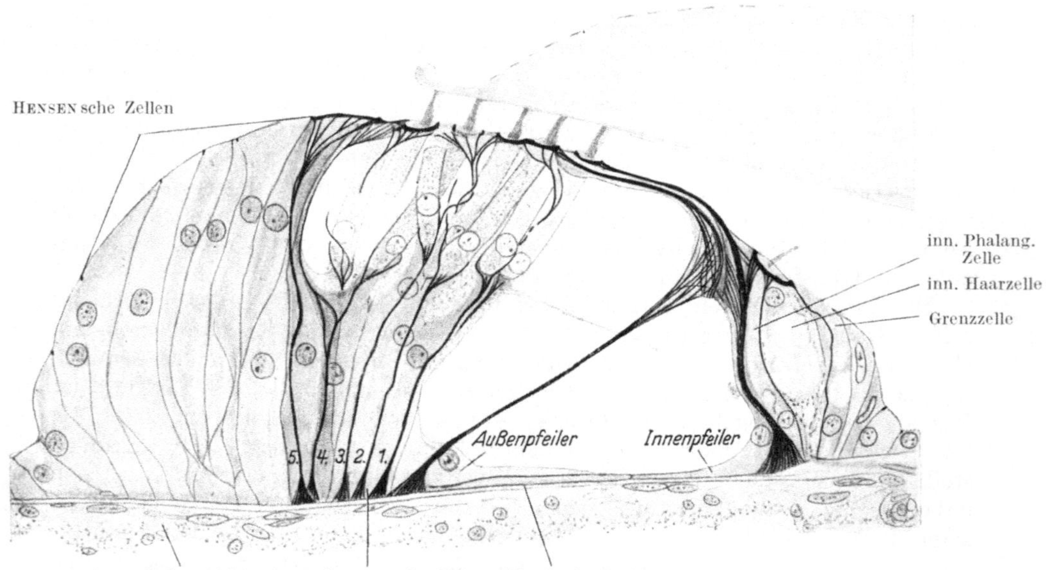

Abb. 81. CORTIsches Organ, III. Windung, Mensch. Die innere Haarzelle ist stark vacuolisiert. Rechts oben die
Deckmembran (nicht bezeichnet). [Aus Held.]

Membran und Deckmembran einem physikalischen Reiz ausgesetzt sein. So
muß zugleich mit den Eigenschaften der Sinneszellen die Physik des Ductus
endolymphaticus untersucht werden.

1. Physik des Ductus endolymphaticus.

Der umfangreiche Streit zwischen K. WITTMAAK einerseits, H. HELD und KOLMER andererseits (Literatur s. bei H. HELD) darüber, ob die Deckmembran mit ihrem Turgor mit den Sinneshaaren fest verbunden ist, oder wie KOLMER an zahlreichen Tierarten nachwies, ohne feste Verbindung den Sinneshaaren nur aufliegt, ist wohl inzwischen allgemein begraben, und heute ist die Frage eher, ob die Deckmembran normalerweise den Sinneshaaren aufliegt, oder ob sie mit wenn auch sehr geringem Abstand frei darüber schwebt, durch ihren Turgor in dieser Lage elastisch — mit starker viscöser Komponente — festgehalten. Die

umfangreichste histologische Bearbeitung aller Fragen des Ductus endolymphaticus, die von NEUBERT, kommt auf Grund zahlreicher Argumente nämlich zu dem Schluß, daß die Sinneshaare die Deckmembran normalerweise nicht berühren. Sonst müßten sich unbedingt Schleifspuren an der Deckmembran gegenüber den Sinneshaaren finden, die den Berührungsbereich kenntlich machen müßten. Davon ist nie etwas zu sehen. NEUBERT kommt auf Grund der histologischen Befunde zusammen mit Beobachtungen G. v. BÉKÉSYS (17) über die Ausbauchungsform der Basilarmembran zu der völlig neuartigen Vorstellung, daß die Sinneshaare durch die Endolymphströmung zwischen den Sinneszellen und der Deckmembran gebogen und damit die Sinneszellen erregt werden müssen. Abb. 80 (S. 104) zeigt die anatomischen

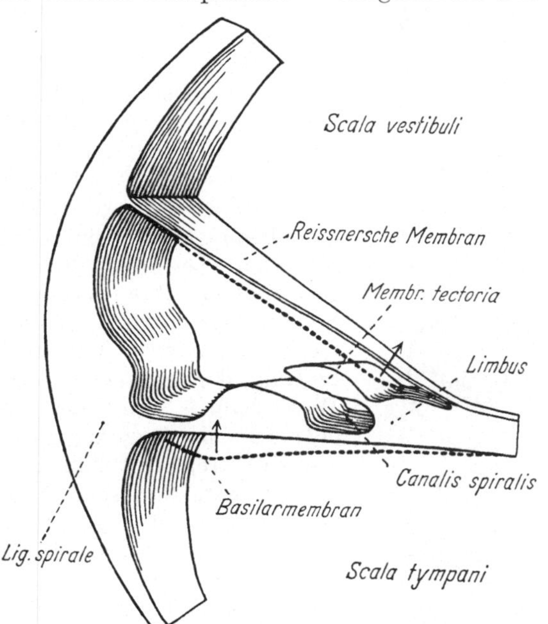

Abb. 82. Schema der Schwingungsform der beiden Trennwandmembranen. Hauptauslenkungsort der Basilarmembran außerhalb des CORTIschen Organs, Schwingungsbauch der REISSNERschen Membran in der Nähe ihres axialen Ansatzes. [Aus NEUBERT.]

Verhältnisse, Abb. 82 die nach den Versuchen G. v. BÉKÉSYS zu erwartenden Bewegungen der beiden Membranen im Rhythmus der einwirkenden Frequenz. Die Basilarmembran hat ihr Ausbauchungsmaximum weit seitlich, nahe dem Ligamentum spirale, die REISSNERsche Membran dagegen nahe ihrer Anheftung an der Lamina spiralis ossea. Die Ursachen für diese verschiedenen Ausbauchungsformen sind rein physikalischer Natur. Die Biegungssteifigkeit der Basilarmembran ist nach G. v. BÉKÉSY (17) achsennahe größer als in der Nähe des Ligamentum spirale. Im Gegensatz zu früheren Auffassungen ist die Basilarmembran keine gespannte Membran, sondern physikalisch eine biegungssteife Platte. Bei einer gespannten Membran müßten kleine Schnitte quer zur Spannungsrichtung sofort klaffen. Schnitte in die Basilarmembran dagegen führen nach G. v. BÉKÉSYS Beobachtungen nicht zu klaffenden Rändern, die Schnittränder bleiben dicht aneinander liegen. Wegen der spiraligen Aufwicklung der Schnecke und der damit bei gleicher Druckdifferenz zwischen beiden Schneckentreppen größeren Spannung der REISSNERschen Membran an der Stelle, wo ihre Länge kürzer ist, nämlich achsennahe, biegt sich dagegen die REISSNERsche Membran achsennahe stärker aus. Dementsprechend muß die

Endolymphe beim Aufwärtsschwingen der Basilarmembran von lateral unten
nach medial oben verschoben werden, wobei sie teilweise auch unter die Deckmembran strömt. Der Canalis spiralis wird dabei stärker angefüllt, die Deckmembran also mindestens in ihren medialen achsennahen Teilen nach oben
vorgewölbt. Beim Abwärtsschwingen der Basilarmembran muß umgekehrt
die Endolymphe von oben achsennahe nach unten achsenfern gedrückt wer-

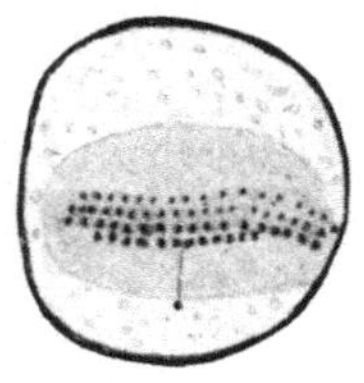

den, und unter Verminderung des Querschnittes des Canalis
spiralis muß dabei Endolymphe bei herabgedrückter Deckmembran zwischen dieser und den Sinneshaaren hindurch aus
dem Canalis spiralis ausgepreßt werden. Nun zeigt die Anordnung der Sinneshaare in ihrer Hufeisen- oder M-Form auf
jeder einzelnen Sinneszelle (Abb. 83), sowie die Anordnung
der Sinneszellen „auf Lücke" in den verschiedenen Reihen
(Abb. 84) deutlich, daß die Sinneshaare geradezu daraufhin
angelegt scheinen, durch die Auswärtsbewegung der Endolymphe aus dem Canalis spiralis verbogen zu werden. Damit

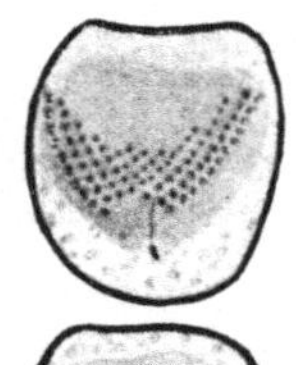

ist eine Analogie zu den Sinneszellhaaren der Bogengangsampullen und der Maculae acusticae nahegelegt, die bestechend
ist. Denn bei diesen Sinneshaaren ist es ganz bekannt und
geläufig, daß ihre Verbiegung den adäquaten Reiz für die
Sinneszellen darstellt. Es sei nur nebenbei erwähnt, daß auch
hierfür noch zwei Vorstellungen zur Wahl stehen: Die Ver-

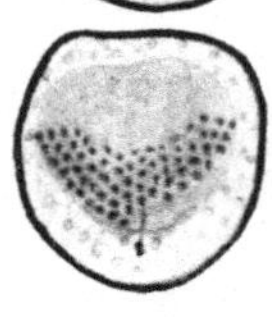

biegung der Sinneszellhaare könnte wie die Stellung eines
Wasserhahnes den Energiestrom aus der Sinneszelle regeln
oder wie die Drehung an einer Dynamomaschine, es könnte
also die erreichte Stellung oder der Vorgang der Verbiegung
der adäquate Reiz sein. Die Analogie zu den Sinneszellen des
Gleichgewichtsorgans legt die erste Auffassung nahe, daß die
Stellung der Sinneshaare, und nicht der Bewegungsvorgang

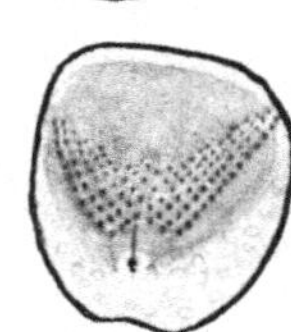

entscheidend ist. Hier handelt es sich jedoch um die rein
physikalische Frage, ob die Sinneshaare die Auslenkung der
Endolymphe registrieren, wie der Schwimmer im Vergaser die
Höhe des Benzinstandes, oder ob die Sinneshaare von der
Strömung der Endolymphe mitgerissen werden, wie die An-
zeigerscheibe eines Tachometers über die Ölviscosität von der
Antriebsscheibe proportional der Drehgeschwindigkeit mit-
genommen wird. Es ist dies einfach eine Frage der Rückstell-

Abb. 83. Eine Radial-
gruppe von Sinnes-
zellen aus der II. Win-
dung, Mensch. Die
Sinneshaare nehmen
von innen nach außen
an Höhe zu, und sind
in Hufeisenform oder
M-Form auf den Sin-
neszellen angeordnet.
[Aus HELD.]

kraft der Sinneshaare bei der Auslenkung. Ist die Rückstellkraft gering gegenüber der Reibung, die die Endolymphe an
den Sinneshaaren erzeugt, so werden sie die Auslenkung der Endolymphe registrieren, ist die Rückstellkraft dagegen groß, so werden sie die Geschwindigkeit
der Endolymphe registrieren. Nach HELD sind die Sinneshaare der äußeren
Haarzellen zwischen 0,004 und 0,008 mm, die der inneren Haarzellen zwischen
0,006 und 0,012 mm lang, während RETZIUS (s. HELD) etwas geringere Längen
angegeben hatte. Die Haare sind außerdem nach HELD durch eine Zwischensubstanz miteinander verbunden. Dies spricht physikalisch stark für eine
merkliche Rückstellkraft der Haare, so daß jedenfalls kein Einwand gegen
die oben skizzierte Vorstellung NEUBERTs zu erheben ist. Und es erscheint wahrscheinlich, daß die Sinneshaare Geschwindigkeitsempfänger sind, daß also ihre
Auslenkung proportional der Geschwindigkeit der Endolymphströmung ist. Damit wäre aber schon physikalisch erreicht, was S. 100 an Hand von Abb. 77 gefordert wurde, als physikalischer Reiz für die Sinneszellen kommt nicht die

Amplitude, sondern ihr erster Differentialquotient, die Bewegungsgeschwindigkeit der Basilarmembran in Frage. Freilich könnte man noch überlegen, ob nicht bei den hohen Schwingungszahlen des oberen Frequenzbereiches der Viscositätseinfluß so stark zunimmt, daß hier dann die Sinneshaare allmählich mit steigender Frequenz immer mehr zu Auslenkungsempfängern (entsprechend dem Schwimmer des Vergasers) werden. Es sind weder Versuche noch Berechnungen über das Verhalten der Sinneshaare bekannt geworden.

Nun muß man sich aber bei den „Strömungen" der Endolymphe keine allzu großen Bewegungen vorstellen. Nicht nur die Zähigkeit der Endolymphe, die nach G. ROSSI 2,9mal so zäh ist wie Wasser, auch die Kleinheit der Bewegungen verhindern wesentliche Strömungen. So ist nach G. v. BÉKÉSY (23) [Abb. 79 S. 101] das Ausbauchungsmaximum der Basilarmembran zwischen 0,01 und 0,0001 mm für den ungeheuren Schalldruck von 1 cm Wassersäule. Ich kann mir keine Querwirbel derart vorstellen, wie sie NEUBERT für möglich hält, bei denen die Endolymphe am Ort des Amplitudenmaximums zwischen Deckmembran und Sinneshaaren nach außen gedrückt wird und an anderer Stelle, etwas weiter an der Schneckenspitze oder an der Basis, wieder in den Canalis spiralis zurückströmt. Doch ist diese Ablehnung ebenso eine Vermutung wie NEUBERTs Annahme, und nur Experimente können hier entscheiden. Ein solcher Querwirbel mit Strahlbildung über die Sinneshaare am Ort des Amplitudenmaxi-

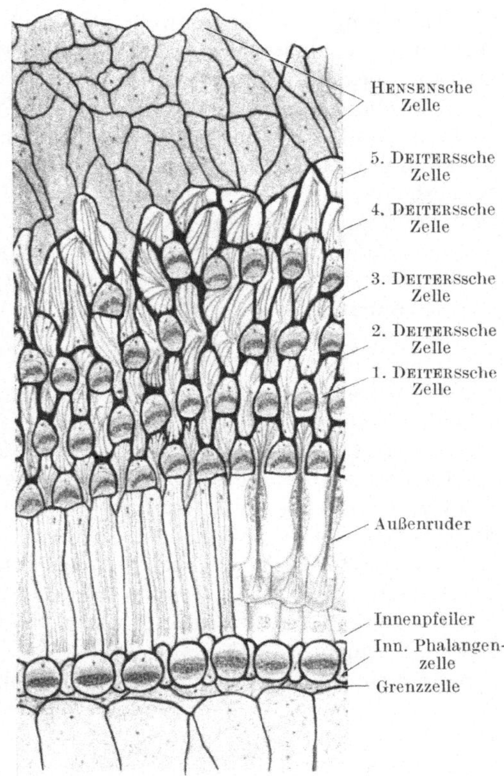

Abb. 84. Oberflächenmosaik der Lamina reticularis, II.Windung, Mensch. Die Sinneszellen stehen „auf Lücke". [Aus HELD.]

mums hätte sinnesphysiologisch die verführerische Folge, daß nochmals physikalisch der Ort des Amplitudenmaximums eingeengt, die Abstimmschärfe damit leichter verständlich würde. Diese Einengung widerspricht aber Beobachtungen, die S. 133 an Hand von Abb. 110 besprochen werden.

Ein merklicher Transport von Endolymphe zwar nicht bei der einzelnen Schwingung, aber bei längerem Einwirken eines Tones ist durchaus auch physikalisch vorstellbar. Es laufen ja laufende Wellen über die Trennmembran hinweg, und außerdem überlagert sich den laufenden Wellen der Wirbeldruck. Ich muß ZWISLOCKI beipflichten, daß dieser Wirbeldruck bei den geringen Wirbelgeschwindigkeiten nicht allzu groß ist. Im Kern eines jeden Wirbels herrscht ein niedrigerer Druck als an wirbelfreien Orten. Man kann das an jeder auslaufenden Badewanne leicht beobachten. Dieser niedrigere Druck im Wirbelkern verläuft allmählich abnehmend nach außen hin. So muß auch an der Basilarmembran wie an der REISSNERschen Membran am Ort des Wirbels der mittlere hydrostatische Druck etwas geringer sein als an anderen Stellen. Besonders die weiche REISSNERsche Membran könnte bei Dauereinwirkung eines Tones unter Zustrom von Endolymphe und entsprechender Erweiterung des Ductus endolymphaticus an umschriebener, von der Tonhöhe bestimmter Stelle diesem Druckgefälle nachgeben. Es ist müßig, im einzelnen zu verfolgen, welche Veränderungen dadurch für die Endolymphbewegung am Ort der Toneinwirkung hervorgerufen werden könnten, solange keine experimentellen Beweise vorliegen. Immerhin ist es reizvoll sich vorzustellen, daß vielleicht sogar der Adaptation, der Erhöhung der Reizschwelle unter gleichzeitiger Verminderung der Lautstärkenunterschiedsschwelle, noch physikalische Vorgänge in der Endolymphe zugrunde liegen könnten.

Während die Hydrodynamik der Perilymphe in den letzten 25 Jahren bis auf einzelne Feinheiten geklärt ist, stehen wir noch ganz im Anfang einer Physik des Endolymphkanals. Vergleicht man aber die groben Vorstellungen, daß die Sinneshaare durch die Ausbauchung der Basilarmembran durch Winkeldrehung ihres Stützapparates gegen den Rand der Lamina spiralis ossea an der Deckmembran hin- und herschleifen, oder falls sie dort verklebt sind, wenigstens verbogen werden, mit den hier skizzierten Anfängen, so ist doch der Fortschritt unverkennbar.

2. Innere und äußere Haarzellen.

Wie wir am Auge zweierlei Sinneszellen, die Stäbchen und die Zapfen unterscheiden können, finden sich auch im CORTISchen Organ zweierlei Zellarten, die inneren und äußeren Haarzellen. Nach HELD stehen auf einer Gesamtlänge der Basilarmembran von 33,5 mm 3500 innere Haarzellen, so daß ihr Durchmesser rund 0,01 mm sein muß, während die rund 12000 äußeren Haarzellen sich auf drei bis vier Reihen verteilen, so daß auf jede Reihe wiederum etwa 3500, auf die äußerste vierte Reihe dagegen weniger Haarzellen entfallen. Sie stehen jedoch nicht dicht aneinander, sondern sind durch die DEITERSschen Stützzellen etwas auseinandergedrängt, so daß ihr Durchmesser etwa 0,008 mm sein dürfte. Während wir aber beim Auge dank der Anordnung der beiden Arten von Sinneszellen genaue Kenntnis über ihre verschiedene Funktion haben, kann beim Ohr nur indirekt und unsicher auf eine verschiedene Funktion der inneren und äußeren Haarzellen geschlossen werden.

Zunächst ist ihre Nervenversorgung grundsätzlich verschieden. Übereinstimmend haben HELD (1924) und LORENTE DE Nó (1938) berichtet, daß die inneren Haarzellen wahrscheinlich einzeln je von einer oder mehreren Nervenfasern versorgt werden, oder höchstens einmal zwei Haarzellen mit derselben Nervenfaser in Verbindung stehen. Dagegen hängen die äußeren Haarzellen etwa wie die Johannisbeeren an ihrem Stiel in Gruppen von mindestens fünf bis sieben, nach LORENTE DE Nó sogar bis über eine Viertelwindung bis zu einer Halbwindung der Schnecke mit einer Nervenfaser zusammen, wobei jede äußere Haarzelle von mehreren Nervenfasern versorgt wird, die überlappend solche Gruppen von Haarzellen erreichen. Die Nervenfasern biegen dabei stets in Richtung zur Basis der Schnecke um, ihr Eintritt in die Lamina spiralis ossea und die zugehörige Ganglienzelle im Ganglion spirale ist also am spitzenwärts gelegenen Ende ihrer Versorgungsstrecke (Abb. 85). Außer den Nervenfasern, die sich bis an die Haarzellen verfolgen lassen, findet sich aber in Höhe der inneren Haarzellen noch ein dichtes Gewirr von spiralig entlang den Haarzellen verlaufenden Fasern, von denen wahrscheinlich nur ein Teil spiralig verlaufende Versorgungsfasern der inneren Haarzellen sind. Sämtliche Nervenfasern, die von den Haarzellen kommen, durchlaufen im Ganglion spirale je eine bipolare Ganglienzelle. Über Schaltzellen, etwa entsprechend den Horizontalzellen in der Netzhaut, ist nichts bekannt. GUILD hat festgestellt, daß je Millimeter Schneckenlänge die Zahl der Nervenfasern ungefähr proportional der Hörschärfe verschieden ist, im oberen Teil der Basalwindung mit etwa 1076 Fasern je Millimeter am dichtesten darüber und darunter um 950 je Millimeter, und in der obersten Windung nur 500 je Millimeter.

Eine Reihe von Autoren nimmt an, daß die inneren Haarzellen eine wesentlich höhere Reizschwelle haben als die äußeren Haarzellen. STEVENS und DAVIS (2)

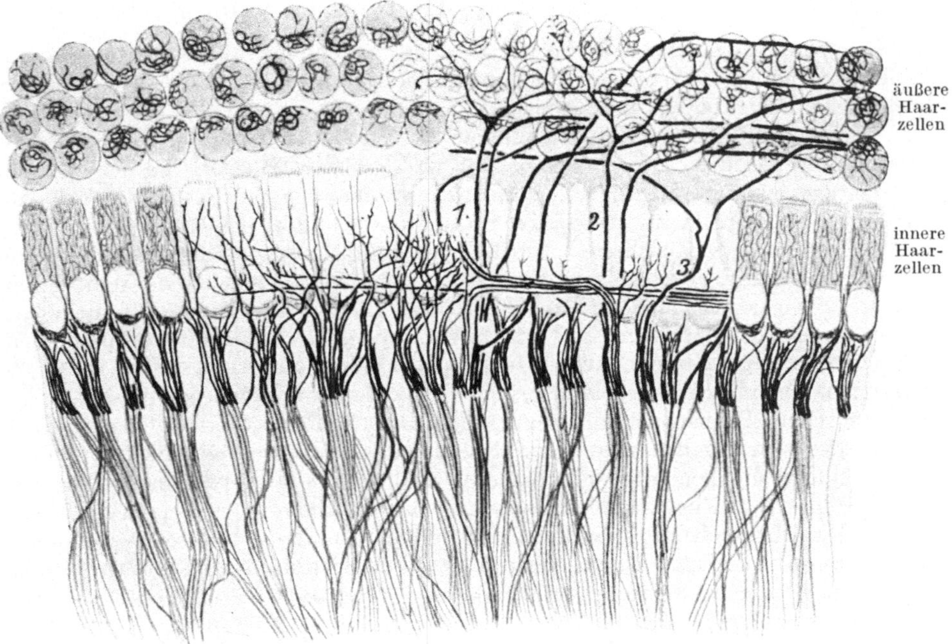

Abb. 85. Innervationsbild des CORTISchen Organs, Maus, 1³/₄ Tag. Die Basis der Schnecke ist rechts, das Helicotrema links. Die inneren Haarzellen werden einzeln durch mehrere Nervenfasern versorgt, die äußeren hängen wie die Johannisbeeren an ihrem Stiel mehrere an einer Faser, die dabei nach ihrem Austritt basiswärts umbiegt. [Aus HELD.]

führen hierfür schon ihre geschützte Lage an der inneren Ecke der Basilarmembran an, freilich müssen wir mit der Beurteilung vorsichtig sein, wenn als Reiz eine Flüssigkeitsströmung aus dem Canalis spiralis nach NEUBERT in Frage kommt. STEVENS, DAVIS und LURIE hatten das Glück, bei einer Katze eine Schwerhörigkeit von 30—40 Dezibel über alle Frequenzen zu finden, bei der sich hinterher eine Degeneration der äußeren Haarzellen bei erhaltenen inneren Haarzellen fand. Damit würde die Tatsache übereinstimmen (SHOWER und BIDDULPH), daß die Unterschiedsschwelle für die Frequenz erst bei 40 Dezibel über der Schwelle ihren kleinsten Wert erreicht. Man ist daher versucht anzunehmen, daß die inneren Haarzellen relativ unempfindlich sind, dafür die Tonhöhe sehr genau messen, während die äußeren Haarzellen zwar sehr empfindlich sind, dafür aber nur eine geringere Genauigkeit in der Bestimmung der Tonhöhe zulassen. Es lassen sich jedoch ebensogut Gesichtspunkte dafür anführen, daß auch die multiple Innervation der äußeren Haarzellen zu einer sehr feinen Tonhöhenunterscheidung geschaltet sein kann [RANKE (6) und LICKLIDER].

So müssen wir uns vorläufig damit zufrieden geben, daß wahrscheinlich die Reizschwelle der inneren Haarzellen wesentlich höher ist als die der äußeren, daß aber über die Funktion nichts Sicheres bekannt ist. Mir will scheinen, als ob es noch andere Kriterien gäbe als nur die Reizschwelle. So könnten z. B. die äußeren Haarzellen auf Grund ihrer Zusammenschaltung an eine Nervenfaser auch eine kürzere Nutzzeit der Nervenfasern bewirken, so daß sie beim Hören von Geräuschen schon ansprechen, wenn nur eine oder ganz wenige Wellen zur Ausbauchung der Basilarmembran an einer bestimmten Stelle führen.

3. Bestandsstrom und Reizfolgestrom der Sinneszellen.

Bevor auf die elektrischen Potentiale eingegangen wird, die vom Gehörorgan ableitbar sind, ist ein Wort zur Nomenklatur notwendig. Es sind drei verschiedene elektrische Potentiale zu unterscheiden, nämlich:

1. eine dauernd, auch in Ruhe, vom CORTISCHEN Organ ableitbare Gleichspannung gegen die Endolymphe. Der Entdecker G. v. BÉKÉSY hat sie englisch d-c-voltage genannt. In Analogie zum Auge soll hier der physiologische Fachausdruck Bestandsstrom für dieses konstante Ruhepotential benutzt werden.

2. eine nur beim Zuführen von Schall zum funktionstüchtigen Ohr ableitbare Wechselspannung, von der feststeht, daß sie von den Sinneszellen ausgeht, deren Natur jedoch noch nicht endgültig geklärt ist. Die angelsächsische Literatur hat dafür zunächst den Namen WEVER-BRAY-Effekt oder Cochleaeffekt, später den Namen microphonics eingebürgert, für den sich besonders STEVENS und DAVIS (2) einsetzen, um zum Ausdruck zu bringen, daß es sich um eine passive Folge der mechanischen Beanspruchung der Sinneszellen handle. Gerade dies ist aber neuerdings sehr fraglich geworden. Nun ist das Wort microphonics auf keine Weise einzudeutschen, es mußte daher auf alle Fälle statt des bisherigen, unbeholfenen Ausdrucks Cochleaeffekt ein neuer Fachausdruck geprägt werden. Die Wechselströme beim Einwirken von Schall, die aus den Sinneszellen stammen, sollen daher hier *Reizfolgestrom* genannt werden. Hierdurch wird nichts darüber ausgesagt, ob dieser einer aktiven Tätigkeit der Sinneszellen entspricht, oder eine rein passive Folge der mechanischen Beanspruchung darstellt.

3. Die dem Alles-oder-Nichts-Gesetz gehorchenden elektrischen Potentiale der Nervenfasern, die wie überall Aktionsstrom genannt werden. Damit kann zur Vermeidung von Verwechslungen nicht vom Aktionsstrom der Sinneszellen gesprochen werden, was vielleicht statt Reizfolgestrom nahegelegen wäre. Bestandsstrom und Reizfolgestrom sind demnach stets Folgen von Potentialen, die von den Sinneszellen ausgehen, Aktionsströme stets solche, die von Nervenfasern oder Zentren abgeleitet werden.

Bei der heutigen Meßmethodik wäre es richtiger, von Bestandsspannung, Reizfolgespannung und Aktionsspannung zu sprechen. Da jedoch das Wort Bestandsstrom ein Fachausdruck geworden ist, erscheint es besser, ruhig von Strom zu sprechen, wie man ja auch im täglichen Leben von Gleichstrom und Wechselstrom spricht, nur um die Art zu bezeichnen, und erst das Wort Stromstärke die Größe eines Stromflusses kennzeichnet.

Als den Ort, an dem der physikalische Reiz endgültig in Erregung verwandelt wird, sehen wir die inneren und äußeren Haarzellen des CORTISCHEN Organs an. Diese Haarzellen finden sich, ganz ähnlich gebaut, auch in den anderen entwicklungsgeschichtlich eng mit der Cochlea zusammenhängenden Teilen des inneren Ohres, auf den Christae ampullares der Bogengänge und im Sacculus und Utriculus. Überall an diesen Stellen haben wir Beweise oder wenigstens ausreichende Hinweise, daß eine mechanische Verbiegung der Härchen zur Auslösung von Aktionsströmen in den zugehörigen Nerven führt. Und an keinem dieser Organe kennen wir im einzelnen die physikalisch-chemischen Vorgänge, die im Innern der Haarzellen bei der Verbiegung der Hörhärchen eintreten. In Analogie zu anderen Zellen ist man versucht, zunächst anzunehmen, der adäquate Reiz könnte auch an den Sinneszellen des Ohres einen spezifischen Stoffwechsel auslösen, der nach Art eines labilen Gleichgewichts vorbereitet, durch den Anstoß des Reizes nach dem Alles-oder- Nichts-Gesetz ablaufend, dann zur Erregung der an den Sinneszellen endigenden Nervenfasern des Cochlearis führt. Alle bisherigen Erfahrungen widersprechen jedoch dieser Vorstellung. Es ist über den Stoffwechsel der Sinneszellen weiter nichts bekannt, als daß sie sehr empfindlich gegen Sauerstoffmangel sind.

Bis vor kurzem war die einzige Lebensäußerung der Sinneszellen, die der messenden Beobachtung zugänglich war, der 1926 von FORBES, MILLER und O'CONNOR entdeckte, später durch die Veröffentlichungen von WEVER und BRAY (*1*) bekanntgewordene elektrische Cochleaeffekt, der heute in

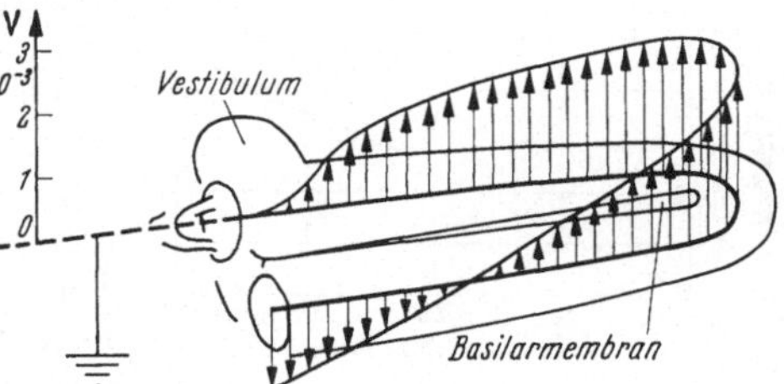

Abb. 86. Bestandsstrom in der Perilymphe längs der Scala vestibuli und tympani. Indifferente Elektrode im Vestibulum. [Aus G. v. BÉKÉSY (*24*).]

der angelsächsischen Literatur den Namen Microphonics führt. Dieser Reizfolgestrom ist ein in der Frequenz des einwirkenden Tones schwankendes Potential, das ursprünglich vom runden Fenster, später aber überall in der Umgebung der Schnecke ableitbar wurde. Wie die genauere Besprechung zeigen wird, geht der Reizfolgestrom zwar sicher von den Sinneszellen aus, er gehorcht aber nicht dem Alles-oder-Nichts-Gesetz, und soll daher nicht Ausdruck eines Kippvorgangs in den Sinneszellen sein können. STEVENS und DAVIS (*2*) diskutieren in ihrem ausgezeichneten Buch Hearing ausführlich, warum sie diese Microphonics für eine rein passive Folge der mechanischen Beanspruchung der Sinneszellen halten, die am ehesten nach Art des Piezoeffektes zu erklären sei. So sollte auch die elektrische Energie des Reizfolgestromes aus der mechanischen Energie der Schwingung stammen.

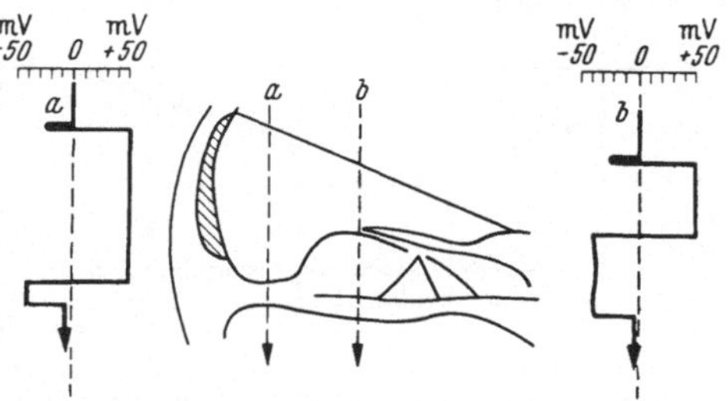

Abb. 87. Gang des Bestandsstromes des CORTISCHEN Organes beim Vorschieben einer Mikroelektrode längs den Linien *a* und *b*. Die Endolymphe ist positiv, das CORTISCHE Organ stark negativ gegenüber der Perilymphe. [Aus G. v. BÉKÉSY (*25*).]

Wenn diese Auffassung zutreffen würde, so würde es sich bei den Sinneszellen im Ohr um einen Einzelfall handeln, der allen unseren sonstigen Erfahrungen im Körper zuwiderläuft. Überall finden wir, daß durch die Reize der Umgebung der Stoffwechsel der Zellen nur modifiziert wird, daß also die Reize nicht selbst die Energie für die Erregung abgeben, sondern den Erregungsstoffwechsel nur anstoßen, der seine Energie dann aus dem Stoffumsatz in den Zellen bezieht. Noch kann vielleicht nicht abschließend über die Entstehung des Reizfolgestromes geurteilt werden, es bedeutet aber einen gewaltigen Fortschritt, daß neuerdings durch G. v. BÉKÉSY (*24*) eine zweite Lebensäußerung der Sinneszellen entdeckt worden ist. Aus methodischen Gründen ist es viel leichter, Wechselspannungen im Körper festzustellen und zu messen, als Gleichspannungen. Die Stabilisierung von Gleichspannungsverstärkern stellt viel größere Anforderungen an die Methodik, und die sichere Vermeidung von Temperatureffekten sowie von zufälligen Verletzungspotentialen erfordert weit größere Vorsichtsmaßnahmen.

G. v. Békésy (*24*) ist es nun 1951 gelungen, die Gleichspannungen in der Schnecke zu messen. Es besteht nicht nur ein Potentialgefälle längs der Schnecke, wie es Abb. 86 zeigt, das die beachtlichen Werte von nahezu +0,003 Volt in der Perilymphe als Spannungsunterschied zwischen der Gegend des Helicotremas und der des Vestibulums erreicht. Zwischen Perilymphe und Endolymphe besteht ein Spannungsunterschied von etwa 0,04 Volt, und zwar ist die Perilymphe negativ gegenüber der Endolymphe. Beim Einstechen einer Mikroelektrode von 0,001 mm Durchmesser in die Sinneszellen fand G. v. Békésy (*24*) dagegen einen Spannungssprung von 0,1 bis 0,13 Volt zwischen Endolymphe und dem dagegen negativen Innern der Sinneszellen. Demnach erzeugen die Sinneszellen dauernd, auch ohne Toneinwirkung, ein recht merkliches negatives Potential gegenüber ihrer Umgebung, das viel größer ist als das Wechselpotential des Reizfolgestromes. Den Gang dieses Bestandsstromes beim langsamen Vorschieben der Nadelelektrode zeigt Abb. 87. Sowohl in der

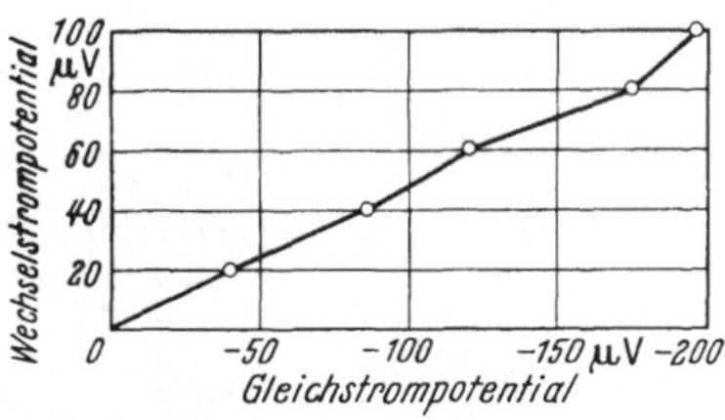

Abb. 88. Bestandsstromabnahme (Abszisse) und Reizfolgestrom (Ordinate) bei verschieden starker Schallerregung stehen in geradliniger Beziehung. [Aus G. v. Békésy (*24*).]

Nähe des runden Fensters wie am Helicotrema hat G. v. Békésy (*24*) beim Meerschweinchen eine Änderung des Bestandsstromes in der Perilymphe beim statischen Druck auf die Basilarmembran gemessen, die über viele Minuten konstant bleibt. Entsprechend der Verteilung des Bestandsstromes in der scala tympani (Abb. 86) wird dabei die Perilymphe in der Gegend des runden Fensters weniger negativ oder sogar positiv gegenüber einer indifferenten Elektrode.

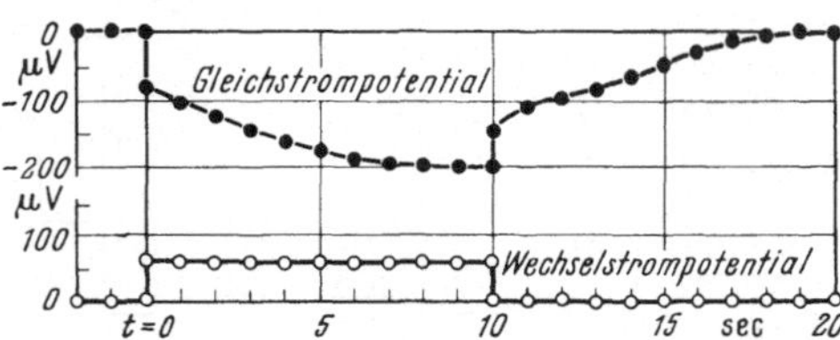

Abb. 89. Bestandsstromabnahme (oben) und Reizfolgestrom (unten) bei länger dauernder Schallreizung. Der Reizfolgestrom bleibt konstant von gleicher Größe, der Bestandsstrom sinkt allmählich ab und erholt sich nach der Reizung nur langsam. [Aus G. v. Békésy (*24*).]

Beim Druck auf die Reissnersche Membran in der Nähe des Helicotremas steigt die positive Spannung in der Perilymphe an dieser Stelle gegenüber dem Vestibulum.

Beim Einwirken eines Tones fällt nun der Bestandsstrom regelmäßig sofort gegenüber dem Ruhezustand ab. Diese Bestandsstromabnahme ist stets größer als das Wechselpotential des Reizfolgestromes. Abb. 88 zeigt, daß zwischen Bestandsstromabnahme und Reizfolgestrom eine geradlinige Beziehung besteht, derart, daß beide um so größer werden, je lauter der Ton ist. Bei sehr lauten Tönen oder bei Störungen der Sauerstoffzufuhr dagegen verändert sich der Bestandsstrom im Laufe der Zeit weiter, auch wenn der Reizfolgestrom noch keinen Abfall erkennen läßt, und erholt sich erst in merklichen Zeiten nach Aufhören des Tones (Abb. 89).

G. v. Békésy (*24*) äußert sich nur sehr vorsichtig darüber, ob der Reizfolgestrom nun einfach als Modulation der Gleichspannung durch die mechanische Beanspruchung der Sinneszellen aufzufassen ist. Es ist natürlich nicht leicht, derartige Versuche am lebenden Tier durchzuführen, und wirklich beweisend wären für diesen letzten Schluß erst Versuche, bei denen der Ursprung beider Potentiale eindeutig festgelegt werden kann. Betrachtet man jedoch die ganzen Verhältnisse unbefangen, so erscheint es viel wahrscheinlicher, daß die Tätigkeit der Sinneszellen in dem Stoffwechsel zu suchen ist, dessen Ausdruck der Bestandsstrom ist, daß sie also in einer Art Dauererregung sind, die nicht erst beim Einwirken eines Tones ausgelöst wird. Freilich wollen wir mit STEVENS und DAVIS (2) recht vorsichtig sein, und nicht die elektrischen Spannungen an sich schon für das Wesentliche halten. Sie sind nur ein Maß für die Stoffwechselvorgänge, das unseren Meßmethoden zugänglich ist. Die spezifische Leistung der Sinneszellen bestände dann darin, daß durch geringste mechanische Reize die Durchlässigkeit der abschließenden Membranen so geändert wird, daß eine Wechselspannung entsprechend der einwirkenden Tonfrequenz meßbar wird. Die ableitbaren Potentiale wären dann aber nicht nach Art des Piezoeffektes zu erklären, sondern etwa nach Art der Elektronenröhren mit mechanisch beeinflußbarem Gitter. Nicht eine Verwandlung der mechanischen Energie in elektrische wäre das Wesentliche, sondern eine Beeinflussung der sowieso ablaufenden Stoffwechselvorgänge.

Auch die Frage, ob das Alles- oder Nichts-Gesetz an den Sinneszellen Gültigkeit hat, bedarf einer Einschränkung gegenüber der Literatur. Was mit dem Reizfolgestrom ableitbar ist, ist ja immer nur das Integral über die Potentiale ganzer Basilarmembranstrecken. Wir haben bisher nicht die geringste Möglichkeit, zu entscheiden, ob die Abstufbarkeit des Reizfolgestromes tatsächlich eine Eigenschaft der einzelnen Sinneszellen ist, oder ob durch Parallelschaltung zahlreicher Sinneszellen mit verschiedener Schwelle diese Abstufbarkeit nur für deren Summe, aber nicht für die einzelne Sinneszelle gilt. Freilich scheint auch mir gerade die Auffassung, daß die einwirkende mechanische Schwingung den Stoffwechsel der Sinneszelle nur moduliert — und zwar wahrscheinlich auch der Art nach, indem sonst in ihrem Innern ablaufende Vorgänge nun auch nach außen meßbar werden, — die Möglichkeit zu eröffnen, ohne Abweichung vom Alles-oder-Nichts-Gesetz die Abstufbarkeit des Erfolgs auch an der einzelnen Sinneszelle zu deuten.

In der ersten Begeisterung über den Reizfolgestrom haben WEVER und BRAY (1) zunächst geglaubt, damit die gesamte physikalische Hörtheorie abtun zu können. Da, wie wir noch zu besprechen haben werden, bis zu relativ hohen Frequenzen auch die Aktionsströme des Acusticus frequenzgetreu sind, glaubte man eine Zeitlang, die Frequenzanalyse erfolge erst im Gehirn. Inzwischen ist man längst allgemein wieder auf die Einortstheorie zurückgekommen, und betrachtet den Reizfolgestrom wesentlich vorsichtiger. STEVENS und DAVIS (2) sind der Meinung, der Reizfolgestrom könnte ebenso nebensächlich sein wie das Motorengeräusch bei Anwesenheit eines Kraftwagens. Aus dem Auftreten des Motorengeräusches können wir zwar mit großer Sicherheit auf die Anwesenheit eines funktionstüchtigen Kraftwagens schließen, wie uns der Reizfolgestrom ein sicheres und quantitativ sehr fein abgestuftes Merkmal der Funktionstüchtigkeit der Sinneszellen abgibt. Das Wesen eines Kraftwagens erschöpft sich aber nicht darin, Lärm zu machen, und so haben vielleicht die Sinneszellen ganz andere Aufgaben, als die Auslösung elektrischer Potentiale beim Einwirken mechanischer Schwingungen. Nach Untersuchungen von GISSELSSON finden sich in der Endolymphe merkliche Mengen von Cholinesterase, und durch Gabe von Cholinderivaten kann der Reizfolgestrom verändert werden. Ob man schon berechtigt ist, hieraus zu schließen, daß die Sinneszellen bei der Einwirkung von mechanischen Schwingungen Acetylcholin abgeben, das seinerseits erst die Nervenendigungen reizt, scheint mir noch nicht spruchreif, so schön eine solche Vorstellung deuten könnte, daß nicht der Reizfolgestrom selbst, sondern die dabei eintretende Veränderung des Stoffwechsels der Sinneszellen den Reiz für die Nervenendigungen abgibt.

Die hohe Bedeutung des Reizfolgestromes liegt darin, daß durch seine Registrierung die Möglichkeit besteht, die lange Kette von Umwandlungen des Schalles in Nervenerregung — die als Aktionsstrom im Acusticus und in den primären Zentren meßbar ist — an einer Stelle dieser Kette messend zu verfolgen, an der sicher die mechanischen Umwandlungen beendet sind. Das Schema (S. 6) erläutert besser als viele Worte, welche Möglichkeiten sich dadurch eröffnet haben. So ist die Hörschwellenkurve schon im Reizfolgestrom dieselbe wie die der Wahrnehmung, sie ist demnach physikalisch und nicht nervenphysiologisch zu deuten. Mit Hilfe dieser Zwischenmessung kann gesondert werden, was physikalisch und was nervenphysiologisch zu erklären ist. Für diese Entscheidung ist es gleichgültig, ob der Reizfolgestrom ein wesentlicher Bestandteil der Umwandlung des Schalles in Nervenerregung ist, oder nur eine regelmäßige, aber unwesentliche Begleiterscheinung, wenn nur sicher feststeht, daß er in den Sinneszellen entsteht, eine Frage, die die Literatur mehr als 10 Jahre bewegt hat.

4. Entstehungsort des Reizfolgestromes.

Nach den ersten Veröffentlichungen von WEVER und BRAY (1) über das Auftreten elektrischer Potentiale, die bei Schalleinwirkung auf das Ohr der Katze aus der Gegend des runden Fensters gegenüber einer indifferenten Elektrode, z. B. an der Nackenmuskulatur des Tieres abgenommen werden können, mußte zunächst geklärt werden, ob es sich dabei um einen nebensächlichen Vorgang physikalischer Natur handelt, wie er an polarisierten Membranen bei mechanischen Schwingungen auftreten kann, oder um eine Lebenstätigkeit im Ohr, die für das Hören von Wichtigkeit ist. Der Reizfolgestrom kann im gesamten Hörbereich, von der unteren Hörgrenze zur Zeit etwa bis 16000 Hz, von Tierohren abgeleitet werden, wenn derselbe, dem Tierohr zugeleitete Schall stark . genug ist, um vom Menschen bei gleicher Zuleitung gehört zu werden. KEIDEL ist es neuerdings gelungen, bis zu Ultraschall von 57,5 kHz Reizfolgeströme abzuleiten. Schon diese Tatsache legt die Vermutung nahe, daß der Reizfolgestrom etwas mit dem Hören zu tun hat.

Nach dem Tod des Tieres geht der Reizfolgestrom ebenso wie bei Unterbindung der Carotiden und Kompression der Vertebralarterien innerhalb einiger Minuten auf einen geringen Prozentsatz, 5—10%, der ursprünglichen Amplituden zurück. War die Blutzufuhr zum Ohr nur vorübergehend unterbrochen, so kann der volle Reizfolgestrom zurückkehren. Durch Abkühlung oder durch Auflegen von Cocain aufs runde Fenster wird der Reizfolgestrom ebenfalls vermindert bis aufgehoben. Demnach muß der Reizfolgestrom an die durch Sauerstoffzufuhr ermöglichte Lebenstätigkeit von Zellen im Ohr gebunden sein, er kann unmöglich ein rein physikalisches Bewegungspotential sein. Sorgfältige Beobachtung und glückliche Umstände haben ermöglicht festzustellen, daß diese entscheidenden Zellen die Haarzellen sind. So kann bei Tieren mit fehlenden Haarzellen (HOWE und GUILD, DAVIS, DERBYSHIRE, LURIE und SAUL) kein Reizfolgestrom abgeleitet werden. Besonders albinotische Katzen, die zugleich taub sind, haben häufig ein unterentwickeltes CORTIsches Organ ohne Haarzellen. Fehlen dagegen die Haarzellen z. B. nach Schädigungen des Ohres auch durch chirurgische Eingriffe nur streckenweise, so kann nach BAST und EYSTER der Reizfolgestrom bei genügend starkem Schallreiz auch für solche Frequenzen erhalten werden, für die die Tiere entsprechend der örtlichen Schädigung taub sind, allerdings nicht in normaler Stärke. Freilich ist an solchen geschädigten Stellen meist auch die REISSNERsche Membran adhärent an der Basilarmembran, so daß die Vermutung besonders von HALLPIKE und RAWDON SMITH (2) ausgesprochen wurde, der Reizfolgestrom könnte doch ein Membranpotential der REISSNERschen Membran sein. Die klinische Erfahrung hat aber gezeigt, daß leichte Schädigungen zuerst immer die Haarzellen betreffen, erst stärkere Schädigungen lassen auch den Endolymphkanal kollabieren. Auch bei Tieren konnte nie ein Reizfolgestrom abgeleitet werden, wenn die Haarzellen durch Schall geschädigt, degeneriert oder nicht angelegt waren, während andere Veränderungen des CORTISchen Organs oder besonders der REISSNERschen Membran, die dabei manchmal fehlen, freilich häufig mit dem Haarzellenverlust verbunden sind, unwesentlich für das Auftreten oder Fehlen des Reizfolgestromes sind. Pharmakologische, histologisch bestätigte Schädigung der Haarzellen der untersten Windung bei Injektion durchs runde Fenster setzen den Reizfolgestrom besonders für hohe Frequenzen herab. Kurz, alle noch so geistreich überlegten Experimente der weitverzweigten amerikanischen und englischen Schule haben übereinstimmend ergeben: ohne gesunde Haarzellen kein Reizfolgestrom.

Die Notwendigkeit der Haarzellen würde aber nicht ausschließen, daß der Reizfolgestrom erst jenseits der Sinneszellen, etwa an den Nervenendigungen entsteht. Ganz abgesehen davon, daß Form, Latenz, Größe, Polarität und zahlreiche andere Eigenschaften des Reizfolgestromes gegen eine Aktionsstromnatur sprechen, läßt sich die Entstehung im Nerven durch Degenerationsversuche ausschließen. Entgegen dem WALLERschen Gesetz degenerieren bei Zerstörung des Cochlearis (CROWE) auch die Ganglienzellen und Nervenendigungen, während nach GUTTMANN und BARRERA die Haarzellen erhalten bleiben, wenn ihre Blutversorgung bei der Nervendurchschneidung nicht geschädigt wird. Mit einer Ausnahme, wo trotz erhaltener Haarzellen kein Reizfolgestrom abgeleitet werden konnte, blieb bei reiner Nervendegeneration der Reizfolgestrom ableitbar. So scheint heute ausreichend sichergestellt zu sein: der Reizfolgestrom ist die Folge eines Potentials, das bei Schallreizung an oder in den Haarzellen entsteht.

5. Eigenschaften des Reizfolgestromes.

Die Meßbarkeit des Reizfolgestromes bei kleinen Amplituden des einwirkenden Tones ist lediglich eine Frage der Verstärkung und etwaiger Störpotentiale, von denen ganz besonders die Aktionsströme des Nervus cochlearis zu erwähnen

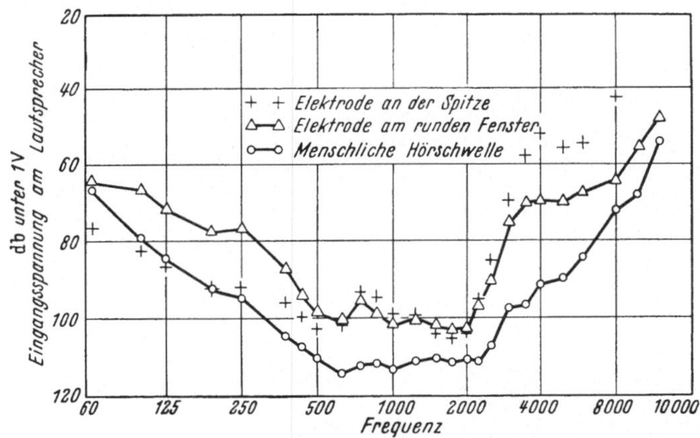

Abb. 90. Durchschnittliche Schwellenkurven für den Reizfolgestrom bei 17 normalen Meerschweinchen (für etwa 0,000001 Volt minimal beobachtbare Spannung) und der menschlichen Hörschwellenkurve derselben Schallquelle. [Aus STEVENS, DAVIS und LURIE.] (Die letzte Zahl an der Abszisse muß 16000 heißen.)

sind. Daher findet man für den Reizfolgestrom praktisch eine Schwelle der Lautstärke, die übrigens in weitem Bereich (Abb. 90) mit der Hörschwelle übereinstimmt, wenn der gleiche Ton auf die gleiche Weise dem Versuchstier zur Messung des Reizfolgestromes und einem gesunden Menschen für die subjektive Feststellung mit Hilfe der Wahrnehmung zugeleitet wird. Sowie jedoch der Reizfolgestrom meßbar wird, steigt seine Spannung im allgemeinen proportional der

Lautstärke an, bis bei größeren Lautstärken eine Sättigung erreicht wird (Abb. 91). Freilich wird ein lineares Ansteigen mit der Lautstärke nur bei günstigen Verhält-

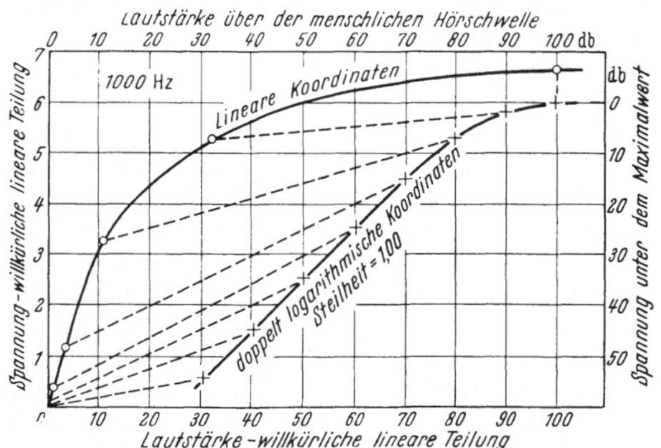

Abb. 91. Spannung des Reizfolgestromes (Ordinaten) als Funktion der Lautstärke (Abszissen), die obere Kurve in willkürlichen linear geteilten Einheiten, die untere Kurve für beide Koordinaten in logarithmischer Teilung. Zusammengehörige Punkte sind gestrichelt verbunden. In linearer Teilung beginnt die Kurve aus dem Nullpunkt, der Reizfolgestrom hat demnach keine Schwelle. Abnahme des Reizfolgestromes vom runden Fenster beim Meerschweinchen. [Aus STEVENS und DAVIS (2).]

nissen, besonders bei Ableitung von der Spitze der Meerschweinchencochlea gefunden. Fast regelmäßig nimmt der Reizfolgestrom weniger an Spannung zu, als einem proportionalem Anstieg mit der Lautstärke entspricht. STEVENS und DAVIS (2) haben als Maß für diesen Anstieg die Steilheit in doppelt logarithmischer Skala eingeführt. Wird die Lautstärke in Dezibel und damit logarithmisch in der Abszisse, die Spannung des Reizfolgestromes logarithmisch in der Ordinate an getragen, so bedeutet eine Linie unter 45° mit der Steil-

heit 1 Proportionalität. Tatsächlich werden Steilheiten je nach den Umständen bis zu 0,37 schon am unvorbehandelten Ohr gefunden (Abb 92). Dabei ist die absolute Lautstärke, bei der der Reizfolgestrom meßbar wird, für sehr tiefe und

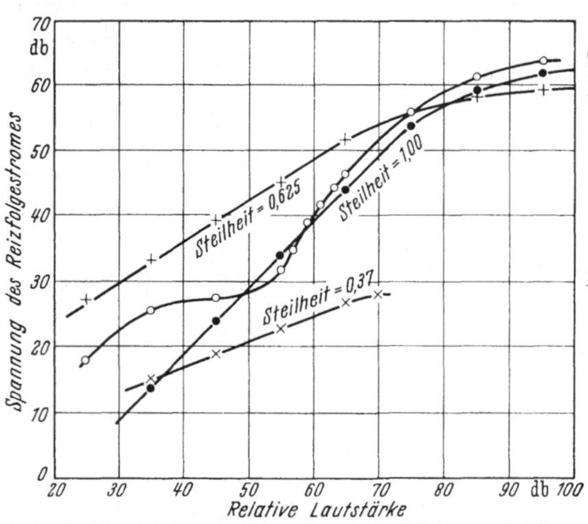

Abb. 92. Verschiedene Steilheit der Abhängigkeit des Reizfolgestromes (Ordinate) von der Lautstärke (Abszisse) in doppelt logarithmischen Koordinaten: A 1500 Hz, Ableitung von der Spitze der Meerschweinchenschnecke, günstigster Fall mit der Steilheit 1 bei niedriger Lautstärke. B 1500 Hz, Ableitung von der Spitze der Meerschweinchenschnecke. C 1000 Hz, Ableitung vom runden Fenster der Meerschweinchenschnecke, gestört durch Aktionsströme. D 5000 Hz, Ableitung vom runden Fenster der Meerschweinchenschnecke. [Aus STEVENS und DAVIS (2).]

sehr hohe Töne entsprechend Abb. 90 wesentlich größer als für mittlere Frequenzen. Die Steilheit ist aber in weitem Bereich gleich, solange die Sättigung noch nicht erreicht ist und nicht Mittelohrreflexe, besonders bei Frequenzen unter 2000 Hz störend eingreifen. Die Spannung des Reizfolgestromes steigt an bis etwa 0,8 Millivolt, die nur im mittleren Frequenzbereich um 1000 Hz herum erreicht werden, während bei höheren Frequenzen die meßbare Absolutgröße rasch, bei niedrigen Frequenzen langsam auf kleinere Werte abfällt.

Werden dem Ohr längere Zeit sehr laute Töne angeboten, so sinkt der Reizfolgestrom stark ab. STEVENS und DAVIS (1) bringen für diese Erscheinung den Ausdruck „hysteresis", die nach „Überlastung" auftritt, während sie den Ausdruck Ermüdung auf aktive Tätigkeit beschränkt wissen wollen. Je nach der Stärke der Überlastung dauert es einige Minuten bis Stunden, ehe der Reizfolgestrom in ursprünglicher Größe auslösbar ist. Stärkste Überlastung oder lange Zeit anhaltende schwächere Überlastung können auf dem Umweg über histologisch nachweisbare Haarzell-schädigung die Auslösbarkeit des Reizfolgestromes völlig aufheben. Untersucht man den zeitlichen Ablauf des Reizfolgestromes genauer, so wird dieser sehr stark durch Einbrüche der Aktionsströme des N. cochlearis in die abgeleiteten Potentiale beeinträchtigt. STEVENS und DAVIS (1) ist es trotzdem gelungen, zu zeigen, daß außerdem bei größeren Lautstärken der Reizfolgestrom durch Obertöne von der reinen Sinusform abgewandelt werden kann. Die Nervenaktionsströme zeigen eine Latenzzeit von 0,7 σ zwischen der Ankunft der mechanischen Welle an der Basilarmembran und dem Auftreten des Aktionspotentials. Sind die ersten Schwingungen bei dem Einwirken eines Knalles oder im Beginn eines Tones noch nicht von Aktionsströmen gestört, so gewinnt die Untersuchung solcher Knalle für das Verhalten des Reizfolgestromes eine ganz besondere Bedeutung.

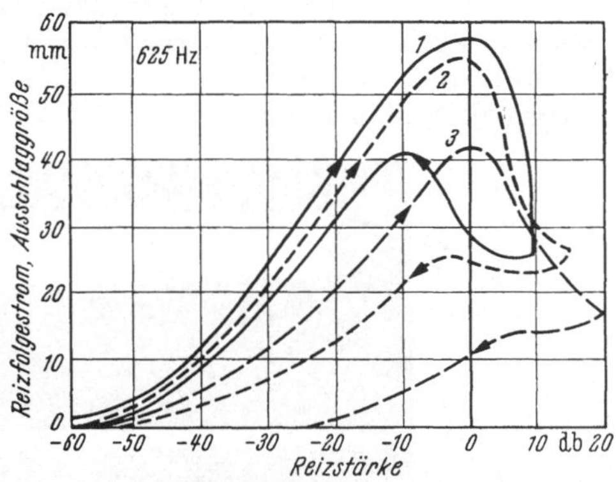

Abb. 93. Hysteresisschleifen des Reizfolgestromes bei an- und abschwellender Lautstärke. Die Lautstärke (Abszisse) wurde alle 20 sec um 10 Dezibel verändert. Jenseits des Maximums ist der Reizfolgestrom nicht mehr sinusförmig. [Aus STEVENS und DAVIS (1).]

Abb. 94 zeigt die Übereinstimmung der ersten Schwingung des Reizfolgestromes mit und ohne Nervenaktionsströme, der nach dem Tod des Tieres weggeblieben ist, während schon die zweite Schwingung im Leben durch den Aktionsstrom verzerrt wird. Da nun beim plötzlichen Beginn eines Tones, ebenso wie beim abrupten Aufhören der physikalisch zugeleitete Ton durch die hierbei angestoßene Eigenschwingung des Mittelohres überlagert wird, findet man am Beginn jeden plötzlich einsetzenden Knalles oder Tones einen Reizfolgestrom entsprechend einer gedämpften Schwingung, wie sie der Eigenschwingung des Mittelohres entspricht (Abb. 95).

Es ist viel über den Phasenunterschied zwischen dem physikalischen Reiz und dem Reizfolgestrom geschrieben worden, ja es wurde auf Grund der Tatsache, daß bei länger einwirkenden Tönen die Gegend des runden Fensters negativ wird, wenn der Steigbügel nach einwärts gedrückt wird, eine Theorie der Entstehung des Reizfolgestromes entwickelt [Literatur siehe bei STEVENS und DAVIS (2)]. Wir müssen uns aber darüber klar sein, daß zwischen der Bewegung des Steigbügels und der Bewegung der Basilarmembran an der Stelle ihrer maximalen Auslenkung nach G. v. BÉKÉSY (22) ein Phasenunterschied bis zu 3 π nicht nur am Modell, sondern auch am menschlichen Ohr gemessen worden ist, der abhängig ist von der Tonhöhe. Einen praktisch verschwindenden Phasenwinkel

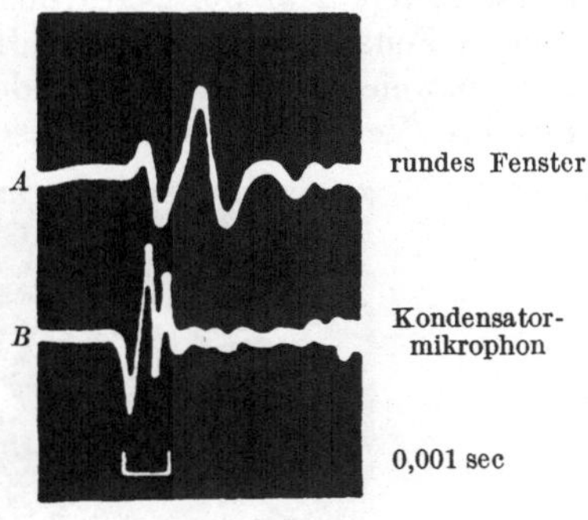

post mortem

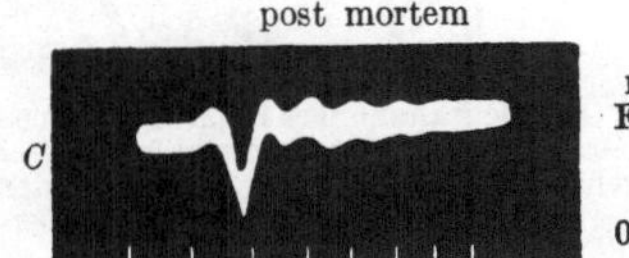

Abb. 94. Oszillogramm des Reizfolgestromes beim Einwirken eines Knalles. A Reizfolgestrom vom runden Fenster einer Katze auf den mit Kondensatormikrophon (B) registrierten Knall. Der zweite Ausschlag nach oben ist durch Aktionsströme verzerrt. C Reizfolgestrom vom runden Fenster auf den gleichen, nur verstärkten Reiz nach dem Tod der Katze. [Aus DAVIS, DERBYSHIRE, LURIE und SAUL.]

gegenüber dem Steigbügel hat nur die Kompressionswelle, die mit Schallgeschwindigkeit über die Schnecke hinwegläuft. Wäre nun diese Kompressionswelle die Ursache des Reizfolgestromes, dann müßte ein Verschluß des runden
Fensters wegen der Verminderung der Ausweichmöglichkeit zu einer Verstärkung
der Druckwelle und damit zu einer Zunahme des Reizfolgestromes führen. Ist
dagegen die Schlauchwelle die Ursache des Reizfolgestromes, so muß ein Verschluß

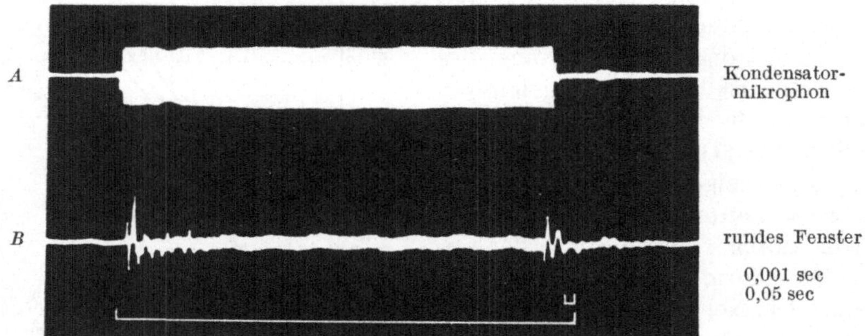

Abb. 95. Oszillogramm des Schalles (*A*) und des Reizfolgestromes vom runden Fenster einer Katze (*B*). Der
Einschalt- und Ausschaltstoß des Lautsprechers ist in Kurve *A* eben zu sehen, im Reizfolgestrom dagegen ist
der Reizfrequenz von 2500 Hz ein starker Einschalt- und Ausschaltstoß von rund 1000 Hz (Eigenschwingung
des Mittelohres) überlagert. [Aus DERBYSHIRE und DAVIS.]

des runden Fensters umgekehrt mit der mechanischen Welle auch den Reizfolgestrom zum Verschwinden bringen. Das Ergebnis eines solchen Versuches an der
Katze bringt Abb. 96. Natürlich gelingt es nicht, das ganze Luftpolster vor dem
runden Fenster völlig auszuschließen, daher bleibt immer noch ein kleiner Rest
von Ausweichmöglichkeit, und der Reizfolgestrom verschwindet nicht vollständig.
Frühere Versuche von HUGHSON und CROWE, CULLER, FINCH und GIRDEN,

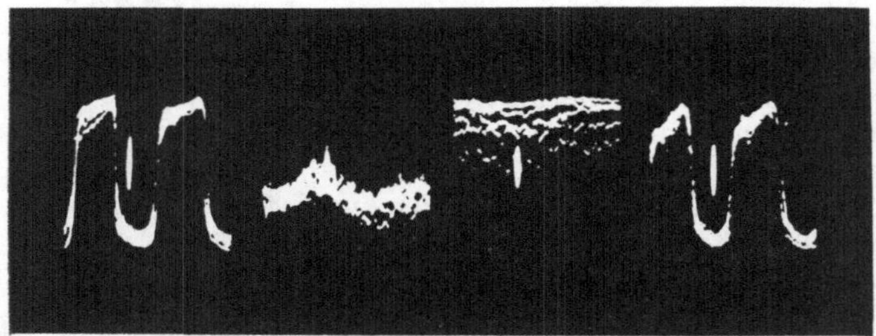

Abb. 96. Oszillogramme des Reizfolgestromes mit aufgesetzten Aktionsströmen vom runden Fenster der Katze,
zuerst normal, in der Mitte zweimal bei Verschluß des runden Fensters mit einem Hartgummistempel mit gummi-
überzogenem Plastelinüberzug, zuletzt wieder nach Entfernung des Stempels. 350 Hz, die differente Elektrode
wird bei Ausschlag nach oben negativ. [Aus RANKE, KEIDEL und WESCHKE (*1*).]

sowie von WEVER und LAWRENCE ergaben widerspruchsvolle Ergebnisse. Damit
scheint der Beweis erbracht, daß der Reizfolgestrom durch die Ausbauchung der
Basilarmembran, und nicht durch den Druck ausgelöst wird, in Übereinstimmung
mit den Potentialsprüngen, die G. v. BÉKÉSY (*24*) beim Betupfen der Basilarmembran erhalten hat. CULLER hat nachgewiesen, daß der Reizfolgestrom sein
Maximum an einer von der Tonhöhe bestimmten Stelle der Schnecke aufweist,
indem er von 25 verschiedenen Stellen der Meerschweinchenschnecke nacheinander abgeleitet hat, und jeweils die Frequenz aufgesucht hat, bei der an der Ab-
leitungsstelle das Maximum des Reizfolgestromes zu erhalten war. Auf Grund
dieser Messungen hat CULLER eine Frequenzverteilung auf die Schnecke (Abb. 97)
gegeben, die nicht ganz mit den Ergebnissen der Schallschädigung übereinstimmt,

dafür aber besser als die Schallschädigungsversuche mit den Berechnungen von
WEGEL und LANE (s. Abb. 71) aus den Frequenzschwellen und den Messungen
G. v. BÉKÉSYS (20) am Leichenohr zusammenpaßt. Neuerdings haben RANKE,
KEIDEL und WESCHKE (2) mit zwei Elektroden gegen Körper über zwei Ver-
stärker gleichzeitig von zwei nahe benachbarten Stellen der dritten Win-
dung am Meerschweinchenohr den Reizfolgestrom abgeleitet und die beiden

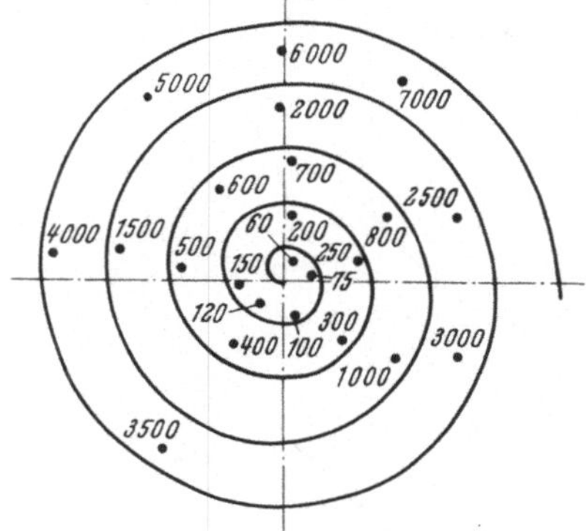

Abb. 97. Punkte niedrigster Schwellen für den Reizfolgestrom an der Meerschweinchenschnecke, die als Spirale dargestellt ist, das Helicotrema befindet sich in der Mitte. [Aus STEVENS und DAVIS (2), nach CULLER.]

Ableitungen zu einer Lissajous-Figur vereinigt. Beim Durchlaufen aller Frequenzen findet sich dann nur in einem engen Frequenzbereich eine deutliche
Öffnung der unter 45° stehenden Linie zur Ellipse, also ein Phasenunterschied
meßbarer Größe zwischen den beiden Ableitungsstellen. Freilich kann auch hier
nicht ausgeschlossen werden, daß ein allgemeines Integral des Reizfolgestromes
neben der örtlichen Ableitung wirksam wird. Besonders kann der Phasenwinkel

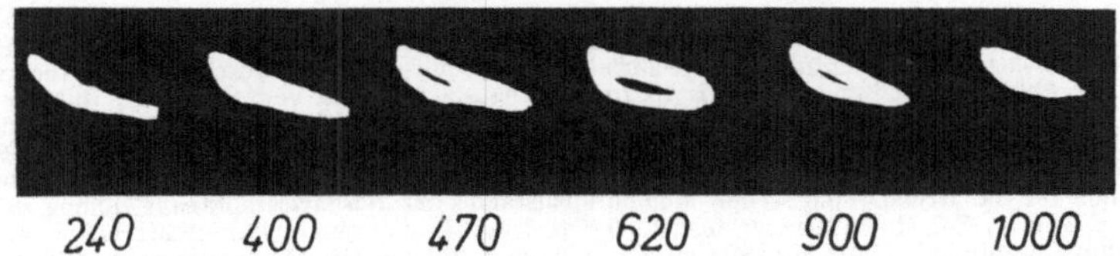

Abb. 98. LISSAJOUS-Figur aus den Reizfolgeströmen von zwei, nur 2 mm voneinander entfernten Stellen der dritten Windung der Meerschweinchenschnecke, von links nach rechts die Frequenzen 240, 400, 470, 620, 900 und 1000 Hz. Die Figur öffnet sich jeweils nur für einen begrenzten Frequenzbereich zu deutlichem Phasenwinkel zwischen den beiden Ableitstellen. [Aus RANKE, KEIDEL und WESCHKE (2).]

von etwa 30° zwischen zwei an der Schneckenaußenfläche 2 mm längs der An-
satzlinie der Basilarmembran abgeleiteten Potentialen nichts darüber aussagen,
ob auch der Phasenwinkel an den darunterliegenden Basilarmembranstellen 30°
beträgt. Bei der Überlagerung einer gemeinsamen Integralschwingung wird der
Phasenwinkel der beiden Ableitungen in unübersehbarer Weise verkleinert. Der
gemessene Phasenwinkel ist damit ein Minimalwert, der sicher vom Phasenwinkel
des Potentials an den beiden Stellen innerhalb des Endolymphkanals überschritten
wird (Abb. 98). Der an irgendeiner Stelle der Schnecke ableitbare Reizfolgestrom
kann aber damit niemals das ganze Potential an der Stelle des Maximums, etwa
an der Stelle der maximalen Basilarmembranausbauchung darstellen, da sich
diesem Potential stets solche aus der Umgebung mit anderer Phase überlagern.
Auch die Angabe einer absoluten Größe des Reizfolgestromes erübrigt sich durch
solche Überlegungen, solange es nicht möglich ist, unipolar an einzelnen Stellen
mindestens innerhalb des Endolymphkanals, besser an definierter Stelle in der

Nähe der Sinneszellen, abzuleiten. So könnte die nur geringe Größe des Reizfolgestromes beim Menschen damit zusammenhängen, daß hier die Integralbildung über eine Strecke erfolgt, die mehr als eine Halbschwingung Phasendifferenz zwischen Anfang und Ende der Strecke umfaßt, und daher das nach außen ableitbare Potential auslöscht, oder mindestens stark abschwächt (Abb. 99).

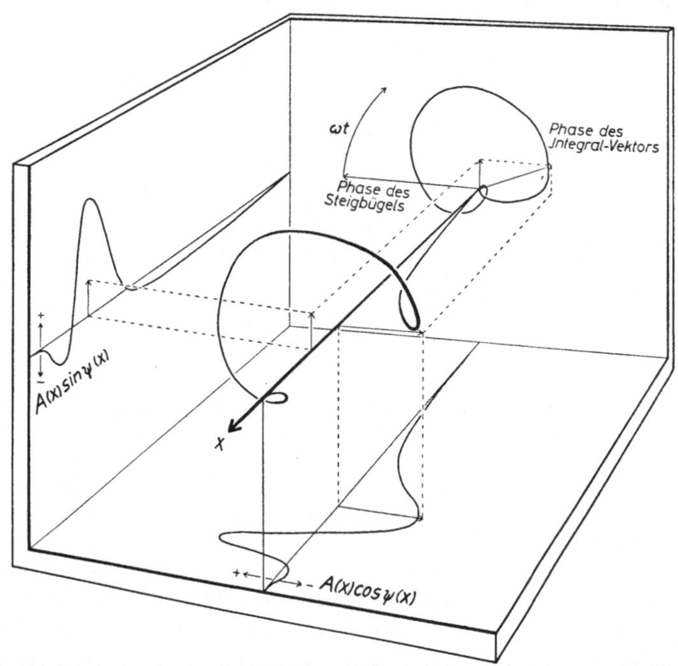

Abb. 99. Räumliche Darstellung der zeitlichen Verhältnisse zur Erläuterung der Integralbildung beim Ableiten des Reizfolgestromes. Die Längsrichtung der Basilarmembran ist nach vorne dargestellt. Das örtliche Maximum (Umhüllende der Abb. 61, 62, 66 und 67) der Basilarmembranauslenkung hat vom Steigbügel (hintere Abschlußebene) nach helicotremawärts eine wachsende Phase gegenüber der Steigbügelphase, was durch den Winkel zwischen Steigbügelphase auf der hinteren Abschlußebene und der Verbindung jeden Punktes der Schraubenlinie mit dem zugehörigen Punkt der Mittelachse, dargestellt ist. Die Projektionen der Schraubenlinien auf die Seitenwand und auf die Grundfläche stellen Momentanzustände der Basilarmembranauslenkung dar, die sich im Zeitabstand von $^1/_4$ Schwingungsdauer folgen. Trägt jeder Basilarmembranabschnitt entsprechend seiner Auslenkung zum Gesamtintegral des Reizfolgestromes bei, so ergibt die Zusammensetzung der Flächenintegrale beider Projektionen zum Flächenintegral der Schraubenlinie Größe und Phase des Reizfolgestromes. Die Rückprojektion dieses Integralpfeiles auf die hintere Abschlußebene läßt den Phasenwinkel zwischen Steigbügelphase und Integralphase (von links über unten nach rechts, entgegen dem Uhrzeigersinn) abschätzen. Verhältnismäßig geringfügige Veränderungen der Schraubenlinie, z. B. etwas stärkere Verdrehung im Bereich großer Amplituden, ändert Phase und Amplitude des Reizfolgestromes beträchtlich.

V. Nervenbahnen und Zentren.

1. Nervus cochlearis.

Aus der allgemeinen Nervenphysiologie ist bekannt, daß die Nerven grundsätzlich nur einer Art der Erregung fähig sind (v. MURALT). Reicht der Reiz nach Größe und Zeitdauer für eine Erregung aus, so erfolgt die Auslösung einer Erregungswelle, die je nach der Faserart mit einer charakteristischen Leitungsgeschwindigkeit über die Faser abläuft. Unter anderem ist die Erregungswelle begleitet von einer Potentialwelle, die sich als Aktionsstrom ableiten läßt. Die Größe des Aktionsstromes ist nur abhängig von der Faserart, unterschwellige Reize lösen nichts, überschwellige Reize sofort die maximale Größe aus, die Nerven gehorchen somit dem Alles-oder-Nichts-Gesetz. Nach Ablauf der Erregungswelle sind die Nervenfasern für kurze Zeit unerregbar, so daß die größte Aktionsstromfrequenz abhängig ist von dieser Refraktärzeit, die für markhaltige Fasern bis zu 1000 Erregungswellen in der Sekunde zuläßt. Endlich wird überall im Nervensystem die Intensität der Erregung durch die Aktionsstromfrequenz wiedergegeben, geringe eben überschwellige Reize führen zu geringen Aktionsstromfrequenzen, stärkere Reize zu höheren Aktionsstromfrequenzen, die dann je nach Art der Endorgane allmählich abnehmen, oder wie bei manchen Schmerzfasern, tagelang anhalten können. Für die Übermittlung von zwei Variablen des physikalischen Reizes, von Frequenz und Lautstärke, steht somit in der einzelnen Nervenfaser nur eine Variable, die Aktionsstromfrequenz, zur Verfügung, die erfahrungsgemäß für die Übermittlung der Reizstärke benutzt wird. Verschiedene Tonhöhen können daher nur dadurch übermittelt werden, daß für jede Tonhöhe eine oder mehrere Fasern zur Verfügung stehen, deren Erregung unabhängig von der Frequenz der Erregung eben die zugehörige Tonhöhenempfindung vermitteln. Den 3500 (nach HELD) inneren Haarzellen mit etwa 1300 unterscheidbaren Tonhöhen (nach SHOWER und BIDDULPH) stehen etwa 25000—29000 Ganglienzellen des Spiralganglions gegenüber, so daß schon nach diesem Überschlag etwa 20 Fasern auf eine Tonhöhe entfallen, auch für den Fall, daß der gesamte Kontrast schon am Übergang der Sinneszellen zu den Nervenfasern untergebracht ist. Freilich kommt man mit einem rohen Überschlag über die Frequenzschwellen zu etwas höheren Zahlen der unterscheidbaren Tonhöhen. So ist die Frequenzschwelle einohrig über 40 Phon um 1000—2000 Hz etwa 0,003 oder $3^0/_{00}$, das ergibt allein in dieser Oktave 231 unterscheidbare Tonhöhen. Immerhin ist die Zahl der Nervenfasern wesentlich größer als die Zahl der unterscheidbaren Tonhöhen. Es bleibt also Raum, die Lautheit nicht allein durch die Aktionsstromfrequenz in der einzelnen Faser, sondern auch durch die Zahl der miterregten Fasern auszudrücken. Als Beimischung zum Reizfolgestrom ist allein das Integral über alle gleichzeitig ablaufenden und die Ableitelektrode erreichenden Aktionsströme meßbar. Relativ ungestört von dem sehr viel stärkeren Reizfolgestrom lassen sich dagegen aus der Hörbahn Aktionsströme mit Hilfe von feinen Punktionsnadeln ableiten, in die eine bis auf die Spitze isolierte differente Elektrode eingebaut ist. Solche Elektroden hat R. WAGNER (2) zuerst als Reizelektroden angegeben. Mit solchen Elektroden werden nur die Aktionsströme berührter oder unmittelbar benachbarter Fasern erhalten. STEVENS und DAVIS (2) glauben, daß bei günstiger Lagerung der Elektroden die gleichzeitige Erregung von etwa fünf oder sechs Fasern gerade noch registrierbar sein kann. Die Unmöglichkeit einen Aktionsstrom zu registrieren ist somit kein Beweis, daß die Schwelle unterschritten ist. Der Experimentierkunst von DAVIS und seiner Schule ist es trotzdem gelungen eine große Zahl von Einzelheiten über die Aktionsströme des N. cochlearis in Erfahrung zu bringen. Hiervon muß uns zunächst das beschäftigen, was mit der Übertragung der Erregung aus den Sinneszellen auf die Nervenfasern zu tun haben dürfte.

Bisher haben wir keinerlei Handhabe zu erkennen, ob ein registrierter Aktionsstrom durch die inneren oder äußeren Haarzellen ausgelöst wurde. Jede Spekulation auf diesem Gebiet entbehrt vorläufig der experimentellen Grundlage.

Dagegen ist es DAVIS, DERBYSHIRE, LURIE und SAUL gelungen, mit Hilfe von kurzen Knacken als Reiz die Latenzzeit des Aktionsstromes im Verhältnis zum Reizfolgestrom zu messen. Als Beispiel einer derartigen Messung mag Abb. 100 dienen. Bei konstanter Stärke des Reizes ist die Latenzzeit zwischen dem Reiz und dem Aktionsstrom im Nerven ganz verschieden, je nachdem, ob der Reiz mit einer Drucksenkung oder einer Drucksteigerung am ovalen Fenster beginnt, die Latenzzeit zwischen der ersten Negativitätswelle des Reizfolgestromes (abgeleitet am runden Fenster) und dem ersten Aktionsstrom dagegen ist konstant, solange die Stärke des Reizes konstant gehalten wird. Aber selbst bei Ableitung der Aktionsströme vom Cochlearis an der Hirnbasis wie in Abb. 100 ist es mißlich, die Latenzzeit für die Stelle der Nervenfaser unter der Haarzelle auszurechnen, denn die Nervenfasern werden erst einige Hundertstel Millimeter jenseits der Haarzellen mit Markscheiden umgeben, und die Nervenleitungsgeschwindigkeit in den marklosen Abschnitten dürfte nach den Erfahrungen an anderen Fasern wesentlich geringer sein als in markhaltigen Fasern. So ist zwar nicht die absolute Latenzzeit und damit auch nur schlecht die Phase des Reizfolgestromes anzugeben, die als Reiz für die Nervenfasern wirkt. Immerhin glauben STEVENS und DAVIS als beste Kenner, daß wahrscheinlich der Übergang von der negativen zur positiven Phase des Reizfolgestromes gleichzeitig mit dem den Nervenaktionsstrom auslösenden Vorgang ist. Ich wage es nicht, auf Grund der neuen Versuche G. v. BÉKÉSYS (24), über die auf S. 111 berichtet wurde, nun schon zu entscheiden, ob dieser elektrischen Phase des Reizfolgestromes eine Bewegung der Basilarmembran gegen die scala tympani entspricht. Sicher ist nur, daß die früheren vereinfachten Darstellungen daran kranken, daß die Phase des Reizfolgestromes nur zur augenblicklichen Phase des Steigbügels, nicht zur augenblicklichen Phase der Basilarmembran an der Stelle ihrer größten Auslenkung in Beziehung gesetzt wurde. Aber auch von der Intensität des Reizes ist die Latenzzeit abhängig. DERBYSHIRE und DAVIS fanden (Abb. 101), daß die Latenzzeit für einen Knack, gemessen zwischen dem ersten negativen Ausschlag des Reizfolgestromes bis zum Fußpunkt der ersten Aktionsstromwelle, innerhalb der ersten 30 Dezibel über der Hörschwelle um 0,00029 sec, von 0,00084 auf 0,00053 sec sank. Neuerdings haben BORNSCHEIN und GERNANDT in Erweiterung von Befunden von DAVIS gefunden, daß mäßiger Sauerstoffmangel zuerst die Aktionsströme im Acusticus, und erst dann den Reizfolgestrom beeinträchtigen. Nach Wiederbeatmung ihrer Meerschweinchen kam zuerst der Reizfolgestrom in voller Größe zurück, und erst wesentlich später konnten auch Aktionsströme festgestellt werden. Und endlich hat GISSELSSON außer der schon bekannten Veränderung der Größe des Reizfolgestromes bei Blutdrucksenkung und Sauerstoffmangel gefunden, daß die Phase des Reizfolgestromes gegenüber der des Schalles nicht nur mit dem Blutdruck, sondern auch bei konstantem Blutdruck bei der Gabe von Acetylcholin und Physostigmin intravenös deutlich vergrößert wird. Dagegen konnte die meßbare Vermehrung von Acetylcholin in der Perilymphe, die MARTINI (1—5) behauptet hatte, nicht bestätigt werden, auch wenn die Ohren 1—2 Std beschallt worden

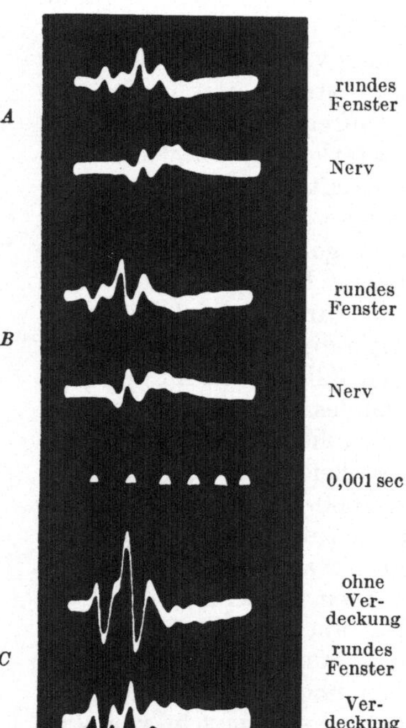

Abb. 100. Oszillogramme des Reizfolgestromes am runden Fenster und des mit koaxialen Elektroden abgenommenen Aktionsstromes am N. cochlearis beim Einwirken von kurzen Knacken. Auf den Reizfolgestrom ist der Aktionsstrom superponiert, während durch die Abnahmetechnik die Aktionsströme rein, ohne Beimischung von Reizfolgeströmen erhalten wurden. A und B unterscheiden sich nur durch Umkehr der Phase des Knackes, entsprechend ist auch die Phase der ersten Welle des Reizfolgestromes in B umgekehrt wie in A, während der Nervenaktionsstrom unverändert bleibt. Bei C ist der gleiche nur verstärkte Knack wie in B gefolgt von einem Zischgeräusch, das wegen der fehlenden Synchronisation mit der Ablenkung des Oscillographen als Verbreiterung erscheint, dabei bleiben die aufgesetzten Aktionsströme für den Knack durch Verdeckung aus, während der Reizfolgestrom für den Knack unverändert bleibt. [Aus DERBYSHIRE und DAVIS.]

waren. Immerhin spaltet die Endolymphe Acetylcholin schneller als die Perilymphe.

Alle diese Tatsachen sprechen für die zuerst von DERBYSHIRE und DAVIS ausgesprochene Ansicht, daß die Erregung der Nervenendigungen des Acusticus durch einen chemischen Vorgang etwa nach Art der Acetylcholinsekretion ausgelöst wird. Der chemische Stoff, der nicht unbedingt Acetylcholin selbst zu sein braucht, aber nach den Untersuchungen von GISSELSSON wohl den cholinergischen Stoffen zugehören dürfte, müßte dann als Erregungserfolg der Sinneszellen aufgefaßt werden. Nur dann ist es zu verstehen, daß mit der Reizgröße die Konzentration dieses Übermittlers steigt, und damit die Latenzzeit sinkt, und nur dann ist es zu verstehen, daß durch Gaben von Acetylcholin und seinen Verwandten der Erregungsstoffwechsel der Sinneszellen so verändert wird, daß sogar eine zeitliche Verschiebung zwischen Reiz und Reizfolgestrom meßbar wird. Und nur dann ist ohne allzu große Schwierigkeiten zu begreifen, daß längere Beanspruchung der Sinneszellen zu einer Verschiebung der Reaktionsgleichgewichte derart führt, daß die Adaptation als Ergebnis erhalten wird. Freilich legt die Analogie mit dem Auge die Frage nahe, ob hier für die Adaptation nicht vielleicht noch weitere chemische Körper eine Rolle spielen, von deren Existenz wir noch nichts wissen, und deren Mangel die Innenohrschwerhörigkeit mit Rekruitment (steilem Anstieg der Lautheit mit steigender Lautstärke), hervorrufen könnte. Jedenfalls berichten erfahrene Ohrenärzte, wie WULLSTEIN (1), daß schon geringe Stoffwechselstörungen oder kleine Infekte nach der Fensterungsoperation einen wesentlichen Einfluß auf die Hörschwellen

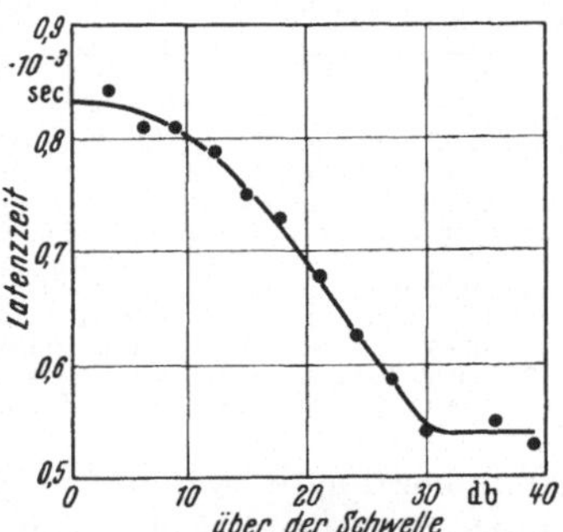

Abb. 101. Latenzzeit der ersten Aktionsstromwelle (am runden Fenster) gegenüber dem ersten negativen Maximum des Reizfolgestromes in Abhängigkeit von der Reizstärke (Abszisse). Mit steigender Reizstärke nimmt die Latenzzeit bei der Katze um 0,00029 sec ab, oberhalb von 30 Dezibel dagegen bleibt die Latenzzeit konstant. [Aus DERBYSHIRE und DAVIS.]

haben können. In den Abbildungen von LORENTE DE No sind endlich zentripetale Nervenfasern aufgeführt, die sich im Gebiet der Sinneszellen verzweigen, und deren Funktion unbekannt ist. So wäre sogar das Substrat für eine nervöse, möglicherweise autonome Einflußnahme auf das CORTISche Organ gegeben.

Nachdem zwischen dem Reizfolgestrom und dem auf diesen aufgesetzt zu registrierenden Aktionsstrom eine relativ feste Phasenbeziehung besteht, enthält auch der Aktionsstrom im N. cochlearis die Frequenz des reizenden Tones: Die Aktionsströme sind mit der Reizfrequenz synchronisiert. Dieser schon frühe, besonders von WEVER und BRAY (1) erkannte Zusammenhang brachte zwei Schwierigkeiten mit sich: die Refraktärzeit der Nerven läßt erwarten, daß oberhalb 1000 Hz eine einzelne Nervenfaser nicht mehr bei jeder Schwingung der Reizfrequenz mit einem Aktionsstrom antworten kann, eine Schwierigkeit, die WEVER und BRAY mit der „Salventheorie" (VOLLEY-Theorie) umgingen. Die einzelne Nervenfaser wird bei einer Frequenz, deren Schwingungszeit kürzer als die Refraktärzeit ist, zwar nur auf jede zweite oder dritte Schwingung mit einem Aktionsstrom antworten, aber durch Interferenz zwischen verschiedenen Fasern kann dann doch noch die Reizfrequenz im Summenaktionsstrom aller Fasern auftreten. Hierfür haben STEVENS und DAVIS (1) einen schönen Beweis geliefert. Die Größe der ableitbaren Aktionsstrompotentiale ist abhängig von der Zahl der gleichzeitig erregten Fasern. Wird nun durch maximale Lautstärke dafür gesorgt, daß alle Fasern miterregt werden, die sich überhaupt an der Fortleitung für einen Ton beteiligen, so muß die Größe des Summenaktionspotentials auf die

Hälfte fallen, sowie die Fasern wegen ihrer Refraktärzeit nur auf jede zweite Schwingung mit Erregung antworten, und auf ein Drittel, wenn die Schwingungsdauer ein Drittel der Refraktärzeit erreicht (Abb. 102). Darnach ist die kritische Frequenz für den N. cochlearis der Katze 800 Hz, bei der die Schwingungsdauer kürzer als die Refraktärperiode wird.

Die Stufenkurve der Abb. 102 wird nur erhalten, wenn gleich die ersten Aktionsströme nach dem Einschalten des lauten Tones registriert werden. Denn auch am N. cochlearis nimmt die relative Refraktärzeit zu, wenn der Nerv erregt wurde, was um so wirksamer wird, je höher die Reizfrequenz ist (DERBYSHIRE). Die Aktionsstromfrequenz der einzelnen Fasern spielt sich schon in etwa 2 sec ein, weiterhin ist die Abnahme der Erregbarkeit nur mehr gering.

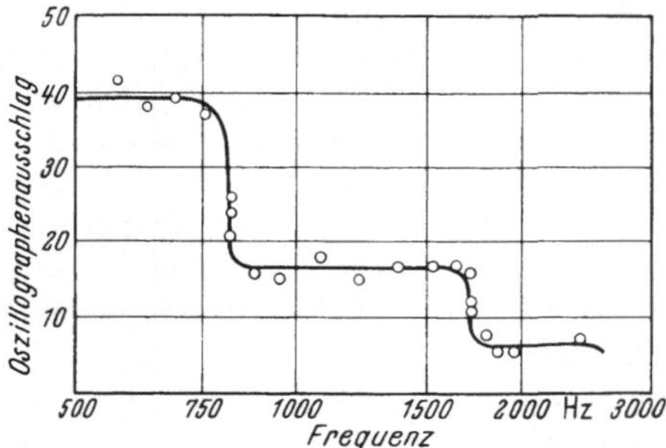

Abb. 102. Anfangsgröße der Summen-Aktionspotentiale im N. cochlearis der Katze. Oberhalb der kritischen Frequenz von 800 Hz kann die Einzelfaser der Reizfrequenz nicht mehr folgen, sondern antwortet nur auf jede zweite Schwingung, oberhalb 1600 Hz nur auf jede dritte. (Lautheitsstufen werden deshalb nicht hervorgerufen, weil sofort durch die Verlängerung der relativen Refraktärphase die Stufen abgeflacht werden, wenn der Reiz mehr als 2 sec wirkt.) [Aus STEVENS und DAVIS (1).]

Die zweite Schwierigkeit für das Verständnis, die aus der Synchronisation der Nervenaktionsströme mit der Reizfrequenz folgte, war die Frage, wie denn dann die Reizstärke dem Gehirn übermittelt werden kann, wenn die Aktionsstromfrequenz schon besetzt ist. Nun hat sich aber gezeigt, daß die Synchronisation oberhalb der Frequenz von 3000—4000 Hz nicht mehr nachzuweisen ist, und je weiter von der Schnecke entfernt, in höheren Neuronen, abgeleitet wird, desto tiefer sinkt die Grenzfrequenz der Synchronisation, eine Frage, die beim Richtungshören noch einmal behandelt wird. Es besteht keinerlei Anlaß, wegen der Synchronisation der Aktionsströme mit dem Reiz von der Einortstheorie und dem Gesetz der spezifischen Sinnesenergien abzugehen. Die Lautstärke wird unbeschadet der Synchronisation dadurch wiedergegeben, daß die Zahl der Fasern, die mit ihrem „Schützenfeuer" [STEVENS und DAVIS (2)] von den Aktionsströmen außerdem die Reizfrequenz darstellen, mit wachsender Reizstärke zunimmt. Gemessen kann diese Zunahme der beteiligten Fasern bei Zunahme der Reizstärke dadurch werden, daß für eine einzelne Faser festgestellt wird, mit welcher Aktionsstromfrequenz sie sich an der Wiedergabe verschiedener Frequenzen beteiligt, wenn die Lautstärke verändert wird. Abb. 103 gibt Messungen von GALAMBOS und DAVIS für eine Faser wieder, die ihre niedrigste Reizschwelle für die Frequenz 7000 besitzt.

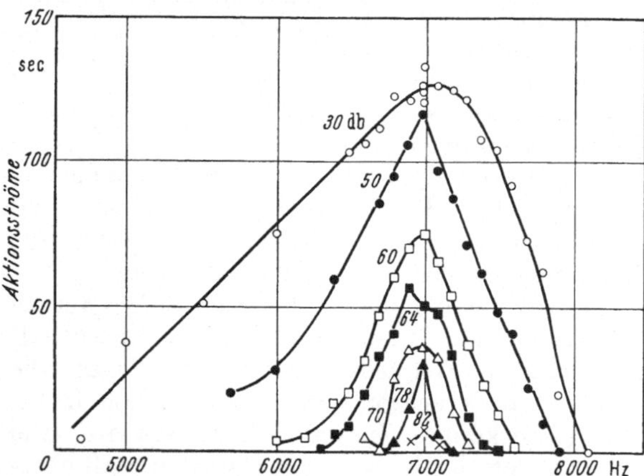

Abb. 103. Kurven der Aktionsstromfrequenz einer Einzelfaser des N. cochlearis (Ordinate) über die Reizfrequenz (Abszisse). Je größer die Lautstärke des Reizes ist, desto größer ist der Frequenzbereich, auf den die Faser noch mit Aktionsströmen antwortet. Die Zahlen an den Kurven sind Lautstärken in Dezibel unter einer Ausgangslautstärke, die Lautstärke wächst also mit sinkender Dezibelzahl. Beachte den steilen Verlauf der Kurven im Vergleich zur mechanischen Auslenkung der Basilarmembran. [Aus GALAMBOS und DAVIS.]

Je höher jedoch die Lautstärke gewählt wurde, desto größer war der Frequenzbereich, in dem diese Faser noch miterregt wurde. Die Aktionsstromfrequenz dieser Einzelfaser erreicht aber bei jeder Lautstärke ein auffallend spitziges Maximum für 7000 Hz. In der Abb. 103 ist die Frequenz auf der Abszisse linear aufgetragen, während in den Abb. 60 und 70 (S. 82 und 91) über die experimentell beobachtete Ausbauchungsumhüllende der Basilarmembran die Frequenz näherungsweise logarithmisch verteilt ist. Leider lassen sich die beiden Arten der Darstellung deswegen noch nicht quantitativ vergleichen, weil die mechanische Schwingung nur bis gegen 2000 Hz beobachtet wurde, die Abb. 103 aber die viel höhere Frequenz von 7000 Hz betrifft. So läßt sich noch nicht quantitativ beurteilen, ob in der Aktionsstromverteilung über die Fasern des N. cochlearis beim Einwirken einer bestimmten Frequenz schon eine Zuspitzung gegenüber der mechanischen Schwingung auf wenige maximal erregte Fasern enthalten ist.

2. Das Erregungsverteilungsorgan.

Schon bei der Besprechung der Physik der Perilymphe wurde mehrfach hervorgehoben, daß die physikalischen Schwingungen auf der Basilarmembran eine sehr flache Amplitudenumhüllende haben, die keineswegs Verständnis für die hohe Trennschärfe des Gehörs verschafft, wenn das Maximum dieser Amplitudenumhüllenden als Reiz für das CORTISche Organ aufgefaßt werden muß. G. v. BÉKÉSY (3) hat ausgeführt, daß durch irgendeine Art von Kontrast die noch durch die Adaptationsverteilung nachweisbar weitverbreitete Sinneszellerregung zusammengefaßt und zugespitzt werden muß. Nun besitzen wir ja auch im Auge eine derartige Einrichtung, durch die die Bildunschärfe auf Grund von Abbildungsfehlern und von Beugung rückgängig gemacht wird. Der Ort dieser Zuspitzung der Erregung dürfte beim Auge mindestens zum großen Teil schon die Netzhaut sein, in der vielleicht durch die Horizontalzellen eine Hemmung der Erregung in der Nachbarschaft belichteter Zapfen entsteht. Nun ist aber die Netzhaut ein Abkömmling des Diencephalons, während das Ganglion spirale des Acusticus den Intervertebralganglien nähersteht. Es besitzt nur die dipolaren Ganglienzellen der Acusticusfasern. Daher kann nach unserer derzeitigen Kenntnis keine Kontrastwirkung durch reziproke Innervation (SHERRINGTON) im CORTISchen Organ für die Konzentrierung der Erregung auf wenige Nervenfasern bei Beschallung vieler Sinneszellen in Anspruch genommen werden. Über die Konzentrierung der Erregung durch physikalische Mittel ist es müßig, weiter nachzuforschen, da ja die Adaptation weiter Sinneszellgebiete deren Erregung beweist. Und doch könnte die von LICKLIDER geforderte weitere Analyse über die physikalische Analyse hinaus nach einem Gedanken von RANKE (6) im CORTISchen Organ gesucht werden. Die die Haarzellen versorgenden Ausläufer der Nervenfasern sind innerhalb des Bereiches der Sinneszellen marklos, auch wenn sie dabei mehrere, bis zu sieben (nach HELD) oder noch viel mehr (nach LORENTE DE NÓ) Haarzellen versorgen. Bei Nervenfasern ohne Markscheide mit 0,005 mm Durchmesser (LORENTE DE NÓ) müssen wir mit sehr geringen Nervenleitungsgeschwindigkeiten, sicher nicht über 1 m/sec rechnen. Das Spitzenpotential in solchen dünnen markarmen oder marklosen Fasern ist länger als in markhaltigen, und auch die absolute Refraktärperiode sowie die latente Additionszeit ist merklich länger als bei markhaltigen Fasern. Es wäre demnach denkbar, daß erst durch Addition unterschwelliger Erregungen [lokale Erregung, GERSTNER (2)] dann, wenn diese in der richtigen zeitlichen Reihenfolge entsprechend der Nervenleitungsgeschwindigkeit von den an einer Nervenfaser aufgereihten Sinneszellen erfolgen, der Kippvorgang der fortgeleiteten Erregung ausgelöst wird. Nun ist aber auch die Wellengeschwindigkeit der Perilymphschwingung am Ort des Wellengeschwindigkeitsminimums in derselben Größenordnung von etwa 1m/sec zu erwarten. Daher wird die Erregungsphase der Sinneszellen diese nacheinander in dieser Geschwindigkeit ergreifen. Eine Abstimmung zwischen der Wellengeschwindigkeit der Perilymphschwingung und der Nervenleitungsgeschwindigkeit der Terminalfasern könnte so aus dem ganzen Berg der Amplitudenumhüllenden nochmal einen wesentlich kleineren Bereich auslesen, um wenigstens für die äußeren Haarzellen die geringe physikalische Abstimmung zu verfeinern. An den inneren Haarzellen ist innerhalb des CORTISchen Organs kein Anhaltspunkt für eine Kontrastwirkung aufzufinden, hier kann der Kontrast erst frühestens in den medullären Zentren einsetzen, und höchstens rückläufig über effektorische Fasern den Erregungsübergang von den Sinneszellen auf die Nervenendigungen beeinflussen. Für einen zentralen Anteil des Kontrastes spricht unter anderem die Tatsache, daß sehr viel längere Zeiten, besonders bei leisen Tönen, bis zur Bestimmung der Tonhöhe vergehen, als zur Feststellung, daß etwas gehört wird.

3. Hörbahnen und Hörzentren.

Die Cochlearisfasern legen sich im Modiolus derart aneinander, daß die etwa vom letzten Drittel der untersten Schneckenwindung ausgehenden Fasern die Achse, die von weiter oben und weiter unten kommenden Fasern in entgegengesetzter Drehrichtung darum aufgewickelt die Schale des Cochlearis bilden. Nach einer sehr kurzen freien Nervenstrecke tritt der Cochlearis zusammen mit den Ästen des Vestibularis in die Medulla oblongata ein, wo sich alle Cochlearisfasern teilen und je einen Ast zum ventralen und zum dorsalen Cochleariskern entsenden. Die Teilungsstellen der Cochlearisfasern sind dabei so angeordnet, daß hier eine Abbildung der Schnecke insofern aufzufinden ist, als die Reihenfolge der Nervenfasern die gleiche ist wie in der Schnecke die Reihenfolge ihres Ursprungs (LORENTE DE NÓ). Die Cochlearisfasern endigen in den Kernen, in denen die zweiten Neuronen beginnen. Deren Neuriten kreuzen teils im Trapezkörper, teils dorsal zur lateralen Schleife und ziehen zum hinteren Vierhügel und von da zum Corpus geniculatum mediale, scheinen aber ausweislich der Aktionsstrombilder alle unterwegs noch einmal auf ein drittes Neuron umgeschaltet zu werden. ADES, METTLER und CULLER haben durch Elektrokoagulation kleinster Stellen im Corpus geniculatum mediale hier noch einmal eine Projektion der Schnecke gefunden, so daß jedem Teil des Kniehöckers ein Frequenzbereich zugeordnet werden kann. Von den Kernen des Corpus geniculatum mediale ziehen dann die Neuriten neuer, vierter Neuronen als Hörstrahlung untermischt mit zentrifugalen Bahnen zur primären Hörrinde, wo sie alle in einem verhältnismäßig engen Bereich fast ausschließlich auf der Unterseite der SYLVISchen Furche endigen (POLJAK, WALKER). Sowohl im Corpus geniculatum mediale wie in der primären Hörrinde findet sich nach Aktionsstrombefunden (KEMP, COPPÉE und ROBINSON) wiederum eine Projektion der Cochlea.

Von diesem einfachen Schema der Fortleitung durch insgesamt mindestens vier Neuronen bis zur Hirnrinde weicht die Leitung im Nucleus cochlearis ventralis und dorsalis aber erheblich ab, insofern dort jede eintretende Cochlearisfaser (Abb. 104) mit einer sehr großen Zahl von Schaltneuronen, sicher mehreren hundert, in Beziehung tritt. Die kurzen Neuriten dieser Schaltneuronen laufen wahrscheinlich alle parallel und verbinden die einzelnen Cochlearisfasern insofern untereinander, als sie höchstens an dieselben Neurone mit langen Neuriten zum nächsthöheren Zentrum herantreten, die auch durch andere Cochlearisfasern unmittelbar erreicht werden können. Es ist über die Funktion dieser Parallelwege nichts Sicheres bekannt, sie könnten ebensogut das Substrat des Kontrastes wie das des Richtungshörens sein.

Die Abnahme von Aktionsströmen aus der Hörbahn gelingt mit den S. 121 erwähnten koaxialen Elektroden so gut, daß einzelne Untersucher Aktionsströme noch unterhalb der meßbaren Schwelle des Reizfolgestromes registrieren konnten. Das Interesse hat sich dabei bisher vorwiegend auf die Größe der Aktionspotentiale, also auf die Zahl der beteiligten Fasern, auf die Frequenz der Aktionsströme sowie auf die Latenzzeit gegenüber dem Reizfolgestrom erstreckt. KEMP, COPPÉE und ROBINSON fanden so, daß je nach dem Ort der Elektrode im Lemniscus lateralis die Schwelle für den Aktionsstrom beim Einwirken eines Knackes bis zu 30 Dezibel verschiedene Lautstärke des Knackes verlangen kann. Dann steigt aber die Größe der abgeleiteten Aktionspotentiale (also die Zahl der beteiligten Fasern) über etwa 30 Dezibel konstant mit der Lautstärke in Dezibel an, um dann erst einen Maximalwert zu erreichen, der auch bei weiterer Steigerung der Lautstärke nicht mehr überschritten wird. Verschiedene Fasergruppen überlappen sich somit in der Lautstärke mit ihren Aktionspotentialen. Noch lassen sich diese Ergebnisse nicht eindeutig einordnen.

Wichtiger ist das Verhalten der Aktionsströme bei verschiedenen Frequenzen. Wie erwähnt, sind im N. cochlearis noch bis gegen

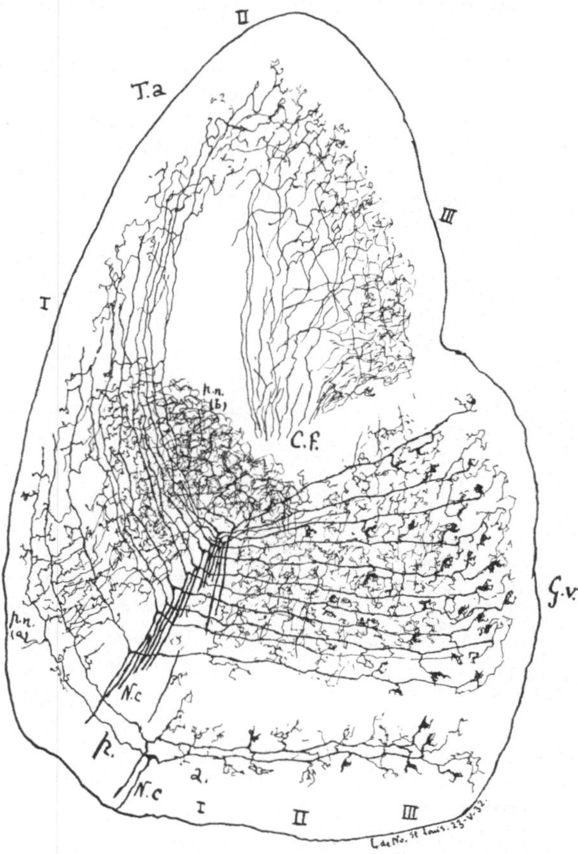

Abb. 104. Längsschnitt durch die primären Cochleariskerne einer 4 Tage alten Katze, Golgipräparat. *Gv.* Ganglion ventrale des Cochleariskernes. *T. a.* Tuberculum acusticum. *C. f.* Zentrifugale Fasern von höheren akustischen Kernen. *N. c.* Fasern des N. cochlearis, die sich kurz nach dem Eintritt in den vorderen (*a*) und den zum dorsalen Kern ziehenden hinteren (*p*) Ast teilen. Die Fasern in der Mitte des Bildes kommen mehr von der Spitze, die am unteren Rand von der Mitte der Schnecke. [AUS LORENTE DE NO.]

3000 Hz die Aktionsströme synchronisiert mit dem Reizfolgestrom. Sie drücken sich dabei als Nase in dem sonst sinusförmigen Reizfolgestrom aus. Von den Fasern des Trapezkörpers dagegen können Aktionspotentiale zunächst schon abgeleitet werden, ehe der Reizfolgestrom meßbar wird. Je mehr Synapsen durchlaufen wurden, desto niedriger ist nun die höchste Frequenz, bei der noch eine Synchronisation feststellbar ist. So sind die Aktionsstromsalven in den dritten Neuronen der lateralen Schleife nur mehr bis zu etwa 1000 Hz synchronisiert, und ausweislich der Tatsache, daß binaurale Schwebungen nur bis zur Grenzfrequenz von 800 Hz hörbar sind, scheinen die Neuronen vierter Ordnung diese Grenzfrequenz der Synchronisierung zu besitzen. Durch verschiedene

Synapsenzeit und verschiedene Nervenleitungsgeschwindigkeit geht die Synchronisation um so mehr verloren, je weiter entfernt vom Cochlearis abgeleitet wird. Dies bestätigt nur, daß es für die gehörte Tonhöhe nicht auf die Synchronisation ankommt, sondern darauf, welche Faser erregt wurde. Die Abnahme der Synchronisation drückt sich auch in der Latenzzeit des Auftretens der Aktionspotentiale gegenüber dem Reizfolgestrom (Abb. 105) aus. Diese Latenzzeit ist zunächst überall in gleicher Weise, aber in verschiedenem Ausmaß von der Intensität abhängig. Sie sinkt sowohl im Cochlearis wie in den Fasern des Trapezkörpers zunächst gleichartig mit steigender Reizintensität, um bei merklichen Reizstärken konstant etwa 0,001 sec im Cochlearis, 0,0022 sec im Trapezkörper zu betragen. Davon dürfte die Synapsenzeit etwa 0,0008 sec ausmachen. In der lateralen Schleife sind die Latenzzeiten gegenüber dem Trapezkörper zunächst wieder abhängig von der Reizstärke, und dann sind sie je nach der Lage der Nadelelektrode in verschiedenen Teilen der Schleife nicht ganz konstant. Der Abstand von mehr als 0,001, nämlich von 0,0013—0,0017 sec zwischen Trapezkörperfasern und Fasern der lateralen Schleife beweist, daß zwischen diesen Fasergruppen stets noch eine weitere Synapse durchlaufen werden muß. In den Neuronen jenseits des hinteren Vierhügels und jenseits des Corpus geniculatum mediale, sowie in der primären Hörrinde sind Aktionsströme viel schwerer zu erhalten als in tieferen Regionen, nicht nur weil sie dort nicht mehr synchronisiert und daher schwerer von anderen zufälligen Erregungen zu trennen sind, sondern auch, weil die Narkose hier viel leichter die Erregbarkeit dämpft oder ausschaltet als in den tieferen Zentren. Die Latenzzeit steigt dabei von 0,004—0,005 sec in

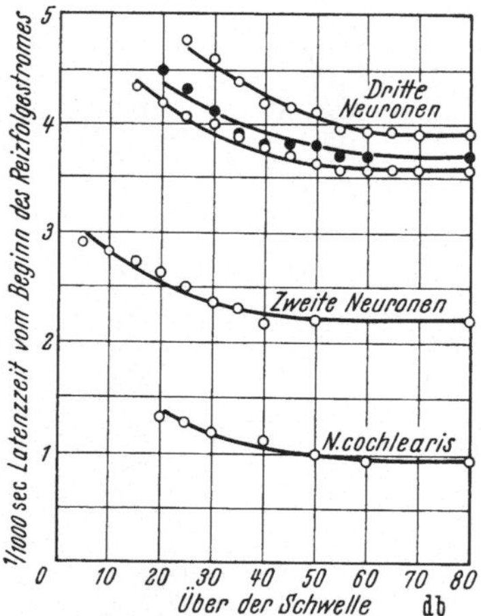

Abb. 105. Latenzzeit (Ordinate) der Aktionsströme in den verschiedenen Neuronen der Katze, abhängig von der Lautstärke (Abszisse). Die Abnahme der Latenzzeit mit zunehmender Lautstärke ist in den höheren Neuronen größer als im 1. Neuron. [Aus Kemp, Coppée und Robinson.]

den Verbindungsbahnen zwischen dem hinteren Vierhügel und dem Corpus geniculatum mediale bis auf 0,008 sec in der Rinde. Einzelheiten hierüber wurden neuerdings von A. R. Tunturri gefunden.

Im Hinblick auf das Richtungshören ist es noch bemerkenswert, daß bis zu den hinteren Vierhügeln keinerlei Nachweis einer gegenseitigen Beeinflussung bei beidohrigem Reiz feststellbar ist. Weder die Aktionsstromhöhe, noch gegenseitige Verdeckungseffekte noch Veränderungen der Latenzzeit der von einem Ohr her erreichbaren Fasern ist bei Mitreizung des anderen Ohres gefunden worden. Die Fasern der lateralen Schleife sind zwar anatomisch gemischt solche, die von beiden Ohren kommen, aber bis zu den hinteren Vierhügeln ist eine gegenseitige Beeinflussung nicht nachzuweisen. Dies schließt freilich nicht aus, daß schon weiter unten eine Zusammenschaltung erfolgen könnte, etwa im Trapezkörper, wobei dann nur eine andere noch nicht gefundene Bahn nach aufwärts verlangt werden müßte. Nach den Schädigungsversuchen durch Entfernung einer Schnecke und einer Hirnrinde ist jede Hirnrinde in gleicher Weise mit jeder Schnecke verbunden. Erwähnenswert ist dabei, daß bei Hunden bedingte Reflexe auch noch nach Entfernung der beiderseitigen primären Hörrinde auslösbar waren, freilich erst bei Reizen, die etwa 5000mal so stark waren als die Schwellenreize vor der Operation. Die Entfernung einer Schnecke *oder* einer Hörrinde erhöht die Schwellen um 2—5 Dezibel, die Entfernung einer Schnecke *und* einer Hörrinde — gleich, ob homolateral oder kontralateral — um 15 Dezibel (BROGDEN, GIRDEN, METTLER und CULLER). Wenn diese Erfahrungen auch gut mit denen aus der menschlichen Pathologie übereinstimmen, kann doch noch nicht mit Sicherheit gesagt werden, daß alle bei Katzen und Hunden gefundenen Lokalisationen ohne weiteres auf den Menschen übertragen werden können.

VI. Empfindungen und Wahrnehmungen.

Mit der Besprechung der Aktionsströme vom Cochlearis bis in die primäre Hörrinde sind wir am Ende einer Reihe angelangt, die mit dem adäquaten Reiz begann, und über die Physik des Antransportes, die Physiologie und Physik der Schnecke bis zu den letzten mit objektiven Methoden feststellbaren Erscheinungen im Gebiet des Gehörs vorgedrungen ist. Bis hierher konnte auf die Mitwirkung der untersuchten Tiere oder auch des Menschen (an den Stellen, wo physikalische Verhältnisse auch am Leichenohr festgestellt werden konnten) verzichtet werden, wenn man die bedingten Reflexe noch zu den Dingen rechnet, die objektiv feststellbar sind, soweit es sich um Tiere handelt. Alle weiteren Untersuchungen aber bedürfen der Mitwirkung des Untersuchten insofern, als er uns mittels der Sprache oder anderen, willkürlich hervorrufbaren Äußerungen — und sei es nur die Messung der Reaktionszeit und damit das Drücken einer Taste — kundtun muß, ob er eine Wahrnehmung gemacht hat. Noch klingt mir das Wort eines alten Pfarrers im Ohr, der mich als Studenten gefragt hat, wie es kommt, daß man etwas sieht. Auf meine Auslassungen über die Physiologie des Auges antwortete er nur, das meine ich nicht, ich meine, wie es kommt, daß man etwas sieht. Nun sind wir zwar innerhalb der Biologie heute völlig davon überzeugt, daß es keine Wahrnehmung ohne all' die physiologischen Grundlagen vom Reiz bis zum Aktionsstrom in den Rindenfeldern gibt. Wir müssen aber offen bekennen, daß wir noch meilenweit davon entfernt sind, nun etwa zu verstehen, wieso uns die eine oder andere Erscheinung der Umwelt ins Bewußtsein tritt, ja überhaupt welches Korrelat und ob ein Korrelat physiologischer Art zum Bewußtsein vorhanden ist. Es ist hier nicht der Ort, diese grundsätzliche Frage zu erörtern. Es soll nur von Anfang an festgestellt werden, daß durch die Benutzung bewußter Vorgänge zur Anzeige über physiologische Verhältnisse nichts über das Bewußtsein ausgesagt werden soll als die eine Tatsache, daß damit vorausgesetzt wird, daß auch die Bewußtseinsvorgänge durch die Einwirkungen von Aktionsströmen in den Sinnesnerven modifiziert werden können. Und diese Voraussetzung kann experimentell nachgeprüft werden, wenn regelmäßig derselbe Bewußtseinsinhalt bei gleicher Reizdarbietung erlebt oder ausgesagt wird. Dies wird freilich um so genauer erreicht, je mehr die Aufmerksamkeit gerade auf denjenigen Bewußtseinsinhalt gerichtet wird, der gerade untersucht werden soll, und je weniger dabei die Mitarbeit des Gedächtnisses oder eines Urteils mit quantitativer Abstufung verlangt wird. So gelingt die Feststellung der Schwellen genauer als die der Feststellung gleicher Lautheit verschieden hoher Töne, und diese wieder besser als der Vergleich zwischen einem Ton und einem Geräusch, oder gar die Halbierung oder Verdoppelung einer Lautheit. Aber sogar die hier gefundenen Unregelmäßigkeiten gehorchen noch strengen Wahrscheinlichkeitsgesetzen, wie G. v. BÉKÉSY (5) in einigen Fällen gezeigt hat, und zeigen damit ihre Zugehörigkeit zur Naturwissenschaft.

1. Lautstärken-Unterschiedsschwelle.

Zwei Dinge der bewußten Wahrnehmung von Schall kann die Physik unter keinen Umständen erklären, nämlich einmal die Tatsache, daß die Empfindung nicht proportional der Reizstärke zunimmt, sondern weithin näherungsweise durch das WEBER-FECHNERsche Gesetz wiedergegeben wird, und zweitens die Tatsache, daß ein länger dauernder, auch nicht etwa zur Überlastung nach STEVENS und DAVIS (2) führender Ton allmählich an Lautheit abnimmt, die Tatsache der Adaptation. Wir haben guten Grund, bei allen Sinnesorganen diese beiden Eigenschaften im Transformationsorgan zu suchen und wollen daher feststellen, inwieweit die gefundenen Tatsachen damit in Übereinstimmung stehen.

Es liegt nahe, für die Gültigkeit des WEBER-FECHNERschen Gesetzes eine naturwissenschaftliche Erklärung zu suchen. Das Gesetz selbst sagt zunächst etwas darüber aus, daß die Empfindungen, also Bewußtseinsinhalte, die nicht ohne weiteres meßbar sind, eine bestimmte Abhängigkeit von der Intensität des Reizes besitzen. Meßbar kann die Empfindung immer nur durch die Feststellung einer Schwelle werden, für die wir dann den Reiz quantitativ angeben können. Wie bei der ursprünglichen Ableitung des WEBER-FECHNERschen Gesetzes durch WEBER am Tastsinn und Kraftsinn bieten sich hierzu auch am Ohr die Unterschiedsschwellen für verschiedene Intensitäten an. Diese Unterschiedsschwellen hat 1923 KNUDSEN gemessen, wobei allerdings allerlei Schwierigkeiten überwunden werden mußten, so besonders der günstigste Zeitabstand zwischen den beiden Prüftönen festzustellen war. G. v. BÉKÉSY (1) hat später noch eine ganze Reihe weiterer Bedingungen für derartige Messungen herausgearbeitet, ohne daß dadurch die Ergebnisse von KNUDSEN grundsätzlich verändert worden wären.

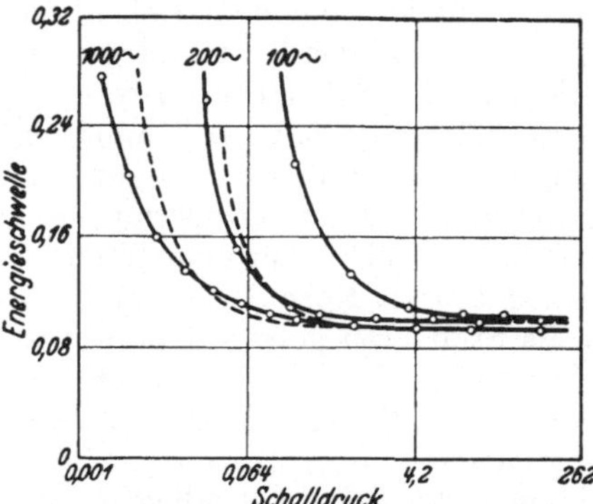

Abb. 106. Abhängigkeit der Energie-Unterschiedsschwelle (Ordinate) vom absoluten Schalldruck (Abszisse) für die Töne 100, 200 und 1000 Hz. [Aus KNUDSEN.]

Die abweichenden Ergebnisse von RIESZ beruhen auf einem technischen Fehler und sind überholt. In Abb. 106 ist zu sehen, daß die Lautstärken-Unterschiedsschwelle für jede Tonhöhe zunächst bei sehr leisen Tönen hoch ist, dann aber mit zunehmender Lautstärke sich schnell dem für alle Töne gleichen konstanten Wert von etwa 10% der Schallenergie nähert. Da die absoluten Schwellen für verschiedene Töne ungleich sind, liegt auch der Anfangsabfall der Unterschiedsschwelle für verschiedene Tonhöhen bei verschiedenen Absolutdrucken. Bei Schalldrucken, die größer sind, als daß dieser schwellennahe Abfall der Unterschiedsschwelle noch eine Rolle spielen würde, ist die Unterschiedsschwelle gemessen in Prozent der Energie des leiseren Tones konstant gleich 10%, die Energie muß also geometrisch wachsen, um diese konstante Schwelle zu erhalten. Nach den Messungen von NEWMAN, STEVENS und DAVIS steigt dagegen der Reizfolgestrom in weiten Grenzen linear mit dem Schalldruck. Erst bei Intensitäten, bei denen der Reizfolgestrom etwa 80% seines Maximalwertes erreicht, biegt die logarithmische Kurve der Abb. 91 deutlich zu geringerer Steilheit um, bei Intensitäten, die schon 70—80 Dezibel über der (menschlichen) Hörschwelle bei 1000 Hz liegen. Die Steilheit 1 bedeutet aber Proportionalität zwischen Schalldruck und Reizfolgestrom. Der Verlauf der Kurven des Reizfolgestromes, abhängig vom Schalldruck, kann somit das WEBER-FECHNERsche Gesetz nicht erklären. In seiner ursprünglichen Fassung sagt das WEBER-FECHNERsche Gesetz etwas über die Beziehung zwischen der Reizstärke und der Gesamtstärke der Empfindung aus. Es ist aber sehr bedenklich, nun etwa alle Unterschiedsschwellen, die schon mit zunehmender

Lautstärke durchlaufen wurden, zu addieren, und durch diese Summe die „Lautheit", also die Stärke der Empfindung messen zu wollen, wie das nicht nur KNUDSEN für das Ohr, sondern auch andere Autoren für andere Sinnesorgane versucht haben. Jede einzelne Unterschiedsschwelle wird bei einer Intensität gemessen, die in der Nähe der mittleren Intensität zwischen den beiden Intensitätsstufen liegt. Die mittlere Intensität bedingt aber eine Umstimmung des Sinnesorgans, die den Namen Adaptation trägt, und es läßt sich daher nicht allgemein vorhersagen, ob die bei anderer Intensität gemessenen Unterschiedsschwellen auch bei derjenigen Adaptation gemessen werden könnten, die zu der augenblicklich wirksamen Intensität gehört. Das WEBER-FECHNERsche Gesetz darf nur in der Form angewendet werden: Die Intensitätsunterschiedsschwelle beträgt einen festen Prozentsatz der Adaptationsintensität, aber nicht in der Integralform: Die Empfindung wächst proportional dem Logarithmus der Reizstärke. So kann auch die Zahl der Unterschiedsschwellen von den — gleichzeitig unterscheidbaren — leisesten bis zu den lautesten Tönen oder Geräuschen nicht aus der Größe der bei jeder bestimmten Lautstärke gemessenen Schwelle und dem Bereich von der Hörschwelle bis zur Schmerzgrenze errechnet werden. Am schnellsten läßt sich der Sachverhalt am Gesichtssinn erläutern: Die Absolutschwelle liegt dort etwa bei 10^{-5} Lux, die absolute Blendung etwa bei 10^{+5} Lux, sodaß Unterschiedsschwellen über einen Bereich von 10 Zehnerpotenzen der objektiven Helligkeit gemessen werden können. Bei einer festen Adaptation etwa auf mittlere Tageshelligkeit dagegen überstreicht unsere Empfindung von der Empfindung schwarz bis zur Empfindung blendend nur ungefähr 2 Zehnerpotenzen der Helligkeit. Die technische Akustik rechnet mit einer Abstufbarkeit der Lautstärken etwa einer Musikwiedergabe am Grammophon im Verhältnis 1:80 oder über einen Bereich von 38 Dezibel und bei modernen Tonbandgeräten mit einem Bereich von 60 Dezibel. Dies wären nur etwa 24 bis 38 gleichzeitig unterscheidbare Lautheiten, die um je 10% der Schallenergie verschieden sind. Die genauere Betrachtung der Adaptation wird freilich zeigen, daß wir mit etwa fünfmal so vielen gleichzeitig unterscheidbaren Lautheiten rechnen müssen, die durch verschiedene Aktionsstromfrequenz oder durch Beteiligung vieler Nervenfasern charakterisiert sind.

2. Adaptation und Tonverdeckung.

Das gleiche Geräusch erscheint uns je nach den Umständen ganz verschieden laut. Nachts, bei völliger Ruhe, hören wir das Rascheln einer Maus oder das Ticken einer Taschenuhr deutlich und können dabei noch verschiedene Intensitäten gut unterscheiden. Beim allgemeinen Tageslärm hören wir solche leisen Geräusche überhaupt nicht, sie sind unterschwellig geworden. Es handelt sich dabei um zwei wesensverschiedene Vorgänge, nämlich einmal um die Umstimmung der Sinneszellen auf einen anderen Absolutbereich ihrer Empfindlichkeit, um Adaptation, und außerdem um die gegenseitige physikalische Beeinflussung der Schwingungen für Lärm und Prüfschall in der Schneckenflüssigkeit. Während die Adaptation der Messung ohne Störung durch physikalische Beeinflussung zugänglich ist, kann die physikalische Störung in der Schneckenflüssigkeit nicht getrennt von der Adaptation untersucht werden. Es hat sich daher eingebürgert, die Gesamtbeeinflussung beim gleichzeitigen Einwirken eines Störschalles mit dem Prüfschall „Tonverdeckung" (englisch masking) zu nennen.

Die Messung der Adaptation erfolgt beim Auge meist durch Feststellung der Absolutschwelle. Bekanntlich verläuft beim Auge die Adaptation sehr langsam, und ist erst nach 45 min vollständig. Daher bleibt genügend Zeit, um in Ruhe die Schwelle zu messen. Beim Ohr dagegen stößt die Messung der Absolutschwelle abhängig von der Vorbelastung auf eine unerwartete Schwierigkeit: Schon innerhalb einiger Zehntel Sekunden, die vergehen, bis nach dem lauten Adaptationston der leisere Prüfton erklingt, ist bei manchen Versuchspersonen kein Unterschied der Absolutschwelle gegenüber dem nicht vorbehandelten Ohr zu messen, oder wenigstens nicht regelmäßig zu messen. Bei der Mehrzahl der Versuchspersonen fand G. VAN BEUNINGEN einen mehrphasigen Verlauf bei längeren Versuchen.

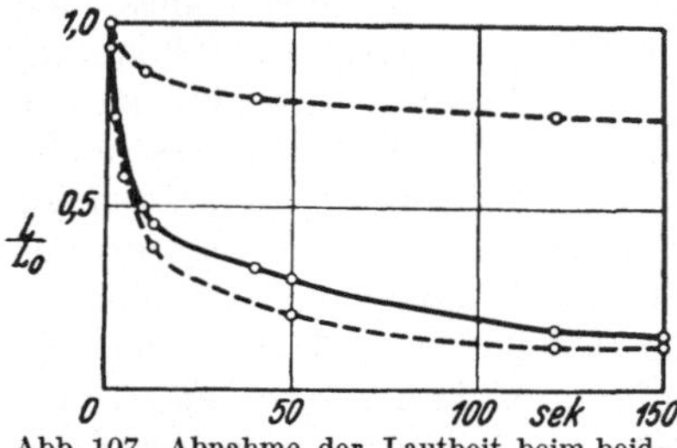

Abb. 107. Abnahme der Lautheit beim beidohrigen Vergleich und einseitiger Dauerbelastung infolge Adaptation bei verschiedenen Personen. [Aus G. v. BÉKÉSY (2).]

Er unterscheidet eine konstante Phase, bei der die Readaptation auf die alte Hörschwelle etwa ebenso lange braucht, wie der Adaptationston von 70 Phon erklungen ist, von einer Sensibilisierungsphase, in der die Readaptation merklich schneller erfolgt. Bei längeren Versuchen folgt dann meist eine Ermüdungsphase mit unregelmäßigen Sprüngen der Schwelle. Der Vergleich der subjektiven Lautheit eines Tones im unbeanspruchten Ohr gegenüber der im vorbehandelten Ohr erlaubte es G. v. BÉKÉSY (2) Unterschiede in der Empfindlichkeit des vorbehandelten Ohres gegenüber der des Vergleichsohres festzustellen. G. v. BÉKÉSY selbst nennt das, was er dabei gemessen hat, Ermüdung. Die Abgrenzung zwischen Ermüdung und Adaptation mag vielleicht schwierig sein, zumal auch beim Auge längere Blendung zur Schädigung, kürzere nur zur Helladaptation führt. Doch glaube ich, der Ausdruck Ermüdung sollte beschränkt werden auf Zustände, die nach längerer oder starker Beanspruchung sich erst im Laufe längerer Zeit, etwa nach einer durchschlafenen Nacht, wieder ausgleichen, und die mit einer Minderleistung des Organs verbunden sind. So fühle ich mich berechtigt, die Ermüdung G. v. BÉKÉSYs (2) großenteils für Adaptation anzusehen, zumal damit sogar eine Verbesserung der Leistung des Ohres in dem Bereich derjenigen Intensität eintritt, die längere Zeit auf das Ohr einwirkt. Zur Messung wurde einem Ohr ein Dauerton eine einstellbare Zeit lang angeboten, und sofort nach Aufhören dieses Tones dem anderen Ohr ein Vergleichston derselben Frequenz angeboten, den die Versuchsperson auf gleiche subjektive Lautheit einzustellen hatte. Es zeigte sich, daß die Empfindlichkeitsveränderung bei verschiedenen Personen ganz außerordentlich verschieden stark war. Übereinstimmend dagegen sinkt die subjektive Lautheit eines Dauertones zunächst schnell, dann langsamer, und zwar über mehrere Minuten (Abb. 107). Nach dem Aufhören des Dauertones kommt die alte subjektive Lautheit nur allmählich wieder, wenn nun mit zwei kurzen Prüftönen die beiden Ohren verglichen werden.

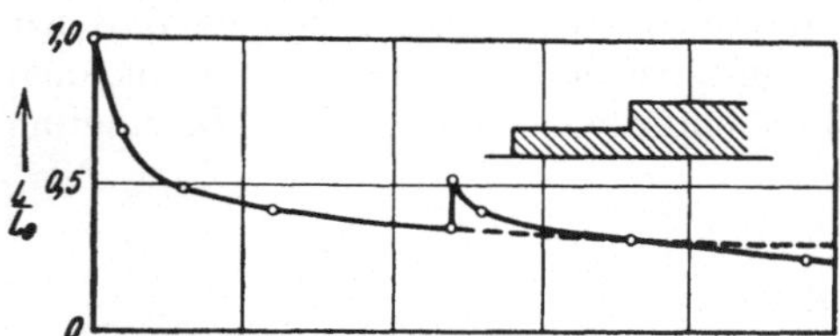

Abb. 108. Der zeitliche Ablauf der Adaptation bei einer (rechts oben schematisch dargestellten) Schalldruckverdoppelung. [Aus G. v. BÉKÉSY (2).]

Durch Verdoppelung oder Halbierung des Schalldrucks des Dauertones nach einiger Zeit und Verfolgung des Vergleichschalldrucks im anderen Ohr konnte G. v. BÉKÉSY (2) nachweisen, daß Lautheitsänderungen nach Adaptation in gesetzmäßiger Weise überschätzt werden. Zum Beispiel ist (Abb. 108) nach 2 min die Lautheit eines Dauertones gleichlaut mit einem Ton im anderen Ohr, der nur 34% dieses Schalldruckes hat. Wird nun aber nach 2 min Adaptation

der Schalldruck des Adaptationstones verdoppelt, so ist für die zusätzliche Lautheit die Adaptation beträchtlich geringer, so daß dieser verdoppelte Ton die Lautheit von 52% des Schalldruckes im anderen Ohr hat. Dadurch steigt die scheinbare Lautheit im Augenblick der Verdoppelung von 34% des einfachen auf 52% des verdoppelten Tones an, also entsprechend einer Verstärkung des Schalldruckes auf das 3,1fache. Ganz entsprechend wird bei einer Schalldruckverminderung auf die Hälfte der geschwächte Ton im adaptierten Ohr viel leiser gehört, als wenn er in gleicher Dauerstärke die Adaptation herbeigeführt hätte, wie das Abb. 109 nach G. v. Békésy (2) darstellt. Aus diesen Tatsachen folgt, daß die Unterschiedsschwelle für Amplitudenänderung eines Tones mit steigender Adaptation immer kleiner wird. Dies konnte

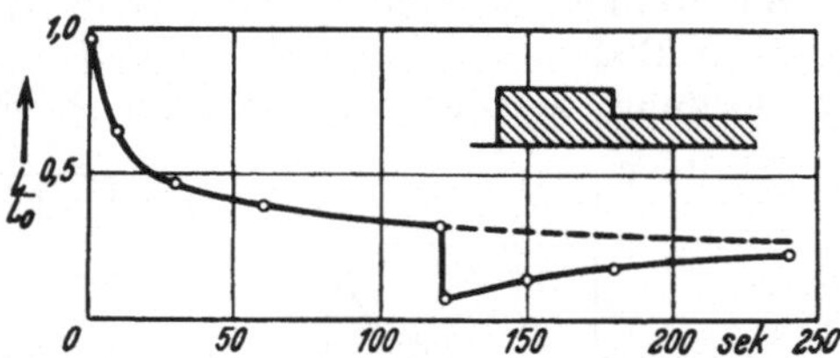

Abb. 109. Der zeitliche Ablauf der Adaptation bei einer Schallschwächung auf die Hälfte. [Aus G. v. Békésy (2).]

G. v. Békésy unmittelbar dadurch feststellen, daß er eine unterschwellige reine Amplitudenschwankung eines Tones, also eine reine Lautstärkenmodulation mit vier Schwebungen je Sekunde bei 800 Hz und 10 dyn/cm² einstellte, und die Zeit bis zum Überschwelligwerden maß. Im Mittel wurde so eine Abnahme der Amplitudenschwelle

nach 50 sec auf 50%
nach 100 sec auf 26%
nach 150 sec auf 20%

des sofort überschwelligen Wertes gefunden. Gerade diese Tatsachen zwingen mich, in dieser Adaptation einen zweckmäßigen Anpassungsvorgang, und nicht eine Ermüdung der Sinneszellen zu sehen: Dauernder Lärm veranlaßt das Ohr, seine Schwelle zu erhöhen, und dafür die Unterschiedsschwelle für Schallstärkenänderung in der Umgebung der Intensität des Lärmes zu senken. Genau denselben Vorgang als Dauerzustand nennt die Klinik Rekruitment (Fowler).

G. v. Békésy (2) hat den Nachweis für die Lokalisation der Adaptation im peripheren Sinnesorgan schon 1929 geführt. Die Adaptation beim Einwirken eines reinen Tones ist nämlich nicht auf diesen Ton beschränkt. Prüft man sofort nach der Adaptation im adaptierten und im Vergleichsohr mit anderen Frequenzen, so kann man feststellen, daß die Lautheit im adaptierten Ohr weithin auch bei höheren und niedrigeren

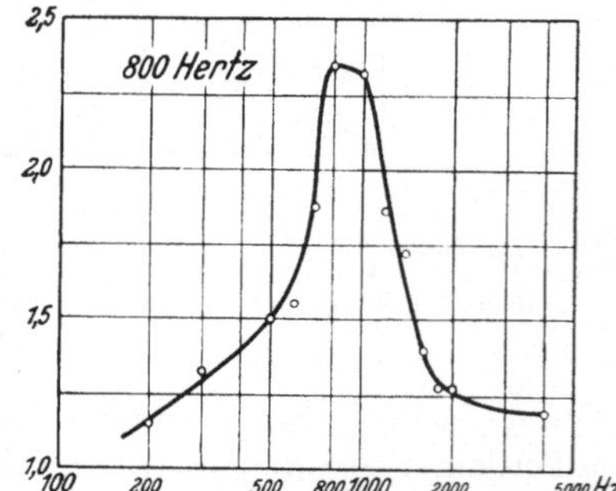

Abb. 110. Verteilung der Adaptation für einen beliebigen Ton durch einen gleichstarken Ton von 800 Hz. Die Ordinate gibt das Verhältnis des Schalldrucks im Prüfohr zu dem im Vergleichsohr für gleiche Lautheit an. [Aus G. v. Békésy (2).]

Frequenzen vermindert ist gegenüber der im Vergleichsohr. Abb. 110 gibt die nötige Verstärkung des Schalldruckes im adaptierten Ohr an, damit nach 2 min Adaptation mit 10 dyn/cm² im adaptierten Ohr der Prüfton ebenso laut erscheint wie der Vergleichston von 10 dyn/cm² im Vergleichsohr. G. v. Békésy (2) schloß schon damals, wenn das Ohr hinterher für eine Tonhöhe „ermüdet" ist, dann müssen die betreffenden „Nervenendigungen" (wir wollen besser sagen die Sinneszellen) vorher auch erregt gewesen sein. Übrigens war diese Kurve der Anlaß für mich, die Dämpfung für die Trennmembran zwischen 0,3 und 0,5 anzunehmen, da nur dann die Form der Schwingungskurven der Basilarmembran, z. B. Abb. 66 einen ähnlichen Verlauf hat wie hier die Verteilung der Adaptation über die Frequenzen. Zum Vergleich muß freilich darauf geachtet werden, daß die

Abszissen nicht unmittelbar vergleichbar sind, besonders bei Abb. 66 die Frequenz nach rechts sinkt, bei Abb. 110 nach rechts steigt. Die Kurve der Abb. 110 können wir als Kurve gleicher Lautheit sofort nach dem Einwirken eines Adaptationstones auffassen. Statt das Augenmerk auf gleiche Lautheit zu richten, kann auch die Hörschwelle für andere Töne als den Adaptationston, und diese dann auch während der Einwirkung des Adaptationstones untersucht werden, wie das WEGEL und LANE zuerst getan haben. Die unter solchen Bedingungen beobachtete Hörschwellenerhöhung hat den Namen Tonverdeckung oder englisch masking bekommen. Es ist auch richtig, daß die

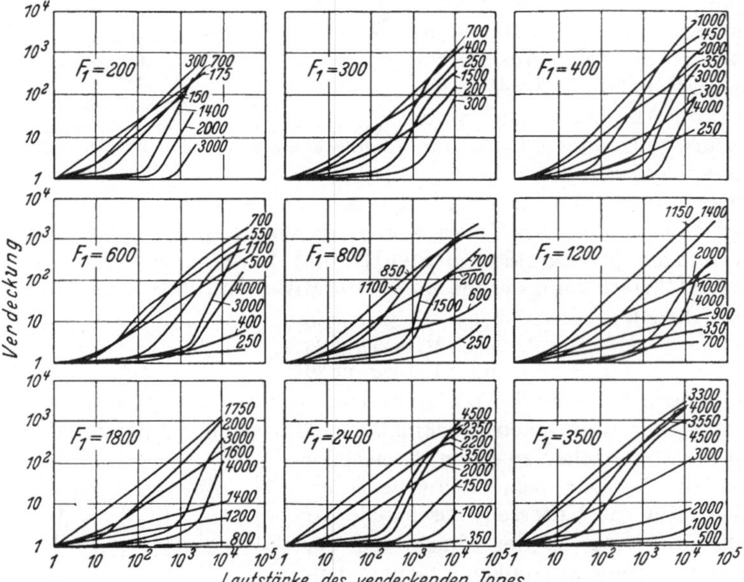

Abb. 111. Tonverdeckung der an die Kurven angeschriebenen Töne beim gleichzeitigen Erklingen des verdeckenden Tones F_1, dessen Frequenz in jedem Diagramm links oben steht. Abszisse: Lautstärke des verdeckenden Tones, Ordinate: dabei nötige Verstärkung des verdeckten Tones in Vielfachen des Schwellenschalldruckes. [Aus WEGEL und LANE.]

Tonverdeckung nicht allein durch Adaptation erklärt werden kann, sie enthält außerdem noch diejenige Schwellenerhöhung, die durch die gegenseitige Beeinflussung der Flüssigkeitsschwingungen in der Perilymphe beim gleichzeitigen Einwirken mehrerer Töne zu erklären ist. Der Unterschied zwischen der — bisher in der Literatur nicht beschriebenen — Hörschwellenerhöhung sofort nach Adaptation und der während der Adaptation würde somit diesen Einfluß der Flüssigkeitsschwingung ergeben, wenn eben nicht die Hörschwelle sofort nach der Adaptation so rasch wieder nahe an ihre Ausgangswerte zurückkehren würde, daß dadurch keine sicheren Messungen möglich sind. In Abb. 111 sind für einige verdeckende Frequenzen die Hörschwellenveränderungen für die an die Kurven angeschriebenen Frequenzen als Faktor zwischen dem Schalldruck ohne Adaptationston und dem Schalldruck, der während dem Ertönen des Adaptationstones nötig ist, angegeben. Darnach werden höhere Töne deutlich durch tiefere Adaptationstöne stärker verdeckt, als tiefe durch höhere. Außerdem wirken sich die Obertöne des Adaptationstones so aus, daß ohne Beachtung der Schwebungserscheinungen im Bereich der Obertöne die Verdeckung stärker, unter Ausnutzung der Schwebungserscheinungen dagegen die Verdeckung der Obertöne schwächer ist als die der Umgebung, wie das für die Frequenz 1200 in Abb. 112 deutlich wird.

Zeichnet man die Kurven der Abb. 111 so um, daß in der Abszisse die Frequenz, in der Ordinate die Hörschwellenerhöhung in Dezibel angegeben wird, so ist freilich zu sehen, daß gar nicht regelmäßig die höheren Töne stärker durch die tieferen als umgekehrt die tieferen durch die höheren verdeckt werden. Es wird vielmehr allem Anschein nach durch alle Töne der mittlere Bereich etwa von 400—2000 Hz stärker verdeckt, als der Bereich darüber und darunter, wobei freilich das Ausmaß der Verdeckung durch tiefe Töne deutlich stärker ist als das durch hohe Töne. Die Verdeckung im anderen Ohr beträgt etwa $1/_{100}$ von der, die bei Darbietung des Adaptationstones und des verdeckten Tones im gleichen Ohr eintritt.

Neuerdings hat LERCHE die Amplitude des Reizfolgestromes am Meerschweinchen beim gleichzeitigen Einwirken eines Störtones anderer Frequenz mit dem Prüfton abhängig von den Amplitudenverhältnissen dieser beiden Töne mit sehr sorgfältiger Methodik gemessen. Hiernach erfolgt eine Amplitudenabnahme des Reizfolgestromes für den Prüfton beim Einschalten des Störtones vorwiegend dann, wenn die Lautstärke des Störtones so groß ist, daß der zu ihm gehörige Reizfolgestrom auf dem gebogenen oberen Teil der Charakteristik liegt (s. Abb. 91, S. 116). Außerdem ist die Abnahme des Reizfolgestromes für den Prüfton

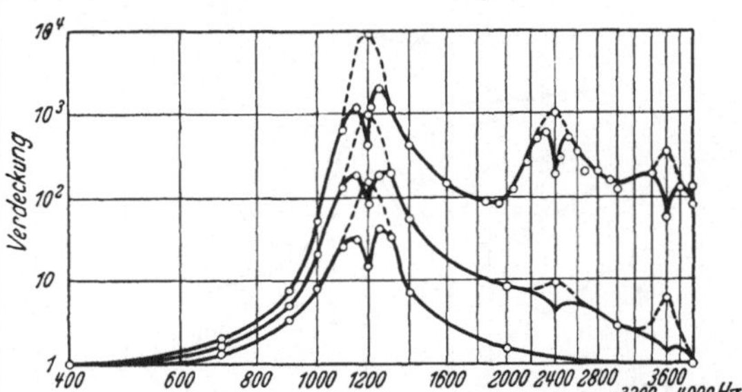

Abb. 112. Tonverdeckung durch einen Ton von 1200 Hz bei 160-, 1000- und 10000facher Schwellenlautstärke. Abszisse verdeckte Frequenz, Ordinate nötige Verstärkung des verdeckten Tones. Die gestrichelten Kurvenabschnitte ohne Ausnutzung der Schwebungserscheinungen, die ausgezogenen mit Ausnutzung derselben. [Aus WEGEL und LANE.]

abhängig vom Frequenzabstand zwischen Prüfton und Störton, und zwar weitgehend übereinstimmend mit der für die Tonverdeckung gefundenen Abhängigkeit, so daß LERCHE keine Veranlassung sieht, noch weiterhin nach einem zentralen Anteil dieser Tonverdeckung zu suchen. Die Ursache muß vielmehr in den physikalischen Übertragungsverhältnissen, in einer nichtlinearen Zuordnung der Perilymphschwingung zum Schalldruck, liegen. Diese Abweichungen vom HOOKEschen Gesetz wurden schon im Zusammenhang mit der Hydrodynamik der Schnecke (s. S. 93) besprochen.

Durch Adaptation kann nun nicht nur die Hörschwellenkurve zu größeren Schalldrucken verschoben werden, sondern es werden auch die Kurven gleicher Lautheit bis weit oberhalb der Schwelle verschoben. G. v. BÉKÉSY (2) hat nach Adaptation an einen Ton von 800 Hz von dem in der Abb. 113 angegebenen Schalldruck die Kurven gleicher Lautheit für den 10fachen, 100fachen und 1000-fachen Schwellenschalldruck gemessen und dabei gefunden, daß die Kurven gleicher Lautheit nach Adaptation um den Adaptationston ausbiegen in ähnlicher Form, wie das Abb. 110 für eine einzelne solche Kurve gezeigt hat. Im Gegensatz zu den von WEGEL und LANE aufgenommenen Kurven der Hörschwellenverschiebung *während* dem Erklingen des Adaptationstones sind hier die Meßpunkte durch Vergleich des adaptierten Ohres mit dem nichtadaptierten sofort *nach Aufhören* des Adaptationstones aufgesucht. Daher fehlt hier derjenige Anteil der Verdeckung, der auf die physikalische Beeinflussung in der Schnecke zurückzuführen ist, und die Kurven biegen oberhalb und unterhalb des Adaptationstones nahezu symmetrisch aus. Dabei rücken im Gebiet um den Adaptationston die Kurven gleicher Lautheit näher zusammen, so daß die Kurven für sehr große Schalldrucke weniger ausbiegen als die für geringere Schalldrucke. Auch hier zeigt sich als Folge die Verminderung der Unterschiedsschwelle für Lautstärken, die als krankhafter Zustand ohne Voradaptation den Namen Rekruitment führt, besonders wenn sie sich auf einen großen Teil des Hörbereiches erstreckt. Der Schwerhörige mit Rekruitment hat zwar gegenüber dem Normalhörenden eine erhöhte Schwelle, die Kurven gleicher Lautheit bei großen Schalldrucken dagegen laufen ebenso wie beim Normalhörenden. In Übereinstimmung mit der Klinik ist diese Erscheinung als Eigenschaft der Sinneszellen anzusehen, es muß sich aber keineswegs um einen Ausfall von Sinneszellen handeln, es könnte sich vielmehr um einen Adaptationsverlust handeln, der in Parallele zur Nachtblindheit beim Mangel an Vitamin A zu stellen wäre. Freilich ist zunächst noch gar nicht nachgewiesen, daß der Adaptationsvorgang allein in die Sinneszellen zu verlegen ist. Beim Auge besteht die Adaptation in einer chemischen Veränderung, der Zersetzung oder Bildung von Sehpurpur, und der histologisch nachweisbaren Wanderung der Stäbchen und Zapfen. Nun fehlt jede Erklärungsmöglichkeit dafür, daß etwa die physikalische Schwingung in der Perilymphe bei längerer Einwirkung eines Tones verändert würde. Dagegen ist nicht auszuschließen, daß durch Strömungen in der Endolymphe etwa der Abstand zwischen Sinneshärchen und Deckmembran und damit die Mechanik der Übertragung der Schwingung auf die Sinneszellen verändert werden könnte. So muß es sich bei der

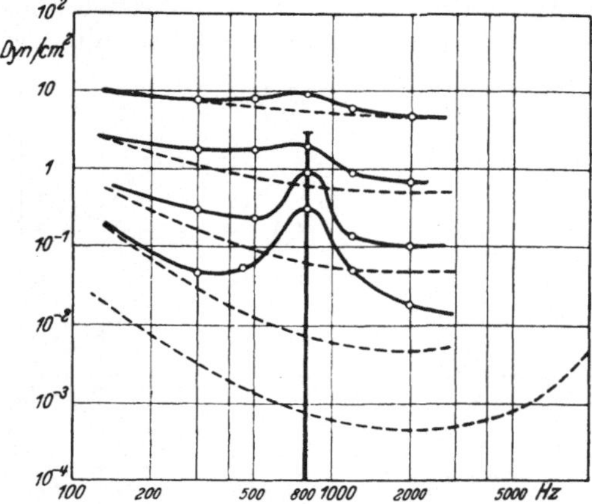

Abb. 113. Kurven gleicher Lautheit nach einer Voradaptation mit einem Ton von 800 Hz der durch den senkrechten Strich gekennzeichneten Lautstärke. In der Umgebung des Adaptationstones biegen die Kurven nicht nur aus, sondern nähern sich dabei auch in ihrem senkrechten Abstand. [Aus G. v. Békésy (2).]

Adaptation nicht notwendig oder nicht ausschließlich um eine Änderung im Stoffwechsel der Sinneszellen handeln. Das Absinken des Bestandsstromes in der Schnecke bei längerer Toneinwirkung (s. Abb. 89) deutet freilich darauf hin, daß damit auch im Stoffwechsel der Sinneszellen eine Änderung einhergeht. Leider läßt sich der Reizfolgestrom und der Bestandsstrom nicht von einzelnen Sinneszellen ableiten, und solange wir nichts darüber wissen, durch welche Integration über verschiedene Schneckenabschnitte der ableitbare Strom zustande kommt, können wir auch aus dem Konstantbleiben des Reizfolgestromes bei längerer Toneinwirkung nichts Sicheres schließen.

Es gibt verschiedene Nachweise dafür, daß die Adaption nicht jenseits des Ganglion spirale gesucht werden darf. Der wichtigste davon stammt wieder von G. v. Békésy (2), nämlich die Verstimmung des Gehörs nach Adaptation auf einen lauten Ton. Freilich müssen wir hierzu zwei Voraussetzungen machen. Einmal muß die gehörte Tonhöhe nicht einer einzelnen Haarzelle zugeordnet sein, sondern einem ganzen Bereich von Haarzellen, deren Erregung dann entweder durch die besondere Verbindung mit den Nervenfasern oder durch gegenseitige Hemmung der Nervenfasern im Cochleariskern, jedenfalls durch irgendeine Art von Kontrast zu einer Schwerpunktsbildung auf eine oder wenige Nervenfasern führt. Und zweitens muß das Gesetz der spezifischen Sinnesenergien im strengen Sinn gelten, daß die gehörte Tonhöhe allein davon abhängt, welche Nervenfaser erregt wurde. Bei dem Versuch G. v. Békésys werden die Sinneszellen durch einen lauten Ton adaptiert, und damit für einen nachfolgenden Ton in den Bereichen weniger empfindlich, die der vorhergehende Adaptationston beansprucht hat. Wegen der örtlichen Verteilung der Frequenzen auf der Basilarmembran muß daher ein Ton, der tiefer ist als der vorhergehende Adaptationston, den Schwerpunkt der durch ihn erregten Sinneszellen spitzenwärts, entsprechend einer Vertiefung des Tones, ein Ton, der höher ist als der Adaptationston, basiswärts, entsprechend einer Erhöhung seiner Tonhöhe finden. Da nun nach Abb. 110 die Schwellenverschiebung der Sinneszellen weite Gebiete, mindestens eine Oktave oberhalb und unterhalb des Adaptationstones, ergreift, kann diese Verschiebung des Schwerpunktes der Erregung bei einem nachfolgenden Ton in weiten Bereichen etwa eine Oktave unterhalb bis eine Oktave oberhalb des Adaptationstones nachgewiesen werden. Hierzu muß ein Ohr mit einem lauten Ton adaptiert

werden, und dann sofort anschließend die Tonhöhe eines Prüftones oberhalb und unterhalb des Adaptationstones mit der Tonhöhe eines Vergleichstones im nichtadaptierten Ohr gleich hoch eingestellt werden. Das Ergebnis einer solchen Versuchsreihe zeigt Abb. 114 für einen Adaptationston von 800 Hz, bei dem die Verstimmung bei höheren Tönen etwa 7% der Frequenz, d. h. etwas mehr als einen Halbton, bei tieferen Tönen etwa 6%, ziemlich genau einen Halbton ausmacht. Der Versuch geht so sicher, daß wir ihn seit Jahren in der Vorlesung einfach mit Zuhalten des einen Ohres während der Adaptation und nachträglichem Tonhöhenvergleich eines höheren und eines tieferen Tones mit beiden Ohren im schnellen Wechsel durchführen.

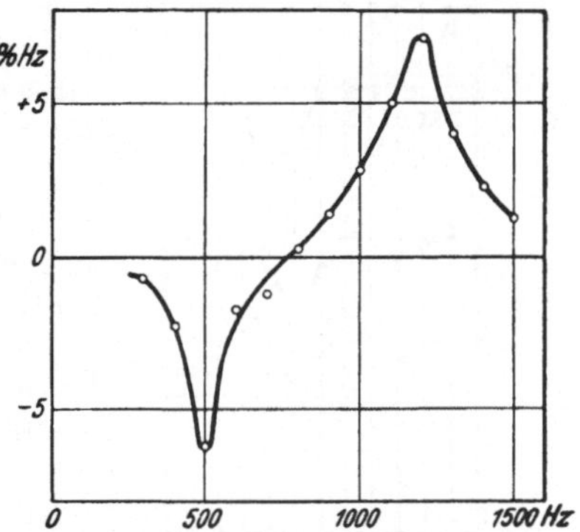

Abb. 114. Tonhöhenänderung für die dem Adaptationston benachbarten Frequenzen bei Adaptation eines Ohres durch einen Ton von 800 Hz. Nach oben Tonhöhenerhöhung, nach unten Erniedrigung. [Aus G. v. Békésy (2).]

Nach allem, was wir bisher wissen, gehorcht der N. cochlearis dem Gesetz der spezifischen Sinnesenergien, kann daher nicht in diesem Sinn verstimmt werden. Außerdem haben J. E. HAWKINS jr. und KNIAZUK und W. A. ROSENBLITH, R. GALAMBOS und HIRSH übereinstimmend gefunden, daß bei der Dauerdarbietung von Tönen und Geräuschen zwar der Reizfolgestrom für kurze Knacke (clicks) unverändert abzuleiten ist, dagegen die zugehörigen Aktionspotentiale im Acusticus und von der Hirnrinde sofort an Amplitude verlieren. Diese Abnahme wird unmittelbar mit der „Hörmüdigkeit" nach der Einwirkung lauter Töne beim Menschen verglichen.

Auf diese Weise ist es immerhin wahrscheinlich gemacht, daß die Adaptation auch beim Ohr ebenso wie am Auge in die Sinneszellen zu verlegen ist. Und damit scheint mir der Vergleich des Reizfolgestromes mit dem Motorengeräusch eines Kraftwagens an Bedeutung zu gewinnen: Der Reizfolgestrom bleibt nach den übereinstimmenden Messungen aller Autoren über längere Zeit konstant, solange keine Überlastung durch allzu große Schalldrucke eintritt. So scheint mir der Reizfolgestrom noch um eine Stufe näher am physikalischen Reiz zu liegen als der Abfall des Bestandsstromes, den G. v. BÉKÉSY (24) kürzlich an der Schnecke abgeleitet hat.

Es ist sehr auffallend, daß beim Ohr die Adaptation ganz beträchtlich schneller abläuft als am Auge, dafür aber längst nicht das Ausmaß erreicht, das uns vom Auge bekannt ist. Noch ist es zu früh, um mehr über die Adaptation zu sagen. Ihre Bedeutung für den Gehörsinn müssen wir jedoch ganz genau so einschätzen wie beim Auge: durch die Adaptation wird der Intensitätsbereich über das hinaus erweitert, was durch Aktionsstromfrequenzen wiedergegeben werden kann, freilich mit der Einschränkung, daß dadurch nicht gleichzeitig alle Intensitäten von der absoluten Schwelle bis zur Schmerzgrenze empfunden werden können. Ich glaube, bei den klinischen Untersuchungen mit Vertäubung des Ohres durch Lärm, der möglichst den ganzen Frequenzbereich der hörbaren Frequenzen umfaßt, müßte schärfer als bisher unterschieden werden zwischen dem Anteil der Tonverdeckung, der durch Veränderung der hydrodynamischen Schwingungen hervorgerufen wird, und der Adaptation und ihrer krankhaften Veränderung, die wir ja auch beim Auge als Nachtblindheit kennen.

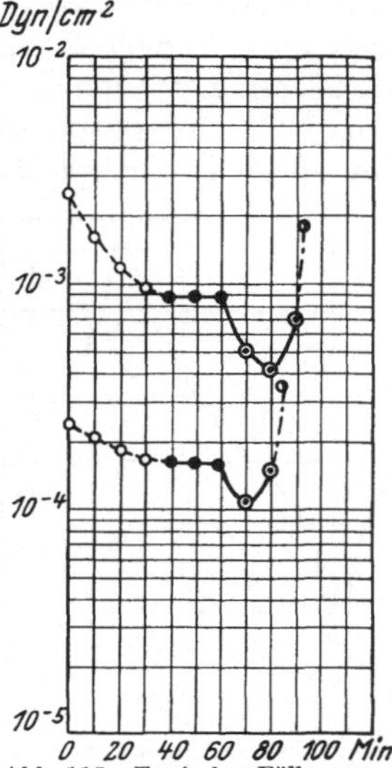

Abb. 115. Typische Fälle von Sensibilisierung bei laufender kurzfristiger akustischer Belastung in der schallarmen Kammer. Ordinate: Schalldruck an der Fernhörermembran. Abszisse: Gesamtversuchszeit. o-o-o Erholung in der schallarmen Kammer, o..o..o konstante Phase, -o-o-o Sensibilisierungsphase, -.-.- Ermüdungsphase. [Aus G. VAN BEUNINGEN.]

3. Hörschwellen.

Erst die Berücksichtigung der Adaptation setzt uns in den Stand, die Hörschwellenkurven der Literatur kritisch zu betrachten. Vom praktischen Gesichtspunkt der Audiometrie am Kranken ist es ein unbedingtes Erfordernis, eine normale Hörschwellenkurve festzulegen, bei der für jede Frequenz das Minimum an Schalldruck angegeben ist, das beim Normalen eben zu einer Hörempfindung führt. So ist es auch nicht verwunderlich, daß man sich in der ganzen Welt seit den ersten Messungen von M. WIEN (1) [Literatur besonders bei TRENDELENBURG] die größte Mühe gegeben hat, die absolute Messung des Druckes, die Reinheit der Töne und die günstigste Art der Darbietung voranzutreiben. Sowohl durch die Darbietungsart wie durch die zufällige oder absichtliche Auslese der Versuchspersonen unterscheiden sich die Schwellenkurven der Literatur. Besonders finden sich bei Darbietung des Tones in der leicht durchführbaren Standardmethode, Schallquelle 1 m vor den Ohren der Versuchsperson, die das Gesicht der Schallquelle zukehrt (FLETSCHER), Erhebungen der Hörschwellenkurve gegenüber einem glatten Kurvenverlauf etwa um 1500 und 8000 Hz, die bei seitlicher Darbietung und Verhinderung der Reflexion des Schalles am Kopf ausbleiben, und die durch die Schallfeldverzerrung durch den Kopf der Versuchsperson hervorgerufen sind. So sind diese Unebenheiten nicht als etwas Wesentliches anzusehen. Die bei völlig gleicher physikalischer Meßmethode noch bleibenden Unterschiede dagegen sind teils auf die statistische Streuung der Hörschwellen bei den verschiedenen Versuchspersonen, teilweise aber auch auf Unterschiede in der Adaptation zurückzuführen [BRONSTEIN (1, 2)]. Neben BRONSTEIN hat v. BEUNINGEN (Abb. 115) zwischen der 60. und 80. min nach Eintritt in eine schallarme Kammer noch „Sensibilisierungen" gefunden, durch die die Schwelle bis zu 5,4 Dezibel gegenüber den vorher nach 40 min Erholung in der Kammer gefundenen Werten absank. Man darf an eine biologische Messung schon wegen der statistischen Streuung von Person zu Person nicht Genauigkeitsanforderungen stellen, wie sie in der Physik erfüllt werden können. Für die Praxis — und nur für diese sind ja die Hörschwellenkurven so wichtig — kommt es auch auf einige Dezibel herauf oder herunter nicht so genau an, erst merkliche Verluste werden störend empfunden. Viel wichtiger ist es für die Herstellung und Eichung der Meßgeräte eine wirklich eindeutig festliegende Skala zu besitzen, und ich finde es ebenso wie bei der Festsetzung des Phons bedauerlich, daß die Physik sich dabei von biologischen Messungen abhängig gemacht hat, indem sie von Hörschwellenkurven ausgeht, statt von physikalischen Maßen.

Als Vergleich zwischen verschiedenen Darbietungsmethoden mag die Schar der Kurven gleicher Lautheit nach KINGSBURY neben die von FLETSCHER und MUNSON gestellt werden (Abb. 116 und 117). Die neuere Kurvenschar von FLETSCHER und MUNSON geht dabei bis zur oberen Hörgrenze und gibt damit zugleich

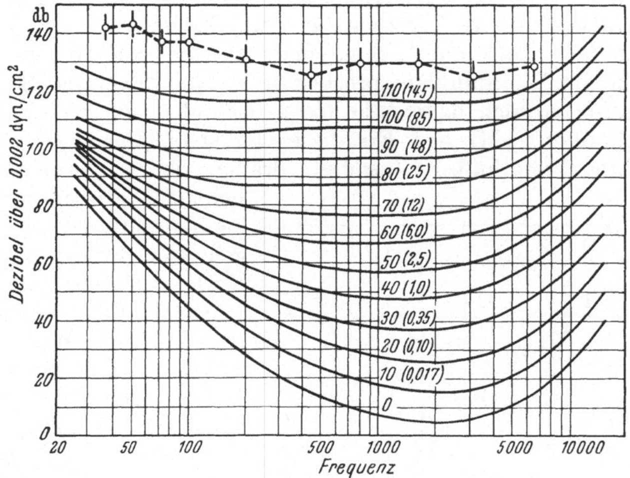

Abb. 116. Kurven gleicher Lautheit bei Messung des Schalldruckes am Trommelfell. [Aus KINGSBURY.]

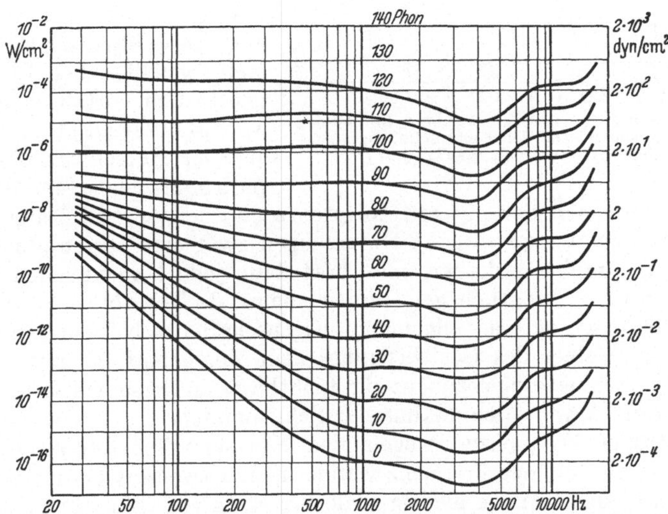

Abb. 117. Kurven gleicher Lautheit bei Darbietung mit der Standardmethode, Schallquelle 1 m vor den Ohren der Versuchsperson, Gesicht der Schallquelle zugewendet. Die Abweichungen gegenüber Abb. 116 sind durch die Schallfeldverzerrung am Kopf der Versuchsperson bedingt. [Aus FLETSCHER und MUNSON.]

mehr an als die ältere. Aber beide Kurvenscharen geben außer der Hörschwelle als der untersten Kurve, dem Minimalreiz abhängig von der Frequenz, zugleich die Kurven gleicher Lautheit an. KINGSBURY hatte 1927 erkannt, daß man durchaus in der Lage ist, auch Töne verschiedener Frequenz auf gleiche Lautheit einzustellen. Es gelingt sogar, zunächst zwei verschiedene Töne mit einem dritten zu vergleichen, dann sind auch diese beiden Töne gleichlaut, so daß es sich um eine echte Gleichheit handelt. Führt man diesen Vergleich der Reihe nach für einen Vergleichston durch, den man bei jeder Reihe um 10 Dezibel verstärkt, so werden die Kurven der Abb. 116 und 117 erhalten. Diese Kurven haben nicht überall den gleichen Abstand voneinander. Der physikalische Reiz muß besonders bei tiefen Tönen nur weniger als auf das zehnfache gesteigert werden, damit die zugehörige Lautheit dieses tiefen Tones gleichlaut mit dem auf das zehnfache verstärkten Vergleichston von 1000 Hz erscheint. (Der Vergleichston war bei KINGSBURY 700 Hz, bei FLETSCHER und MUNSON 1000 Hz.) Dieses Zusammenrücken der Kurven gleicher Lautheit bei tiefen Tönen ist heute jedermann aus dem täglichen Leben bekannt: Erhöht man etwa bei einer Konzertübertragung die Lautstärke am Rundfunklautsprecher, so werden dabei die Bässe bevorzugt, denn physikalisch werden dabei alle Frequenzen gleichmäßig verstärkt, solange das Gerät nicht übersteuert wird. Erst dieses ungleichmäßige und durch Adaptation und Verdeckung beeinflußbare Zusammendrängen der Kurven gleicher Lautheit

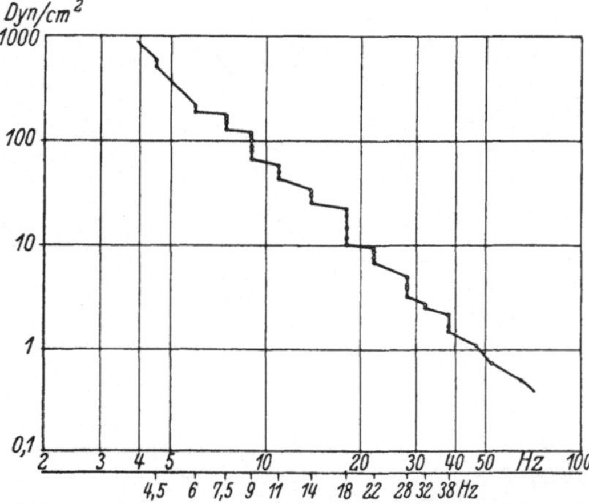

Abb. 118. Treppenförmige Hörschwellenkurve im Bereich der tiefsten Frequenzen. Die Tonhöhenempfindung ändert sich sprunghaft. [Aus G. v. BÉKÉSY (12).]

bei tiefen Frequenzen läßt uns erkennen, daß auch die „Lautstärke", gemessen in der logarithmischen Skala ausgehend von der Hörschwellenkurve, immer noch ein physikalisches Maß darstellt, und nicht identisch ist mit der Empfindung, für die hier der Ausdruck „Lautheit" benutzt wird.

Während die Hörschwellenkurve etwa zwischen 50 Hz und der oberen Hörgrenze beim Normalhörenden einen glatten Kurvenzug darstellt, der nur durch Einstellungsfehler bei Einzelmessungen Stufen vortäuschen kann, hat G. v. BÉKÉSY (12) tatsächliche Stufen der Hörschwellenkurve unterhalb 50 Hz gemessen. Mit BRECHER müssen wir zwischen der unteren Hörgrenze und der unteren Tongrenze unterscheiden. Schwingungen unter 18 Hz erzeugen zwar eine Hörempfindung, wenn sie genügende Amplitude haben, man hört dann jedoch nicht einen kontinuierlichen Ton, sondern deutlich getrennt erscheinende Tonstöße. BRECHER führt diese Erscheinung auf eine allgemeine Eigenschaft des Nervensystems zurück, denn auch im Gebiet des Gesichtssinnes liegt wenigstens bei mittleren Intensitäten die Verschmelzungsfrequenz für Lichtblitze in derselben Größenordnung. Nun müssen die Amplitudenmaxima der Schwingungen auf der Basilarmembran bei so niedrigen Frequenzen wegen des Kurzschlusses durchs Helicotrema, erstens nur wenig mit der Frequenz wandern, und zweitens bei gleichem Schalldruck um so kleiner sein, je niedriger die Frequenz ist. Der zum Überschreiten der Reizschwelle erforderliche Druck am Trommelfell muß daher mit sinkender Frequenz rapid wachsen, und zwar überschreitet er in der Gegend von 20 oder 18 Hz die Schmerzgrenze. Nach dem Vorgang von WAETZMANN (1) wurde nun meist der Schnittpunkt der Schwellenkurve mit der Schmerzgrenze als untere Hörgrenze angegeben. Tatsächlich schneiden sich die beiden Kurven auch ungefähr an der Stelle, an der mit sinkender Frequenz die Empfindung eines kontinuierlichen Tones aufhört, hier ist also die untere Tongrenze, und die Grenze derjenigen Töne, die eine physiologische Bedeutung haben [GILDEMEISTER (1)]. Es ist nun verständlich, daß wegen dem nahen Zusammenrücken der Amplitudenmaxima für die tiefsten Frequenzen jeweils erst nach merklichen Frequenzänderungen wieder eine weitere, helicotremawärts gelegene Endigung des Cochlearis mitgereizt oder überhaupt gereizt wird, wenn die Amplitude groß genug ist, um die Reizschwelle der Sinneszellen zu überschreiten. So muß es hier zu einer Treppe zwischen der Frequenz als Abszisse und der Amplitude als Ordinate kommen, wie sie G. v. Békésy (12) [Abb. 118] gefunden hat. Die Herstellung solch langsamer Sinusschwingungen, die vollkommen obertonfrei sein müssen, ist bei den hohen erforderlichen Amplituden nicht leicht [G. v. Békésy (11)].

Während bei niedrigen Frequenzen eine wohldefinierte Tongrenze bei etwa 18 Hz besteht, bei deren Unterschreiten zwar noch eine Hörempfindung, aber nicht mehr eine zeitlich konstante Tonempfindung zustande kommt, mehren sich neuerdings die Angaben, daß an der oberen Grenze der hörbaren Frequenzen überhaupt keine definierte Grenze bestehen soll (Kunze und Kietz und Timm). Zwar nur mit Knochenleitung hat Timm bis zu 176 kHz die Empfindung eines hohen Tones ausgelöst. Die Schwelle soll beim Überschreiten von etwa 20.000 Hz nicht mehr weiter ansteigen, sondern weiterhin konstant bleiben. Die Empfindung erlaubt dabei keine Unterscheidung dieser Töne von sehr hohen Tönen des eigentlichen Schallbereiches.

Übersteigt der Schalldruck Werte von etwa 70 Dezibel (Drucke von etwa 6 g/cm²), so tritt bei allen Frequenzen nahezu bei demselben Wert des Druckes eine Kitzelempfindung auf [G. v. Békésy (12)], die ins einzelne Ohr verlegt wird, und die bei tiefen Frequenzen als reine Berührung empfunden wird. Bei weiterer Steigerung des Schalldruckes etwa auf das zehnfache geht die Berührungsempfindung in ein Stechen über, das zum Abbruch des Versuches zwingt. Bei Taubstummen hat B. Schindler gefunden, daß die erste Empfindung überhaupt auch am Ohr ebenso wie an jeder anderen empfindlichen Körperstelle, etwa am Daumenballen, schon bei Schalldrucken auftritt, die deutlich unter der in Abb. 76 eingezeichneten Schwelle der Kitzelempfindung liegen, und sich etwa mit den unteren Enden der Unsicherheitsstreifen der Fühlschwellen nach Wegel (2) decken. Die Überschreitung dieser Grenzen beim Schwerhörigen kann daher zu Unsicherheit der Angaben führen, da hier sogar der Taubstumme eine Empfindung hat.

4. Audiometrie.

Die Feststellung der Hörschwellen und der Kurven gleicher Lautheit spielt in der Klinik der Schwerhörigkeit verständlicherweise eine große Rolle. Von zahlreichen Firmen werden Audiometer gebaut, die es meist erlauben, bei einer beschränkten Anzahl von festgewählten Frequenzen ablesbare Schalldrucke zu erzeugen, die entweder mit Kopfhörer oder — binaural — mit Lautsprecher oder aber mit einem Schwingkörper als Knochenfernhörer dem Ohr zugeführt werden. Für die Untersuchung nur eines Ohres ist es wichtig zu wissen, daß bei Zuführung mit Luftleitung trotzdem über die Knochenleitung dem anderen Ohr Energie zufließt. Nach Messungen G. v. Békésys (23) läßt es sich nicht vermeiden, daß das zweite Ohr etwa $^1/_{1000}$ des Schalldrucks des untersuchten Ohres erhält, bei Tönen über 1000 Hz wird das Überhören sogar schlimmer, so daß Schwellenunterschiede von mehr als 40—50 Dezibel zwischen den beiden Ohren eine Bestimmung der Hörschwelle des schlechteren Ohres verhindern, wenn nicht das bessere Ohr mit entsprechenden Geräuschen vertäubt wird. Während sich die Audiometrie bis vor einigen Jahren mit der Bestimmung der Schwellen begnügt hatte, ist seit Fowler die Bestimmung der Kurven gleicher Lautheit sowie das Überschwelligwerden eines Tones über ein Geräusch immer wichtiger geworden. Leider bedient sich die Audiometrie einer Darstellung, die nicht mit der Akustik übereinstimmt. In den oben Abb. 116 und 117 wiedergegebenen Hörschwellenkurven wird üblicherweise als Ordinate der Schalldruck oder bequemer sein

Logarithmus, das Dezibel, benutzt, so daß die Hörschwellenkurve ihr Minimum bei etwa 2000 Hz besitzt. Die Audiometrie dagegen nimmt meist die Hörschwellenkurve als Ausgangslinie von Null Phon, und rechnet Erhöhungen der Schwelle als Hörverlust in Dezibel nach unten. Hier kann an die Ordinate nicht mehr der Schalldruck angeschrieben werden, sondern nur ein Vergleichsschalldruck für eine bestimmte Frequenz. Während dies noch eine reine Frage der Darstellung ist, über die man ausschließlich nach Zweckmäßigkeitsgesichtspunkten verschiedener Meinung sein kann, wird die Darstellung aber physikalisch falsch, wenn nun die Knochenleitungsschwelle einfach in dasselbe Maßsystem eingetragen wird. Schon die Nullinie ist dann abhängig von der Art der Übertragung des Knochenleitungstones, und damit frequenzabhängig. Es muß alle Vorsicht angewendet werden, wenn die klinischen Audiogramme nun übersetzt werden sollen in eine absolute Darstellung. Nur wegen dieser Interpretationsschwierigkeit hat die Klinik Neuentdeckungen gemacht, und mit neuen Namen belegt, die von der

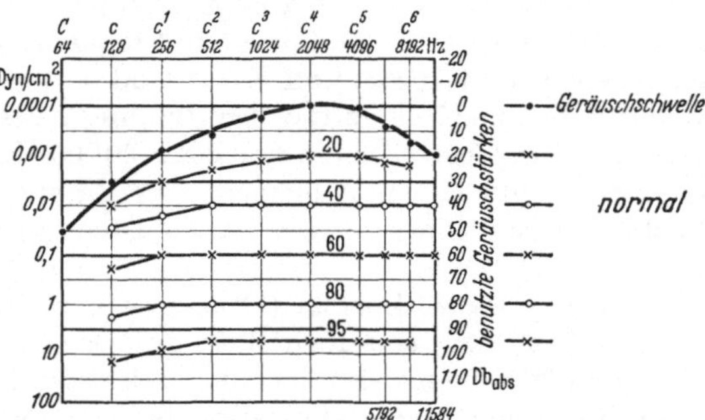

Abb. 119. Geräuschaudiogramm eines Normalhörenden in absoluten Koordinaten. Oberste, stark ausgezogene Kurve: Hörschwellenkurve. Darunter die Hörschwellen bei Verdeckung („Ertrinken" der Prüftöne im Geräusch mit abnehmender Prüftonlautstärke) mit den angeschriebenen Verdeckungsgeräuschen. [Aus LANGENBECK.]

Forschung schon länger untersucht waren, und teilweise wie das Rekruitment ganz anders gedeutet werden müssen. Die Abb. 119 beweist, daß auch in absoluten Koordinaten der klinische Befund dargestellt werden kann.

5. Tonhöhe und Tonhöhenunterschiedsschwelle.

Schon bei der Besprechung der Hydrodynamik der Perilymphe wurde darauf hingewiesen, daß zwar keine strenge Zuordnung zwischen Frequenz und Tonhöhe besteht, daß aber doch die Empfindung der Tonhöhe in erster Linie von der Frequenz der Schwingung abhängt. Die Abweichungen hiervon, wie sie durch wechselnde Intensität hervorgerufen werden können, sind nur wenige Prozent. Es hat eines langen Weges bedurft, bis von der Resonanzvorstellung mit abgestimmten Saiten, die ja schon eine örtliche Verteilung der Frequenzen auf der Basilarmembran voraussetzt, über zahllose Schallschädigungsversuche an Tieren und Beobachtungen am schallgeschädigten Menschen mit der mühsamen und zeitraubenden histologischen Untersuchung feststand, daß wirklich eine solche Verteilung der Frequenzen über die Schnecke besteht. Erst die letzten 20 Jahre haben zu den histologischen Beweisen die funktionellen Ergänzungen gebracht, indem G. v. BÉKÉSY (20) auch an menschlichen Felsenbeinen die Schwingungen auf der Trennmembran beim Einwirken verschiedener Frequenzen unmittelbar beobachtete. Und doch ist die Hörtheorie immer noch an derselben Schwierigkeit stehengeblieben, die vor 40 Jahren M. WIEN (2) gegen die Resonanztheorie geltend gemacht hat. Die aus der Resonanztheorie gefolgerte ebenso wie die heute beobachtbare Schwingungsform der Basilarmembran ergibt sehr flache Maxima der Ausbauchungsamplitude, durch die wir keinerlei Verständnis für die hohe Trennschärfe des Ohres bekommen können. Nur hat sich die Auffassung geändert. M. WIEN zog aus der heute nervenphysiologisch gedeuteten Trillergeschwindigkeit Schlüsse auf die Abklingzeit der „Ohrresonatoren". Hierin steckt heimlich der Anspruch, daß schon die Schwingungsform der Basilarmembran sämtliche Erscheinungen der Empfindung zu erklären habe. Wir stellen heute fest, daß die Ausbauchungsamplituden der Basilarmembran so flache Maxima haben, daß damit die Trennschärfe des Ohres nicht erklärt werden kann, und suchen daher nach zusätzlichen Erklärungen auf nervenphysiologischem oder psychologischem Gebiet, z. B. wird der Kontrast [G. v. BÉKÉSY (1, 3)] zur Einengung der durch eine Schwingungsform der Basilarmembran hervorgerufenen Erregungsverteilung in den Sinneszellen auf wenige oder eine Nervenfaser herangezogen. Wir sind so überzeugt von der physikalischen Richtigkeit unserer Vorstellungen über die Schwingungsform, daß wir daran nicht mehr durch psychologische Erfahrungen rütteln lassen, sondern nach weiteren Zwischengliedern zwischen der Physik und der Empfindung suchen. Als Grenze des Auflösungsvermögens des Ohres wird heute nur der Abstand von einer Haarzelle zur anderen, oder in Übereinstimmung mit der Sehschärfe mit einer dazwischenliegenden Haarzelle angesehen, also ein Abstand, der zwischen etwa 11 und 22 μ liegt. In solchem Abstand vom Maximum der Ausbauchungsumhüllenden ist aber die Ausbauchung um weniger als $^1/_{1000}$ kleiner als am Maximum selbst. Bevor jedoch auf die experimentellen Ergebnisse eingegangen wird, muß noch grundsätzlich zu klären versucht werden, welche Art von Vergleich eigentlich der Vergleich zweier Tonhöhen ist.

Man kann sich leicht davon überzeugen, daß die Harmonie der musikalischen Intervalle allein von dem Frequenzverhältnis zweier Töne abhängt. Bei Verstimmung des aufnehmenden Sinneszellapparates durch Voradaptation ebenso wie bei Verschiebung des Amplitudenmaximums durch Erhöhung der Intensität hängt die Harmonie eines musikalischen Intervalles allein vom Frequenzverhältnis ab. Dagegen ist die Intervallschätzung dann, wenn zwei Töne nacheinander dargeboten werden, sowohl von der Lautstärkenverschiebung wie von der Voradaptation abhängig. Außerdem werden Intervalle bei sehr hohen wie bei niedrigen Frequenzen von den meisten Personen wesentlich kleiner eingeschätzt als im mittleren Frequenzbereich. Es ist nun durchaus nicht bedeutungslos, einmal zu fragen, welche Art von Vergleich eigentlich vorliegt, wenn demselben Ohr nacheinander zwei verschiedene Frequenzen angeboten werden und darnach gefragt wird, ob und welcher Tonhöhenunterschied gehört wird. Die gleiche Frage müßte beim Auge lauten, ob ein Unterschied gesehen wird, wenn nacheinander zwei Gegenstände ähnlicher Art an zwei verschiedenen Stellen der Netzhaut abgebildet werden. Aus diesem Vergleich wird sofort deutlich, daß hierzu die Aufmerksamkeit besonders auf diese Frage gerichtet werden muß. Im allgemeinen werden wir viel mehr auf die Farbe, die Form und die Helligkeit von Bildern achten, als darauf, ob sie gerade auf der einen oder anderen Stelle der Netzhaut abgebildet werden. Erst wenn die Zeiten zwischen der Darbietung der beiden Bilder kurz werden, kommt eine völlig neue unmittelbare Empfindung hinzu, nämlich das Bewegungssehen. Dieses hat nun eine gut feststellbare Optimalfrequenz für den Bildwechsel. Wird nun ausschließlich der Ort der Abbildung auf der Netzhaut, und sonst keine Eigenschaft wie Form, Farbe, Helligkeit geändert, so liegt die Schwelle für das Bewegungssehen bei der Optimalfrequenz nach der Literatur bei zehn Bogensekunden, also bei dem Wert der Noniussehschärfe, in eigenen Versuchen mit einer besonders geübten Versuchsperson wurde die Deckung der Bilder derart, daß keine Bewegungsempfindung mehr auftrat, bei 100 Einstellungen mit einer mittleren Streuung von 4 Bogensekunden eingestellt. Die Breite eines Zapfens in der Macula lutea entspricht bekanntlich etwa 25 Bogensekunden. Dabei ist es keineswegs notwendig, daß das Bild etwa so scharf gesehen wird, im Versuch bestand der Gegenstand aus einer 10 mm dicken Stativstange auf weißem Hintergrund aus 2 m Entfernung

gesehen, so daß das Bild etwa 20 Bogenminuten breit war. Bei der Untersuchung
der Sehschärfe dagegen handelt es sich darum, ob zwei gleichzeitig dargebotene
Bilder noch getrennt wahrgenommen werden können. Hierbei muß bekanntlich
ein weniger belichteter Zapfen zwischen zwei stärker belichteten sein, damit
eine Trennung der Wahrnehmung in zwei Bilder erfolgt. Und nur in diesem Fall
handelt es sich darum, daß der Helligkeitsunterschied, mit dem der mittlere
Zapfen gegenüber den beiden benachbarten ausgezeichnet ist, mindestens den
Betrag der Intensitätsschwelle, aber nur den der Simultanschwelle, ausmacht.

Beim Gehör kann die Simultanschwelle nicht in der gleichen Weise wie am
Auge festgestellt werden, denn wenn dem Ohr gleichzeitig zwei verschiedene Töne
angeboten werden, dann erfolgt nicht wie beim Auge eine getrennte Abbildung des
Reizes, sondern aus physikalischen Gründen kommt es mit zunehmender Annäherung
zur Schwebung zwischen den beiden Tönen, so daß wir nicht mehr gleichzeitig beide
Töne getrennt wahrnehmen können, weil sie physikalisch nicht getrennt werden. Es
kann daher nur die Schwebungsschwelle durch zunehmende Annäherung zwischen
zwei Tönen festgestellt werden. Eine getrennte Abbildung des physikalischen Reizes
erhalten wir beim Ohr nur, wenn die beiden Töne nacheinander dargeboten werden.

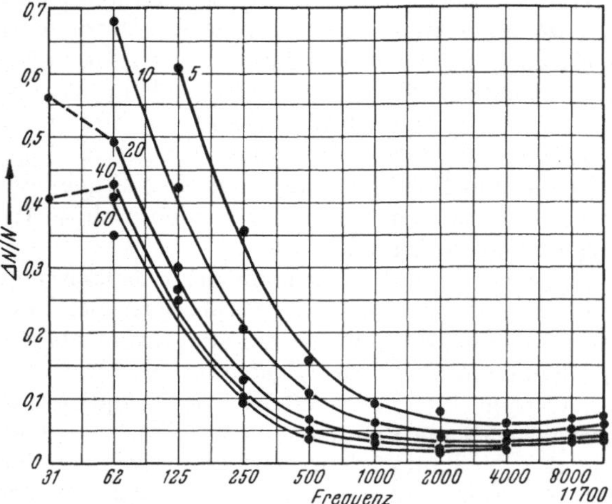

Abb. 120. Abhängigkeit der Frequenzschwelle $\Delta N/N$ (Ordinate) von
der Frequenz für verschiedene Lautheiten. (Die Zahlen an den Kurven
sind die Lautstärken in Dezibel über der Schwellenlautstärke.)
[Aus SHOWER und BIDDULPH.]

Auch hierbei muß es, ebenso wie beim Auge, eine optimale Frequenz für den
Wechsel zwischen den beiden Reizen geben. Erklingt ein Ton zu kurz, dann ist
die physikalische Schwingung in der Perilymphe entsprechend der Ungenauigkeitsrelation noch nicht frei von den Einschwingvorgängen und den Ausschwing-
vorgängen, und damit ist die Frequenz noch nicht scharf abgebildet. Ist ein
zu großer Zeitabstand zwischen den beiden Reizen, so verblaßt inzwischen die
Erinnerung an den vorhergehenden Reiz, und die Schwelle muß zu groß ausfallen.
YOUNG und G. v. BÉKÉSY (3) haben die optimalen Bedingungen für die Bestimmung der Frequenzschwelle nach der Darbietungszeit des einzelnen Tones
(Optimum 1 sec), nach der Lautstärke (100facher Schwellenschalldruck) und
nach dem zeitlichen Abstand (1 sec) einer genauen Untersuchung unterzogen.
Wird dagegen der Ton kontinuierlich sinusförmig in seiner Frequenz moduliert,
so ist nach SHOWER und BIDDULPH die Optimalfrequenz der Frequenzmodulation
mit 2 Hz, nach ZWICKER mit 4 Hz, erreicht. Diese Art der Darbietung kann
unmittelbar mit dem Bewegungssehen verglichen werden. Und hierbei scheint
die kleinste Unterschiedsschwelle für Tonhöhen etwa bei 60 Dezibel über der
Schwelle, also beim 1000fachen Schwellenschalldruck gefunden zu werden. Bei
binauraler Darbietung addieren sich die Lautheiten, und so ist dabei die Schwelle
deutlich kleiner als bei monauraler Darbietung. So wird beim Aufsuchen der
Tonhöhenunterschiedsschwelle durch alle Frequenzen hindurch nicht eine einzige
Kurve gefunden, sondern je für monaurale und binaurale Darbietung getrennt

je eine Kurve für jede Lautstärke, wie das Abb. 120 zeigt. Die Frequenzschwelle wird zweckmäßig als Bruch, $\Delta N/N$, nötige Änderung der Frequenz dividiert durch die Meßfrequenz dargestellt, eine Darstellung, die mit der Angabe des musikalischen Intervalles identisch wäre, wenn die musikalischen Intervalle für jedes Verhältnis definiert wären.

Während die Amplitudenschwellen im ganzen Frequenzbereich bei genügend lauten Tönen völlig unabhängig von der Frequenz sind (s. Abb. 106), hat die Frequenzschwelle bei jeder Darbietungsart ein ganz ausgesprochenes Minimum in der Gegend des mittleren Frequenzbereiches zwischen 500 und 2000 Hz, und steigt bei höheren Frequenzen nach älteren Angaben stark, nach Shower und Biddulph immerhin deutlich, bei tieferen Frequenzen aber übereinstimmend ganz

gewaltig auf Werte, die fast das hundertfache der Minimalschwelle erreichen (Abb. 121). Mit Wegel und Lane, sowie mit G. v. Békésy (3) muß diese Veränderung der Frequenzschwelle auf die örtliche Verteilung der Amplitudenmaxima auf der Basilarmembran zurückgeführt werden. Ebenso, wie wir im Auge eine Macula lutea mit besonders eng stehenden Zapfen besitzen, ist durch die Physik der Schnecke dafür gesorgt, daß in den mittleren, für das Sprachverständnis besonders wichtigen Oktaven des gesamten Hörbereiches die Abbildung der Frequenzen mehr auseinandergezogen ist

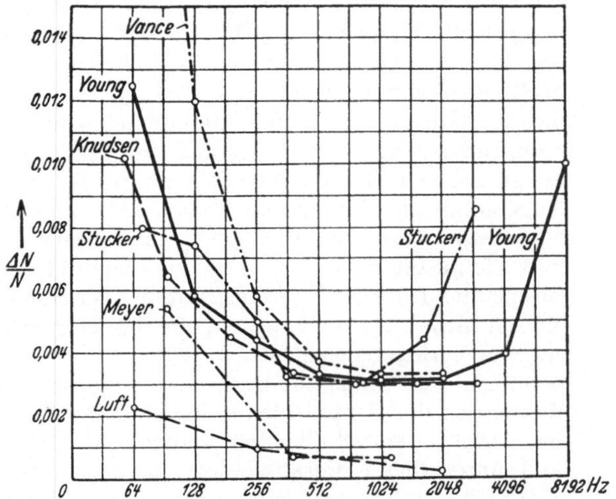

Abb. 121. Einohrige Frequenzschwellen nach den Untersuchungen der an die Kurven angeschriebenen Autoren. [Aus Young.]

als für die weniger wichtigen unteren und höchsten Frequenzen. Wegel und Lane haben unter der Annahme, daß jeder Frequenzschwelle eine gleiche Verschiebung des Amplitudenmaximums auf der Basilarmembran entspricht, eine Verteilung der Frequenzen auf die Schnecke errechnet, die mit den neueren Ergebnissen der Pathologie und der experimentellen Untersuchungen gute Übereinstimmung zeigt.

Nun ist die minimale Frequenzschwelle in der Größenordnung von 0,3%. Das bedeutet, daß auf eine ganze Oktave etwa zwischen 1000 und 2000 Hz rund 231 Unterschiedsschwellen entfallen, daß wir also in der Lage sind, zwischen 1000 und 2000 Hz 231 voneinander verschiedene Töne zu unterscheiden. Wären die 10 Oktaven des gesamten Hörbereiches von 20—20000 Schwingungen in der Sekunde gleichmäßig auf die Basilarmembran verteilt, so würde auf eine Oktave etwa 3,1 mm entfallen, wenn die Länge der Basilarmembran 31 mm ist. Entsprechend der ungleichmäßigen Verteilung müssen wir dagegen auf die Oktave von 1000—2000 Hz etwa 4,7 mm rechnen, und demnach auf eine Frequenzschwelle einen Abstand auf der Basilarmembran von rund 0,020 mm. Und das ist die Größenordnung des Abstandes zweier Haarzellen derselben Reihe mit einer Zwischenzelle. Stevens und Davis (2) erhalten auf einem etwas anderen Weg die gleiche Entfernung auf der Basilarmembran zwischen zwei getrennt wahrnehmbaren Tonhöhen. Sie integrieren die Unterschiedsschwellenkurve für 40 Dezibel und erhalten damit insgesamt 1300 unterscheidbare Tonhöhen, und für größere Lautstärken etwa 1500. Verteilt man diese gleichmäßig auf die 31 mm lange Basilarmembran, so kommt wieder ein Abstand von 0,02 mm heraus. Freilich hat G. v. Békésy (3) festgestellt, daß mit der Adaptation die Frequenzschwelle nach mehreren Minuten der Einwirkung noch bis etwa auf ein Viertel ihres Sofortwertes abfallen kann, und mangels Angaben ist nicht festzustellen, ob die oben erwähnten Minimalschwellen mit oder ohne Adaptation gemessen wurden. So muß damit gerechnet werden, daß die kleinsten, überhaupt noch zur Empfindung gelangenden Frequenzschritte vielleicht auch nur ein Viertel des genannten Betrages, also etwa 0,005 mm betragen, was nicht mehr dem Abstand zweier innerer Haarzellen, sondern dem Minimalabstand bei Berücksichtigung aller vier Reihen von äußeren Haarzellen entsprechen würde, oder, um es mit Worten der Optik auszudrücken, nicht der Sehschärfe, sondern der Liniensehschärfe. Da wir z. B. in Abb. 61 experimentell die Form der Amplitudenumhüllenden für einen Ton kennen, läßt sich angeben, welcher Unterschied in Teilen der Maximalamplitude an der steilsten Stelle des Amplitudenabfalles auf eine Strecke von 0,020 mm entfällt. Es sind dies im Fall der Amplitudenumhüllenden für 300 Hz etwa 0,86% der Maximalamplitude. Nun wissen wir, daß am Auge die Simultanschwelle für Helligkeit bei günstigster Helligkeit 0,6% beträgt. Die Sukzessivschwelle für Helligkeit am Auge konnte ich in der Literatur nicht unmittelbar finden, sondern nur Angaben über die Verschmelzungsfrequenz, aus der mit Hilfe der Zeitschwelle die Sukzessivschwelle zu errechnen ist. Für das Ohr und den Tastsinn liegt sie bei 10% der Intensität. Die gute Übereinstimmung der Simultanschwelle für Auge und Ohr — für das Auge direkt gemessen, für das Ohr aus der Frequenzschwelle nach der obigen Überlegung errechnet — läßt jedoch volles Verständnis für das Auflösungsvermögen des Ohres zu, wenn man sich damit abfindet, daß nicht der Ort des Maximums der Amplitudenumhüllenden, sondern der Ort des steilsten Abfalles der Amplitudenumhüllenden maßgebend für die Tonhöhenunterscheidung ist. Und unter dieser Voraussetzung wird auch nach einer Überlegung G. v. Békésys (3) der Zusammenhang zwischen Schalldruck und Frequenzschwelle verständlich: Der Absolutbetrag des Intensitätsunterschiedes an benachbarten Sinneszellen ist natürlich dem Schalldruck direkt proportional. Nach Abb. 106 sinkt aber auch die Intensitätsschwelle innerhalb der ersten 40—60 Dezibel über der Hörschwelle, wenn die Intensitätsschwelle als Sukzessivschwelle gemessen wird, bis sie bei hohen Schalldrucken erst ihren Endwert von 10% der Energie erreicht. So scheint es, daß Sukzessivschwelle und Simultanschwelle beim Ohr in gleicher Weise von der Amplitude der einwirkenden Frequenz abhängig sind.

6. An- und Abklingen der Empfindung.

Es ist nicht wahrscheinlich, daß An- und Abklingen der Empfindung auf Eigenschaften des Transformationsorgans zurückzuführen sind. Vielmehr dürften hier Eigenschaften des Zentralnervensystems im Vordergrund stehen. Da es sich hier aber auch um eine der für jedes Sinnesorgan typischen Schwellen, nämlich die Zeitschwelle handelt, mag Anklingen und Abklingen besser hier als bei der Besprechung des Zentralnervensystems behandelt werden.

Bekanntlich gilt beim Auge für sehr kurze Darbietungszeiten, daß das Produkt aus der Darbietungszeit mit der Leuchtdichte konstant sein muß, um denselben Helligkeitseindruck hervorzurufen. Es werden dabei zweckmäßig intermittierende Helligkeiten mit einer konstanten Helligkeit verglichen. Solange die Unterbrechungszahl je Sekunde noch weit unter der Tongrenze von 18 Hz liegt, ist dasselbe Verfahren auch am Ohr verwendbar. Nur erfolgt hier physikalisch mit dem An- und Abklingen der Schwingungen in der Schnecke jedesmal

ein Anstoß der Eigenschwingung des Mittelohres und eine Verzerrung der Perilymphschwingung. Je kürzer der Tonimpuls ist, desto mehr steht dieser Einschwingvorgang im Vordergrund, wie G. v. Békésy (3) beschreibt. Und da nun
bei Zunahme des Schalldrucks um gleiche Vielfache die Lautheit tiefer Töne schneller zu-
nimmt als die der höheren (vgl.
Abb. 116), so überwiegt bei kurzen Zeiten dieser dumpfe Knall
so stark, daß dadurch die Lautheit bei geringeren Schalldrucken
der kurzen Tonimpulse gehört
wird, als der Gesetzmäßigkeit
etwa bis zum Vorherrschen des
Knallcharakters entspricht. G.
v. Békésy (3) hatte nun aus allgemeinen Überlegungen gefolgert,
daß für die Lautheit eines kurze
Zeit einwirkenden Tones das
Nernstsche Gesetz gelten müsse,
wenn man von den physikalischen

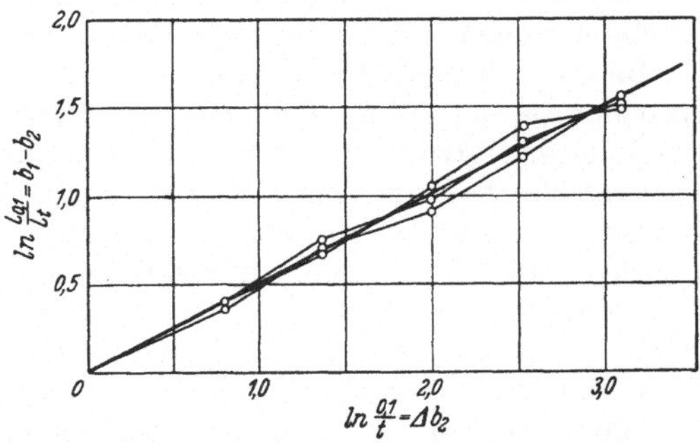

Abb. 122. Anstieg der Lautheit eines kurz dargebotenen Ton-
impulses mit steigender Darbietungszeit. Abszisse: Logarithmus
der Darbietungszeit, negativ genommen (kürzere Zeiten weiter
rechts als längere). Ordinate: Logarithmus der notwendigen
Verstärkung des Impulses, um mit dem Vergleichsimpuls von
0,1 sec gleichlaut zu erscheinen, negativ genommen. Die Gerade
mit der Steilheit $^1/_2$ entspricht dem Nernstschen Gesetz.
[Aus G. v. Békésy (3).]

Einschwingvorgängen absieht. Unter methodischer Verbesserung der vorher-
gegangenen Untersuchungen von Boumann und Kucharski fand er für einen
Ton von 800 Hz, 100mal stärker als die Hörschwelle als Vergleichston von 0,1 sec
Dauer im einen Ohr, und die gleichlaut einzustellenden Tonimpulse kürzerer
Dauer im anderen Ohr, die in Abb. 122 dargestellte Beziehung. Die Steilheit $^1/_2$
stellt das Nernstsche Gesetz, $I \cdot \sqrt{t} =$ konst. dar. Jenseits von 0,1 sec kann
das Nernstsche Gesetz einfach deswegen
nicht mehr gelten, weil bei großen Schalldrucken inzwischen die Adaptation einsetzt,
wie das Abb. 123 für 800 Hz und (wahrscheinlich) 10 dyn/cm² zeigt. Je lauter der
Ton, desto früher wird das durch die Interferenz zwischen Nernstschem Gesetz und
Adaptation bedingte Lautheitsmaximum
erreicht. Ich glaube, daß nichts so gut wie
diese Interferenz zeigt, daß Adaptation und
Nernstsches Gesetz an zwei verschiedenen
Orten, nämlich in den Sinneszellen und
irgendwo jenseits davon im Nervensystem,
gültig sind, freilich könnte diese Stelle schon
sofort die äußerste Cochlearisverästelung
um die Sinneszelle sein. Lifshitz hat später
ein Integralgesetz zwischen Lautheit und
Darbietungszeit aufgestellt und experimentell geprüft, wonach für kurze Zeiten t

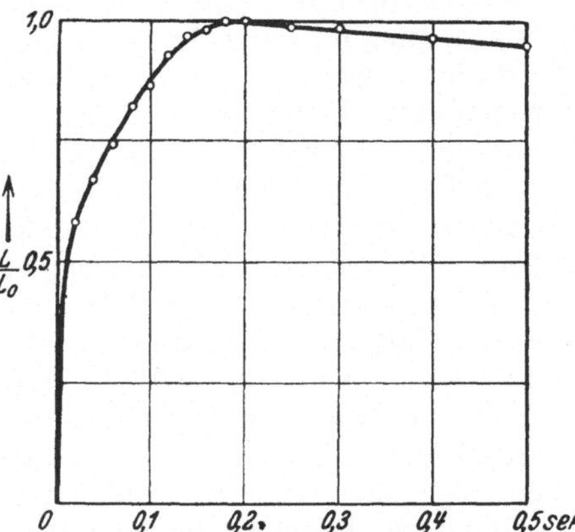

Abb. 123. Zunahme der Lautheit eines Tones kurz
nach dem Einschalten im Verhältnis zu einem
Ton von 0,2 sec Dauer. Bis 0,18 sec steigt die
Lautheit, dann beginnt sie durch Adaptation zu
fallen. [Aus G. v. Békésy (2).]

ebenso wie am Auge $I \cdot t =$ konstans gleiche Lautheit ergeben soll, wenn I die
Lautstärke in Dezibel bedeutet, so daß zwischen Schalldruck p und Zeit der
Darbietung t daraus die Darstellung $\log p \cdot t =$ konst. hervorgeht. Beide Auffassungen, sowohl die G. v. Békésys (3), wie die Lifshitzs, haben etwas für
sich, und so muß die Entscheidung noch offen bleiben, ob beim Anklingen
der Empfindung der Leckstoffwechsel der Sinneszellen und der Nervenfasern

schon zum NERNSTschen Gesetz führt, oder ob der Leckstoffwechsel zu vernachlässigen ist, und daher die Hyperbel die Verhältnisse richtiger wiedergibt. Es erscheint nach dieser Überlegung denkbar, daß für längere Zeiten das NERNSTsche Gesetz, für sehr kurze Zeiten dagegen, wie sie bei Knallen in Betracht kommen, das $I \cdot t$-Gesetz die bessere Näherung darstellt.

Bei sehr kurzen Impulsen kann nicht mehr eigentlich von einem Ton gesprochen werden, wenn nicht mehrere ganze Perioden des Tones den Einschwingvorgang des Mittelohres wie der Perilymphe erlauben. Die Lautheit kurzer Druckstöße verschiedener zeitlicher Form haben STEUDEL, sowie BÜRCK, KOTOWSKI und LICHTE (1) genauer untersucht, mit dem Gesamtergebnis, daß die Lautheit abhängig ist nicht nur von der Amplitude, sondern besonders auch von dem zeitlichen Verlauf eines Druckstoßes. Sie ist maximal, wenn die größte Steilheit des Druckstoßes in die Größenordnung der Steilheit eines Tones von etwa 1000 Hz kommt, langsamere und schnellere Druckstöße haben geringere Lautheit. Dies dürfte nicht nur mit der erzwungenen Schwingung des Mittelohres bei einem Druckstoß, sondern auch mit dem Verlauf der Hörschwellenkurve zusammenhängen. Je langsamer ein Druckstoß verläuft, desto dumpfer klingt er der nicht genau bestimmbaren Tonhöhe nach. Druckstöße behalten aber als höchste ungenau bestimmbare Tonhöhe etwa 1000 Hz oder wenig darüber, auch wenn sie wesentlich kürzer als $^1/_{2\,000}$ sec für Anstieg und Abfall haben, da dann nur die Mittelohr-Eigenschwingung angestoßen wird. Ihre Lautheit entspricht etwa einem Ton entsprechender Frequenz, der eine um 10 Dezibel geringere Amplitude hat. Dies kann dazu führen, daß bei Explosionen die gehörte Lautheit geringer ist, als der mechanischen Schwingung und damit auch der Schädigung des Innenohres entspricht [RANKE (4)].

Über das Abklingen der Empfindung gibt es nur verschwindend wenige brauchbare Versuche. Alle früheren Untersuchungen seit HELMHOLTZ (2) über das Abklingen der Empfindung — damals noch als Abklingen der mechanischen Schwingung im Innenohr angesehen — arbeiteten mit der Trillergeschwindigkeit. Hierdurch werden aber neue Töne, nämlich der der Trillerfrequenz, sowie die zugehörigen Differenz- und Summationstöne erzeugt, und damit weder die Abklingzeit der mechanischen Schwingung noch die der Empfindung erfaßt. Nur G. v. BEKESY (7) hat gemessen, wie schnell ein Ton auf $^1/_{1000}$ seiner Amplitude geschwächt werden muß, damit er keine Verlängerung der Empfindung gegenüber einem plötzlich aufhörenden Ton hervorruft. Der exponentielle Abfall der Amplitude kann darnach für 800 Hz um so steiler erfolgen, je lauter der Ton vorher war, so daß STEVENS und DAVIS (2) eine mittlere Zeit von 0,14 sec für alle Schalldrucke vom Abschalten des Tones bis zum Unterschwelligwerden der Empfindung errechnen. Eine derartig konstante Zeit spricht gegen die Annahme, daß es sich dabei um die Dämpfung der mechanischen Schwingung in der Perilymphe oder um die Konzentrationsverminderung einer Erregungssubstanz an den Nervenendigungen handelt, die doch beide exponentiell abfallen und damit um so längere Zeit benötigen würden, je lauter der Ton vorher war. Vielleicht spricht noch ein anderes Argument dafür, daß es sich hier um eine Eigenschaft der Zentren handelt: Unterhalb 18 Hz werden zwar Hörwahrnehmungen gemacht, sie verschmelzen aber nicht zu einem Ton, sondern bleiben im Rhythmus der erregenden Schwingung. Auch hier muß es sich darum handeln, daß der physiologische Moment der Zentren eine zeitliche Ausdehnung hat, die hier freilich nur $^1/_{18}$ sec beträgt. Vielleicht ist der Unterschied zwischen diesen beiden Zeiten wirklich auf die mechanische Abklingzeit der Endolymphe zurückzuführen.

7. Schwebungen und Rauhigkeit.

Die Schwebungen haben in verschiedenen Stadien der Geschichte der Hörtheorie eine wichtige Rolle gespielt, wenn man den Begriff der Schwebung nicht allzu eng faßt. Die Trillergeschwindigkeit, die eben noch gehört wird, war für M. Wien (2) der Ausgangspunkt für den unter dem Namen Wienscher Einwand bekannten Einwand gegen die Resonanztheorie. Und während Riesz mittels Schwebungen zwischen zwei verschieden lauten Tönen fand, daß die Amplitudenschwelle stark von der Frequenz abhängig sei, konnte G. v. Békésy (3) nachweisen, daß beim gleichzeitigen Darbieten zweier Töne verschiedener Frequenz und Amplitude schon physikalisch Tonhöhenschwebungen auftreten, der Schluß von Riesz daher nicht stichhaltig war. Aber auch in anderer Richtung sind die Schwebungen sozusagen psychologisch interessanter als physikalisch, oder physiologisch. Eine Schwebung zwischen zwei Sinusschwingungen gleicher Amplitude läßt sich wahlweise als Summe aus diesen beiden Tönen oder als Produkt aus der Mittelfrequenz und der mit der Differenzfrequenz sinusförmig schwankenden Amplitude schreiben:

$$A \sin at + A \sin bt = 2A \sin\left(\frac{a+b}{2}\right)t \cdot \cos\left(\frac{a-b}{2}\right)t.$$

Die erste der beiden Schreibweisen ist identisch mit der Fourier-Analyse der Schwebung, die zweite dagegen beschreibt einen in seiner Amplitude ständig schwankenden einheitlichen Ton. Es ist nun einfach vom Zahlenverhältnis a/b der beiden Frequenzen abhängig, was wir beim Einwirken einer Schwebung tatsächlich hören. Ist das Verhältnis der beiden Frequenzen nahe bei 1, etwa bis zu einer Differenz von 4/sec, so hören wir einen einzigen, in seiner Lautheit schwankenden Ton, entsprechend der zweiten Schreibweise. Ist dagegen das Verhältnis beider Frequenzen wesentlich kleiner oder größer als 1, etwa ab dem Zahlenverhältnis 5:6 der Frequenzen (kleine Terz der Musik), so hören wir zwei völlig getrennte Töne, die sich allerdings gegenseitig in ihrer Lautheit verdecken, und wie besprochen der tiefere den höheren stärker als umgekehrt, im übrigen aber genau dem entsprechen, was die linke Seite der obigen Gleichung ausdrückt: das Gemisch wird entsprechend der Fourier-Analyse in seine Teiltöne zerlegt. Freilich entstehen dabei außerdem eine Reihe von Kombinationstönen, so daß die Analyse durch die physikalische Wirkungsweise der Perilymphschwingung nicht identisch ist mit der Fourier-Analyse oder mit derjenigen, die ein Resonatorensatz durchführen würde.

Die erste Art des Hörens von Schwebungen gleichstarker Töne ist nur zu verstehen, wenn die physikalische Schwingung in der Perilymphe dem An- und Abschwellen der Amplitude des Tones nach Art der Schreibweise rechts zu folgen vermag, wenn also die Schwingung in der Perilymphe ausreichend gedämpft ist. Dabei handelt es sich nicht nur um die Dämpfung in der Perilymphe selbst, sondern auch in den vorgeschalteten schwingungsfähigen Systemen, z. B. im Mittelohr. Es entsteht und vergeht dann entsprechend der mittleren Tonhöhe zwischen den beiden einwirkenden Frequenzen ein Amplitudenmaximum auf der Basilarmembran. Ob wir dieses An- und Abschwellen der Amplitude hören, ist dann freilich noch davon abhängig, ob das Anklingen und Abklingen der Erregung in den Sinneszellen, im Nervus cochlearis und in den Zentren genügend rasch erfolgt. Diese Art des Hörens von Schwebungen wird durch die mathematische Behandlung nach Fourier nur sehr umständlich und mißverständlich beschrieben. Eine Beschreibung mittels einer an- und abklingenden Schwingung entsprechend der rechten Seite der obigen mathematischen Darstellung trifft den Sachverhalt

sofort und ohne Umweg. Ist die Differenz der Schwingungszahlen der beiden
schwebenden Töne so groß, daß das An- und Abklingen der Erregung in den
Zentren der Schwebungsfrequenz nicht ganz zu folgen vermag, so muß die Lautheit zwischen Schwebungsmaximum und Minimum weniger schwanken, als das
die Amplitude der Basilarmembranschwingung tut: Es erfolgt für die Empfindung
eine Teilverschmelzung, die freilich überdeckt wird von der Empfindung der
Rauhigkeit, auf die gleich noch zurückzukommen sein wird. Achtet man nur auf
die maximale Lautheit bei der Schwebung zweier gleichlaut erscheinender Töne
[G. v. Békésy (3)] im Vergleich zu einem konstanten Ton, so steigt die Lautheit
im Verlauf von langsamen Schwebungen bis zu 4/sec auf das Doppelte der Lautheit jeder der beiden Komponenten an, mit zunehmender Schwebungsfrequenz
dagegen nähert sich die maximale Lautheit der Schwebung immer mehr der
Lautheit einer der Komponenten. Abb. 124 zeigt die Meßpunkte und die Mittel-

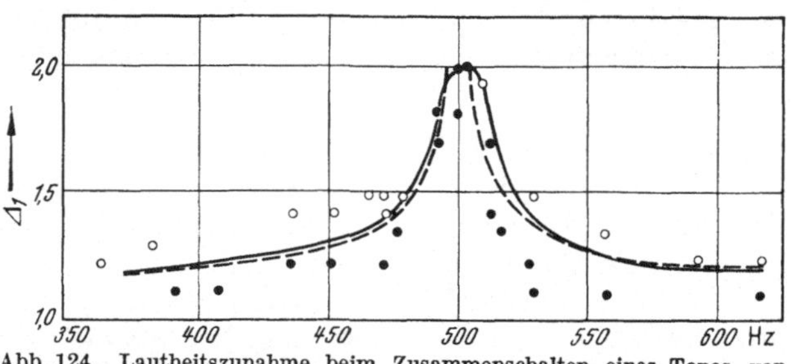

Abb. 124. Lautheitszunahme beim Zusammenschalten eines Tones von
500 Hz mit einem gleichlauten der in der Abszisse angegebenen Frequenz.
[Aus G. v. Békésy (3).]

wertkurve einer solchen Versuchsreihe. Die gestrichelte Kurve entspricht dem Nernstschen Gesetz, wonach die Lautheitszunahme der Wurzel aus der Schwebungsfrequenz umgekehrt proportional sein muß. Wird dagegen eine reine Amplitudenmodulation ohne Frequenzmodulation verwendet, wobei die Modulation aufgesucht wird, die gerade noch überschwellig ist, so muß die Stärke der
Modulation gemessen als Quotient der minimalen zur maximalen Amplitude
innerhalb einer Schwebung umgekehrt proportional der Wurzel aus der Schwebungsfrequenz gesteigert werden, um eben überschwellig zu werden. Wir haben
keinerlei Anlaß, diese Eigenschaft im Transformationsorgan zu suchen. Nach
allem, was wir vom Reizfolgestrom und vom Bestandsstrom der Sinneszellen
wissen, folgen sie momentan der Auslenkung der Basilarmembran. Die Tatsache
der Verschmelzung kurz aufeinanderfolgender Amplitudenmaxima der Basilarmembranschwingung muß daher im Nervensystem gesucht werden.

Liegt jedoch die Schwebungsfrequenz über 20/sec, so wird außer der Schwebung oder außer den beiden Tönen bei größeren Schwebungsfrequenzen eine
Rauhigkeit gehört, die musikalisch als Dissonanz bezeichnet wird. Freilich erscheint diese Rauhigkeit bei tiefen Tönen auch bei harmonischen Intervallen.
Nach Untersuchungen von G. v. Békésy (10) umfaßt die Rauhigkeit einen
Differenzbereich zwischen den beiden Tönen von rund 200 Hz, er nimmt von
tiefen Tönen zu hohen Tönen nur wenig zu. Ihr Maximum liegt unabhängig
von der Tonhöhe bei etwa 50—60 Schwebungen je Sekunde. Subjektiv scheint
mir bei der Rauhigkeit keiner der gehörten Töne eine so bestimmte Tonhöhe zu
haben, weder der Mittelton noch die beiden Primärtöne, ich habe vielmehr den
Eindruck, als ob besonders der Mittelton dauernd in seiner Tonhöhe vibrieren
würde. Hierbei versagt nun die Fourier-Analyse völlig. Albert hat gezeigt,
daß bei der Schwebung 1000 zu 1066 auf der Basilarmembran rechnerisch nicht
nur eine Amplitudenmodulation, sondern wegen der physikalischen Verhältnisse
von Wellengeschwindigkeit und Dämpfung auch eine Frequenzmodulation schon
physikalisch eintritt. Ich bin überzeugt, daß die Rauhigkeit einer dauernd wechselnden Erregung benachbarter Cochlearisfasern ähnlich wie bei einem Geräusch

mit schmalem Frequenzspektrum entspricht. Die FOURIER-Analyse ist eben ein ungenügendes mathematisches Hilfsmittel, um die Verhältnisse bei einem System mit variabler Wellengeschwindigkeit und einer Dämpfung zu beschreiben, die sowohl vom Ort wie von der Frequenz abhängt. Eine derartige Verzerrung der Schwingung auf der Basilarmembran durch die Schwingung für einen zweiten Ton tritt voraussichtlich physikalisch ein, solange sich die Umhüllenden für die beiden Töne überlappen. Gehört wird sie aber nur, wenn die Verzerrung überschwellig bleibt, und so ist auch verständlich, daß die Rauhigkeit eines Intervalles amplitudenabhängig ist: Je lauter die beiden Töne sind, desto schärfer heben sich ihre getrennten Maxima auf der Basilarmembran aus dem Überlappungsbereich über die Schwelle der Adaptation, und desto mehr verschwindet der Überlappungsbereich unter der Schwelle der Adaptation.

8. Beidohriges Hören.

Es wurde schon bei verschiedenen Gelegenheiten davon gesprochen, daß beidohrig einige Schwellen anders sind als einohrig. So ist die absolute Hörschwelle beidohrig etwas, etwa um 3 Dezibel niedriger als einohrig, und besonders die Frequenzschwelle sinkt bei beidohrigem Hören auf ein Minimum von 0,2% gegenüber 0,3% bei einohrigem Hören. Entsprechend der Verteilung der Neuronen zweiter Ordnung auf beide Seiten nimmt die Lautheit beim beidohrigen Hören deutlich gegenüber dem einohrigen Hören zu. Aber gerade dieser Punkt bedarf noch einer ausführlicheren Besprechung, weil diese Lautheitszunahme ein Licht auf die Zuspitzung der Erregung durch den Kontrast wirft, das aus den Aktionsstromversuchen bisher nicht erklärt werden kann, nicht, weil es nicht zu finden wäre, sondern weil entsprechende Untersuchungen auf unüberwindliche technische Schwierigkeiten stoßen dürften.

Zunächst muß hierzu noch festgestellt werden, daß keineswegs in allen Fällen beide Ohren einzeln erregt die gleiche Frequenz auch als gleiche Tonhöhe empfinden lassen. Literaturangaben über diese normale, in mäßigen Grenzen bleibende Diplakusis binauralis sind nicht bekannt, zumal sie sich im gewöhnlichen Leben der Beobachtung aus gleich noch zu besprechenden Gründen entzieht. Es ist nicht zu erwarten, daß beide Ohren physikalisch genau gleich gebaut sind, und somit schon anlagemäßig die Zusammenschaltung zusammengehöriger Cochlearisfasern in den vierten Neuronen vollkommen festgelegt sein kann. Da sich aber die Zusammenschaltungen über einen weiten Frequenzbereich überdecken, hört man beim beidohrigen Hören nicht zwei Töne. Erst die getrennte Darbietung nacheinander an beiden Ohren kann aufdecken, daß aus zwei Tongeneratoren, für jedes Ohr einer, nicht genau die gleichen Frequenzen eingestellt werden, um die gleiche Tonhöhe zu hören. Orientierende Versuche ergaben bei zwei Versuchspersonen deutliche Unterschiede, und zwar stellte der ausübende Musiker genauer auf Schwebungsfreiheit ein, als der Unmusikalische, mit einer maximalen Differenz zwischen einigen Schwebungen je Sekunde und einem Viertelton. Dieses binaurale Doppelthören wird erst störend, wenn es merkliche Beträge erreicht. So kann nach Fensterungsoperationen (BERENDES, briefliche Mitteilung) gelegentlich beobachtet werden, daß die Verstimmung des operierten Ohres wohl auf Grund der unvermeidlichen unspezifischen Entzündung und der dadurch hervorgerufenen Elastizitätsveränderung der Basilarmembran einige Tage nach der Operation eine ganze Terz betragen kann, um im Verlauf einer Woche wieder zu verschwinden. Nach RHESE kommt eine entsprechende Diplakusis binauralis auch bei entzündlichen Mittelohrerkrankungen vor. Die vorübergehende Verstimmung eines Ohres durch Adaptation, wie sie berufsmäßig auch bei

Telephonistinnen und Berufsmusikern vorkommt, wurde bei der Besprechung der
Adaptation schon erwähnt. Natürlich bedingt auch eine einseitige Schwerhörigkeit
aller Ursachen gelegentlich eine solche Verstimmung, die dann aber in einer Veränderung der Erregungsverteilung auf Grund der Schwerhörigkeit zu deuten ist.
G. v. Békésy (3) hat nun an einer Reihe von Versuchspersonen gemessen,
welcher Schalldruck einohrig benötigt wird, um gleichlaut mit beidohrig zuge-
führtem Schalldruck von hundertfachem Schwellenschalldruck zu erscheinen.
Führt man beiden Ohren dabei die gleiche Frequenz zu, so muß einohrig im Mittel
der 1,6fache Schalldruck wie beidohrig zugeführt werden, oder ein um 4 Dezibel
lauterer Ton, was in ausreichender Übereinstimmung mit den auf S. 128 be-
richteten Ergebnissen der Beseitigung einer Schnecke oder einer Hörrinde steht.

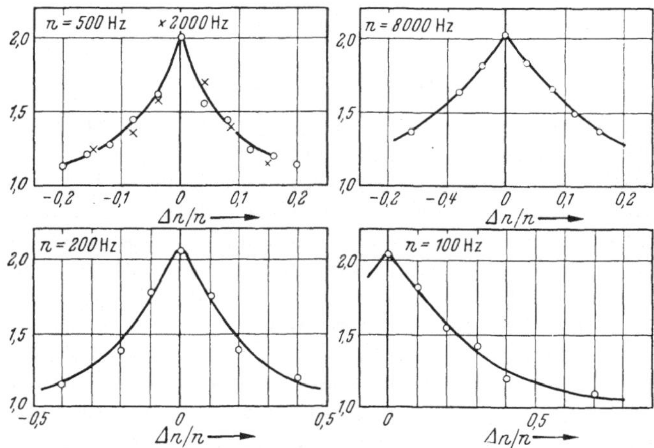

Abb. 125. Zunahme der Lautheit (Ordinate, linear geteilt), wenn dem anderen Ohr ein gleich lauter Ton etwa
abweichender, in der Abszisse angegebener Frequenz dargeboten wird. [Aus G. v. Békésy (3).]

Die Unterschiede zwischen einzelnen Versuchspersonen sind dabei merklich,
etwa von 3—6 Dezibel oder 1,4fachem bis doppeltem Schalldruck. Werden
dagegen den beiden Ohren gleichlaute Töne, aber verschiedener Frequenz
zugeführt, so kann man sich nach G. v. Békésy (3) so einstellen, daß man von
dem Hören zweier Töne absieht, und nur darauf achtet, wie stark der dem einen
Ohr vorher und nachher zugeführte eine der beiden Töne verstärkt werden muß,
um der Lautheit dieses Tones beim gleichzeitigen Erklingen beider Töne zu entsprechen. Während nun bei Tönen gleicher Frequenz die Verstärkung beim
binauralen Hören völlig unabhängig von der Frequenz ist, ist die Verstärkung
bei Zugabe eines Tones anderer Frequenz im zweiten Ohr stark davon abhängig,
wieweit der Frequenzabstand der beiden Töne ist (Abb. 125). Ins Bewußtsein
dringt nicht eine Erregungsverteilung entsprechend Abb. 110, S. 133 vor, nämlich
die Erregungsverteilung an den Sinneszellen, sondern eine deutlich zugespitzte
Erregungsverteilung. G. v. Békésy (1, 3) selbst verlegte 1929 diese Zuspitzung,
die er Kontrast nannte, erst in die höchsten Zentren. Wir haben aber (Abb. 103,
S. 124) gesehen, daß schon die Verteilung der Aktionsstromfrequenz in einer
Einzelfaser über die Frequenz einen wesentlich schärferen Gipfel zu haben scheint
als die mechanische Schwingung (Abb. 70). Die Zuspitzung der Erregung auf
eine bestimmte Frequenz, die Abb. 125 aus der beidohrigen Summation gegenüber Abb. 110 für die Adaptationsverteilung in einem Ohr zeigt, dürfte somit
schon durch die Verknüpfung der Nervenfasern des N. cochlearis mit den Sinneszellen bedingt sein. Ob dazu noch eine Eigenschaft des Cochleariskerns hinzutritt,
kann noch nicht entschieden werden.

9. Richtungshören und Schallokalisation.

Bekanntlich sind wir in der Lage, die Richtung, aus der ein Schall auf uns zukommt, mit einer erstaunlichen Genauigkeit anzugeben. Dieser stereophonische Effekt, der genau dem stereoskopischen Sehen entspricht, erfordert das Zusammenwirken beider Ohren. Damit soll nicht ausgesagt werden, daß mit einem Ohr keinerlei Richtungsempfindung vorhanden ist, ebenso wie auch mit einem Auge noch ein Entfernungseindruck entsteht, der nur andere Kriterien benutzt wie die Querdisparation. Der alte Streit zwischen der ursprünglichen Theorie der Richtungslokalisation auf Grund des Intensitätsunterschiedes der die beiden Ohren erreichenden Schalldrucke und der durch Lord RAYLEIGH begründeten Phasentheorie, sowie der

von v. HORNBOSTEL und WERTHEIMER ausgesprochenen Zeittheorie ist auch heute noch nicht zur Ruhe gekommen, wenn auch allmählich eine Synthese gefunden wurde. So muß zunächst auf die Physik des Reizes eingegangen werden, um Grundlagen für die Physiologie zu erhalten.

Fällt Schall, einerlei ob Geräusche oder Töne, aus seitlicher Richtung auf beide Ohren ein, so trifft jede Welle an dem der Schallquelle zugewendeten Ohr etwas früher ein als am abgewendeten Ohr. Bildet die Schalleinfallsrichtung mit der Medianebene, die senkrecht auf der Verbin-

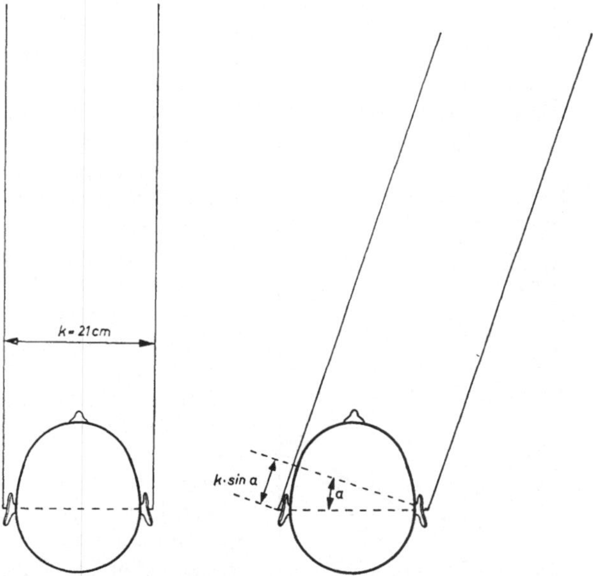

Abb. 126. Zunahme der Weglänge zum abgewendeten Ohr bei seitlichem Schalleinfall.

dungslinie der beiden Ohren steht, den Winkel a, so ist die Zeitverspätung gleich dem Ohrenabstand mal dem Sinus des Winkels, dividiert durch die Schallgeschwindigkeit (Abb. 126). Der funktionell wirksame Ohrenabstand wurde in zahllosen Versuchen vieler Forscher mit 21 cm bestimmt [Literatur s. v. HORNBOSTEL (*1, 2*)]. Natürlich trifft dann ein reiner Ton auch mit verschiedenen Phasen an beiden Ohren ein, die Phase ist dann aber noch abhängig von der Frequenz, und damit nur ein umständlicher Ausdruck für die Zeitdifferenz des Eintreffens. Sowie jedoch die Zeitdifferenz eine halbe Wellenlänge oder mehr ausmacht, wird bei reinen Tönen die Zeitdifferenz mehrdeutig. Es kann dann am entfernteren Ort nicht nur derselbe Druckberg, sondern auch derjenige, der zur vorhergehenden Welle gehört, mit dem Druckberg am zugewendeten Ohr verglichen werden. Diese Mehrdeutigkeit beginnt mit 786 Hz, die bei 330 m/sec Schallgeschwindigkeit eine Wellenlänge von 42 cm haben. Tatsächlich wurden bei höheren Tönen auch „Doppelbilder" oder Mehrfachbilder der Schallrichtung gehört, die dieser Unsicherheit entsprechen. Wird die Zeitdifferenz künstlich — natürlich geht das nicht — größer als 21 cm/ 330 m/sec = 0,00063 sec gemacht, z. B. durch elektrisch ausgelöste Knacke oder mittels Luftschläuchen im Ohr, so wird zunächst noch reine Seitenrichtung, beim Überschreiten etwa des doppelten Betrages aber ein Zerfall des beidohrigen Hörens in zwei

Empfindungen, die sich zeitlich folgen, gehört, was genau dem Auftreten von Doppelbildern bei zu großer Querdisparation entspricht. Dies sind die Grundlagen der v. HORNBOSTEL-WERTHEIMERschen Zeittheorie des Richtungshörens.

Außerdem bildet der Kopf ein Hindernis für den Schall. Daher trifft das abgewendete Ohr ein geringerer Schalldruck als das dem Schall zugewendete Ohr. Dieser Unterschied im Schalldruck ist aber stark von der Frequenz abhängig, da der Kopf für lange Wellenlängen ein viel geringeres Hindernis darstellt als

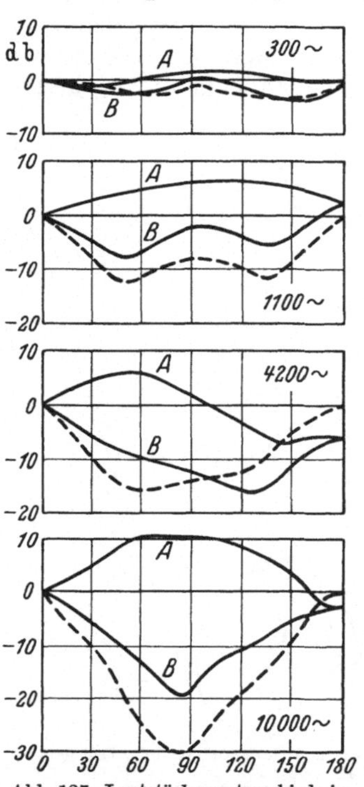

Abb. 127. Lautstärkenunterschiede in Dezibel (Ordinaten) an beiden Ohren bei verschiedenen Einfallswinkeln (Abszisse) für verschiedene Frequenzen. [Nach Messungen von J. SIVIAN und S. D. WHITE aus F. TRENDELENBURG.]

für kurze Wellenlängen, wie dasselbe ja auch von der Beugung des Lichtes an kleinen Hindernissen bekannt ist. Der Unterschied ist bei 300 Hz noch sehr gering, und beginnt erst oberhalb 500 Hz wesentlich die Unterschiedsschwelle des Ohres für Intensitäten zu überschreiten. Für einige Frequenzen ist in Abb. 127, für die Sprache in Abb. 128 die Lautstärkendifferenz abhängig vom Einfallswinkel und die Schalldrucke an beiden Ohren angegeben. Die Abbildungen lassen erkennen, daß die maximale Differenz zwischen den beiden Ohren bei einem Winkel von nahezu 90° und 10000 Hz etwa 30 Dezibel beträgt, während sie für Sprache nur etwa 7 Dezibel ausmacht. Die Asymmetrie der Schalldämmungskurven durch den Kopf sind vorwiegend dadurch bedingt, daß die Ohrmuschel selbst eine Schalldämmung für den von hinten einfallenden Schall ausmacht. Die Übereinstimmung der Differenz für Sprache bei etwa 60° und 115° ist nur eine scheinbare, in Wirklichkeit werden am abgewendeten Ohr die hohen Frequenzen stärker abgeschirmt als die tiefen, so daß die Klangfarbe der Sprache auch bei gleicher Lautheit doch noch verschieden ist. Das abgewendete Ohr erhält mehr von den tiefen, das zugewendete Ohr mehr von den hohen Frequenzanteilen. Hierdurch wird unter anderem auch erkennbar, ob die Sprache von vorne oder von hinten kommt.

Lange Zeit haben die Zeittheorie und die Intensitätstheorie miteinander rivalisiert, und die Vertreter beider Theorien wollten jeweils alles auf ihre Theorie zurückführen, zum Teil in temperamentvoller Weise [v. HORNBOSTEL (1, 2)].

Nun kommt die physiologische Grundlage der Schallempfindung ja nicht im Ohr, sondern im Gehirn zustande, und so muß zunächst festgestellt werden, was bei einem Unterschied der Zeit und des Schalldruckes im Ohr und in den Aktionsströmen der Hörbahn auftreten wird. Die Abb. 73, S. 94 zeigt zunächst, daß eine Differenz des Schalldrucks schon eine Differenz der Tonhöhe hervorruft. Die Überlegungen auf S. 120 lassen es uns unsicher erscheinen, ob das Integral des Reizfolgestromes der Sinneszellen uns richtig über die Phase und damit über die Zeitverspätung zwischen dem Ton am Trommelfell und derjenigen Phase des Reizfolgestromes unterrichtet, die zu den frühesten Aktionsströmen im Cochlearis Anlaß geben. Die allgemeine Unruhe von Reizfolgeströmen bei großem Schalldruck, sowie die Frequenzverteilung in Einzelfasern (Abb. 103, S. 124) beweisen vielmehr, daß bei großen Schalldrucken auch von Stellen der Basilarmembran Aktionsströme ausgehen, die bei leisen Tönen nicht mit ansprechen, und die nicht in Phase mit den Aktionsströmen bei leisen Tönen zu sein brauchen. Und endlich sinkt die Latenzzeit der Aktionsströme mit zunehmendem Schalldruck nach Abb. 101, S. 123 schon im Cochlearis, und nach Abb. 105, S. 128 noch mehr in den höheren Neuronen. Damit kommt der lautere Schall früher in den höheren Zentren an, als der leisere, und zwar in einer nach diesen Abbildungen angebbaren Weise derart, daß der lautere den leiseren um so mehr überholt, je weiter zentralwärts untersucht wird. Die maximale Differenz — abgesehen von der im Reizfolgestrom der Sinneszellen, über die wir nichts wissen — ist bei der Katze in den Cochlearisfasern 0,00029 sec, in den zweiten Neuronen des Corpus trapezoides etwa 0,0007 sec, und in den dritten Neuronen der lateralen Schleife bis zu 0,001 sec. Die maximale Zeitdifferenz bei rein seitlichem Schalleinfall ist 0,00063 sec beim Menschen, und rund 0,00018 sec bei der Katze, also durchaus in derselben Größenordnung wie die Zeitdifferenz durch Lautstärkenunterschiede. Man ist durch den Vergleich dieser Zahlen versucht, den Ort der Zeitdifferenzmessung für den Richtungseffekt in den zweiten Neuronen zu suchen. Leider reicht jedoch das veröffentlichte Zahlenmaterial nicht zu einer genaueren Analyse aus, da wir über die Schalldämmung am Kopf der Katze nicht genügend unterrichtet sind, die wegen der ganz anders geformten Ohrmuscheln natürlich keineswegs vergleichbar mit der beim Menschen sein dürfte.

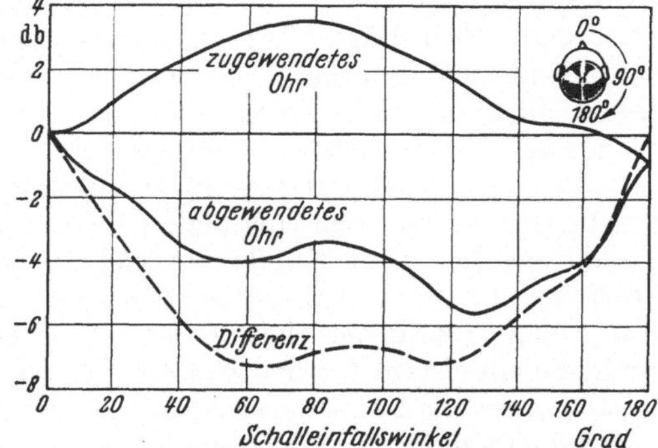

Abb. 128. Lautstärkenunterschiede in Dezibel (Ordinate) an beiden Ohren für Sprache. Die punktierte Kurve gibt die Differenz bei verschiedenen Einfallswinkeln zwischen beiden Ohren an. [Aus STEINBERG und SNOW.]

Die sichere und sofortige Kopfbewegung zur Schallrichtung bei vielen Tieren läßt aber vermuten, daß die Schallokalisation nicht nur mit der Hirnrinde, sondern auch mit den Bahnen für diese Bewegungen durch Reflexzentren verbunden ist. Die Ähnlichkeit dieser Reflexe mit den vestibulären Reflexen liegt auf der Hand.

Die an Hand der Abb. 126 angestellten Überlegungen zeigen, daß oberhalb etwa 800 Hz zwar die Sicherheit der Schallokalisation auf Grund des Zeitunterschiedes wegen der Doppeldeutigkeit rasch abnehmen muß, weil die Wellenlängen dieser Schallwellen nicht mehr lang im Verhältnis zum Durchmesser des Kopfes sind. Außerdem muß spätestens oberhalb 1000 Hz wegen der Refraktärperiode des Cochlearis die Synchronisation zwischen Reizfolgestrom und Aktionsstrom der alternierenden, oberhalb etwa 2000 Hz der drittgeteilten Erregung der Nervenfasern weichen. Und oberhalb etwa 2500 Hz entfällt dann wenigstens in den späteren Neuronen jegliche Synchronisation. Bei der Darbietung reiner Töne nimmt auch ganz entsprechend die Sicherheit der Lokalisation mit zunehmender Frequenz ab 800 Hz ab [SIVIAN und WHITE], und die Fehlerbreite, gemessen in Grad Schalleinfallswinkel, nimmt zu [STEVENS und DAVIS (2)], um bei 3000 Hz ein Maximum zu erreichen. Umgekehrt steigt der Effekt der Schalldämmung am Kopf mit steigender Frequenz, er ist nach Abb. 127 unmerklich bis etwa 500 Hz, nimmt dann zunächst für rein seitlichen Schalleinfall auf etwa 8 Dezibel zu, und überschreitet bei 3000 Hz 10 Dezibel, um dann weiterhin rasch dem Maximum von 30 Dezibel bei 10000 Hz zuzustreben. Für reine Töne dürfte allerdings wegen der mangelnden Synchronisation der Aktionsströme daraus eigentlich kein Vorteil der Lokalisation auf Grund der kürzeren Latenzzeit der lauten Töne resultieren, so weit wir nur die Summe aller Aktionsströme ins Auge fassen. Der einzelne Aktionsstrom einer einzelnen Nervenfaser, die von einer bestimmten Haarzelle oder Haarzellengruppe ausgeht, könnte jedoch deswegen immer noch zu einer bestimmten Phase der Basilarmembranschwingung an dieser Stelle, nur nicht bei jeder Schwingung, ausgelöst werden, und damit synchronisiert sein. Im Gesamtaktionsstrom ist das möglicherweise nur nicht mehr nachweisbar, weil dann die Aktionsströme von nacheinander erregten Stellen entsprechend den laufenden Wellen auf der Basilarmembran sich überlagern. Die Tatsache, daß nun die Fehlerbreite oberhalb 3000 Hz wieder fällt, um bei 10000 Hz wieder ebenso groß zu sein wie bei 1000 Hz, ist nur so zu deuten, daß die „korrespondierenden Basilarmembranstellen" analog zu korrespondierenden Netzhautstellen in den Zentren nervös zusammengeschaltet sind. Und hierfür hat nun G. v. BéKÉSY (4) einen Beweis erbracht, der freilich nur subjektiver Natur ist. Er beschreibt die sehr beachtenswerte Tatsache, daß nach Voradaptation eines Ohres und dadurch bedingter Erregbarkeitsverminderung ein Schalleindruck auf beiden Ohren in zwei getrennte, weil in der Tonhöhe zu stark verschiedene Eindrücke zerfallen kann, so daß kein Richtungseindruck entsteht. Dieses Zerfallen kann mit zwei Tönen nicht erreicht werden, weil dann binaural ein Klang und kein Richtungseindruck entsteht (es wechselt ja dann auch die Zeitdifferenz der Erregungsphase von Schwingung zu Schwingung), und kann mit Knallen nicht erzeugt werden, weil Knalle ein viel zu großes Gebiet der Basilarmembran in Schwingung versetzen. Diese Ergebnisse sind nun direkt dem Doppeltsehen bei zu großer Querdisparation analog, und scheinen mir darauf hinzudeuten, daß in dem Schaltsystem für das Richtungshören nur „korrespondierende Basilarmembranstellen" zusammengeschaltet sein dürften. Der Ort dieses Schaltsystems ist noch nicht gefunden, wohl auch noch nicht systematisch gesucht worden. Die nervenphysiologische Vorstellung, die G. v. BéKÉSY (4) 1930 entwickelt hat, ist inzwischen durch die elektrischen Untersuchungen längst völlig überholt, soweit es sich dabei um die theoretische Konstruktion des Schaltorgans handelt. Doch sei hierfür an den Aufbau des medialen Kernes des N. cochlearis erinnert (S. 126 und Abb. 104), in dem jede eintretende Faser des N. cochlearis mit einer großen Zahl von Schaltzellen in Verbindung tritt, die man als verschieden lange Parallelwege zu den zweiten Neuronen auffassen kann. Beweise für diese Vorstellung fehlen bisher.

Es ist sehr schwer, diese vor wenig mehr als 20 Jahren geschriebene Arbeit in die heutige Vorstellung zu übersetzen, denn was G. v. BéKÉSY (4) damals Nervenleitungsgeschwindigkeit nannte, heißt heute Latenzzeit des Cochlearisaktionsstromes. Bei Knallen fand G. v. BéKÉSY (4) neben lesenswerten sonstigen Eigenschaften besonders auf psychologischem Gebiet, daß unmittelbar Lautstärke und Zeitdifferenz sich vertreten können, und sich gegenseitig zum Mitteneindruck kompensieren können. Dabei fand er die auch nach unseren heutigen Kenntnissen ganz überraschende Tatsache, daß eine Lautstärkendifferenz 1:2,72 unabhängig von der absoluten Lautstärke immer durch die gleiche Zeitdifferenz ausgeglichen werden kann, wenn man nur Beobachter auswählt, bei denen die HORNBOSTEL-WERTHEIMERsche Konstante, die den wirksamen Schallweg von einem Ohr zum anderen angibt, unabhängig von der Lautstärke ist. G. v. BéKÉSY (4) selbst deutet diesen Befund so, daß „die Nervenleitungsgeschwindigkeit" (lies Latenzzeitdifferenz) unabhängig von der Lautstärke, und außerdem die Erregung proportional dem Schalldruck sei, was nur für den ersten Augenblick der Erregung gelte, in dem die Adaptation noch nicht eingetreten ist. Daher verhalten sich die Richtungsempfindungen bei reinen Tönen ganz anders als bei Knallen. Es muß besonders hervorgehoben werden, daß hiermit nicht wirklich dem WEBER-FECHNERschen „Gesetz" widersprochen wird. Denn es handelt sich dabei nicht um die Größe, sondern um den Zeitpunkt der Erregungsauslösung. Umgekehrt steigt die Zeitdifferenz zur Auslöschung einer Schallstärkendifferenz nicht proportional dieser Schallstärkendifferenz an, sondern angenähert logarithmisch, wie das Abb. 129 nach G. v. Békésy (4) zeigt. Und damit ist das Weber-Fechnersche Gesetz wieder gewahrt. Beachtenswert sind auch die Verdeckungserscheinungen bei gleichzeitiger Darbietung mehrerer Knallbilder, die einmal von der Schwingungsfähigkeit des Mittelohres abhängen. Hauptsächlich aber findet schon G. v. Békésy (4), daß der erste schon zustande gekommene Richtungseffekt den eines nachfolgenden Bildes verdeckt, selbst für den Fall, daß die Lautstärke des nachfolgenden Knallbildes wesentlich stärker ist, eine Tatsache, die inzwischen durch Haas unmittelbar auf die Rundfunktechnik anwendbar gemacht wurde. Bei Darbietung von Tönen oder von Knallfolgen endlich ändert sich der Richtungseindruck ungleich lauter Schalle auf beiden Ohren mit der Zeit, entsprechend der Adaptation und der damit einhergehenden Änderung der Latenzzeit der Erregung, ein durch Lautstärkendifferenz seitlich verschoben erscheinender Schall wandert mit zunehmender Adaptation zur Mitte, und nach Voradaptation erscheint ein gleichlauter gleichzeitiger Schall von der Seite des adaptierten Ohres weggerückt.

Gegenüber einer solchen erdrückenden Menge von Tatsachen, daß das Richtungshören an die Erregung der Haarzellen der Schnecke gebunden erscheint, wirken die immer wieder, neuerdings z. B. von Kraus vorgebrachten Argumente dafür, daß das Richtungshören durch eine Miterregung der Bogengangsampullen bewirkt werde, nicht sehr überzeugend. Niemand bestreitet, daß besonders lauter Schall auch zu einer Bewegung der Endolymphe in den Bogengängen führen kann. Nur führt diese zu reflektorischen Bewegungen, und nicht zum Richtungshören. Und statt der etwa wenig überzeugenden phylogenetischen Überlegungen könnten hierfür auch philologische herangezogen werden. Unsere Sprache weiß auf vielen Gebieten mehr von Physiologie, als wir ahnen, und wenn wir dem Zureden eines anderen ein „geneigtes Ohr" leihen, so kommen damit die vestibulären Reflexe bei Schalleinwirkung schon zum Ausdruck, die im übrigen nicht Gegenstand dieses Buches sind.

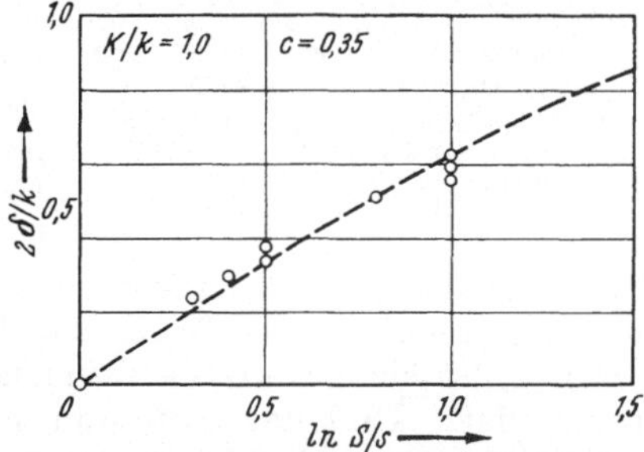

Abb. 129. Zusammenhang zwischen Lautstärkenunterschied an beiden Ohren und Zeitverspätung, die sich gegenseitig im Richtungseindruck auslöschen. In der Ordinate ist (in einem theoretisch begründeten, hier unwesentlichen Maßstab) die Zeitverspätung angegeben, die durch die in der Abszisse logarithmisch angetragene Lautstärkendifferenz zum Mitteneindruck kompensiert wird. [Aus G. v. Békésy (4).]

10. Entfernungsempfindung.

Auch ungeübten Beobachtern gelingt es mit Leichtigkeit, die Entfernung einer Schallquelle, etwa einer tickenden Taschenuhr oder des Lautsprechers mit einer erstaunlichen Sicherheit anzugeben, solange diese Entfernung etwa innerhalb eines Meters liegt. G. v. Békésy (14) hat nun ausgeführt, daß diese Entfernungsbestimmung schon einohrig gelingt, auch wenn das andere Ohr durch Gehörgangsverschluß derart an Lautstärke verliert, daß es praktisch unbeteiligt ist. Damit entfällt die von Wightman und Firestone für reine Töne wirksam gefundene Schalldruckdifferenz an beiden Ohren als physikalische Ursache bei Knallen und bei Sprache. Auch G. v. Békésy (14) fand, daß bei Tönen, schlechter bei Geräuschen, die Entfernungsempfindung schon an einem Ohr etwas von der Lautstärke abhängt. Der lautere Ton wird näher ans Ohr verlegt. So wird die

Lautstärke als Aushilfsmittel zur allerdings unsicheren Entfernungsbestimmung dann verwendet, wenn andere Kennzeichen fehlen. Bei Knallen dagegen zeigte sich die Entfernungsempfindung abhängig von dem Frequenzspektrum, aus dem der Knall zusammengesetzt ist: Mitübertragung der tiefen Frequenzanteile eines Knalles läßt den Knall nahe erscheinen, Heraussieben der tiefen Frequenzen läßt ihn in genau abstufbarer Weise vom Ohr abrücken. Abb. 130 zeigt die scheinbare Entfernung eines Sprechers je nach der Frequenzmitte des durch ein Oktavsieb in der elektrischen Übertragung auf den Fernhörer durchgelassenen Frequenzbandes. Nun unterscheiden sich Knalle physikalisch dadurch, daß in Nähe der Knallquelle die Strömungsgeschwindigkeit der Luft noch merklich ist, die mit zunehmender Entfernung abnimmt, und zwar proportional dem Quadrat der Entfernung. Die Druckschwankung enthält von vornherein höhere Frequenzanteile in ihrem Spektrum als die Strö-

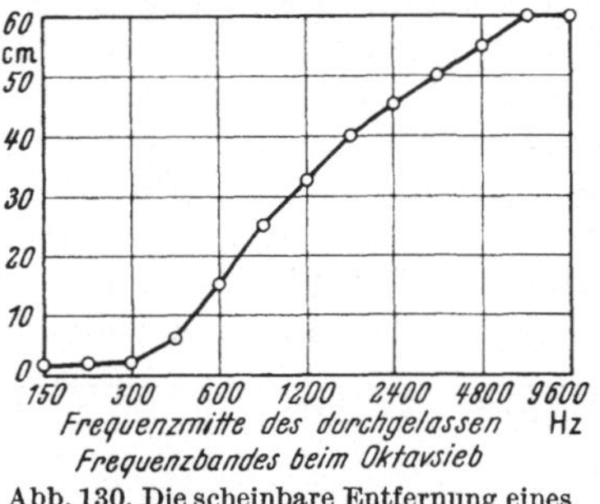

Abb. 130. Die scheinbare Entfernung eines Sprechers in Abhängigkeit von der Höhe des durchgelassenen Frequenzbandes. [Aus G. v. Békésy (14).]

mungsgeschwindigkeit. Die Voraussetzung dafür, daß die Strömungsgeschwindigkeit und nicht nur der Druck das Trommelfell aus seiner Ruhelage auszulenken vermag, ist ein Schallwellenwiderstand, der nicht allzu hoch über dem der Luft liegen darf. Und das trifft nun mindestens für den mittleren Frequenzbereich tatsächlich zu (vgl. Abb. 39, S. 50), das Trommelfell ist in diesem Frequenzbereich ein Geschwindigkeitsempfänger, und nicht nur ein Druckempfänger. Die tiefen Frequenzanteile eines solchen Knalles führen entsprechend Abb. 74, S. 97 zu einer Wanderwelle auf der Basilarmembran, die sich über das Helicotrema ausgleicht, die hohen Frequenzanteile dagegen können schon weiter steigbügelwärts verschluckt werden. So wird beim Einwirken eines Knalles geradezu der Ort auf der Basilarmembran, der noch von der Wanderwelle ergriffen wird, nach außen in den Raum objektiviert als Entfernung empfunden. Es gelingt damit auch bei elektrischer Übertragung von Geräuschen einfach dadurch, daß die tiefen Frequenzanteile mit übertragen werden, die Empfindung der Nähe der Schallquelle hervorzurufen, während beim Fehlen der tiefen Frequenzanteile die Schallquelle

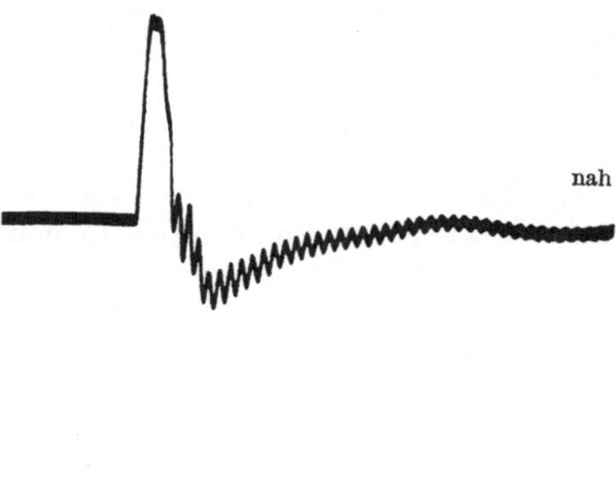

Abb. 131. Typische, nah und fern erscheinende Knallgeräusche. Die Länge der Aufnahmen beträgt 0,02 sec. [Aus G. v. Békésy (14).]

vom Ohr hinwegzurücken scheint. Ein Beispiel für den physikalischen Unterschied nach der Entfernung zeigen die Oszillogramme von Knallen in verschiedener Entfernung in Abb. 131. Freilich wird diese Entfernungsempfindung sehr leicht durch sonstige gleichzeitige Empfindungen überdeckt. So genügt es, den Fernhörer mit der Hand ans Ohr zu halten, um durch das Tastgefühl jedes Wegwandern der Schallquelle vom Ohr zu verhindern, auch wenn die übertragenen Knalle physikalisch geändert werden. Die Kenntnis dieser Ursache der Entfernungsempfindung erlaubt es z. B. dem Film Flüstersprache durch Hervorheben der tiefen Frequenzanteile als nah am Ohr des Hörers entstanden vorzutäuschen.

11. Raumakustik.

Die physiologischen Tatsachen des Richtungshörens und des Entfernungs-
hörens haben in den letzten Jahrzehnten für den Architekten und seinen akustischen Berater, den Raumakustiker, eine ungeheure Bedeutung erlangt, die sich
in dem umfangreichen technischen Schrifttum zu dieser Frage kundtut. Es ist
nicht möglich, im Rahmen einer Physiologie des Gehörs diese Literatur einzeln
zu besprechen, und wer dafür Interesse hat, möge das Journal of Acoustic Society
of Amerika oder die neue Zeitschrift Acustica zur Hand nehmen. Es soll jedoch
nicht verschwiegen werden, daß die Zusammenarbeit zwischen Raumakustik und
Gehörphysiologie mit Ausnahme der Personalunion in G. v. Békésy noch sehr
zu wünschen übrig läßt. Die ganze Begriffswelt des Technikers stammt, soweit
sie physiologisch ist, aus der Zeit der Helmholtzschen Resonanztheorie. Als
Beispiel sei erwähnt, daß Haas in einer gleich noch zu besprechenden Arbeit
über den Einfluß des Einfachechos das Anklingen der Erregung (vgl. S. 146,
Anklingen) mit der Integration eines Impulses durch ein ballistisches Galvanometer vergleicht, und das Abklingen mit einer Zeitkonstanten belegt, was der
Vorstellung eines exponentiellen Abklingens wie bei einem gedämpften Resonator
entspricht. Das Anklingen ist aber eben nicht eine Integration wie beim Impuls-
messer, sondern gehorcht dem Nernstschen Gesetz und tut sich damit als Erregungsstoffwechsel mit Leckstoffwechsel kund, in diesem Fall in den höheren
Zentren, und das Abklingen beschreibt die Physiologie als Nachbild der Erregung,
das überhaupt nichts mit dem eventuell exponentiellen Abklingen der Schwingung in der Schnecke zu tun hat. So werden [L. Cremer (2)] physiologische
Probleme erfunden, die keine Probleme sind, sondern Unkenntnis physiologischer
Vorgänge, so gut wie der Physiologe leicht in Versuchung kommt, elektro-
akustische Probleme zu finden, die längst gelöst sind, die aber seiner Vorstellungs-
welt fremd sind. Desto höher ist es zu veranschlagen, daß eine große Zahl von
physiologischen Experimenten von Raumakustikern mit eindeutig physiologischem
Ergebnis angestellt wurden und täglich werden, wie ja G. v. Békésy, der erfolg-
reichste Experimentator an der menschlichen und neuerdings der Meerschweinchenschnecke, ursprünglich Techniker ist. Zu diesen Experimenten gehören nun auch
neuere über das Raumhören, die hier anschließend zu besprechen sind.

Es ist jedem von uns geläufig, daß in großen Kirchen und ungünstig gebauten
Hörsälen das Sprechen und noch mehr das Zuhören zur Qual wird, wenn durch
kontinuierliche Reflexion des Schalles der Nachhall, durch Reflexion an Kuppel
usw. ein Echo jede Silbe verwischt oder nachäfft. Es ist eine ausschließlich raum-
akustische Frage, welche Raumgestaltung und Wandauskleidung solche Störungen vermeiden läßt. Die Erfüllung großer Versammlungsräume mittels des
Lautsprechers hat dagegen außer der Echobildung durch Wegunterschiede vom
Sprecher und vom Lautsprecher zum Hörer oder von verschiedenen Lautsprechern
zum Hörer noch ein neues Problem aufgeworfen, nämlich die Frage, unter welchen Umständen der Schall trotz Verstärkung und Wiedergabe mit Lautsprechern
nach Richtung und Entfernung vom Sprechenden zu kommen scheint. Es wurde
oben S. 157 schon erwähnt, daß gleichzeitig superponierte Richtungen sich zu
der Empfindung einer mittleren Richtung überlagern, daß aber diese Überlagerung
ausbleibt, wenn Schall zuerst aus einer, und dann in kurzem Zeitabstand aus
einer anderen Richtung einfällt. Dieser Zeitabstand, in dem das Richtungshören
für einen neuen Richtungseffekt refraktär ist, wurde nun durch Haas zugleich
mit der Frage der Verwischung, der verminderten Sprachverständlichkeit, abhängig von der Lautstärke, der Klangfarbe und der Verspätungszeit eines Einfachechos untersucht. Bei kleinen Verspätungszeiten des Echos zwischen 0,001
und 0,030 sec (entsprechend 33 cm bis 10 m/Wegdifferenz der Schallquellen zum
Beobachter) ändert sich weder die scheinbare Richtung, aus der der Schall zu

kommen scheint, noch wird überhaupt gehört, daß eine zweite Schallquelle vorhanden ist. Der Schall wird nur insofern verändert, als er nicht mehr nur aus der Lautsprecheröffnung zu kommen scheint, sondern die Schallquelle erscheint vergrößert. Erst bei Laufzeitdifferenzen über 0,030 sec wird empfunden, daß auch die zweite Schallquelle Schall abstrahlt, ohne daß der Richtungseindruck auf die erste Schallquelle darunter leidet. Und erst jenseits 0,05 sec wird das Echo als gesonderte Schallquelle mit Richtungseindruck empfunden. Im Bereich von etwa 0,005—0,025 sec kann das Echo dabei um 10 Dezibel, bei kürzeren und längeren Laufzeitdifferenzen entsprechend weniger, lauter sein als der Primärschall, ohne daß der Richtungseindruck auf die Primärschallquelle verlorengeht (Abb. 132). Hieraus muß der Schluß gezogen werden, daß die Refraktärzeit für Richtungshören abhängig ist von der Intensität, im übrigen aber in der Größenordnung liegt, in der für das Auge der physiologische Moment, für das Ohr die Verschmelzung zum Toneindruck aus dem Höreindruck bei 18 Hz erfolgt. Die technische Anwendung der Verdeckung der Richtung eines Echos für die Raumakustik wurde schon von L. CREMER (1) empfohlen. Die Verständlichkeit von Sprache leidet in gesetzmäßiger Weise durch ein Echo, wobei die mittlere Laufzeitdifferenz an der Grenze der Störung (abhängig von der Lautstärke und der Klangfarbe des Echos) Werte

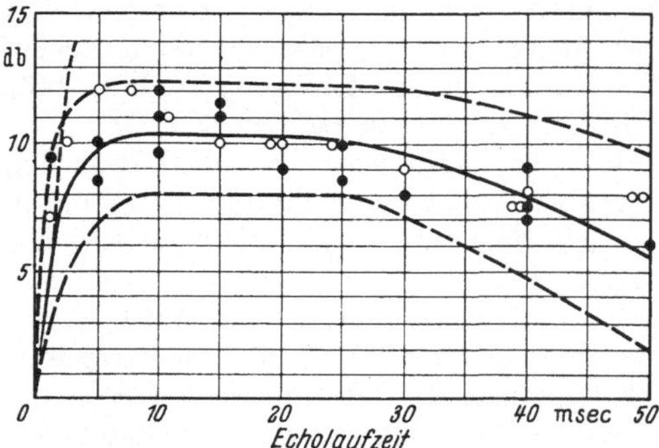

Abb. 132. Zulässige Lautstärkendifferenz zwischen Primärschall und stärkerem Echo (Ordinate), abhängig von der Laufzeitdifferenz (Abszisse) für Sprache. Unterhalb des Unsicherheitsstreifens wird das Echo nicht lokalisiert. [Aus HAAS.]

zwischen 0,05 und 0,10 sec erreicht. Besonders die Dämpfung der hohen Frequenzanteile der Sprache im Echo erlaubt es, noch große Laufzeitdifferenzen zuzulassen. Außerdem ist aber die Sprechgeschwindigkeit mit maßgebend für die zulässige Laufzeitdifferenz.

VII. Schlußwort.

Der Weg vom adäquaten Reiz bis zur Erregung der Hirnrinde und der kurzen Besprechung der Wahrnehmungen und Empfindungen hat uns durch eine unerwartet große Zahl von Umwandlungen geführt. Der Luftschall wird am Trommelfell in mechanische Bewegung fester Körper, an der Stapesfußplatte wieder in eine Wellenbewegung, diesmal aber in der Flüssigkeit der Schneckentreppen verwandelt. Diese Wellen, den Oberflächenwellen auf einer Wasseroberfläche ähnlich, sind sowohl mit Längs- wie mit Querbewegungen der Flüssigkeitsteilchen verbunden, wobei allerdings an der Hörschwelle der von jedem Teilchen zurückgelegte Weg kleiner als der Moleküldurchmesser ist. Die Querbewegung der Perilymphe endlich sorgt für die ungleiche Auslenkung der Basilarmembran und der REISSNERschen Membran, durch die wahrscheinlich die Endolymphe in radialer Richtung in Schwingung versetzt wird, so daß sie dabei die Hörhärchen verbiegen kann. Und wie im Auge der optische Apparat für eine Abbildung des Raumes vor dem Auge sorgt, so haben die physikalischen Verhältnisse in der Schnecke eine Abbildung der Frequenzen auf verschiedenen Stellen des Transformationsorgans zur Folge. Von der sowieso nur geringen Energie des Luftschalles kommt wohl nur ein verschwindend kleiner Bruchteil nach Reflexion und Dämpfung durch Reibung an den Hörhärchen zur Wirkung. Und doch genügt dieser Teil, um hier eine in ihren Einzelheiten noch unbekannte Wirkung zu entfalten. Nur die elektrischen Folgen, der Reizfolgestrom und die Änderung des Bestandsstromes, sind der Messung zugänglich. Noch fehlt uns ein Urteil darüber, ob die mechanische Beanspruchung der Sinneshaare einen Dauerstoffwechsel der Sinneszellen moduliert — eine Auffassung, der ich zuneige — oder einen Erregungsstoffwechsel auslöst. Was jenseits der Sinneszellen vor sich geht, ist unabhängig von mechanischen Einflüssen, und nur mehr die Folge der Erregung der Sinneszellen und der Verteilung dieser Erregung nach Raum und Zeit. Mit der Verbiegung der Hörhärchen hat sich der mechanische Reiz erschöpft, seine Energie ist verzehrt, und es muß durch Lebenstätigkeit neue Energie zugeführt werden. In welcher Weise nun die Sinneszellen befähigt sind, die Endigungen des N. cochlearis zu erregen, ist wiederum ein Geheimnis der Natur, das noch nicht geklärt ist, wenn sich auch mit den Hinweisen auf Cholinsubstanzen der Schleier zu lüften beginnt. Es muß völlig dahingestellt bleiben, wie viele Zwischenglieder der Umwandlung zwischen der Verbiegung der Hörhärchen und dem Ausklinken des Aktionsstromes liegen. Nur eines kann hervorgehoben werden, was zugleich eine Entschuldigung für manchen Irrweg auch des Verfassers sein mag: Ein Aktionsstrom ebenso wie der Erregungsstoffwechsel in den Nervenfasern ist ein gerichteter Vorgang, bei dem die erregte Stelle stets außen negativ erscheint, und erregen kann man eine Nervenfaser nur an der Kathode eines äußeren Stromes. Wechselstrom reizt nicht, wie er im Transformator zu Induktionsströmen führt, sondern dank seiner Eigenschaft, vorübergehend eine Kathode an der Reizstelle zu erzeugen. Die Vorstellung von Stoffwechselvorgängen an der erregten Stelle macht es noch deutlicher, daß nicht der Wechsel, sondern das Gleichrichten des Wechsels durch Anhäufung von Ionen einer Art den Reiz darstellt. Und so mußte auch im Gehörorgan nach der Stelle gesucht werden, an der eine Gleichrichtung des Wechseldruckes der mechanischen Schwingungen erfolgt. Voreilig haben wir, G. v. BÉKÉSY und ich, um 1931 diese Gleichrichtung schon in der Perilymphschwingung gesucht, neuerdings sucht sie NEUBERT in der Endolymphschwingung. Nachweisen läßt sie sich erst in der Tatsache, daß der Aktionsstrom immer zur gleichen Phase des Reizfolgestromes ausgeklinkt wird, daß also nur eine Phase der mechanischen Schwingung zum Reiz umgewandelt wird.

Wie sich der Reiz eine große Zahl von Metamorphosen gefallen lassen muß, bis er als Aktionsstrom neugeschaffen den Zentren zueilt, so hat die Hörtheorie im Laufe der letzten 25 Jahre, seit dem Erscheinen des Handbuches der normalen und pathologischen Physiologie (BETHE-BERGMANN), allerlei Metamorphosen durchgemacht. Nachdem die Resonanztheorie (H. v. HELMHOLTZ) erst einmal durch den WIENschen Einwand erschüttert war, folgten mehr oder weniger aussichtslose mechanische Spekulationen und ebenso unbegründete psychologische Theorien wie die Schallbildertheorie und die sog. Frequenztheorie, die erst im Gehirn eine Analyse der Frequenz eintreten ließen. Mächtig angeregt durch die rasche Entwicklung der technischen Akustik, trat merkwürdigerweise eine Arbeitsteilung in der gründlichen Untersuchung ein: Die europäische Wissenschaft, geführt durch G. v. BÉKÉSY, wendete sich mehr den physikalischen Problemen der Schallzuleitung und der Perilymphschwingung, freilich auch einer Reihe zunächst psychologisch erscheinender Fragen wie der Adaptation zu, die amerikanische Forschung hat inzwischen die elektrische Untersuchung sowohl des Reizfolgestromes wie der Aktionsströme aus allen Teilen der Hörbahn bis zur Vollendung vorangetrieben. Und wie wir in Europa nach dem Fallen der Schranken uns hungrig auf diese nervenphysiologischen Ergebnisse gestürzt haben, so ist in Amerika in den letzten Jahren zunehmend das Bedürfnis fühlbar geworden, auch die mechanische Seite des Problems anzugreifen. Heute können wir mit Genugtuung feststellen, daß diese beiden Forschungsrichtungen sich an der Grenze zwischen Sinneszelle und Nervenfaser treffen, und sich in erstaunlich guter Weise zu einem Gesamtüberblick über die Physiologie des Gehörs ergänzen. Während vor 26 Jahren noch unberührt voneinander die „Hörtheorie" (sollte heißen, eine Hörhypothese) und die klinische Erfahrung nebeneinander herliefen, gibt es heute kaum eine klinische Beobachtung, die sich nicht in beweisbarer Form auf Störungen bekannter Glieder der oben angedeuteten Metamorphosenkette zurückführen ließe. Und es hat sich der Blickwinkel verschoben, aus dem die Grenze zwischen Physiologie und Psychologie zu betrachten ist. Vieles, was vor 26 Jahren ungeklärte Psychologie war, wie die Tonverdeckung, die Adaptation und die Harmonie, ist heute teils Physik, teils Physiologie geworden. Und hierin sehe ich den eigentlichen Fortschritt: Ungeklärte Dinge sind geklärt worden, und wenn wir heute die Kausalkette übersehen, so möge es der Zukunft beschieden sein, in die Kausalkette therapeutisch einzugreifen, wie das heute schon durch die Fensterungsoperation geschieht. Wie viele Lücken trotz aller Arbeit und Mühe in unserer Erkenntnis offen geblieben sind, das habe ich, hoffe ich, im Verlauf der Entwicklungen deutlich spüren lassen. Dazu kommt, daß die Psychologie z. B. beim Sprachverständnis zentral reichlich wieder angebaut hat, was ihr peripher auf den Gebieten der Adaptation und des Kontrastes von der Physiologie abgenommen wurde.

Physiologie der Stimme und Sprache

Von

Hans Lullies

Mit 78 Abbildungen

Einleitung.

Um die Erforschung der Stimme und Sprache des Menschen haben sich von jeher die verschiedensten Zweige der Wissenschaft bemüht. Nicht nur Physiologen und Physiker, Musiker und Ärzte, sondern auch Psychologen, Philologen und Philosophen haben sich mit Fragen der „Phonetik" im weitesten Sinne befaßt. Zu ihnen gesellte sich in den letzten Jahrzehnten die Technik, die der Forschung mit neuen Problemen und Methoden einen besonderen Auftrieb gab. Diese Vielfalt der Standpunkte und Interessen hat sich oft anregend, mitunter aber auch ungünstig auf den Fortschritt ausgewirkt. Die verschiedene Vorbildung und Betrachtungsweise der Forscher, ihre verschiedenen Ziele und Methoden konnten zu Mißverständnissen und unfruchtbaren Diskussionen führen.

Für den Physiologen bedeutet die Stimme und Sprache zunächst eine besondere Art von *Schallreizen*, die in erster Linie in den Dienst der gegenseitigen Beziehungen der Individuen gestellt sind. Das Ohr besitzt für die Laute, die das Stimmorgan normalerweise hervorbringt, eine besonders große Empfindlichkeit. Umgekehrt ist, wie das Verhalten des „Taubstummen" zeigt, eine normale Phonation nur möglich, wenn die Betätigung des Stimmapparates unter der Kontrolle des Gehörs erfolgt. So wird die Physiologie der Stimme und Sprache zweckmäßig im Anschluß an die Physiologie des Gehörorgans abgehandelt, zumal die grundlegenden physikalischen Begriffe und zahlreiche Methoden in beiden Gebieten, in der Physiologie der Schall*erzeugung* und der Physiologie der Schall*perzeption*, die gleichen sind.

Unter diesem Gesichtspunkt hätte auch der Physiologe zunächst die Frage nach der *physikalischen Beschaffenheit der Laute* zu beantworten, die der Mensch, gegebenenfalls auch ein Tier, zu erzeugen imstande ist, insbesondere, welche charakteristischen Eigenschaften die Sprachlaute und die Sprache haben, um als solche gehört und verstanden zu werden. Diese Fragen können untersucht und beantwortet werden, ohne daß der schallerzeugende Apparat überhaupt berührt wird. Es sind die Fragen, die den technischen Physiker als „Akustiker" in erster Linie interessieren, und die in den letzten 20 Jahren mit sehr vollkommenen elektro-akustischen Methoden erschöpfend beantwortet werden konnten. Auch die „Phonetik", soweit sie sich mit der Untersuchung der fertigen gesungenen oder gesprochenen Laute und ihrer Abwandlung befaßt, bleibt in diesem Rahmen. Sie hat jedenfalls durch diese Methoden heute die Möglichkeit, solche Fragen mit jeder wünschenswerten Exaktheit anzugehen, gesungene oder gesprochene Laute, Worte und Sätze getreu aufzuzeichnen, zu analysieren und auf- und abzubauen.

Darüber hinaus hat aber die Physiologie die Aufgabe, die *Funktion der schallerzeugenden Einrichtungen* und den Mechanismus des Zustandekommens der Laute und der Sprache zu untersuchen und nach Möglichkeit zu klären. Die Kenntnis des äußeren Schallfeldes, von dem bisher die Rede war, ist nur *eine* Voraussetzung für die Lösung dieser Aufgabe. Was sich im Kehlkopf und den angrenzenden Räumen bei der Stimmgebung abspielt, wie durch den Luftstrom, den der Atmungsapparat liefert, unter Mitwirkung der schwingenden Stimmbänder die von der Mundöffnung abgestrahlten Luftraumschwingungen entstehen, wie etwa die beteiligten Vorgänge unter Vermittlung des Nervensystems gesteuert werden, kann nur mit Hilfe des ganzen Rüstzeuges physiologischer Registrier- und Operationstechnik untersucht werden.

Um etwas Maßgebendes zu diesen Fragen zu sagen, genügt es also nicht, das Schallspektrum eines Stimmklanges zu kennen. Es genügt aber auch nicht, Stimmbandschwingungen zu beobachten, Druckschwankungen in der Trachea, im Kehlkopf oder in der Mundhöhle aufzuzeichnen, Formänderung von Kehlkopf oder Ansatzrohr röntgenologisch und kinematographisch zu verfolgen oder Aktionsströme in Kehlkopfmuskeln, Kehlkopfnerven oder in höheren nervösen Zentren während der Phonation zu registrieren. Erst durch die *Synthese* aller derartiger Untersuchungen unter Berücksichtigung der sonstigen gesicherten Tatsachen der Muskel- und Nervenphysiologie würde man von einer „Physik der Sprachlaute" zu einer „Physiologie der Stimme und Sprache" gelangen, die dem Arzt, dem Phonetiker, dem Linguistiker und dem Psychologen die physiologischen Grundlagen für seine Tätigkeit oder seine Überlegung liefern könnte. Hier bestehen trotz der von O. WEISS und besonders von W. TRENDELENBURG angebahnten Fortschritte noch erhebliche Lücken in unseren Kenntnissen. Der Stimmapparat des Menschen weicht in seinem Bau und in seinen Leistungen so erheblich von dem auch der höchstentwickelten Tiere ab, daß man vom Tierversuch bei vielen wichtigen Fragen der Stimm- und Sprachphysiologie keine entscheidende Antwort erwarten kann, und Untersuchungen am Menschen, die den obigen Anforderungen genügen, sind spärlich und stehen erst in den Anfängen.

Unter den angedeuteten Gesichtspunkten sollen im folgenden zunächst die *anatomischen Grundlagen* der Funktion des Stimmapparates besprochen werden. Hierauf wäre als wesentlichste Aufgabe die *Beschaffenheit* und die *Bildung der Stimm- und Sprachlaute* beim Menschen zu behandeln. Weiterhin wird auf die Vorgänge beim *Singen und Sprechen als Gesamtleistung* eingegangen und in einem letzten Abschnitt anhangsweise die Bildung von *Lauten bei Tieren* berührt werden[1].

Vorbemerkung.

Der menschliche Stimmapparat ist im Prinzip ein Blasinstrument, bei dem ein Luftstrom aus einem „Windraum" (Lunge, Bronchien, Trachea) durch einen Spalt, der von schwingungsfähigen „Lippen" (Stimmbändern) begrenzt ist, austritt und einen angrenzenden „Luftraum" (Pharynx, Mundhöhle) in Schwingungen versetzt. Dabei bewirken die Schwingungen der Stimmbänder eine periodische Unterbrechung des Luftstromes oder ein periodisches Schwanken seiner Intensität und bestimmen mit ihrer Frequenz die *Grundfrequenz* oder die Höhe des Grundtones der „stimmhaften" Laute, während Form, Anordnung und Größe der angrenzenden Räume die Obertöne oder Teiltöne des Klanges und damit den *Charakter* oder die *Klangfarbe* der Laute bestimmen.

Der ganze Apparat wird zu einem äußerst vielseitigen Schallerzeuger, weil alle beteiligten Größen, der Anblasedruck im „Windraum", die Spannung der Stimmbänder, die Form der Stimmritze, ihre Lage gegenüber dem Ansatzrohr sowie Form und Größe dieses Ansatzrohres durch Muskelwirkung in weiten Grenzen verändert werden können. Dabei spielt nicht nur die Möglichkeit der gegenseitigen Beeinflussung dieser Faktoren durch „physikalische Koppelung" eine wichtige Rolle, sondern auch eine „physiologische Koppelung", bei der unter Vermittlung des Nervensystems die Länge und Spannung der betätigten

---

[1] Daten zur Geschichte der Physiologie der Stimme und Sprache findet man bei GRÜTZNER (*1*) und bei ROTHSCHUH, zur Geschichte der Phonetik im weiteren Sinne bei PANCONZELLI-CALZIA (*2, 3*).

Muskeln schnell und genau den Erfordernissen entsprechend eingestellt werden. In diese reflektorisch ablaufende Regulation ist normalerweise auch das Gehör maßgeblich eingeschaltet. Tatsächlich ist das Gehörorgan phylogenetisch älter als der Phonationsapparat, der sich anscheinend erst unter seiner Kontrolle zu seiner speziellen Leistungsfähigkeit beim Menschen entwickelt hat.

I. Bau und Innervation des menschlichen Stimmapparates.

Der wesentlichste Bestandteil des Stimmapparates ist der *Kehlkopf* mit seinen Stimmbändern. Er bildet den Abschluß des Respirationsapparates gegenüber der Mundhöhle und hat primär eine wichtige Funktion als Schutzorgan für die Lunge.

In seiner primitivsten Form bei den geschwänzten Amphibien ist der Kehlkopf nur ein Verschluß der Luftröhre, der zum Zwecke der Atmung geöffnet werden kann. Bei den Formen, die dauernd atmen, wie bei den Säugetieren, ist er ständig offen und wird nur, um das Eindringen von Fremdkörpern in die tieferen Luftwege zu verhindern, verschlossen: durch Unterschieben des Kehlkopfeinganges unter die Zunge beim *Schlucken*, durch Verschluß der Stimmritze beim *Husten*, oder auch (zusätzlich) durch Rückwärtsneigung der Epiglottis und Vorwärtsneigung der Aryknorpel beim *Pressen* (CZERMAK).

Über die *Entwicklung* des Kehlkopfes teils aus Teilen der Kiemenbögen, also vom Kopf, teils aus Bestandteilen des Vorderdarms, also vom Rumpf, siehe z. B. BRAUS (*1, 3*). Dort und in einer zusammenfassenden Darstellung von ELZE findet man auch ausführlichere Angaben über die anatomischen Verhältnisse, die hier nur in ihren Grundzügen geschildert werden können.

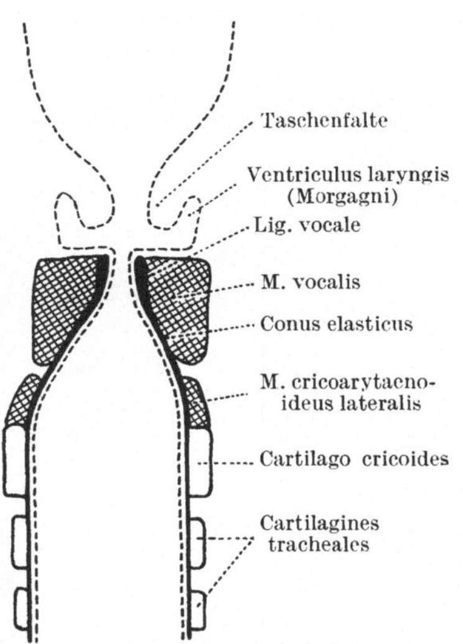

Abb. 1. Schematischer Frontalschnitt durch das Mundstück des Anblaserohres (Conus elasticus). Schleimhaut gestrichelt. (Nach ELZE.)

Einen schematischen Frontalschnitt durch den Kehlkopf in seiner Eigenschaft als „Mundstück" des Anblaserohres des Stimmapparates gibt Abb. 1. Man sieht in dem Schema die dreiseitig prismatischen Stimmlippen mit ihrem Muskelpolster, die nach Form und Weite veränderliche Stimmritze (Glottis) und den elastischen Schlauch (Conus elasticus), der das Mundstück des Anblaserohres mit seinem Knorpelgerüst gegenüber der Trachea beweglich macht. Die Stimmlippen sind an beweglichen Knorpeln des Kehlkopfes so befestigt, daß sie durch Muskelwirkung gespannt werden können, und unabhängig davon auch die Form und Weite der Stimmritze verändert werden kann.

Als Stimm*lippen* (Labia vocalia) bezeichnet man die auf dem Querschnitt dreieckigen Wülste mit ihren eingelagerten Muskeln, als Stimm*bänder* (Ligamenta vocalia) im anatomischen Sinne die elastischen Längszüge des oberen Randes des Conus elasticus, als Stimmbänder im weiteren (klinischen) Sinne diese Ligamenta mit ihrem Schleimhautüberzug, die der Anatom genauer als Plicae vocales bezeichnet.

1. Das Gerüst und die Bänder des Kehlkopfes.

Das eigentliche Skelet des Kehlkopfes besteht aus dem Ringknorpel (Cartilago cricoides), dem Schildknorpel (Cartilago thyreoides) und den beiden paarigen Stellknorpeln (Gießbeckenknorpeln, Cartilagines arytaenoides). Dazu kommen die Knorpel des Kehldeckels und die kleinen den Stellknorpeln aufgelagerten, hier nebensächlichen, Cartilagines corniculatae (SANTORINI) und cuneiformae (WRISBERGI). Abb. 2 zeigt das Kehlkopfskelet und seine Bänder in seiner natürlichen Anordnung. Ein schematisches Bild der Beziehungen der Hauptknorpel zueinander gibt auch Abb. 10 auf S. 174.

Als Grundlage des Knorpelgerüstes kann der *Ringknorpel* aufgefaßt werden, der von LUDWIG auch als Grundknorpel bezeichnet wurde. Er hat die Form eines Siegelrings mit vorderer schmaler Spange (Arcus) und hinterer hoher Platte (Lamina). Mit dem Ringknorpel ist der *Schildknorpel* gelenkig verbunden. Er besteht aus einer in der Mittellinie geknickten Platte, die wie ein Schild

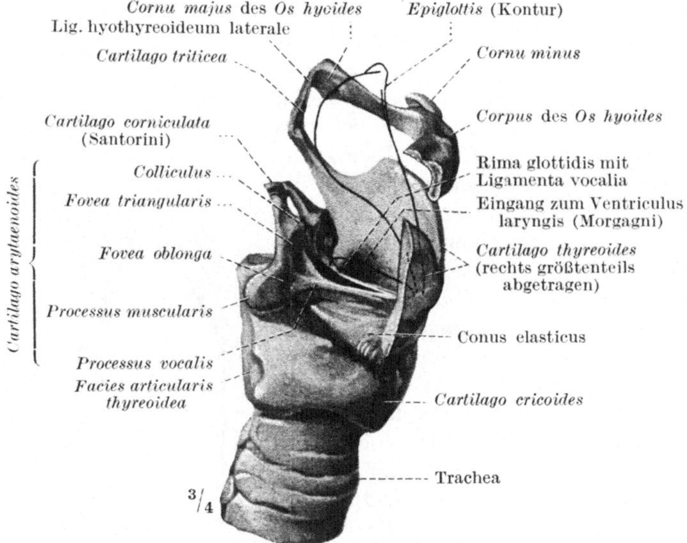

Abb. 2. Kehlkopfskelet. Die rechte Schildknorpelplatte und die rechte Hälfte des Zungenbeins sind entfernt. Kehldeckel nur als Kontur. Eingang zum Ventriculus laryngis (Morgagni) an der linken Seite als Kontur eingetragen. [Nach BRAUS (*1*).]

den Kehlkopf nach vorne deckt. Seine hinteren Ränder laufen oben und unten in zylindrische Fortsätze aus, die oberen und unteren Hörner. Die unteren Hörner stellen eine gelenkige Verbindung mit dem Ringknorpel her. Die Gelenkflächen liegen an den Seitenflächen des Ringknorpels. Um ihre Verbindungslinie, also um eine transversale Achse, sind Schild- und Ringknorpel gegeneinander wie in einem Scharnier beweglich. Dieser Mechanismus ist für die Spannung der Stimmbänder, die zwischen dem Schildknorpel und dem Stell-Ringknorpelsystem ausgespannt sind, von Bedeutung (s. Abb. 10, S. 174).

Der Platte des Ringknorpels sitzen als kleine dreiseitige Pyramiden die paarigen *Stell-* oder *Gießbeckenknorpel* auf, wie es die Abb. 3 und 10, S. 174 zeigen. An der nach vorne gerichteten Ecke der Pyramide (Processus vocalis) ist das Stimmband befestigt, das von hier zum Schildknorpel zieht. Ihre laterale Kante trägt einen Vorsprung für Muskelansätze (Processus muscularis), der gleichzeitig Träger der Gelenkfläche ist. Die Stellknorpel sind in ihrer gelenkigen Verbindung mit dem Ringknorpel in dreifacher Weise beweglich, wie dies in Abb. 4 schematisch angedeutet ist. Sie sind einmal um die Höhenachse der Pyramide drehbar (von Stellung *A* in Stellung *A″* in der linken Hälfte der Abbildung). Die Pyramide ist ferner auf dem Rande des Ringknorpels um die Achse *a—a′* neigbar. Der Processus vocalis beschreibt dabei einen Kreisbogen und verringert (Bewegung nach unten) oder vergrößert (Bewegung nach oben) damit seine Entfernung von dem Processus vocalis der anderen Seite. Die Stellknorpel können drittens auf

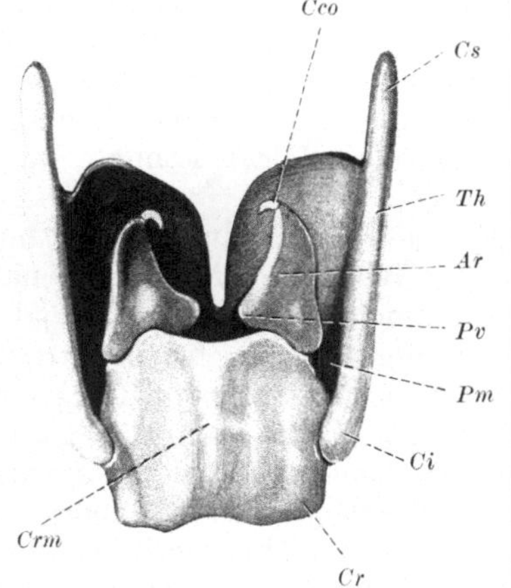

Abb. 3. Kehlkopfknorpel (ohne Epiglottisknorpel) von hinten. *Ar* Cartilago arytaenoides; *Cr* Cart. cricoides mit Crista mediana (*Crm*); *Cco* Cart. corniculatae; *Ci*, *Cs* Cornu superius bzw inferius der Cart. thyreoides; *Pm*, *Pv* Proc. muscularis bzw. vocalis der Cart. arytaenoides; *Th* Cart. thyreoides. (Nach HENLE: Handbuch der Eingeweidelehre des Menschen.)

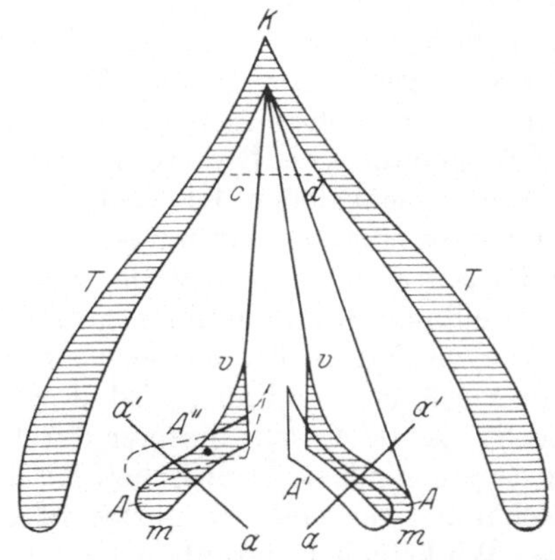

Abb. 4. Schema der Bewegungsmöglichkeiten des Stellknorpels. *A*, *A′*, *A″* Stellknorpel in verschiedenen Lagen; *a—a′* Achsen, um die die Stellknorpel (außer der Drehung um eine senkrechte Achse und ihrem Gleiten gegeneinander) neigbar sind; *m* Proc. muscularis; *v* Proc. vocalis; *T* Schildknorpel. (Nach HERMANN: Lehrbuch der Physiologie.)

dem Rande des Ringknorpels in Richtung der Achse *a—a′* gleiten (aus Stellung *A* in Stellung *A′* in der rechten Hälfte der Abb. 4). Diese Bewegungen sind möglich durch den Bau des Cricoarytaenoidgelenkes. Es gestattet flächenschlüssig die

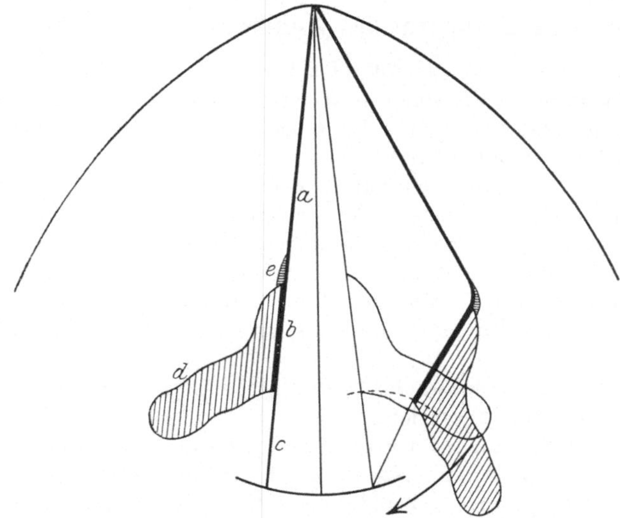

Abb. 5. Schema zur Darstellung der Wirkung des Lig. cricoarytaenoideum auf die Bewegung des Stellknorpels. *a* Lig. vocale; *b* Medialfläche des Stellknorpels; *c* Lig. cricoarytaenoideum; *d* Stellknorpel; *e* Spitze des Proc. vocalis, aus elastischem Knorpel bestehend. (Nach ELZE.)

gleichen Bewegungen wie die beiden ineinander gesteckten Zylinder eines Taschenfernrohres: Scharnier-, Gleit- und Schraubenbewegungen. Die erstgenannte Drehbewegung des Stellknorpels um eine zur Zylinderoberfläche senkrechte Achse kann dagegen nicht flächenschlüssig, sondern nur unter Aufhebung der flächenhaften Berührung der Gelenkflächen erfolgen (ELZE).

Alle diese Bewegungen bewirken eine Veränderung der Weite der Stimmritze. Durch Kombination dieser 3 Möglichkeiten kann die Schließung der Stimmritze offenbar in der verschiedensten Weise und fein abgestuft erfolgen. Sie würde durch reine Scharnierbewegung der Stellknorpel bei gesenkten Processus vocales, oder durch reine Gleitbewegung bei gehobenen Processus vocales, oder mit Ausnutzung beider Möglichkeiten bei mehr oder weniger schräg gestellter, d. h. höher oder tiefer gelegener Stimmritze erfolgen können, was für die Tongebung von Bedeutung sein müßte.

Die verschiedenen Knorpel des Kehlkopfes sind durch äußere und innere Bänder miteinander verbunden. Von besonderer Bedeutung für die Phonation ist der *innere Bandapparat*, der den Schild- und Ringknorpel unter Einschaltung der Stellknorpel miteinander verbindet. Vom Schildknorpel zieht ein elastischer Strang, gewissermaßen als der obere Rand des Conus elasticus, zum Ringknorpel. Sein vorderer Abschnitt wird durch die elastischen Stimmbänder, Ligamenta vocalia, gebildet, sein hinterer durch die unelastischen und kräftigen Ligamenta cricoarytaenoidea. Dazwischen ist die starre Medialfläche der Stellknorpel eingeschaltet, während der übrige Stellknorpel seitlich als Muskelgriff in Gestalt eines Winkelhebels daranhängt (Abb. 5). Den Bewegungen dieses starren Anteils des vom Schild- zum Ringknorpel durchlaufenden Zuges müssen die biegsamen Anteile folgen. Dabei wird das elastische Ligamentum vocale nachgeben und seine Länge und Spannung ändern. Gleichzeitig wird die Weite der Stimmritze verändert werden. Man sieht auf der rechten Seite der Abb. 5, wie (unter Wirkung des M. cricoarytaenoideus dorsalis und lateralis bei tiefer Inspiration) die maximal weite Stimmritze „Fünfeckform" annehmen muß. Die Wirkung dieses Mechanismus wird durch das Schema der Abb. 8 veranschaulicht.

2. Der Bewegungsapparat des Kehlkopfes und der Stimmlippen.

Bewegungen des ganzen Kehlkopfes finden in größerem Ausmaß nicht nur beim Schluckvorgang statt, sondern in geringerem Umfang auch bei der Phonation, z. B. steigt der Kehlkopf beim Übergang vom Brust- und Mittelregister zum Kopfregister bzw. zum Falsett deutlich höher (s. S. 256). Diese Bewegungen erfolgen unter der Wirkung der von Brustbein, Zungenbein und Pharynx zum Schildknorpel ziehenden Muskeln. Von größerer und entscheidender Bedeutung für die Stimmgebung sind jedoch die durch Muskelanspannung möglichen Veränderungen *nnerhalb* des Kehlkopfes, insbesondere an den Stimmlippen und an der Stimmritze. Durch Muskelwirkung kann

1. die Form und Weite der Stimmritze von maximaler Öffnung bis zu völligem Verschluß und

2. die Länge und Spannung der Stimmlippen, aber auch ihre innere elastische Beschaffenheit verändert werden.

Die *Weite* der Stimmritze wird vorwiegend durch die Muskulatur zwischen Ring- und Stellknorpeln, die *Spannung* der Stimmlippen durch die Muskeln der Ring-Schild-Stellknorpel-Verbindung, den „Spannapparat", bewirkt. In der Regel werden beide Veränderungen, sowie auch Änderungen der *Länge* der Stimmlippen und eine gewisse Verlagerung der Stimmritze in ihrer Höhenlage gleichzeitig erfolgen.

a) Die Veränderungen der Weite der Stimmritze.

Die Weite der Stimmritze wird durch die an den Stellknorpeln ansetzenden Muskeln bestimmt. Ihre Anordnung ist aus den Abb. 6 und 7 ersichtlich, ihre Wirkung veranschaulichen die schematischen Abb. 8, 9 und 10.

Verengernd wirken:

1. Der *M. cricoarytaenoideus lateralis (s. anterior)*. Er setzt am Processus muscularis des Stellknorpels an und bewirkt Adduktion und leichte Hebung des Processus vocalis, was mit Schließung der Pars interligamentosa bei offener Pars intercartilaginea verbunden ist (s. Abb. 8a).

2. Der *M. thyreoarytaenoideus pars lateralis (s. externus)*. Er setzt an den M. cricoarytaenoideus lateralis anschließend an der Crista arcuata und an der Vorderfläche des Stellknorpels an und zieht den ganzen Stellknorpel nach

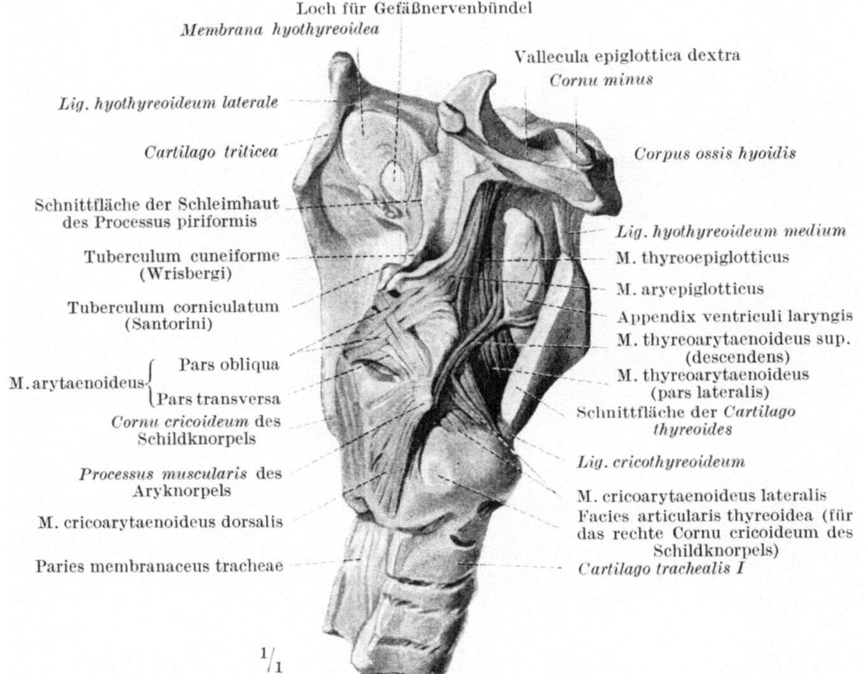

Abb. 6. Innere Kehlkopfmuskeln von der Seite. Die Schildknorpelplatte ist rechts durch einen Schnitt parallel der Mittellinie weggenommen. Dabei wurde das linke Horn aus dem Gelenk mit dem Ringknorpel herausgelöst und die rechte Membrana hyothyreoidea entfernt, die auf der linken Seite erhalten ist. [Nach BRAUS (*1*).]

vorwärts und abwärts. Er bewirkt hierdurch Senkung der Processus vocales und Aneinanderlegen der vorderen Kanten der Stellknorpel.

3. Der *M. arytaenoideus* (mit einer *Pars transversa* und einer *Pars obliqua*). Er zieht vom Processus articularis und äußeren Rand des einen Stellknorpels zum andern. Die zwischen den Processus musculares gespannten Fasern können bei der Kontraktion eine Drehung der Stellknorpel im Sinne einer Abduktion der Processus vocales bewirken, also Öffnung der Pars interligamentosa der Stimmritze, wie in Abb. 5 rechts. Die Hauptmasse, zwischen den lateralen Bändern der Pyramide des Stellknorpels, bewirkt jedoch die Gleit- (und Schrauben-) bewegung der Stellknorpel im Sinne einer Annäherung der beiden Knorpel aneinander. Gemeinsam mit den anderen Muskeln, die dann als Antagonisten dienen, kann er die Parallelverschiebung der Stellknorpel gegeneinander bewirken.

Diesen 3 Verengerern der Stimmritze steht als einziger *Erweiterer* der *M. cricoarytaenoideus dorsalis (s. posterior)*, oft kurz „Posticus" genannt, gegenüber. Er zieht fächerförmig von der Platte des Ringknorpels zum hinteren und lateralen Rand der Processus musculares des Stellknorpels. Er bewegt im wesentlichen

den Muskelfortsatz nach hinten, bewirkt also eine Bewegung des Stimmband-
fortsatzes nach außen, wie sie in Abb. 5 durch einen Pfeil angedeutet ist.

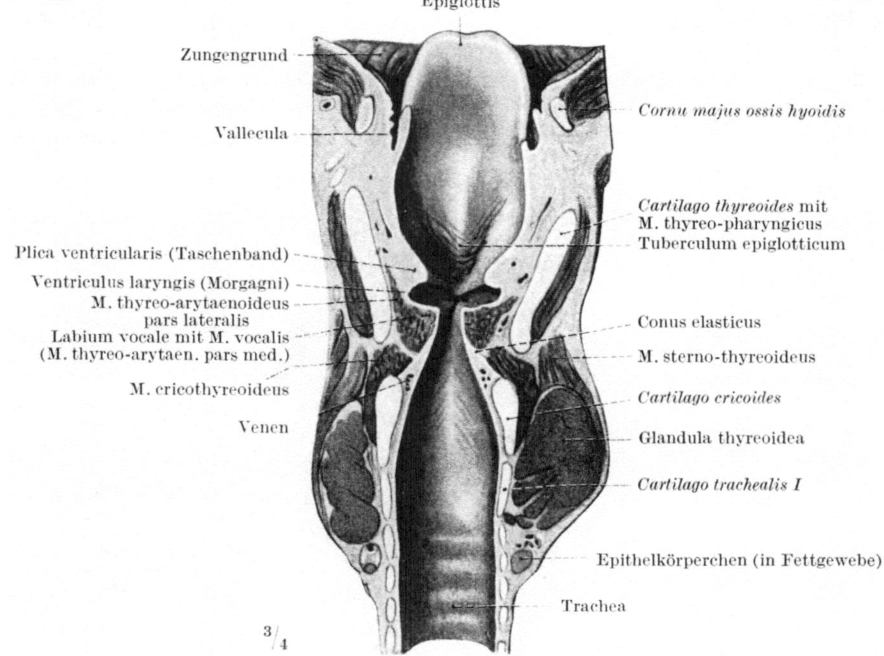

Abb. 7. Kehlkopfmuskeln, Frontalschnitt durch den Kehlkopf. [Nach Braus (3).]

Die Wirkung der Verengerer und Erweiterer der Stimmritze läßt sich durch ein didaktisch
nützliches Modell nach Art der Abb. 8 demonstrieren. Die Stellknorpel sind in einem Schlitz
der Pappunterlage, in dem sich ihre Drehachse bewegt, gegeneinander verschiebbar. Die

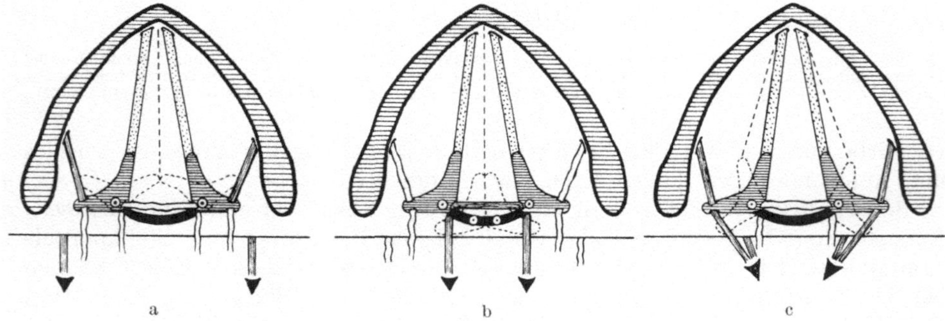

Abb. 8 a—c. Modell zur Demonstration der Veränderung der Stimmritzenform durch die verschiedenen Kehlkopfmuskeln. Schild- und Stellknorpel in horizontalem Durchschnitt (waagerecht schraffiert). Die Stellknorpel
sind in einem Schlitz der Pappunterlage (schwarz), auf die der Schnitt des Schildknorpels gezeichnet ist, verschiebbar. Die Muskeln sind durch Bänder nachgebildet, das tätige Band (Pfeile) ist längs schraffiert. Das
Band für den M. cricoarytaenoideus lateralis ist so durch die Pappunterlage hindurchgeführt, daß es der Richtung nach dem Ursprung des Muskels am Ringknorpel entspricht. a Wirkung der M. cricoarytaenoidei laterales = Bänderschluß; b Wirkung des M. arytaenoideus = Knorpelschluß; c Wirkung der gleichzeitigen
Kontraktion der M. cricoarytaenoidei dorsales und laterales = maximal weite Stimmritze. [Nach Braus (1).]

Muskeln sind durch Bänder ersetzt, an denen ein Zug ausgeübt werden kann. Die „Stimmbänder“ werden durch elastische Gummibänder dargestellt. In a ist die Bewegung der
Stellknorpel unter der alleinigen Wirkung der M. cricoarytaenoidei veranschaulicht: „Bänderschluß ohne Knorpelschluß“. Die M. cricoarytaenoidei dorsales als Antagonisten würden

die entgegengesetzte Drehung der Stellknorpel bewirken. In b ist die Annäherung der Stellknorpel und der völlige Verschluß, auch der Pars intercartilaginea der Stimmritze, durch Betätigung des M. arytaenoideus dargestellt. In c sieht man, wie bei gleichzeitiger Betätigung der M. cricoarytaenoidei laterales und dorsales die Stellknorpel gleitend auseinandergezogen werden, also eine maximale Erweiterung der Stimmritze bewirkt wird, wie sie bei tiefer Inspiration erfolgt.

b) Der Spannapparat der Stimmlippen.

Die Stimmlippen befinden sich durch die elastischen Fasern des Conus elasticus mit dem Ligamentum vocale stets in einem gewissen Spannungszustand. Diese Spannung würde sich bei jeder Erweiterung der Stimmritze, die mit einer Verlängerung des elastischen Abschnitts einhergeht (s. Abb. 5), vergrößern und

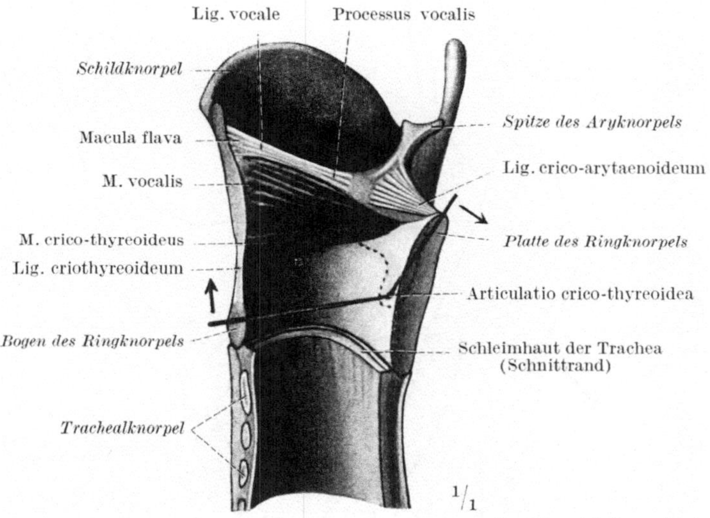

Abb. 9. Spannapparat des Kehlkopfes. Eine Änderung der Spannung der Stimmbänder erfolgt passiv durch Kippung des Schildknorpels (M. cricothyreoideus) und aktiv durch Kontraktion des M. vocalis. Die Bewegung des Ringknorpels gegenüber dem Schildknorpel im Cricothyreoidgelenk ist durch Winkelhebel und Pfeile veranschaulicht. [Nach BRAUS (3).]

umgekehrt beim Engerstellen der Stimmritze, also beim Übergang von der Respirations- zur Phonationsstellung, verkleinern müssen. Durch einen besonderen muskulären Spannapparat kann jedoch die Spannung der Stimmlippen unabhängig von der Einstellung der Weite der Stimmritze verändert und eingestellt werden.

Durch Muskelwirkung kann einerseits die Länge und Spannung der Ligamenta vocalia und der Stimmlippen *passiv* verändert werden, andererseits ist die *innere Spannung* der Stimmlippen durch „*aktive*" Änderung ihrer Elastizität und ihrer Länge durch die ihnen eingelagerten Muskelbündel veränderlich. Die passive Veränderung der Länge der Stimmlippen und ihrer Spannung erfolgt in erster Linie durch den M. cricothyreoideus, die Veränderung der „inneren Spannung" durch den M. vocalis.

Die Länge der Stimmlippen ist abhängig von der Entfernung zwischen ihrem vorderen Ansatz am Schildknorpel und ihrem hinteren Ansatz, der gewissermaßen jenseits der Stellknorpel unter Vermittlung des Ligamentum cricoarytaenoideum an der Platte des Ringknorpels erfolgt (Abb. 5 und 9). Dieser Abstand wird verändert werden, wenn der Ringknorpel gegenüber dem Schildknorpel um die Achse, die durch die gelenkigen Verbindungen der unteren Hörner des Schildknorpels geht, gedreht wird (Abb. 9 und 10). Eine solche Bewegung wird bewirkt durch den *M. cricothyreoideus*, der an der Außenfläche des Bogens des Ringknorpels entspringt und fächerförmig nach oben zum unteren Rand des Schildknorpels und seinem unteren Horn zieht. Kontrahieren sich die Muskeln beider Seiten, so werden Schild- und Ringknorpel vorne einander genähert, die Entfernung des hinteren oberen Randes des Ringknorpels vom Schildknorpel jedoch durch seine Kippung nach hinten vergrößert. Hierdurch wird eine Verlängerung und passive Spannung der Stimmlippen bewirkt.

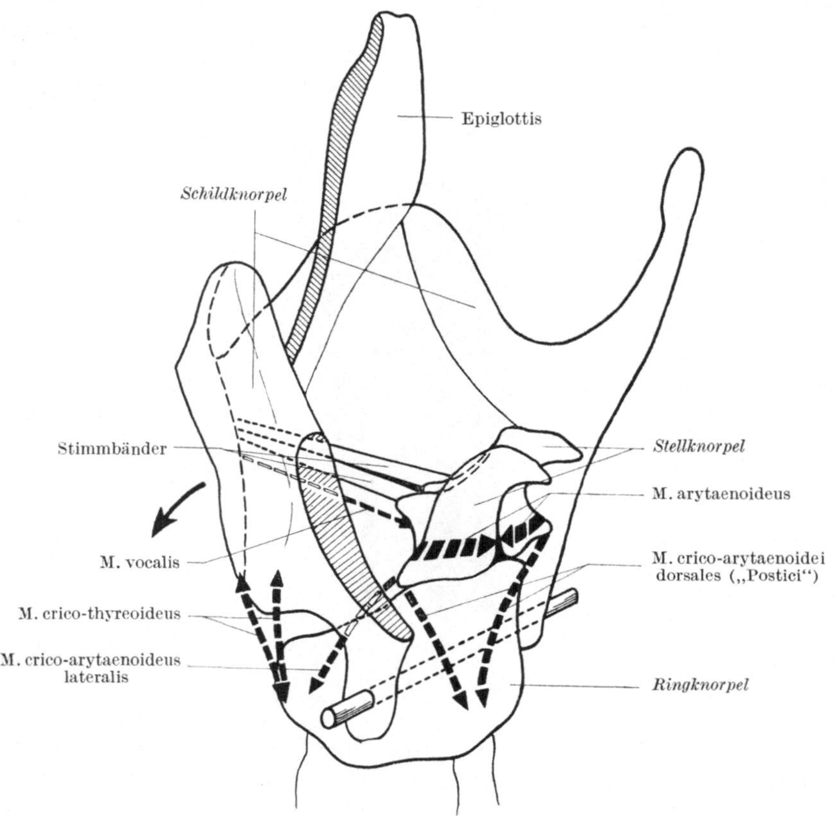

Abb. 10. Schematische Darstellung der Erweiterer und Verengerer der Stimmritze, sowie des „Spannapparates" der Stimmbänder. Das obere Horn des linken Schildknorpels sowie die linke Hälfte der Epiglottis sind entfernt. Die Achse, um die der Schildknorpel gegenüber dem Ringknorpel gekippt werden kann und die Richtung der Kippung (Pfeil) ist angedeutet. Durch dicke schwarze unterbrochene Pfeile sind die verschiedenen Muskeln und die Richtung ihrer Wirkung dargestellt. Verengerer: M. arytaenoideus, M. cricoarytaenoidei laterales und M. thyreoarytaenoidei laterales (nicht besonders dargestellt), Erweiterer: M. cricoarytaenoidei dorsales. Spanner: M. cricothyreoidei und M. vocales (M. thyreoarytaenoidei pars medialis).

Die Verkleinerung des Abstandes des Ringknorpelbogens vom unteren Schildknorpelrand bei der Phonation ist schon durch einfaches Betasten des Kehlkopfes deutlich nachweisbar. Möller und Fischer haben diesen Abstand in der Ruhe und beim Singen verschieden hoher Töne im Röntgenbild gemessen und bei einer Versuchsperson z. B. folgende Werte erhalten:

Phonationsruhe . . . . 14,0 mm
Bruststimme A (108,75 Hz) . . . . 8,0 mm
Bruststimme a (217,5 Hz) . . . . 6,5 mm

Im Falsett ist der Abstand etwas (0,5 mm) kleiner als für den gleichen Ton der Bruststimme, woraus man auf eine besondere Bedeutung des M. cricothyreoideus und der passiven Spannung bzw. Verlängerung der Stimmlippen im Falsettregister schließen kann (s. S. 209).

Von größter Bedeutung für die tatsächlich durch diese passive Längenänderung der Stimmlippen erzielte Spannungsänderung ist jedoch die Wirkung des in den Stimmlippen gelegenen *M. vocalis* (s. thyreoarytaenoideus pars medialis oder internus) (Abb. 7, 8 und 9). Von seinem Kontraktionszustand hängt letzten Endes die Spannung der Stimmlippen ab. Er muß als Antagonist des M. cricothyreoideus gelten, insofern er seine Ansatzpunkte, die nach dem eben Gesagten durch Kontraktion des M. cricothyreoideus voneinander entfernt werden, einander nähern würde. Wenn diese Punkte aber durch die Kontraktion des M. cricothyreoideus als festgestellt gelten können, so würde der M. vocalis isometrisch arbeiten und in der Tat nur Spannungsänderungen bewirken. Voraussetzung für eine solche Arbeitsweise, die den Tatsachen zu entsprechen scheint, wäre ferner die Fixierung der Stellknorpel mit ihren Processus vocales durch die übrigen inneren Kehlkopfmuskeln in der Lage, die für die Form und Frequenz der zu erzeugenden Stimmbandschwingungen erforderlich ist.

Außer der Spannung der Stimmlippen kann der M. vocalis durch teilweise Kontraktion, d. h. durch Kontraktion einzelner Muskelbündel und Muskelfasern auch die *Form der Stimmlippen* verändern. Auch der M. thyreoarytaenoideus lateralis (Abb. 6 und 7) würde eine gewisse Veränderung der Form der

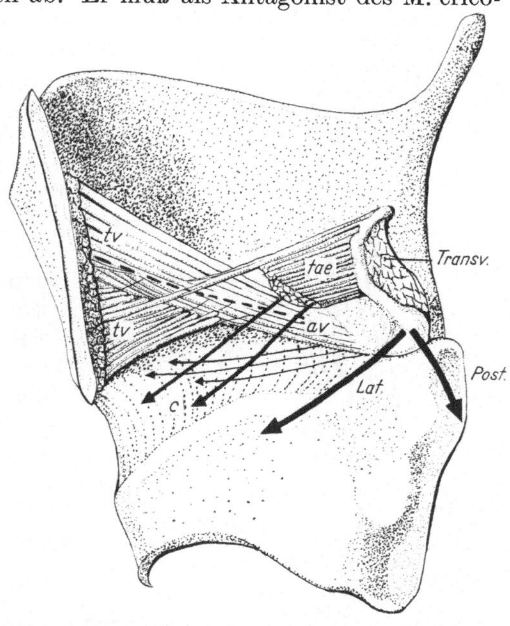

Abb. 11. Gesamtdarstellung der linken inneren Kehlkopfmuskeln, nach Entfernung der linken Platte des Schildknorpels von außen gesehen. Der Verlauf des Stimmbandes ist durch eine grob punktierte Linie angedeutet. *tv* M. thyreovocalis; *av* M. aryvocalis. Ein Teil der zu ihm gehörenden Fasern inseriert am Conus elasticus (dünn ausgezogene Pfeile). *tae* M. thyreoarytaenoideus externus (s. lateralis). Der Weiterverlauf seiner Fasern, die teilweise auch am Conus elasticus ansetzen, ist durch Pfeile gekennzeichnet. Die dicken Pfeile deuten den Verlauf des M. cricoarytaenoideus lateralis (*Lat.*) und des M. cricoarytaenoideus dorsalis (*Post.*) an. *Transv.* M. interarytaenoideus transversus; *c* Conus elasticus. (Nach GOERTTLER.)

Stimmlippen bewirken können, indem er, wie besonders GRÜTZNER (*1*) bemerkt, bei seiner Kontraktion den M. vocalis nach innen drängen müßte. Insbesondere könnte aber eine teilweise Kontraktion des M. vocalis zu Spannungsunterschieden innerhalb der Stimmlippen und zu Änderungen der Massenverteilung in den Stimmlippen führen.

Diese Verhältnisse sind neuerdings von GOERTTLER sorgfältig untersucht. Danach existiert der M. vocalis der Lehrbücher, der am Processus vocalis des Stellknorpels entspringt und parallel zum Stimmband zum Schildknorpel zieht, in dieser Form überhaupt nicht. Die Hauptmasse des Vocalissystems wird von Muskelfasern gebildet, die schräg in die Wand des glottischen Raumes und in das Stimmband einstrahlen und hier unter der Schleimhaut inserieren, was auch bereits GRÜTZNER sehr deutlich beschreibt. An Stelle des M. vocalis findet sich ein kompliziertes, von GOERTTLER näher analysiertes Fasersystem, dessen Züge ventral vom Schildknorpel (*„M. thyreovocalis“*) und dorsal vom Aryknorpel (*„M. aryvocalis“*) entspringen und unter Kreuzung ihrer Fasern schräg nach abwärts und schräg nach aufwärts zum Stimmband ziehen. Eine Vorstellung vom Verlauf dieser Fasern geben die Abb. 11 und 12.

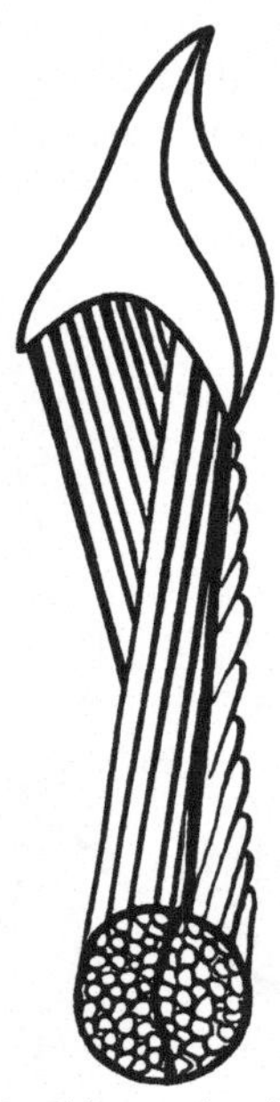

Ein solcher Faserverlauf würde die außerordentlich vielseitige Veränderung der Form und Spannung der Stimmlippen und des Stimmritzenraumes ermöglichen, der offenbar in seinen verschiedenen Abschnitten ganz verschieden „versteift" werden kann. Bei Kontraktion beider Muskelzüge in Abb. 12 wird die Verbindung der Fasern immer fester werden, wie beim Auswringen eines Handtuchs. Wird dagegen nur ein Muskelzug stärker gespannt als der andere, so löst sich die Verwicklung entsprechend, das Stimmband wird lockerer. So würde z. B. verständlich werden, daß unter bestimmten Bedingungen, bei der Falsett-stimme, nur mehr oder weniger breite Randstreifen der Stimmlippen schwingen und trotz Verminderung der Gesamtspannung der Stimmlippen durch Verminderung der schwingenden Masse höhere Töne erzeugt werden können (s. S. 209).

GOERTTLER stellt sich auf Grund seiner Befunde vor, daß in der Phonationsstellung der Stimmlippen entweder die Spannung der nach außen oben wirkenden Faseranteile (Abb. 13a und b) oder die Spannung derjenigen Fasern überwiegen kann, die die Stimmlippen nach außen unten ziehen (Abb. 13c und d). Ob auf diese Weise die Schwingungsform so weit beeinflußt werden kann, daß es sogar zu einer Umkehr der Richtung der „ellipsenförmigen" Schwingungen kommt, wie es in der Abb. 13 angedeutet ist, wird von der Größe der Kräfte abhängen, die in den verschiedenen Richtungen wirksam werden. Jedenfalls können auch solche mehr theoretischen Betrachtungen auf Grund anatomischer Daten für unsere Vorstellungen vom Mechanismus und Verlauf der Stimmlippenschwingungen von Bedeutung sein.

Abb. 12. Schema des Verlaufs der Muskelfasern im M. vocalis. Darstellung des rechtsseitigen Aryknorpels von oben gesehen. Das Stimmband zieht vom Proc. vocalis aus auf den Betrachter zu. Es ist vorn quer durchschnitten. Die vom Proc. muscularis des Aryknorpels kommenden Muskelfasern des M. aryvocalis unterschneiden die vom Proc. vocalis seitwärts ziehenden Fasern des M. thyreovocalis. (Nach GOERTTLER.)

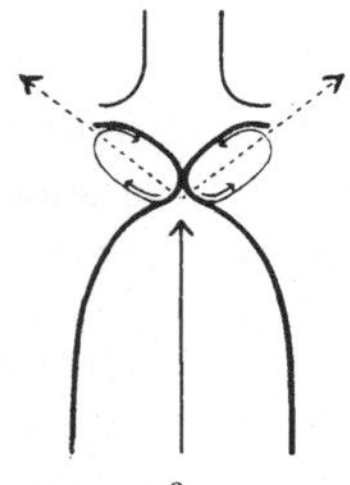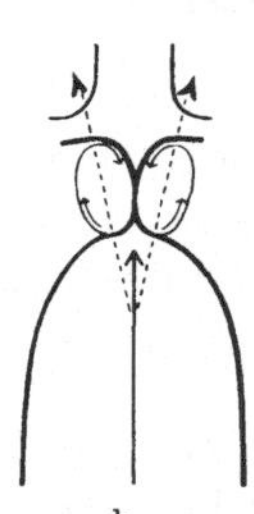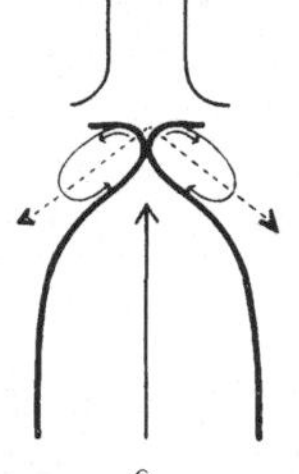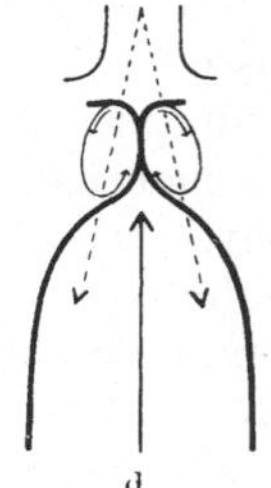

a   b   c   d

Abb. 13a—d. Schematische Darstellung der Einstellungsmöglichkeiten der Schwingungsachse der Stimmlippen in ihrer Phonationsstellung. Frontalschnitt durch die Stimmlippen und den sub- und epiglottischen Raum des Kehlkopfes. a und b Überwiegen der Spannung in Richtung nach außen kranialwärts. c und d Überwiegen der Spannung in Richtung nach außen caudalwärts, Pfeile in der Richtung der Ellipsenachsen. Je steiler die Ellipsenachsen, um so länger berühren sich die durch den anblasenden Luftstrom (Pfeil in der Kehlkopfachse) auseinandergetriebenen und wieder zusammenschlagenden Stimmbänder. (Nach GOERTTLER.)

Histologische Besonderheiten der Stimmbandmuskulatur (Aufsplitterung der quergestreiften Muskelfasern in Einzelfibrillen, auffallender Sarkoplasmareichtum, spezifische „PURKINJE"-Fasern, „Knotengewebe" wie im rechten Vorhof des

Herzens, Ganglienzellen) sind nach GOERTTLER Folge der entwicklungsgeschichtlichen Beziehung dieser Teile der Kehlkopfmuskulatur zur Myokardanlage des Herzens. Zum Teil hängt die besondere Muskelstruktur, wie die Ausbildung grob- und feinmaschiger Geflechte sich verzweigender Muskelfasern, aber auch mit ihrer Funktion als Bestandteil eines in besonderer Weise mechanisch beanspruchten schwingenden Systems zusammen. Muskelspindeln und Besonderheiten der Innervation weisen endlich auf die Bedeutung des Nerveneinflusses für die Betätigung gerade dieses besonders fein einstellbaren Apparates hin (s. S. 189).

Die Bedeutung des M. cricothyreoideus für die Spannung der Stimmlippen und die Phonation geht auch aus *klinischen Beobachtungen* bei isolierter Lähmung des N. laryngicus cranialis, der den M. cricothyreoideus innerviert, deutlich hervor [LUCHSINGER (2)]. Auch der Ausfall der „GUTZMANNschen Druckprobe" — vorübergehendes Hochschnellen eines gesungenen Tones beim plötzlichen Nachlassen eines gegen den Schildknorpel ausgeübten Druckes — hängt im wesentlichen von dem „Tonus" dieses Muskels ab. Der vorher positive Versuch fiel nach Durchtrennung der M. cricothyreoidei — an einem Patienten, der zur Laryngektomie kommen sollte — völlig negativ aus (BERGER).

Nach Untersuchungen von SCHILLING (8, 9) spielt bei der Einstellung der Spannung der Stimmlippen auch der *M. sternothyreoideus* eine bemerkenswerte Rolle, die schon von C. L. MERKEL in Betracht gezogen wurde. Dieser Muskel kann, wie SCHILLING in Versuchen an menschlichen Leichen zeigt, eine *Rückkippung* des Schildknorpels bewirken und damit die Ansatzpunkte der Stimmlippen einander nähern. Somit wäre der M. sternothyreoideus ein wichtiger Antagonist des M. cricothyreoideus. Er würde in dieser Beziehung den M. vocalis entlasten und ihm freies Spiel gestatten.

3. Die Innervation des Stimmapparates.

Die *Steuerung des Stimmapparates durch nervöse Einflüsse* ist für seine Funktion von besonders großer Bedeutung. Es handelt sich um einen Apparat, bei dem Länge und Spannung eines Systems von Muskeln in vollkommenster Weise aufeinander abgestimmt sein müssen, um den gewünschten Effekt, etwa das Hervorbringen eines Lautes von ganz bestimmter Tonhöhe, Lautstärke und Klangfarbe, zu erzielen. Man könnte die Leistung der dabei mitwirkenden Muskeln mit der der Augenmuskeln vergleichen, die im Hinblick auf die Feinheit der Abstufung von Länge und Spannung als Beispiel der leistungsfähigsten Muskeln angeführt zu werden pflegen. Der Vergleich kann noch weiter geführt werden, indem man berücksichtigt, daß für die genaue Abgleichung der Muskelspannung in beiden Fällen die Kontrolle durch die entsprechenden Sinnesorgane notwendig ist. Die Augenmuskeln erreichen ihre Höchstleistung beim Fixieren eines Gegenstandes, die Muskeln des Stimmapparates beim Nachsingen eines gleichzeitig ertönenden Tones. Hier spielt offensichtlich die reflektorische Korrektur der Einstellung eine entscheidende Rolle. Es wird nötigenfalls schnellstens und unmerklich korrigiert, bis störende optische oder akustische Erscheinungen — hier Doppelbilder, dort Schwebungen oder Dissonanzen — verschwunden sind.

Abgesehen von solchen Einflüssen, die als *fremdreflektorische* Einwirkungen auf die Phonationsmuskeln zu gelten hätten, wird der *eigenreflektorische* oder propriozeptive Apparat der beteiligten Muskeln von Bedeutung sein, der auch bei der sonstigen Skeletmuskulatur die Spannung den Erfordernissen auf das genaueste anpaßt. Es werden also auch die „Afferenzen" von den Kehlkopfmuskeln besonders zu beachten sein, da die rhythmischen Spannungsänderungen beim Schwingen der Stimmlippen Rückwirkungen auf die Spannung des schwingenden Muskels haben müssen. Die Bedeutung solcher Rückwirkungen auf verschiedenen Niveaus reflektorischer Koppelung für das Verständnis der Leistungen des Stimmapparates ist neuerdings auch auf Grund klinischer Beobachtungen von Garde (*1, 3*) und von Husson (*3, 4, 5*) mehrfach hervorgehoben.

a) Die periphere Innervation des Kehlkopfes.

An der Innervation der bei der Stimmgebung zusammenwirkenden Muskeln sind efferente und afferente Nervenfasern mehrerer Hirnnerven beteiligt, wenn man von der Innervation der ebenfalls wesentlich mitwirkenden Atemmuskulatur absieht. Dabei sind Impulse in Fasern des N. trigeminus (V), facialis (VII), glossopharyngicus (IX) und hypoglossus (XII) für die Formung des Ansatzrohres (Mund, Pharynx, Zunge) notwendig, während alle Nervenfasern für den Kehlkopf und seine Muskeln, die hier allein interessieren sollen, im N. vagus (X) verlaufen.

Für die normale Betätigung eines Muskels sind Rückmeldungen in das Zentralnervensystem durch afferente Nervenfasern notwendig. Sie verlaufen meist in den Nerven, die die betreffenden Muskeln auch motorisch versorgen, und nehmen ihren Ursprung in den im Muskel gelegenen sensiblen Endorganen. Diese sind gewöhnlich entweder sog. Muskelspindeln, die als wesentliche Receptoren für die Eigenreflexe gelten, oder „Muskelranken", indem eine sensible Nervenfaser unter Verlust ihrer Markscheide sich einfach um eine gewöhnliche Muskelfaser windet. In den äußeren Augenmuskeln des Menschen, die besonders fein abgestufter Bewegungen fähig sind, soll jede Muskelfaser von einer solchen Ranke umwunden sein [z. B. Braus (*4*)].

Über *sensible Nervenendigungen* in den Kehlkopfmuskeln, besonders im M. vocalis, ist verhältnismäßig wenig bekannt. Nach Sunder-Plassmann (*1*) verfügt jedoch der M. vocalis des Menschen über einen ungewöhnlich reichhaltigen und differenzierten Nervenapparat. Die motorischen Nervenendigungen sind besonders fein. Außerdem glaubt Sunder-Plassmann drei verschiedene Arten von sensiblen Endigungen im M. vocalis unterscheiden zu können: 1. Endigungen nach Art der Muskelspindeln, die auch nach Goerttler reichlich vorhanden sind, 2. Endigungen in Form feinster an oder in die Muskelfaser tretender Nervenfasern, denen receptorische Funktionen zuzuschreiben wären, und 3. Endkolben, wie sie auch schon von Grabower (*2*) beschrieben und mit „Meissnerschen Tastkörperchen ohne Hülle" verglichen sind. Die genauere Untersuchung des Nervenapparates der Kehlkopfmuskeln mit zuverlässigen Methoden wäre im Hinblick auf die Bedeutung der „Afferenzen" für die Feineinstellung der Muskelspannung und die Möglichkeit einer reflektorischen „Stabilisierung" der Stimmbandschwingungen sehr erwünscht (s. S. 216).

Die Innervation des Kehlkopfes scheint im einzelnen bei den verschiedenen Säugetieren und auch bei den verschiedenen Individuen der gleichen Art recht verschieden zu sein. Grundsätzlich wird der Kehlkopf jedoch bei allen Säugetieren von 2 Nerven versorgt: dem N. laryngicus cranialis (superior) und dem N. laryngicus caudalis (inferior) oder N. recurrens, der sich aus entwicklungsgeschichtlichen Gründen links um den Aortenbogen, rechts um die A. subclavia schlingt. Die Versorgung der Kehlkopfmuskeln mit *motorischen Fasern* erfolgt im wesentlichen durch den *N. recurrens.* Nur der M. cricothyreoideus wird vom N. laryngicus cranialis versorgt. Der *N. laryngicus cranialis* ist im übrigen ein sensibler Nerv und versorgt insbesondere die Schleimhaut des eigentlichen Kehlkopfinnern mit *sensiblen Fasern.* Dementsprechend sind nach Unterbrechung der Nervenleitung im N. recurrens die inneren Kehlkopfmuskeln gelähmt Unterbrechung des N. laryngicus cranialis schaltet die Sensibilität des Larynx aus — wie das Verschwinden der von der Kehlkopfschleimhaut auslösbaren Reflexe zeigt — und lähmt den M. cricothyreoideus.

Mit dieser summarischen Beschreibung stehen viele mit Ausschaltung und Reizung der Kehlkopfnerven im Tierversuch festgestellte Tatsachen und klinische Beobachtungen am Menschen in Einklang. In mancher Beziehung zeigen sich jedoch auch Abweichungen. Sie beruhen zum Teil darauf, daß die Innervation mehr oder weniger auf die Gegenseite übergreift, zum Teil darauf, daß Verbindungen zwischen N. laryngicus cranialis und caudalis bestehen, insbesondere durch die *Ansa Galeni*. In diesen Verbindungen verlaufen jedoch, wie von PHILIPEAUX und VULPIAN schon 1869 durch Durchschneidungsversuche festgestellt ist, wenigstens beim Hunde, nur sensible Fasern vom N. laryngicus cranialis zum laryngicus caudalis (LUSCHKA). Im einzelnen können aus dem sehr umfangreichen Material, das bei O. WEISS *(10)*, ELZE und v. SKRAMLIK ausführlicher besprochen ist, nur die wichtigsten Tatsachen hervorgehoben werden. Ein halbschematisches Bild von der Innervation des menschlichen Kehlkopfes gibt Abb. 14.

α) Der N. laryngicus cranialis (superior).

Nach *Durchschneidung* des N. laryngicus cranialis beobachtet man, dem oben Gesagten entsprechend, außer Sensibilitätsstörungen auch Störungen der Phonation infolge der Lähmung des M. cricothyreoideus. Diese motorischen Fasern verlaufen im R. externus des N. laryngicus cranialis (Abb. 14). Bei einigen Tieren, z. B. bei Kaninchen, Hunden und Katzen, erhält der M. cricothyreoideus jedoch auch Fasern aus einem N. laryngicus medius, der aus dem R. pharyngicus des N. vagus stammt [EXNER *(1, 2)*]. Durch diese doppelte Versorgung erklären sich gewisse Widersprüche in den Ergebnissen solcher Durchschneidungsversuche an Tieren [EXNER *(3)*]. Die Stimme wird nach Ausfall des N. laryngicus cranialis rauh, die Stimmlippe der operierten Seite ist schlaffer als die andere. Dieses Verhalten bei Tieren wird durch neuere klinische Beobachtungen an Patienten mit isolierter Lähmung des N. laryngicus cranialis, die phonetisch genau untersucht werden konnten, bestätigt.

LUCHSINGER *(2)* beschreibt mehrere derartige Fälle, bei denen die Lähmung (in einem Falle doppelseitig) im Anschluß an Strumaoperationen auftrat. Laryngoskopisch beobachtet man bei den einseitigen Fällen eine leichte Schiefstellung der erkrankten Kehlkopfseite und eine geringe Längendifferenz der Stimmlippen. Stroboskopisch untersucht, neigt das Stimmband der erkrankten Seite zu Flatterbewegungen. Die sonstigen Zeichen der Lähmung waren Tiefer- und Schwächerwerden der Stimme, Monotonie und Unfähigkeit, hohe Töne zu singen. Besonders charakteristisch ist die Erschwerung oder Unmöglichkeit des musikalischen Nachsingens auch bei früher stimmlich geübten Personen.

Die *Störung des genauen Nachsingens* von Tönen kann nach LUCHSINGER auch durch sorgfältigste Stimmübungen kaum beeinflußt werden. Dies spricht dafür, daß der Ausfall des N. laryngicus cranialis nicht nur durch Ausfall seiner motorischen Fasern für den M. cricothyreoideus die Phonation beeinträchtigt, sondern daß der Ausfall der Sensibilität, besonders der „Afferenzen" aus den übrigen *Kehlkopfmuskeln* eine wesentliche Rolle spielt. Wenn die Fasern des propriozeptiven Apparates der Muskeln, ebenso wie die sensiblen Fasern von der Schleimhaut, im N. laryngicus cranialis verlaufen — vielleicht zum Teil durch den R. communicans aus dem N. recurrens zu ihm gelangen —, so wäre ein Zustand der „Ataxie" auch der übrigen Kehlkopfmuskeln und damit gerade die Störung des musikalischen Nachsingens durchaus verständlich. Gleichzeitig würden diese Beobachtungen die große Bedeutung dieses propriozeptiven

Apparates für die feine Abgleichung der Spannung der Muskeln besonders deutlich erkennen lassen.

Zu erwähnen wären in diesem Zusammenhang auch alte Befunde von EXNER (*4*), nach denen die Durchschneidung des N. laryngicus cranialis beim Pferde zu Degenerationserscheinungen auch an den vom N. recurrens innervierten Muskeln, gelegentlich auch zu Lähmungen

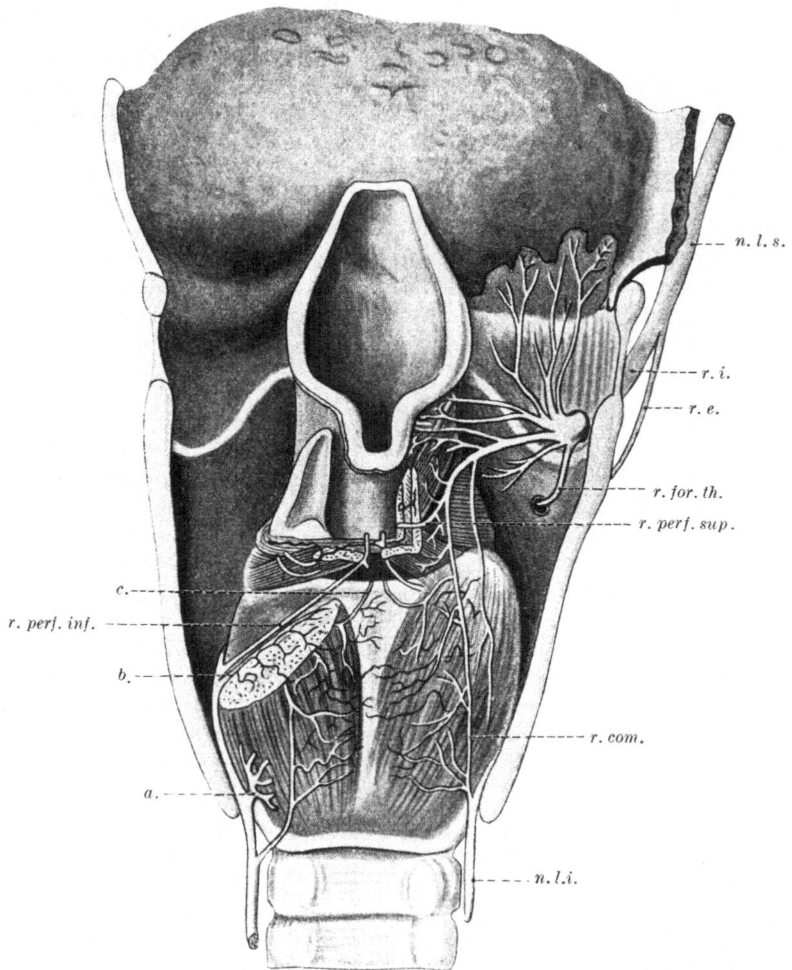

Abb. 14. Die Innervation des menschlichen Kehlkopfes, halbschematisch von hinten gesehen. Linker M. cricoarytaenoideus dorsalis und M. interarytaenoideus teilweise entfernt. *n.l.s.* N. laryngicus superior (cranialis); *r.i.* dessen Ramus internus; *r.e.* dessen Ramus externus; *r.for.th.* Ramus foraminis thyreoidei; *r.perf.sup.* Ramus perforans superior; *r.com.* GALENsche Anastomose zwischen N. laryngicus cranialis und caudalis; *n.l.i.* N. laryngicus inferior (s. caudalis, „recurrens"); *r.perf.inf.* Ramus perforans inferior; *a., b.* Äste für den M. cricoarytaenoideus dorsalis; *c.* Ast des R. communicans, der zwischen M. arytaenoideus und dem obersten Rand des Ringknorpels in die Schleimhaut des Kehlkopfes dringt. [Nach S. EXNER (*1*).]

dieser Muskeln, führen soll. Später zeigte sich, daß die gefundenen Muskelveränderungen nicht als Degeneration, sondern als Atrophie nach Art einer Inaktivitätsatrophie aufzufassen sind. EXNER sprach schon von einer sensomotorischen Lähmung, wie sie auch an manchen anderen Muskeln beobachtet werden kann: Lähmung der Oberlippe des Pferdes nach Durchschneidung ihrer sensiblen Nerven.

Es steht ferner fest, daß auch sensible Impulse von der *Kehlkopfschleimhaut* für die motorische Innervation der Kehlkopfmuskeln von Bedeutung sind. Cocainisierung der Schleimhaut des Larynx erschwert die Phonation, wobei allerdings zu untersuchen wäre, welche Wirkung die alleinige Ausschaltung der

Oberflächensensibilität, der Tiefensensibilität oder unter Umständen, bei hohen Konzentrationen des Anaestheticums, auch der motorischen Innervation, besonders in den oberflächlich gelegenen Anteilen des M. vocalis, hätte.

HUSSON, GARDE und RICHARD ließen vor und nach der Cocainisierung unter stroboskopischer Kontrolle der Stimmbandschwingungen ein E zwischen den Tönen d¹ und e¹ „offen" und „gedeckt" singen. Die für das „Decken" des Tones notwendigen Veränderungen in der Stellung des ganzen Kehlkopfes, der Epiglottis und der anderen Kehlkopfknorpel (s. S. 257), erfordern schon nach Cocainisierung des *Pharynx* (mit 3%iger Lösung) zu ihrer Durchführung eine erhöhte Willensanstrengung der Versuchsperson. Nach anschließender Cocainisierung des Vestibulum laryngis und der Stimmbänder ist das Hervorbringen „offener" (ungedeckter) Töne schwieriger geworden, gelingt aber doch in der beabsichtigten Höhe. Die reflektorische Erzeugung der „Deckung" eines Tones ist aufgehoben, aber auch sie kann durch besondere Willensanstrengung noch hervorgerufen werden. Dagegen war die Falsettstimme für etwa 2 Std völlig ausgeschaltet. Die schwingenden Stimmbänder machten einen weniger starren Eindruck und ließen eine Zunahme der vertikalen Schwingungskomponente vermuten. HUSSON folgert hieraus, daß bei Falsettönen in erster Linie die oberflächlich längs des freien Randes der Stimmlippen verlaufenden Fasern des M. vocalis in Aktion treten müssen, die durch die Cocainisierung ausgeschaltet sind (s. S. 208).

Solche Beobachtungen zeigen deutlich die große Bedeutung afferenter Impulse auch von der Schleimhaut des Kehlkopfes, ja sogar vom Pharynx, für die höheren Leistungen des Stimmapparates. Der seiner Sensibilität beraubte Kehlkopf verhält sich ähnlich wie die menschliche Hand, wenn ihre Receptoren, etwa durch Kälteeinwirkung, ausgeschaltet sind. In beiden Fällen ist die Muskulatur unfähig, ihre Kontraktionen in gewohnter Weise fein abzustufen, unter Umständen sogar praktisch gelähmt. Die Finger sind „steif" und, wie die Stimmlippen und andere Teile des Stimmapparates nach Cocainisierung des Kehlkopfes, nur unter großer Willensanstrengung oder überhaupt nicht in eine bestimmte Stellung zu bringen.

Im Einklang mit solchen Beobachtungen steht der schon von v. MERING und ZUNTZ an Hunden erhobene Befund, daß auch bei durchschnittenem N. recurrens nach Cocainisierung der Kehlkopfschleimhaut die Glottis etwas weiter wird, ähnlich wie nach zusätzlicher Durchschneidung des N. laryngicus cranialis. Es hat also schon die Lähmung der sensiblen Nervenendigungen in der Schleimhaut den gleichen oder nahezu den gleichen Effekt wie die motorische Entnervung des M. cricothyreoideus, auf dessen Tonusverlust das Weiterwerden der Stimmritze in diesem Fall zurückgeführt werden muß.

Bei *Reizung* der Rami externi des N. laryngicus cranialis, die die motorischen Fasern für den M. cricothyreoideus führen, kommt es zu einer gewissen Verengerung der Stimmritze durch die passive Anspannung der Stimmlippen infolge des vergrößerten Abstandes ihrer Ansatzpunkte (KUTTNER und KATZENSTEIN). Reizung des *zentralen* Stumpfes des N. laryngicus cranialis bewirkt reflektorischen Glottisschluß.

Die *Sensibilität der Kehlkopfschleimhaut* ist von IWANOFF am Menschen genauer geprüft. Die Empfindlichkeitsqualitäten entsprechen etwa denen der Haut. Die feinste Berührungsempfindlichkeit besitzt die Hinterwand des Kehlkopfes. Dann folgen mit abnehmender Empfindlichkeit die Rückseite der Epiglottis, die Stimmlippenränder, die Taschenbänder, die Plicae aryepiglotticae und die Stellknorpel. Mit thermischen Reizen konnte unterhalb 25⁰ C Kälte-, oberhalb 35⁰ C Wärmeempfindung ausgelöst werden. Im mittleren Bereich konnten Temperaturdifferenzen von 1⁰ C unterschieden werden.

β) Der N. laryngicus caudalis (N. recurrens).

Durchschneidung des N. recurrens führt entsprechend dem oben Gesagten zu Lähmung sämtlicher Kehlkopfmuskeln mit Ausnahme des M. cricothyreoideus.

Die doppelseitige Ausschaltung des Recurrens führt bei jungen Tieren nach einiger Zeit zum Tode durch Erstickung, wie schon LEGALLOIS (1824) gefunden hat. Katzen im Alter von 3 Wochen und junge Hunde starben nach wenigen Tagen, ältere Tiere können auch zugrunde gehen, wenn sie größeren Anstrengungen ausgesetzt werden. Kaninchen sind weniger gefährdet, Pferde viel mehr.

Die *Gefahr der Erstickung* nach Durchschneidung beider Nn. recurrentes ist deshalb so groß, weil der Abstand der Stimmlippen infolge der Lähmung der M. cricoarytaenoidei dorsales („Postici") nicht über 2—3 mm hinaus vergrößert werden kann. Dieser schmale Spalt genügt wohl für die Atmung in der Ruhe, aber nicht den erhöhten Ansprüchen bei Arbeitsleistung. In diesem Fall kann bei jungen Tieren der weiche Kehlkopf bei starker Einatmung kollabieren und ventilartig völlig verschlossen werden. Dies Ereignis wird begünstigt werden, wenn das Tier zu schreien versucht und der M. cricothyreoideus sich kontrahiert, da dessen Antagonisten alle ausgeschaltet sind und sich die gestrafften Stimmlippen einander noch weiter nähern müssen.

Daß nach vollkommener Durchtrennung des N. recurrens, auch nur einer Seite, die Stimmgebung gestört ist, ist selbstverständlich, da der allein aktionsfähige M. cricothyreoideus die Stimmlippen nur passiv zu spannen, aber keinen Glottisschluß zu bewirken vermag.

Außer motorischen Fasern führt der Recurrens auch *sensible Fasern* [z. B. KATZENSTEIN (*1*)]. Die Fasern gelangen durch den R. communicans vom N. laryngicus cranialis in den N. laryngicus caudalis. Durchschneidung des R. communicans hebt beim Hund und bei der Ziege die reflektorischen Reizeffekte vom N. recurrens auf. Beim Kaninchen und bei der Katze scheint der Recurrens dagegen in seinem ganzen Verlauf auch sensible Fasern zu führen. Wie die Dinge beim Menschen liegen, ist nicht näher bekannt, ebensowenig weiß man, um welche Arten von afferenten Fasern (Tast-, Tiefensensibilität, Temperaturempfindung) es sich dabei handelt (v. SKRAMLIK).

Bei Durchschneidung des N. recurrens oder seiner allmählichen Ausschaltung durch pathologische Prozesse (Tumoren, Aneurysmen) beobachtet man, daß die Erweiterer und die Verengerer der Stimmritze nicht in gleicher Weise und auch nicht gleichzeitig betroffen werden. Dies kommt bei langsamer Ausschaltung der Nerven durch den Druck raumbeengender Prozesse besonders deutlich zum Ausdruck. Es handelt sich im Prinzip um die Tatsache, daß unter diesen Umständen die Erweiterer der Stimmritze eher leiden als die Verengerer. Dies wurde zuerst von ROSENBACH (1880) beschrieben und von SEMON (1881) an Hand eines größeren Materials bestätigt. Man spricht daher wohl auch von einem „ROSENBACH-SEMON*schen Gesetz*". Im einzelnen beobachtet man bei einer derartigen beiderseitig wirkenden Recurrensschädigung:

1. Zunächst eine Beschränkung der Abduktion der Stimmbänder, die als Posticusschädigung aufgefaßt werden kann. Während der Ruhe stehen die Stimmbänder in schräger Stellung etwa 2 mm von der Mittellinie entfernt.

2. Im 2. Stadium eine sog. „sekundäre Adduktion", die zu einer Medianstellung der Stimmbänder führt. Die Stimmlippen folgen aber noch Respirations- und Phonationsimpulsen. Es könnte sich um eine Kontraktur der Adductoren handeln.

3. In einem 3. Stadium völlige Lähmung der Adductoren und Abductoren. Das Stimmband nimmt eine Zwischenstellung („Kadaverstellung") ein. Die Processus vocales stehen 2—3 mm von der Mittellinie entfernt. Dabei wird nach FEIN zweckmäßig der Ausdruck „Zwischenstellung" statt der früher üblichen Bezeichnung „Kadaverstellung" gebraucht, weil man an der Leiche die verschiedensten Formen und Weiten der Stimmritze beobachten kann.

Wegen weiterer Einzelheiten, insbesondere wegen der verschiedenen Erklärungsmöglichkeiten sei auf die ausführliche Besprechung der umfangreichen Literatur bei v. Skramlik und O. Weiss (*10*) verwiesen. Man wird nach unseren heutigen Kenntnissen bei der Deutung dieses Verhaltens vor allem zu berücksichtigen haben:

1. Die verschiedene Lage (räumliche Anordnung) der verschiedenen Nervenfasergruppen im N. recurrens, so daß sie äußeren Einwirkungen in verschiedenem Maße ausgesetzt sein könnten.

2. Die verschiedene Empfindlichkeit der verschiedenen Nervenfasern gegen äußere Einflüsse. Nervenfasern zeigen in Abhängigkeit von ihrem Durchmesser und der Dicke ihrer Markscheide beträchtliche Unterschiede in ihrer Empfindlichkeit gegenüber mechanischen (Druck, Dehnung) oder chemischen (Narkotica, O_2-Mangel) Einwirkungen, wie auch gegenüber elektrischen Reizen von bestimmtem Verlauf.

3. Die hiermit zusammenhängende Möglichkeit, daß ein Teil der Nervenfasern unter dem Einfluß der schließlich schädigenden Einwirkung bereits gelähmt sein kann, während ein anderer Teil sich noch im Zustand einer der Lähmung oft vorausgehenden erhöhten Erregbarkeit befindet. Tatsächlich können Nervenimpulse, die eine so veränderte Nervenstrecke durchlaufen, in einem bestimmten Stadium verstärkt am Nervenende anlangen (Rudolph, Klensch).

Diese Möglichkeiten sind auch bei der Deutung der verschiedenen Ergebnisse von *Reizversuchen* am N. recurrens in Betracht zu ziehen. Grützner (*1*) fand, daß die Reizung des N. recurrens mit Induktionsströmen am Kaninchen in schwacher Äthernarkose mit zunehmender Reizstärke zuerst Verengerung der Glottis, dann Erweiterung, schließlich bei sehr starker Reizung wieder Verengerung hervorruft. Solche Versuche sind danach in der verschiedensten Weise unter verschiedenen Bedingungen mit wechselndem Ergebnis von zahlreichen Autoren wiederholt und erweitert [s. O. Weiss (*10*)]. Es zeigte sich z. B., daß die Narkose und die Frequenz der Reizung — es wurde immer mit Induktionsströmen von Schlitteninduktorien gereizt — einen beträchtlichen Einfluß auf das Ergebnis hat. Heute wäre man in der Lage, unter Heranziehung zuverlässiger elektrophysiologischer Methoden, insbesondere durch Anwendung definierter Reizströme und Registrierung der Aktionsströme der verschiedenen Fasergruppen die Verhältnisse so weit zu klären, wie es nur wünschenswert erscheint. Es dürfte aber auch bereits aus den alten Untersuchungen hervorgehen, daß hier teils direkt wirkende motorische, teils reflektorisch wirksame sensible Nervenfasern gereizt wurden, wozu wohl noch die verschiedene Lage der Fasern im Nervenstamm und die verschiedene maximale Kraft der verschiedenen Muskelgruppen käme.

Nach Russel sollen die Nervenfasern für die Erweiterung der Stimmritze mehr im Innern, die für die Verengerung in den äußeren Abschnitten des N. recurrens verlaufen. Er konnte sie in vielen Fällen, auch am Hund, getrennt reizen. Murtagh und Campbell finden jedoch neuerdings keine histologischen oder physiologischen Anhaltspunkte dafür, daß Adductor- und Abductorfasern im N. recurrens des Hundes in getrennten Bündeln verlaufen. Reizung des Gesamtnerven machte immer *Adduktion* der Stimmbänder. Bemerkenswert ist ihre Feststellung, daß die Innervation der *Adductoren* wahrscheinlich von *dickeren*, die der *Abductoren* (M. postici) von *dünneren* Nervenfasern erfolgt. Während eine Ligatur des Nerven Funktionsverlust und Degeneration an dicken und dünnen Fasern in etwa gleichem Verhältnis bewirkte, schädigte eine mäßige *Dehnung* (weniger als 150 g für 60 sec) vorwiegend die *dünneren* Fasern, d. h.

die *Erweiterer* der Stimmritze, in Übereinstimmung mit den oben erwähnten klinischen Beobachtungen.

DUMONT bestimmte in einer umfangreichen Arbeit (mit zahlreichen Skizzen der anatomischen Verhältnisse) am Hund die Chronaxie der verschiedenen Kehlkopfnerven, wobei der Nerv eines jeden Muskels einzeln untersucht wurde. Die so gemessenen Chronaxien lagen zwischen 0,15 und 0,25 msec. Dieser relativ kurzen Chronaxie entspricht eine verhältnismäßig große Geschwindigkeit im Ablauf der verschiedenen Teilprozesse. Diese wurde von BRUIN näher untersucht. Er registrierte am Hund die Form und Dauer der Kontraktion des M. thyreoarytaenoideus (M. vocalis) bei elektrischer Reizung des N. recurrens mit Einzelinduktionsreizen und bestimmte außerdem die Latenzzeit der Kontraktion, sowie die für einen vollkommenen Tetanus notwendige Reizfrequenz. Die Latenzzeit betrug etwa 5 msec, die Dauer einer Einzelzuckung 0,06 sec, d. h. nur etwa $1/_2$ bzw. $1/_3$ der für den Froschgastrocnemius geltenden Werte. Bei einer Reizfrequenz von 15/sec zeigte der Muskel noch einen „unvollkommenen Tetanus". Erst bei einer Frequenz von 50/sec verschmolzen die Einzelzuckungen zu einer gleichmäßigen Dauerkontraktion.

Neuerdings stellte LAGET Reizversuche am N. laryngicus caudalis (N. recurrens) von Hunden an, bei denen im Hinblick auf bestimmte theoretische Vorstellungen von HUSSON (s. S. 213), mit Hilfe stroboskopischer Beobachtung der Stimmbänder festgestellt werden sollte, inwieweit — ohne Mitwirkung eines Luftstromes — ein „Schwingen" der Stimmbänder durch verschieden frequente Reizung zu erreichen wäre. Gereizt wurde mit Kondensatorentladungen von 1 msec Dauer und einer Frequenz von 100—600/sec, wobei die Reizströme in Abständen von 1 sec jeweils nur für $1/_3$ sec eingeschaltet wurden. Man fand, daß das Stimmband der gereizten Seite sich im Augenblick des Beginns der Reizung schlagartig dem der anderen Seite nähert und während der $1/_3$ sec andauernden Reizung stroboskopisch bis zu Frequenzen von 200 Hz Schwingungen („Fibrillationen") in der Frequenz der Reizung erkennen ließ. Ihre Amplitude betrug im hinteren Abschnitt der Glottis bei 100—200 Hz noch 0,5 mm. Kleinste Schwingungen waren andeutungsweise noch bei Frequenzen über 300 Hz sichtbar.

Aus allen diesen Beobachtungen geht hervor, daß die Kehlkopfmuskeln zu den besonders „flinken Muskeln" gehören. Schon GRÜTZNER (2) schildert im Jahre 1902 in den einleitenden Sätzen einer zusammenfassenden Übersicht sehr anschaulich, wie „die ungemein schnelle, geradezu blitzartige Beweglichkeit, mit welcher die Stimmbänder aus einer Stellung in die andere flogen oder doch fliegen könnten, sowie die Sicherheit, mit der sie diese Stellungen einnahmen", den allergrößten Eindruck auf ihn machten, als er zum erstenmal in seinem Leben mittels des Kehlkopfspiegels den Kehlkopf eines lebenden Menschen — seinen eigenen Kehlkopf — sah, und fährt fort: „Diese Tatsachen sind nur dadurch zu verstehen, daß der Kehlkopf, ähnlich wie das Auge, über einen außerordentlich leistungsfähigen und überaus fein abgestuften Nerv-Muskelapparat verfügt".

Auch der M. rectus des Auges zeigt einen vollkommenen Tetanus erst bei Reizung mit einer Frequenz von 350/sec. Man weiß ferner, daß die Spannung eines Muskels mit zunehmender Reizfrequenz in einer S-förmigen Kurve steigt bis zu einem Maximum, das bei der Frequenz erreicht ist, die einen vollkommenen Tetanus ergibt. Das Verhältnis Tetanusspannung/Spannung bei Einzelzuckungen beträgt bei einem langsamen Muskel (Soleus der Katze) 3—4, beim Rectus internus des Auges aber mehr als 10 (COOPER und ECCLES). Danach besitzen diese flinken Muskeln die Fähigkeit, ihre Spannung nicht nur schnell, sondern auch bei Änderung der Frequenz der Nervenimpulse in einem besonders großen Intervall und besonders fein abgestuft zu verändern. Unter diesem Gesichtspunkt sind die Feststellungen von LAGET, daß auch die Kehlkopfmuskeln noch bei 300—400 Hz einen „unvollkommenen Tetanus" zeigen, unabhängig von jeder weitergehenden Hypothese über die mechanische Bedeutung der beobachteten „Fibrillationen" bei der Phonation (s. S. 213) bemerkenswert.

γ) Die Versorgung des Kehlkopfes mit vegetativen Nervenfasern.

Der Kehlkopf erhält *sympathische Nervenfasern* durch Verbindungen zwischen dem N. laryngicus cranialis und dem Ganglion cervicale superius, bzw. dem N. cardiacus superior sympathici. Von hier aus würde auch der N. laryngicus caudalis mit sympathischen Fasern versorgt werden, häufig außerdem aus dem Ganglion cervicale inferius (ONODI). Andere anatomische Untersuchungen hatten allerdings auch abweichende Ergebnisse, z. B. konnte KAKESHITA (2) an Hunden, Katzen und Kaninchen Anastomosen nur zwischen Vagusstamm und Sympathicus im Niveau der beiden Halsganglien finden. Mit Sicherheit gelangen aber sympathische Fasern außerdem auch aus den Nervengeflechten, die die Gefäße umspinnen und auch aus dem Ganglion cervicale superius stammen, zur Kehlkopfmuskulatur und Kehlkopfschleimhaut [BROECKART, s. v. SKRAMLIK, sowie O. WEISS (10)].

Versuche mit Reizung und Ausschaltung des Sympathicus beim Hund lassen keinen Zweifel darüber, daß die Kehlkopfnerven *vasoconstrictorische* sympathische Fasern für die Gefäße der Schleimhaut und der Muskulatur führen (TERRACOL). Ihr Zentrum liegt im oberen Brustmark. Dagegen liegen, wie auch an anderen quergestreiften Muskeln, keine Anhaltspunkte dafür vor, daß sympathische Nervenfasern eine *direkte* Wirkung auf die Kontraktion der Kehlkopfmuskeln ausüben können. SUNDER-PLASSMANN (1, 2) gibt Bilder von Muskelfasern des M. vocalis und M. cricoarytaenoideus dorsalis (M. posticus) des Menschen, bei denen in einige Muskelfasern, außer der markhaltigen Nervenfaser mit ihrer motorischen Endplatte, auch eine feine akzessorische Nervenfaser eintritt. Die Kehlkopfmuskeln verhalten sich in dieser Beziehung ebenso wie andere quergestreifte Skeletmuskelfasern, deren zusätzliche Versorgung durch feine marklose Nervenfasern besonders von BOEKE nachgewiesen ist, die man nach ihm meist für sympathische Nervenfasern hält.

Da aber alle Versuche, einen direkten Einfluß des Sympathicus auf die Kontraktion oder den Tonus der sonstigen quergestreiften Muskeln nachzuweisen, erfolglos geblieben sind [NICOLAI (1)], wird ein derartiger Einfluß auf die Kehlkopfmuskeln ebenfalls nicht anzunehmen sein. Dementsprechend verliefen Versuche von KAKESHITA (2), bei Reizung oder Durchschneidung des Sympathicus am Kehlkopf von Katzen irgendwelche Änderungen im Verhalten der Muskeln festzustellen, negativ. Ausschaltung beider N. sympathici änderte auch nichts an der normalen Bewegung der Stimmlippen mit der Atmung. So wird man der zusätzlichen Innervation der Muskelfasern des Kehlkopfes durch einzelne marklose Fasern, wie bei den übrigen quergestreiften Muskeln, allenfalls einen gewissen Einfluß auf den Muskelstoffwechsel zuschreiben, obwohl auch hier keine eindeutigen Beweise vorliegen. Dagegen wird die Wirkung des Sympathicus über die *Vasomotoren*, sowohl der Muskeln, wie auch der Schleimhaut, fraglos von erheblicher Bedeutung auch für die Betätigung der Kehlkopfmuskeln sein.

Bei Reizung von Kehlkopfnerven kann unter Umständen auch eine *Gefäßerweiterung* in Schleimhaut und Muskeln beobachtet werden. Im N. laryngicus cranialis sollen die Dilatatoren, im N. laryngicus caudalis die Vasoconstrictoren überwiegen (SCHULTZE, TERRACOL). Für diese Wirkung besondere parasympathische gefäßerweiternde Nervenfasern verantwortlich zu machen, die aus dem Vagus stammen, wird jedoch, wie auch sonst in den meisten Organen, nach unseren heutigen Kenntnissen kaum zu begründen und auch nicht notwendig sein. Denn bereits die Reizung motorischer, sekretorischer und auch sensibler Fasern kann in ihren End- bzw. Ursprungsgebieten Gefäßerweiterung bewirken, und zwar durch Vermittlung von Stoffen, die der Nervenimpuls an den Endstätten der Nerven direkt (Acetylcholin) oder indirekt (Stoffwechselprodukte) entstehen läßt.

Sicher gibt es jedoch *parasympathische sekretorische* Fasern für die Kehlkopfschleimhaut. Nach SCHULTZE hat Reizung des Vagosympathicus beim Hund Sekretion der Drüsen der Kehlkopfschleimhaut zur Folge. Die sekretorischen Fasern verlaufen nach KOKIN im N. laryngicus cranialis und stammen als parasympathische Fasern wahrscheinlich aus dem N. vagus [KAKESHITA (2)].

b) Die zentrale Innervation des Stimmapparates.

Ein Tier kann noch schreien, wenn alle Hirnteile bis auf die *Medulla oblongata* abgetrennt sind. Hier liegen die Ursprungskerne für die motorischen Nerven des Kehlkopfes und der sonstigen beteiligten Muskeln, die offenbar aus einstrahlenden afferenten Bahnen reflektorisch erregende Impulse erhalten können. Die willkürliche Betätigung des Stimmapparates erfolgt von der *Großhirnrinde*, in der bestimmte Stellen Beziehungen zur Kehlkopfmuskulatur haben. Wie bei der übrigen Muskulatur werden jedoch für die feine Koordination der Bewegungen der an der Stimmgebung beteiligten Muskeln auch die *Stammganglien* (Corpus striatum), die *motorischen Kerne des Mittelhirns* (Nucleus reticularis) und das *Kleinhirn* mitwirken, die man im Begriff des extrapyramidalen Systems zusammenzufassen pflegt. Ferner müßten auch die *vegetativen Zentren des Zwischenhirns* bei dem starken Einfluß, den seelische Vorgänge oder Stimmungen auf die Stimme und Sprache des Menschen haben, direkt oder indirekt auf die primären Zentren in der Medulla oblongata Einfluß nehmen können.

Die motorischen Nervenfasern für die Kehlkopfmuskeln nehmen bei Hunden und Katzen ihren Ursprung im Nucleus ambiguus des N. vagus [GRABOWER(1), ONODI u. a.]. Nur beim Schwein sollen alle motorischen Fasern vom N. accessorius stammen (LESBRE und MAIGNON). Die Ganglienzellen der sensiblen Fasern für den Kehlkopf liegen im Ganglion nodosum und jugulare des Vagus. Ihr zentraler Fortsatz endigt in den Ganglienzellen des Nucleus fasciculi solitarii, des „sensiblen Vaguskernes".

Man hat durch *Reizung* verschiedener Stellen in dieser Gegend der *Medulla oblongata* bei Hund und Katze bilaterale Kontraktion der Kehlkopfmuskeln auslösen können, z. B. bei Reizung des oberen Randes des Calamus scriptorius Glottisschluß, bei Reizung der Ala cinerea etwas oberhalb dieses Feldes umgekehrt Abduktion beider Stimmbänder. Dabei ist jedoch wie bei den meisten solcher Reizversuche nicht sicher zu entscheiden, ob Zentren oder an diesen Stellen durchlaufende Nervenfasern gereizt wurden (SEMON und HORSLEY, R. DU BOIS-REYMOND und KATZENSTEIN).

Die in der Gegend des Nucleus ambiguus gelegenen Zellen der caudalen Abschnitte des Nucleus reticularis — unter dieser Bezeichnung faßt man heute die motorischen Kerne des Mittelhirns und die Einzelzellen der Formatio reticularis zusammen [s. BRAUS (2)] —, bilden die anatomische Grundlage für das, was man als *Schluckzentrum* zu bezeichnen pflegt. Von ihm wird der verwickelte Schluckvorgang koordiniert, bei dem auch der Kehlkopf und seine Bewegungen eine wichtige Rolle spielen. Andere Zellen des Nucleus reticularis in dieser Gegend repräsentieren einen Teil des *Atemzentrums*, und zwar den Teil, der zwischen die afferenten Vagusfasern von der Lunge und die motorischen Zellen des Nucleus ambiguus für die Stimmlippenmuskeln eingeschaltet ist. Sie wären verantwortlich zu machen für die *Erweiterung der Stimmritze* bei der Einatmung.

In naher Nachbarschaft liegt ferner der Nucleus cochlearis, in dem die Fasern des N. cochlearis endigen. Es wäre denkbar, daß bereits auf diesem niedersten Niveau Impulse vom *Gehörorgan* reflektorisch einen Einfluß auf die Einstellung der bei der Stimmgebung beteiligten Muskeln haben könnten. Wahrscheinlicher ist es jedoch, daß ein solcher Einfluß, wenigstens beim Menschen, seinen Weg mehr über höhere Niveaus, über subcorticale oder corticale Zentren nimmt, wenn z. B. die Spannung der M. vocales beim Nachsingen eines gehörten Tones genauestens einreguliert wird. Oben (S. 177) wurde bereits auf die Analogie mit den Augenmuskeln hingewiesen, bei denen die Tendenz, Doppelbilder zu vermeiden, den regulierenden Faktor darstellt, der wohl auch nicht in die primären Zentren der Oculomotoriuskerne verlegt, sondern nur in höheren Niveaus wirksam werden kann. Auch am Ohrmuschelreflex des Meerschweinchens sind

wahrscheinlich höhere Zentren beteiligt (s. v. STEIN). Nach SPIEGEL und KAKESHITA können allerdings cochleare Reflexe auf die Muskulatur bei Meerschweinchen und Katzen auch nach völliger Abtragung des Mesencephalon bestehenbleiben.

Über den Einfluß *subcorticaler Zentren* auf die Phonation ist nichts Sicheres bekannt. ONODI glaubte, Beziehungen zur Phonation in den hinteren Vierhügeln nachgewiesen zu haben, die bekanntlich zur zentralen Hörbahn in Beziehung stehen. Diese Be-

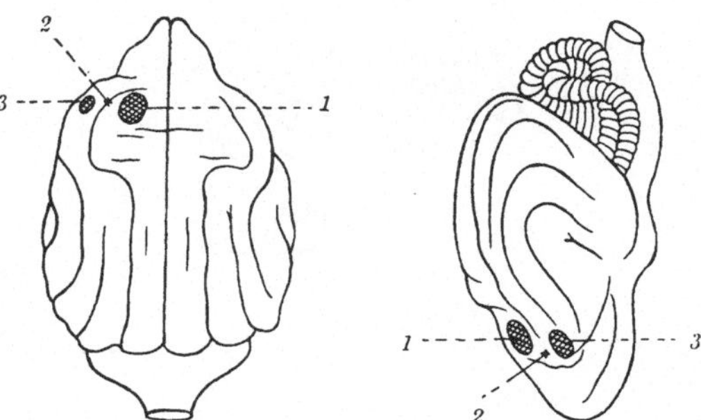

Abb. 15. Die Kehlkopfzentren in der Hirnrinde des Hundes. Ansicht von oben und von der Seite. *1* KRAUSEsches motorisches Zentrum; *2* Rindenfeld für die gleichseitige Hälfte der Zunge, den Lippenwinkel und den weichen Gaumen; *3* von KATZENSTEIN beschriebenes Reflexbewegungszentrum in der zweiten Windung. [Nach KATZENSTEIN (*2*).]

funde konnten jedoch nicht allgemein bestätigt werden (Näheres bei v. SKRAMLIK). Erkrankungen höherer subcorticaler Gebiete, etwa des *Corpus striatum*, werden ebenso wie in anderen Skeletmuskeln auch in den an der Stimmgebung beteiligten Muskeln (Atmungs-, Gesichts-, Zungen-, Kehlkopfmuskeln) Hypo- oder Hyperkinesen zur Folge haben können, und damit an Stimme und Sprache entsprechende Veränderungen bewirken müssen. Dementsprechend sind bei Erkrankungen des Striatums und überhaupt bei Störungen im extrapyramidalen System (PARKINSONsche Krankheit, Paralysis agitans, Chorea) auch Störungen in der Stimmlippenbewegung unmittelbar im Kehlkopfspiegel beobachtet (s. LUCHSINGER und ARNOLD).

Die subthalamischen Anteile des *Zwischenhirns*, die man für die Einwirkung psychischer Vorgänge, besonders der „Stimmungslage", auf körperliche Funktionen verantwortlich macht, werden ebenfalls über diese Muskelgebiete ihren Einfluß auf die Stimme und das Sprechen geltend machen. Psychische Einflüsse auf die Atmungs- und die Gesichtsmuskulatur, die beide bei der Stimmgebung wesentlich mitwirken, sind besonders eindrucksvoll und allgemein bekannt.

Ein Einfluß des *Kleinhirns* auf die Phonation ist ebenfalls nicht eindeutig nachgewiesen, obwohl man annehmen darf, daß das Kleinhirn seine koordinierende und tonusregulierende Aufgabe auch bei den Kehlkopfmuskeln erfüllen muß. Bei experimentellen umfangreichen Zerstörungen des Kleinhirns beim Hund (LEWANDOWSKY) und bei krankhaften Defekten beim Menschen (BONHOEFFER) können Phonationsstörungen auftreten. Positive experimentelle Befunde von KATZENSTEIN und ROTHMANN konnten jedoch von GRABOWER (*3*) nicht bestätigt werden.

Gesichert sind jedoch die Beziehungen bestimmter Gebiete der *Großhirnrinde* zur motorischen Innervation des Kehlkopfes. KRAUSE entdeckte 1884 in Versuchen am Hund ein Rindenzentrum im Gyrus praecrucialis (praefrontalis), dessen einseitige Reizung doppelseitige Adduktionsbewegungen der Stimmbänder bewirkt. Außerdem treten Kontraktionen der Pharynx- und Zungenmuskulatur sowie Schluckbewegungen auf. In der Hirnwindung, die lateral an den Gyrus praecrucialis angrenzt, liegt eine weitere Stelle, bei deren Reizung beim Hunde

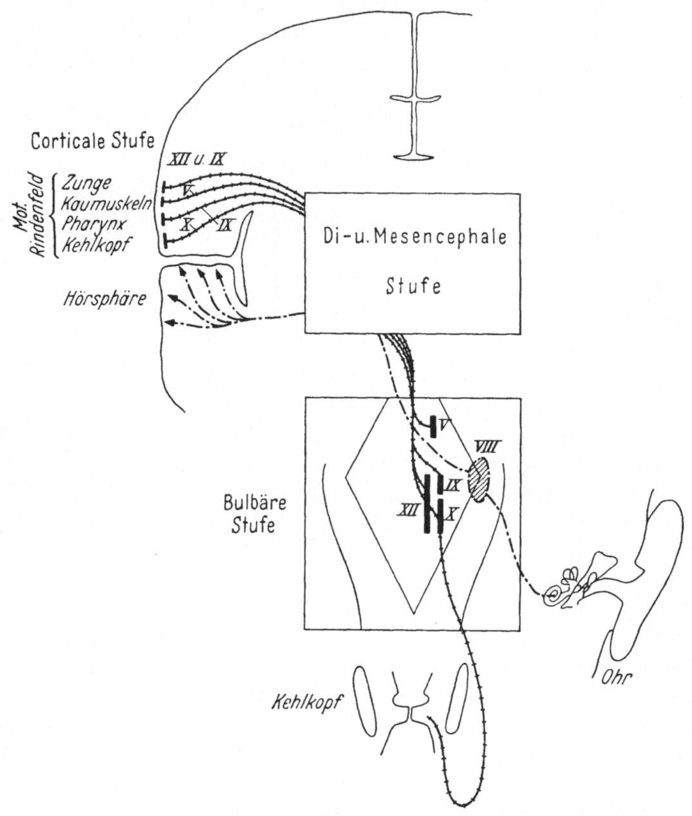

Abb. 16. Schema der verschiedenen Niveaus im Zentralnervensystem, die für die Koordination der Vorgänge bei der Phonation in Frage kommen. *V—XII* bedeuten die Oblongatakerne bzw. die zentralen Bahnen der betreffenden Hirnnerven. [Nach GARDE (*1*).]

Stimmlippenbewegungen auftreten [KATZENSTEIN (*2, 4*)]. Die Lage dieses zweiten Zentrums soll der Lage des BROCAschen Sprachzentrums beim Menschen entsprechen, während das KRAUSEsche Zentrum dem primären motorischen Rindenfeld beim Menschen, in den untersten Abschnitten des Gyrus praecentralis, entsprechen würde (Abb. 15).

Nach Exstirpation des KRAUSEschen Zentrums ist die Phonation beim Hunde nur vorübergehend gestört. Nach Ausschaltung des KATZENSTEINschen Zentrums sind nur „Koordinationsstörungen" und diese auch nur in einem gewissen Zeitraum zu finden. Dementsprechend kann ein „großhirnloser" Hund, wie besonders die von GOLTZ und von ROTHMANN (1912) operierten Tiere, die die Operation 1$^{1}/_{2}$ bzw. 3 Jahre überlebten, bewiesen, auch ohne Großhirn spontan und kräftig bellen.

Beim Menschen konnte FOERSTER in analoger Weise durch Reizung der untersten Teile der vorderen Zentralwindung Adduktion *beider* Stimmbänder herbeiführen und durch Reizung bestimmter Stellen des Operculum insulae das Hervorbringen unartikulierter Laute bewirken. Im übrigen ist aber die Bedeutung der Großhirnrinde beim Menschen für die Phonation und besonders für das Sprechen, wie auch schon für die übrige Motorik, unendlich viel größer als für die verschiedenen Laboratoriumstiere, einschließlich der Affen. Phonations- und Sprachstörungen beim Menschen bei Erkrankungen und Verletzungen der Großhirnrinde sind wichtige Symptome für den Neurologen, deren Zusammenfassung zu einem geschlossenen Bild bisher kaum möglich ist. Zu der „Zentrenlehre" mit ihren motorischen und sensorischen primären, sekundären und tertiären Sprachzentren treten, besonders auf Grund der vielfältigen Beobachtungen an Hirnverletzten der Kriege, Auffassungen, die die Mitwirkung der ganzen, oder jedenfalls sehr viel größerer Gebiete der Hirnrinde bei derartigen höheren Leistungen, wie gerade bei der Sprache, für erwiesen halten [CONRAD (*1, 2*)].

Im ganzen ergibt die Betrachtung, daß der Nervenapparat, der die Vorgänge bei der Phonation koordiniert, einlaufende und auslaufende Erregungen wie auch auf anderen Gebieten der Motorik auf drei verschiedenen Niveaus zusammenfaßt. Es ist erstens die *Medulla oblongata*, in der der unterste Leitungsbogen verläuft. Der nächste zweite „Integrationsort" [BRAUS (*2*)] wäre im Mittel- und Hinterhirn durch die *Stammganglien* und das *Kleinhirn* gegeben. Das höchste dritte Niveau würde die *Großhirnrinde* mit ihrem am höchsten ausgebildeten Integrationsapparat bilden. Diese Beziehungen sind von GARDE (*1*) unter klinischen Gesichtspunkten neuerdings besonders betont. Das Schema der Abb. 16 kann diese Zusammenhänge nochmals einfach veranschaulichen.

c) Reflexe auf den Kehlkopf und den übrigen Stimmapparat.

Aus den Betrachtungen über die periphere und zentrale Innervation des Stimmapparates ergeben sich unmittelbar die Möglichkeiten reflektorischer Beeinflussung, die direkt oder indirekt für die Phonation von größter Bedeutung sein müssen. Erwähnt wurde bereits die sicher bedeutsamen und bisher wenig gewürdigten *Eigenreflexe*, bei denen Erregungen von dem „propriozeptiven" sensiblen Endapparat in den Muskeln auf kürzestem Wege über die Kerne in der Medulla oblongata wieder den Muskeln zufließen. Dabei werden auch „*Mechanoreceptoren*" *der Schleimhaut*, wenn sie durch Schwingungen erregt werden, reflektorisch die Spannung der Muskeln, besonders auch der Stimmbandmuskeln, beeinflussen können. Es ist bekannt, wie empfindlich Receptoren der Haut auf Vibrationen kleinster Amplitude ansprechen.

In der Tat konnte LINDEMANN beim Hund bei der Phonation nach dem Erwachen aus der Narkose *Aktionsströme* im N. laryngicus cranialis und caudalis ableiten, deren Frequenz in weiten Grenzen der des Stimmtons entsprach. Es handelt sich dabei offenbar um Nervenimpulse, die als Ausdruck dieses Reflexmechanismus bei der Phonation durch afferente Fasern (vorwiegend im N. laryngicus cranialis) der Medulla oblongata zufließen, bzw. durch efferente Fasern (vorwiegend im N. laryngicus caudalis) den Muskeln zugeführt werden. Auf die Folgen der Ausschaltung dieses Mechanismus durch Cocainisierung der Schleimhaut wurde bereits hingewiesen (S. 181), auf seine Bedeutung für die Stimmlippenschwingungen wird weiter unten (S. 216) nochmals zurückzukommen sein.

Wie alle Muskeln werden auch die Kehlkopfmuskeln ferner unter der Kontrolle des *Vestibularapparates* stehen. Dementsprechend fand EWALD (*1*) bei Tieren, L. W. STERN beim Menschen Störungen in der Genauigkeit der Kehlkopfeinstellung bei Veränderungen im Labyrinth.

Von Receptoren der Kehlkopfschleimhaut nimmt unter Einbeziehung von Teilen des Atemzentrums in den Reflexbogen der *Hustenreflex* seinen Ausgang.

Reizung der Kehlkopfschleimhaut bewirkt zunächst einen festen Verschluß der Stimmritze. Anschließend tritt der Hustenreflex auf, der übrigens bei der Narkose länger bestehenbleibt als der Cornealreflex (SEMON und HORSLEY nach NAGEL). KATZENSTEIN (2, 4) hat einen einseitigen Kehlkopfreflex beschrieben: Wenn die Schleimhaut einer Seite leicht mit einer Sonde berührt wird, so bewegt sich die gleichseitige Stimmlippe medianwärts. Das Reflexzentrum liegt in der Medulla oblongata. Wenn höher gelegene Stellen der Schleimhaut des Pharynx gereizt werden, kommt es zum Glottisschluß im Zusammenhang mit dem Schluckreflex.

Ein weiterer wichtiger Reflexvorgang ist die Veränderung der Weite der Stimmritze mit der Atmung. Die *Erweiterung der Stimmritze bei der Einatmung* durch Kontraktion des M. cricoarytaenoideus dorsalis („Posticus") und ihre Wiederverengerung bei der Ausatmung ist auf Impulse in afferenten Vagusfasern zurückzuführen, die in besonderen Receptoren bei Volumänderungen der Lunge entstehen. Es sind anscheinend die gleichen Impulse, die bei dem bekannten „HERING-BREUERschen Atmungsreflex" in erster Linie für eine ökonomische Führung der Atmung sorgen. Bei ruhiger Atmung spielt diese reflektorische Erweiterung eine nur geringe Rolle, bei angestrengter Atmung ist sie unter Umständen von lebenswichtiger Bedeutung (s. oben S. 182).

Für die Phonation selbst haben, wie schon mehrfach angedeutet wurde, höchstwahrscheinlich auch reflektorische Einflüsse vom *Gehörorgan* auf die Muskeln des Stimmapparates eine nicht zu unterschätzende Bedeutung. Wenn die Kontrolle durch das Ohr fehlt, verändert sich in der Regel die Stimme, aber auch Gehörseindrücke beeinflussen die Stimmgebung. HUSSON (3, 4) untersuchte den Einfluß von Trompeten- und Sirenentönen verschiedener Intensität und Frequenz auf das Verhalten der stroboskopisch beobachteten Stimmbandschwingungen beim Singen eines bestimmten Tones.

Ein dem Ohr dargebotener Ton gleicher Frequenz führt nach HUSSON zu einer leichten Vergrößerung der Amplitude und Stabilisierung der Stimmbandschwingungen. Wenn der Ton nur *einem* Ohr dargeboten wurde, während der Gehörgang des anderen verschlossen war, so blieb die Wirkung zunächst auf das Stimmband der betreffenden Seite beschränkt. Erst wenn die akustische Reizung stärker wurde, wurde der Effekt mehr und mehr bilateral. Bei geringen Frequenzunterschieden (10—15 Hz) zeigten die Stimmbänder im Beginn der Einwirkung der „störenden" Frequenz auf das Ohr ein kurzes „Anhalten", worauf sie in der Frequenz des Störtons weiter schwangen. Bei größeren Frequenzunterschieden zwischen dem gesungenen und dem das Ohr treffenden Ton wurden die Stimmbandschwingungen unregelmäßig. Bei höheren oder tieferen dem Ohr dargebotenen Tönen „zog" der Ton die Frequenz der Stimmbandschwingungen nach oben oder nach unten.

HUSSON schließt aus diesen Beobachtungen, daß bereits auf dem Niveau der Medulla oblongata auch zwischen N. cochlearis und den beteiligten motorischen Kernen eine reflektorische Verbindung besteht, wobei nach seiner Theorie die Stimmbandschwingungen in ihrer Frequenz durch die Frequenz des gehörten Tones direkt beeinflußt werden sollten (s. jedoch S. 213ff.). Eine reflektorische Verknüpfung auf diesem Niveau wäre an sich durchaus denkbar. SPIEGEL und KAKESHITA fanden z. B., daß der Ohrmuschelreflex bei Meerschweinchen und Lidschluß, Kopfwenden und auch Zuckungen der Extremitätenmuskulatur bei der Katze auf schrilles Pfeifen auch nach Decerebrierung, einschließlich völliger Abtrennung des Mittelhirns, bestehenbleiben können.

Die Beobachtungen HUSSONs, insbesondere auch die für die Deutung wichtige unilaterale Wirkung des Schallreizes, konnten jedoch von KÅGÉN und LUCHSINGER bei der Nachprüfung mit einem besonders vervollkommneten elektronischen Stroboskop nicht bestätigt werden. Die Möglichkeit einer Stimmbeeinflussung durch Gehörseindrücke, z. B. beim Singen im Chor, ist durchaus bekannt. Sie würde sich aber, wenn sie über höhere corticale Zentren erfolgt (was bis zum sicheren Beweis des Gegenteils das Wahrscheinlichere ist), bei der doppelseitigen Vertretung der primären Hörzentren in der Rinde in der Regel auf beide Stimmlippen gleichmäßig auswirken müssen. Allerdings hat man auch bei abgestufter Reizung kleiner Bereiche des KRAUSEschen Rindenzentrums *einseitige* Stimmlippenbewegungen auslösen können, und es liegen Beobachtungen über willkürlich bewirkte einseitige Kehlkopfbewegungen vor [KATZENSTEIN (2)].

Daß die Kontrolle der Stimme durch das Ohr für gewöhnlich eine sehr wesentliche Rolle für die Stimmgebung spielt, zeigt am eindrucksvollsten die Tatsache des „Taubstummen". Die über die Hirnrinde laufenden Verknüpfungen dieser Art, die an die Wahrnehmung des akustischen Reizes gebunden sind, wird man aber, wie auch bei anderen analogen Muskelbetätigungen, etwa bei einem Geigenspieler, nicht mehr als reflektorisch bezeichnen können. *Reflektorisch* wird die Spannung der Kehlkopfmuskeln und der Muskulatur des Atemapparates und des Ansatzrohres auf dem Niveau der Medulla oblongata, des Mittelhirnes (mit dem Kleinhirn) und auch noch der Stammganglien überwacht. Die Wahrnehmung von Tönen führt aber nicht etwa reflektorisch zur Aktion der entsprechenden Kehlkopf- und sonstigen Muskeln. Es handelt sich dabei nicht mehr um Reflexe, sondern um *Assoziationen.*

Der Einfluß des Gehörs kann dementsprechend, wenn die Assoziationsgebiete in der Hirnrinde erst einmal vorhanden sind, auch mehr oder weniger durch das *„Hörgedächtnis"* ersetzt werden, besonders wenn es geübt ist. So kann ein völlig Ertaubter, wenn er einmal Sprechen gelernt hat, auch weiterhin sprechen. Es kann aber auch ein Sänger, trotz Hörlücken oder völliger Ertaubung weiterhin richtig singen, wenn er ein besonders geübtes Hörgedächtnis besitzt, und dieses noch durch ein gut ausgebildetes und geübtes „musikalisches Hörzentrum" [das in der sog. HESCHLschen Querwindung des Temporallappens liegen soll (DE CRINIS)], unterstützt wird (MOREAUX).

II. Die Vorgänge bei der Bildung der Stimme und der Sprachlaute.

Wie bereits in einer Bemerkung vorausgeschickt wurde, funktioniert der Stimmapparat im Prinzip wie ein Blasinstrument, bei dem ein Luftstrom aus einem „Windraum" (Lunge, Bronchien, Trachea) durch einen schwingenden Spalt (Stimmritze) austritt und den „Luftraum" in einem Ansatzrohr (Pharynx, Mundhöhle) in Schwingungen versetzt.

Dementsprechend werden in diesem Abschnitt

1. der anblasende Luftstrom (die Atmung beim Singen und Sprechen),

2. der schwingende Spalt (die Stimmbandschwingungen),

3. die vom Luftraum und den Körperwänden abgestrahlten Schwingungen (der Stimmklang) und

4. die Koppelung zwischen diesen Systemen (ihre Rückwirkung aufeinander) zu behandeln sein.

1. Der anblasende Luftstrom: Die Atmung beim Singen und Sprechen.

Die Energie für die Betätigung des Phonationsapparates und die Erzeugung des Schalles wird von dem Luftstrom geliefert, der durch Ausatmung erzeugt wird. Die Atemführung beim Singen und Sprechen unterscheidet sich wesentlich von der Ruheatmung und ist für den Sänger und Redner von großer praktischer Bedeutung. Die Verhältnisse sind daher auch experimentell sorgfältig untersucht. Es handelt sich bei solchen Untersuchungen einmal darum, die *Atembewegungen*

(Amplitude, Frequenz und Rhythmus) und die Beteiligung der verschiedenen Muskeln (Thoraxmuskulatur und Zwerchfell) zu analysieren. Ferner interessiert der *Druck* im Windraum und der *Luftverbrauch* beim Singen und Sprechen unter verschiedenen Bedingungen und bei verschiedenen Aufgaben. Solche Untersuchungen sind besonders von Gutzmann (*2*), von Nadoleczny (*1, 2*) und von Schilling (*5, 6*) durchgeführt und auch in größeren zusammenfassenden Darstellungen beschrieben.

a) Die Atembewegungen.

Amplitude, Frequenz und Ablauf der Atembewegungen werden nach den gebräuchlichen Methoden der Physiologie registriert, am einfachsten mit „Gürtelpneumographen", z. B. mit einem geschlossenen Gummischlauch, der um den Thorax gelegt wird [Gutzmann (*2*), Schilling (*7*)]. Die Druck- bzw. Volumschwankungen im Schlauch bei Umfangsänderungen des Thorax werden mit einer Mareyschen Kapsel auf einem Rußkymographion aufgezeichnet. Mittels zweier derartiger Gürtel um Brust und Bauch gewinnt man Anhaltspunkte für die anteilsmäßige Beteiligung der Brust- und der Bauchatmung beim Sprechen und Singen. Um sichere Aussagen über den tatsächlichen Anteil der Brust- und Zwerchfellbewegungen an der Atmung, also über den „Atemtypus" zu machen, wäre jedoch die wirkliche getrennte Messung des vom Zwerchfell und vom Brustkorb geförderten Luftvolumens wünschenswert.

Nur historisches Interesse hat eine für diesen Zweck angegebene Methode von Hultkranz (1891), der nach dem Vorbild von E. Hering den Körper in ein starres Gefäß einschloß, dessen Volumänderungen registriert wurden, dabei aber das Gefäß in 2 Teile teilte, deren Grenze am unteren Thoraxende gelegen war. Heute kann man die Verhältnisse vor dem Röntgenschirm direkt beobachten. Eine von Schilling (*3, 4*) angegebene Methode benutzt für die Berechnung des vom Zwerchfell allein geförderten Luftvolumens drei bequem meßbare Größen: den Thoraxumfang in Zwerchfellhöhe, die orthodiagraphisch gemessene Zwerchfellexkursion und das Volumen der geatmeten Luft. Dazu kommt eine Konstante, die an der Leiche bestimmt wurde. Er benutzte für die Registrierung der Zwerchfellbewegungen einen „Diaphragmographen", bei dem ein Beobachten vor dem Röntgenschirm mit einem von Hand geführten Zeiger den Bewegungen eines beliebigen Punktes des Zwerchfellschattens folgt, wobei die Zeigerbewegung, wie die der gleichzeitig benutzten Pneumographen, auf eine Mareysche Kapsel übertragen wird. Neuerdings wäre es gut möglich, diese Veränderungen auch mit Hilfe von Photozellen — ohne den dazwischengeschalteten Beobachter — direkt anzuzeichnen, ähnlich wie Marchal die Veränderungen der Leuchtdichte des Röntgenschirmes mit Photozellen bei Untersuchungen über die Zungenbewegungen beim Sprechen („Kinedensigraphie") registriert hat.

Aus den Messungen und Rechnungen von Schilling ergab sich, daß bei der *tiefen* Atmung der Zwerchfellanteil bei beiden Geschlechtern gleich groß ist und etwa 20% des geatmeten Luftvolumens beträgt. Bei der *Ruheatmung* ist er beim weiblichen Geschlecht kleiner (etwa 15%), beim männlichen größer (etwa 35%). Ebenso ist der Zwerchfellanteil bei Kindern und bei der Singatmung geschulter Sänger größer als während der gewöhnlichen Tiefatmung. Mit solchen Messungen kann die Frage des „Atemtypus", die bei der Sprech- und Singatmung immer eine besondere Rolle gespielt hat, schon in recht befriedigender Weise beantwortet werden. Eine *zahlenmäßige* Erfassung der Begriffe wird in röntgenographischen Untersuchungen von Richter angestrebt. Eine Atmung, bei der das Verhältnis des Bewegungsumfanges von Zwerchfellkuppe und 5. Rippe zwischen 2:1 und 3:1 liegt, wird als *gemischter Atemtyp* bezeichnet. Ist das Verhältnis *kleiner*, so wäre von einem *thorakalen* Atemtyp, wird es *größer*, von einem *abdominalen* Atemtyp zu sprechen.

Die Aussagen über das Verhalten der Sprech- und Singatmung im einzelnen stützen sich im wesentlichen auf pneumographische Untersuchungen [Gutzmann (*1, 2*)]. Sie sind jedoch durch die erwähnten röntgenographischen Untersuchungen von Schilling bestätigt und ergänzt. Abb. 17 zeigt die Ruhe- und Sprechatemkurven von einem normal sprechenden 4jährigen Mädchen. Die *Ruhekurven* von Brust- und Bauchatmung verlaufen annähernd synchron zueinander und auch zur Nasenatmung, die durch ein vor ein Nasenloch gehaltenes Röhrchen, das mit einer weiteren Mareyschen Kapsel verbunden ist, mitregistriert werden kann. Die Kurve der Bauchatmung kann jedoch bei der Ausatmung ein wenig vorausgehen. Die Einatmung dauert etwas kürzere Zeit als die Einatmung.

Beim *Sprechen* (Abb. 17, rechts) verändert sich die Amplitude und das zeitliche Verhältnis der Kurven. Die Amplitude nimmt an der Brust mehr als am

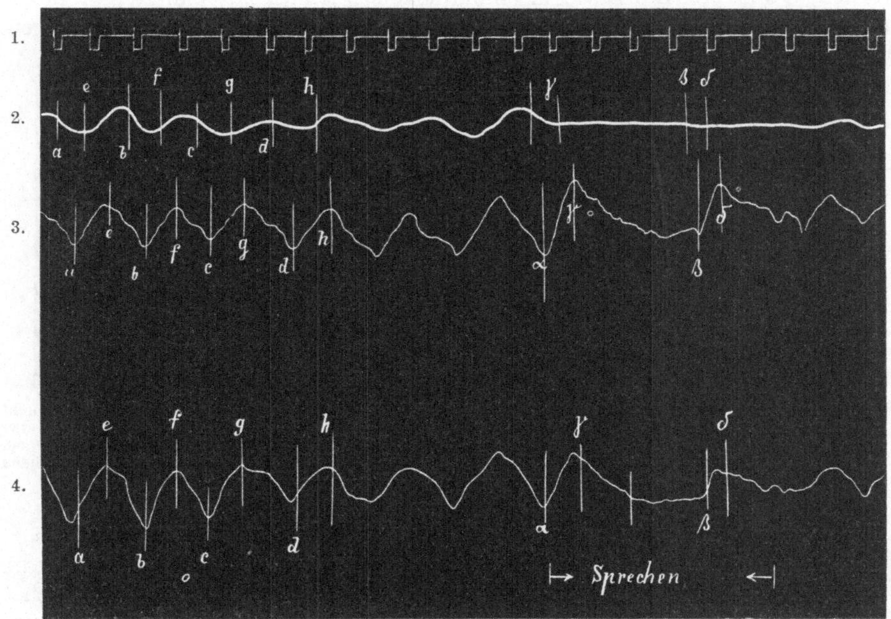

Abb. 17. Ruhe- und Sprechatmung bei einem normal sprechenden 4jährigen Mädchen. 1. Zeitschreibung: 1 sec, 2. Nasenatmung, 3. Brustatmung, 4. Bauchatmung. Einatmung bei 2. nach unten, bei 3. und 4. nach oben. *a—h* Ruheatmung; *α—δ* Sprechatmung. Bei der Ruheatmung erfolgen thorakale und abdominale Bewegungen synchron, beim Sprechen beginnt die abdominale Exspirationsbewegung in der Regel etwas früher als die thorakale (vor *γ* und *δ*). [Nach Gutzmann (2).]

Bauch zu, und die Bauchatmungskurve beginnt bereits abzusinken, während die der Brustatmung noch ansteigt. Man könnte dabei von einem normalen „Asynchronismus" der thorakalen und abdominalen Bewegungen bei der Sprech- und Singatmung sprechen (Gutzmann). Beim Sprechen und Singen geht offenbar die Führung der Atembewegungen an die Großhirnrinde über, und diese Impulse beeinflussen die Brustatmung, die auch sonst dem Einfluß seelischer Erregungen stärker unterworfen ist, mehr als die Bauchatmung (Zoneff und Meumann).

Weiterhin zeigen die Kurven, daß die Inspiration auf einen kürzeren Zeitraum zusammengedrängt wird, während die Exspirationsdauer entsprechend der Dauer der gesprochenen Periode zunimmt. Beim gewöhnlichen Reden ist das Verhältnis von Einatmungs- zu Ausatmungsdauer 1:6 bis 1:7. In der Phonetik nennt man dieses Verhältnis wohl auch den „Respiratorischen Quotienten", eine Bezeichnung, die der Physiologe bekanntlich für einen ganz anderen Sachverhalt anwendet. Der „*Atmungsquotient*", wie man das Verhältnis Inspirations- zu Exspirationsdauer unmißverständlich nennen könnte, schwankt in der Ruhe um 0,8, beim gewöhnlichen Reden um 0,15 [Panconzelli-Calzia (1)], beim Singen liegen

die Werte zwischen 0,1 und 0,02 [NADOLECZNY (*1, 2*)]. Die Einatmung beim
Sprechen und Singen erfolgt nicht durch die Nase, sondern durch den Mund.
Nur so können die notwendigen Luftvolumina in der verfügbaren kurzen Zeit
geräuschlos eingeatmet werden.

Die *Singatmung* ist entsprechend den anderen Leistungen, die von ihr verlangt
werden, tiefer und unregelmäßiger als die Sprechatmung. Sie hat eine besondere
Bedeutung für den Kunstgesang. Charakteristisch für sie ist eine verkürzte,
beschleunigte und vertiefte Einatmung und eine erheblich verlängerte, verlang-
samte und vertiefte Ausatmung. Dieser besondere Atemtyp wird durch Übung
erworben, wobei erlernte Bewegungskomplexe schließlich zu bedingten Reflexen
werden. Schon bloße Vorstellungen des Sängers („Inneres Singen") genügen,
um die Atmung in diesem Sinne zu verändern.

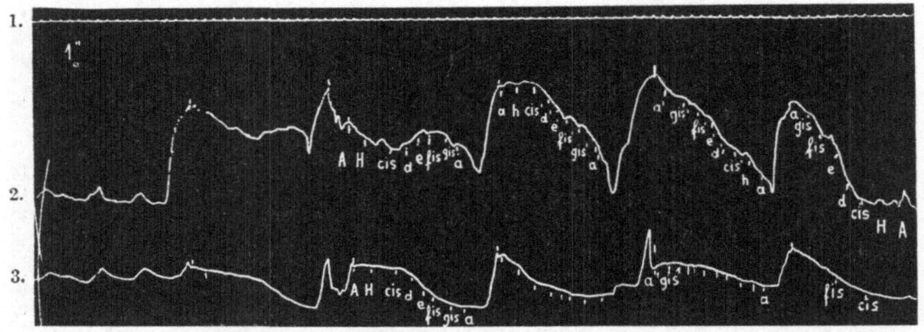

Abb. 18. Kurven der Atembewegungen bei den 4 A-Dur-Tonleitern. Vokal O (Tenor von Weltruf, jedoch nicht
mit einwandfreier Technik). — 1. Zeitschreibung: 1 sec, 2. Brustatmung, 3. Bauchatmung. — Zuerst 3 Ruhe-
atemzüge, dann eine aufsteigende Tonleiter ohne Tonbezeichnungen. Hierauf dieselbe mit Tonbezeichnungen,
an der Brustkurve ab d (Registerübergang) „Stützbewegungen". An der Bauchkurve der ersten absteigenden
Tonleiter bei a¹ „Einstellbewegung". [Nach NADOLECZNY (*1, 2*).]

Eine weitere Besonderheit zeigt die Atmung beim Kunstgesang in den sog.
Stützbewegungen. Das „*Atemstützen*" (appoggiare la voce) hat den Zweck, die
Inspirationsdauer möglichst zu verlängern und den Luftverbrauch möglichst
ökonomisch zu gestalten. Es handelt sich dabei um eine vorübergehende Verlang-
samung der Ausatmungsbewegungen. In die Ausatmung brechen inspiratorische
Impulse hinein, die sich oft als Anstiege der pneumographisch aufgenommenen
Kurve, besonders der Kurve der Brustatmung bemerkbar machen (Abb. 18).
Während des Stützens werden offenbar geeignete Antagonisten der Exspiration,
also Inspirationsmuskeln, genau dosiert innerviert, was für den Sänger von
bestimmten Muskelempfindungen begleitet ist. Übertriebene Stützbewegungen
führen zum „*Atemstauen*" [SCHILLING (*2*)], eine Atemführung, die für die Stimmgebung nicht mehr günstig ist.

Um den Stützvorgang physikalisch auszudeuten, ist von MAATZ eine Hypothese aufgestellt, nach der bei dem Stützvorgang Schwingungen im „Windraum" eine Rolle spielen
sollen, die nur die Grundschwingungen der Stimmbandschwingungen enthalten und sich
bei günstiger Einstellung des „Windrohres" bis zu größeren Amplituden aufschaukeln sollen.
Nach den Untersuchungen von W. TRENDELENBURG (*8*) und W. TRENDELENBURG und STAHL
über die akustischen Eigenschaften des „Windrohres" des menschlichen Stimmapparates
(s. S. 234) kann dieses jedoch als besonders schwingendes System wegen seiner niedrigen
Eigenfrequenz und seiner großen Dämpfung kaum in Frage kommen. Daß sich die Verhältnisse durch das „Stützen" des Sängers grundsätzlich im Sinne der MAATZschen Hypothese ändern, scheint nicht sehr wahrscheinlich und wäre nur durch den Nachweis solcher
Schwingungen zu beweisen.

Endlich kann man „*Einstellbewegungen*" im Ablauf der Atmung feststellen.
Es handelt sich dabei um vorbereitende Bewegungen des Kehlkopfes und der
Atemmuskulatur vor Beginn der Intonation und dementsprechend schon beim

Vorstellen von Tönen, die bei manchen Sängern beobachtet werden und sich als kleine Schwankungen im Atemablauf bemerkbar machen. Alle diese Einzelheiten lassen sich in guten pneumographisch aufgenommenen Atemkurven sehen. Ein Beispiel gibt Abb. 18. Es handelt sich um Kurven der Brust- und Bauchatmung beim Singen von Tonleitern durch einen geübten Sänger. Besonders deutlich ist eine Stützbewegung in der Brustatmung in der zweiten Hälfte der ersten bezeichneten Tonleiter, sowie eine Einstellbewegung in der Bauchatmung vor dem ersten Ton (a^1) der ersten absteigenden Tonleiter.

b) Luftverbrauch, Strömungsgeschwindigkeit und Anblasedruck bei der Stimmgebung.

Den inspiratorischen und exspiratorischen Atembewegungen entspricht ein Luftstrom wechselnder Richtung, an dem zunächst das *Atemvolum* bzw. der Luftverbrauch bei der Phonation interessiert. Ferner sind von Bedeutung die *Geschwindigkeit* des Luftstroms und der *Druck*, der die treibende Kraft liefert. Diese Größen können außerhalb und innerhalb der Luftwege gemessen werden, wobei jedoch in beiden Fällen, besonders bei Messungen innerhalb des Ansatzrohres, eine gewisse Beeinflussung des Vorganges durch die Meßapparatur unvermeidlich ist.

Das *Atemvolum* und die Luftmenge, die bei der Phonation verwendet wird, wird nach bekannten Methoden der Atemphysiologie mit Spirometern oder Atemvolummessern (z. B. nach HUTCHINSON, KROGH, GAD, GUTZMANN, WETHLO) gemessen und aufgezeichnet. Näheres in den methodischen Übersichten von KATZENSTEIN (7), von FRÖSCHELS, HAJEK und WEISS und von SCHILLING (7). Auf diese Weise kann zunächst die Vitalkapazität bestimmt werden, die gewisse Anhaltspunkte bei einer Beurteilung der Leistungsfähigkeit eines Sängers geben kann. Atemvolummessungen, bei denen die ganze bei der Phonation ein- und ausgeatmete Luft getrennt mittels zweier Atemvolumschreiber gemessen und die Zeitdauer des erzeugten Stimmtones durch Division der registrierten Luftmenge durch die Zeit berücksichtigt wurde, sind von HÜLSE durchgeführt. Es ergab sich z. B., daß dieser Durchschnittsverbrauch bei den 4 Stimmeinsätzen in der Reihenfolge gehaucht → gepreßt → weich → hart abnimmt.

LUCHSINGER (8) verbesserte die Methodik derartiger Messungen erheblich, indem er an geübten Sängern die pro Sekunde ausgeatmete Luftmenge mit einem *Pneumotachographen* (nach FLEISCH) registrierte und gleichzeitig mit Kondensatormikrophon und Verstärker den Schalldruck und damit die *Schallintensität* der gesungenen Schwelltöne bei verschiedener Höhe, in verschiedenen Registern und bei „offen" und „gedeckt" gesungenen Tönen, beobachtete und berücksichtigte. (Die Schallintensität oder Schallstärke, d. h. die Schalleistung/cm² ist proportional dem Quadrat des Schalldruckes, s. S. 262.) Die für eine bestimmte verlangte Tonbildung benötigten Luftvolumina bewegten sich bei den geübten Künstlern in sehr kleinen Grenzen. Sie schwankten in den Messungen von LUCHSINGER zwischen 41 und 216 cm³/sec. Die größten bewegten Luftvolumina fand er bei Männern der Baß-Baritongruppe, während Tenöre nur 60—41 cm³/sec beanspruchten. Altstimmen brauchten zwischen 194 und 76 cm³/sec, lyrische Soprane kamen mit 41—90 cm³/sec aus. Die kleinsten Werte wiesen geübte und hochwertige Tenöre und Sopranstimmen auf.

In allen Fällen war eine Abnahme der benötigten Luftmengen beim Übergang von der Bruststimme zu der Mittelstimme festzustellen, während beim weiteren Übergang zur Kopfstimme die Ergebnisse nicht mehr eindeutig waren. In vielen Fällen wurde eine weitere *Abnahme* des Luftverbrauchs gefunden, in einigen aber auch Zunahme. Eine *Zunahme* fand sich regelmäßig bei der offensichtlich zunehmenden Belastung durch hohe Töne. Dies entspricht im wesentlichen den Ergebnissen von KATZENSTEIN (*6*) und von NADOLECZNY (*1*), die mit dem Atemvolumschreiber gemessen hatten, wenn man berücksichtigt, daß die früher in der Regel beobachtete Zunahme des Luftverbrauchs bei der Kopfstimme wohl meist mit einer Zunahme der Schalleistung einherging, die von LUCHSINGER durch die Schalldruckmessung konstant gehalten werden konnte.

Vom Luftverbrauch und von der Vitalkapazität hängt offenbar die *Ausdauer der Stimmgebung* sehr wesentlich ab. Ein Erwachsener erreicht leicht eine Ausatmungsdauer von 20—25 sec auf einem Ton mittlerer Lage und Stärke. Geschulte Sänger sollen es beim Halten eines Tones bis auf 40 sec, ja 50 und 60 sec bringen, wie es von der Sängerin *Adelina Patti* berichtet wird. Die gewöhnliche Vokalmusik stellt keine so hohen Anforderungen. Selbst lange Phrasen von 7—8 Takten bei *Bach* würden in einem Atem gesungen noch nicht 20 sec Atmungsdauer erfordern [NADOLECZNY (*2*)].

Letzten Endes ist die Zeitdauer, über die ein geschulter Sänger bei sparsamer Atemführung einen Ton halten kann, jedoch nicht durch die Erschöpfung des Luftvorrates bedingt, sondern durch die Höhe der CO_2-*Spannung* im Blut, die, wenn 5—7 Vol.-% CO_2 in der Ausatmungsluft erreicht sind, zur Einatmung zwingt. Unter diesem Gesichtspunkt würde eine hohe Alkalireserve im Blut, die durch eine entsprechende Ernährung beeinflußt werden kann, sich vorteilhaft auf die Atemführung in solchen extremen Fällen auswirken müssen. Als weiteres Moment muß in diesem Zusammenhang die Möglichkeit der Kompression der großen intrathorakalen Venen und eine „*Kompressionsdyspnoe*" in Betracht gezogen werden, wenn der intrapulmonale Druck, der bei lauter Tongebung bis auf 30 cm Wasser steigen kann, den Wert von etwa 20 cm Wasser (14,7 mm Hg) überschreitet (GUTZMANN und LOEWY).

Bei den Unterschieden im Luftverbrauch zwischen Geübten und Ungeübten, aber auch beim gleichen Sänger oder Sprecher unter verschiedenen Bedingungen, spielt eine wesentliche Rolle die sog. „*wilde Luft*", d. h. der Anteil des Luftstroms, dessen Energie nicht in Schall umgesetzt wird. Von FRÖSCHELS (*4*) ist ein kleiner Apparat zur Bestimmung der „wilden Luft" angegeben, ein leichtes Glimmerplättchen, das in bestimmter Weise in einem weiten Glasrohr aufgehängt ist. Beim Auftreffen des geringsten Stroms von „wilder Luft" wird es abgelenkt, während es beim Auftreffen von Schallwellen in seiner Lage bleibt. RABOTNOW glaubt festgestellt zu haben, daß diese „Nebenluft" vor allem im hinteren Teil der Stimmritze zwischen den Aryknorpeln entweicht. Bei der Flüsterstimme ist es gewissermaßen *nur* die „wilde Luft", die den geflüsterten Laut erzeugt, wobei die als Schall abgegebene Energie im Vergleich zum Luftverbrauch sehr viel geringer ist als bei normaler Phonation (s. S. 248).

Die *Stromstärke*, d. h. die in der Zeiteinheit den Querschnitt passierende Luftmenge, muß in allen Abschnitten des Atmungsrohres gleich sein und ist für Gesangstöne gegeben durch die eben angeführten Werte von 40—200 cm³/sec. Die *Strömungsgeschwindigkeit*, d. h. der von der Luft in der Zeiteinheit zurückgelegte Weg, ist umgekehrt proportional dem Querschnitt und erreicht an der engsten Stelle des Atemrohres, in der Stimmritze ihre höchsten Werte. Sie beträgt bei ruhiger Atmung in der Stimmritze 3—5 m/sec. Für Hustenstöße sind Geschwindigkeiten in der Stimmritze bis 120 m/sec bestimmt worden (GEIGEL). Diese Werte sind von Interesse, weil die Geschwindigkeit des Luftstroms in der Stimmritze für die Entstehung der Schwingungen in den angrenzenden Räumen von Bedeutung ist. Die Geschwindigkeiten sind jedenfalls so groß, daß es zu Wirbelbildungen oberhalb der Stimmritze kommen kann.

Diese können nach Art der Entstehung von Schneiden- oder Spalttönen, zum Auftreten relativ hoher Frequenzen im Stimmklang führen, ohne daß die Stimmbandschwingungen selbst durch ihren Verlauf die Voraussetzungen für das Auftreten solcher kurzer „Luftstöße" zu liefern brauchten (s. S. 239 und 250).

Der *Druck* im „Windrohr" unterhalb der Stimmbänder stellt die treibende Kraft für den Luftstrom dar, die letzten Endes im Widerspiel mit den elastischen Kräften der Stimmbänder die Stimmbandschwingungen erzeugt. Er ist an tracheotomierten Patienten mittels eines luftdicht an die Trachealöffnung angeschlossenen Manometers gemessen. Nach Messungen von GUTZMANN und LOEWY steigt der Druck erwartungsgemäß mit der Tonstärke. Er beträgt z. B. bei leiser Angabe des Vokals A auf den Ton a (216 Hz) 5—6 cm Wasser, bei lauter Stimme 16 cm, beim Singen des Vokals U 7—8,5 bzw. 21 cm. Bei der Falsettstimme liegen die Drucke erheblich niedriger, während die Stromstärke meist größer ist (s. jedoch oben S. 96). Zunehmende Stromstärke geht mit Fallen des Druckes einher und umgekehrt. Mit den Druckwerten steigen auch die Atemvolumina, jedoch weniger rasch als die Druckwerte. Pro 1 cm Wasser Druckdifferenz wurden z. B. beim Singen des Vokals U auf den Ton d bei leiser Stimmgebung 45—58 cm³, bei lauter 35—36 cm³ in 5 sec verbraucht. Dies ist nach physikalischen Gesetzen wohl auch zu erwarten, da die Geschwindigkeit eines aus einer Öffnung ausströmenden Gases nicht proportional dem Druck, sondern nur mit der Quadratwurzel aus dem Druck zunimmt.

Ähnliche Ergebnisse hatte SCHILLING (*6*) bei Druckmessungen an einem jungen Mann mit einer Trachealfistel. Die Faktoren, von denen der subglottische Druck bei der Bildung von Vokalen abhängt, sind außer der Stimmstärke der Stimmeinsatz, die Tonhöhe und das Stimmregister, ferner ob geflüstert, gesprochen oder gesungen, und in welcher Lautverbindung der Vokal produziert wird. Bei den verschiedenen Registern der Stimme fand SCHILLING z. B. beim Singen des Vokals A

im Brustregister (Ton d) . . . . . 17 mm Hg (= 23 cm Wasser),
im Falsett (Ton b). . . . . 6,4 mm Hg (= 8,6 cm Wasser),

also ein Verhältnis Brust zu Falsett von etwa 8:3. Die Druckwerte bei gewöhnlicher Atmung betragen vergleichsweise bei gewöhnlicher Mundatmung nur 1,5 mm Hg oder 2 cm Wassersäule.

Der Exspirationsdruck beim Singen von Vokalen, gemessen mit T-Rohr und Wassermanometer *im Mund*, betrug in Versuchen von KICKHEFEL 8—10 cm Wasser. Er wird im wesentlichen von den Widerständen an der Ausströmungsöffnung der Luft abhängen.

2. Die Schwingungen der Stimmlippen.

a) Allgemeines. Tonhöhe und Spannung der Stimmlippen.

Die Stimmlippenschwingungen, ihr Zustandekommen, ihr zeitlicher und räumlicher Verlauf und ihre Veränderungen unter verschiedenen Bedingungen der Tonerzeugung (Stimmregister) sind von zentraler Bedeutung für alle weiteren Fragen der Stimmphysiologie. Ihre direkte Beobachtung beim Menschen wurde durch den Kehlkopfspiegel ermöglicht, der von dem Gesanglehrer MANUEL GARCIA 1855 erfunden und von TÜRCK und von CZERMAK seit 1858 für ärztliche und physiologische Zwecke vervollkommnet wurde. Historisches und Methodisches über indirekte und direkte Laryngoskopie z. B. bei SEIFFERT.

Die Schwingungen der Stimmbänder bei der Erzeugung stimmhafter Laute sind nach allgemeiner Auffassung „*selbsterregte Schwingungen*", wie sie auch bei den verschiedensten Musikinstrumenten, insbesondere bei Zungenpfeifen, aber auch beim Anstreichen einer Saite mit dem Bogen in analoger Weise zustande kommen: Ein schwingendes System (Stimmlippen, Zunge, Saite) regelt die von einer Energiequelle (Luftstrom, Violinbogen) nachströmende Energie und wird durch diese im Schwingen erhalten. So läßt sich z. B. eine Stimmgabel durch einen kontinuierlichen Luftstrom zu Schwingungen anregen (Abb. 19). Ein mit der Stimmgabel verbundener Kolben wird durch den Druck des anblasenden Luftstroms aus einem Rohr herausgedrückt. Mit zunehmender Öffnung nimmt der austretende Luftstrom zu, der Druck sinkt ab, die elastische Rückstellkraft der Gabel kann den Kolben wieder zurückführen usw. Nach demselben Prinzip erfolgt die Anregung der Stimmbandschwingungen. Der durch die Exspirationsbewegung bei der Phonation erhöhte Druck unterhalb der verengten Stimmritze drückt die Stimmbänder auseinander. Durch die größere Öffnung strömt mehr Luft aus, der Druck sinkt und die Elastizität der Stimmbänder führt diese wieder näher zusammen. Die Stromstärke sinkt, der Druck steigt wieder, und das Spiel wiederholt sich von neuem.

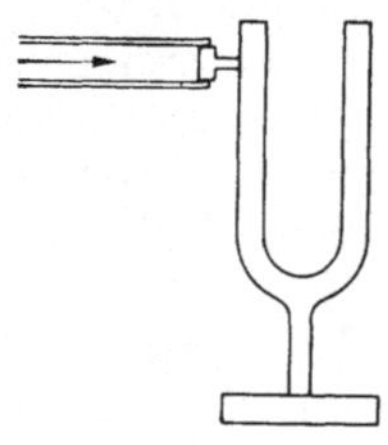

Abb. 19.
Durch Luftstrom erregte Stimmgabel. [Nach F. TRENDELENBURG (6).].

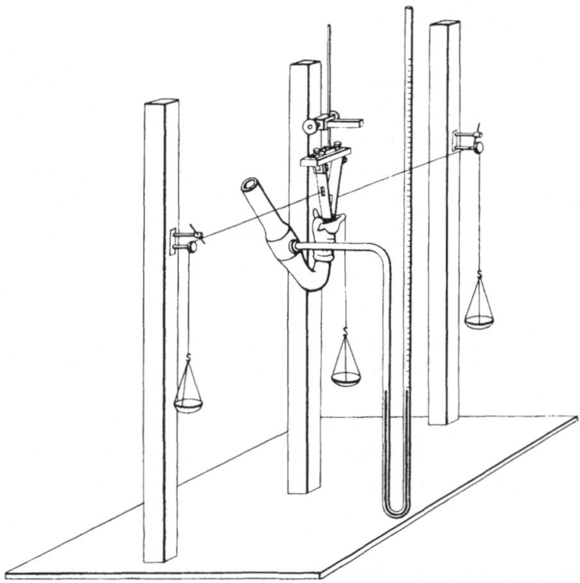

Abb. 20. Anordnung von JOH. MÜLLER zum Anblasen eines ausgeschnittenen menschlichen Kehlkopfes. Es ist möglich, die Stimmlippen durch Gewichtszug an der Vorderfläche des Schildknorpels abgestuft zu spannen und sie durch seitliche Kompression des Schildknorpels einander zu nähern. Durch ein Manometer wird gleichzeitig der Anblasedruck gemessen. [Nach GUTZMANN (2).]

Als erster hat JOHANNES MÜLLER systematische und messende Versuche über die Schwingungen der Stimmbänder und die Tonerzeugung an herausgeschnittenen menschlichen Kehlköpfen angestellt. Eine ausführliche Darstellung der Entwicklung der Frage gibt GRÜTZNER (1). Danach hat schon FERREIN 1741 das Tönen eines angeblasenen Leichenkehlkopfes beschrieben. Abb. 20 zeigt die von JOH. MÜLLER (1, 2) verwandte historisch interessante Anordnung. Der Kehlkopf kann durch ein Rohr mit seitlich angeschlossenem Manometer zur Druckmessung angeblasen werden. Die Stellknorpel werden zusammengenäht, so daß sich ihre vorderen Kanten eng berühren, und mit dem Ringknorpel auf einem Brett befestigt. So bilden sie ein punctum fixum, gegenüber dem die Stimmbänder durch einen Zug an ihrem Schildknorpelansatz mittels Faden und Gewichten verschieden stark gespannt werden können.

Mit dieser Anordnung erhält man, sobald die Stimmbänder durch Herabziehen des Schildknorpels gespannt werden, Töne, die „einigermaßen der menschlichen Stimme gleichen". Die Höhe des Tones nimmt, wie JOH. MÜLLER fand, in gesetzmäßiger Weise mit dem spannenden Gewicht und auch mit der Höhe des Anblasedruckes zu, ähnlich wie später bei Druckmessungen an Patienten mit Trachealfisteln bei höheren Tönen (im Brustregister) höhere Drucke im Windrohr gemessen wurden [GRÜTZNER (*1*)]. Zur Erhöhung des Tones um eine Quart bedurfte es eines zwei- bis dreifachen Luftdruckes, oder aber einer 5—8mal höheren Spannung. Da die Lautstärke eines Tones nur durch Veränderung des Anblasedruckes verändert werden kann, muß, wenn die Tonhöhe bei Veränderung der Lautstärke, etwa bei einem „Schwellton", konstant gehalten werden soll, eine entsprechende gegensinnig wirkende Veränderung der Spannung der Stimmbänder erfolgen. JOH. MÜLLER (*2*) sprach daher von einer „Compensation der physischen Kräfte am menschlichen Stimmapparat", wie der Titel seiner Arbeit lautete. Jedenfalls kam bereits JOH. MÜLLER zu dem Schluß, daß die Tonhöhe der Stimme, ähnlich wie bei angestrichenen Saiten, von der *Spannung* und der *Länge* der Stimmlippen abhängt, wozu noch die Möglichkeit einer Veränderung oder Verlagerung der schwingenden *Masse* der Stimmbänder kommt, die durch teilweise Kontraktion der kompliziert verlaufenden Bündel des M. vocalis denkbar ist (s. S. 176).

Man hat versucht, die *Spannung* der Stimmbänder bei der Phonation im Tierversuch dadurch zu messen, daß man ein druckmessendes federndes Instrument in die Stimmritze einführte [RETHI (*2*)]. KAKESHITA (*1*) benutzte, um die Kraft des Stimmbandverschlusses zu messen, eine hohle Gummipelotte, die zwischen die Stimmbänder eingeführt und aufgeblasen werden konnte. RETHI fand bei gleichzeitiger Reizung der Mm. cricothyreoidei und cricoarytaenoidei dorsales (Postici) als Höchstwerte Spannungen der Stimmbänder, die Kräften von etwa 1 kg entsprachen. KAKESHITA erhielt mit seinem Verfahren bei mittelgroßen Hunden beim Schreien Drucke von über 400 mm Hg. Diese einer Spannungsentwicklung von etwa 6 kg gleichzusetzen, dürfte jedoch zu falschen Vorstellungen führen, da die Fläche, mit der die Stimmbänder auf den zur Druckmessung benutzten Ballon drücken, berücksichtigt werden muß und wohl zunächst nicht bekannt ist.

Die *Amplitude* der Stimmlippenschwingungen kann bei diesem Mechanismus offenbar in keiner einfachen Beziehung zu der Amplitude der abgestrahlten Luftschwingungen, also zur Schallintensität stehen, oder gar als Maß für sie benutzt werden. Die Schallstärke hängt vielmehr von der Höhe des Druckes im Windrohr und der Geschwindigkeit des anblasenden Luftstromes ab. Mit Zunahme dieser Größen wird zwar auch in der Regel die Amplitude der Stimmlippenschwingungen zunehmen, jedoch in sehr viel geringerem Grade. LUCHSINGER (*4*) maß bei einer Sängerin den relativen Schalldruck bei verschieden stark gesungenen Tönen unter gleichzeitiger stroboskopischer Beobachtung der Stimmlippenamplitude. Dabei ergab sich, daß die Amplitude der Stimmlippenschwingungen bei leise gesungenen Tönen bei einem relativen Schalldruck von 1—2 Volt seines Anzeigeinstrumentes 0,5—2 mm betrug. Beim Ansteigen des Schalldruckes auf 8—10 Volt (d. h. der Schallintensität auf das 64—100fache) vergrößerte sich die Amplitude der Stimmlippenschwingungen nur auf etwa 3 mm.

b) Mechanismus und Verlauf der Stimmlippenschwingungen.

Bei der Frage nach dem Mechanismus der Stimmlippenschwingungen, deren prinzipielle Beantwortung bereits vorweggenommen ist, hat man diese zunächst mit den Schwingungen der Zungen sog. Zungenpfeifen verglichen. Bei einer solchen Pfeife befindet sich über oder in einer rechteckigen Öffnung zwischen Windraum und Luftraum ein dünner federnder Metallstreifen, der beim Durchschlagen durch die Öffnung (*durchschlagende* Zunge) oder beim Aufschlagen auf den Rahmen der Öffnung (*aufschlagende* Zunge) diese vorübergehend verschließt und so beim Anblasen durch einen Luftstrom die Bedingungen für das Auftreten selbsterregter Schwingungen liefert (Abb. 21).

Wie die direkte Beobachtung, schon in herausgeschnittenen Kehlköpfen und im Tierversuch zeigt, schwingen die Stimmlippen jedoch nicht wie jene Zungen in Richtung des Luftstromes, sondern im wesentlichen senkrecht zu ihm. Schon JOH. MÜLLER und HELMHOLTZ hatten Pfeifen mit membranösen *gegenschlagenden* „Zungen" konstruiert, die sich wie ein „künstlicher Kehlkopf" anblasen ließen (Abb. 22). Besonders EWALD hat darauf

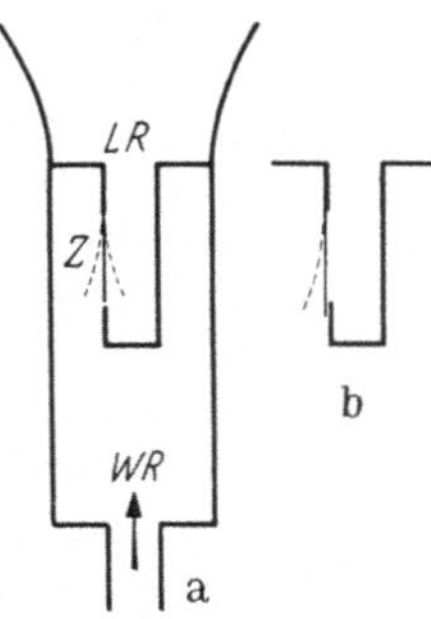

Abb. 21 a u. b. Schema von Zungenpfeifen mit durch-schlagender (a) und mit aufschlagender Zunge (b). WR „Windraum"; Z Zunge; LR „Luftraum".

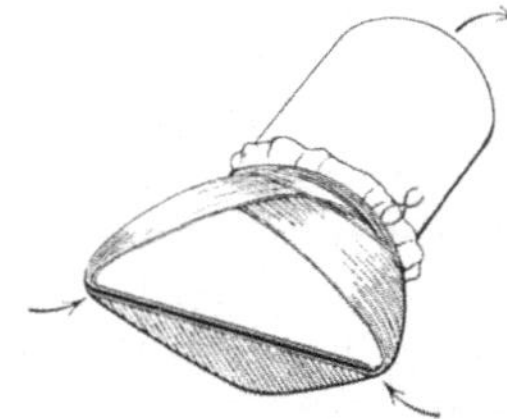

Abb. 22. Zweilippige Membranpfeife. Ein nach beiden Seiten schräg abgeschnittenes Rohr ist mit Gummimem-branen überzogen. Die Pfeife kann nicht nur durch das Rohr, sondern auch durch einen Luftstrom in Richtung der Pfeile angeblasen werden. (Nach HELMHOLTZ.)

aufmerksam gemacht, daß die Dicke der Stimmlippen und ihre Form sie für Schwingungen in Richtung des Luftstroms sehr ungeeignet mache. Die beobachtete maximale Weite der Stimmritze beim Schwingen der Stimmlippen wäre zu groß, als daß sie allein durch solche Schwingungen er-zeugt sein könnte. Abb. 23 zeigt einen halbschema-tischen Querschnitt durch den Kehlkopf, aus dem diese Tatsache hervorgeht (s. auch Abb. 13 a—d).

Da die unteren Flächen der Stimmbänder steil medianwärts ansteigen, würde sie der von unten

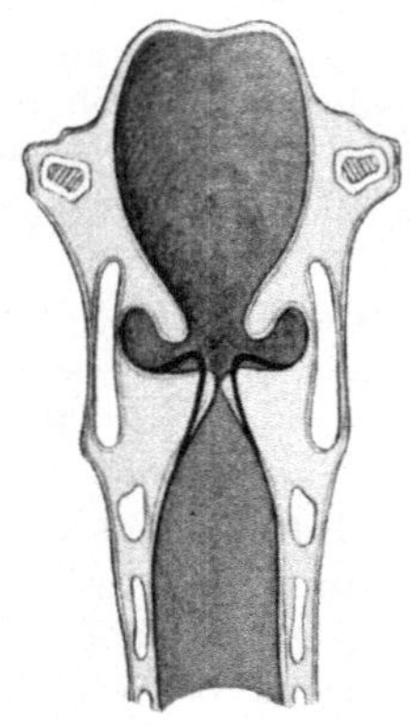

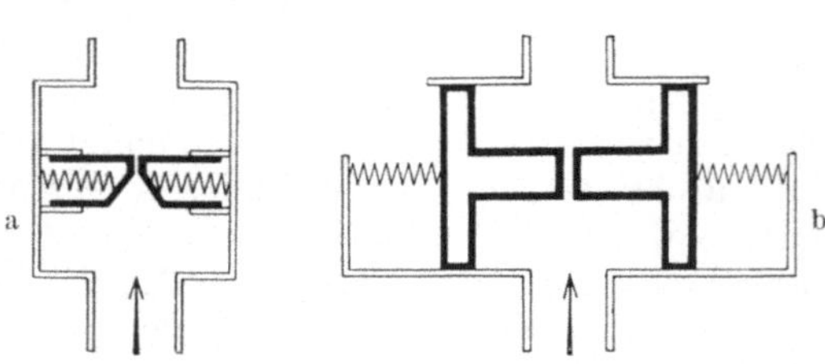

Abb. 23. Halbschematischer Quer-schnitt durch den Kehlkopf mit der Darstellung der Verlagerung der Stimmlippen beim Schwingen. (Nach BARTH.)

Abb. 24 a u. b. Polsterpfeifen in schematischer Darstellung. Im Modell a ist nur das Polster elastisch, im Modell b ist das unelastische Polster mit der elastischen Wand fest verbunden. Die beweglichen Teile sind dick schwarz ausgezogen. Die Pfeife a kann nur von unten, die Pfeife b von beiden Seiten angeblasen werden. (Nach EWALD.)

wirkende Druck der Luft nicht nur nach oben, sondern vor allem auch zur Seite treiben. EWALD (*2, 3*) konstruierte Pfeifen, sog. *Polsterpfeifen*, die durch einen Luftstrom nach diesem Prinzip angeblasen werden können (Abb. 24). Beim Anblasen in der Richtung des Pfeiles schwingen die elastischen „Polster" gegen-einander senkrecht zu dieser Richtung. Sind nur die Polster elastisch, so müssen sie, um ein leichtes Ansprechen zu erzielen, auf der Windseite abgeschrägt sein. Die Pfeife der Abb. 24a spricht nur beim Anblasen von unten gut an. Sind jedoch die Wände, auf denen die Polster befestigt sind, elastisch (Abb. 24b), so brauchen die Polster nicht abgeschrägt zu sein. Der Kehlkopf spricht eben-falls leichter exspiratorisch an, er kann aber bekanntlich auch bei der Inspiration Töne erzeugen.

Eine genauere Beschreibung verschiedener, meist von Ewald ausgeführter Konstruktionen solcher Pfeifen gibt v. Skramlik. Bemerkenswert ist die Möglichkeit einer rechnerischen Behandlung der Schwingungen solcher Pfeifen nach den von O. Frank (1) entwickelten Prinzipien. Danach ist allgemein die Schwingungszahl eines Systems mit dem „Volumelastizitätskoeffizienten" E' und der „reduzierten Masse" M' $N = \dfrac{1}{2\pi} \sqrt{\dfrac{E'}{M'}}$. Tatsächlich konnte Ewald (3) durch Verkleinerung des Luftvolumens in den Ansatzteilen den Koeffizienten E' und damit den Ton in die Höhe treiben. Um solche Rechnungen auf den Kehlkopf und die Stimmbänder zu übertragen, wäre die Bestimmung verschiedener Konstanten nötig, was bei den wechselnden Bedingungen am Lebenden sicher schwierig wäre. Die obige Beziehung läßt aber sehr deutlich erkennen, wie die Frequenz der Schwingungen eines solchen Systems nicht nur von dem Elastizitätskoeffizienten, sondern auch von der schwingenden Masse abhängt, und daß sie mit ihrer Verkleinerung zunimmt. Eine solche Verminderung des schwingenden Anteils der Stimmbänder bei der Erzeugung hoher Töne, besonders bei der Kopfstimme, wäre unter der Wirkung der eingelagerten Muskeln mit ihrem komplizierten Verlauf durchaus denkbar (s. S. 176).

Eine außerordentliche Förderung unserer Kenntnisse vom Verhalten der Stimmbandschwingungen bedeutete die Möglichkeit, sie im Kehlkopfspiegel stroboskopisch zu beobachten und zu photographieren, neuerdings sogar mit hoher Bildfrequenz kinematographisch festzuhalten. Dazu kommen sorgfältige experimentelle Untersuchungen an isolierten, künstlich angeblasenen Kehlköpfen von Tieren und Menschen, bei denen der Verlauf der Stimmlippenschwingungen in den verschiedenen Richtungen aufgezeichnet werden konnte, während gleichzeitig die Schwingungen der Luft unterhalb oder oberhalb der Stimmritze registriert wurden. Besonders interessieren die tatsächlich vorhandenen Unterschiede in der Schwingungsweise der Stimmlippen bei der Brust- und bei der Kopf- oder Falsettstimme.

α) Die Schwingungen der Stimmlippen bei der Bruststimme.

1. Die zeitlichen Verhältnisse.

Schon 1898 hat Musehold (1) durch Photographieren des Kehlkopfspiegelbildes bei stroboskopischer, d. h. in der Frequenz der Schwingungen intermittierender Beleuchtung die von Ewald vertretene Ansicht über die Stimmbandschwingungen gestützt. Abb. 25 und 26 zeigen zwei dieser bereits technisch recht befriedigenden Bilder: Abb. 25 eine stroboskopische Aufnahme der Stimmbänder beim Singen des *Brusttones* c¹ in der Phase des festen Schlusses, Abb. 26 wie bei einem Ton im *Falsettregister* die Stimmritze offensteht, während anscheinend nur die Ränder, die deshalb grau verwaschen aussehen, schwingen. Einzelbilder aus neueren kinematographischen Aufnahmen der schwingenden Stimmbänder bei der Phonation gibt Abb. 27. Die 3 Bilder der Stimmbänder beim Singen verschieden hoher Töne zeigen sehr deutlich die bei höheren Tönen (in der Bildreihe von unten nach oben) zunehmende Verkürzung der Stimmbänder.

Die *zeitlichen Verhältnisse* bei den Schwingungen der Stimmbänder lassen sich bereits bei der stroboskopischen Untersuchung recht genau abschätzen.

Die Stroboskopie wurde zuerst von Oertel 1878 für die Beobachtung der Stimmbandschwingungen angewandt. Man pflegte meist durch eine rotierende Lochscheibe, deren Umdrehungszahl reguliert wurde, die intermittierende Beleuchtung zu erreichen, durch die man die schwingenden Stimmbänder im scheinbaren Stillstand oder, bei einer kleinen Differenz der Frequenzen, in stark verlangsamter Bewegung beobachten konnte [s. H. Stern (2)]. Heute ist die Stroboskopie durch Verwendung von Hochdruckquecksilberlampen, die von einem Tonfrequenzgenerator gespeist werden, und kurze sehr intensive Lichtblitze beliebig einstellbarer Frequenz liefern, außerordentlich vervollkommnet [LUCHSINGER (3)]. Die Frequenz des Generators kann auch von einem Ton den der Untersuchte singt, gesteuert

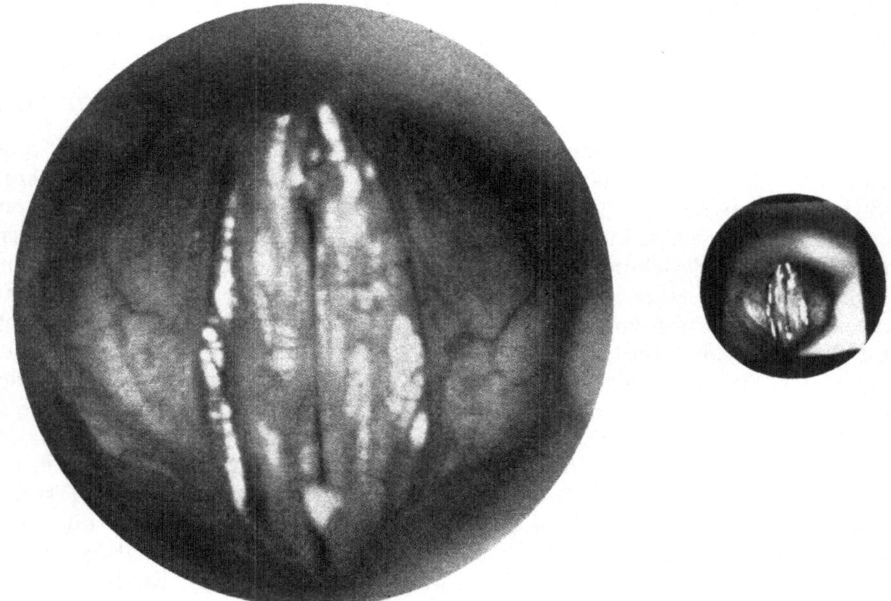

Abb. 25. Stroboskopische Photographie der Stimmlippen beim Brustton c¹. Bariton, forte, Phase des Glottis-schlusses. Die Stimmlippen zeigen wulstige Oberflächen und sind wie Mundlippen fest aneinandergepreßt. [Nach MUSEHOLD (2).]

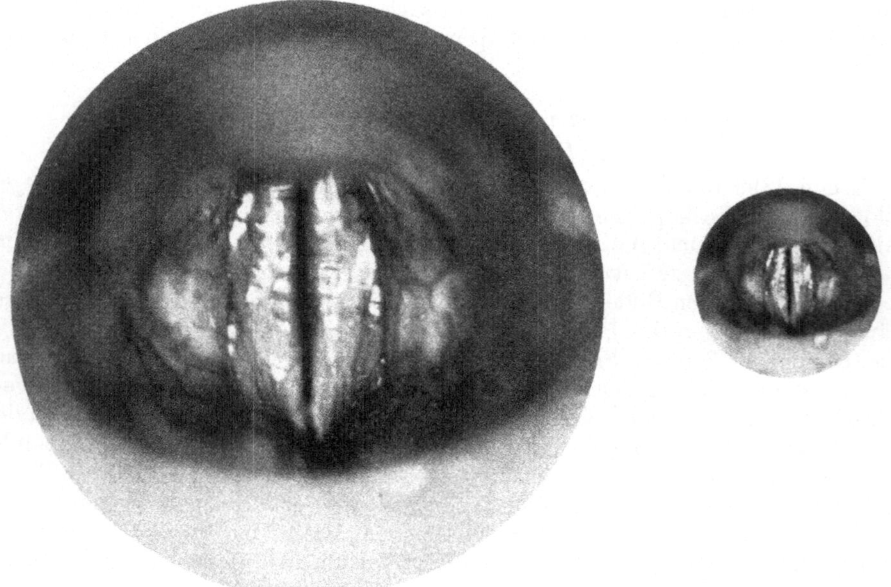

Abb. 26. Stroboskopische Photographie der Stimmlippen im Falsettregister. Bariton, Glottis offen, schwarz. Die schwingenden Stimmlippenränder sind grau verwaschen. Auf der abgeflachten Oberfläche ordnet sich der Schleim an der Grenze der Randschwingungen streifenförmig an. [Nach MUSEHOLD (2).]

werden, so daß die schwingenden Stimmbänder bei wirklich absolutem Stillstand oder einer fest einstellbaren Phasenverschiebung beobachtet werden können.

So hat schon MUSEHOLD mit einem relativ einfachen mechanischen Stroboskop festgestellt, daß die Stimmlippen bei einigermaßen laut gesungenen Tönen im Brustregister nicht nur bis zur Berührung gegeneinander schwingen, sondern sich mit ihren Rändern breit aneinanderlegen (s. Abb. 25). Hieraus folgt bereits, daß die Phase des Stimmritzenschlusses in diesem Fall länger dauern wird als die der Öffnung. In Versuchen am ausgeschnittenen Kehlkopf haben weiterhin O. WEISS (8), und dann in methodisch vervollkommneter Weise W. TRENDELENBURG und WULLSTEIN diese Verhältnisse genauer untersucht.

WEISS bildete die hell beleuchtete Stimmritze des Kehlkopfes mit einem Linsensystem auf dem quer zur Stimmritze liegenden Spalt eines Photokymographions ab. W. TRENDELENBURG und WULLSTEIN wandten ein „Schattenschriftverfahren" mit punktförmiger Beleuchtung der Stimmritze an. Abb. 28 veranschaulicht das Prinzip dieser bemerkenswerten Versuchsanordnung, die später von WULLSTEIN durch Benutzung einer Photozelle für die Registrierung des gesamten durchfallenden Lichtes ergänzt wurde.

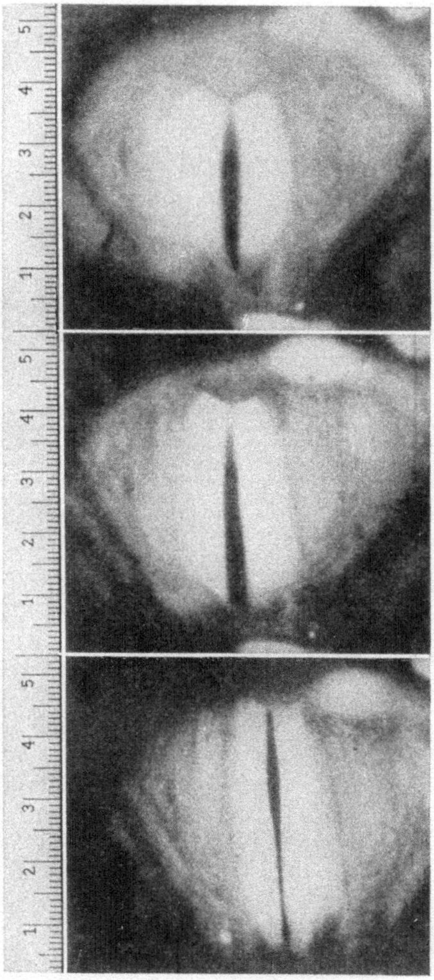

Abb. 29 zeigt eine solche Schattenkurve der Stimmritze beim Anblasen eines Kalbskehlkopfes, der nach Art der Bruststimme tönt. Bei ruhender offener Stimmritze würde ein schwarzes Lichtband entstehen, dessen Breite der Weite der Stimmritze entspricht. Man sieht, daß die Stimmritze in diesem Fall nur für etwa $1/4$ der ganzen Periode geöffnet ist. In verschiedenen Versuchen ergaben sich an Kehlkopfpräparaten vom Kalb und vom Menschen Öffnungsquotienten (darunter ist das Verhältnis der Öffnungszeit zur Dauer der ganzen Periode zu verstehen), die mit zunehmender Tonhöhe von etwa 0,2 bei tiefen Tönen (um 90 Hz) bis auf etwa 0,7 bei hohen Tönen (400 Hz) zunahmen.

Mit diesen Ergebnissen stimmen Messungen am Menschen während der Phonation überein, die dadurch möglich wurden, daß nach F. und W. TRENDELENBURG sich der Augenblick der

Abb. 27. Einzelbilder aus kinematographischen Aufnahmen der Stimmbänder beim Singen von Tönen zunehmender Höhe. Unten 120 Hz, oben 300 Hz. Die Vergrößerung ist in allen Bildern die gleiche. Man sieht unter anderem die deutliche Verkürzung der Stimmbänder mit zunehmender Tonhöhe. Diese ist jedoch nur in diesem relativ kleinen Frequenzbereich so ausgesprochen. (Nach PRESSMANN.)

Öffnung und Schließung der Stimmritze besonders bei tiefen Tönen in der Klangkurve gesungener Vokale durch Gruppen relativ hochfrequenter Schwingungen bemerkbar macht. Diese lassen sich bei elektrischer Registrierung des Schalles durch geeignete Siebketten heraussieben und deutlich sichtbar machen (s. S. 220). Abb. 46 auf S. 225 zeigt eine solche Reihe von Siebkurven von dem von einer Baßstimme auf 85 Hz gesungenen Vokal A. Man sieht in dem vorletzten Oktavsieb deutlich die beiden Gruppen schneller Schwingungen, die

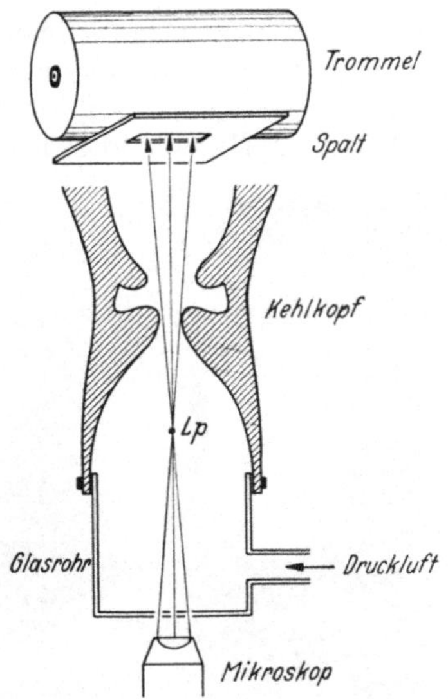

Abb. 28. Aufschrift der Stimmlippenbewegung am Kehlkopfpräparat mit dem „Schattenschriftverfahren". — Unterhalb der Stimmritze wird mittels zweier hintereinander angeordneter Mikroskope ein kleiner, sehr heller Lichtpunkt (*Lp*) erzeugt. Das durch die Stimmritze tretende Licht fällt auf einen Spalt, hinter dem das lichtempfindliche Papier abläuft. [Nach W. TRENDELENBURG (*9*).]

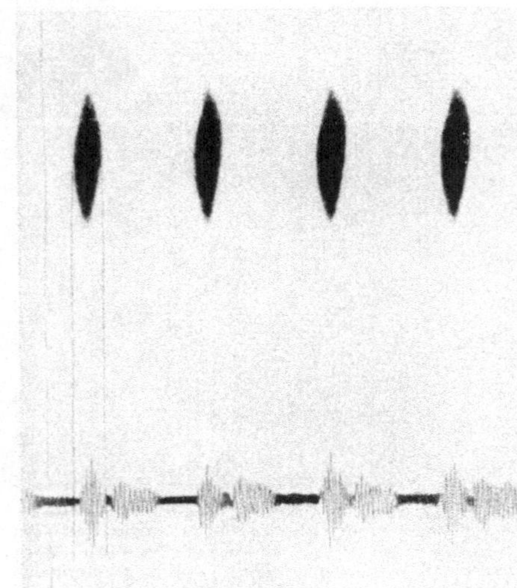

Abb. 30. Schattenschrift der Weite der Stimmritze eines angeblasenen Kalbskehlkopfes (oben) und gesiebte Luftklangkurve. Frequenzbereich des Siebes 2400—4800 Hz, Tonhöhe 124 Hz, Zeit (unten) 0,01sec. Im Anschluß an die Öffnung und an die Schließung der Stimmritze tritt (mit einer kleinen Verspätung für die Schalleitungszeit zum 10 cm entfernten Mikrophon) eine Gruppe relativ frequenter Schwingungen auf.
(Nach W. TRENDELENBURG und HARTMANN.)

die vermutliche Öffnungszeit der Stimmritze (durch × und o markiert) begrenzen. Eine Bestätigung für diesen zunächst nur indirekt erschlossenen Zusammenhang lieferten W. TRENDELENBURG und HARTMANN in Versuchen am Kehlkopfpräparat, bei denen gleichzeitig mit den Kurven des ursprünglichen und des gesiebten Klanges die Weite der Stimmritze nach dem oben beschriebenen Verfahren aufgezeichnet wurde (Abb. 30). Die aus gesiebten Klangkurven bei verschiedenen Ver-

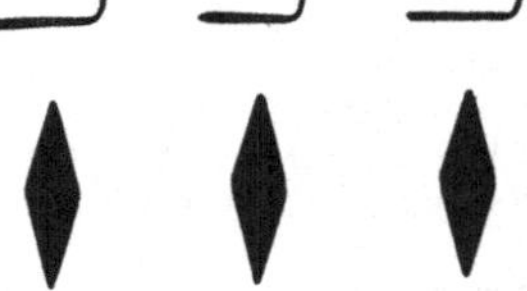

Abb. 29. Schattenkurve der Stimmlippenbewegung bei einem Kalbskehlkopf. Oben: Zeit 0,01 sec. Anblasedruck 18 cm Wasser. Die Öffnungszeit der Stimmritze beträgt in diesem Fall nur etwa $^1/_4$ der ganzen Schwingungsperiode.
(Nach W. TRENDELENBURG und WULLSTEIN.)

suchspersonen erschlossenen Öffnungsquotienten lagen zwischen 0,3 und 0,67, ähnlich wie die direkt bestimmten der Kehlkopfpräparate. Ähnliche Werte für den Öffnungsquotienten (von etwa 0,2 bei 100 Hz bis 0,7 bei 400 Hz annähernd linear mit der Frequenz ansteigend) erhielt auch TARNÓCZY auf Grund anderer Betrachtungen. Es wurde einmal ein gesungener Vokal registriert, dessen „Resonanzen im Ansatzrohr" möglichst zurücktreten. Dieser Laut entsprach etwa dem a in der ersten Silbe des englischen Wortes „above". Zweitens wurde an stimmhaften Konsonanten (den Reibelauten s, z und v in den englischen Worten „is", „azure", „vote", die Geräuschkomponente durch elektrische Filter herausgesiebt. In beiden Fällen müßte nach TARNÓCZY die registrierte Klangkurve im wesentlichen dem „Stimmbandton" entsprechen. Sie läßt Unstetigkeiten erkennen, aus denen die Dauer der Öffnung der Stimmritze entnommen wurde.

2. Die Form der Stimmlippenschwingungen.

Wie schon die genauere stroboskopische Untersuchung gezeigt hatte, zeigen die Stimmlippen beim Schwingen keine reine Seitwärtsbewegung, sondern auch eine gewisse Aufwärtsbewegung. Eine einfache Überlegung zeigt, daß der Luftstrom, der gegen die schräge Unterfläche der Stimmlippen drückt, mit seiner senkrecht zu der Fläche gerichteten Komponente diese sowohl nach außen wie nach oben bewegen müßte. Ewald (3) hat demgemäß auch an entsprechenden „Polsterpfeifen" nicht nur horizontale sondern auch vertikale Schwingungen der Polster registrieren können. Bei bloßer Betrachtung der schwingenden Stimmbänder des Kehlkopfes am Lebenden mit dem Kehlkopfspiegel, auch mit dem Stroboskop, wird man über diese Komponente ihrer Bewegung wenig Sicheres aussagen können. Husson (2) konnte stroboskopisch bei „offen" im Brustregister gesungenem Vokal E nur eine sehr geringe vertikale Komponente im Forte, bei „gedeckt" gesungenem Tone überhaupt keine solche Komponente wahrnehmen. Man nimmt jedoch nach den stroboskopischen Untersuchungen, besonders von Réthi (1) und von Musehold (1, 2) im allgemeinen an, daß die Stimmlippenbewegung sich aus einer Seitwärts- *und* einer Aufwärtsbewegung zusammensetzt.

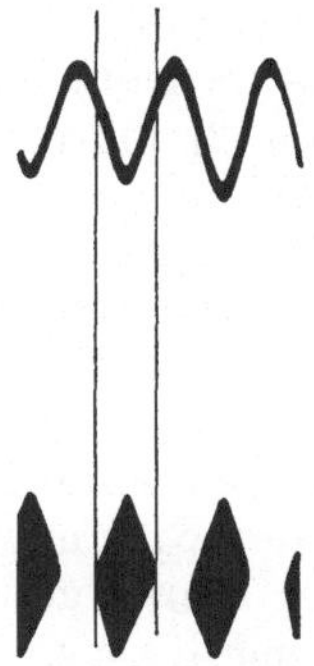

Bei diesem Stand der Frage haben W. Trendelenburg und Wullstein am Kalbskehlkopf und an Kehlkopfpräparaten von menschlichen Leichen mit einer besonderen Methode neben der mit „Schattenschrift" aufgezeichneten Weite der Stimmritze auch die *„Gesamtschwingung"* der Stimmbänder einschließlich ihrer Vertikalkomponente zu erfassen versucht.

Den Stimmbändern wurde ein rundes Kupferscheibchen von 25 mm Durchmesser in 6—8 mm Abstand gegenübergestellt. Stimmbänder und Metallplättchen bildeten die beiden Belegungen eines Kondensators, dessen Kapazitätsänderungen infolge der Änderungen des Abstandes der Stimmbänder von dem Metallplättchen beim Schwingen, wie bei einem Kondensatormikrophon, aufgezeichnet wurden. Die Methode

Abb. 31. Gleichzeitige Aufzeichnung der Stimmritzenweite mit Schattenschrift (unten) und der Gesamtbewegung der Masse der Stimmlippen mit „Kondensatormethode" (oben). Menschliches Kehlkopfpräparat. Tonhöhe 276 Hz, Anblasedruck 18 cm Wasser. Auch während des Verschlusses der Stimmritze (unten) schwingen die Stimmbänder weiter (oben). (Nach W. Trendelenburg und Wullstein.)

lehnt sich an eine Anordnung von Backhaus an, der in ähnlicher Weise die Schwingungen von Teilen eines Geigenkörpers, dem eine dünne Metallfolie aufgelegt wurde, registrierte.

Ein Beispiel der so erhaltenen Kurven zeigt Abb. 31. Man sieht, daß die so aufgezeichneten räumlichen Schwingungen der ganzen Stimmbänder einen annähernd sinusförmigen Verlauf haben, während die Registrierung mit Schattenschrift zeigt, daß die Stimmritze während der Hälfte der Schwingungsperiode völlig verschlossen ist, d. h. beim Zusammenschlagen der Stimmbänder hört die Bewegung nicht plötzlich auf, sondern die Masse der Stimmlippen schwingt weiter auf die feste Kondensatorbelegung zu, also nach unten. Dem entspricht die auch von Husson und Tarneaud (1) gemachte Beobachtung, daß die Stimmlippen bei stroboskopischer Betrachtung sich mit ihrem inneren Rande schon etwas heben, ehe die Stimmritze sich öffnet.

Wullstein sowie Hartmann und Wullstein haben diese Untersuchungen dadurch ergänzt, daß sie in der gleichen Versuchsanordnung mit Hilfe einer Photozelle nicht nur das Licht, das durch die Stimmritze fiel, sondern auch das durch die schwingenden Stimmlippen *durchscheinende* Licht registrierten. Dabei zeigte sich besonders deutlich, daß der Bewegungsvorgang innerhalb der Stimmlippen durch Massenverlagerung mit fließendem Übergang des „Rückschwunges" in den „Vorschwung" erfolgt, auch wenn Öffnung und Schließung der Stimmritze plötzlich einsetzen. Plötzliche unvermittelte Änderungen der Bewegungsrichtung, die im Interesse der Schonung des fein arbeitenden Organs vermieden werden müßten, finden also, wohl schon aus physikalischen Gründen, nicht statt. Die Stimmlippenschwingungen beginnen mit einer Aufwärtsbewegung der

Stimmlippen, und solange Luftstrom und Phonation anhalten, kehren sie nicht in die Ruhelage zurück, sondern bleiben auch während der Schwingungen etwas vorgewölbt.

HARTMANN hat zur Klärung der Verhältnisse gleichzeitig mit den Seitwärtsbewegungen auch die *Aufwärtsbewegungen* der schwingenden Stimmlippen nach der „Schattenschriftmethode" registriert. Dabei ergab sich, daß am menschlichen Kehlkopfpräparat die Amplitude der Aufwärtsschwingungen der Stimmlippen etwa ebenso groß war wie die der Seitwärtsschwingungen.

Einen weiteren Beitrag zu der Frage lieferte endlich E. MÜLLER (*1*) durch Untersuchung eines Kehlkopfmodells, bei dem die Stimmbänder durch zwei M. gastrocnemii eines Frosches gebildet wurden, wie es im Prinzip schon von EWALD (*2*) und von NAGEL benutzt war. Die gesonderte Aufzeichnung der waagerechten und der senkrechten Komponente der Schwingungen mit „Schattenschrift" ergab z. B., daß steigender Anblasedruck vor allem die Amplitude der senkrechten Komponente steigerte. Die Darstellung des Weges, den die Ränder dieser künstlichen Lippen beim Schwingen beschreiben, in einem Diagramm zeigte, daß sie in einer mehr oder weniger schmalen, steil gestellten Ellipse schwangen, ähnlich wie es in Abb. 13, S. 176 angedeutet war. Bei Erhöhung der „inneren Spannung" der Lippen durch Reizung der Muskeln ging die Ellipse in eine schräg gestellte Gerade über.

Neuerdings konnten die Bewegungsvorgänge an den Stimmlippen während der Öffnungs- und Schließungsphase der Stimmritze auch am lebenden Menschen bei der Phonation kinematographisch mit bis zu 4000 Bildern pro Sekunde genauer untersucht und die alten Beobachtungen sowie die Ergebnisse der Modellversuche im wesentlichen bestätigt werden [High-Speed-Camera der Bell Tel. Co., „Strobocinema" (I. KIRIKAE 1943) s. LUCHSINGER (*9*)].

3. Die Frage der Rückwirkung der Schwingungen im Ansatzrohr auf die Stimmlippenschwingungen.

Eine weitere, öfter diskutierte Frage wurde durch die Untersuchungen von W. TRENDELENBURG und WULLSTEIN ebenfalls zu einem Teil beantwortet. Es ließ sich am Kehlkopfpräparat trotz der sehr empfindlichen Methoden keinerlei Einfluß der Luftschwingungen im Ansatzrohr auf die Schwingungen der Stimmlippen feststellen. Diese stimmen nur in der Grundperiode mit den Luftraumschwingungen überein. Sie bleiben aber unverändert und nahezu sinusförmig, auch wenn die Luftraumschwingungen mit hohen und starken *Partialschwingungen* durch mundhöhlenähnliche Ansatzräume in weiten Grenzen variiert werden. Der Mechanismus der Stimmbandschwingungen verhält sich also, wie TRENDELENBURG hervorhebt, auch in dieser Beziehung ähnlich wie der des Streichinstrumentes. Das System Stimmlippe und Anblaseluftstrom ist ebenso ungedämpft wie das System Saite und Bogenzug. Ebensowenig wie die Schwingungen des Klangkörpers der Geige die Saitenschwingungen beeinflussen, beeinflussen die Schwingungen des Luftstroms die Schwingungen der Stimmlippen, jedenfalls unter normalen Verhältnissen bei der Bruststimme.

Es fragt sich weiter, ob die Frequenz der *Grundschwingungen* der Stimmlippen durch das Ansatzrohr beeinflußt werden kann. Diese Frage lag nahe, da bei Pfeifen mit durchschlagenden Zungen die Frequenz der Grundschwingung der Zunge sich in der Tat ändert, wenn bei Veränderung der Eigenfrequenz des Ansatzrohres diese in die Nähe der Frequenz der freischwingenden Zunge rückt. Bei metallischen Zungen mit geringer Dämpfung ist dieser Einfluß gering. Je größer aber die Dämpfung der Zunge gegenüber der des angekoppelten Resonators wird, um so größer ist seine Rückwirkung auf die Schwingungen der Zunge (M. Wien, Vogel). Im Kehlkopf mit seinen im wesentlichen quer zur Windrichtung schwingenden Stimmbändern und dem stärker gedämpften Luftraum seines Ansatzrohres ist ein solcher Einfluß von vornherein wenig wahrscheinlich. Nur wenn das Ansatzrohr durch wenig gedämpfte Röhren ersetzt oder verlängert wird, macht sich eine Rückwirkung, die der von Wien und Vogel an Zungenpfeifen untersuchten entspricht, bemerkbar.

So hatte D. Weiss (2) gefunden, daß beim Hineinsingen in Glasrohre, die man im Mund hält, Störungen des Luftklanges auftreten, die er in Beziehung zu den Registerbruchstellen beim gewöhnlichen Singen setzen wollte. Die Tatsache wurde von Kågén und W. Trendelenburg und W. Trendelenburg (6) im wesentlichen bestätigt. Die Störungen bestehen, wie die Registrierung des Luftklanges mit dem Kondensatormikrophon zeigte, in vorübergehender Aufhebung der gleichmäßigen Periodenbildung, und zwar dann, wenn die gesungene Tonhöhe der Grundschwingung oder einer Oberschwingung des Rohrsystems entspricht. Auch eine Änderung der Frequenz ist beim Singen durch ein künstliches Ansatzrohr deutlich nachweisbar. Sie beträgt beim Durchlaufen der Resonanz etwa einen Halbton der temperierten Skala. Dabei greift die Rückwirkung des künstlichen Ansatzrohres vermutlich nicht an der kleinen Stimmlippenfläche, sondern an der *Luft des Windrohres* an [Trendelenburg (6)].

An einem Kehlkopfmodell, dessen Stimmlippen aus den beiden Mm. gastrocnemii eines Frosches gebildet waren, hat E. Müller (2) diese Frage weiter zu klären versucht. Nach diesen Versuchen würde in der Tat auch das *Windrohr* für das Auftreten der Störung durch Resonanz eine Rolle spielen, und zwar wäre — im Modell — die *Gesamtluftsäule* in Luftrohr *und* Windrohr maßgebend. Die Störung tritt dann ein, wenn an den Stimmlippen der Druckbauch einer stehenden Welle in dieser Luftsäule entsteht, der den normalen Schwingungsvorgang der Lippen beeinflußt oder sogar verhindern kann.

Solche unter experimentellen Bedingungen möglichen Störungen haben jedoch, wie weitere Untersuchungen von W. Trendelenburg (7) zeigten, *nichts mit den natürlichen Registerbruchstellen zu tun* und sind überdies bei der Dämpfung des natürlichen Ansatz- und Windrohres so gering, daß sie beim Gesang eine ganz untergeordnete Rolle spielen. Die Frage selbst wurde auf 2 Wegen angegangen. In einer 1. Versuchsreihe wurde die Einstellung des Kehlkopfs festgehalten, während das Ansatzrohr in seiner Eigenfrequenz verändert wurde, z. B. durch Übergang der Mundstellung vom Vokal u zum Vokal a, entsprechend dem Übergang von einem längeren zu einem kürzeren Rohr in den früheren Versuchen. In einer 2. Versuchsreihe wurde umgekehrt bei möglichst konstant gehaltener Vokalstellung der Mundhöhle eine Gleittonreihe „sirenenmäßig" über den ganzen Stimmumfang gesungen. In beiden Fällen müßten sich Unstetigkeiten in der registrierten und ausgemessenen Klangkurve ergeben, wenn eine Beeinflussung der Stimmbandschwingungen durch Resonanz eintritt. Solche Störungen durch Koppelungswirkungen waren jedoch in keinem Fall nachzuweisen.

Dagegen traten bei diesen Versuchen, für die absichtlich Personen mit ungeschulten Stimmen gewählt wurden, Frequenzstörungen beim Übergang vom Mittel- zum Kopfregister sehr deutlich hervor. Diese konnten aber mit der Koppelungswirkung nichts zu tun haben, weil ihre Lage von der Form des Ansatzrohres (d. h. von der Art des gesungenen Vokals) unabhängig war. Registerbruchstellen beruhen vielmehr, wie Trendelenburg schließt, „auf Schwierigkeiten bei dem an den Registergrenzen notwendigen inneren Umbau der Massen- und Spannungsverhältnisse im Kehlkopf". Dieser führt zu einer ganz andersartigen Schwingungsweise der Stimmbänder bei der Kopf- bzw. Falsettstimme, wobei jedoch der Übergang von geschulten Sängern durch besondere Hilfen mehr oder weniger verdeckt und unmerklich gemacht werden kann (s. S. 256).

β) Die Schwingungen der Stimmlippen bei der Kopfstimme.

Die bisherigen Betrachtungen über die Schwingungsweise der Stimmbänder gelten zunächst nur für die sog. Bruststimme. Von den zahlreichen älteren Arbeiten, die sich mit der Frage der Stimmlippenschwingungen bei der Kopfstimme[1] befassen (s. O. WEISS (10)] seien nur die stroboskopischen Beobachtungen von RETHI (1) und von MUSEHOLD (1, 2) erwähnt. In Abb. 26, S. 202 ist bereits eines der Bilder von MUSEHOLD wiedergegeben, aus denen hervorgeht, daß die Stimmlippen bei den höheren Tönen der Kopfstimme sich beim Schwingen nicht mehr berühren, sondern einen mehr oder weniger breiten Spalt dauernd offen lassen. Mit zunehmender Tonhöhe wird die Verschlußphase, die bei tiefen Tönen der Bruststimme länger ist als die Öffnungsphase, immer kürzer. Ferner wird im Mittelregister der schwingende Anteil der Stimmlippen verkürzt, indem der hintere Teil der Stimmritze geschlossen bleibt (s. Abb. 27, S. 203). Bei der Kopfstimme weichen die Stimmlippen dagegen wieder weiter auseinander, besonders in der Mitte, so daß eine „spindelförmige" Stimmritze zustande kommt. Dabei schwingen nach allgemeiner Auffassung nur die Ränder der Stimmbänder. Dieses haben bereits LEHFELDT und JOH. MÜLLER (1835) beobachtet, wenn in ihren Versuchen an Kehlköpfen von menschlichen Leichen durch starkes Spannen der Stimmlippen der zunächst erzeugte, der Bruststimme ähnliche Klang in einen der Falsettstimme ähnlichen überging.

MUSEHOLD (2) hat auch bereits bei der stroboskopischen Untersuchung an Lebenden ein stärkeres Schwingen der *Ränder der Stimmlippen* bei der Kopfstimme gesehen. RETHI (1) zog an toten Kehlköpfen Nadeln oder Fäden, parallel zur Stimmritze, durch die Stimmlippen an der Stelle, wo der stärker schwingende mediale Rand an die relativ ruhenden lateralen Teile grenzte, und konnte auf diese Weise am angeblasenen Kehlkopf durch Spannung der Fäden das Umschlagen der „Bruststimme" in das „Falsett" bewirken. Eine dem Rand der Stimmbänder parallele „Knotenlinie", wie sie OERTEL stroboskopisch an den Stimmlippen gesehen haben wollte, ist, wie schon RETHI nachwies, bei den Schwingungen im Falsett nicht vorhanden. Sie scheinen jedoch auch eine horizontale und eine vertikale Komponente zu besitzen. Diese Beobachtungen wurden durch die moderne Strobo- und Hochfrequenzkinematographie am Menschen während der Phonation bestätigt. Es zeigt sich eindeutig, daß bei der Kopfstimme die Stimmritze in allen Phasen der Stimmlippenschwingungen normalerweise offen bleibt, ferner daß dabei nur die Ränder der Stimmlippen schwingen, während ihre Hauptmasse in Ruhe bleibt [s. LUCHSINGER (9)].

Wie diese Schwingungen zustande kommen, ist nicht mit der gleichen Sicherheit zu sagen, wie bei den Stimmbandschwingungen bei der Bruststimme. Der Mechanismus könnte grundsätzlich der gleiche sein. Obwohl kein völliger Schluß der Stimmritze eintritt, kann eine Selbsterregung durch den Druck des Luftstromes gegen die Stimmlippen in der gleichen Weise erfolgen, wie im Brustregister. Die Bedingungen sind jedoch an engere Druck- und Geschwindigkeitsgrenzen gebunden, als bei der Bruststimme. Der Falsetton läßt sich nur bis zu einem gewissen Grade verstärken. Beim Versuch einen „Schwellton" im Falsett zu singen, führt der verstärkte Anblasedruck zunächst zu einem stärkeren

---

[1] Über die Begriffsbestimmung der Register s. unten S. 254 ff. Hier wird zunächst nur allgemein zwischen „Bruststimme" (Voix de poitrine) und „Kopfstimme" (Voix de fausset) unterschieden, zwischen denen die „Mittelstimme" (Voix mixte) liegen kann.

Schwingen der freien Ränder der Stimmbänder als im Piano, aber gleichzeitig werden die Stimmbänder weiter auseinander gedrängt, die Stimmritze bleibt in der Schließungsphase immer weiter offen (s. Abb. 33), der Ton wird stumpf und versagt schließlich [HUSSON (2)].

Beim Übergang von einem Ton der Bruststimme bzw. Mittelstimme zu dem gleichen Ton der Kopfstimme findet im ganzen gesehen, trotz einer gewissen Verkleinerung des Abstandes zwischen Ringknorpelbogen und unterem Schildknorpelrand (s. S. 174), eine *Entspannung* der Stimmbänder statt, wobei jedoch die Spannung in verschiedenem Abstand vom Stimmlippenrand und in verschiedenen Schichten verschieden sein müßte. So könnte bei überwiegender

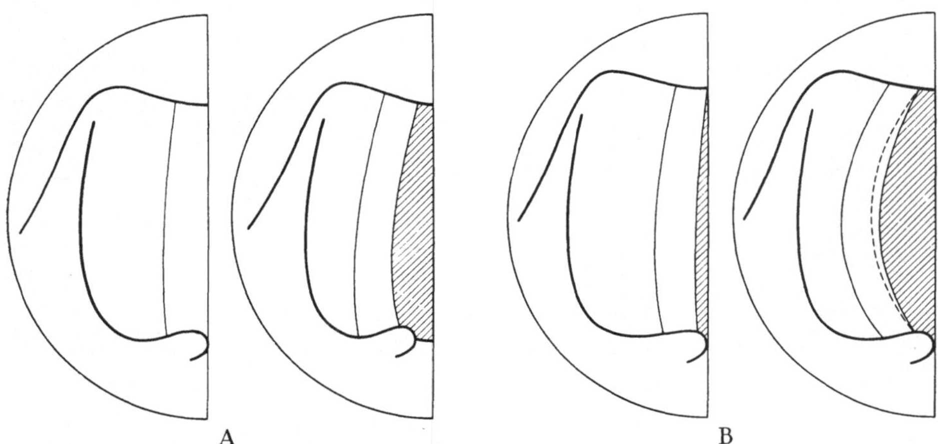

A   B

Abb. 32. Verhalten der Stimmbänder beim Singen eines „offenen" E (franz. è) auf den gleichen Ton in Bruststimme (A) und Falsett (B). Bariton, f, 174 Hz. Schematische Zeichnungen nach stroboskopischen Beobachtungen. Links jeweils Phase der Schließung, rechts die der maximalen Öffnung. A Bruststimme: Die Stimmbänder schwingen etwa 2 mm nach jeder Seite und schließen fest in ihrer ganzen Länge. Die Gegend der Stellknorpel schwingt besonders stark. B Falsett: Die maximale Öffnungsamplitude ist größer als bei der Bruststimme (etwa 3 mm nach jeder Seite). Die Stellknorpelgegend schwingt jedoch nicht wesentlich mit. In der Schließungsphase bleibt die Stimmritze als Spalt von etwa 1 mm Weite offen. [Nach HUSSON (2).]

Entspannung der Ränder die schwingende Masse verkleinert und die Wirkung der Entspannung kompensiert oder überkompensiert werden. Die Voraussetzungen für einen solchen Mechanismus würden durch die komplizierte Anordnung der Muskelbündel des M. thyreoarytaenoideus, die oben (S. 175) besprochen wurde, gegeben sein.

W. TRENDELENBURG (2) gibt in diesem Zusammenhang einer schon von RETHI (1) beschriebenen Beobachtung eine bemerkenswerte Deutung. RETHI sah bei der Falsettstimme, bei der nur die schmale Randzone der verdünnten Stimmlippen schwingt, „daß jede Schwingung des eigentlichsten freien Randes sich als allmählich abklingende Welle über die Oberfläche eine kurze Strecke [nach außen hin] fortsetzt". TRENDELENBURG setzt dieses Verhalten in Parallele zu den Verhältnissen bei der gestrichenen Saite. Bei dieser schwingen ebenfalls die einzelnen Saitenpunkte (vergleichbar der Breitenerstreckung des Stimmbandes) nicht in gleicher Phase, sondern der Ort maximaler Amplitude (am Stimmband die Linie der höchsten Aufwärtsbewegung) läuft mit großer Geschwindigkeit von der Strichstelle fort. Bei der Falsettstimme wäre danach der primäre Angriffsort des Luftstromes — der Strichstelle bei der Saite vergleichbar — der innere dünne Stimmlippenrand. Von hier aus sähe man unter den von RETHI beschriebenen Bedingungen die maximale Exkursion wie bei der Saite wellenartig nach außen fortschreiten. Ganz ähnliche Beobachtungen beschreibt nach LUCHSINGER (9) neuerdings KIRIKAE (1943) bei Untersuchung der Vorgänge mittels eines „Strobocinemas".

Wird die Tonhöhe weiter gesteigert, so nimmt die Spannung der Stimmbänder auch im Falsett wieder zu, die Stellknorpel werden einander genähert, so daß die Stimmritze im hinteren Abschnitt geschlossen erscheint und schließlich wieder (wie bei den höchsten Tönen der Brust- bzw. Mittelstimme) nur die vordersten zwei Drittel der Stimmbänder schwingen. Gleichzeitig kommt es offenbar durch die hohe Spannung der Stimmlippen wieder zu einem völligen Verschluß der Stimmritze beim Zusammenschwingen der Stimmbänder, die nur noch mit sehr kleiner Amplitude von $^1/_4$ mm schwingen.

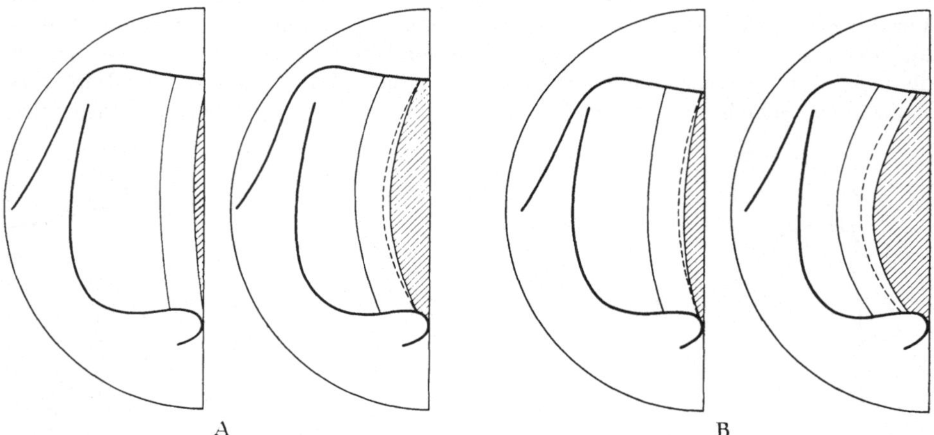

Abb. 33. Bilder der Stimmbänder beim Versuch, einen Ton im Falsett anschwellen zu lassen. Bariton, fis¹, 363 Hz. A leise, B möglichst laut gesungen, sonst wie Abb. 32. A Die Stimmritze zeigt ein ähnliches Bild wie in Abb. 32 B. B Die Schwingungsamplitude nimmt zu. Der schwingende Rand der Stimmbänder wird breiter. In der Schwingungsphase bleibt jedoch die Stimmritze weiter geöffnet als bei leise gesungenem Ton. Schließlich setzen beim Versuch, die Stimmstärke weiter zu steigern, die Schwingungen aus. [Nach HUSSON (2).]

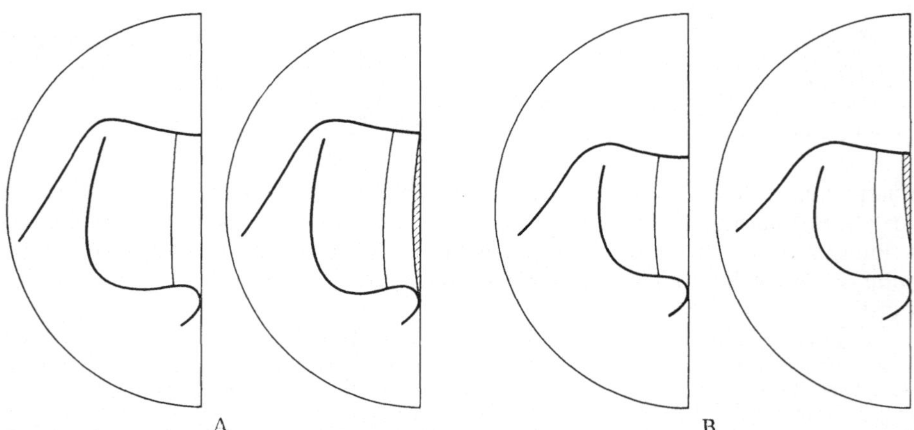

Abb. 34. Die Schwingungen der Stimmbänder bei hohen und höchsten Falsettönen. — Bariton, c² (522 Hz) bei A und g² (784 Hz) bei B, sonst wie Abb. 32. Die Amplitude der Schwingungen ist sehr klein, die Stimmbänder berühren sich in der Schließungsphase wieder vollständig. Bei dem höchsten erreichbaren Ton (B) bleibt das hintere Drittel der Stimmritze geschlossen, nur die vorderen zwei Drittel der Stimmbänder scheinen zu schwingen. [Nach HUSSON (2).]

Eine Vorstellung von dem Verhalten der Stimmbänder unter diesen verschiedenen Verhältnissen geben die Abbildungen 32—34 nach HUSSON (2). Sie wurden von ihm schematisch nach stroboskopischen Beobachtungen an einem Sänger gezeichnet, während der Vokal „E" in verschiedener Höhe und verschiedenen Registern gesungen wurde. In allen Bildern ist links die Phase der Schließung, rechts die der maximalen Öffnung dargestellt. Abb. 32 stellt die Verhältnisse für den mit *Bruststimme* gesungenen Ton f (174 Hz), daneben für den gleichen mit *Kopfstimme* gesungenen Ton dar. Abb. 33 zeigt die Veränderungen, die die Stimmbandschwingungen erfahren, wenn der Sänger einen mit Kopfstimme gesungenen Ton *anschwellen* zu lassen versucht. Abb. 34 veranschaulicht endlich die Verhältnisse bei immer weiterer *Steigerung der Tonhöhe* in der Kopfstimme. Man sieht, daß bei c^2(522 Hz) die Stimmritze in der Schließungsphase wieder völlig geschlossen scheint, und wie sich bei dem höchsten erreichten Ton g^2 (784 Hz) überhaupt nur noch ein schmaler Spalt in den vorderen zwei Dritteln der Stimmritze öffnet.

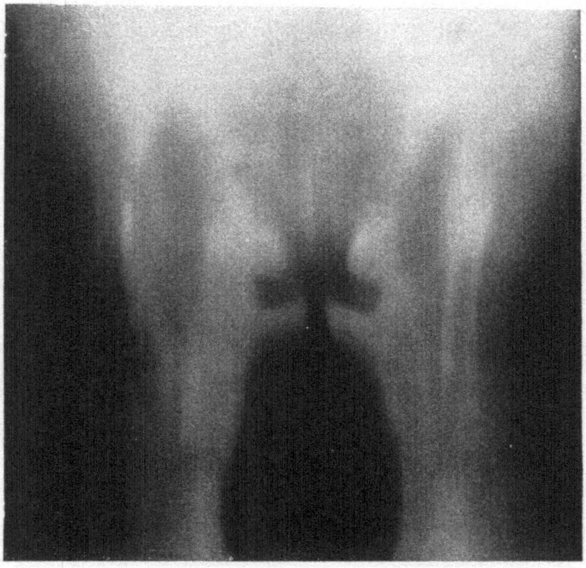

LUCHSINGER (7) hat die Veränderungen im Kehlkopf beim Übergang vom „Vollton der Kopfstimme" (wie er die höhere Lage des Mittelregisters oder der Voix mixte bezeichnet) zum Falsett (d. h. zur eigentlichen Kopfstimme) auch röntgenologisch mit der „*Tomographie*" untersucht. Mit Hilfe des tomographischen Verfahrens lassen sich wichtige Einzelheiten über das Verhalten der Stimmlippen und auch über Veränderungen an den Taschenfalten und den Ventrikeln des Kehlkopfs feststellen. Ein Beispiel für eine solche Aufnahme zeigt Abb. 35 von einem Tenor, der im Falsett den Ton g^1 singt. Man sieht die geöffnet bleibende Stimmritze, die in die Höhe gebogenen, etwas verwaschenen Ränder der Stimmlippen als Ausdruck einer vertikalen Komponente, gerade auch bei den Schwingungen im Falsett, und die relativ weiten Ventriculi Morgagni. Abb. 36 zeigt in der Nachzeichnung ein Beispiel für die Unterschiede in der Konfiguration des Kehlkopfes beim Übergang vom Mittelregister zur Kopfstimme, oder wie LUCHSINGER sich ausdrückt vom „Vollton der Kopfstimme" zum Falsett. Es kommt in allen Fällen eine Erweiterung des Ventrikelraumes im Falsett deutlich zum Ausdruck.

Abb. 35. Röntgenbild (Tomogramm) des Kehlkopfes während des Singens eines Falsettones. — Tenor, (g^1 387,5 Hz). Die Stimmritze bleibt während der Stimmlippenschwingungen offen. Die Stimmlippenränder sind kranialwärts gekrümmt und lassen eine deutlich vertikale Schwingungskomponente erkennen. Darüber nach links und rechts symmetrisch ausgebuchtet die Ventriculi laryngis. [Nach LUCHSINGER (7).]

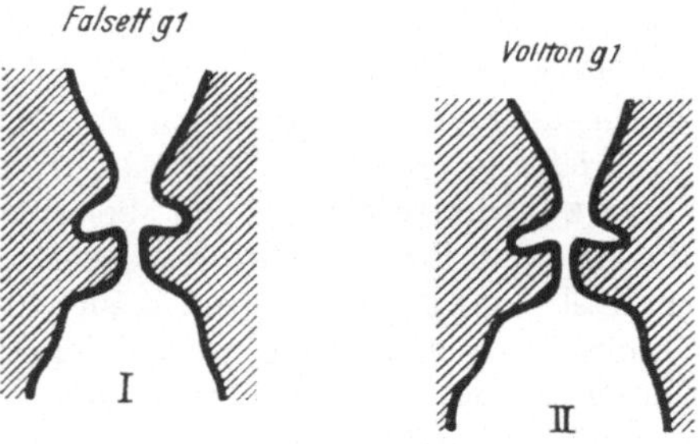

Abb. 36. Nachzeichnungen von Tomogrammen des Kehlkopfes beim Singen des gleichen Tones g^1 (387,5 Hz) im Falsett (I) und im „Vollton der Kopfstimme", d. h. im Mittelregister (II). Man sieht, daß beim Falsetton die Ventrikel des Kehlkopfes entfaltet und die darüberliegenden Taschenfalten gegenüber dem Vollton zurückgewichen sind. [Nach LUCHSINGER (7).]

Im übrigen bestätigen auch die stroboskopischen Untersuchungen von LUCHSINGER, daß im Falsett bei deutlicher Entspannung, die auch der Sänger fühlt, nur die Ränder der Stimmlippen schwingen und die Glottis in jeder Schwingungsphase offen bleibt. Seine Beobachtungen über das Weiterwerden der Ventrikel und des „Stimmkanals" im Falsett lassen ihn eine Möglichkeit für den Mechanismus der Stimmbandschwingungen im Falsett wieder aufgreifen, die schon NAGEL in Erwägung gezogen hatte. Danach könnte der Kehlkopf im Falsett als *Lippenpfeife* angeblasen werden und die verdünnten gespannten Stimmlippenränder würden gewissermaßen passiv zum Mitschwingen kommen. HUSSON, der die Frage ebenfalls mit tomographischen Röntgenaufnahmen untersucht hat (HUSSON und DIJIAN), kommt zu dem Schluß, daß Form und Größe der Ventrikel anscheinend keine Rolle für das Halten einer bestimmten Tonhöhe spielen.

Die Frage, ob „Lippen-" oder „Zungenpfeife" im Falsett, darf vielleicht nicht in dieser scharfen alternativen Form gestellt werden. Die relativ entspannten und nur mit ihren Rändern schwingenden Stimmbänder werden einer Einwirkung von Luftraumschwingungen in höherem Maße unterliegen, als die im ganzen schwingenden Stimmlippen im Brustregister. Bei dieser „Koppelung" könnte man wohl nicht von einem „Entweder-oder", sondern nur von einem *Überwiegen* des einen oder anderen Systembestandteils sprechen. Daß die Schwingungen des Systems im Falsett labiler und vom Druck und von der Geschwindigkeit des Luftstromes in höherem Maße abhängig sind, als in der Bruststimme, zeigt die schon erwähnte Tatsache, daß sie nur im Bereich eines bestimmten Anblasedruckes bestehen können.

γ) Die Stimmlippenschwingungen im „Pfeifregister".

Daß der Kehlkopf unter besonderen Bedingungen Töne nach Art der „Spalttöne", wie sie der Physiker nennt (KRÜGER, s. auch unten S. 249) hervorbringen kann, steht außer Zweifel. Es gibt ein *„laryngeales Pfeifen"*, das von SCHULTZ an einem seiner Mitarbeiter genau untersucht wurde, der bei sonst völlig normaler Stimmklangbildung seinen Kehlkopf als Stimmpfeife benutzen konnte. Dabei konnten stroboskopisch im ganzen Bereich der Pfeiftöne von g^2 (775 Hz) bis f^4 (2760 Hz), während die Taschenbänder sich den Stimmbändern auflegten, keinerlei Schwingungen der Stimmbänder festgestellt werden. Es handelte sich also tatsächlich um Spalttöne.

Dieser Mechanismus scheint jedoch, wenigstens in dieser ausgesprochenen Form, auch bei den höchsten Tönen, die der Singstimme möglich sind, im sog. Pfeifregister (voix de sifflet), trotz dieser Bezeichnung *nicht* vorzuliegen. GARDE (2) hatte Gelegenheit, bei einer Sängerin, die das c^4 (2069 Hz) und sogar das d^4 (2326 Hz erreichte, was sehr selten vorkommt (s. S. 251), die Verhältnisse im Kehlkopf genauer zu untersuchen. Er konnte die Stimmbänder bei stroboskopischer Betrachtung wegen der Unzulänglichkeit der gewöhnlichen Stroboskopie in diesen hohen Frequenzbereichen nur kurze Augenblicke beim Singen der Töne f^3 (1381 Hz) und g^3 (1550 Hz) schwingen sehen, schließt aber wohl mit Recht, daß sie bei den noch höheren Tönen ebenfalls schwingen, so daß man nach GARDE (2) nicht von einem Pfeifregister, sondern von dem „kleinen Register" („petit registre") sprechen sollte. Die Frage, inwiefern „Spalttöne" bei diesen Schwingungsvorgängen mitwirken, muß aber wohl trotzdem offen bleiben, bis Stimmbandschwingungen und Luftklang in ihren Einzelheiten aufgezeichnet sind, was bei den heutigen technischen Mitteln durchaus möglich erscheint.

c) Nerveneinflüsse und Stimmbandschwingungen. Elektrophysiologische Untersuchungen.

Nach unseren heutigen Kenntnissen von der Bedeutung des propriozeptiven Apparates für die reflektorische Regelung der Muskelspannung erhebt sich die

Frage, inwieweit solche Einflüsse, vielleicht auch Nervenimpulse aus höheren Zentren, eine direkte Wirkung auf die Stimmbandschwingungen haben können. Die Frage ist besonders durch eine „neuromuskuläre Theorie" der Stimmband-schwingungen gestellt, die von R. Husson in zahlreichen Arbeiten entwickelt ist [s. besonders Husson 2 und 5]. Sie erfordert aber auch unabhängig von dieser zweifelhaften Hypothese besondere Beachtung und Prüfung.

Husson glaubt, daß die „klassische myoelastische Theorie" der Entstehung der Stimmbandschwingungen verschiedene Tatsachen oder Beobachtungen nicht verständlich machen kann, z. B. die Tatsache, daß im Falsett, trotz geringerer Spannung der Stimmbänder, ein Ton der gleichen Höhe hervorgebracht werden kann, wie im Brustregister bei stärkerer Spannung, oder die Beobachtung, daß in pathologischen Fällen bei einer Hypotonie der Stimmbänder trotz ihrer Ent-spannung die Tongrenzen der Stimme im allgemeinen nicht verändert sind, und daß bei einer einseitigen Hypotonie das anscheinend schlaffere Stimmband mit der gleichen Frequenz, aber mit größerer Amplitude schwingt. Ein weiteres Argument lieferten schon oben (S. 190) besprochene Beobachtungen, nach denen Schallreize Veränderungen der Stimmbandschwingungen — auch unilateral — bewirken sollen. Diese und eine Reihe anderer Schwierigkeiten, die Husson sieht, führen ihn zu der Auffassung, daß die Schwingungen der Stimmbänder nicht aus den physikalischen Daten (Länge, Spannung, Masse und Anblasedruck) verstanden werden können. Entscheidend wäre vielmehr die Frequenz der Nervenimpulse, die dem M. thyreoarytaenoideus vom Zentralnervensystem zu-geführt wird und die ihn im Rhythmus dieser Schwingungen „coup par coup" sich kontrahieren läßt.

Da die Refraktärzeit der Nervenfaser 2 msec beträgt, kann jedoch die Frequenz der Impulse in einem Nerven offenbar höchstens etwa 500 Hz erreichen. So könnten nur bis zu dieser Frequenz alle Muskelfasern der Stimmbänder gleichzeitig in der „erregenden" Frequenz schwingen. Bei höheren Frequenzen würden, wie sich Husson vorstellt, die Fre-quenz der Nervenimpulse und dementsprechend die Frequenz der „Fibrillationen" der einzelnen Muskelfasern nur $^1/_2$, $^1/_3$ usw. der Frequenz der Stimmbandschwingungen betragen. Trotzdem würde die Gesamtheit der Fasern ein Bild der ursprünglichen Frequenz geben, da durch Interferenz der Aktionen der einzelnen Muskelfasern wieder die doppelte, drei-fache usw. Frequenz des einzelnen Elementes zustande käme, ähnlich wie nach Stevens und Davis der N. cochlearis in seinem Gesamtaktionsstrombild bei Reizung des Hörorgans durch Töne hoher Frequenz bis zu Frequenzen von mehreren 1000 Hz der Frequenz folgt, während die einzelne Nervenfaser nur Impulse bis 500 Hz oder höchstens 800 Hz zu über-mitteln imstande ist. Dieser Übergang von der Innervation *jeder* Muskelfaser durch Nerven-erregungen, deren Frequenzen der Schwingungszahl der Stimmbänder und des erzeugten Tones entsprechen (bis etwa 500 Hz), zu dem Zustand, in dem nur die *Hälfte* (bis 1000 Hz) oder nur ein *Drittel* (über 1000 Hz) der Muskelfasern mit $^1/_2$ oder $^1/_3$ der Schwingungsfrequenz innerviert wird, wird von Husson mit den *Registerbruchstellen* in Zusammenhang gebracht.

Für eine Beurteilung dieser Hypothese, die sehr anspruchsvoll mit allem, was man bisher über den Mechanismus der Stimmbandschwingungen weiß und erarbeitet hat, brechen will [Husson (5)], wäre vor allem die Klärung dreier Fragen notwendig:

1. Sind bei der Phonation Nervenimpulse in den Kehlkopfnerven nachzu-weisen, deren Frequenz mit der der Stimmbandschwingungen übereinstimmt?

2. Wenn dies der Fall ist, haben diese Impulse, wie es die Hypothese voraus-setzt, wirklich zentralen Ursprung, und liegen

3. die Voraussetzungen vor, daß die Muskulatur der Stimmlippen im Frequenz-bereich der Stimme „coup par coup", d. h. auf jeden Nervenimpuls mit einer Kontraktion antworten kann?

Die *erste* Frage ist zu bejahen. Es sind tatsächlich von Lindemann in Ver-suchen am Hund *Aktionsströme im N. laryngicus caudalis* nachgewiesen, deren Frequenz (380—1800 Hz) der Frequenz der Töne entsprach, die das aus der

Narkose erwachende Tier beim Bellen und Miefen produzierte[1]. Wenn der Nerv durchschnitten wurde, waren die Impulse auch weiterhin vom zentralen Nervenende abzuleiten. Sie sind jedoch nach LINDEMANN nicht zentralen Ursprungs, denn sie sollen nach Durchschneidung des N. laryngicus *cranialis* auf der Seite der Durchschneidung verschwinden. Er kommt zu der Auffassung, daß es sich bei der Entstehung der Nervenimpulse in der Frequenz der Stimmbandschwingungen um einen propriozeptiven Reflexmechanismus handelt. Die *zweite* Frage wäre hiernach zunächst zu verneinen. Weitere elektrophysiologische Untersuchungen über Nervenimpulse bei der Phonation wären jedoch dringend erwünscht.

Auch die *dritte* Frage ist trotz der oben (S. 184) erwähnten Ergebnisse von LAGET, der mit HUSSON bei Reizung des N. recurrens beim Hund bis zu Frequenzen von über 200 Hz stroboskopisch „Fibrillationen" der Stimmbänder in der Reizfrequenz beobachten konnte, nicht etwa positiv zu beantworten. In der Nähe der Verschmelzungsfrequenz der Einzelkontraktion eines Muskels zum Tetanus wird die Amplitude des diskontinuierlichen mechanischen Vorganges mit zunehmender Frequenz schnell äußerst klein. Ein „Muskelton" als Ausdruck mechanischer Schwingungen ist bekanntlich an den Skeletmuskeln unter natürlichen Bedingungen schon im Frequenzbereich von 50 bis etwa 120 Hz nur mit empfindlichen Mikrophonen und Verstärkern wahrzunehmen. Am Froschmuskel hat NICOLAI (2) bei einer Reizfrequenz von 60 Hz (mit Hilfe des Phänomens der Lichtbeugung durch die Querstreifung des Muskels) eine Schwingungsamplitude der Querstreifung von der Größenordnung 10^{-5} cm festgestellt. Die Tatsache, daß die Verschmelzungsfrequenz für einen vollkommenen Tetanus bei den Kehlkopfmuskeln anscheinend höher liegt als bei den meisten Skeletmuskeln (ähnlich wie nach COOPER und ECCLES bei den Augenmuskeln), zeigt zunächst nur, daß die Kehlkopfmuskeln zu den besonders „flinken" Muskeln gehören. Sie berechtigt aber nicht zu der Annahme, daß die einzelnen Muskelfasern bis zu Frequenzen von mehreren 100 Hz von entsprechend frequenten Nervenimpulsen „coup par coup" und synchron zu einzelnen Kontraktionen veranlaßt werden, die mit ihrer Frequenz die Frequenz eines gesungenen Tones bestimmen können.

Dagegen spricht auch das Verhalten der *Aktionsströme in den Kehlkopfmuskeln* selbst. AMERSBACH leitete beim Hund mit Nadelelektroden aus den Stimmbandmuskeln zu einem Saitengalvanometer ab und schloß aus seinen Versuchen, daß die Frequenz der spontan auftretenden Aktionsströme wie bei anderen Muskeln etwa 50 Hz beträgt. Mit Verstärker und Oscillograph registrierte KATSUKI (2) die Aktionsströme des M. cricothyreoideus beim *Menschen*, teils mit eingestochenen konzentrischen Nadelelektroden, mit denen einzelne Muskelfasern erfaßt werden, teils mit einer auf die Haut über dem Muskel aufgesetzten kleinen Silberelektrode. Gleichzeitig wurden die Luftraumschwingungen beim Singen verschieden hoher Töne aufgezeichnet. Im ersten Fall (Nadelelektroden) sieht man beim Manne bei den *tiefsten* Tönen *keine* Aktionspotentiale. Erst bei etwas höheren Tönen (d = 146 Hz) — offenbar dann, wenn die Mitwirkung des M. cricothyreoideus für die Spannung der Stimmlippen notwendig wird —, treten Einzelfaserpotentiale mit einer Frequenz von zunächst nur 2—3/sec auf. Die Zahl der Impulse je Sekunde nimmt mit Zunahme der Tonhöhe zu und

---

[1] Nach einer persönlichen Mitteilung haben A. MOULONGUET und P. LAGET kürzlich auch am Menschen gelegentlich einer Laryngektomie gleichzeitig mit der Aufzeichnung der Schallschwingungen bei der Phonation typische Aktionsströme vom N. recurrens registrieren können, deren Frequenz mit der der Schallschwingungen weitgehend übereinstimmte.

erreicht bei den höchsten Tönen im Falsett, unter Hinzutreten weiterer motorischer Einheiten 20—40/sec. Abb. 37 zeigt die nach der zweiten Methode (Silberplättchenelektrode) abgeleiteten Aktionsströme des M. cricothyreoideus. Ihre Gesamtfrequenz beträgt wie bei einem anderen Skeletmuskel 50—120/sec. Bemerkenswert ist, daß die Aktionspotentiale im Muskel bereits etwa 0,1 sec früher vorhanden sind als der erste Beginn des Stimmklanges, offenbar als Ausdruck der bereits vorher erfolgenden Einstellung der Spannung („Inneres Singen"). In einem Fall von teilweiser Resektion des Kehlkopfes bei Carcinom konnte KATSUKI Aktionspotentiale mittels Nadelelektroden auch vom *M. vocalis* selbst ableiten. Der Patient konnte zwar die Intensität der Stimme abstufen, aber nicht die Tonhöhe. Bei geringer Lautstärke waren meist keine Aktionspotentiale zu sehen, bei großer Intensität der Stimme dagegen eine ganze Anzahl,

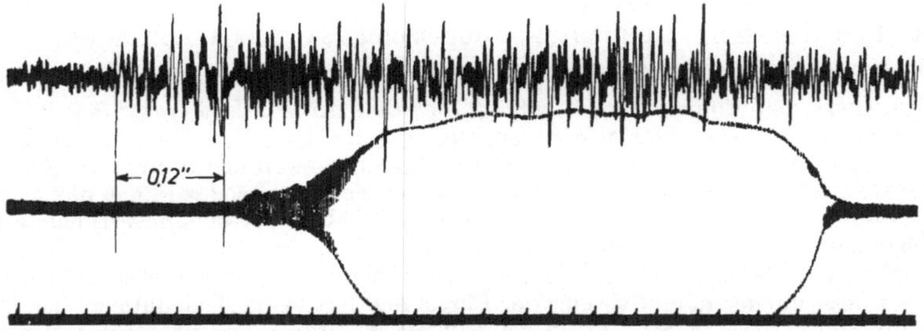

Abb. 37. Aktionsströme des M. cricothyreoideus beim Singen eines relativ hohen Tones von einem erwachsenen Mann. Ableitung mit kleiner Silberplattenelektrode von der Haut. Oben: Aktionsströme. Mitte: Stimmklang, Ton ais¹ (461 Hz). Unten: Zeitmarken: ¹/₃₅ sec. Die Frequenz der Aktionsströme des Gesamtmuskels beträgt 100—120 Hz. Die Aktion beginnt bereits mit fast voller Amplitude 0,12 sec vor Einsetzen der Schallschwingungen („Inneres Singen"). — Die bei der notwendigen Umzeichnung für die Wiedergabe des Umrisses der Stimmklangkurve angewandte Strichelung entspricht nicht etwa der Frequenz des gesungenen Tons. Diese war auch in der Originalreproduktion nur bei den kleinsten Amplituden eben sichtbar angedeutet. [Nach KATSUKI (2).]

die sich von kleinen Potentialschwankungen, die durch die Stimmbandschwingungen verursacht wurden, deutlich abhoben.

So wird die Frequenz der Stimmbandschwingungen nach wie vor durch *mechanische* Momente, von Länge, Spannung, Massenverteilung in den Stimmlippen, von Druck und Geschwindigkeit des Luftstromes, gegebenenfalls von den Verhältnissen in den angrenzenden Lufträumen abhängen. Von der Frequenz der Nervenimpulse und ihrem Einströmen in die verschiedenen Fasergruppen der Muskeln hängt die *Spannung und Spannungsverteilung* im Muskel ab und von dieser die Frequenz der Schwingungen. Die Nervenimpulse bewirken jedoch normalerweise keine Schwingungen der Stimmbänder in ihrer Frequenz, was nur zu Störungen führen müßte. Die Anordnung der Muskelfasern im M. vocalis wäre nach den Untersuchungen von GOERTTLER vielmehr so, daß Schwingungen des gesamten Stimmbandes durch einen unvollkommenen Tetanus der einzelnen Muskelfasern eher vermieden werden (s. Abb. 12). Man wird aber bei der äußerst feinen Regulierung der Spannungsverhältnisse im Kehlkopf die Rolle, die die Innervation spielt, unbedingt berücksichtigen und um ihre Erforschung mehr bemüht sein müssen, als bisher. In dieser Anregung besteht das Verdienst der Hypothese HUSSONs, und deshalb war sie hier trotz der abzulehnenden über das Ziel hinausschießenden Folgerungen eingehender zu besprechen. Auf die Wirkung der Cocainisierung des Kehlkopfinnern, die durch den Mechanismus der eigen- und fremdreflektorischen Beeinflussung der Muskelspannung vom Kehlkopf her verständlich wird, und auf die vielleicht vorhandene reflektorische Beeinflussung der Stimmbandschwingungen vom Gehör wurde schon an anderer Stelle (S. 190) hingewiesen.

Vibrationen führen allgemein über den propriozeptiven Apparat des Muskels zu Nervenimpulsen und Beeinflussung der Muskelspannung. Beim Andrücken der Zehen an einen vibrierenden Stab sind in den Wadenmuskeln Aktionsströme in der Frequenz der Schwingungen (75—150 Hz und mehr) nachzuweisen. Diese sind jedoch bei Personen mit normaler Reflexerregbarkeit in der Vibrationsfrequenz nur vorhanden, wenn *gleichzeitig* die Fußstrecker *willkürlich* innerviert werden (PREISENDÖRFER, sowie HANSEN und HOFFMANN). Ein solcher Mechanismus ist für die von LINDEMANN beschriebenen, der Frequenz des Tones entsprechenden Aktionsströme der Kehlkopfnerven anzunehmen und wird auch von ihm selbst diskutiert. Es wäre durchaus möglich, daß diese „nervöse Rückkoppelung" eine Bedeutung für die Aufrechterhaltung und Stabilisierung der Stimmbandschwingungen hat. Das Problem besitzt eine gewisse Ähnlichkeit mit dem des sehr frequenten Flügelschlages vieler Insekten, das von PRINGLE neuerdings experimentell untersucht wurde.

Die Frequenz des Flügelschlages beträgt bei den großen Dipteren 150—200 Hz, bei den kleinen über 1000 Hz. Der relativ konstante hohe Ton, den ein summendes Insekt erzeugt, ist bekannt. PRINGLE registrierte die Aktionsströme in den indirekten Flugmuskeln und fand Aktionsströme (Spikes) während des ruhigen Schwingens der Flügel nur in größeren Abständen von $^1/_{10}$—$^1/_{20}$ sec. Dazwischen finden sich kleine etwa sinusförmige Potentialschwankungen in der sehr viel höheren Frequenz der Flügelschwingungen. Diese Frequenz (100—200 Hz) ist abhängig von den elastischen Kräften und der Belastung bzw. dem Trägheitsmoment des schwingenden Systems der Flügel und hat keine Beziehung zu der Frequenz der Nervenimpulse, die das System im Schwingen erhalten. Nur im Beginn der Schwingungen ist eine Reihe rascher aufeinanderfolgender Aktionspotentiale zu sehen. Nach dem letzten Impuls schwingen die Flügel noch einige Zehntelsekunden weiter.

Bei diesen Vorgängen beim Insektenflug scheint allerdings kein Reflexmechanismus im gewöhnlichen Sinne vorzuliegen, sondern die Muskelfasern beantworten auf Grund ihrer besonderen Eigenschaften von sich aus jede Dehnung mit einer zeitlich abgestimmten Kontraktion. Einen derartigen Mechanismus in ihrer Muskulatur benötigen die Stimmlippen an sich nicht, da der anblasende Luftstrom die notwendige Energie für das Schwingen liefert. Es wäre aber denkbar, daß auch bei ihnen die willkürlichen Impulse, die vom Zentrum ausgehen, nur die Einstellung oder Umstellung der Stimmlippen bewirken müssen, während alles weitere, d. h. die Aufrechterhaltung der Einstellung, der propriozeptive Apparat besorgt, wie es im Grunde bei den meisten unserer Muskelbewegungen der Fall ist. So erst wird der menschliche Kehlkopf mit seinen Stimmbändern zu einem Instrument, auf dem der Wille frei spielen kann, da die Peripherie wesentliche Regulationen selbst übernimmt.

3. Die Schwingungen im Luftraum und die Rolle des Ansatzrohres.

Die Schwingungen des primären, von den Stimmbändern mit dem trachealen Luftstrom gebildeten Systems führen zu Schwingungen der angrenzenden Lufträume des Stimmapparates und ihrer Wandungen. Die schließlich von der Mundöffnung abgestrahlten Luftschwingungen bilden den *Stimmklang*. Bei seiner Bildung ist demnach eine Reihe von Schwingungsübertragungen beteiligt, die besonders von W. TRENDELENBURG (2) eingehend diskutiert und in zahlreichen Arbeiten auch experimentell untersucht sind.

Es handelt sich dabei um *Resonanzvorgänge* im weitesten Sinne, oder nach den auf S. 26 dieses Buches von RANKE entwickelten Grundsätzen in manchen Fällen besser um „Mitschwingen", denn die Vorgänge sind zum Teil nicht ohne weiteres aus den einfachen Gesetzen der Resonanz abzuleiten. So kann auch die FOURIER-Analyse einer Vokalperiode, obwohl sie selbstverständlich ein an sich „richtiges" Bild der klanglichen Zusammensetzung des Lautes gibt, gewisse Tatsachen nicht wiedergeben. Sie kann z. B. die zeitliche Aufeinanderfolge bestimmter Vorgänge innerhalb der Vokalperiode nicht darstellen, die mit der zeitlichen Aufeinanderfolge der Vorgänge im Kehlkopf, nämlich der Öffnung und Schließung der Stimmritze und ihren unmittelbaren Folgen im Luftraum zusammenhängen [W. TRENDELENBURG (9)]. Sie wird solche Zusammenhänge im Gegenteil verdecken. Auf die nahen Beziehungen der FOURIER-Analyse zur Resonanzvorstellung hat RANKE (in diesem Band S. 74) besonders hingewiesen.

Ähnliche Gedankengänge veranlaßten seinerzeit HERMANN (4), die Zerlegung von Stimmklangkurven nach FOURIER als unzweckmäßig abzulehnen, wenn es sich um die Frage des Entstehungsmechanismus dieses Stimmklanges aus der gegebenen primären Schwingung der Stimmlippen handelt, und führten ihn dazu der HELMHOLTZschen „Resonanztheorie" seine „Anblasetheorie" folgen zu lassen, da nach seiner Auffassung diese primäre Schwingung nicht den Verlauf hat, den man fordern müßte, um aus ihr die Luftraumschwingungen auf Grund der Resonanzgleichung ableiten zu können (s. unten S. 238).

Abstrahler der primären Schwingungsenergie sind nicht die Stimmbänder mit ihrer kleinen Fläche von weniger als 60 mm^2, sondern die periodischen Luftstöße (bei der Bruststimme) oder der periodisch schwankende Luftstrom (bei der Kopfstimme). Der Wellenwiderstand Wasser:Luft verhält sich etwa wie 3600:1. Daraus folgt nach der Theorie (RAYLEIGH), daß höchstens 1$^0/_{00}$ der Schwingungsenergie des menschlichen Körpers an die Luft abgegeben werden kann. Dies ist von besonderer Bedeutung bei Betrachtungen über den Anteil, den die Brustwand oder die Wände anderer Körperteile (Kehlkopf, Schädel) für die Abstrahlung von Schall haben [W. TRENDELENBURG (2)], eine Frage, die auch bei der Wahrnehmbarkeit und der Registrierung von Atemgeräuschen und Herzschall eine Rolle spielt (LANDES).

Dementsprechend kann die Schwingungsweite der Stimmlippen bei der kräftigen Bruststimme geringer sein als bei weniger kräftigen Tönen der Kopfstimme (s. Abb. 32). Entscheidend ist die Druck- und Geschwindigkeitsamplitude der mit der Stimmbandschwingung verknüpften periodischen Luftbewegung in der Stimmritze. Ihr Verlauf ist maßgebend für alles weitere, jedoch wird dieser Verlauf grundlegend beeinflußt werden und weitgehend abhängen von den Eigenschaften der folgenden Abschnitte des Ansatzrohres und ihren Schwingungen, die schließlich als Stimmklang von der Mundöffnung abgestrahlt werden.

a) Zur Methodik der Klangaufzeichnung und der Klanganalyse.

Der Verlauf der Luftraumschwingungen bei den verschiedensten Lauten, beim Singen oder Sprechen von Vokalen oder Konsonanten in Brust- oder Kopfstimme, beim Flüstern, Näseln oder sonstigen Abwandlungen der Stimme, kann heute mit jeder gewünschten Treue *aufgezeichnet* werden. Es gibt ferner Verfahren, die Klänge nach ihren Bestandteilen automatisch zu *analysieren*, d. h. die Stärke und Frequenz der sinusförmigen Komponenten zu bestimmen, aus denen der Klang zusammengesetzt ist, so daß in dieser Beziehung kaum Unklarheiten bestehen dürften [s. F. TRENDELENBURG (6)].

Für unsere Fragen handelt es sich bei der *Schallaufzeichnung* darum, den Verlauf der Luftraum- oder Körperwandschwingungen zur beliebigen Auswertung als Kurve getreu darzustellen. Die Schwierigkeit bei diesem Vorhaben bestand früher darin, daß die verfügbaren mechanischen Hilfsmittel — genügend gedämpfte Membranen mit Hebel- oder optischer (Spiegel-)Übertragung —, wenn sie empfindlich genug waren, eine zu niedrige Eigenschwingungszahl hatten, d. h. zu träge reagierten, um die höheren Frequenzen des Stimmklanges noch wiederzugeben, und daß umgekehrt, wenn ihre Eigenfrequenz durch Wahl kleiner und steifer Membranen erhöht wurde, ihre Empfindlichkeit zu gering wurde. Es handelt sich um ein allgemein bei der Registrierung rasch verlaufender Druck- oder Bewegungsänderungen auftretendes und dem Physiologen besonders durch die Arbeiten von O. Frank (1) wohlbekanntes Problem, das von ihm für die Registrierung akustischer Schwingungen auch gesondert behandelt ist [Frank (2), s. auch Hermann (12)]. Durch die Erfindung der Elektronenröhre und der Konstruktion praktisch verzerrungsfrei arbeitender Mikrophone und Verstärker in Verbindung mit Oscillographenmeßschleifen hoher Eigenfrequenz oder der trägheitslosen Braunschen Röhre („Kathodenstrahloscillograph") sind diese Schwierigkeiten beseitigt.

Trotzdem sind aber auch schon mit den älteren, jetzt nur noch historisch interessanten Verfahren [s. Poirot, Katzenstein (7)] die wichtigsten Tatsachen über die Beschaffenheit der Stimmklänge im wesentlichen richtig festgestellt. Erwähnt seien der „Sprachzeichner" von Hensen (1 [1887]) mit gespannter gedämpfter Membran und mechanischer Übertragung auf einen Schreibstift, die gedämpften Glimmer- und Glasmembranen mit optischer (Spiegel-)Registrierung von Hermann (2, 4 [1889]), das „Phonoskop" von O. Weiss (1, 3 [1907]) und der „Schallschreiber" von Garten (1, 2 [1911]), bei denen Seifenlamellen benutzt werden, besonders aber das zweite „phonophotographische" Verfahren von Hermann (5 [1892]).

Hermann (5, 6) tastete bei diesem Verfahren die in die Wachswalze eines Edisonschen Phonographen eingeschnittenen Glyphen der Sprachklänge mittels eines Hebelsystems mit stark vergrößernder Übersetzung und Spiegelregistrierung bei ganz langsamer Umdrehung der Walze und entsprechend langsamem Verlauf des Registrierpapiers ab und erhielt so Kurven der Klänge, die zum mindesten den aus dem Phonographen als Melodien oder verständliche Sprache ertönenden Lauten getreu entsprachen. Abb. 40, S. 221 zeigt einige so erhaltene Kurven von verschiedenen Vokalen. Der Vergleich mit den in Abb. 41, dargestellten Kurven, die mit einem modernen elektrischen Verfahren mit Kondensatormikrophon, Verstärker und Schleifenoscillograph gewonnen sind, zeigt, daß sie das Wesentliche tatsächlich richtig wiedergeben.

Auch die *Höhe des Grundtones* von Klängen, die man sonst durch Ausmessen von Klangkurven zu bestimmen pflegte, was bei raschen Änderungen der Frequenz, etwa beim gewöhnlichen Sprechen, eine mühsame Arbeit ist (s. S. 267 und z. B. Berger, auch Luchsinger und Brunner), kann mit elektrischen Verfahren direkt als Ordinate fortlaufend registriert werden. Bei dem Melodieschreiber von Grützmacher wird die Tonhöhe einer Melodie oder eines gesprochenen Textes als Amplitude einer elektrischen Kippschwingung auf dem Leuchtschirm eines Braunschen Rohres sichtbar gemacht, indem die Kippschwingung bei den Nulldurchgängen der Schallschwingungen jeweils abgebrochen wird [Grützmacher und Lottermoser (1)]. Je höher die Frequenz, um so niedriger wird die Amplitude der Kippschwingung (s. Abb. 77, S. 267).

Unter *Klanganalyse* versteht man die Feststellung der *Stärke* (Amplitude), der *Frequenz* (Tonhöhe) und der *Phase* der Teiltöne, aus denen sich ein Klang zusammensetzt. In den meisten Fällen interessiert jedoch die Phase der Teiltöne nicht, da sie für die Wahrnehmung durch das Ohr keine Rolle spielt. Bis zur Erfindung der Verstärkerröhre war man bei der Klanganalyse auf subjektive Methoden oder auf die Fourier-Analyse registrierter Klangkurven angewiesen. Das *subjektive* Verfahren unter Verwendung von Resonatoren zur Verstärkung (Helmholtz), oder von Interferenzröhren zur Abschwächung oder Auslöschung von Komponenten des Klanges [Sauberschwarz (und Grützner), Stumpf (1)], war nicht frei von Fehlern und Irrtümern [Garten (3)], und die *Fourier-Analyse* von Klangkurven ist ein zeitraubendes Verfahren, obwohl verschiedene praktische vereinfachende Vorschriften für das Rechenverfahren angegeben sind [Schablonen von HERMANN (3), ROSEMANN] und in manchen Fällen auch mechanische harmonische Analysatoren die Arbeit erleichtern können (s. BUDDE).

Heute gibt es elektrische Geräte, die wie das „*Suchtonverfahren*" von GRÜTZMACHER die Analyse eines Klanges in wenigen Minuten durchführen oder sogar,

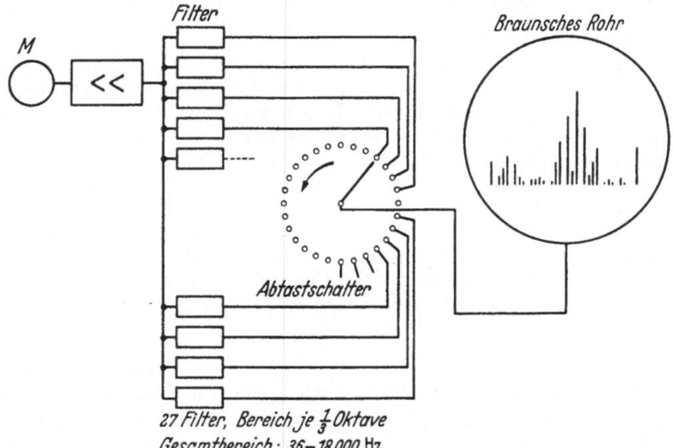

Abb. 38. Schematischer Aufbau des Tonfrequenzspektrometers von FREYSTEDT. [Nach F. TRENDELENBURG (6).]

wie das „*Tonfrequenzspektrometer*" von FREYSTEDT, die unmittelbare fortlaufende Analyse nicht zu schnell veränderlicher Schallvorgänge erlauben [s. F. TRENDELENBURG (6)].

Bei dem Tonfrequenzspektrometer von FREYSTEDT, das auch für die direkte Analyse von Stimmklängen geeignet und benutzt ist, passiert die Wechselspannung, in die der Klang

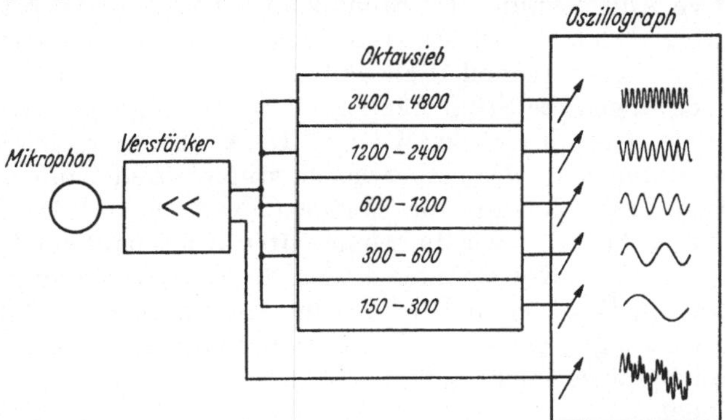

Abb. 39. Schema der Anordnung zur Oktavsieboscillographie. [Nach F. TRENDELENBURG (6).]

durch Kondensatormikrophon und Verstärker umgewandelt ist, eine größere Anzahl elektrischer Filter, z. B. für den Bereich von 36 Hz bis 18000 Hz 27 Filter, von denen jedes ⅓ Oktave umfaßt. Wie Abb. 38 zeigt, wird durch einen rotierenden Umschalter, der 20mal je Sekunde umläuft, jedes Filter 20mal je Sekunde mit den senkrechten Platten eines BRAUNschen Rohres in Verbindung gesetzt, während gleichzeitig der Elektronenstrahl des Rohres bei jedem Umlauf einmal in der Waagerechten abgelenkt wird. Auf diese Weise entsteht ein stehendes Bild von senkrechten Ausschlägen des Leuchtflecks der Röhre, die durch ihre Höhe direkt die Amplitude der durch die einzelnen Filter hindurchgelassenen Komponenten anzeigen. Man kann mit dem Gerät offenbar auch Veränderungen in dem Klangspektrum der Stimme feststellen, wenn sie sich nicht schneller als in ¹/₂₀ sec vollziehen. Die Abb. 44, 51 und 72 auf S. 223, 230 und 257 zeigen, wie die spektrale Zusammensetzung von Vokalklängen auf diese Weise sehr anschaulich zur Darstellung gebracht wird.

Die Untersuchung *rasch veränderlicher* Klänge wird durch das „*Oktavsiebverfahren*" ermöglicht (F. TRENDELENBURG und FRANZ, VIERLING und SENNHEISER). Das Verfahren kann auch zeitliche Änderungen der Zusammensetzung eines Klanges *innerhalb einer Klangperiode* erfassen. Es bietet also den besonderen Vorteil, daß der Einwand der oben S. 217 gegen die Anwendung der FOURIER-Analyse bei bestimmten Fragen erhoben wurde, bei dieser Art der Analyse gegenstandslos wird.

Bei der „Oktavsieboscillographie" liegt hinter dem Kondensatormikrophon ein Satz von Siebketten, von denen jede den Bereich einer Oktave hindurchläßt. Im Ausgang jeder Kette liegt eine Oscillographenmeßschleife. Durch eine weitere Schleife wird der unveränderte Originalklang registriert (s. Abb. 39). Die Leistungsfähigkeit dieser Methode wird durch die Dauer der Ein- und Ausschwingungsvorgänge in den Siebketten begrenzt, die jedoch, bei genügender Dämpfung, nur eine Schwingungsperiode und weniger betragen kann, d. h. bereits nach einer Schwingung ist in jedem Sieb der Endzustand nahezu erreicht. Allerdings wird mit zunehmender Dämpfung die Selektivität der Siebe geringer. Beispiele für die Anwendung dieser Methode geben die Abb. 45 und 46 auf S. 224 und 225. Sie kann insbesondere auch für die Untersuchung der Klangzusammensetzung von fortlaufend gesprochenen Vokal- und Konsonantenverbindungen mit Vorteil angewandt werden, wie ein weiteres Beispiel in Abb. 75 auf S. 265 zeigt.

In ähnlicher Weise zerlegt das „Visible Speech"-Verfahren die Sprache in Frequenzbänder von 300 Hz und stellt die Schwingungen der einzelnen Bereiche auf einem nachleuchtenden Band eines rotierenden BRAUNschen Rohres dar, wobei Gehörlose lernen können, das gesprochene Wort aus dem optischen Bild abzulesen. Einen vollständigen Lehrgang dieser Art für englische Laute und Worte geben POTTER, KOPP und GREEN in einem umfangreichen Buch [s. F. TRENDELENBURG (*6*) und unten S. 246].

b) Der Verlauf der Schwingungen des Luftraumes, ihre Zusammensetzung und ihr Zustandekommen.

Die objektive Aufzeichnung der Stimmklänge bestätigt die bereits mit dem Ohr und auf Grund der offensichtlich verschiedenen Bildungsweise getroffenen Unterscheidung zwischen stimmhaften und stimmlosen Lauten. Bei den *stimmhaften Lauten* schwingen die Stimmbänder. Ihre Schwingungen sind maßgebend für die Periode des Grundtones der Klänge. Diese Grundfrequenz bestimmt die Tonhöhe eines gesungenen oder gesprochenen stimmhaften Lautes. Zur Gruppe der stimmhaften Laute gehören die Vokale (U O Ao A Ae E Oe Ue I) und die Doppellaute (Au Ei Ai Eu), sowie die stimmhaften Konsonanten oder Halbvokale (L M N R). Die übrigen Konsonanten bilden die Gruppe der *stimmlosen Laute*. Sie haben Geräuschcharakter und werden im Ansatzrohr ohne Mitwirkung von Stimmbandschwingungen gebildet. In anderen Sprachen werden auch andere, in europäischen Sprachen nicht gebräuchliche stimmlose Laute, z. B. „Schnalzlaute", verwendet.

α) Die Vokale.

1. Die klangliche Zusammensetzung der Vokale. Die „Formanten".

Die Luftraumschwingungen beim Singen eines Vokals — ein Gesangston kann überhaupt nur bei einer Mundhöhlenstellung, die einem der Vokalklänge entspricht, erzeugt werden — sind streng *periodische* Schwingungen. Bei gesprochenen Vokalen, in höherem Grade bei den „Halbvokalen", ist die Periodizität nicht mehr so streng, aber doch grundsätzlich vorhanden. Wesentlich für den Klangcharakter der verschiedenen Vokale ist das Vorhandensein bestimmter, besonders hervortretender Obertonbereiche, die von der Form des Ansatzrohres abhängen. HERMANN (*7*) hat *die Eigentöne des Ansatzrohres*, die für die einzelnen Vokale charakteristisch sind, als ihre „*Formanten*" bezeichnet.

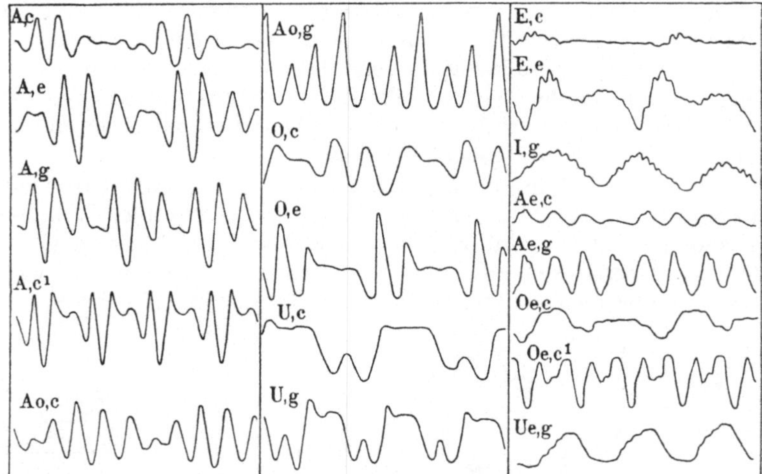

Abb. 40. Vokalkurven nach L. HERMANN (1895). Die Kurven sind durch Abtastung der Glyphen der EDISON-schen Phonographenwalze mit Hebelsystem und optischer Registrierung gewonnen. Der erste große Buchstabe bedeutet den Vokal, der zweite kleine die Note, auf die er gesungen wurde. Man sieht z. B. in den ersten 4 Kurven links die unveränderte Frequenz des „Formanten" beim Singen des A auf die Töne c, e, g, c¹. (Nach HERMANN: Lehrbuch der Physiologie. Berlin 1910.)

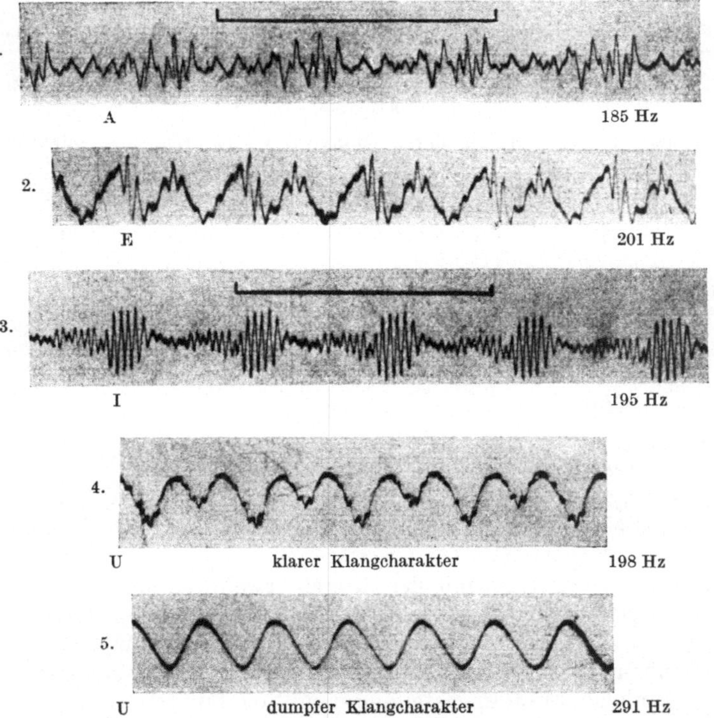

Abb. 41. Klangkurven von Vokalen bei Registrierung mit Kondensatormikrophon und Schleifenoscillograph. Kurvenverlauf von rechts nach links! Zeitmarke in 1 und 3 angegeben = 0,01 sec. Frequenz des Grundtones in Hertz. Man sieht in den Kurven der Vokale mit relativ tiefen Formanten (A und U) auch höher frequente Schwingungen, die die Klangfarbe bestimmen, aber für den Vokalcharakter unwesentlich sind. Die hohen Formanten des E und I kommen in ihrer wahren Amplitude deutlich zur Darstellung, im Gegensatz zu den durch die Grenzen der Methode stark verkleinerten Amplituden in Abb. 40. [Nach F. TRENDELENBURG (2, 3).]

Da diese Eigentöne schon während einer Periode durch das Öffnen und Schließen der Stimmritze etwas schwanken müssen und die Eigenfrequenz des Ansatzrohres in der Regel nicht gerade mit der eines harmonischen Teiltones der Grundschwingung zusammenfallen wird, ergibt die FOURIER-Analyse oder die automatische Analyse mit den erwähnten elektrischen Methoden charakteristische *Bereiche* besonders hervortretender Obertöne.

Diese Tatsachen sind im Prinzip lange bekannt [vgl. die Übersichten bei GRÜTZNER und O. WEISS (*10*)]. Sie sind erhalten teils mit subjektiven Methoden des Heraushörens der charakteristischen Obertöne beim Flüstern (DONDERS), mit Hilfe von Resonatoren (HELMHOLTZ) oder mit Auslöschverfahren durch Interferenz [SAUBERSCHWARZ (bei GRÜTZNER), STUMPF (*1, 2*)], teils durch objek-

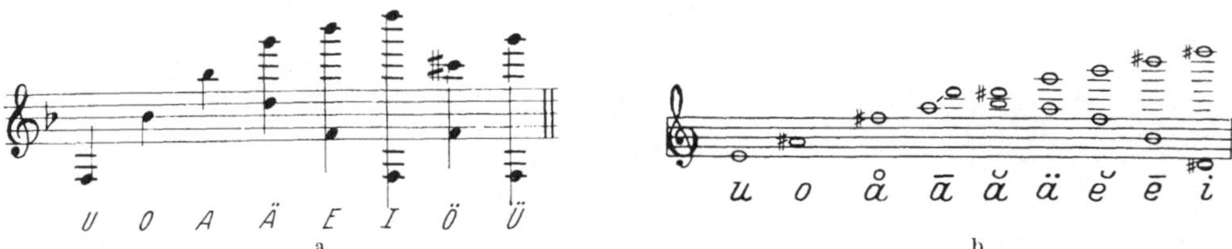

Abb. 42 a u. b. Eigentöne der Mundhöhle für verschiedene Vokale in Notenschrift a nach HELMHOLTZ und b nach K. W. WAGNER (*1*).

Tabelle 1. *Lage der Formanten der Vokale nach* HELMHOLTZ, HERMANN *und* F.TRENDELENBURG.

Vokal	Eigentöne der Mundhöhle nach HELMHOLTZ	Lage der Formanten nach HERMANN (7), „Nebenformant" in Klammern	Formantbereiche nach F. TRENDELENBURG (6)
U	f (172 Hz)	1. Teil der 1. (250—300 Hz) und 2. Oktave (500—600 Hz)	200—400 Hz
O	b_1 (460 Hz)	1. Teil der 2. Oktave (500—600 Hz)	400—600 Hz
Ao	—	1. Teil der 2. Oktave etwas höher als O (550—650 Hz)	
A	b_2 (920 Hz)	Mitte der 2. Oktave (650—800 Hz)	800—1200 Hz
Ae	d_2 und g_3 (580 und 1550 Hz)	Anfang der 2. (500—600 Hz) und Mitte der 3. Oktave (1300—1550 Hz)	
E	f und h_3 (172 und 1953 Hz)	Anfang der 2. (500—600 Hz) und Ende der 3. Oktave (1600—1900 Hz)	400—600 und 2200—2600 Hz
Oe	f_1 und cis_3 (345 und 1096 Hz)	Mitte der 3. Oktave etwas tiefer als bei Ae (1250—1500 Hz)	
Ue	f_1 und g_3 (345 und 1550 Hz)	Ende der 3. Oktave (1600—1900 Hz)	
I	f und d_4 (172 und 3323 Hz)	1. Teil der 4. Oktave (2000—2400 Hz)	200—400 und 3000—3500 Hz

tive Registrierung, auch schon mit den älteren erwähnten Methoden [HERMANN (*4, 5, 7, 8*), O. WEISS (*2, 6*), GARTEN (*2, 3*), GARTEN und KLEINKNECHT].

In Abb. 40 ist eine Reihe der von HERMANN 1895 auf dem Wege über den Phonographen aufgeschriebenen Kurven der Hauptvokale dargestellt, in Abb. 41 eine ähnliche Zusammenstellung von Vokalkurven, wie sie mit Kondensatormikrophon, Verstärker und Oscillograph von F. TRENDELENBURG (*1—3*) registriert sind. Man sieht in den alten Kurven von HERMANN sehr deutlich ihre strenge Periodizität und die Schwingungen, die er als die „Formanten" der Vokale bezeichnet. Die mit den empfindlichen elektrischen Methoden aufgenommenen Vokalkurven lassen fast in allen Fällen außer den Formantschwingungen auch eine Reihe höher frequenter Schwingungen erkennen. Ihr mehr oder weniger starkes Auftreten ist offenbar für die „persönliche Klangfarbe" der Stimme verantwortlich. Ihre Entstehung und Bedeutung hat sich mit dem Oktavsiebverfahren bis zu einem gewissen Grade klären lassen (s. S. 226).

Die Lage der Formanten in der Tonskala ist für jeden Vokal charakteristisch und weitgehend unabhängig von der Tonhöhe, in der der Vokal gesungen oder gesprochen wird. Dies geht sehr deutlich aus den Kurven der Abb. 40 hervor, bei denen der gleiche Vokal in verschiedenen Tonhöhen gesungen wurde. In Abb. 42a sind die Eigentöne der Mundhöhle bei den verschiedenen Vokalstellungen nach HELMHOLTZ anschaulich in Notenschrift dargestellt. Abb. 42b zeigt die gleiche Darstellung der Lage der Vokalformanten unter Berücksichtigung der neuen Ergebnisse der Klanganalyse nach K. W. WAGNER (1). Die den Noten entsprechenden Töne und Schwingungszahlen der Angaben von HELMHOLTZ gibt die 1. Spalte der Tabelle 1. Sie enthält weiterhin die Lage der Formanten nach HERMANN und die unter Berücksichtigung der Ergebnisse elektrischer Registriermethoden festgestellten Formantbereiche nach F. TRENDELENBURG.

Weitere Untersuchungen über die Lage der Formanten von GARTEN (2, 3) und von STUMPF (1, 2) bestätigen auch die Tatsache, daß die Hauptformanten der „dunklen" Vokale (U O A) in der ein- und zweigestrichenen Oktave liegen, die der „hellen" (E und I) in der drei- und viergestrichenen. Unterschiede in den Angaben über diese hohen Formantgebiete beruhen offenbar darauf, daß die älteren Methoden der Klangaufzeichnung diese Frequenzen nicht mehr mit der genügenden Genauigkeit erfassen können. Die Angabe des zu tiefen Formanten beim U und I (f) hat HELMHOLTZ später selbst berichtigt. Eine sehr anschauliche Darstellung der Formantbereiche der verschiedenen Vokale und ihrer Unabhängigkeit von der Tonhöhe gibt K. W. WAGNER (1), der mit Hilfe von Siebketten Abbau- und Aufbauversuche an Vokalen

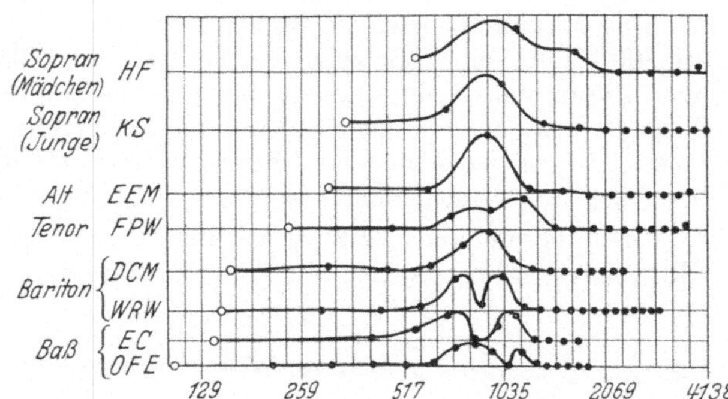

Abb. 43. Formantbereich des Vokals A in verschiedenen Tonlagen. Abszisse: Schwingungsfrequenz, Ordinate: Schwingungsenergie. Der kleine Kreis am Anfang der Kurven bezeichnet die Lage des Grundtons, die übrigen Punkte die Lage der verschiedenen Teiltöne. [Nach K. W. WAGNER (1).]

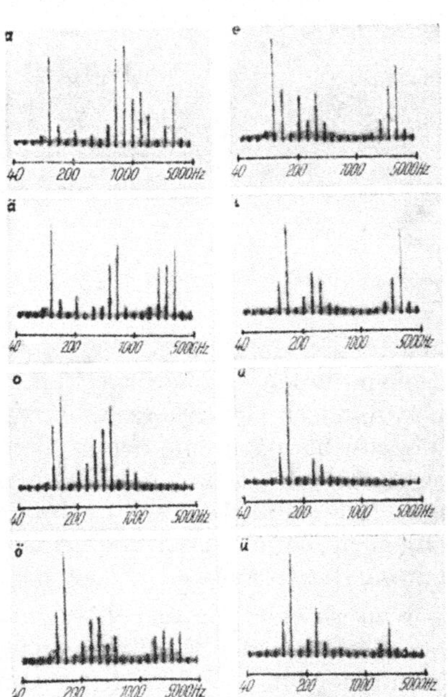

Abb. 44. Tonfrequenzspektrogramme von Vokalen. Die Klänge werden in diesen Beispielen durch 22 Filter, von denen jedes den Bereich von $^1/_3$ Oktave hindurchläßt, in ebenso viele Komponenten zerlegt, deren Intensität in dem betreffenden Frequenzbereich als Ordinate auf dem Leuchtschirm einer BRAUNschen Röhre erscheint. Zur Methode s. S. 219. (Nach FREYSTEDT.)

auf elektrischem Wege durchführte, wie sie STUMPF mit akustischen Mitteln (Interferenzröhren) unternommen hatte. Abb. 43 zeigt als Beispiel die *Energieverteilung im Klangspektrum* des auf verschiedenen Tonhöhen gesungenen Vokals A. Das Maximum bzw. die Maxima der Kurven liegen in einem festen Bereich um 800 Hz. [Weitere Beispiele bei SULZE (*2*) S. 1405.] Sehr bequem ist die klangliche Zusammensetzung gerade der Vokale mit dem oben beschriebenen Tonfrequenzspektrometer nach FREYSTEDT darzustellen. Abb. 44 zeigt *Tonfrequenzspektrogramme* verschiedener Vokale. Man erkennt deutlich die „Formantbereiche" der verschiedenen Laute.

Einen besonderen Einblick in das Gefüge der Sprachlaute ermöglicht das Oktavsiebverfahren (s. S. 220). Abb. 45 gibt *Oktavsieboscillogramme* der 5 Vokale

Siebgrenzen Hz

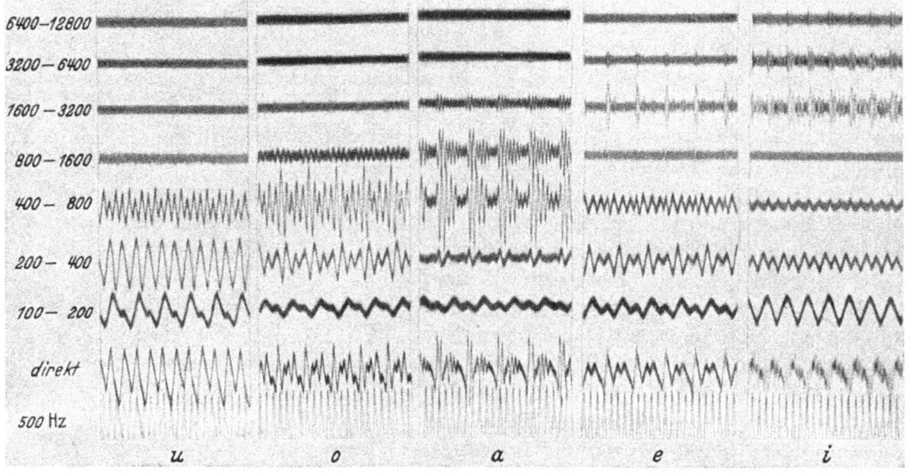

Abb. 45. Oktavsieboscillogramme von Vokalklängen. Erläuterung im Text. [Nach F. TRENDELENBURG (*6*).]

nach F. TRENDELENBURG (*6*). Unten ist der direkt aufgezeichnete Klang wiedergegeben, in den darüberliegenden Reihen, die in die betreffende Oktave fallenden Schwingungen des Klanges. Man sieht, wie vom U zum I die Oktave, in der die Schwingungen mit der größten Amplitude liegen, immer höher rückt und wie z. B. beim E und I, außer den Schwingungen in den Oktaven 1600—3200 und 3200—6400 Hz, auch in den tieferen Oktaven (100—200—400 Hz) Schwingungen größerer Amplitude auftreten, als Ausdruck des zweiten tieferen Formanten dieser Vokale.

Weiterhin zeigen aber die Oktavsieboscillogramme ein charakteristisches An- und Abklingen der Formantschwingungen *innerhalb der Periode des Grundtones*, besonders beim A-Formanten und den hohen E- und I-Formanten, wie es durch ein analytisches Verfahren, das den Vokalklang in seine harmonischen Teiltöne zerlegt, nicht zur Darstellung kommen kann. Man sieht hier besonders anschaulich den Grund, weshalb HERMANN die harmonische Analyse der Vokalklänge als unzweckmäßig ablehnte, wenn es sich um die Frage des „Aufbaues" der Vokale im Sinne ihres *Werdens*, d. h. der zeitlichen Aufeinanderfolge der bei ihrer Entstehung beteiligten Vorgänge handelte. Ihr „Aufbau" im „statischen" Sinne, d. h. der fertige Vokalklang, wird selbstverständlich durch die FOURIER-Analyse und die harmonischen Teiltöne, die er enthält, vollständig und in der für den Physiker und Techniker allein brauchbaren Weise beschrieben.

Neuerdings sind solche Gedankengänge von japanischen Forschern [KATSUKI (*1*), TOKIZANE], die ausgezeichnete Klangkurven von Vokalen und elektrische Frequenzanalysen bringen, wieder besonders herausgestellt. TOKIZANE entwickelt eine besondere Methode, um aus der Klangkurve eines Vokals die Eigenwelle seines oder seiner Formanten als zusammengesetzte gedämpfte Schwingungskurve herauszuschälen. Das Verfahren verfolgt im Grunde den

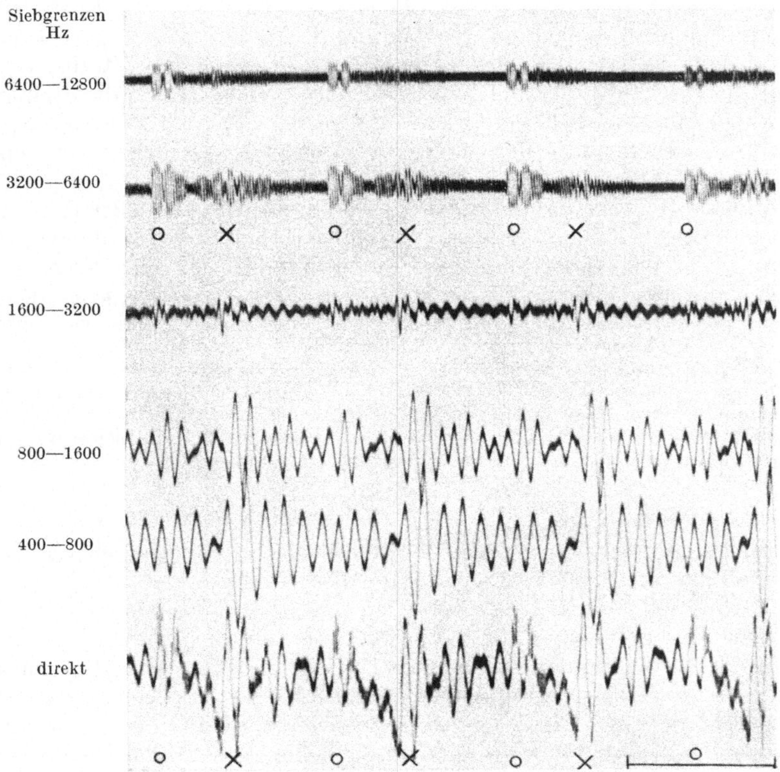

Abb. 46. Oktavsieboscillogramm des von einer Baßstimme auf einen tiefen Ton (85 Hz ~ F) gesungenen Vokals A. Zeit |——| = 0,01 sec. Bei × Beginn der Vokalperiode (1. Gruppe), bei o 2. Gruppe. Man sieht in den relativ stark gedämpften und daher nicht sehr selektiven Sieben: In dem Bereich 400—800 Hz und 800—1600 Hz die Formantschwingungen des Vokals, die anscheinend zweimal in jeder Periode (vor × und vor o) neue anregende Impulse erhalten; in den beiden höchsten Sieben 2 Gruppen relativ hochfrequenter Schwingungen (6400 Hz), die in diesen bezeichneten Momenten beginnen, bzw. ihre maximale Amplitude erreichen, und höchstwahrscheinlich im Zusammenhang mit der Öffnung und Schließung der Stimmritze entstehen. — Die Durchlaßbereiche der Siebe scheinen bei allen Kurven dieser Arbeit unrichtig angegeben zu sein (150—4800 Hz). Die durchgelassenen Frequenzen zeigen, daß der Oktavsiebsatz die gleichen Siebgrenzen hatte wie bei den Kurven der Abb. 45. Diese Werte (400—12800 Hz) sind daher der Bezeichnung der Abbildung zugrunde gelegt.
(Nach F. und W. TRENDELENBURG.)

gleichen Zweck wie die „Schwerpunktmethode" oder die Methode der „Proportionsmessung" von HERMANN (*4*) zur Bestimmung des Formanten. Das Ergebnis ist etwa das gleiche, wie man es mit dem Oktavsiebverfahren erhalten würde, wenn man in dem interessierenden Bereich die Siebgrenzen entsprechend enger stellte.

Man kann, besonders bei Vokalen, die auf tiefe Töne gesungen werden, wie F. und W. TRENDELENBURG gezeigt haben, in den höchsten Oktavsieben meist *zwei Gruppen* relativ hochfrequenter Schwingungen erkennen, die sehr wahrscheinlich mit dem Zeitpunkt der Öffnung oder Schließung der Stimmritze in Zusammenhang stehen. Man sieht in Abb. 46 ein derartiges Oktavsieboscillogramm des von einer Baßstimme auf den Ton F gesungenen Vokals A.

Die Frage der Entstehung dieser frequenten Schwingungen ist verknüpft mit
der Frage nach dem Mechanismus der Entstehung der Schwingungen des Ansatz-
rohres überhaupt. Sie sind nach unserer Auffassung der Ausdruck und die Grund-
lage des Vorganges, den HERMANN als „Anblasen" bezeichnete und den er für die
Anregung der Schwingungen des Ansatzrohres voraussetzen zu müssen glaubte.
Ihrem Verlauf und ihrer vermutlichen Lage in der Schwingungsperiode der
Stimmbänder nach könnte es sich bei diesen Schwingungen um Spalt- oder
Schneidentöne handeln, die dann entstehen, wenn die Stimmritze gerade eine
Weite hat, die die Entstehung solcher Schwingungen ermöglicht. Dabei ist es
möglich, daß die Taschenbänder und die Ventrikel des Kehlkopfes für die Frequenz
dieser Schwingungen von Bedeutung sind, indem der Abstand zwischen Spalt
und Schneide (Taschenband) oder die Eigenfrequenz der Ventrikel, an denen
die Luft vorbeistreicht, die Frequenz bestimmt. Sie beträgt in dem Beispiel der
Abb. 46 etwa 6400 Hz. Ihre Amplitude schwankt in der Frequenz der Formantschwingungen. Auf die Bedeutung dieser Vorgänge für unsere Vorstellungen von
der Entstehung der Vokale wird nochmals weiter unten (S. 239) einzugehen sein.

Um sonstige Einzelheiten zu diskutieren, müßte man unter anderem die Eigenschaften
des Oktavsiebes kennen, dessen Filter nach einer kurzen Angabe der Autoren eine höhere
Dämpfung ($\Lambda > 0{,}7$) und damit geringere „Flankensteilheit" hatten, als die von F. TREN-
DELENBURG und FRANZ und wohl auch die für die Kurven der Abb. 45 verwandten. Dadurch
wird das An- und Abklingen der Kurven praktisch nicht durch Ausgleichvorgänge in den
Sieben beeinflußt werden. Diese höhere Dämpfung führt jedoch zu geringerer Selektivität,
so daß, wie man sieht, die gleiche Frequenz meist in wenigstens 2 Oktavsiebkurven mit
beträchtlicher Intensität und einer gewissen Phasenverschiebung auftritt.

2. Die akustischen Eigenschaften des „Ansatzrohres". Geflüsterte Vokale.

Bereits auf Grund der Klangkurven der verschiedenen Laute können gewisse
Aussagen über die akustischen Eigenschaften des Ansatzrohres, das bei ihrer
Bildung mitwirkte, oder auch seiner einzelnen Abschnitte gemacht werden. Es
handelt sich bei der Festlegung dieser Eigenschaften um die *Eigenfrequenz* und
die *Dämpfung* der schwingenden Lufträume. Die Eigenfrequenz eines Resonators
ist eine feste Größe. Die des Mundhöhlenraumes bei verschiedenen Vokalstellungen entspricht dem von HERMANN so definierten Formanten, der also auch
(wenn man von dem Einfluß der Öffnung und Schließung der Stimmritze absieht)
für einen bestimmten gesungenen Vokal eine bestimmte Höhe hat und nur
zufällig einmal harmonisch zum Grundton sein wird. Man kann daher nach
HERMANN den fraglichen Eigenton am einfachsten aus Vokalkurven durch direkte
Messung entnehmen (s. auch TOKIZANE, oben S. 225). Besonders bequem würde
man die Eigenfrequenz des (gedämpften) Resonators aus der entsprechenden
Oktavsiebkurve erhalten. So ergibt sich z. B. im Falle der Abb. 46 für den
auf die Frequenz 85 Hz gesungenen Vokal A aus der untersten Siebkurve eine
Frequenz von 730—800. Die harmonische Analyse würde in diesem Fall die
harmonischen Teiltöne um diese Frequenz, also das Gebiet des 8.—10. Teiltones =
680—850 Hz als Formantgebiet ergeben.

F. TRENDELENBURG und FRANZ haben dementsprechend aus Oktavsieboscillogrammen, bei denen die Formantschwingungen deutlich wie durch Stoßerregung erzeugt abklangen, auch Werte für das *Dekrement* der betreffenden
Eigenschwingungen abgeleitet. Für den Hauptformanten des Vokals A ergaben
sich so Dekremente zwischen 0,13 und 0,29. Es handelt sich dabei um das natürliche logarithmische Dekrement Λ, d. h. den log nat des Verhältnisses der Amplituden zweier (ganzer) aufeinanderfolgender Schwingungen. Aus der untersten
Siebkurve der Abb. 46 würde man für den Hauptformanten des A ein Λ von
0,24 entnehmen können.

Um Eigenton und Dekrement der Mundhöhle *direkt* zu bestimmen, hat man sie bei verschiedenen Vokalstellungen auf verschiedene Weise, z. B. durch Finger-

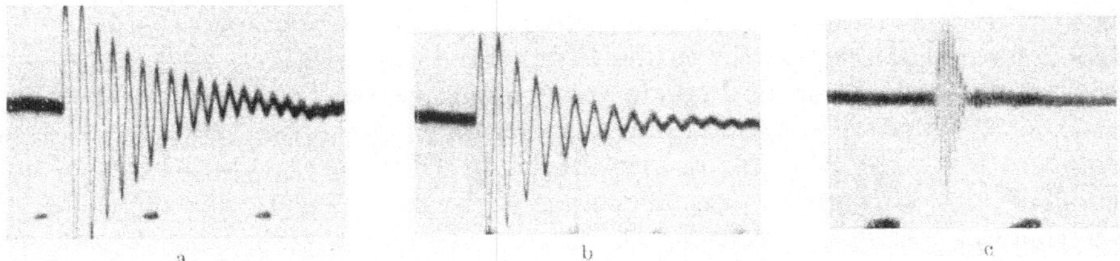

Abb. 47 a—c. Eigenschwingungen der Mundhöhle bei Stoßerregung durch Membransprengung (a und b) oder Lippenverschlußsprengung (c). a Vokalstellung O, Frequenz 775 Hz, Dekrement 0,20. b Vokalstellung U, Frequenz 435 Hz, Dekrement 0,31. c Eigenschwingungen eines i-ähnlichen Lautes, hervorgerufen durch Anlegen der Zungenspitze an die oberen Vorderzähne und Lippensprengung, Frequenz 3500 Hz, Dekrement 0,44. [Nach W. Trendelenburg (3).]

anprall von außen, durch kurze Luftstöße, z. B. durch Funkenknall [Garten (4)], durch Sprengen des Lippenverschlusses oder durch Sprengen einer zwischen den Lippen gebildeten Membran aus der eigenen Speichelflüssigkeit [W. Trendelenburg (3)] zu Eigenschwingungen angeregt. Die Abb. 47 a und b geben solche mit Kondensatormikrophon und Verstärker registrierten Eigenschwingungen der Mundhöhle bei Stoßerregung durch Membransprengung wieder. Für die *Eigentöne* der Mundhöhle ergaben sich Werte, die den indirekt bestimmten entsprechen, z. B. in den beiden Fällen der Abb. 47 für die Vokalstellung O 775 Hz, für die Vokalstellung U 435 Hz. Für das Dekrement ergab sich nach der Methode der Lippensprengung (bei geschlossenem Rachenzugang) für Vokalstellung A $\Lambda = 0{,}17$, für Vokalstellung O $\Lambda = 0{,}10$. Das Dekrement hängt von der Größe der Mundöffnung ab, es ist, wie auch theoretisch zu erwarten, unter sonst gleichen Verhältnissen bei engerer Mundöffnung kleiner. Es ist ferner größer, wenn der Rachenzugang zur Mundhöhle offen ist, als wenn er geschlossen ist. W. Trendelenburg erhielt z. B. mit der Fingeranprallmethode für U, Rachenzugang geschlossen $\Lambda = 0{,}25$, Rachenzugang weit offen $\Lambda = 0{,}37$. Bemerkenswert sind schließlich die Schwingungen die von dem schmalen prädentalen Raum beim Anlegen der Zungenspitze an die oberen Vorderzähne und Lippensprengung erhalten wurden (Abb. 47 c). Es handelt sich um den Raum, dessen Eigenschwingungen den I-Formanten liefern. Die Messung ergab Frequenzen um 3600 Hz, das Dekrement betrug um 0,42. Es ist relativ groß, weil die Lippenöffnung groß ist im Verhältnis zu dem schwingenden, vor den Zähnen gelegenen Raum.

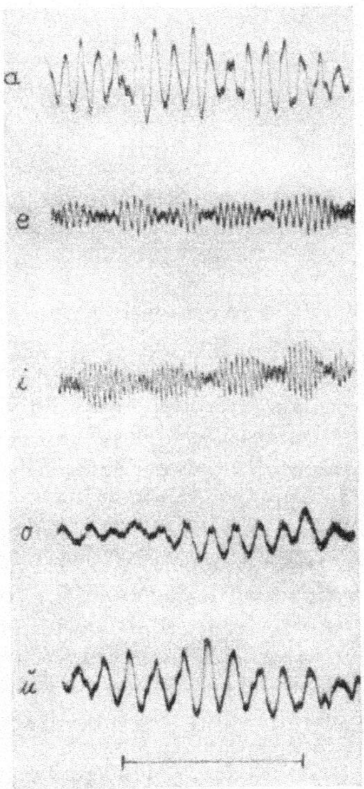

Abb. 48. Mit Kondensatormikrophon registrierte Schallkurven der stimmlos geflüsterten Vokale A, E, I, O, U. — Zeit | — | = 0,01 sec. Die Hauptfrequenzen, als Ausdruck der Eigenfrequenz des Ansatzrohres bei den verschiedenen Vokalen betragen von oben nach unten (A bis U) 1110, 2900, 3800, 750, 675 Hz. [Nach W. Trendelenburg (3).]

Die Eigentöne der Mundhöhle und ihrer verschiedenen Abschnitte kommen endlich sehr deutlich beim Anblasen durch die Stimmritze bei nicht schwingenden

15*

Stimmbändern zum Ausdruck, d. h. beim *Flüstern.* Abb. 48 zeigt mit dem Kondensatormikrophon aufgezeichnete Kurven von „stimmlos" geflüsterten Vokalen. Man sieht sehr deutlich die Eigenschwingungen des Ansatzrohres, die in diesem Fall nicht periodisch erfolgen, da die streng periodische Unterbrechung des Luftstromes durch die Stimmbandschwingungen fehlt. Man sieht aber beim e und i auch die Periode des tieferen zweiten Formanten in dem periodischen An- und Abschwellen der Schwingungen des hohen Hauptformanten, ähnlich wie die in Abb. 46 in den höchsten Oktavsieben beim Öffnen und Schließen der Stimmritze erscheinenden Schwingungen in der Periode des A-Formanten oscillieren. Schon O. Weiss (*2, 6*) hatte geflüsterte Vokale mit seinem „Phonoskop", das mit einer Seifenlamelle und mikroskopischer Projektion eines wenige Mikron dicken mit ihr verbundenen Glasfadens arbeitete, aufgezeichnet und die Frequenz der Schwingungen bestimmt. Die von W. Trendelenburg (*3*) für die Formanten geflüsterter Vokale gefundenen Werte sind in Tabelle 2 mit den von O. Weiss erhaltenen zusammengestellt.

Tabelle 2. *Formantfrequenzen geflüsterter Vokale nach* O. Weiss *und* W. Trendelenburg.

Vokal	Nach W. Trendelenburg		Nach O. Weiss	
	tiefer Formant	hoher Formant	tiefer Formant	hoher Formant
U	675 Hz	(2350 Hz)	400—600 Hz	—
O	750 Hz	(3200 Hz)	550—710 Hz	—
A	1110 Hz	(2960 Hz)	700—840 Hz	—
E	(400)[1] Hz	2900	—	2200—2600 Hz
I	285[2] Hz	3800	—	2500—3100 Hz

[1] Unsicher.
[2] Von Trendelenburg nicht angegeben, aber der Kurve der Abb. 48 entnommen.

Die Werte stimmen in Anbetracht der individuellen Unterschiede untereinander und mit den in Tabelle 1 angeführten Werten für die Formanten der stimmhaften Vokale befriedigend überein.

Die mit den empfindlichen elektrischen Registriermethoden auch bei den 3 tiefen stimmlos gesprochenen Vokalen nachzuweisenden relativ hohen Frequenzen um 3000 Hz weisen darauf hin, daß hier ein weiterer schwingungsfähiger Raum mit höherer Eigenfrequenz angeregt werden muß, dessen Schwingungen sich, wenn auch schwach, bemerkbar machen. Man wird diese Schwingungen, die in der Tabelle 2 in Klammern gesetzt sind, jedoch nicht als „Formanten" bezeichnen, da sie für den Vokalcharakter ohne Bedeutung sind. Es könnte sich um die gleichen Räume über der Glottis handeln, die bei stimmhaften Lauten die bemerkenswerten Schwingungsgruppen beim Öffnen und Schließen der Stimmritze lieferten, die hier jedoch weiter sein müßten als bei der stimmhaften Vokalbildung, da ihre Frequenz beim Flüstern niedriger ist (s. Abb. 46, S. 225).

3. Die Form des Ansatzrohres. Offene, geschlossene, nasalierte Vokale.

Die Form des Ansatzrohres bei den verschiedenen Vokalen ist seit langem in mannigfacher Weise untersucht, indem man die Mundhöhle mit verschiedenen eingeführten Instrumenten ausmaß oder die Berührungsstellen von Zunge und Gaumen durch Bestreichung des Gaumens mit einer Farbe feststellte [Grützner (*1*)]. Ferner sind zahlreiche *Methoden* angegeben, bei denen man mit Hilfe von Hebeln oder von Platten und Gummiballons und Luftübertragung zu Mareyschen Kapseln die Bewegungen der Lippen, des Unterkiefers, des Kehlkopfes, der Zunge, des Gaumensegels usw. bei der Phonation registrieren kann [s. Poirot, Katzenstein (*7*), Fröschels, Hajek und Weiss].

Mehr leistet in vielen Fällen die *Röntgenphotographie* und -kinematographie, mit deren Hilfe auch weitere Einzelheiten, wie die Stellung der Epiglottis und bei Anwendung des tomographischen Verfahrens auch die Taschenbänder und die Ventriculi Morgagni sichtbar werden (s. Abb. 35, S. 211 und Scheier, Luchsinger (7), Husson und Dijian, auch Luchsinger und Arnold). Ein Röntgentonfilm „Stimme und Sprache" ist von Janker aufgenommen, der als Lehrfilm gedacht ist. Man sieht in dem mit normaler Bildfrequenz von 24 Bildern je Sekunde laufenden und mit der Sprache synchronisierten Film deutlich, wie sich beim Sprechen der weiche Gaumen bewegt, wie sich der Zungenrücken und der Zungengrund umformt und die Epiglottis hebt und senkt.

Die *Form des Ansatzrohres* für die deutschen Vokale U A I geben die Schemata in Abb. 49 nach Grützner (*1*), die das Wesentliche immer noch richtig darstellen.

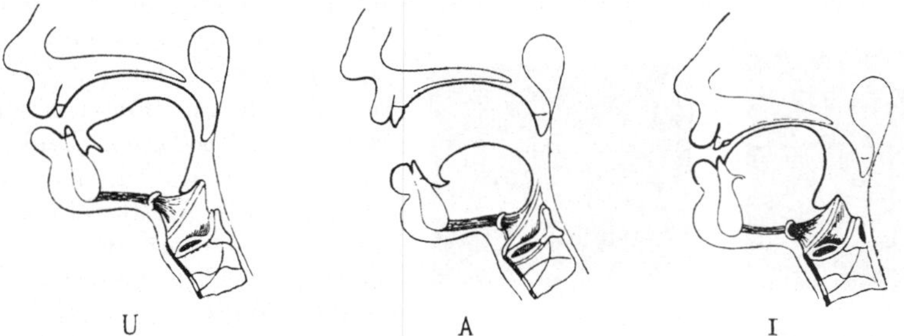

Abb. 49. Die Form des Ansatzrohres bei den Vokalen U, A und I. Schematisch. Die Mundstellungen bei den anderen Vokalen und Zwischenvokalen liegen zwischen diesen Extremen entsprechend ihrer Lage in dem „Vokaldreieck". (Nach Grützner.)

Beim Vokal A hat die Mundhöhle die Form eines nach vorn sich erweiternden Trichters, beim U die Gestalt einer „bauchigen Flasche, deren Hals nach hinten liegt". Beim I steht ein hinten gelegener großer Hohlraum durch einen engen Kanal, der durch Anheben der Zunge gegen das Rachendach entsteht, mit einem kleinen vorderen durch die Zahnreihe begrenzten Raum in Verbindung. Die Form der Mundhöhle beim O liegt zwischen der bei A und U, die beim Vokal E zwischen der bei A und I, wie man sich leicht überzeugen kann, wenn man die Mundhöhle nacheinander die verschiedenen Vokalstellungen einnehmen läßt. Auch die sog. Zwischenvokale oder Umlaute liegen auf dem Wege dieser Änderungen. Diese Beziehungen lassen sich in einem schon 1781 von Hellwag angegebenen „Vokaldreieck" darstellen, in dem A, U und I die Eckpfeiler bilden (Abb. 50).

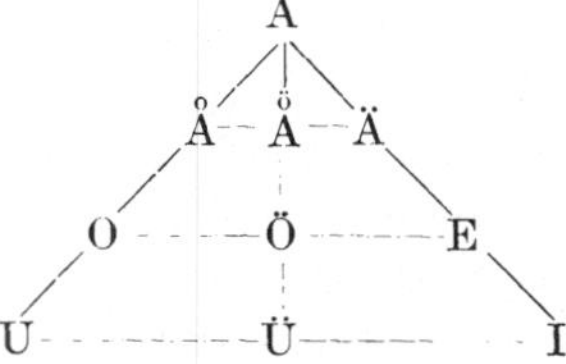

Abb. 50. Vokaldreieck. Seine Eckpfeiler werden von A, I und U gebildet, dazwischen ordnen sich die übrigen Vokale. Die Form des Ansatzrohres ist längs der Verbindungslinien kontinuierlich veränderlich, so daß von einem Vokal zum anderen eine lückenlose Reihe von Übergangslauten führt, die die vergleichende Phonetik auch durch besondere Schriftzeichen auszudrücken versucht.

Im übrigen zeigen Vokalklänge und Mundstellung in verschiedenen Wörtern als „*offene*" (oder kurze) und „*geschlossene*" (oder lange) Vokale, beeinflußt auch durch benachbarte Konsonanten, besonders aber auch in verschiedenen Sprachen, beträchtliche Unterschiede. „Geschlossen sind" z. B. die Vokale in

den deutschen Wörtern Adel, Ohr, Uhr, Esel, Igel, Hügel, Vögel, Täter, „offen"
in den Wörtern Apfel, Ost, Urne, Ente, Irma, Fürchten, Götter, Gänse. Der
Unterschied zwischen offenen und geschlossenen Vokalen kann darin gesehen
werden, daß die Mundstellung bei den „offenen" Vokalen sich mehr der „*In-
differenzlage*", d. h. der A-Stellung nähert. Die Formanten des offenen O und U
würden danach höher, die Hauptformanten des E und I tiefer liegen als die der
geschlossenen Vokale [SOKOLOWSKY (*6*)]. Das gleiche kann man, soweit solche
Vokale (ū und ŭ, ē und ĕ) wiedergegeben sind, auch aus Oktavsiebkurven von
F. TRENDELENBURG und FRANZ entnehmen. Auch VIERLING und SENNHEISER
kommen in einer Untersuchung über den spektralen Aufbau der „langen" und
„kurzen" Vokale mit dem Oktavsiebverfahren zu dem grundsätzlich gleichen
Ergebnis. Der U-Formant rückt bei den offenen Vokalen höher, der obere
E-Formant rückt tiefer, der untere höher. Sie finden außerdem bei den kurzen
Vokalen U, O und I gegenüber den entsprechenden langen einen größe-
ren Gehalt an hohen Frequenzen.
Bei den *Doppellauten* (Diphthongen) wie Au Ei Ai Eu Äu, bei denen sich die Form des Ansatzrohres während des Lautes verändert, verändern sich auch die Luftraumschwingungen in dem Maße, wie der Formant des einen Vokalbestandteiles in den des anderen übergeht.

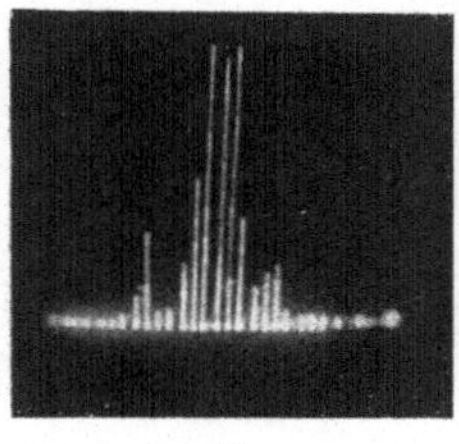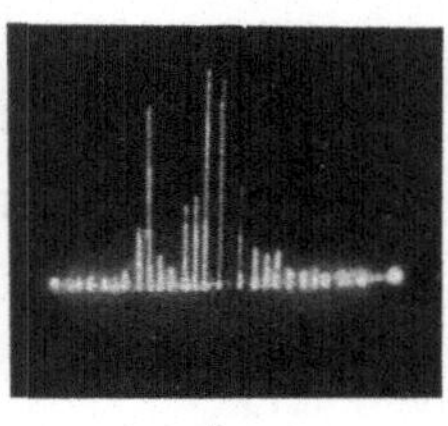

a   b

Abb. 51a u. b. Tonfrequenzspektrometeraufnahmen des normal gesprochenen (a) und des offen genäselten Vokals A (b). Tonhöhe c¹, 256 Hz. Man sieht im nasalierten Vokal eine Zunahme der Grundtonamplitude, während die Amplitude der Frequenzen im Formantbereich abnimmt. [Nach LUCHSINGER (*5*).]

Der *Luftverbrauch* bei länger gehaltenen Vokalen nimmt bei leisen Tönen mit Verengerung der Mundöffnung ab. Er ist also z. B. beim U geringer als beim A, bei lauten Tönen
kehren sich jedoch die Verhältnisse um (GUTZMANN und LOEWY). Offenbar sind
bei enger Öffnung die Bedingungen für die Abstrahlung des Schalles schlechter
als bei weiter. Wirkliche Messungen der Schallstärke sind jedoch nicht ausgeführt.

Die *nasalierten Vokale* der französischen Sprache entstehen dadurch, daß der
Nasen-Rachenraum, der bei den gewöhnlichen Vokalen durch das Gaumensegel
verschlossen ist, mehr oder weniger offen bleibt. Die akustische Analyse stellt
fest, daß nasal gesungene Töne gegenüber den normalen Tönen einen relativen
Mangel an höheren Obertönen aufweisen [KATZENSTEIN (*5*), SOKOLOWSKY (*4, 5*),
GUTZMANN (*3*)]. GUTZMANN fand, daß die offenen nasalierten Vokale ein „gemein-
schaftliches Verstärkungsgebiet haben im charakteristischen Eigenton des supra-
palatalen Raumes", nämlich zwischen e³ und h³ (1300—1900 Hz). Erst wenn
die Nase verengt oder verschlossen wird, fehlen die hohen Partialtöne, während
der Grundton verstärkt ist. Diese letzte Tatsache, die offenbar das Wesentliche
für den nasalierten Vokal bedeutet, wurde von LUCHSINGER (*5*) durch Aufnahmen mit dem Tonfrequenzspektrometer anschaulich bestätigt. Abb. 51a und b
zeigt deutlich die Abnahme der Formantamplituden zugunsten der Amplitude der
Grundschwingung beim „offen" genäselten Vokal A. Die Hinzufügung des
Nasen-Rachenraumes zum Mundhöhlenresonator bewirkt offensichtlich diese Veränderung in den Schwingungsverhältnissen. Über pathologisches „offenes" und
„geschlossenes" Näseln s. unten S. 268.

β) Die Konsonanten, ihre akustischen Eigenschaften und Bildungsweise.

Die „*stimmhaften*" Konsonanten stellen Übergänge von den Vokalen zu den
Konsonanten dar. Der Vokal U wird mit zunehmendem Lippenschluß zu dem

stimmhaften Konsonanten W, aus I wird mit zunehmender Hebung der Zunge
ein stimmhaftes J. Fällt der Stimmton fort, so entstehen die eigentlichen „stimmlosen" Konsonanten, die Geräuschcharakter haben.

Man hat die Konsonanten nach den verschiedensten Prinzipien zu ordnen
versucht (z. B. BRÜCKE). Eine Ordnung nach ihren *akustischen Eigenschaften*
gab HERMANN (9), der mit seiner phonographischen Methode schon brauchbare

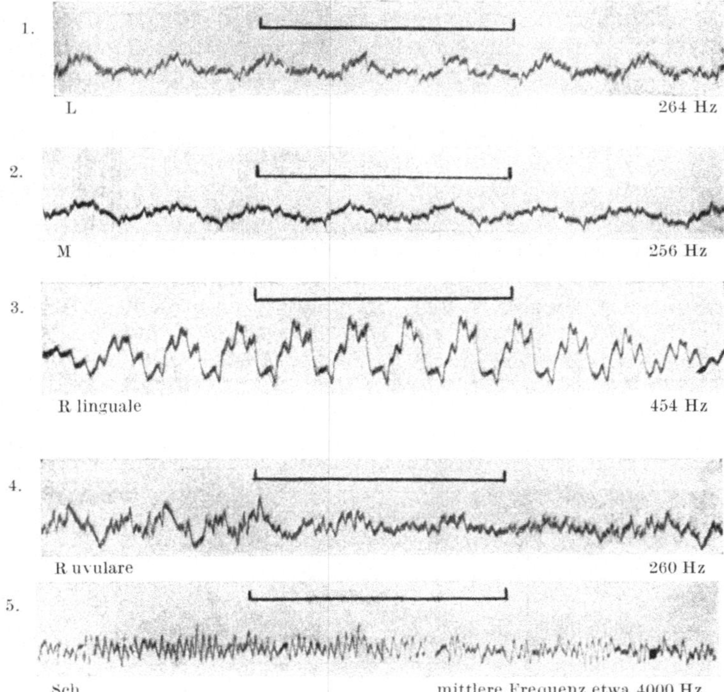

Abb. 52. Klangkurven von Konsonanten. Registrierung mit Kondensatormikrophon und Schleifenoscillograph
wie in Abb. 41. Die Kurven verlaufen von rechts nach links! Zeitmarke 0,01 sec. — In den Kurven der stimm-
haften Konsonanten L, M ist die Periode der Stimmbandschwingung (in Hz angegeben) deutlich ausgeprägt.
Beim R wird diese Grundtonschwingung in der Periode der Zungen- oder Zäpfchenschwingung „moduliert".
Das Maximum einer solchen längeren Periode liegt in Nr. 3 etwa in der Mitte des abgebildeten Ausschnittes.
Nr. 5 (Sch) gibt ein Beispiel für einen stimmlosen Konsonanten von reinem Geräuschcharakter.
[Nach F. TRENDELENBURG (1—3).]

Kurven auch der meisten Konsonanten aufzeichnen konnte. HERMANN unterschied *phonische* (stimmhafte) und *aphonische* (stimmlose) Konsonanten, in denen
sich die nachstehenden Gruppen unterscheiden lassen.
    A. *Phonische Konsonanten* (mit Mitwirkung der Stimme):
        1. Glatte Halbvokale: L, M, N, Ng.
        2. Remittierende Halbvokale: R (Lippen-, Zungen-, Gaumen-R).
        3. Phonische Dauergeräuschlaute: W, S, Th (engl. weich), J (franz.),
           J (deutsch).
        4. Explosivlaute: B, D, G.
    B. *Aphonische Konsonanten* (ohne Mitwirkung der Stimme):
        1. Aphonische Dauergeräuschlaute: F, Ss, Th (engl. hart), Sch, Ch (deutsch).
        2. Aphonische Explosivlaute: P, T, K.
Abb. 52 gibt mit Kondensatormikrophon und Schleifenoscillograph aufge-
nommene Klangbilder verschiedener Konsonanten nach F. TRENDELENBURG (*1* bis
3), die mit den Bildern der Vokale in Abb. 41 verglichen werden können. Man

232 Bildung der Stimm- und Sprachlaute.

sieht in den Kurven der glatten *Halbvokale* L und M die Periode des Grundtons, d. h. der Stimmbandschwingungen, deutlich ausgeprägt, der Vorgang ist aber nicht mehr so streng periodisch wie bei den Vollvokalen. Es mischen sich dem Klang Schwingungen bei, die offenbar durch den Luftstrom an den verschiedenen „Artikulationsstellen" und Räumen, an denen er vorbeistreicht, entstehen. HERMANN (*6, 9*) gab bereits für diese „Formanten" bei L eine Frequenz von 1300—1600, bei M und N von 1950—2200 Hz an, die man auch in den Kurven der Abb. 52 sieht. F. TRENDELENBURG findet außerdem für L ein Formantgebiet um 600 Hz. Darüber hinaus zeigen auch diese Konsonanten eine „Feinstruktur", die bis etwa 4000 Hz reicht und der Stimme ihre besondere Klangfarbe verleiht.

Beim R tritt als neuer Faktor die Mitwirkung relativ langsamer Schwingungen der Zunge *(R linguale)* oder des Zäpfchens *(R uvulare)* hinzu, die den austretenden Luftstrom in dieser Frequenz (20—40/sec) periodisch unterbrechen. So wird die Amplitude des in der Frequenz der Stimmbänder schwingenden Luftstromes in der Frequenz der Schwingungen der Zunge „moduliert". In Abb. 52 ist in der Klangkurve des Zungen-R ein Ausschnitt mit anwachsender und wieder abnehmender Amplitude des Stimmtones dargestellt. HERMANN sah

Tabelle 3. Einteilung der Konsonanten nach ihrer Bildungsweise.

Bildungsstelle		Bildungsart				
		Verschluß-laute	Reibelaute	Zitterlaute	L-Laute	Nasen-laute
Lippen oder Unterlippe und I Oberzähne	Stimmlos	P	F	(Lippen-R)		
	Stimmhaft	B	W			M
Vorderzunge und II Zähne	Stimmlos	T	SS			
	Stimmhaft	D	S			N
Zunge und III Vordergaumen	Stimmlos	T	vorderes Ch Sch	Zungen-R		
	Stimmhaft	D	J Sch		L	N
Zunge und IV Hintergaumen	Stimmlos	K	hinteres Ch	Gaumen-R		
	Stimmhaft	G	hinteres Ch		Ll	Ng

beim R meist zwei deutliche Formantgebiete bei etwa 1000 und 2000 Hz. Die „Feinstruktur" des R liegt bei F. TRENDELENBURG wieder zwischen 2500 und 4000 Hz.

Die höchsten Frequenzen als charakteristischen Bestandteil des Lautes enthalten unter den „aphonischen Dauergeräuschlauten" die *Zischlaute* Ss, Sch und Ch. Im S finden sich Frequenzen bis zu 6000 Hz und mehr, wie zuerst O. WEISS (*2, 6*) schon mit der Seifenlamelle seines Phonoskops als Registriermembran objektiv nachweisen konnte. Auch das Sch der Abb. 52 zeigt diese Frequenzen, die die Schwierigkeiten der Übertragung dieser Laute im gewöhnlichen Fernsprechverkehr verständlich machen. Die charakteristischen Schwingungen der *Explosivlaute* entstehen durch Verschlußsprengung, ähnlich wie auf S. 227 für die Bestimmung des Eigentones der Mundhöhle beschrieben. Die auftretenden Schwingungen sind bei fortlaufend gesprochenem Text in Oktavsieboscillogrammen deutlich zu sehen, wie das Beispiel der Abb. 75 (S. 265) zeigt.

Eine Ordnung der Konsonanten nach dem *Prinzip ihrer Entstehung* gibt die Tabelle 3 [nach NADOLECZNY (*2*)], aus der gleichzeitig auch das Wesentliche über den Mechanismus ihrer Bildung ersichtlich ist. Einige Laute können, wie aus der Zusammenstellung hervorgeht, verschieden gebildet werden, z. B. das T, wobei der Einfluß des vorausgehenden oder nachfolgenden Vokals von Bedeutung ist. Die 4 Artikulationsstellen sind in der Abb. 53 schematisch dargestellt. Eine weitere Artikulationsstelle zwischen Zungenrücken und hinterer Rachenwand wird nur bei gewissen Lauten semitischer und afrikanischer Sprachen benutzt. Bei den Nasenlauten (M, N, Ng) (Resonanten) ist die Mundhöhle geschlossen und die Verbindung zur Nase offen (s. S. 268).

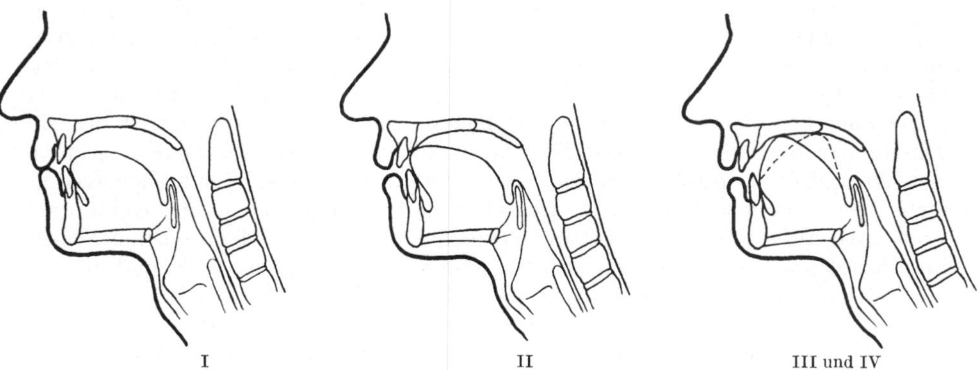

Abb. 53. Die für die Bildung der Konsonanten in Frage kommenden Artikulationsstellen (I—IV). Vgl. Tabelle 3. I Ober- und Unterlippe, II Vorderzunge und Zähne, III und IV Zungenrücken und Vorder- bzw. Hintergaumen. Alle Artikulationsstellen im geschlossenen Zustand, schematisch. (In Anlehnung an BARTH.)

4. Die Verknüpfung der Vorgänge bei der Stimmbildung.

Um den Mechanismus der Stimmklangbildung zu übersehen, ist es erwünscht, alle Schwingungsvorgänge, die von dem primären Schwingungsvorgang an den Stimmbändern ihren Ausgang nehmen, auch in ihrer gegenseitigen zeitlichen Beziehung möglichst genau zu kennen. Es handelt sich dabei vor allem um die Frage, inwiefern außer der Mundhöhle auch *Schwingungen anderer angren- zender Lufträume,* insbesondere des mittleren Kehlraumes, der Luftröhre und des Brustkorbes an der Stimmklangbildung beteiligt sind, ferner darum, ob die *Abstrahlung von Schall von der Körperwand* einen merklichen Beitrag zu dem endgültigen Luftklang liefern kann. Dann erst wären die Vorstellungen zu diskutieren, die man sich auf Grund aller dieser Tatsachen von der *Entstehung* der *Sprachlaute,* besonders der Vokale, im Stimmapparat machen kann. An- schließend soll auf die Versuche, *künstliche Sprachlaute* zu erzeugen eingegangen werden, die man früher auch mit Nutzen für die Aufklärung der Beschaffenheit und zur Feststellung der charakteristischen Eigenschaften, insbesondere wieder der Vokalklänge, mit heranzog, während heute die „synthetische Sprache" im wesentlichen ein interessantes, praktisch gelöstes technisches Problem der Elektroakustik darstellt.

a) Schwingungen in angrenzenden Lufträumen, Windraum- und Körperwandschwingungen.

Über die Bedeutung des *mittleren Kehlraumes* für den Stimmklang und seine Bildung, also auch der Ventrikel des Kehlkopfes und der Taschenbänder, gibt es bisher meist nur theoretische Betrachtungen ohne sichere objektive Grund- lagen. Daß der Raum oberhalb der Stimmbänder eine wichtige Bedeutung hat, wird trotzdem allgemein angenommen, teils auf Grund von Versuchen am

Hundekehlkopf [R. du Bois Reymond, Katzenstein (3, 5)], teils auf Grund theoretischer Überlegungen über die Stimmlippenschwingungen [D. Weiss (1)]. Das kleine Volumen der Ventrikel beim Menschen (schätzungsweise 0,5—1 cm³) spricht sicher nicht, wie Giesswein meinte, gegen die Annahme, daß ihr Luftraum zu Schwingungen angeregt werden kann. Auf die großen, den menschlichen Ventrikeln des Kehlkopfs und ihren Appendices entsprechenden Schallsäcke mancher Affen, die in bestimmten Fällen „schallverstärkend" wirken könnten, sei hier nur hingewiesen [s. Scharrer, W. Trendelenburg (2)].

Auch die Stellung der *Epiglottis* spielt, wie schon Garcia 1855 angab, für die Stimmklangbildung eine wesentliche Rolle. Wenn der Kehldeckel sich senkt, gewinnt die Stimme nach Garcia an Glanz (d. h. sie enthält mehr hohe und höchste Teiltöne), ist der Kehldeckel aufgerichtet, so ist die Stimme sofort „verschleiert". Beim „Decken" eines Tones beim Kunstgesang, durch das ein Ton in der höchsten Lage der Mittelstimme beim Übergang zur Kopfstimme weicher und etwas dunkler erklingt, gegenüber seiner hellen oder grellen Klangfarbe beim „ungedeckten" Ton, richtet sich dementsprechend der Kehldeckel nach vorn auf (s. S. 257). Daß die Form dieser Räume und ihre Dimensionen für die relativ hochfrequenten Schwingungen mitbestimmend sein müßten, die im Stimmklang, besonders beim Öffnen und Schließen der Stimmritze nachweisbar sind, wurde schon oben (S. 226) angedeutet. Dort wurde auch festgestellt, daß dabei vermutlich Wirbelbildung und „Selbsterregung" solcher Schwingungen durch den Luftstrom eine Rolle spielt, der gerade im Raum dicht oberhalb der Stimmritze seine größte Geschwindigkeit hat.

Inwiefern der *Pharynx* (Schlundkopf) einen eigenen Resonanzraum darstellt und nicht nur als Fortsetzung des Mundhöhlenresonators wirkt, ist auch nur theoretisch diskutiert. Husson und Tarneaud (1, 2) glauben, daß beim Kunstgesang ein Ton dann unter den günstigsten Bedingungen erzeugt wird, wenn der Pharynxraum (in den sie auch den Raum zwischen Stimmlippen und Kehldeckel einbeziehen) dem „Larynxton" die besten Resonanzbedingungen bietet [s. auch Husson (1)]. Dementsprechend müsse der Kehlkopf beim Singen höherer Töne, entgegen anderen Meinungen, höher stehen als bei tiefen, um diesen Raum zu verkleinern. Auch Curry fand bei der Untersuchung dieser Verhältnisse an einer Sopranistin, daß Kehlkopf und Zungenbein beim Singen des Vokals A auf verschiedene Tonhöhen (von 208—1024 Hz) sich mit zunehmender Höhe des Tones um bis zu 18 bzw. 20 mm hoben.

Die Kenntnis der Eigenschaften und Schwingungen des *Windrohrs*, d. h. des Bronchialsystems einschließlich Trachea, sind im Hinblick auf die Möglichkeit der Beeinflussung der anderen schwingenden Systeme durch Koppelungserscheinungen von Bedeutung. Oben (S. 207) wurden Versuche an Kehlkopfmodellen erwähnt, bei denen für das Ergebnis der Versuche mit künstlichen Ansatzrohren die Länge des (ebenfalls künstlichen) Windrohres von Bedeutung war [E. Müller (2)]. Die Untersuchungen am natürlichen Windrohr des lebenden Menschen zeigen jedoch, daß das System Trachea + Bronchien + Lungen einen so tiefen Eigenton und eine so hohe Dämpfung hat, daß ein Einfluß auf den Stimmklang im allgemeinen nicht zu erwarten ist.

Schon aus der Analyse von Atemgeräuschen, wie sie auf Grund von Frequenzspektrogrammen von Pierach (1, 3) durchgeführt sind, kann man schließen, daß die *Resonanzkurve des Windrohrs* ihr Maximum unterhalb von 100 Hz hat. Die Resonanzkurve ist ferner von W. Trendelenburg und Stahl aus der relativen Amplitude der Teiltöne auf verschiedene Tonhöhen gesungener Vokale abzuleiten versucht. Es ergibt sich die in Abb. 54 dargestellte Kurve, die ihr Maximum erst unter 80 Hz erreicht [W. Trendelenburg (8, 9)]. Das Verstärkungsgebiet um 700 Hz (das Formantgebiet des Vokals) wäre auf das Ansatzrohr zurückzuführen, die von etwa 300 Hz nach tiefen Frequenzen zu ansteigende Amplitude auf die Resonanz des *Windrohres*, da anzunehmen ist, daß die Luftschwingungen in der Luftröhre und den großen Bronchien annähernd die gleiche Form haben wie in der Mundhöhle [W. TRENDELENBURG (2)]. Dies geht insbesondere auch aus der Untersuchung von Fällen mit „Bronchophonie" bei Ausfüllung der Lungenalveolen mit Flüssigkeit hervor [PIERACH (2, 3)].

W. TRENDELENBURG (8) hat weiterhin die Eigenfrequenz und das Dekrement des Windrohrsystems durch Stoßerregung mittels Fingeranpralls und Registrierung sowohl des Luftschalles, als auch der Schwingung der gegenüberliegenden

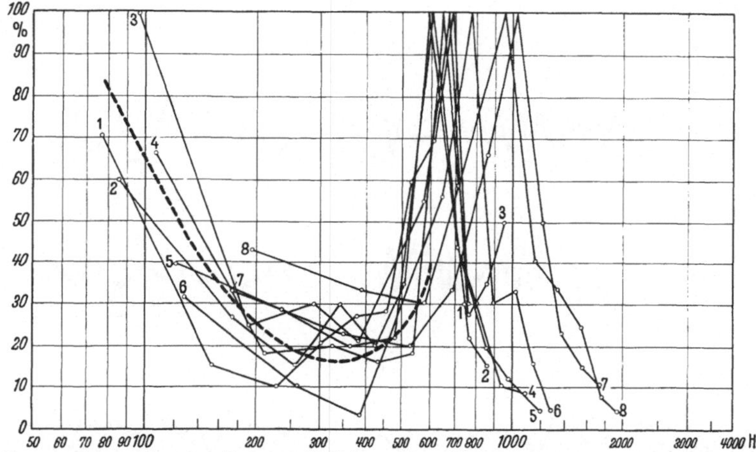

Abb. 54. Resonanzkurve der verschiedenen Lufträume des Stimmorgans, ermittelt aus FOURIER-Analysen von 8 Aufnahmen des auf verschiedene Grundtonhöhen (zwischen 75 und 200 Hz) gesungenen Vokals A. Die Amplitude der stärksten Teilschwingung ist = 100 gesetzt, die wahrscheinliche Resonanzkurve dick gestrichelt. Außer dem Maximum im Frequenzbereich des Eigentones des Ansatzrohres ergibt sich ein Anstieg der Amplituden zu tiefen Frequenzen, der sein Maximum unterhalb von 100 Hz erreicht und als Resonanz des Windrohres (Tracheobronchialrohr) zu deuten wäre. [Nach W. TRENDELENBURG (8).]

Trachealwand mit einem schallharten Mikrophon direkt bestimmt. Es ergaben sich entsprechend den indirekt erhaltenen Werten Frequenzen zwischen 80 und 90 bzw. 50—60 Hz. Das natürliche logarithmische Dekrement betrug im Mittel 0,7, es ist also 2—3mal so groß als das der Schwingungen des oberen Ansatzrohres (s. S. 227). Durch diese hohe Dämpfung, offenbar infolge der Weichheit der Wand und der Verzweigung des Raumes, werden störende Koppelungseinflüsse vermieden. So stellen Anblaseluft und Stimmlippen nur ein einziges ungedämpftes System dar, das mit einem zweiten, der Luft des oberen Ansatzrohres, so schwach gekoppelt ist, daß auch hier im Resonanzfall keine wesentlichen Frequenzstörungen zustande kommen — im Gegensatz zu der gewöhnlichen Zungenpfeife, bei der *drei* miteinander gekoppelte schwingungsfähige Systeme (Windraum, Zunge, Luftraum) berücksichtigt werden und aufeinander abgestimmt sein müssen, wenn die Pfeife gut ansprechen soll (S. 206).

Das Mitschwingen anderer Lufträume im Körper und der Körperwandungen ist auch im Hinblick auf die zweite Frage, die nach der Bedeutung des so *abgestrahlten Schalles* für den Stimmklang im Luftraum, von W. TRENDELENBURG (2) sorgfältig untersucht. Dabei wurden meist unter gleichzeitiger Registrierung des Stimmklanges die Körperwandschwingungen an den verschiedensten Stellen mit einem schallharten Mikrophon nach SELLE, wie es besonders für die Aufnahme von Herztönen benutzt wird, aufgezeichnet. Einige der so erhaltenen Ergebnisse sind in Abb. 55 dargestellt. Gesungen wurde von einer Baßstimme auf den

Ton A (110 Hz). Man sieht, daß die Schwingungen der Kehlkopfwand den Luftschwingungen am ähnlichsten sind. Bekanntlich kann man den Stimmklang mittels eines „Kehlkopfmikrophons" abnehmen und zur elektrischen Übertragung des Stimmklanges benutzen, wenn eine Übertragung durch die Luftschwingungen nicht möglich ist. An der Brustwand und am Schädeldach ist im wesentlichen nur noch die Grundschwingung übriggeblieben. Ähnlich fanden SATTA und

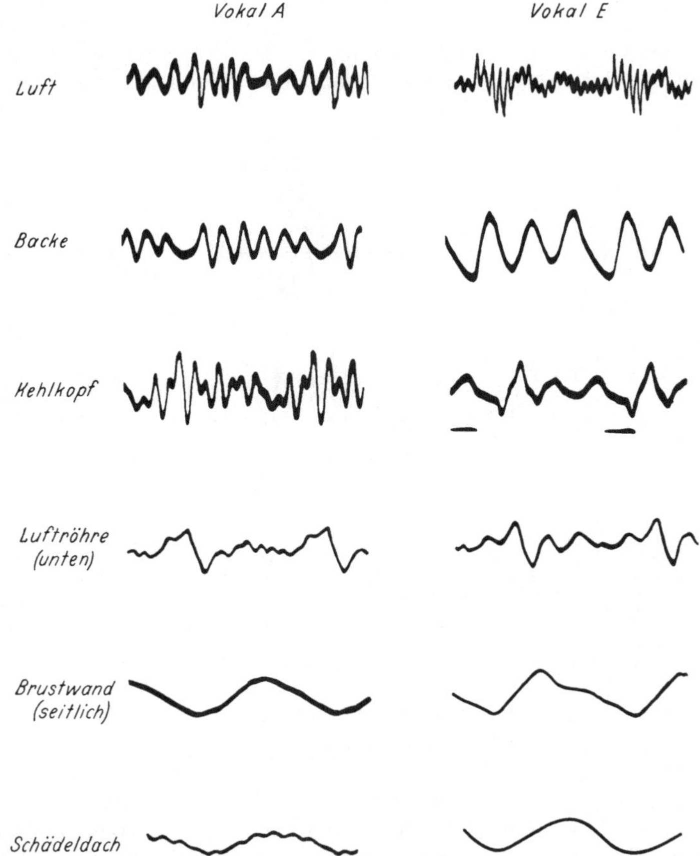

Abb. 55. Luftschall und Körperwandschwingungen beim Singen der Vokale A und E von einer Baßstimme auf den Ton A (110 Hz). — Die höheren Frequenzen des Luftschalls sind in den Körperwandschwingungen mit zunehmender Entfernung vom Kehlkopf mit immer geringeren Amplituden enthalten. Der hohe E-Formant fehlt bereits in der Kehlkopfwandschwingung. [Nach W. TRENDELENBURG (9).]

KITAGAWA, daß bei Tonentnahme in der Zungenbeingegend die Vokale noch deutlich zu unterscheiden sind. Sie verlieren jedoch ihren Vokalcharakter und können nicht mehr unterschieden werden, wenn sie am Übergang vom Kehlkopf zur Trachea entnommen werden.

Diese Veränderungen bei der Fortleitung des Schalles durch die Körperwände sind offenbar die Ursache dafür, daß man den Klang der eigenen Stimme, wenn er auf Grund des aufgenommenen Luftklanges im Lautsprecher wiedergegeben wird, als fremd empfindet. W. TRENDELENBURG (4) hat die Schwingungen der abgeschlossenen *Gehörgangluft* bei der eigenen Stimmgebung mit denen verglichen, die vom *Kiefergelenkkopf* abgenommen werden können. Sie sind sich bei den verschiedenen untersuchten Vokalen A, E und I weitgehend ähnlich, jedoch von denen in der Außenluft durch Bevorzugung der tieferen Frequenzen

verschieden. Der Weg dieser inneren Schallzuleitung führt beiläufig, wie
v. Békésy gezeigt hat, stets über das Mittelohr und erfolgt nicht durch
„Knochenleitung", wie man meist zu sagen pflegt.

An die Außenluft abgestrahlt werden von diesen Körperwandschwingungen
im allgemeinen nur relativ kleine Bruchteile der Schwingungsenergie, wie bereits
oben (S. 217) begründet wurde. Cotton stellte dementsprechend fest, daß z. B.
die Schallstärke beim Singen des Vokals A auf den Ton G (97 Hz) beim „Durch-
gang durch die Thoraxwand" um 30 Dezibel abgeschwächt wurde. Für andere
Töne zwischen 97 und 194 Hz ergaben sich Schwächungen zwischen 34 und
26 Dezibel.

Eine Ausnahme machen die *stimmhaften Klänge der Nasenlaute* M und N,
die auch bei völlig geschlossener Mund- und Nasenöffnung eine kurze Zeit (bis
die Mundhöhle mit Luft gefüllt ist) deut-
lich hörbar „gesummt" werden können.
Die abstrahlenden Wandstellen sind in
diesem Fall, wie man schon durch den
Tastsinn feststellen kann, die Nasen-
flügel, die seitliche Umgebung der Mundöffnung, der Schildknorpel und der obere
Teil der Luftröhre. Besonders groß sind
die Schwingungsamplituden am Mund-
boden, wie W. Trendelenburg (*2, 4*)
durch Registrierung der Schwingungen
der verschiedenen Stellen mit schallhartem
Körperwandmikrophon zeigen konnte.

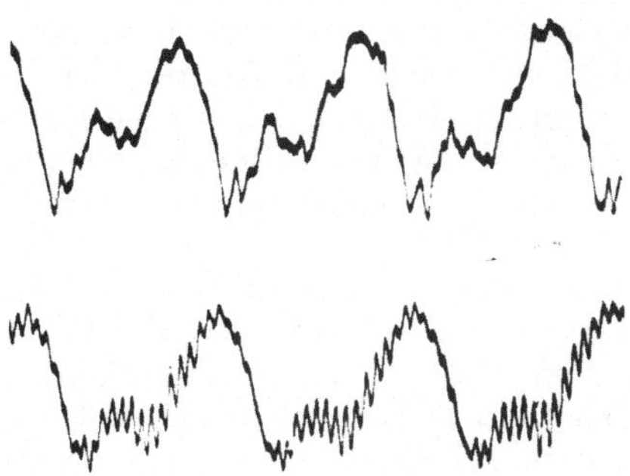

Abb. 56. Luftklangkurven der stimmhaften Laute
M (oben) und N (unten) bei verschlossener Nasenöffnung. Aufnahme mit Kondensatormikrophon,
Tonhöhe etwa 165 Hz. Mitte: Zeitmarken 0,01 sec.
In den nur von den Wänden abgestrahlten Klängen
sind Frequenzen von etwa 2500 Hz und 3500 Hz
(N) sehr deutlich zu sehen. Die beiden Laute sind
dementsprechend deutlich als M und N zu unterscheiden. [Nach W. Trendelenburg (*4*).]

Auch die höheren Teilschwingungen, die
bei den mit offener Nase gesprochenen
Lauten M und N bis zu etwa 3000 Hz
im Luftklang vorhanden sind, lassen sich
in den von der Körperwand bei geschlossener Nase an die Luft abgestrahlten
Klängen nachweisen (Abb. 56). Dem entspricht der auch bei verschlossener
Nase noch deutlich als M oder N erkennbare Klang. Jedenfalls wird bei diesen
Lauten auch bei normaler Phonation mit offener Nase der von den Körperwandungen abgestrahlte Schall mit ins Gewicht fallen. W. Trendelenburg
schätzt aus Amplitudenmessungen, daß bei dem mit offener Nase gesungenen
stimmhaften M etwa 16% der gesamten Schallenergie von der Körperwand,
die übrigen 84% von der Nasenöffnung aus abgestrahlt werden.

b) Vokaltheorien.

Die Frage nach der Entstehung der Stimm- und Sprachlaute, insbesondere
die nach den Vorgängen bei der Entstehung der Vokale, hat zu lebhaften Diskussionen Anlaß gegeben. Es standen sich die Helmholtzsche „*Resonanztheorie*"
und die Hermannsche Theorie der Vokalentstehung, die Hermann selbst als
„*Anblasetheorie*" bezeichnete, eine Zeitlang schroff gegenüber. Heute wird der
Unterschied meist nur als scheinbar oder formal hingestellt. Die Hermannsche
Theorie bedeute nur einen Spezialfall der Helmholtzschen Theorie, die allgemein
„richtig" sei [F. Trendelenburg (*2, 6*)]. Diese Auffassung ist bis zu einem
gewissen Grade berechtigt, da vieles, was von Hermann im Beginn seiner Be-
schäftigung mit den Vokalen als wesentlicher Unterschied gegenüber der Resonanztheorie hervorgehoben wurde, in der Tat von der Theorie der erzwungenen

Schwingungen bei genügender Verallgemeinerung mit erfaßt wird. Den Kernpunkt der Vorstellungen HERMANNs, der in dem Begriff des „Anblasens" liegt. berührt jedoch eine solche Darstellung nicht (LULLIES).

Nach der HELMHOLTZschen *Resonanztheorie* werden die im allgemeinen streng periodischen Klangbilder der Vokale dadurch erzeugt, daß die Luftschwingungen. die das System Stimmbänder-Ausatmungsstrom liefert, die Lufträume des Ansatzrohres entsprechend ihrer Eigenfrequenz und ihrer Dämpfung *nach den Gesetzen der Resonanz* zum Mitschwingen bringen. HERMANN glaubte jedoch. daß die primäre Luftschwingung, die die Stimmritze entläßt, nicht, oder nicht immer den Verlauf hat, den sie haben müßte, um nach der Resonanzgleichung den Verlauf der Schwingungen im Luftraum aus ihnen abzuleiten. Sie erhält nach ihm diesen Verlauf erst durch die Mitwirkung des Ansatzrohres, und zwar nicht etwa nur nach dem Ansatz für erzwungene Schwingungen — auch von Systemen mehrerer Freiheitsgrade —, sondern *nach dem Prinzip des „Anblasens".* d. h. so, wie der Luftstrom den Luftraum einer Lippenpfeife zum Schwingen bringt, ohne daß er *primär* die Periodik des Luftraums enthält. Dieses Anblasen würde streng periodisch in der Periode des Stimmklanges erfolgen und damit zum Auftreten der ebenfalls streng periodischen Vokalklänge führen.

Es trifft also keineswegs das Wesentliche der HERMANNschen Theorie, wenn man sie als „Stoßtheorie" bezeichnet (eine Bezeichnung, die einer von SCRIPTURE vertretenen „Pufftheorie" der Vokalentstehung zukommt), oder wenn man nach einem „unharmonischen Formanten" als Teilton in der Vokalperiode sucht. Die Tatsachen, daß manche Vokalschwingungen wie durch einen Stoß angeregte gedämpfte Eigenschwingungen ablaufen, daß der Eigenton der Mundhöhle in der Regel nicht harmonisch zum Grundton liegt und daß die Formanten als Eigentöne der Mundhöhle in manchen Fällen vorteilhafter direkt aus der abklingenden „Eigenschwingungskurve" des Resonators entnommen, als durch die FOURIER-Analyse ermittelt werden können, sind für die Frage „HELMHOLTZsche oder HERMANNsche Theorie" im Grunde nebensächlich. Sie können jederzeit durch die Resonanztheorie dargestellt werden — allerdings nicht durch die einfache Resonanzgleichung für ein System von einem Freiheitsgrade, denn der „Stoß", der die Schwingungen anregt, müßte bei einem solchen Ansatz, wie BROEMSER gezeigt hat, für jeden Vokal einen anderen Verlauf haben, in dem die Formantschwingung bereits sehr ausgeprägt enthalten sein müßte. *Formal* würde aber der Verlauf jeder Vokalperiode bei „richtiger Wahl des FOURIER-Ansatzes des Öffnungsvorganges (der Stimmritze) und Einsetzen der entsprechenden Werte der Eigenfrequenz und der Dämpfung der Resonanzsysteme im Ansatzrohr" aus den Resonanzgleichungen abgeleitet werden können [F. TRENDELENBURG (6)].

Wenn man dagegen mit HERMANN die Frage aufwirft, *wie der primäre Vorgang die vorauszusetzenden Eigenschaften erhält,* dann kann man offenbar nicht von dem FOURIER-Ansatz ausgehen und ihn so wählen, daß sich die erzeugte Schwingung aus ihm ergibt, sondern muß die beteiligten Vorgänge, die Stimmlippenschwingungen, die Vorgänge im Windraum und im Luftraum und ihre gegenseitigen Beziehungen möglichst genau kennenzulernen suchen. Untersuchungen mit diesem Ziel wurden zuerst von O. WEISS (7, 8) an Zungenpfeifen und Kehlkopfpräparaten, von LULLIES an Zungenpfeifen und vor allem von W. TRENDELENBURG an Präparaten vom Tier- und Menschenkehlkopf, aber auch am lebenden Menschen angestellt. Sie sind zum Teil schon oben erwähnt.

In den Untersuchungen von F. und W. TRENDELENBURG zeigten sich im Stimmklang der Vokale in jeder Periode zwei Gruppen von relativ hochfrequenten Schwingungen, die mit der Öffnung und Schließung der Stimmritze im Zusammenhang stehen müßten (s. Abb. 46, S. 225). Bei einem von einer Altstimme auf der Tonhöhe von 250 gesungenen Vokal O betrug die Frequenz dieser Schwingungen etwa 7000 Hz. VIERLING und SENNHEISER fanden ebenfalls mit der Oktavsiebmethode Frequenzen bis zu 10000 Hz, als „harmonische Bestandteile" in gesprochenen Vokalen. Sie schließen aus dieser Tatsache auf den Verlauf der Stimmbandschwingungen, denn man weiß, „welche Eigenschaften ein Stoß ungefähr haben muß, um Frequenzen bis zu dieser Höhe zu enthalten". Es ist dieselbe soeben erwähnte Betrachtung, die BROEMSER für die Ableitung des vermutlich für die Anregung der Formantschwingungen verantwortlichen Luftstoßes anstellte. Danach würde, um das Auftreten solcher Frequenzen als erzwungene Schwingungen verständlich zu machen, ein Verhältnis von Stimmritzenöffnung:Stimmritzenschluß von 1:10 bis 1:15 zu fordern sein.

Bei der Bruststimme betragen demgegenüber die kleinsten am Lebenden aus der Luftklangkurve erschlossenen Öffnungsquotienten bei tiefen Tönen 0,3—0,2, sie haben jedoch meist größere Werte (F. und W. TRENDELENBURG, s. auch TARNOCZY). Auch ist der Verlauf dieser Gruppen hochfrequenter Schwingungen, die sich an- und abschwellend über beträchtliche Teile der Vokalperiode erstrecken können, derart, daß es nicht gut möglich erscheint, die für ihre Anregung nach der Resonanzvorstellung notwendigen hohen Frequenzen als von vornherein durch die Stimmbandschwingungen gegeben vorauszusetzen. Sie könnten dagegen zwanglos als „selbsterregte Schwingungen" im Raum über den Stimmbändern gedeutet werden, eine Möglichkeit, die schon oben (S. 226) erwähnt wurde und die nichts anderes bedeutet als das „Anblasen", das nach HERMANN bei der Anregung der Schwingungen des Ansatzrohres entscheidend mitwirken soll. Die so erzeugten Schwingungen wären streng periodisch, wenn der Vorgang, der die Selbsterregung herbeiführt, in jeder Periode den völlig gleichen Verlauf hat und das System soweit gedämpft ist, daß die Schwingungen mit jeder Periode neu einsetzen.

Daß ein solcher Mechanismus nicht nur möglich ist, sondern bei der Erzeugung des Klanges bestimmter Zungenpfeifen tatsächlich vorliegt, ist von LULLIES an Pfeifen mit aufschlagender metallischer Zunge nachgewiesen. Bei dieser Untersuchung wurden gleichzeitig die Zungenschwingungen (mit Schattenschrift), die Luftraumschwingungen und die Schwingungen im Windraum der Pfeife (mit kleinen Membranen und Spiegelregistrierung, Eigenfrequenz 4000—5000 Hz) aufgezeichnet. Abb. 57 zeigt die Schwingungen im Luftraum von zwei Pfeifen mit röhrenförmigen Zungenträgern verschiedener Länge. Der Grundton betrug in beiden Fällen 145 Hz, die Frequenz der streng periodischen, in jeder Periode charakteristisch abklingenden höher frequenten Luftraumschwingungen etwa 2000 bzw. 1400 Hz. Nach Aufsetzen von Resonatoren auf die Pfeife haben diese „Formantschwingungen" eine entsprechend niedrigere Frequenz. Sie klingen aber alle in ähnlicher Weise ab und setzen mit der Periode des Grundtons neu ein, gleichgültig in welcher Phase sich gerade die Schwingung des Luftraumes befindet. Der Klang hat infolgedessen bei einer entsprechenden Frequenz des „Formanten" auch deutlichen Vokalcharakter.

Man könnte zunächst die streng periodischen Vorgänge im Luftraum als Schwingungen auffassen, die durch einen „Luftstoß" erzwungen werden, der im Augenblick der sich öffnenden oder schließenden Zungenöffnung, d. h. beim Aufschlagen der Zunge, entsteht. Die Untersuchung der zeitlichen Verhältnisse der Vorgänge in der Pfeife zeigt jedoch, daß die Schwingungen im Luftraum gerade *dann* mit ihrer größten Amplitude einsetzen, wenn die Zunge die Öffnung *am weitesten* freigibt, also die Bedingungen für das Vorhandensein eines „Luftstoßes", jedenfalls durch den Verlauf der Zungenschwingung, nicht gegeben sind. Abb. 58 gibt in der genauen Nachzeichnung einer Originalkurve eine Darstellung der zeitlichen Beziehungen. LULLIES sieht eine Erklärungsmöglichkeit für dieses Verhalten nur in einer „Selbsterregung" der Schwingungen des Luftraumes der Pfeife, die dann erfolgt, wenn bei einer gewissen Weite der Zungenöffnung die Strömung der Luft zu Wirbelbildung und zu Druckänderungen führt, die in der Frequenz der Luftraumschwingungen gesteuert, solange andauern, wie die Geschwindigkeit des Luftstromes oder die „Spaltbedingungen" es zulassen, meist aber nur zu 1—2 Stößen führen, worauf die Schwingungen im Luftraum nahezu unbeeinflußt abklingen.

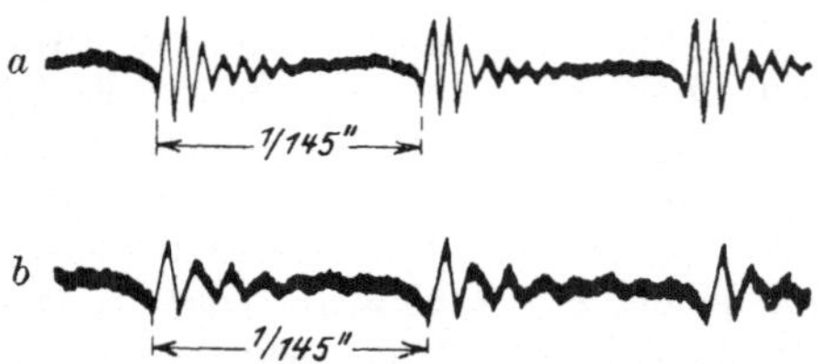

Abb. 57. Luftraumschwingung zweier verschiedener Pfeifen mit aufschlagender metallischer Zunge. Grundton in beiden Fällen d (145 Hz). Bei der Pfeife a kommen etwa $13^1/_2$ (etwa 2000 Hz), bei der Pfeife b etwa 10 (etwa 1400 Hz) frequente Formantschwingungen auf eine Periode, die durch einen relativ kurzdauernden Vorgang im Beginn der Periode erzeugt werden müßten, um dann als kaum beeinflußte gedämpfte Eigenschwingung abzuklingen. (Nach LULLIES.)

Das was sich hier in der *Pfeife* abspielt, glaubt HERMANN auch bei der Bildung der Vokale annehmen zu müssen und nennt diesen Mechanismus „Anblasen". Er hat das in seiner letzten Arbeit zu der Frage [HERMANN (*11*)] mit aller Deutlichkeit ausgesprochen und stellt dort auch noch einmal die Gründe zusammen, die nach seiner Meinung die Annahme eines solchen Mechanismus bei der Anregung der Schwingungen im Ansatzrohr verlangen. Die letzte Entscheidung darüber, ob die Verhältnisse auch im menschlichen Kehlkopf so liegen, ist offenbar nur möglich, wenn, wie in den beschriebenen Versuchen an der Zungenpfeife, auch im menschlichen Stimmapparat die beteiligten Vorgänge, die Stimmlippenschwingungen, die Luftraumschwingungen, und möglichst auch die Druckänderungen im Windraum in ihren Zeit- und Amplitudenverhältnissen bekannt sind. W. TRENDELENBURG hat dieses Ziel mit seinen Arbeiten verfolgt. Er hat, wenn er auch ausdrücklich die Frage der strittigen „Vokaltheorien" von seinen Betrachtungen ausschloß, mit seinen Versuchen am Kehlkopfpräparat und in den Untersuchungen (mit F. TRENDELENBURG) mit dem Oktavsiebverfahren am Menschen wichtige Beiträge auch zu diesen Fragen geliefert.

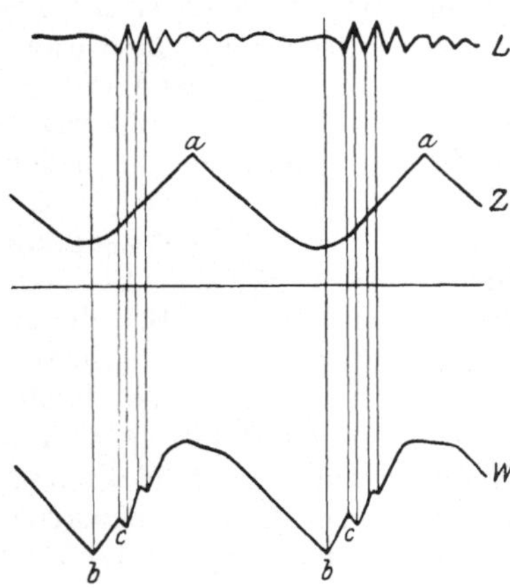

Abb. 58. Die zeitlichen Beziehungen zwischen Luftraum- (L), Zungen- (Z) und Windraumschwingungen (W) in einer Pfeife mit aufschlagender metallischer Zunge. Vergrößerte Nachzeichnung nach dem Original. Frequenz des Grundtons 145 Hz, der frequenteren Schwingungen im Luftraum 1800 Hz. a Zeitpunkt des Aufschlagens der Zunge; b—c plötzlicher Anstieg des Windraumdruckes, kurz darauf Einsetzen der Windraumschwingungen. Der Abstand der registrierenden Membran von der Zungenöffnung betrug etwa 10 cm entsprechend einer Verspätung der Luftraumschwingungen gegenüber den im Windraum sichtbaren Schwingungen um etwa eine halbe Periode der 1800 Hz-Schwingung. (Nach LULLIES.)

Es müßte mit den heutigen Hilfsmitteln möglich sein, auch am *Menschen* bei der Phonation die beteiligten Vorgänge *gleichzeitig* aufzuzeichnen, um festzustellen, in welchem Umfang dieser „Anblasemechanismus" für die Erzeugung des vorauszusetzenden Stoßes oder der Stöße des primären Stimmklanges eine Rolle spielt. Seine Annahme würde nötig werden, wenn Frequenzen im Stimmklang auftreten, ohne daß die Stimmbandschwingung allein einen zureichenden Grund für ihr Auftreten in der betreffenden Schwingungsphase liefern kann. Daß durch einen solchen Mechanismus ein streng periodischer Vorgang in Gang gesetzt werden kann in einer Phase des primären

Vorganges, in der zunächst keinerlei Ursache für die Entstehung eines Luftstoßes erkennbar ist, zeigen die erwähnten Untersuchungen von LULLIES an Zungenpfeifen.

Man kann also sagen: Die Zusammensetzung der Vokalklänge ist bis in alle Einzelheiten bekannt. Niemand kann bezweifeln, daß diese Klänge nach der HELMHOLTZschen Resonanztheorie als erzwungene Schwingungen schwingungsfähiger Lufträume gegebener Eigenschaften dargestellt werden können, wenn man einen geeigneten FOURIER-Ansatz für die anregenden Schwingungen des Luftstromes in der Stimmritze wählt. Über die „Richtigkeit" der HELMHOLTZschen oder HERMANNschen Vokaltheorie sagt aber diese Feststellung nichts aus, weil sie den tatsächlichen Divergenzpunkt der beiden Theorien gar nicht berührt. Für alle Fragen der physikalischen und technischen Akustik und auch der Phonetik, soweit sie sich mit den fertigen Stimmklängen befaßt, wird die Darstellung der Vokalklänge als FOURIER-Reihen und ihre Ableitung aus einem FOURIER-Ansatz nach der Theorie der erzwungenen Schwingungen völlig ausreichen und meist die einzig mögliche und allein praktisch verwendbare Darstellung sein. Von diesem Standpunkt aus könnte der Physiker auch die richtig verstandene HERMANNsche Theorie mit Recht als „phonetisch bedeutungslos" bezeichnen [F. TRENDELENBURG (6)]. *Physiologisch* bedeutungslos ist jedoch die Frage, in welcher Beziehung der Stimmklang zu den tatsächlich gegebenen Schwingungen der Stimmlippen steht, keineswegs.

In dieser Hinsicht sind zwar einige neue Tatsachen für die Auffassung von HERMANN ins Feld zu führen, z. B. wäre auch die Erzeugung der hochfrequenten Schall- und Ultraschallstöße durch kleine Nagetiere und Fledermäuse wohl überhaupt nur mit Hilfe solcher Vorstellungen zu verstehen. Wirklich entscheidende Untersuchungen am Menschen — die unter anderem auch die Vorgänge im Falsettregister zu berücksichtigen hätten, in dem von „Luftstößen" auf Grund der Stimmbandschwingungen zunächst keine Rede sein kann (s. S. 208) — liegen jedoch nicht vor. So bleibt die HERMANNsche Auffassung eine, wenn auch durch zahlreiche Argumente gestützte Theorie. Sie darf aber keinesfalls als belangloser Sonderfall der Resonanztheorie der Vokalentstehung hingestellt werden. Sie hat vielmehr mit ihrem Begriff des Anblasens für die Formung der erregenden Schwingung ein durchaus neues Moment in die den Physiologen angehenden Fragen gebracht, ähnlich wie die heutige hydrodynamische Theorie der Schwingungen der Basilarmembran der Schnecke in die HELMHOLTZsche Resonanztheorie des Hörens.

c) Künstlicher Aufbau und Abbau von Sprachlauten.

Die künstliche Nachbildung von Sprachlauten, insbesondere von Vokalen, verfolgte früher in erster Linie den Zweck, Näheres über das Wesen ihres Aufbaues zu erfahren, ebenso wie man auch durch Abbau, d. h. durch Auslöschung von Teiltönen oder Tonbereichen, und Beobachtung der Verständlichkeit der Laute Schlüsse auf ihre Zusammensetzung zu ziehen versuchte [vgl. GRÜTZNER (1), NAGEL, POIROT, SULZE (2)].

So hat schon WILLIS (1832) mit *Zungenpfeifen* und aufgesetzten Röhren verschiedener Länge Vokale nachgebildet und für die verschiedenen Vokalklänge Eigenschwingungsbereiche der Ansatzrohre festgestellt, die mit denen der heute bekannten Formantbereiche in manchen Fällen gut übereinstimmen. Eingehende Versuche stellte HELMHOLTZ mit Serien von elektrisch betätigten *Stimmgabeln* und Resonatoren an. Sie zeigten, ebenso wie spätere Untersuchungen von STUMPF (1) und von MILLER, daß es möglich ist, Sprachklänge aus harmonischen

Schwingungen zusammenzusetzen, wenn man über genügend obertonfreie Schallquellen verfügt. HERMANN (*11*) benutzte elektrisch angetriebene *Loch- und Schlitzsirenen* zum Anblasen von geeigneten Resonatoren oder gelochte oder geschlitzte *Eisenscheiben*, die vor den Polschuhen von Telephonmagneten rotierten, um zu zeigen, daß auch zur Grundtonperiode unharmonische Loch- oder Schlitzabstände gute Vokalklänge in einem Abhörtelephon lieferten [HERMANN (*10*)]. In eleganter Weise reproduzierte O. WEISS (*4, 5*) Sprachlaute in einem Telephon mit Hilfe einer *Selenzelle*, vor der sich ein beleuchteter Spalt befand, während eine Scheibe zwischen Spalt und Photozelle rotierte, auf deren Rand, der der Lautkurve entsprechend ausgeschnitten war, der Spalt mittels eines Linsensystems abgebildet wurde (s. auch O. WEISS und JOACHIM). Es ist das gleiche Verfahren, nach dem heute die sehr vollkommene Schallwiedergabe beim Tonfilm (nach dem Amplitudenverfahren) erfolgt. Endlich war auch der *Phonograph* ein Gerät, das in dieser Richtung eingesetzt wurde, indem schon HERMANN (*1*) unter anderem zeigte, wie bei Erhöhung der Abspielgeschwindigkeit die Vokale ihren Charakter verändern, da ihr Formant in höhere Bereiche der Tonskala rückt, während die Klangfarbe von Instrumenten im allgemeinen unbeeinflußt bleibt, da sie im wesentlichen vom Verhältnis der Amplitude der Teiltöne abhängt.

Abbauversuche mit *Interferenzröhren* nach QUINCKE, die schon von SAUBER-SCHWARZ (bei GRÜTZNER 1895) für die Klanganalyse benutzt wurden, stellte vor allem STUMPF (*1, 2*) an. Auch diese Versuche wurden ursprünglich im Hinblick auf eine „vokaltheoretische" Frage angestellt, die Frage nach dem Vorhandensein eines „unharmonischen" Formanten im Vokalklang, die nach dem oben Gesagten in dieser Form nicht sinnvoll ist und von vornherein ein negatives Ergebnis erwarten ließ. Von Bedeutung geblieben sind jedoch die Arbeiten von STUMPF über die Verständlichkeit der Sprache beim Abbau der Sprachlaute durch Abschneiden aller Komponenten oberhalb einer bestimmten Grenzfrequenz im Hinblick auf grundsätzliche Fragen der elektrischen Sprachübertragung.

Für die *stimmlosen* Laute ergab sich beispielsweise, daß bereits durch Abschneiden des Frequenzbandes oberhalb von 5000 Hz das S und Ch (palatinal) stumpfer und dunkler wird, bei einer oberen Grenze von 2000 Hz sind S, F, Ch (palatinal) ein ununterscheidbares Hauchen, T und P kaum unterscheidbar, M, N, Ng und L undeutlich. Unterhalb einer Grenze von 1000 Hz wird auch R zu einem dunklen, nur schwach intermittierenden Geräusch. Über die Veränderungen der *stimmhaften* Sprache beim Abschneiden der höheren Frequenzen gibt Tabelle 4 Aufschluß.

Tabelle 4. *Veränderungen der stimmhaften Sprache beim Abbau durch Interferenzröhren nach* STUMPF (*2*).

Obere Tongrenze	Sprache	Lautveränderungen im Einzelnen
es^4 2641 Hz	Noch ganz gut verständlich	I und Ü nach U, E nach O hin verändert
as^3 1642 Hz	Etwas nebelhaft, jedoch noch alles bei schärferem Aufmerken verständlich	I und Ü = U, E = O, Ö fast = O, Ä fast = Ao
es^3 1230 Hz	Vieles unverständlich, einzelne Worte in günstigem Zusammenhang verstanden	Ö = O, Ä = Ao
a^2 870 Hz	Nur selten ein Wort zu verstehen	A stark verdunkelt
e^2 652 Hz	Alles unverständlich, kein Wort auch nur zu erraten	Alle Vokale wie U oder dunkles O

Heute sind alle derartigen Untersuchungen durch *elektrische Verfahren* sehr viel einfacher und vollkommener möglich. Durch passende Mischung von Sinus- und Kippschwingungen, die bequem in geeigneten Oscillatoren mittels Elektronenröhren herzustellen sind, kann praktisch jeder beliebige Klang erzeugt werden [s. MEYER-EPPLER (*1*)] und durch elektrische Siebketten oder Hoch- und Tief-

paßfilter können elektrisch übertragene Laute durch Herausfiltern von Bestandteilen oder durch Beschneidung des Frequenzbandes in beliebiger Weise verändert werden [s. K. W. WAGNER (*1*)]. In Abb. 59 ist die „Logatomverständlichkeit" auch der deutschen Sprache (c) in Abhängigkeit von der oberen Grenzfrequenz, wie sie durch solche Messungen ermittelt ist, graphisch dargestellt. Als Logatom wird nach internationaler Übereinkunft das „mit einer einzigen sprachlichen Anstrengung hervorgebrachte, aus Sprachlauten zusammengesetzte Element des Redeflusses bezeich-

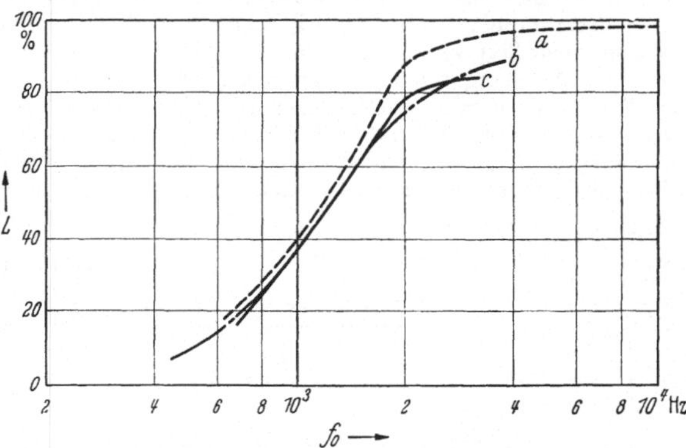

Abb. 59. Logatomverständlichkeit in Abhängigkeit von der oberen Grenzfrequenz des (elektrischen) Übertragungssystems nach H. PANZERBIETER (Europ. Fernsprechdienst **1938**, 105). *L* Logatomverständlichkeit; *a* nach Messungen des Sfert-Laboratoriums; *b* Verständlichkeitskurve nach FLETCHER; *c* Verständlichkeitskurve nach Messungen des Zentrallaboratoriums Siemens & Halske. [Nach F. TRENDELENBURG (*6*).]

net". Man sieht in Übereinstimmung mit den Angaben der Tabelle 4, daß bei einer oberen Frequenzgrenze von 1200 Hz nur noch etwa die Hälfte der Sprachelemente verständlich ist.

Ein besonders vollkommenes Gerät für die *Nachbildung der Sprachlaute*, das gut verständliche Sprache sogar in fortlaufendem Fluß erzeugen läßt, ist der von DUDLEY und Mitarbeitern entwickelte „*Voder*" (Voice operation demonstrator). Bei ihm wird ein im Prinzip schon von K. W. WAGNER (*3*) angegebenes Verfahren benutzt. Bei dieser Anordnung (Abb. 60) erzeugt ein Impulsgenerator (Multivibrator) (*G*) periodisch kurze Stromstöße, entsprechend den im Kehlkopf primär entstehenden „Luftstößen". Diese regen eine Vielzahl von parallel geschalteten Filtern (*F*), die den verschiedenen Resonanzräumen des Stimmapparates entsprechen, zu gedämpften Eigenschwingungen an, deren Amplitude beliebig eingestellt werden kann. Die Filterkreise sind voneinander

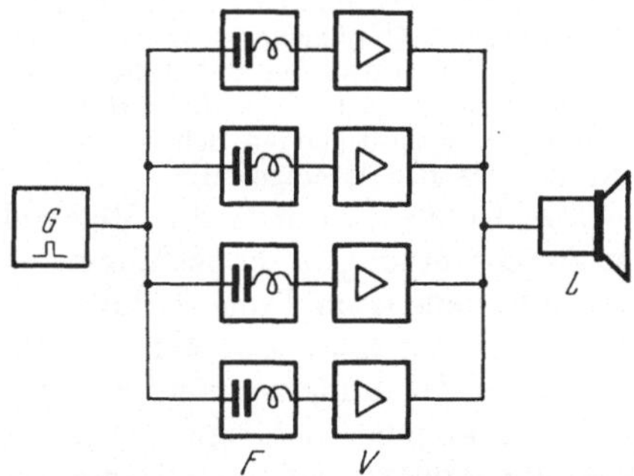

Abb. 60. Gerät zur Erzeugung individueller Vokalklänge nach K. W. WAGNER. *G* Impulsgenerator; *F* Filter; *V* Verstärker; *L* Lautsprecher. [Nach MEYER-EPPLER (*1*).]

durch je einen Verstärker (*V*) getrennt, um eine gegenseitige Beeinflussung zu vermeiden. Die Verstärkerausgänge führen zu einem gemeinsamen Lautsprecher (*L*). Wenn man die akustischen Eigenschaften der nachzubildenden Laute vorher klanganalytisch ermittelt und danach die Einstellung des primären Impulses und der Filter wählt, so gibt der erzeugte Laut erwartungsgemäß den nachzubildenden Vokal bis in Einzelheiten der Klangfarbe deutlich wieder.

MEYER-EPPLER weist bei der Beschreibung dieser Anordnung darauf hin, daß die Eigenfrequenz der periodisch angestoßenen Resonanzräume in der Gesamtschwingung nicht in

16*

der Weise enthalten ist, daß man sie durch eine FOURIER-Zerlegung isolieren könne. Diese Bemerkung entspricht wieder der alten Behauptung von HERMANN von der Unzweckmäßigkeit der FOURIER-Analyse zur Feststellung „unharmonischer" Formanten der Vokale, d. h. der Eigenfrequenz der angestoßenen Resonatoren. Den eigentlichen Unterschied zwischen HELMHOLTZscher und HERMANNscher Theorie berührt diese Tatsache aber nicht, wie hier am Modell noch einmal betont werden soll. Im elektrischen Bilde würde nach der HERMANNschen Auffassung der Generator G, als Stimmbandschwingung gedacht, noch nicht die Impulsform liefern, die die Filterkreise nach der Resonanzgleichung in der erforderlichen Weise anstoßen kann. Es müßte vielmehr auch die Möglichkeit zur Entstehung selbsterregter Schwingungen in einer ganz bestimmten Phase des primären Vorganges gegeben sein, die sich ihm zugesellen und den eigentlichen Anstoß liefern, während der primäre Vorgang selbst keine besonders hohen Frequenzen zu enthalten brauchte (s. S. 239). Für den Endeffekt, d. h. den erzielten Vokalklang, spielt dieser Unterschied offenbar keine Rolle. Eine Nachahmung der HERMANNschen Vorstellung im elektrischen Modell wäre auch durchaus möglich, würde aber für den Zweck einer möglichst einfachen Nachbildung des Endvorganges selbstverständlich nur einen Umweg und unnötigen Aufwand bedeuten.

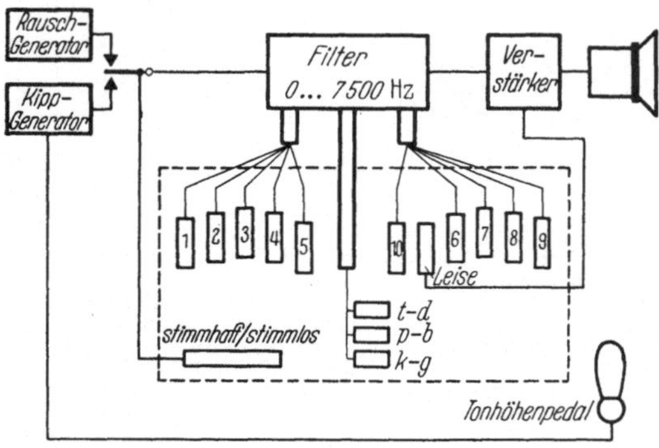

Abb. 61. Schematischer Aufbau des „Voder" zur Erzeugung fortlaufender verständlicher Sprache (DUDLEY, RIESZ und WATKINS). Die Betätigung des Gerätes erfolgt durch Tasten entsprechend ihrer Bezeichnung. 1—10 Tasten für die Formantfilter. [Nach MEYER-EPPLER (1).]

Bei dem *Voderverfahren* (DUDLEY, RIESZ und WATKINS) wird außer dem Impuls-(Kipp-)generator, wie bei WAGNER, der die periodischen Impulse für die stimmhaften Laute liefert, ein „*Rauschgenerator*" mit einer Gastriode für die *stimmlosen* Laute benutzt.

Nach der Beschreibung von MEYER-EPPLER (Abb. 61) wird der Frequenzbereich der stationären Klänge (Vokale, L, M, N, R usw.) und Geräusche (für stimmlose, geflüsterte Vokale und die Reibe- und Zischlaute) durch Formantfilter festgelegt. Diese können über 10 Tasten eines Manuals eingeschaltet werden. Das linke Handgelenk nimmt die Umschaltung von stimmhaft (Kippgenerator) zu stimmlos (Rauschgenerator) vor. Eine 11. Taste dient dazu, die Lautstärke bei unbetonten Lauten um 20 Phon herabzusetzen. Drei schwarze Tasten lösen die den Verschlußlauten (T, P, K in Stellung stimmlos, D, B, G in Stellung stimmhaft) entsprechenden Schaltvorgänge aus. Die Tonhöhe der stimmhaften Laute wird mittels eines Pedals eingestellt.

Das Gerät ist durch die Möglichkeit, Sprachlaute von praktisch beliebiger Zusammensetzung zu konstruieren und auf ihre Verständlichkeit zu prüfen, für die verschiedensten Fragestellungen von Bedeutung. Es beweist, daß die Vorstellungen, die man sich von der Beschaffenheit der verschiedenen Laute und von ihrem Zustandekommen macht, grundsätzlich zutreffen.

Die manuelle Betätigung des Gerätes kann auch durch *elektrische Fernsteuerung* ersetzt werden. Dabei stellt sich heraus, daß ein verhältnismäßig grobes „Raster" der Sprache genügt, um eine verständliche Sprache zu erzeugen. Übertragen zu werden braucht nur die *Tonhöhe*, aus der gleichzeitig die Eigenschaft „stimmhaft" oder „stimmlos" hervorgeht, und der *zeitliche Verlauf der Sprachenergie* in einigen zweckmäßig ausgewählten Bereichen des Klangspektrums, wie wenn man die Schwankung der Amplituden in den einzelnen Bereichen eines Oktavsieboszillogramms zur Charakterisierung der Laute benutzen würde.

Um den Frequenzbereich der gewöhnlichen Sprache von etwa 3000 Hz zu überdecken, reichen 10—12 Bandfilter von je 300 Hz Breite aus. Durch Gleichrichter und Tiefpässe werden die Schwingungen in Gleichströme umgewandelt, deren zeitlicher Verlauf die Änderungen der Schwankungen der Amplitude der Schwingungen in den einzelnen Filtern wiedergibt. Die Grundfrequenz mit ihren

Schwankungen wird durch einen „Frequenzmesser" und einen Tiefpaß ebenfalls in Gleichstrom bzw. in Gleichstromschwankungen verwandelt. So sind alle akustischen Eigenschaften der Sprache in etwa einem Dutzend Gleichströme enthalten, deren Schwankungsfrequenz (bei einer Sprachgeschwindigkeit von 10 Lauten in der Sekunde) nicht mehr als 25 Hz beträgt, und die daher mit verhältnismäßig einfachen Mitteln elektrisch übertragen, aufgezeichnet und aufbewahrt werden können. Die Sprache ist in einen „Code" verwandelt, der alle wesentlichen Merkmale in vereinfachter Form enthält. Sie kann aber jederzeit auf dem umgekehrten Wege in die ursprüngliche Sprache zurückverwandelt werden, mit einem Gerät, das nach Art des soeben besprochenen „*Voders*" arbeitet. Die ganze Anordnung wurde als „*Vocoder*" bezeichnet (CLARK).

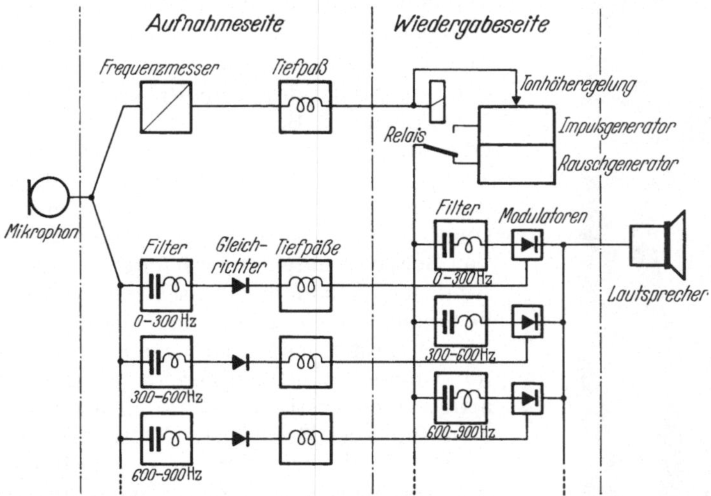

Abb. 62. Schematischer Aufbau des „Vocoder". Links der Coder, der die akustischen Eigenschaften der Sprache als Schwankungen der Grundfrequenz und als Schwankungen der Intensität der Teiltöne in 12 Frequenzbereichen (von 0—3000 Hz) in Gleichströme entsprechend schwankender Intensität verwandelt. Diese steuern das Wiedergabegerät (rechts) mit seinem Impuls- und Rauschgenerator (nach Art des „Voders") so, daß die ursprünglichen Klänge wieder im Lautsprecher hörbar werden. [Nach MEYER-EPPLER (1).]

In Abb. 62 ist links der Aufbau der Umwandlungsapparatur, des „*Coders*", rechts der Aufbau des Wiedergabesprachgenerators schematisch dargestellt. Die Wiedergabeapparatur enthält Filter mit den gleichen Durchlaßbereichen wie der „*Coder*" und als Schallerzeuger den gleichen Impuls- und Rauschgenerator wie der „*Voder*". Die Umschaltung stimmlos-stimmhaft wird jetzt jedoch durch ein Relais vorgenommen, das von dem Strom des „Tonhöhenkanals" betätigt wird. Am Ausgang aller Filter läge zunächst die gleiche Spannung, und ein angeschlossener Lautsprecher würde nur den Ton des Impuls- bzw. Rauschgenerators wiedergeben. Die Steuerung des Energiestromes aus den Filtern erfolgt durch die vom „*Coder*" gelieferten Gleichströme mittels „Modulatoren", die zwischen den Filtern und dem Lautsprecher liegen und dafür sorgen, daß den Gleichströmen proportionale Beträge der tonfrequenten Wechselströme die betreffenden Filter passieren.

Das Verfahren ist einmal durch die technische Möglichkeit interessant, Sprache auf einem viel kleineren Frequenzband von etwa 400 Hz zu übertragen, gegenüber einem Band von 3000 Hz, das für die direkte elektrische Übertragung nötig ist („Kompression der Sprache", „analytisch-synthetische Telephonie"). Es bietet aber auch zahlreiche phonetisch bemerkenswerte Möglichkeiten. Wenn man [nach MEYER-EPPLER (2)] die Gleichspannungen des *Coder* nicht den entsprechenden Stellen des Sprachgenerators zuleitet, kommen sehr eigenartige Veränderungen der Stimme und Sprache zustande. Unterbricht man z. B. die Verbindung zum Tonhöhenkanal, dann bleibt die Sprache zwar verständlich, aber wird monoton. Ihre Tonhöhe läßt sich dann mit der Hand willkürlich einstellen, so daß sie die normalen Grenzen der menschlichen Stimme nach oben und unten weit überschreitet. Der Zusammenhang zwischen Tonhöhe des Impulsgenerators und der vom Frequenzmesser gelieferten Frequenz kann ferner abweichend von dem normalen Verhältnis 1:1 verändert werden. Man kann die ursprünglichen Intervalle nach Belieben vergrößern oder verkleinern, oder die Richtung der Tonschritte sogar umkehren. Englische Sätze z. B. nehmen dadurch den singenden Tonfall skandinavischer Sprachen an.

Wenn man den Impulsgenerator völlig ausschaltet, erhält man stimmlose, *geflüsterte* Sprache. Durch Vertauschen der Verbindungen zu einzelnen Kanälen erhält man *nasal* klingende anstatt der normalen oral klingenden Sprache. Wenn man schließlich an Stelle des Impulsgenerators eine andere Schallquelle, z. B. eine Schallplatte mit Geräusch- oder Musikaufzeichnungen einführt, „so hört man Dampfmaschinen und Flugzeuge verständlich sprechen und Musikinstrumente mit menschlichen Lauten singen. Da es sich dabei um eine Multiplikation von Spektren miteinander handelt, ist der akustische Eindruck vollkommen verschieden von demjenigen, den man bei einfacher Überlagerung beispielsweise von Orchestermusik und Gesang erhält". Man benutzt diese Möglichkeit bereits zur Erzeugung eigenartiger illusionistischer Wirkungen im Tonfilm und Rundfunk bei Hörspielen [MEYER-EPPLER (2)].

Die Möglichkeit, Sprache in eine Reihe von zeitlich veränderlichen Gleichströmen zu verwandeln und sie aus ihnen gut verständlich wieder zurückzugewinnen, bietet auch ein sehr viel einfacheres Verfahren sie *niederzulegen oder aufzuspeichern*, als die bisherigen Methoden (Schallplatten usw.). Die gleichzeitige Aufzeichnung von 13 Tonspuren (nämlich von 12 Filterspuren und 1 Tonhöhenspur), macht bei der niedrigen Frequenz der Schwankungen, die im allgemeinen 25 Hz nicht überschreitet, keine Schwierigkeiten. Man kann sie z. B. durch Verbindungen der Ausgänge eines „*Coders*" mit Glimmlämpchen und photographischer Registrierung oder noch einfacher durch elektrochemische Aufzeichnung auf präpariertes Papier leicht darstellen. So erhält man Bilder, wie das in Abb. 63 wiedergegebene. Es ist das gleiche Verfahren, das oben (S. 220) bereits als „*Visible-Speech*"-Verfahren erwähnt wurde. Abb. 64 zeigt ein vereinfachtes Schwarz-Weißmuster des Originals der Abb. 63 mit der Aufteilung in die 13 Kanäle. Der gesprochene Satz kann auch aus diesem vereinfachten Bild, das ohne weiteres im Buchdruck vervielfältigt werden kann, ohne erhebliche Beeinträchtigung der Wiedergabe der Sprache, wieder in den akustischen Vorgang zurückverwandelt werden. Das Diagramm wird zu diesem Zweck in dem dafür entwickelten „*Playback-Gerät*", ähnlich wie bei einem Tonfilm, durch einen Spalt ausgeleuchtet, während es an

Abb. 63. Visible-Speech-Diagramm des englischen Satzes "Mary had a little lamb". [Nach Bell Laboratories Record 1948, aus MEYER-EPPLER (7).]

einer entsprechenden Zahl von Photozellen vorbeigeführt wird. Von diesen ist jede einem der Kanäle des Diagramms zugeordnet und steuert ihrerseits den entsprechenden Kanal des Sprachgenerators.

Diese Verfahren ermöglichen demnach nicht nur die Aufzeichnung und Reproduktion, sondern auch die Synthese und willkürliche Beeinflussung fortlaufend gesprochener Sätze in einer Weise, die von der gewohnten Registrierung von Klängen völlig abweicht: Es werden nicht Frequenzen und Amplituden von Schwingungen geschrieben und reproduziert, sondern elektrische Gleichströme als Repräsentanten dieser zu Gruppen zusammengefaßten Größen benutzt, die in geeigneten schwingungsfähigen Systemen wieder in die ursprünglichen Schwingungen umgesetzt werden. Die Möglichkeit dieses Vorgehens beruht offenbar darauf, daß für den charakteristischen Klang der Sprachlaute relativ weite Bereiche von Teiltönen und nicht feste Teiltöne oder Teiltonverhältnisse

Abb. 64. Vereinfachtes Schwarzweißmuster des in Abb. 63 dargestellten Satzes mit Aufteilung in die 13 Kanäle des Aufnahmegerätes. Das Muster kann im „Playback-Gerät" wieder in den ursprünglichen akustischen Vorgang zurückverwandelt werden. [Nach Bell Laboratories Record 1948, aus MEYER-EPPLER (1).]

maßgebend sind. Der Formant kann seine Lage in der Tonskala in verhältnismäßig weiten Grenzen ändern, ohne daß der Laut seinen Charakter verliert. Mit diesen Methoden dürfte ein gewisser Abschluß in dieser Richtung erzielt sein. Die Physiologie der Stimme und Sprache wird im übrigen von diesen höchst interessanten Verfahren kaum einen direkten Nutzen ziehen. Denn die Fragen, die noch der Klärung bedürfen, sind, wie mehrfach betont wurde, physiologischer und nicht physikalisch-akustischer Natur. Die neuen Methoden können jedoch für alle diejenigen Zweige der Phonetik von großem Nutzen sein, die sich mit der Erforschung der Gesamtvorgänge des Singens und Sprechens befassen, die hier (im Abschnitt III) nur in großen Zügen behandelt werden können.

5. Besondere Stimm- und Sprachformen.

Unter besonderen Bedingungen kann der menschliche Stimmapparat Laute hervorbringen, die nach anderen als den bisher behandelten Mechanismen erzeugt werden. Sie sind jedoch teilweise, wie die *Flüsterstimme* und das *Mundpfeifen*, auch für das Verständnis der Vorgänge bei der normalen Stimmbildung von Interesse. Ferner soll die „*Bauchrednerstimme*" und die „*Jodelstimme*" erwähnt werden.

Die *Flüsterstimme* hat Geräuschcharakter und beruht auf einem unvollkommenen Anblasen der Resonanzräume durch den kontinuierlichen Luftstrom, der die geöffnete Stimmritze passiert, ohne durch die Stimmbandschwingungen periodisch unterbrochen oder deformiert zu werden. Die anregenden Luftwirbel entstehen vorwiegend an den *engsten Stellen* des Luftweges, an denen der Luftstrom seine größte Geschwindigkeit hat, also in oder über der Stimmritze, bei bestimmter Mundstellung, etwa für die Bildung des I oder E und der Konsonanten, auch an anderen engen Stellen der Mundhöhle. Die *Stimmritze* kann dabei verschiedene Gestalt haben. Als charakteristisch für die Form der Glottis beim Flüstern gilt die Y-Form, bei der hinten zwischen den Aryknorpeln eine dreieckige Lücke bleibt (Flüsterdreieck), während die Stimmbänder in ihrer vorderen Hälfte dichter aneinander liegen.

Wenn man in höheren Tönen, also mit Anstrengung, zu flüstern versucht, wobei die Tonhöhe jedoch unverändert bleibt und nur durch eine Änderung der Form des Ansatzrohres eine Änderung des Vokalcharakters der geflüsterten Laute eintritt, legen sich die Stimmbänder unter Erhöhung ihrer Spannung besonders im vorderen Abschnitt dichter aneinander. Die dreieckige Lücke zwischen den Aryknorpeln, die auf der Nichtanspannung des M. interarytaenoideus beruht, bleibt jedoch bestehen. Ein Bild der Verhältnisse nach kinematographischen Aufnahmen der Vorgänge im Kehlkopfspiegel gibt Abb. 65.

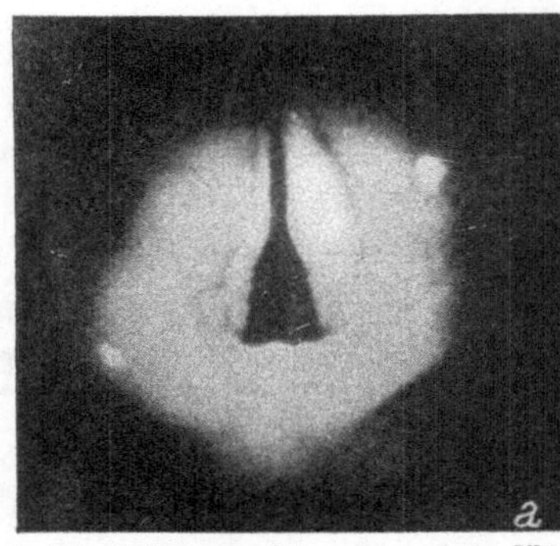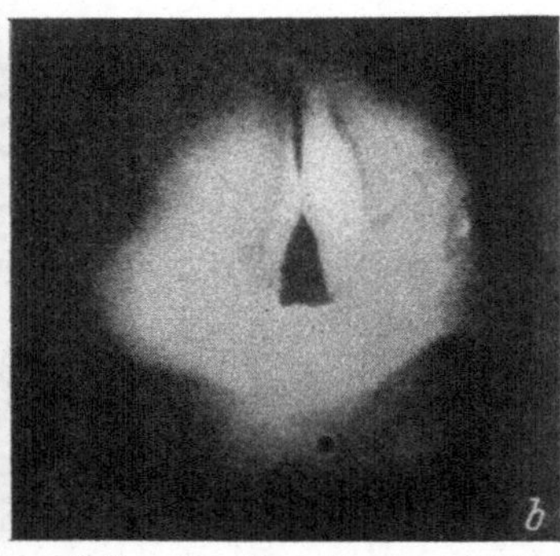

Abb. 65 a u. b. Die Stellung der Stimmlippen beim Flüstern. Y-Form der Stimmritze durch Lücke im hinteren Abschnitt als Ausdruck der fehlenden Wirkung der M. interarytaenoidei. a Zeigt das Bild beim Flüstern auf einen tiefen Ton; b bei dem Versuch, in höheren Tönen unter Anstrengung zu flüstern. (Nach PRESSMANN.)

Je lauter geflüstert wird, um so enger wird meist die Stimmritze. Es gibt jedoch Personen, die auch mit weiter Glottis laut flüstern können. Der Luftverbrauch ist beim Flüstern beträchtlich größer als bei normaler Stimmgebung.

Für den Mechanismus der Stimmlippenschwingungen ist eine alte Beobachtung von OLIVIER (nach BARTH) von Interesse. Er sah ein kleines Papillom am freien Rande einer Stimmlippe bei der Flüsterstimme durch den Luftstrom in Schwingungen geraten und schloß daraus, daß auch der angrenzende Teil der Stimmlippen in gleicher Weise schwingt, ohne daß jedoch diese Schwingungen — wegen der zu weiten Stimmritze — den Luftstrom so stark beeinflussen können, daß eine Tonbildung zustande kommt. Es ist der gleiche Mechanismus, der oben S. 212 für das Verständnis der Stimmlippenschwingungen im Falsett herangezogen wurde, bei denen der durch die engere und anders geformte Stimmritze streichende Luftstrom nicht nur die Ränder der Stimmlippen in stärkere Schwingungen versetzt, sondern auch von diesen Schwingungen so stark beeinflußt wird, daß eine periodische hörbare Luftschwingung zustande kommt.

Eine besondere, von der normalen Stimme abweichende Klangfarbe hat die sog. *Bauchrednerstimme*, bei deren Bildung auch ein besonderer, vom normalen abweichender Mechanismus vorliegt. Es handelt sich dabei um eine eigentümliche Verstellung der Stimme, bei der der Hörer die Stimme einer anderen Person zu hören glaubt, die mitunter auch aus einer ganz anderen Entfernung zu ihm zu sprechen scheint. Die Täuschung wird vollkommen durch das Vermeiden jeder sichtbaren Sprechbewegung. Die Stimme liegt etwa eine Oktave höher als die gewöhnliche Sprechstimme, der Umfang beträgt nur etwa eine Oktave.

Bereits JOH. MÜLLER befaßte sich mit dem Mechanismus der Bauchrednerstimme. Man findet [s. FLATAU und GUTZMANN (*1*), SOKOLOWSKY (*7*), LUCHSINGER und ARNOLD], daß bei der *Atmung* des Bauchredners (ähnlich wie bei der Staustellung der Sänger) das Zwerchfell exspiratorisch tiefer tritt. Durch diese „paradoxe" Zwerchfellbewegung wird der äußerst sparsame, oft kaum merkliche Luftverbrauch beim Bauchredner verständlich. Ferner zeigt sich, daß die *Stimmbänder* beim Bauchredner bei stark verengter Stimmritze ähnlich wie bei der Fistelstimme nur mit ihren Rändern schwingen, und drittens ist nachgewiesen, daß die Gaumenbögen stark kontrahiert und die *Resonanzräume* beträchtlich verkleinert sind. Diese Tatsachen würden den „dünnen" obertonarmen Klang dieser Stimme, der den Eindruck hervorruft, daß sie aus größerer Ferne oder durch schallschluckende Wände kommt, verständlich machen. LUCHSINGER (*6*) hat bei einem Bauchredner die Klangzusammensetzung von Lauten, die mit Bauchrednerstimme gebildet wurden, und die gleichen von derselben Person mit Normalstimme produzierten Laute mit dem Tonfrequenzspektrometer analysiert. Dabei ergab sich, daß bei dem Bauchrednerklang, z. B. des Vokals A, die relative Intensität der höheren Obertöne, einschließlich des Hauptformanten des Vokals, gegenüber dem Klangspektrum des normal gesprochenen Vokals in der Tat stark vermindert sind.

In mancher Hinsicht das Gegenteil der Bauchrednerstimme ist die *Jodelstimme*, deren Klang und Bildungsweise auch von LUCHSINGER (*1*) mit Tonfrequenzspektrometer, mit Röntgenaufnahmen des Kehlkopfs und Registrierung der Atembewegungen genauer untersucht ist. Charakteristisch für das Jodeln sind plötzliche Sprünge aus dem Brust- in das Kopfregister und umgekehrt, ohne Anwendung des „Mittelregisters". Nach LUCHSINGER überwiegt beim Jodeln im Vergleich zu den entsprechenden wie im Kunstgesang gesungenen Tönen die Bauch-

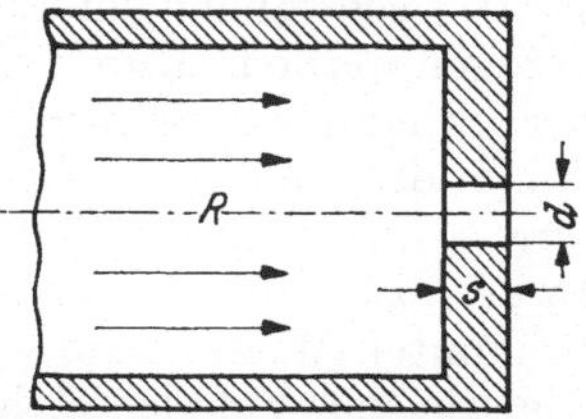

Abb. 66. Anordnung zur Erzeugung von Lochtönen. — Beim Anblasen oder Einsaugen von Luft entstehen Töne, die dann rein und von großer Intensität sind, wenn R als Resonator wirkt und in seiner Grundfrequenz oder der eines Obertons erregt wird. Die Frequenz des primären Lochtones wächst mit der Luftstromgeschwindigkeit und hängt außerdem von dem Durchmesser d und dem Abstand s der Kanten des Loches ab. [Nach v. GIERKE (*2*)].

atmung, der Kehlkopf steht tiefer, der Resonanzraum über dem Kehlkopf ist größer und der Klang durch neu hinzutretende Teiltöne, z. B. im Bereich von 2000—3200 Hz (Bariton), 4000—6400 Hz (Tenor) oder 5000—8000 Hz (Sopran), besonders obertonreich (s. auch LUCHSINGER und ARNOLD).

Die Vorgänge beim *Pfeifen* mit dem Munde sind neuerdings von v. GIERKE näher untersucht und weitgehend aufgeklärt. Man hat die Entstehung dieser Pfeiftöne schon früher, ähnlich wie die Entstehung der Töne bei dem SAVARTschen Jägerpfeifchen gedeutet, bei dem ein Luftstrom durch den kleinen flachen Hohlraum des Pfeifchens mit seinen zwei Öffnungen hindurchgeblasen wird. v. GIERKE (*1*) hat systematisch die Schallerscheinungen untersucht, die beim Austreten von Gasstrahlen aus runden oder spaltförmigen Öffnungen zustande kommen. Alle diese Tonbildungen sind auf periodische Wirbelbildungen am Gasstrahl zurückzuführen. Sie sind verschieden je nach der Art der Öffnung, den Hindernissen (Schneiden), die dem austretenden Schall gegenüberstehen, und nach den angekoppelten schwingungsfähigen Systemen, die die Lochtöne verstärken und die Wirbelbildung in ihrer Eigenfrequenz steuern.

Nach v. GIERKE (*2*) sind die mit dem Mund erzeugten Pfeiftöne als solche „Lochtöne" aufzufassen (s. Abb. 66). Es sind also „Wirbeltöne", bei der die bei der Wirbelbildung entstehenden Druckschwankungen „den Hohlraum vor der Austrittsöffnung, also Mundhöhle, Rachen und auch einen Teil des Kehlkopfraumes zu Eigenschwingungen anregen, wenn die Frequenz der Wirbelablösung nicht weit von der Eigenfrequenz des Ansatzrohres entfernt ist. Durch diese Rückkoppelung wird die Frequenz der Wirbelablösung streng periodisch im Takt der Hohlraumschwingungen gesteuert, so daß ein stationärer, reiner Ton entsteht".

Die Frequenz der reinen Lochtöne steigt linear mit der Geschwindigkeit des Luftstromes an. Die Geschwindigkeit u, mit der die Wirbel mit dem Strahl wandern, ist etwas kleiner als die Strahlgeschwindigkeit. Wenn der Abstand zweier aufeinanderfolgender Wirbel l ist, dann ist die Frequenz der an der Entstehungsstelle wirkenden Druckstörung (also die Tonhöhe) $f = u/l$. Der unbeeinflußte Gasstrahl bevorzugt nach v. GIERKE einen Wirbelabstand, der etwa gleich dem Strahldurchmesser ist. Durch die Rückwirkung der zweiten Kante der Ausflußöffnung und besonders eines etwa angekoppelten Resonators wird jedoch der Wirbelabstand geändert und streng periodisch gesteuert.

Diese Vorgänge sind nicht nur für die Entstehung der mit dem Mund erzeugten Pfeiftöne von Bedeutung, sondern müssen allgemein für die Anregung der Schwingungen des Ansatzrohres auch durch den in der Periode der Stimmlippenschwingungen schwankenden Luftstrom, der aus der Stimmritze austritt, in Betracht gezogen werden. Durch einen solchen Mechanismus würden in der Öffnungsphase der Stimmritze Schwingungen relativ hoher Frequenzen im supraglottischen Raum des Kehlkopfes entstehen können, ohne daß die Stimmlippen selbst durch ihre Schwingungen „Luftstöße" bestimmter Form, z. B. von besonders kurzer Dauer, zu liefern brauchten, um die Schwingungen des Ansatzrohres in der bekannten Weise anzuregen. Es ist der Mechanismus, den HERMANN bei seiner Theorie der Vokalentstehung als „*Anblasen*" bezeichnet, und der in den Versuchen von LULLIES mit Zungenpfeifen allein verständlich machen kann, weshalb die Schwingungen im Luftraum der Pfeife in jeder Periode, gerade bei weiter Zungenöffnung, mit einer gewissen Plötzlichkeit einsetzen, ohne daß der Verlauf der Zungenschwingungen eine Ursache für diesen Einsatz gerade an dieser Stelle der Schwingungsperiode erkennen läßt (s. S. 226 und 240).

Beim Pfeifen mit dem Munde bilden die Lippen eine kreis- oder ellipsenförmige Öffnung und sind durch Kontraktion des M. orbicularis versteift, wobei an ihrer Innenseite ein relativ harter Rand hervortritt. Dieser liefert die scharfe Kante, die zur Wirbelentstehung beim „Lochton" erforderlich ist. Die äußersten *Frequenzgrenzen* bei dieser Art des Pfeifens liegen zwischen 500 und 4000 Hz, sie umfassen gewöhnlich 2—3 Oktaven (c^2 bis c^4 oder c^5, GRÜTZNER). Bei der Tonerhöhung muß die Geschwindigkeit des Luftstroms entsprechend (von etwa 10 m/sec bis über 30 m/sec) zunehmen, während gleichzeitig der Resonanzraum der Mundhöhle von seiner maximalen Größe, die den tiefsten möglichen Ton bestimmt, durch Vorschieben der Zunge immer weiter verkleinert wird. Bei einer anderen Art des Mundpfeifens bleiben die Lippen geöffnet, während die vordere Enge zwischen Zunge und Zähnen gebildet wird. Das „Pfeiftonregister" und die gelegentlich mögliche Erzeugung von echten Pfeiftönen mit dem Kehlkopf wurde S. 212 erwähnt.

III. Singen und Sprechen als Ganzes.

Nachdem die Beschaffenheit der Stimm- und Sprachlaute und die Vorgänge bei ihrer Bildung erörtert sind, bleibt eine Reihe von Tatsachen zu besprechen, die zu jenen in einem ähnlichen Verhältnis stehen, wie etwa die Physiologie des Gehens, Schwimmens und Fliegens zu der allgemeinen Muskelphysiologie. Es sind Fragen, die die Phonetik im weiteren Sinne beschäftigen und weniger von Physiologen als von Gesangspädagogen, Ärzten, Psychologen und Philologen bearbeitet sind. Es handelt sich beim *Singen* insbesondere um die Frage des Umfangs und der Tonlage der Stimme, um die sog. Stimmregister und das „Decken" des Tones, um den Stimmeinsatz und die Genauigkeit der Stimmbildung, beim *Sprechen* um die mittlere Tonhöhe, die Lautstärke und das Sprechtempo, sowie um die zeitlichen Änderungen dieser Größen, die man als „Akzente“ bezeichnet. Ferner werden die wichtigsten *Störungen* der Sprache, soweit sie für physiologische Fragen von Bedeutung sind, zu erwähnen sein.

1. Der Umfang der Stimme und die Stimmlage.

Der Tonbereich, den die Stimme umfaßt, ist nach Alter und Geschlecht verschieden. Nach der *Stimmlage* teilt man die Männer- und Frauenstimmen von alters her in Baß und Tenor bzw. Alt und Sopran ein. Zwischen Baß und Tenor würde der Bariton, zwischen Alt und Sopran der Mezzosopran liegen. Abb. 67 gibt eine Darstellung der durchschnittlichen Stimmlagen und des Stimmumfanges nach GUTZMANN (*2*), wie sie mit ganz ähnlichen Grenzen schon von JOH. MÜLLER (*1*) gegeben wurde.

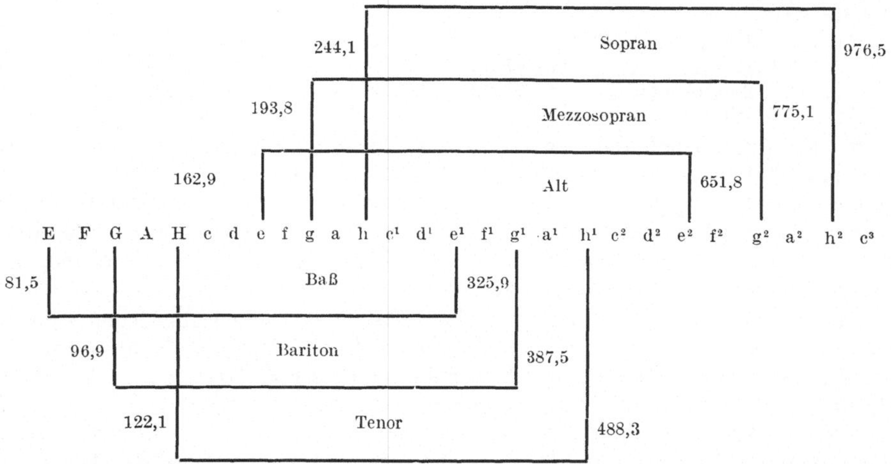

Abb. 67. Darstellung der Stimmlagen und des Umfanges der menschlichen Stimme. Durchschnittliche Werte. Die Zahlen geben die Schwingungszahlen in Hertz. [Nach GUTZMANN (*2*).]

Der Stimmumfang beträgt also im Durchschnitt je 2 Oktaven. Allen Stimmen gemeinsam wäre der Bereich h—e¹. Bei Kunstsängern konnte NADOLECZNY (*1*) einen wesentlich größeren Stimmumfang feststellen. Stimmumfänge von über 3 Oktaven sind verschiedentlich bei berühmten Sängern und Sängerinnen beschrieben. Die überhaupt vorkommenden größten Stimmumfänge (wobei die oberen und unteren Grenzen der verschiedenen Lagen nicht für den gleichen Sänger gelten) gibt Abb. 70, S. 255. Man kann ihr z. B. entnehmen, daß die tiefsten von der menschlichen Stimme im „Strohbaß“ erzeugten Töne am unteren Ende der Kontraoktave ($C_1 = 33{,}33$ Hz) liegen. Die *tiefsten* beschriebenen verwertbaren Gesangstöne von Bassisten liegen etwa beim $F_1 = 43{,}2$ Hz. Die *höchsten* Töne einer hohen Sopranstimme können das Ende der drei- oder sogar den Anfang der viergestrichenen Oktave erreichen. Berühmt war die Sängerin *Lucrezia Agujari (La Bastardella)*, deren Stimmumfang, wie *Leopold Mozart* schreibt, von g bis c⁴ reichte. Oben (S. 212) wurde eine Sängerin erwähnt, die das d⁴ (2356 Hz) erreichte, bei der von GARDE (*2*) bis in die Mitte der 3. Oktave Stimmbandschwingungen stroboskopisch gesehen werden konnten. Die sog. „*Pfeiftöne*“ der Kinder reichen bis in die Mitte der viergestrichenen Oktave, so daß die menschliche Stimme insgesamt 6 oder sogar 6¹/₂ Oktaven umgreift. Der musikalisch verwertbare und in der klassischen Musik verwertete Bereich des „Orchesters“ der menschlichen Stimme umfaßt nur etwa 4 Oktaven, vom D des Bassisten mit 72,6 Hz, das noch in Oratorien und Opern verlangt wird, bis zum f³ mit 1381 Hz, z. B. in der Arie der „Königin der Nacht" in der Zauberflöte.

Man hat bemerkt, daß die Stimmlage oft mit bestimmten *Konstitutionsmerkmalen* verknüpft ist, daß z. B. der Träger einer Baßstimme oft athletisch und hochgewachsen ist, während der lyrische Tenor öfter von kleinerer Gestalt und mehr dem pyknischen Typ zuzurechnen ist. Insbesondere steht die Größe des Kehlkopfs und die Länge und Breite der Stimmlippen zur Höhe der Stimme in Beziehung, und zwar haben die typischen Tenöre und Soprane kurze und breite, die Bässe und Altstimmen dagegen lange und schmale Stimmlippen (LUCHSINGER und ARNOLD). ZIMMERMANN bestimmte mit dem von W. TRENDELENBURG (1) für diesen Zweck entwickelten Stereogerät an Sängern und Sängerinnen verschiedener Stimmlage die Länge der Stimmlippen und fand folgende Werte:

Frauenstimmen:		Männerstimmen:	
Sopran	14—17 mm	Tenor	17—20 mm
Mezzosopran	18—21 mm	Bariton	21—27 mm
Alt	18—19 mm	Baß	24—25 mm

Ferner entsprechen der tiefen Stimme, wie das Röntgenbild zeigt, größere Resonanzhöhlen. Jedenfalls spielen auch die innersekretorischen Drüsen bei der Anlage des Stimmtypus eine Rolle. Man findet bei Frauen mit besonders tiefen Stimmen nicht selten ausgesprochen männliche Züge und umgekehrt bei Männern mit ganz hohen Stimmen eine Unterentwicklung der Hoden, entsprechend den Beobachtungen bei Kastraten.

Der Stimmumfang und die Stimmlage des Erwachsenen entwickelt sich aus der *Stimme des Kindes* erst im Laufe des Wachstums. Auch der Kehlkopf wächst in ganz besonderem Maße in der Pubertät. In dieser Zeit nimmt die Länge der Stimmlippen beim männlichen Geschlecht um fast 10 mm, d. h. um mehr als die Hälfte ihrer ursprünglichen Länge, beim weiblichen Geschlecht weniger, aber auch um 3—4 mm zu. Diese relativ schnelle Änderung in der Dimension des Kehlkopfes und der Stimmbänder liegt dem „Stimmwechsel" oder „Stimmbruch" zugrunde, der besonders eindrucksvoll beim männlichen Geschlecht verläuft, da bei ihm die Stimme um eine ganze Oktave tiefer wird, während sie beim weiblichen Geschlecht weniger merklich nur um etwa eine Terz sinkt. Aber auch schon im Säuglings- und Kindesalter ist mit der Entwicklung des kindlichen Organismus und dem Wachstum des Kehlkopfes eine allmähliche Vertiefung der Stimmlage und Vergrößerung des Stimmumfanges festzustellen. Die Ergebnisse umfangreicher Untersuchungen an Säuglingen [FLATAU und GUTZMANN (2)], sowie an Kleinkindern und Schulkindern [PAULSEN (1, 2, 3), FRÖSCHELS (2, 3), HELL] sind von GUTZMANN (2) übersichtlich in Notenschrift zusammengefaßt und mit kleinen Änderungen nach NADOLECZNY (2) in Abb. 68 dargestellt. Die halben Noten beziehen sich auf die Knaben, die Viertelnoten auf die Mädchen. Man sieht, wie die Stimme des Säuglings nur einen sehr kleinen Bereich von 1—2 Halbtönen umfaßt und dann im Laufe der Kindheit mit 11 bis 12 Jahren ihren größten Umfang von etwa 1½ Oktaven erreicht. Erst mit dem Stimmwechsel nimmt die Stimme dann relativ schnell ihre endgültige Lage und ihren größeren Umfang von etwa 2 Oktaven an, wie dies in derselben Darstellungsart Abb. 69 zeigt.

Der Stimmwechsel oder die Mutation erfolgt bei Knaben zwischen dem 12. und 19. Jahr, am häufigsten im 16. Jahr [PAULSEN (3)]. Die Stimme klingt oft während des „Stimmbruchs" rauh und zeigt mitunter das bekannte „Umkippen" in die Fistelstimme. Die durch das rasche Wachstum des Kehlkopfs veränderten

Dimensionen der Stimmbänder und des Spannmechanismus erfordern offenbar neue Koordinationen, die sich erst allmählich ausbilden. Ein Zusammenhang zwischen der Höhe der Kinderstimme und der nach dem Stimmbruch auftretenden Stimmlage scheint nach BARTH (auf Grund von Feststellungen von BEHNKE und BROWNE) nicht zu bestehen, entgegen der verbreiteten Ansicht, daß aus dem Sopran der Knabenstimme später meist eine Baß- oder Baritonstimme und aus der Altstimme eine Tenorstimme wird.

Bei einer Untersuchung an je rund 1000 Frauen und Männern fanden BERNSTEIN und SCHLÄPER, daß die Mehrzahl sowohl der Männer, wie der Frauenstimmen sich auch *statistisch*

Abb. 68. Der durchschnittliche Stimmumfang der Kinder in verschiedenen Lebensaltern. Halbe Noten: Knaben, viertel Noten: Mädchen. [Nach NADOLECZNY (2).]

in zwei deutliche Gruppen aufgliedern läßt, die gewöhnlich als Baß und Tenor, Alt und Sopran bezeichnet werden. Die Verteilung der Fälle innerhalb der Gruppen bei Ordnung nach der mittleren Stimmlage, wie auch nach dem Stimmumfang, folgt nahezu einer GAUSSschen Verteilungskurve. Die Gruppen erweisen sich damit als natürlich bedingt und zeigen ein Zahlenverhältnis Baß:Tenor = Sopran:Alt = etwa 1:5. In einer anderen statistischen Untersuchung über die *Vererbung der Stimmlage* errechnet BERNSTEIN auf Grund der MENDELschen Gesetze und bestimmter einfacher Annahmen über die beteiligten Gene und ihre unabhängige Mischung, daß bei Berücksichtigung einer Mittelgruppe von Bariton- und Mezzosopranstimmen die Verhältniszahlen Bässe:Baritone:Tenöre = Soprane:Mezzosoprane: Altstimmen = 9:12:4 sein müssen. Dieses „*Quadratwurzelgesetz*", nach dem die Zahl der Baritonisten bzw. Mezzosopranistinnen gleich dem doppelten Produkt der Quadratwurzeln aus der Zahl der Bässe und Tenöre bzw. Soprane und Alte ist, soll sich auch innerhalb der Familien nachweisen lassen. Offenbar sind die Grenzen zwischen den Gruppen bei dieser Untersuchung anders zu ziehen, als bei der ersten Einteilung der Stimme in nur 2 Hauptgruppen durch BERNSTEIN und SCHLÄPER.

Abb. 69. Der Stimmumfang vor und nach der Pubertät (Stimmwechsel) beim männlichen (halbe Noten) und weiblichen Geschlecht (viertel Noten). [Nach GUTZMANN (2).]

Werden vor Eintritt der Pubertät die Geschlechtsdrüsen ausgeschaltet, so bleibt das Wachstum des Kehlkopfes und der Stimmwechsel aus. Die Stimme behält, wenn die *Kastration* vor der Pubertät vorgenommen wird, beim Manne die Höhe und den Umfang der Knabenstimme, während bei der Frau der Einfluß des Ausfalls der Ovarien auf die Stimme weniger merklich ist. Die Stimme männlicher Kastraten war besonders im 17. und 18. Jahrhundert durch ihre besondere Klangfülle geschätzt. Offenbar befähigten den männlichen Kastraten der im Vergleich zur Frau doch etwas größere Kehlkopf und die größeren Resonanzräume, wohl auch der leistungsfähigere Atemapparat, zu den ungewöhnlichen und vielfach bewunderten Leistungen als Sopranisten.

Im *Alter* nimmt in der Regel die Stimme an Umfang und Kraft ab, wobei die Altersveränderungen an den elastischen Geweben des Kehlkopfes, die abnehmende Präzision der Innervation und die abnehmende Leistung der Atmung mit ihrer verringerten Vitalkapazität von Bedeutung sein werden. Dem widerspricht nicht, daß bedeutende Sänger und Sängerinnen mitunter auch bis in das 7. Lebensjahrzehnt auf der Höhe ihrer Kunst bleiben konnten.

2. Die Klangfarbe der Stimme und die Stimmregister.

Die *Klangfarbe der Stimme*, als Ergebnis der Stärkeverhältnisse der Teiltöne im abgestrahlten Stimmklang ist, wie oben ausführlich dargelegt wurde, abhängig von den Eigenschaften des Ansatzrohres, aber auch von dem Vorgang, durch den es zum Schwingen gebracht wird, also von der Beschaffenheit der primären, von dem System Stimmbänder-Luftstrom erzeugten periodischen Druck- und Geschwindigkeitsänderungen des Luftstromes. Bei den verschiedenen Stimmgattungen ist die Klangfarbe auch bei gleichen Vokalen und gleicher Tonhöhe verschieden. Der Unterschied liegt, wie man aus Klangkurven, Frequenzspektrogrammen oder Oktavsieboszillogrammen entnehmen kann, in der mehr oder weniger großen Intensität im Klang enthaltener hoher Teiltöne. Das Vorhandensein solcher Schwingungen im Bereich von 2000—4000 Hz gibt der Stimme einen gewissen (metallischen) „Glanz", ein Übermaß führt jedoch zu einer unerwünschten Schärfe des Klanges.

Auch bei derselben Stimme ändert sich, wenn der gleiche Vokal in verschiedener Tonhöhe gesungen wird, seine Klangfarbe. Dieser Wechsel der Klangfarbe erfolgt meist an einer oder an mehreren umschriebenen Stellen der Tonskala innerhalb des Stimmumfanges mit einer besonders deutlich hörbaren Änderung des Stimmklanges. Die Lage dieser Stellen in der Tonskala begrenzt die sog. *Register der Stimme*. Die Stellen selbst sind die „Registerbruchstellen". Der Ausdruck Register stammt von der Orgel, bei der er ursprünglich die Öffnungsvorrichtung für den anblasenden Luftstrom, dann eine Reihe gleichartiger Pfeifen und schließlich auch eine Reihe gleichartiger Töne bezeichnet. Unter Benutzung der ursprünglichen Definition des Registerbegriffs von GARCIA aus der Mitte des 19. Jahrhunderts definiert NADOLECZNY (*2*) das Stimmregister „als eine Reihe von aufeinanderfolgenden gleichartigen Stimmklängen, die das musikalisch geübte Ohr von einer anderen sich daran anschließenden Reihe ebenfalls unter sich gleichartiger Klänge an bestimmten Stellen abgrenzen kann". Die Register sind ferner charakterisiert, wie auch GARCIA schon bemerkte, durch einen bestimmten ihnen eigentümlichen Mechanismus der Tonerzeugung, bei dem die Stimmlippenschwingung sowie die Form der Stimmritze und der unmittelbar angrenzenden Teile des Kehlkopfes (Ventrikel, Taschenbänder) eine besondere Rolle spielen. Eine Anzahl von Klängen kann jeweils in zwei angrenzenden Registern, aber nicht immer in der gleichen Stärke hervorgebracht werden.

Ursprünglich wurden von GARCIA 3 Register unterschieden, ein tiefes, ein mittleres und ein hohes, die zu verschiedenen Zeiten und in verschiedenen Ländern mit den verschiedensten Namen belegt wurden. Das tiefe Register wird heute allgemein als *Brustregister*, das hohe Register meist als *Kopfstimme* bezeichnet. Zwischen Brustregister und Kopfstimme liegt das *Mittelregister*, das von manchen Autoren aber nur der Frauenstimme zugestanden wird. An die Kopfstimme schließt sich nach oben hin die *Fistelstimme* oder das „*Falsett*" an. Die dünnen klingenden Fisteltöne, die zunächst nicht im Kunstgesang Verwendung finden, können durch fortgeschrittene Gesangstechnik, etwa bei einem Tenor, der Kopfstimme angeglichen und in sie zum Teil hineinbezogen werden. So stellt LUCHSINGER (*7*) dem Falsett und diesen hohen Kopftönen den „Vollton der Kopfstimme" gegenüber, der sich teilweise schon mit dem „Mittelregister" deckt. Im französischen Sprachgebrauch unterscheidet man „voix de fausset" und „voix de poitrine" entsprechend den deutschen Bezeichnungen Kopf- und Bruststimme, gegebenenfalls auch die dem Mittelregister entsprechende „voix mixte".

Das höchste Register der Soprane wird auch als *Flageolett-* oder *Pfeifregister* bezeichnet, wobei GARDE (*2*) jedoch nicht von einem Pfeifregister (voix de sifflet) sprechen will, sondern die Bezeichnung „kleines Register" (petit registre) vorschlägt, da auch bei diesen höchsten Tönen Stimmbandschwingungen vorhanden seien (s. S. 212). Das tiefste Register der Bässe, das vom E abwärts reicht, wird „*Stroh- oder Kehlbaßregister*" genannt. Eine Übersicht über die Lage der Register und der Registergrenzen für die verschiedenen Stimmlagen gibt das Schema der Abb. 70 nach NADOLECZNY (*2*), in dem gleichzeitig die maximalen Stimmumfänge und die Sprechstimmlagen angegeben sind. Ein anderes älteres Schema der Verhältnisse gibt Abb. 71 nach STOCKHAUSEN-SPIESS. Aus ihm geht die Überschneidung der Register anschaulich hervor, d. h. die Tatsache, daß der gleiche Ton in den Übergangsbereichen in 2 Registern erzeugt werden kann. Angegeben sind die mittleren Umfänge für Durchschnittsstimmen, so daß die Darstellung nicht ohne weiteres mit der Abb. 70 verglichen werden kann. Sie unterscheidet außerdem bei den Männerstimmen nur 2 Register (s. oben).

Diese Erkenntnisse gründen sich zunächst im wesentlichen auf die subjektive Feststellung der Registerbruchstellen mit dem Gehör. Einen objektiven Nachweis der Klangunterschiede in den verschiedenen Registern hat SOKOLOWSKY (*2*) versucht, indem er mit der Methode von HERMANN über den Phonographen *Klangkurven* von Vokalen, die in verschiedenen Registern gesungen wurden, aufnahm und nach FOURIER analysierte. Er fand, wie auch schon KATZENSTEIN (*6*), daß in der Mittelstimme im Vergleich zur Bruststimme die Obertöne gegenüber dem Grundton zurücktreten. Ähnliche Versuche an der Grenze zwischen Mittel- und Kopfstimme ergaben, daß die relativen Obertonamplituden bei der Kopfstimme wiederum erheblich geringer sind als in der Mittelstimme, wie es auf Grund der andersartigen Stimmbandschwingungen auch zu erwarten wäre (s. S. 208). LUCHSINGER (*7*) hat diese Befunde neuerdings bestätigt. Er konnte mit dem Tonfrequenzspektrometer direkt nachweisen, daß der Falsetton gegenüber dem „Vollton" (d. h. gegenüber den entsprechenden Tönen im Mittelregister) arm an Obertönen ist. Er bezeichnet die Falsettöne als „unentwickelte" teiltonarme Töne, die überdies kaum schwellfähig sind.

Außer den akustischen Kriterien für die Unterscheidung der verschiedenen Register und die Festlegung ihrer Grenzen gibt es eine Reihe von anderen „*phonetischen*" *Kriterien*, die von NADOLECZNY (*2*) kritisch besprochen sind. Sie bestehen zunächst in subjektiven *Empfindungen des Sängers*, die beim Übergang von einem in das andere Register auftreten und als Lage-, Spannungs- oder Vibrationsempfindungen beschrieben wurden. Änderungen der Vibrationsverhältnisse kann man auch objektiv an den Körperwandungen schon durch den Tastsinn feststellen. Die Schwingungen der Brustwand sind bei der Bruststimme am

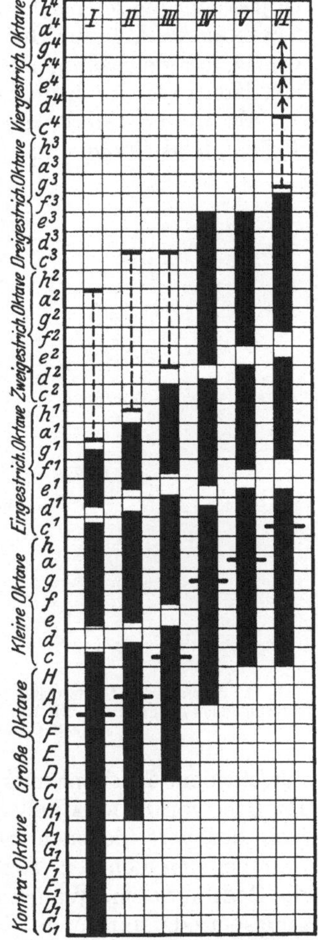

Abb. 70. Die maximalen Stimmumfänge und die Registergrenzen unter Berücksichtigung der Kunstsänger. *I* Baß; *II* Bariton; *III* Tenor; *IV* Alt; *V* Mezzosopran; *VI* Sopran. Die weißen Unterbrechungen entsprechen den Registergrenzen, die schwarzen Querstriche bezeichnen die ungefähre Sprechstimmlage, die punktierten Strecken das Falsettregister, beim Sopran das „Pfeifregister", die Pfeile die Pfeiftöne der Kinder. Die äußersten oberen und unteren Grenzen beziehen sich nicht auf die gleiche Stimme, sondern auf die überhaupt in den verschiedenen Stimmlagen zur Beobachtung gelangten Extreme. [Nach NADOLECZNY (*2*).]

stärksten, bei der Mittel- und Kopfstimme schwächer, was den oben S. 234 dargelegten Resonanzverhältnissen im Brustraum entspricht. Dagegen sollen am Schädel die Vibrationen — durch Betasten festgestellt — bei der Mittel- und Kopfstimme eher größer sein als bei der Bruststimme [H. STERN (1)]. Eine Objektivierung solcher Befunde mit zuverlässigen Methoden, wie sie von W. TRENDELENBURG (2, 4) für die Registrierung der Körperwandschwingungen benutzt wurde, mit gleichzeitiger Registrierung der Amplitude der Luftklangschwingungen zur Kontrolle der Stimmstärke, wäre sehr wünschenswert.

Als weitere Merkmale für die Unterscheidung der Stimmregister sind die *Kehlkopfeinstellung* und die *Stimmlippenschwingungen* herangezogen, also der

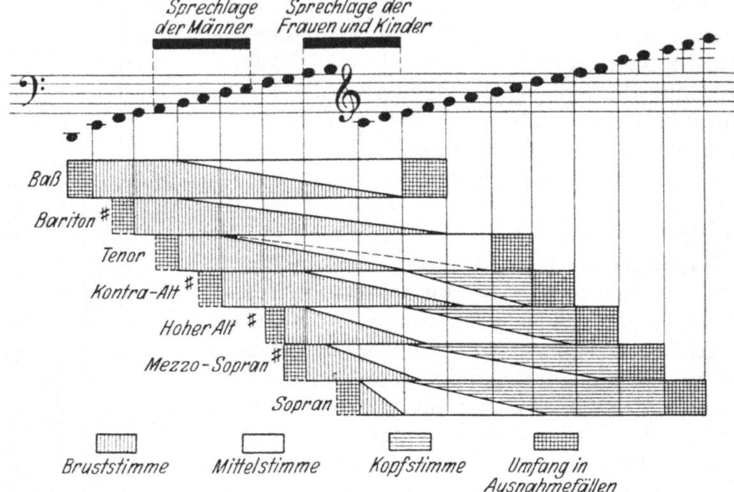

Abb. 71. Schema der Grenzen der Stimmregister und ihrer Überschneidung, sowie des Stimmumfangs in den verschiedenen Stimmlagen. Die Darstellung gibt die mittleren Umfänge für Durchschnittsstimmen. Sie betragen etwa 2 Oktaven. [Nach STOCKHAUSEN-SPIESS, aus O. WEISS (10).]

verschiedene Mechanismus der Stimmerzeugung, der schon in der Definition der Register von GARCIA neben dem verschiedenen Klang der Töne eine Rolle spielt. Von der verschiedenen Schwingungsweise der Stimmbänder im Brustregister und bei den höheren Tönen der Kopfstimme und im Falsett ist oben S. 208 die Rede gewesen. Während bei der Bruststimme die Stimmritze in jeder Schwingungsperiode nur kurze Zeit geöffnet ist, nimmt der Öffnungsquotient in der Mittelstimme immer mehr zu, bis die Stimmlippen bei hohen Kopftönen und im Falsett überhaupt nicht mehr zur Berührung kommen und nur noch mit ihren Rändern schwingen (s. Abb. 25, 26 und 32—34). Damit muß die primäre erregende Luftschwingung ihre Eigenschaften verändern und zu sekundären Luftraumschwingungen von anderer Zusammensetzung führen, so daß z. B. in den Klängen der höheren Register die höheren Obertöne relativ schwächer vertreten sind als im Brustregister.

Der *Kehlkopf* steht im allgemeinen im Brustregister tiefer als beim Mittel- und Kopfregister. Besonders hervorgehoben wird sein starkes Steigen beim Übergang zum Falsett. Die gröberen Änderungen sind röntgenologisch schon von MÖLLER und FISCHER (2) und durch graphische Registrierung von NADOLECZNY (1) verfolgt. Veränderungen in der Form des oberen Kehlkopfabschnittes und auch Änderungen der Form der Stimmlippen in den verschiedenen Registern lassen sich mit dem tomographischen Verfahren nachweisen, bei dem die röntgenographische Darstellung einer bestimmten, durch den Kehlkopf gelegten Ebene

möglich ist (s. Abb. 35, S. 211). So stellte Luchsinger (7) auch röntgenologisch
fest, daß die Stimmritze bei guten Sängern bei den hohen Kopftönen und im
Falsett offen bleibt, ferner daß die Ventrikel im Vergleich zur Bruststimme
weiter entfaltet und die Taschenfalten zurückgewichen sind. Ähnliche Beobachtungen machten Husson und Dijean mit den gleichen Methoden. Auf den
Einfluß, den solche Veränderungen auf die Klangbildung haben müssen, wurde
bereits mehrfach hingewiesen.

Bei der Bildung der Falsettöne spielt offenbar der *M. cricothyreoideus* eine
wichtige Rolle. Er muß sich bei einem Falsetton stärker kontrahieren als bei
dem auf gleicher Höhe gesungenen Brustton. Möller und Fischer (2) wiesen
auch röntgenologisch nach, daß die Entfernung zwischen Ring- und Schildknorpel bei dem Falsetton etwas stärker abnimmt als bei dem Brustton gleicher

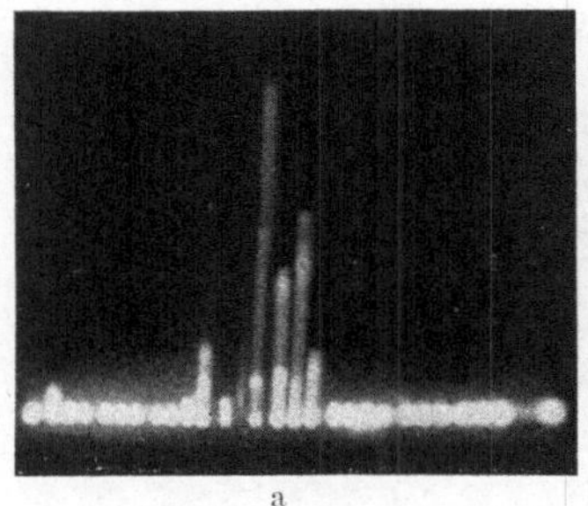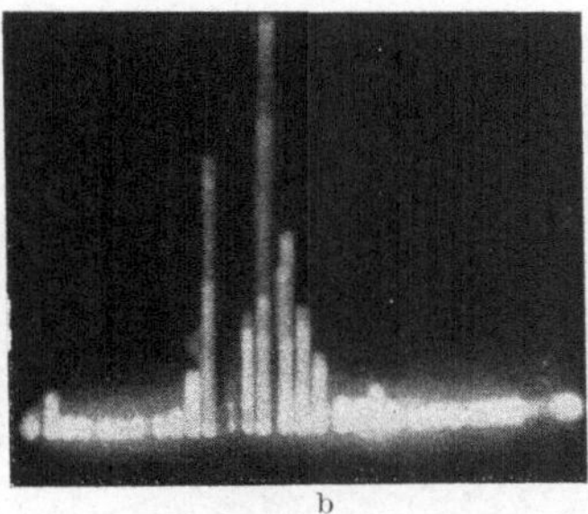

Abb. 72. Frequenzspektrogramme des auf die gleiche Tonhöhe von 350 Hz (etwa f¹) „offen" (a) und „gedeckt"
(b) gesungenen Vokals O. Man sieht beim gedeckt gesungenen Vokal eine beträchtliche Zunahme der Grundtonamplitude, aber auch die Amplitude der höheren Frequenzen, besonders im Formantbereich, hat deutlich
zugenommen. (Nach Luchsinger, in Luchsinger und Arnold.)

Höhe (s. S. 174). Auch im Versuch am Hund waren beim Anblasen des Kehlkopfes hohe miefende Töne nach Art der Fistelstimme zu erzeugen, wenn die
Stimmbänder durch Reizung des M. cricothyreoideus passiv gespannt wurden,
während gleichzeitig ihre nahe Annäherung aneinander durch die Stimmlippenmuskeln selber verhindert wurde (Katzenstein und R. du Bois-Reymond).

Endlich sind Unterschiede im *Luftverbrauch* bei der Stimmbildung in den
verschiedenen Registern angegeben. Der Luftverbrauch soll im Falsett größer
sein als bei der Bruststimme. Dies würde nach Katzenstein (6) jedoch nur für
den Natursänger, nicht für den ausgebildeten Sänger zutreffen, bei dem der
Luftverbrauch im Brustregister am größten ist. Die Frage wird sich nur bei
Berücksichtigung und objektiver Kontrolle der Stimmstärke (Schalldruckmessung) entscheiden lassen.

Die Registergrenzen sind bei ungeübten Sängern deutlicher zu bemerken als
bei geübten. Die Kunst des Sängers hat den Registerübergang möglichst unmerklich zu machen. Dies wird durch das sog. *Decken des Tones* erreicht. Die
Töne in der oberen Hälfte der Mittelstimme und am Übergang zur Kopfstimme
würden bei gewöhnlicher „offener" oder besser „ungedeckter" Stimmgebung
(um eine Verwechslung mit der Bezeichnung der kurzen Vokale als „offene"
Laute zu vermeiden) hell, grell und unschön klingen können. Durch das „Decken"
wird der Klang weicher und „dunkler" [Nadoleczny (2)]. Der Kehlkopf tritt
dabei tiefer und der Kehldeckel richtet sich auf, wodurch die Resonanzverhältnisse offenbar in dem gewünschten Sinne verändert werden. Dabei ist, wie
Pielke (bei Gutzmann) fand, der Grundton gegenüber der „ungedeckten"
Singweise relativ verstärkt. Die gedeckten Klänge sollen andererseits oberton-
reicher sein, was eigentlich ihrem weicheren Klang nicht entsprechen würde,

aber auch von LUCHSINGER (*1*) bei Untersuchungen mit dem Frequenzspektro-
meter bei 9 von 14 untersuchten Sängern und Sängerinnen gefunden wurde.
Ein Beispiel für diesen Unterschied in der Klangzusammensetzung gibt Abb. 72.
Die Zunahme der Grundtonamplitude ist sehr deutlich, aber auch die Obertöne
im Formantgebiet haben zugenommen, was der öfter hervorgehobenen Tatsache
entsprechen würde, daß der Vokalcharakter bei gedeckter Tongebung leichter
beizubehalten ist als bei ungedeckter [SCHILLING (*1*)]. Für gesicherte Schluß-
folgerungen aus solchen Untersuchungen wäre wiederum die gleichzeitige Kontrolle der Schallstärke eine wichtige Voraussetzung.

3. Der Stimmeinsatz.

Man pflegt nach der Art des Beginns der Stimmgebung 3 Arten von Stimmeinsätzen zu unterscheiden, den gehauchten, den weichen (oder leisen) und den

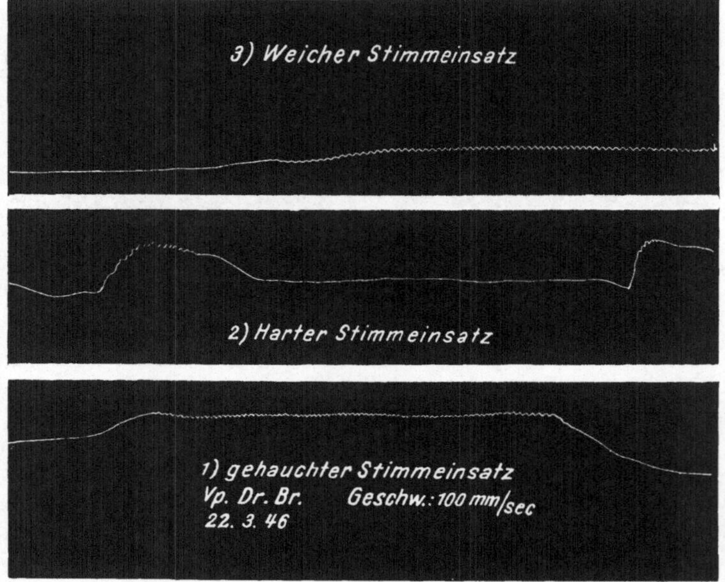

Abb. 73. Weicher, harter und gehauchter Stimmeinsatz beim Sprechen mit Maske gegen eine empfindliche
Schreibkapsel und Registrierung auf Rußkymographion. Weicher Einsatz: Langsames Ansteigen der Kurve
mit allmählich einsetzenden Vibrationen. Harter Einsatz: Steiles Ansteigen der Kurve mit Schwingungen vom
ersten Beginn des Ansteigens. Gehauchter Einsatz: Zunächst schwingungsloser Anstieg, dem die Vibrationen
erst nach Erreichen des Gipfels folgen. (Nach LUCHSINGER aus LUCHSINGER und ARNOLD.)

harten (oder festen) Stimmeinsatz. Diese verschiedenen Einsätze, die mit dem
Ohr oder im registrierten Klangbild deutlich zu unterscheiden sind, hängen von
dem Verhalten der Stimmlippen im Beginn der Stimmgebung ab. Beim *gehauchten Einsatz* gehen die Stimmlippen von der Exspirations- oder Hauchstellung,
in der die Stimmritze meist Dreiecksform hat, in die Phonationsstellung über.
Erfolgt dieser Übergang rasch, so geht dem Klang ein leises Reibegeräusch
voraus, das in der Schrift mit H (Spiritus asper) bezeichnet wird. Bei dem
weichen Einsatz ist vor dem Erklingen der Stimme kein Geräusch zu hören.
Die Stimmlippen legen sich rasch fast parallel zu einem schmalen elliptischen
Spalt zusammen, und die Stimmlippenschwingung beginnt mit der Stimmritzenöffnung. Man hört diesen klanglich und hygienisch besten Stimmeinsatz
z. B. beim Ausruf des bewundernden „Ah" als Ausdruck gehobener Stimmung.

Beim *harten Stimmeinsatz* legen sich die Stimmlippen vor der Tonerzeugung
fest aneinander, so daß die Stimmritze durch den erhöhten Atemdruck gewissermaßen gesprengt werden muß. Dabei entsteht ein leicht knackendes Geräusch,
das als *Glottisschlag* (coup de glotte, spiritus lenis) bezeichnet wird und den
Stimmklang einleitet. Auch der geringste „Glottisschlag“ ist mit dem Stethoskop

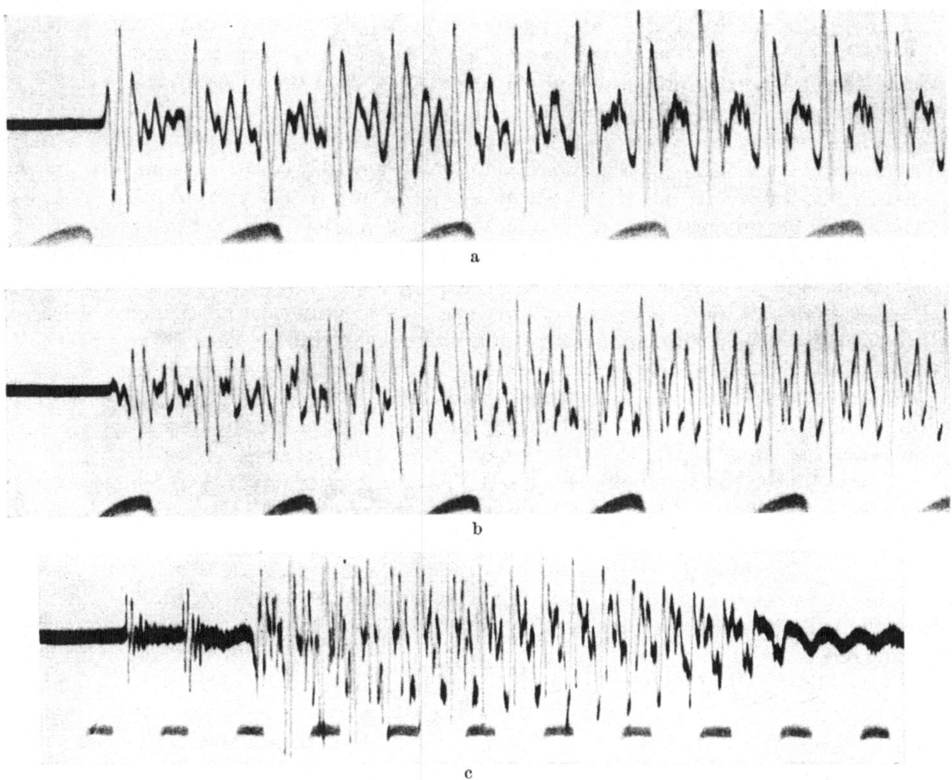

Abb. 74a—c. Klangkurven von scharf gestoßenen und betont gesprochenen Vokaleinsätzen. a und b Scharf
gestoßener Einsatz des Vokals A, a bei einem 11jährigen Mädchen, b bei einer 24jährigen weiblichen Versuchsperson, c betont gesprochener Einsatz des Vokals A im Wort „Affe“ bei einer 26jährigen weiblichen Versuchsperson. Zeitmarken 0,01 sec. — In a schließen sich an eine kleine aufwärts gerichtete Zacke sofort die großen
Teilschwingungen der „Anfangsgruppe“ an, die Amplitude nimmt im Laufe der ersten Perioden nicht sehr erheblich zu. In b setzt die Gruppe der hohen Formantschwingungen nach zwei niedrigeren Vorschwingungen der
Vokalperiode ein, der Vokal zeigt über die ersten 5 Perioden ein deutliches Crescendo. In c gehen dem Einsetzen der Formantschwingungen 2 Gruppen höher frequenter Schwingungen voraus, die in bestimmten
Phasen der Stimmritzenöffnung entstehen, ohne daß ihre Intensität schon ausreicht, um die Formantschwingungen
des Ansatzrohres anzuregen. [Nach W. TRENDELENBURG (4) und (5).]

über dem Kehlkopf nachweisbar. Der harte Stimmeinsatz wird beim Sprechen
oft verwandt. Man gebraucht ihn als Ausdruck des Abscheus und der Ungeduld
in Ausrufen wie „A“ oder „Ach“. Beim Singen sollte er im allgemeinen vermieden werden. Im Kehlkopfspiegel sieht man bei diesem Einsatz die leichte
Vorwölbung der aneinandergepreßten Stimmlippen vor der Öffnung der Stimmritze [NADOLECZNY (2)].

Die Unterschiede im zeitlichen Verlauf der Schwingungen bei den verschiedenen Stimmeinsätzen lassen sich bereits mit einer empfindlichen Schreibkapsel
unter Verwendung einer Maske auf einem Rußkymographion einfach zur Darstellung bringen (Abb. 73). W. TRENDELENBURG (4, 5) hat mit dem Kondensatormikrophon das Verhalten der Schallschwingungen bei hartem Einsatz von Vokalen

und bei dem „Glottisschlag" genauer untersucht. Es handelte sich zunächst um die oben (S. 225) berührte Frage, mit welchem Teil der Vokalperiode der Moment der Öffnung der Stimmritze zusammenfällt. Es ergab sich, daß ein Vokal bei möglichst *scharf gestoßen* gesungenem Einsatz bereits von der ersten Periode an den gleichen Aufbau wie in den folgenden Perioden haben kann. Dabei kann der ganze Schwingungsvorgang mit den Teilschwingungen des Vokals beginnen, die auch in den folgenden Gruppen die größte Amplitude haben. die deshalb von W. TRENDELENBURG als „Anfangsgruppe" bezeichnet wurde (Abb. 74a). Der Beginn kann jedoch auch mit einem dieser Gruppe maximaler Schwingungen vorausgehenden Teil der Vokalperiode erfolgen (Abb. 74b).

Beim *betonten Sprechen* von Worten wie „Apfel" oder „Essen", gehen der Vokalperiode meist 2—3 Gruppen von Schwingungen voraus, deren Frequenz beträchtlich höher ist als die der tieferen Formanten der betreffenden Vokale (Abb. 74c). Sie entsprechen anscheinend den S. 225 erwähnten Schwingungen, die primär im Zusammenhang mit der Öffnung und Schließung der Stimmritze entstehen und hier isoliert sichtbar sind, bis die weiteren Schwingungen des Ansatzrohres erst nach 2 oder 3 derartigen Schwingungsgruppen, deren Amplitude immer größer wird, einsetzen. Bis dahin ist auch die Periode der Stimmritzenöffnung noch wechselnd und größer, als der späteren Periode des Stimmklangs entspricht. Diese „Einschwingungsvorgänge" sind offenbar für die Frage von Bedeutung, in welcher Beziehung die primäre Stimmbandschwingung zu den von ihr angeregten Schwingungen des Ansatzrohres steht (s. S. 238).

Aus weiteren Untersuchungen von W. TRENDELENBURG (5), bei denen gleichzeitig mit dem Stimmklang die Wandschwingungen des Kehlkopfes, der Luftröhre usw. registriert wurden, ist zu folgern, daß dem Glottisschlag *nicht* etwa eine „Stoßschwingung" in der oberen Luftröhre *vor* Beginn der Öffnung der Stimmritze zugrunde liegt, wie man vermuten könnte, sondern daß allein die Plötzlichkeit des Schwingungsbeginns, der mit kurzdauernden „Einschwingungsvorgängen" verbunden sein kann, zu dem subjektiven Eindruck des Glottisschlages führt. Die Untersuchung eines vierten, des „*scharf gehauchten*" Vokaleinsatzes há, wie er in dem arabischen Laut ghain verwandt wird, zeigte, daß die Stelle des Übergangs vom Hauchlaut H in den Beginn der ersten Schwingung des Vokals A bei sogleich endgültiger Periodenlänge auch an diejenige Stelle der Periode fällt, in der sich beim vollausgebildeten Vokal die größten Amplituden der Formantschwingungen finden. Der *Luftverbrauch* bei den verschiedenen Einsätzen nimmt nach HÜLSE in der Reihenfolge „gehaucht", „gepreßt" (dem eben genannten „scharf gehauchten" Einsatz entsprechend), „weich", „hart" ab, was wohl dem zugrunde liegenden Mechanismus nach auch zu erwarten ist.

Auch DREW und KELLOY haben von technischen Fragestellungen ausgehend untersucht, wie schnell der Aufbau von Vokalen und Konsonanten vor sich geht. Sie kommen ebenfalls zu dem Ergebnis, daß der Einschwingungsvorgang bei den Sprachlauten in sehr vielen Fällen schon innerhalb von 2 Perioden beendet ist, im Gegensatz zu den Klängen der meisten Musikinstrumente, bei denen der Aufbau länger dauert. Dementsprechend spielt die Eigenart des Klangeinsatzes, der für das Erkennen von Klängen von Musikinstrumenten von Bedeutung ist [HELMHOLTZ, STUMPF (2)], für das Erkennen der Vokale und sonstiger „Dauerlaute" der Sprache keine Rolle.

4. Die Genauigkeit der Stimme.

Die Genauigkeit der menschlichen Stimme, d. h. die Fähigkeit einen Ton bestimmter Höhe zu bilden und festzuhalten, ist, wie immer betont wird, außerordentlich groß. Man muß bei der Frage der Genauigkeit des Nachsingens eines Tones vorgeschriebener Höhe unterscheiden zwischen

1. dem Nachsingen eines gleichzeitig erklingenden Dauertones, etwa einer Orgelpfeife oder einer Stimmgabel,

2. dem Nachsingen eines gegebenen Tones eine gewisse Zeit nach dem Verklingen und

3. dem Singen von Tönen, die zu einem gleichzeitig dargebotenen Ton in einem bestimmten Intervall stehen.

Für die Beantwortung dieser Fragen, von denen jede eine andere Eigenschaft oder Fähigkeit des Stimmapparates oder seines Benutzers betrifft, reichen bereits einfache mechanische Registriermethoden aus, da es sich nur um den Vergleich von Frequenzen des Grundtones handelt.

Die erste Frage hat schon KLÜNDER (*1, 2*) und HENSEN (*2*) durch Beobachtung der Schwebungen zwischen dargebotenen und nachgesungenen Tönen mit Hilfe einer KÖNIGschen Flamme untersucht. Spätere Untersuchungen [KERRPOLA und WALLE, SOKOLOWSKY (*1*)], meist mit gleichzeitiger Registrierung der Töne, hatten im wesentlichen das gleiche Ergebnis. Es ergaben sich bei diesen *Unisonoversuchen* nach SOKOLOWSKY an Berufssängern und -sängerinnen Fehler zwischen 0,17% und 1,3%, im Mittel von 0,44% der Schwingungszahlen der geprüften Töne. Die Differenz im untersuchten Bereich von 165—296 Schwingungen (etwa e—d^1) betrug $^1/_2$ bis maximal $2^1/_4$ Schwingungen.

Bei dieser Einstellung des Spannapparates der Stimmlippen spielen die auftretenden *Schwebungen* bei Abweichungen zwischen dem dargebotenen und dem erzeugten Ton eine wichtige Rolle, so daß auch der unmusikalische Mensch gezwungen wird, den gesungenen Ton dem dargebotenen anzupassen, um den unangenehmen Eindruck der Schwebungen zu vermeiden. Auf die Analogie zu dem Fusionszwang zur Vermeidung von Doppelbildern bei der ähnlich feinen Einstellung der Augenmuskeln wurde S. 177 hingewiesen. Nach GUTZMANN (*2*) ist dieser automatische Ausgleich von Schwebungen sogar beim *Taubstummen* zu beobachten, der seinen Kehlkopfton durch Betasten des Kehlkopfes des vorsingenden Lehrers mit dem Finger, also mit dem „Vibrationssinn", nachprüft.

Das Nachsingen eines Tones *nach einer gewissen Zeit*, z. B. $^1/_2$ oder 1 min nach seinem Verklingen, ist gleichzeitig die Prüfung eines musikalischen Erinnerungsvermögens. SOKOLOWSKY fand dabei Fehler von 0,07—3,5%, wobei die hier bestimmte Fehlergröße bei einem Sänger durchaus nicht parallel der Fehlergröße beim Unisonoversuch zu gehen brauchte, ein Zeichen, daß hier eine andere Fähigkeit, die man als *Tongedächtnis* bezeichnen kann, von Bedeutung ist. An anderer Stelle wurde diese Fähigkeit, an Hand der Vorstellung eines bestimmten Tones den Stimmapparat so einzustellen, daß der vorgestellte Ton mit mehr oder weniger großer Genauigkeit erklingt, bereits berührt (S. 191). Das Tongedächtnis, das wahrscheinlich mit der Eigenschaft des „*absoluten Gehörs*", d. h. der Fähigkeit, einen gehörten Ton in seiner Höhe zu erkennen, zusammenhängt, braucht nicht unbedingt mit sonstiger musikalischer Begabung zusammenzufallen. NAGEL berichtet von einem $3^1/_2$jährigen Knaben ohne andere Zeichen besonderer musikalischer Begabung, der das a^1 einer Stimmgabel recht rein nachsang und es auch nach längerer Pause (bis zu 5 min) sicher wiederfand. Mutter und Großvater dieses Kindes hatten absolutes Tongehör.

Beim Singen von vorgeschriebenen *Intervallen* zu einem gleichzeitig erklingenden Ton wird offenbar wieder eine andere Eigenschaft, und zwar jetzt das eigentliche „musikalische Gehör", geprüft. Hierbei waren die Fehler deutlich größer als beim Nachsingen des gleichen Tones. Der „mittlere Fehler" (der aber nicht etwa das Ergebnis einer eigentlich notwendigen statistischen Auswertung der Versuchsergebnisse ist) betrug nach SOKOLOWSKY bei der kleinen Terz 0,78%, bei der großen Terz 1,52, bei der Quart 1,25, bei der Quint 3,28,

bei der Sext 1,00 und bei der Oktave 1,16%, gegenüber einem Fehler von 0,44%
beim Unisonoversuch. Auch KERRPOLA und WALLE fanden, daß das Treffen
der Quint die größten Schwierigkeiten macht, während Oktave und Terz etwa
mit der gleichen Sicherheit getroffen werden. Nach HELMHOLTZ könnte bei
diesen größeren Fehlern beim Intervallsingen die temperierte Stimmung des
Klaviers eine Rolle spielen, die es dem Sänger unmöglich macht, den Schritt
des vorgeschriebenen Intervalls sicher abzumessen. Nach den jetzt vorliegenden
größeren Beobachtungsreihen an Geübten und Ungeübten dürfte jedoch ein
solcher Einfluß der Klavierstimmung bedeutungslos sein, zumal ihre Abweichungen
von der reinen Stimmung eine Größenordnung kleiner sind als die beim Singen
beobachteten Fehler.

Die *Präzision der willkürlichen Umstellung* von einem gesungenen auf einen
neuen vereinbarten Ton ist von SULZE durch Aufzeichnung der Schallkurven
untersucht. Die Dauer der Einstellung auf den neuen Ton kann 50—190 msec
betragen. Die neue Einstellung wird offenbar durch einen einmaligen von vornherein richtig bemessenen Willensimpuls erreicht. Sie ist sehr genau und wird
immer zunächst ohne Korrektur beibehalten. Bereits die erste Schwingung kann
die richtige Dauer haben. Wenn die Einstellung langsamer erfolgt, kann man
gelegentlich eine Periode von etwa 50 msec in dem Umstellungsvorgang beobachten, die als zentrale Periodik aufzufassen wäre. Das *längere Festhalten* eines
Tones auf einer bestimmten Höhe ist ebenfalls mit relativ großer Genauigkeit
möglich. Die Schwankungen betragen nach SCHOEN nur etwa $^1/_{30}$ Ton, d. h. im
Bereich von c bis c² etwa $^1/_2$—2 Schwingungen pro Sekunde. LUCHSINGER schließt
aus stroboskopischen Beobachtungen, daß diese natürlichen Schwankungen der
Tonhöhe beim Übergang von piano zu forte gesungenen Tönen geringer werden,
also im forte eine weitere Stabilisierung der Schwingungen zustande kommt
(s. LUCHSINGER und ARNOLD).

Auf die vermutlichen Grundlagen dieses präzisen Mechanismus der Spannungs-
regulierung und der Koordination der beteiligten Muskeln wurde bereits im Abschnitt über den Nerveneinfluß auf die Stimmlippenschwingungen und ihre eigen-
und fremdreflektorische Steuerung eingegangen (s. S. 179 u. 216).

5. Die Schallstärke und die Lautstärke beim Singen und Sprechen.

Man bezeichnet als *Schallstärke* oder auch Schallintensität die Schall-
leistung bezogen auf die Flächeneinheit, also die Energie, die in 1 sec durch
1 cm² strömt. Sie ist proportional dem Quadrat des *Schalldruckes*. Dieser kann
heute über jeden wünschenswerten Bereich mit geeigneten Mikrophonen und
Verstärkern gemessen und am Ausschlag eines Zeigerinstrumentes im Ausgang
eines solchen Gerätes direkt, z. B. in Mikrobar (μbar), abgelesen werden.
Dies bedeutet einen großen Fortschritt gegenüber der früher allein möglichen, schwierigeren und nur bei höheren Schalldrucken anwendbaren indirekten Messung mit der RAYLEIGHschen Scheibe. Als „*Pegelschreiber*" ermöglicht ein solcher Schalldruckmesser auch die fortlaufende Registrierung rasch
wechselnder Schalldrucke, wie sie beim Singen und Sprechen vorkommen. Als
Maß für die *Schallstärke*, eine rein physikalische Größe, wird das Dezibel benutzt. Die Skala hat ihren Nullpunkt bei einem Schalldruck von $2 \cdot 10^{-4}$ Mikrobar, der der Schwellenintensität für einen Ton von 1000 Hz entspricht. Die Teilung
ist logarithmisch, der Zunahme des Schalldruckes um eine Zehnerpotenz entspricht also eine Zunahme der Schallstärke um 20 Dezibel.

Bei der Definition der *Lautstärke* wird bereits ein physiologisches Moment,
nämlich die Frequenzabhängigkeit der Hörschwelle berücksichtigt. Als Maß für

die Lautstärke wäre ebenfalls das Dezibel anzuwenden. Nur der Nullpunkt der Lautstärkeskala ändert sich entsprechend der Änderung der Hörschwelle mit der Frequenz. Als *Lautheit* wird die Stärke der Schall*empfindung* bezeichnet. In die Messung der Lautheit geht also die Frequenzabhängigkeit der Hörempfindung im ganzen Intensitätsbereich ein (s. Abb. 3 in diesem Band S. 13). Maßeinheit ist das „Phon". Der Nullpunkt der Lautheitsskala wandert wie bei der Lautstärkeskala mit der Hörschwelle, außerdem sind jedoch die Phonschritte in den verschiedenen Frequenzbereichen, besonders bei tiefen Frequenzen kleiner als die Dezibelschritte.

Eine Messung der Lautheit und praktisch auch schon der Lautstärke wird also grundsätzlich nur durch Hörvergleich mit einem Normalton definierter Lautheit und bekannter Intensität möglich sein. Es sind aber auch Geräte möglich, bei denen die einzelnen Komponenten eines Schallvorganges durch Benutzung eines „gehörähnlich" arbeitenden Verstärkers, dem Frequenzgang des Ohres entsprechend, automatisch bewertet werden, wobei der Ausschlag eines Anzeige- oder Registrierinstrumentes mit den Ergebnissen des subjektiven Verfahrens befriedigend übereinstimmt. In der technischen Akustik wird übrigens die hier (mit O. RANKE) Lautheitsskala genannte Teilung oft ebenfalls Lautstärkeskala genannt und das Maß der hier definierten Lautstärke als Phon bezeichnet [s. F. TRENDELENBURG (*4, 6*) und besonders RANKE in diesem Band S. 13, zum Methodischen auch FRÖSCHELS, HAJEK und WEISS].

Diese Betrachtungen sind notwendig, weil bei nahezu keiner der bisherigen klanganalytischen und phonetischen Untersuchungen die Schallstärke bestimmt, sondern höchstens die Lautheit des Schalles, d. h. die Stärke der Schallempfindung, subjektiv beurteilt wurde, wobei auch gröbere Fehler unvermeidlich sind. Ein Stimmklang, dessen Teiltöne durch Änderung seiner spektralen Zusammensetzung mehr in den Bereich der maximalen Empfindlichkeit des Ohres (um 1000 Hz) rücken, kann z. B. subjektiv lauter erscheinen, obwohl die Schallstärke bzw. der Schalldruck abgenommen hat. Auf die Notwendigkeit objektiver Schallstärkemessungen ist unter anderem im Zusammenhang mit den Aussagen über Unterschiede im Luftverbrauch in den verschiedenen Stimmregistern hingewiesen (S. 257). An anderer Stelle wurden jedoch auch Untersuchungen von LUCHSINGER (*8*) erwähnt, der sich bereits eines Schalldruckmessers bediente, um Aussagen über das Verhältnis der Amplitude der Stimmbandschwingungen zur Stimmstärke machen zu können (S. 199).

Einige Angaben über die bei der menschlichen Stimme beobachteten *Schalldrucke* und die relativen *Schallstärken* mit den in Dezibel ausgedrückten *Lautstärken* gibt Tabelle 5, in der auch einige Klänge von Musikinstrumenten zum Vergleich berücksichtigt sind. In der letzten Spalte ist als *Schalleistung* die gesamte pro Sekunde in den Raum abgestrahlte Energie (in Watt) angegeben, die sich aus einer einzigen Schalldruckmessung in einem abgeschlossenen Raum, dessen Schallabsorption durch Bestimmung der „Nachhalldauer" bekannt ist, ableiten läßt [s. F. TRENDELENBURG (*6*)].

Man entnimmt der Tabelle 5 aus den Spalten über den Schalldruck und die Schall- bzw. Lautstärke die auffallend große maximale Stärke der Singstimme (für lautes Autohupen wird eine Lautstärke von 90 „Phon", bzw. Dezibel über der Hörschwelle, angegeben). Allerdings erfolgte die Schalldruckmessung in nur 1 m Entfernung unter offenbar günstigen Abstrahlungs- und Empfangsbedingungen. Für praktisch akustische Zwecke ist das Verhältnis maximale/ minimale Schallstärke von Bedeutung, das bei der Gesangsstimme größer zu sein scheint als bei einem Streichinstrument im Konzertsaal. Auch die Ausmessung einer von dem Tenor *Caruso* stammenden Schallplattenaufnahme ergab

Tabelle 5. *Schalldruck, relative Schallstärke, Lautstärke und Schalleistung für die Stimme und Sprache, sowie einige Musikinstrumente unter verschiedenen Bedingungen.*
[Nach K. W. WAGNER (*2*) und F. TRENDELENBURG (*6*).]

	Schalldruck μbar	Relative Schallstärke	Lautstärke Dezibel	Schalleistung Watt
Hörschwelle	$2 \cdot 10^{-4}$	1	0	
Flüstersprache	$2 \cdot 10^{-3}$	$1 \cdot 10^2$	20	
Unterhaltungssprache	$2 \cdot 10^{-2}$	$1 \cdot 10^4$	40	$7 \cdot 10^{-6}$
Sopranstimme im Konzertsaal (Lieder) in 1 m Entfernung:				
Maximum	25,4	$1,6 \cdot 10^{10}$	102	
Minimum	0,08	$1,6 \cdot 10^5$	52	
Cello (Konzert Op. 33 von *Saint Saens*) in 3 m Entfernung:				
Maximum	4,8	$5,8 \cdot 10^4$	87,6	
Minimum	0,04	$4 \cdot 10^4$	46,1	
Spitzenleistung der menschlichen Stimme	—	—	—	$2 \cdot 10^{-3}$
Geige (fortissimo)	—	—	—	$1 \cdot 10^{-3}$
Trompete (fortissimo)	—	—	—	$3 \cdot 10^{-1}$

nach K. W. WAGNER (*2*) ein Verhältnis der maximalen Schalldrucke zu den minimalen von 160:1, entsprechend Schallstärkeunterschieden von 1:25600, wobei noch zu berücksichtigen wäre, daß die Unterschiede bei Schallplattenaufnahmen aus technischen Gründen in der Regel verkleinert werden müssen. Die gesamte abgestrahlte Leistung ist als Spitzenleistung der Gesangsstimme etwa doppelt so groß wie die einer Geige im fortissimo, während die maximale Schalleistung einer Trompete doch etwa 150mal so groß ist als die der Stimme.

6. Die Verbindung der Laute untereinander.

Das Sprechen erfolgt nicht in einzelnen Lauten, auch nicht eigentlich in Worten, sondern in ganzen *Sätzen*. Bereits beim Zusammenfügen von Lauten zu Silben ist ein gegenseitiger Einfluß der zusammentretenden Laute aufeinander festzustellen. So werden Vokale durch ein nachfolgendes R, wie man meist deutlich hört, in der Weise verändert, daß sich ein E-Laut zwischen den ursprünglichen Vokal und das R einschiebt. Durch benachbarte Resonanten (m, n, ng, nk) werden besonders „offene" Vokale selbst deutlich nasaliert, z. B. das O des Wortes Onkel. Wenn auf Verschlußlaute („Explosivae") Dauerlaute folgen, so kann es zu einer völligen Veränderung der Explosion kommen. So tritt in den Verbindungen dl, tl, nl oft eine laterale Explosion, bei pm, tn, kn eine nasale Explosion ein [GUTZMANN (*2*)]. Die enge Verknüpfung von Verschluß- und Reibelauten führt zu charakteristischen Lautverbindungen pf, ts = z, ks = x, ps = ψ, die oft eigene Buchstaben zu ihrer Bezeichnung erhalten haben.

Die akustischen Fragen, die bei der Untersuchung des gegenseitigen Einflusses in *Lautverbindungen* auftreten, sind von GEMELLI und PASTORI mit Hilfe der Registrierung von Klangkurven mit Kondensatormikrophon und Verstärker in einem größeren Werk behandelt (s. auch KETTERER). Einen noch besseren Einblick kann man sich mit dem „Oktavsiebverfahren" verschaffen (s. S. 220). Von F. TRENDELENBURG und FRANZ ist auf diese Weise unter anderem die Frage untersucht, wie sich die Vokalformanten nach einem Explosivlaut aufbauen. Es zeigt sich, daß der Aufbau des Vokalformanten stets erst *nach* Ablauf des Konsonantgeräusches beginnt, offenbar erst dann, wenn das Ansatzrohr geöffnet ist und die dem Vokal entsprechende Form angenommen hat. Abb. 75a und b gibt Oktavsieboscillogramme der Silben „Di" und „Do" wieder. In

Abb. 76a und b sind diese Oszillogramme in der Weise ausgewertet, daß als Abszisse die Zeit, als Ordinate die Amplitude der Schwingungen in den verschiedenen Frequenzbereichen aufgetragen ist.

Man sieht bereits etwa 50 msec *vor* dem eigentlichen Konsonantgeräusch periodische Schwingungen auftreten (in den Oktavsieben 100—200 und 200—400 Hz), als Ausdruck der Stimmbandschwingungen bei dem „stimmhaften" „D". Bemerkenswert ist ferner das relativ langsame Einsetzen des Vokalformanten (400—800 Hz) in der Silbe „Do", während die Formanten des i in „Di" in unmittelbarem Anschluß an das Konsonantgeräusch mit

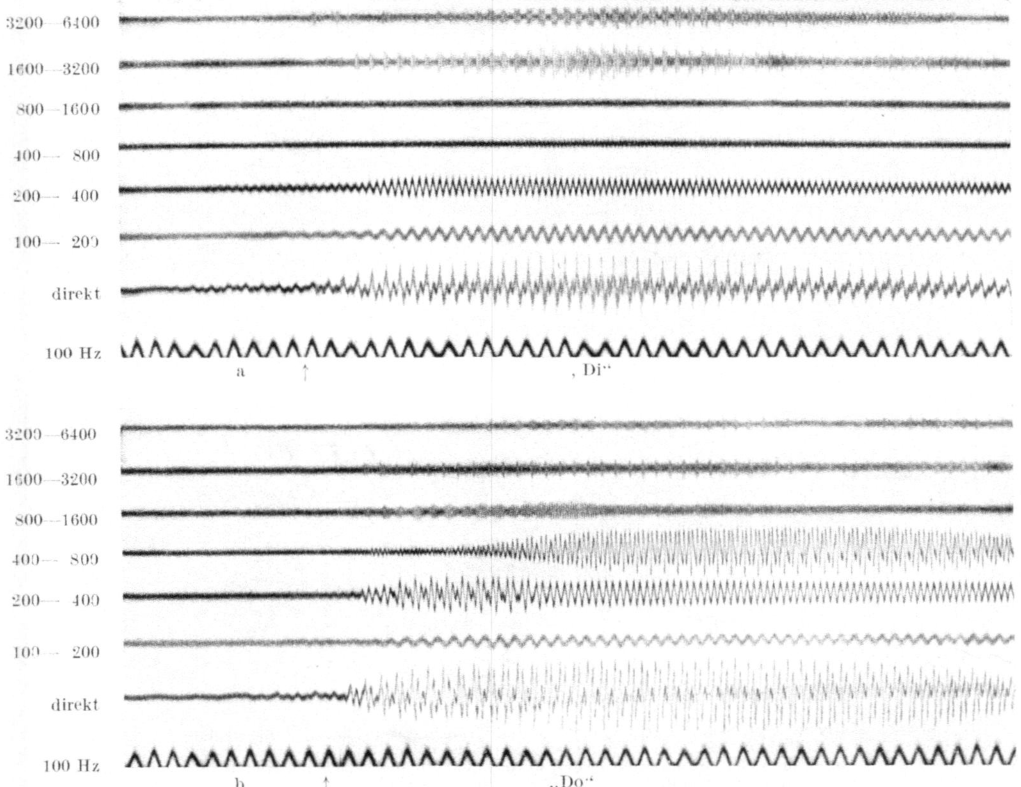

Abb. 75a u. b. Oktavsieboscillogramme der gesprochenen Silben „Di" und „Do". Der Beginn des Konsonantgeräusches ist durch ↑ gekennzeichnet. (Nach F. TRENDELENBURG und FRANZ.)

beträchtlicher Amplitude einsetzen. Die notwendigen Umstellungen im Ansatzrohr beim Übergang vom D zum I sind viel geringfügiger als beim Übergang zum O, bei dem die ganze Zunge, die zunächst an den oberen Zähnen lag, weit von den Zähnen abrücken muß, während für den Übergang D zu I nur eine kleine Veränderung der Lage der Zungenspitze notwendig ist.

In ähnlicher Weise können die Veränderungen der Klangzusammensetzung bei der Verknüpfung der verschiedenen Laute in Silben und Worten relativ einfach objektiv festgestellt werden, wie dies bereits von F. TRENDELENBURG und FRANZ und auch von VIERLING und SENNHEISER für eine Reihe von weiteren Lautverbindungen durchgeführt ist [s. auch F. TRENDELENBURG (5)].

7. Die Tonlage der Sprache und die Sprachakzente.

Die mittlere Tonhöhe des Sprechens hängt von der Stimmlage ab. Sie liegt bei ruhiger Umgangssprache innerhalb der 5 oder 6 untersten Töne des Stimmumfanges. Die *mittlere Sprechtonlage* ist in Abb. 70, S. 255 durch Querstriche gekennzeichnet, ebenso sind in Abb. 71 die Tonbereiche der Frauen- und Männerstimme angedeutet. Danach liegt die Sprechstimme bei Männern zwischen A und e (109 und 163 Hz), bei Frauen und Kindern zwischen h und e^1 (244 und 326 Hz), also etwa eine Oktave höher. Jeder Affekt kann jedoch die Sprechtonlage verändern. Mit der Verstärkung der Stimme eines Redners pflegt auch eine gewisse Erhöhung der Tonlage einherzugehen. Es ist anzunehmen, daß bei der gewöhnlichen Sprechtonlage mit einem Minimum an Anstrengung, d. h.

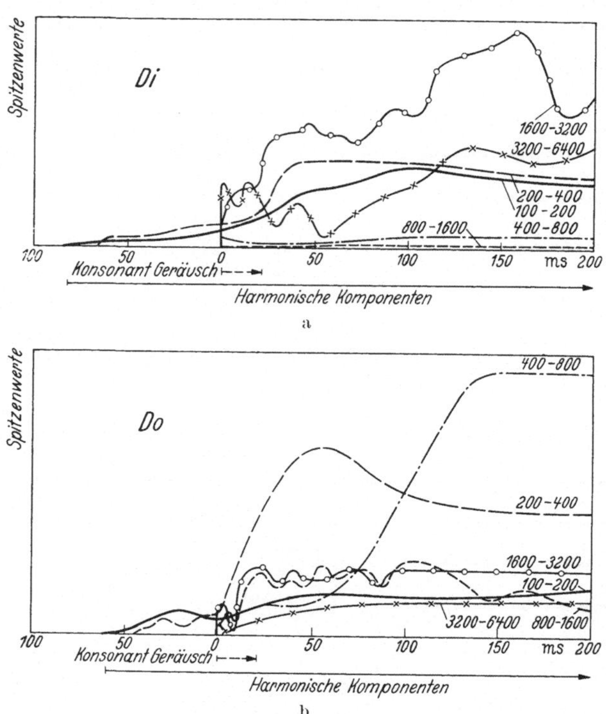

Abb. 76a u. b. Zeitliche Entwicklung der Schallschwingungen in den verschiedenen Frequenzbereichen beim Sprechen der Silben „Di" und „Do". Auswertung der Oktavsieboscillogramme der Abb. 75a und b. Abszisse: Zeit, Ordinate: Amplitude der Schwingungen in den an den Kurven angegebenen Frequenzbereichen. Bereits etwa 50 msec vor dem Konsonantgeräusch (⊢--→) sind periodische Schwingungen nachweisbar als Ausdruck von Stimmbandschwingungen bei dem „stimmhaften" D. In der Silbe „Di" setzen die Formantschwingungen des I viel schneller mit beträchtlichen Amplituden ein als die Formantschwingungen des O in der Silbe „Do". (Nach F. TRENDELENBURG und FRANZ.)

mit dem geringsten Aufwand an Energie von seiten der Kehlkopfmuskeln und dem geringsten Winddruck gesprochen werden kann. MERKEL hat diese Ausgangslage als den „phonischen Nullpunkt" des Kehlkopfes bezeichnet. Bei Tönen unterhalb dieses Punktes müßten die Entspanner, oberhalb die Spanner der Stimmbänder und ein höherer Anblasedruck wirksam werden.

Der Charakter des Sprechens ist nach Sprache, Nation, Volksstamm, Gegend und sogar Familie verschieden. Solche Besonderheiten werden allgemein als „Akzent" des Sprechenden bezeichnet. Man unterscheidet in der Phonetik entsprechend den Grundeigenschaften des Stimmklanges — Tonhöhe, Lautstärke und Klangdauer — den *melodischen*, den *dynamischen* und den *temporalen* (rhythmischen) Akzent. Dazu käme die für jeden Sprecher charakteristische Klangfarbe der Laute, die von der artikulatorischen Einstellung des Ansatzrohres abhängt, von der ausführlich die Rede war und die fließend zu pathologischen Sprachgewohnheiten übergehen kann. Die Akzente sind wesentlich für das

Verständnis der Worte und Sätze, die durch verschiedenen Akzent ganz verschiedenen Sinn erhalten können.

Der *melodische* oder *musikalische Akzent* besteht im Schwanken der Höhe des Stimmtones innerhalb der Laute, Silben, Worte und Sätze. Diese Tonhöhenschwankungen konnten früher nur durch mühsames Ausmessen der Periodendauer genügend auseinandergezogener, also schon für kurze Sätze vieler Meter langer Klangkurven ermittelt werden. Heute kann man mit direkter Schreibung der Tonhöhe als Ordinate, z. B. mit dem „Melodieschreiber" nach GRÜTZMACHER (s. S. 218) die Tonhöhe der Sprache und ihre Schwankungen direkt aufzeichnen. Ein Beispiel für die so registrierten Tonhöhenschwankungen eines gesprochenen Wortes gibt Abb. 77.

Im Abschnitt über synthetische Sprache war darauf hingewiesen, wie es mit dem „Vocoder" möglich ist, die Sprachmelodie bei der Wiedergabe einer

Abb. 77. Tonhöhenverlauf im gesprochenen Wort „Leben", registriert mit dem Melodieschreiber von GRÜTZMACHER. [Nach GRÜTZMACHER und LOTTERMOSER (2).]

Aufnahme zu verändern, wobei englisch gesprochene Sätze einen singenden Tonfall, nach Art etwa der schwedischen Sprache, annehmen, wenn man die ihr eigentümlichen Tonschritte umkehrt (s. S. 246). Bekannt ist das Ansteigen der Tonhöhe am Ende eines Fragesatzes, das Absinken am Ende eines Aussagesatzes. Pathologisch können die normalen Tonhöhenschwankungen beim Sprechen verändert sein. Die Sprachmelodie ist z. B. bei Epileptikern oft eingeengt und starr, das Absinken am Ende einer Phrase fehlt. Beispiele von dem Verlauf normaler und solcher pathologisch eingeengter Melodiekurven beim Sprechen kurzer Sätze geben LUCHSINGER und BRUNNER auf Grund von Untersuchungen mit Registrierung von Klangkurven und Ausmessung der Periodenlänge (s. auch LUCHSINGER und ARNOLD).

Die Tonhöhenbewegung innerhalb des Wortes kann vom Stärkeakzent unabhängig sein. Sie geht ihm aber, besonders in der deutschen Sprache, meist parallel. Auch der *dynamische oder Stärkeakzent,* bei dem es sich also um Schwankungen der Schallintensität bzw. des Schalldruckes handelt, kann heute mit einem registrierenden Schalldruckmesser direkt aufgezeichnet werden, wobei ein solches Gerät, als „Pegelschnellschreiber", alle beim Sprechen vorkommenden Lautstärkeschwankungen, auch wenn sie in Bruchteilen von Zehntelsekunden erfolgen, richtig wiedergeben kann [s. z.B. F. TRENDELENBURG (6)]. Der dynamische Akzent, den man auch früher schon durch vergleichende Messung der Amplitude von Klangkurven oder der Tiefe von Phonographenglyphen objektiv zu erfassen suchte, bewirkt die deutliche Hervorhebung („Betonung") von Silben und Worten in Sätzen und Redeteilen. Seine Minderung führt zusammen mit der Minderung des melodischen Akzentes zu Monotonie der Sprache.

Der *zeitliche oder rhythmische Akzent* der Sprache ist leicht mit mechanischen Schreibvorrichtungen zu registrieren, z. B. mit dem Phonographen oder dem Kehltonschreiber. Man hat dabei die relative Dauer der Vokale, der Konsonanten und des Übergangs vom Vokal zum Konsonanten und umgekehrt gemessen. Es ergeben sich auf diese Weise für den Rhythmus beim Sprechen eines Satzes wesentliche Unterschiede, je nach der Mundart, in der er gesprochen wird [s. GUTZMANN (2)]. Auf die besondere Bedeutung des Sprachrhythmus für die Versmetrik der Dichtung sei in diesem Zusammenhang auch hingewiesen.

8. Störungen der Stimme und Sprache.

Der Stimmklang kann bereits sehr erheblich durch Änderung der physiologischen *Resonanzverhältnisse* im Ansatzrohr verändert werden. Eine relativ häufige Störung dieser Art ist das *Näseln*. Beim „*offenen Näseln*" (Rhinolalia aperta) besteht eine Verbindung zwischen Mundhöhle und Nase, wenn sie (bei den Mundlauten) normalerweise abgeschlossen sein sollte. Dies ist der Fall bei Defekten des harten oder weichen Gaumens (Gaumenspalten) und bei Lähmungen des Gaumensegels. Dabei nehmen Vokale eine nasale Klangfarbe an, um so mehr, je enger das Ansatzrohr ist. Die Klanganalyse ergibt eine Zunahme der Grundtonamplitude und Abnahme der Amplitude der höheren Teiltöne (s. S. 230). Bei angeborenen Gaumenspalten oder Gaumensegellähmungen kann die Bildung mancher Laute, insbesondere der Verschlußlaute überhaupt nicht in der normalen Weise bewirkt und erlernt werden, weil die Luft vorzeitig durch die Nase entweicht. Beim „*geschlossenen Näseln*" (Rhinolalia clausa) ist umgekehrt die Nase verschlossen, wenn sie (bei den „Nasenlauten" M, N, Ng) offen sein sollte. Die Nasenlaute klingen dann „verstopft". Auch sonstige Veränderungen an den peripheren Sprechorganen, an den Lippen, den Zähnen oder der Zunge können zu mechanisch bedingten „Dyslalien" führen [s. SOKOLOWSKY (7), LUCHSINGER und ARNOLD].

Die Unfähigkeit bestimmte Laute zu bilden, kann jedoch auch *zentralnervöse Ursachen* haben. Eine zentral funktionelle Störung der Sprache wäre das *Stammeln* (Dyslalia functionalis), bei dem die Störung in der Unfähigkeit bestimmte Laute zu bilden besteht. Relativ häufig gestört ist die Aussprache des R-Lautes (Rhotazismen), der als der am schwierigsten zu bildende Laut der Sprache gilt, ferner die Bildung der S-Laute (Sigmatismen, Lispeln). Von den konstitutionell bedingten Störungen der Rede (Dysphrasien) soll nur das *Stottern* genannt werden, das von NADOLECZNY (3) als eine „krampfartige (spasmodische) Koordinationsneurose" bezeichnet wird. Man hat bei Stotterern erbliche Einflüsse und nicht selten Zusammenhänge mit anderen krankhaften Anlagen (Epilepsie, Migräne) nachweisen können und schreibt dem Corpus striatum und dem Pallidum bei dem Zustandekommen des Stotterns eine besondere Rolle zu. Über diese subcorticalen motorischen Zentren würden sich psychische Einflüsse auch durch Verknüpfung mit den vegetativen Zentren des Zwischenhirns auswirken können (SEEMANN). Störungen des Sprechens bei Unterentwicklung, Erkrankungen oder Ausfall von Teilen der *Hirnrinde* (Dysphasien und Aphasien), die die Grundlage für die Annahme und Lokalisation von Sprachzentren in der Hirnrinde bilden, sind eine weitere Gruppe von Sprachstörungen, die noch mehr in das Gebiet der Neurologie gehören.

Selbstverständlich muß die Stimmgebung vor allem durch Störungen der *Stimmbandschwingungen* mehr oder weniger stark beeinträchtigt werden. Es kann sich dabei entweder um mechanische Momente (Stimmbandknötchen), oder um Schwäche oder Lähmungen der Kehlkopfmuskeln handeln. Die bekannteste derartige Störung ist die Lähmung des N. laryngicus caudalis (recurrens), die bei Schädigung des Nerven oder einseitigem Ausfall des Nerven zu Heiserkeit und bei doppelseitigem kompletten Ausfall zu völliger Stimmlosigkeit führt (s. S. 182). Durch Übungsbehandlung kann auch in solchen Fällen oft eine durchaus brauchbare Sprechstimme, seltener eine gute Ruf- oder Singstimme erzielt werden (LUCHSINGER und ARNOLD).

Durch einen vom gewöhnlichen Mechanismus der Stimme völlig abweichenden Mechanismus können auch Menschen ohne Kehlkopf nach einer Laryngektomie ohne besondere prothetische Apparate wieder verständlich sprechen lernen. Dem Laryngektomierten fehlt nicht nur der Kehlkopf, sondern auch die Antriebskraft des Luftstromes aus der Lunge, da diese entweder aus einer Trachealkanüle oder durch die direkt in die vordere Halswand eingenähte Trachea entweicht. Den zum Sprechen notwendigen Luftstrom verschafft sich der Kehlkopflose dadurch, daß er eine gewisse Luftmenge in den Hypopharynx, in den Oesophagus oder in den Magen hineinschluckt oder (in die oberen Abschnitte) auch hineinsaugt. Die fehlende Glottis wird durch einen über diesem „Windkessel" liegenden Engpaß mit den notwendigen Gewebsfalten gebildet, z. B. zwischen Zungengrund und hinterer Rachenwand, zwischen den beiden stark kontrahierten hinteren Gaumenbögen oder zwischen der erhaltenen Epiglottis und zwei seitlich von der Schlundmuskulatur gebildeten Falten. Die zunächst kleine in die Speiseröhre getriebene Luftmenge von 2—5 cm³ reicht anfänglich nur für Töne kurzer Dauer aus, die aber schließlich bis zu 8 oder 10 sec gehalten werden können. Der gute Erfolg systematischer Übung, die in manchen Fällen zu einer für das Gehör nahezu normalen Sprache führen kann, zeigt eindrucksvoll die außerordentliche Umbildungsfähigkeit der nervösen Koordinationen, aber auch die verhältnismäßig geringen Anforderungen, die in akustischer Beziehung an das Klangbild einer verständlichen Sprache gestellt werden [s. SOKOLOWSKY (7), LUCHSINGER und ARNOLD].

IV. Anhang: Stimme und Lauterzeugung bei Tieren.

Eine große Zahl von Tieren besitzt besondere Apparate zur Erzeugung von Lauten, die teils zur Abschreckung von Feinden, teils zur Anlockung und Verständigung unter Artgenossen, besonders unter den Geschlechtern, dienen können. Die zahlreichen bekannten Tatsachen auf diesem Gebiet der vergleichenden Physiologie sind in verschiedenen zusammenfassenden Darstellungen gründlich behandelt [LANDOIS, GRÜTZNER (1), O. WEISS (9), SCHARRER, SCHEMINZKY]. Sie sind in neuerer Zeit durch die Registrierung der Klangkurven von Tierlauten mit elektrischen Verfahren ergänzt. Ferner entdeckte man die Fähigkeit mancher Tiere, Laute, deren Frequenz über der oberen Tongrenze des menschlichen Ohres liegt, also Ultraschall, zu erzeugen, die bei Fledermäusen und vielleicht auch bei kleinen Nagetieren als Orientierungsmittel von besonderer Bedeutung sind. In allen Fällen wird als Voraussetzung für die Ausbildung von *lauterzeugenden* Einrichtungen, die die Bezeichnung „*Stimmapparate*" verdienen, das Vorhandensein von *schallperzipierenden* Sinnesorganen gelten müssen (s. S. 167).

Unter den *Wirbellosen* besitzen insbesondere verschiedene Insekten Apparate zur Erzeugung charakteristischer Laute. Der Stimmapparat der *Zikade* besteht aus einer Trommelhaut oder Schallplatte, die durch Kontraktion eines kräftigen Muskels in Schwingungen versetzt werden kann. Mit diesem Apparat bringen die Zikaden ihren lauten singenden Ton hervor, der bei der Bergzikade etwa bei e² (652 Hz) liegt.

Bei anderen Insekten wird, wie auch bei manchen Krebsen, Spinnen und Tausendfüßlern, ein Ton durch „*Stridulationsorgane*" erzeugt. Dabei wird meist die Kante eines Beines oder Flügels gegen eine geriefte Ader oder Platte gerieben. Besonders gut bekannt sind die Schrillapparate der verschiedenen *Heuschrecken*.

Der Schrillton des Männchens der Feldgrille (Liogryllus campestris) liegt beispielsweise bei c^5 (4138 Hz), der der braunen Strauchheuschrecke bei h^5 (7812 Hz). Das Weibchen wird durch den Ton angelockt, auch wenn der Ton durch ein Telephon übertragen wird [REGEN (*1, 2*)]. REGEN hat den Stridulationsgesang und den Wechselgesang von Feldgrillenmännchen auch mit Mikrophon, Verstärker und elektromagnetischem Schreiber kymographisch registriert (s. SCHEMINZKY).

Unter den *Wirbeltieren* können bereits manche *Fische*, auch unter Wasser, Laute erzeugen. Bei einigen spielt dabei der Luftraum der Schwimmblase eine Rolle, der beim „Trommelfisch" durch Kontraktion eines an der Schwimmblase ansetzenden Muskels in hörbare Schwingungen versetzt wird. *Amphibien* besitzen schon einen Kehlkopf, mit dem Frösche, Kröten und Unken ihre bekannten melodischen Rufe erzeugen, indem seine Stimmlippen durch einen Luftstrom in Schwingungen versetzt werden. Vielfach sind besondere Resonanzräume vorhanden, die wie die Schallblasen beim Männchen von Rana esculenta zur Verstärkung der Stimme wesentlich beitragen. Frösche quaken mit geschlossenem Mund, so daß die Ausstülpung der Schallblasen, die mit der Mundhöhle in Verbindung stehen, vor allem die Abstrahlung des Schalles verbessern wird. Die im Vergleich zu der Kleinheit der Stimmapparate verhältnismäßig tiefe Stimme dieser Tiere wird verständlich durch die offenbar geringe Spannung und die beträchtliche Masse der Stimmbänder, die durch eingelagerte Knorpelstücke noch vermehrt wird.

Der am oberen Ende der Trachea gelegene Kehlkopf der *Vögel (Larynx)* besitzt keine Stimmbänder und ist daher zur Lauterzeugung nicht geeignet. Die Stimme der Vögel wird vielmehr erzeugt in eirem unteren Kehlkopf *(Syrinx)*, der meist direkt *über* oder *in* der Teilungsstelle der Trachea in die beiden Hauptbronchien liegt. Sie entsteht durch Vorbeistreichen der Luft an stimmlippenähnlichen Membranen oder Polstern, die paarig angelegt sind und in jedem Bronchus eine Stimmritze bilden. Diese beiden „Kehlköpfe" können anscheinend unter Umständen eine verschiedene Einstellung haben, worauf schon GRÜTZNER (*1*) das an Dissonanzen reiche Geschrei der Gänse und Enten zurückführen wollte. In der Tat fand SCHMID (*2*) bei der Aufzeichnung die Krählaute des Haushahns aus zwei verschiedenen Klängen zusammengesetzt. Die notwendige Verengerung der Spalte bei der Stimmgebung wird durch Muskeln bewirkt, die bei den eigentlichen Singvögeln als 3—7 Paar Syrinxmuskeln vorhanden sind, während anderen Vögeln (Enten, Hühnern, Tauben) Syrinxmuskeln überhaupt fehlen (s. SCHARRER). Eine besondere Leistung der Vogelstimme ist der Gesang, der bei den Männchen als sekundäres Geschlechtsmerkmal aufzufassen ist. Seine Höhe bewegt sich im Bereich von etwa d^4—a^4 (2320—3480 Hz), also im Gebiet der höchsten Pfeiftöne des Menschen. Dabei wäre das Stimmorgan in seinem Mechanismus als eine „Kombination von Lippen- und Zungenpfeife" aufzufassen (GROEBBELS).

Bei den *Säugetieren* ist der Kehlkopf ähnlich ausgebildet wie beim Menschen. Von seinen Ventrikeln zwischen den wahren und den falschen Stimmbändern gehen oft größere Blindsäcke — Appendices ventriculi laryngis — aus, die bei manchen Tieren eine besondere Ausbildung erfahren und eine Rolle für die Verstärkung der Stimme spielen können.

So finden sich bei *Affen* als Appendix der MORGAGNIschen Taschen große Kehlkopfsäcke, die beim Orang-Utan über Hals und Brust bis in die Achselhöhlen reichen können. Im ungeblähten, weichwandigen Zustand werden diese Schallsäcke die Schallabstrahlung *nicht* verstärken können. Dies wird jedoch der Fall sein bei den festwandigen Schallhöhlen, die bei manchen Affen (Brüllaffen) im aufgeblasenen Zungenbeinkörper liegen. Ob auch die weichwandigen Schallsäcke der anderen Affen bei Aufblähung eine verstärkte Schallabstrahlung, und damit eine „Stimmverstärkung“ bewirken können, ist anscheinend noch nicht geklärt [W. Trendelenburg (2)].

Im übrigen erfolgt die Stimmbildung bei Säugetieren nach denselben Prinzipien wie im menschlichen Kehlkopf. Sie ist jedoch, auch gegenüber den Vögeln, einförmig und in ihrem Umfang beschränkt. Nur beim *Gibbon* (Hylobates agilis), dessen Kehlkopf und Stimmbandapparat eine besondere Entwicklung zeigt, erstreckt sich die Stimme über eine Oktave (s. Scharrer). Die Laute der Säugetiere werden meist exspiratorisch erzeugt. Einige, wie das Wiehern des Pferdes, das Miauen der Katze, das Winseln des Hundes und der I-Laut des Esels in seinem I—A entstehen jedoch stets *inspiratorisch* [Grützner (1)].

Auch der Klang von Tierstimmen ist mit Mikrophon und Oszillograph aufgezeichnet. So nahm B. Schmid (1, 2) Klangkurven der Stimmen von Säugetieren, besonders von Hunden und Katzen, ferner von Vögeln (z. B. Hühnern, Tauben, Enten), von einem Alligator und von Fischen auf. Es ist wohl nicht überraschend, daß ein Vergleich bei vielen tierischen Lauten eine weitgehende Übereinstimmung mit Klangbildern von Lauten der menschlichen Stimme ergibt, und daß auch die tierische Stimme Vokale und Konsonanten erzeugen kann, deren Klangbild von dem menschlicher Laute nicht wesentlich verschieden ist. Daneben treten Knarr- und Quetschlaute auf, die jedenfalls den europäischen Sprachen fehlen.

Bekannt ist, daß Tiere auch Lautfolgen erlernen können, die Worte und Sätze der menschlichen Sprache verständlich wiedergeben. Diese Fähigkeit besitzen insbesondere *Papageienvögel*, bei denen Kalischer ein „Sprachzentrum“ im Kopf des Mesostriatums des Großhirns dicht vor der Fissura Sylvii gefunden hat. Aber auch *„sprechende“ Hunde* werden von Zeit zu Zeit beschrieben und sind auch phonetisch untersucht. So hat Sokolowsky (3) die Worte, die der seinerzeit bekannte sprechende Hund „Don“ hervorbringen konnte, mit dem Hermannschen phonographischen Verfahren registriert und z. B. festgestellt, daß der U-Laut in dem Wort „Kuchen“, das der Hund hervorbringen konnte, in seiner Struktur dem vom Menschen erzeugten Vokal durchaus entsprach. Weitere sprechende Hunde sind von Fröschels (1) und von Kaiser beschrieben. Der Hund von Kaiser lernte Worte wie „vrouw“ (holländisch „Frau“), „Ab“ oder „Bob“ hervorbringen.

Es gelang jedoch nie, die Lautäußerungen solcher Tiere mit bestimmten *Begriffen* in Verbindung zu bringen, so daß man kaum berechtigt ist, diese Laute als „Sprache“ zu bezeichnen. Dem widerspricht nicht, daß spontan erzeugte Laute als Ausdruck von psychischer Erregung, Freude, Angst, Zorn usw. auch als Verständigungsmittel zwischen Artgenossen dienen können, das besonders bei Affen schon eine relativ hohe Stufe der Ausbildung erfahren hat. Der periphere Apparat dieser Tiere wäre sehr wohl imstande, die verschiedensten Laute einer „Sprache“ zu erzeugen, es fehlen auch nicht so sehr die zentralen Voraussetzungen für seine differenzierte Betätigung, als vielmehr die höheren Leistungen des Zentralnervensystems, an die die notwendigen Assoziationen für die Begriffsbildung geknüpft sind. Diese sind offenbar nur dem Menschen möglich. Ein Gibbon kann zwar im Umfang einer Oktave singen, aber nur der Mensch sprechen.

Einige Tiere vermögen Laute zu erzeugen, deren Frequenz *oberhalb der Hörgrenze des menschlichen Ohres* liegt, die also vom Menschen nicht direkt wahrgenommen werden können. Bei manchen Tieren liegt jedoch die obere Hörgrenze höher als beim Menschen, z. B. reagieren Rötelmäuse noch auf Töne von 25 bis 30 kHz (Schleidt), Meerschweinchen noch bis c^8 (33 kHz) (Marx), Hunde noch auf Töne von etwa 38 kHz (Andreev), so daß solche Töne auch gehört werden können, und ihre Erzeugung den gleichen Sinn hätte, wie die der übrigen Laute. Insbesondere bringen verschiedene *Mäusearten* Töne hervor, deren Frequenz 30 kHz erreicht oder überschreitet, sie sind aber anscheinend auch beim Siebenschläfer (Glis) und Goldhamster (Mesocricetus auratus) nachweisbar (KAHMANN und OSTERMANN) und ganz besonders gut bei verschiedenen *Fledermäusen* untersucht. Fledermäuse senden beim Fliegen Serien kurzer Stöße derartigen *Ultraschalls* aus, mit deren Hilfe sie Anwesenheit oder Abwesenheit von Gegenständen auch im Dunkeln an der Reflexion der Schallwellen bemerken (PIERCE und GRIFFIN). Man hört gleichzeitig oft ein rhythmisches leises „Klicken", einen „Ratterlaut" (DIJKGRAAF).

Der Zusammenhang zwischen beiden Phänomenen ist durch Registrierung des hörbaren Lautes und des Ultraschallstoßes von GRIFFIN (2) aufgeklärt. Mit

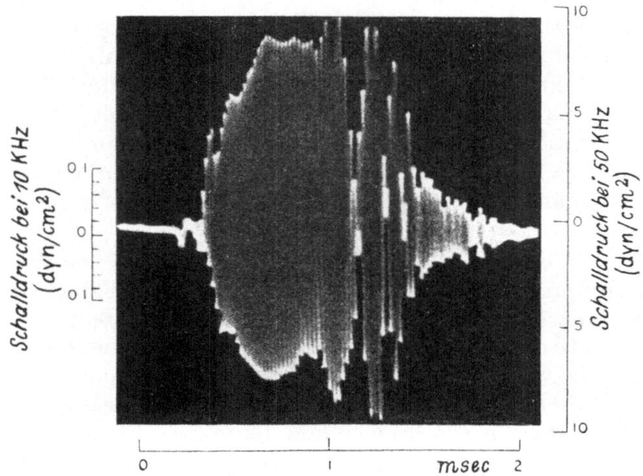

Abb. 78. Ultraschallstoß einer Fledermaus (Myotis l. lucifugus). Registrierung mit Mikrophon und Verstärker, der im Bereich bis 10000 Hz eine etwa 30mal größere Empfindlichkeit hatte, als oberhalb dieser Grenze. Auf die 1—2 niedrigen hörbaren Schwingungen von 8—10 kHz (den „Klick") folgt unmittelbar der Ultraschallstoß mit etwa 50 kHz und einer Dauer von etwa 1,5 msec. Die niederfrequente Komponente des „Klicks" ist in diesem Fall für eine erwachsene Fledermaus ungewöhnlich stark. Sie kann auch völlig fehlen. [Nach GRIFFIN (2).]

einem Verstärker, der unterhalb von 10000 Hz (für den leise hörbaren Laut) eine 30mal größere Empfindlichkeit hatte als oberhalb von 10000 Hz (für den Ultraschall, dessen Schalldruck mehr als das 10^3fache, dessen Schallstärke also mehr als das 10^6fache der leise hörbaren Laute betragen kann), zeigte GRIFFIN, daß der schwach hörbare Klick mit einer Frequenz von 8—10 kHz dem Ultraschallstoß mit etwa 50 kHz unmittelbar vorausgeht. Ein solcher Laut von *Myotis l. lucifugus*, der insgesamt nur 1—2 msec dauert, ist in Abb. 78 dargestellt. Derartige Stöße werden mit einer Frequenz von etwa 10 bis zu 150/sec von dem fliegenden Tier für Bruchteile von Sekunden ausgesendet und ermöglichen ihm, nach dem Prinzip des Echolotes das Vorhandensein und den Abstand von Hindernissen festzustellen. Die Intensität des auf diese kurze Zeit konzentrierten Ultraschalles beträgt bei einer normalen Myotis lucifugus etwa 110 db (Dezibel), die der hörbaren Schwingungen dagegen nur etwa 40 db (über der Hörschwelle von 0,0002 dyn/cm²). Nach der in diesem Band S. 14 angegebenen Phonskala entspricht die Intensität des kurzen ausgesandten Ultraschallstoßes der Intensität des Propellergeräusches in der Nähe von Flugzeugen. Der hörbare „Klick" bzw. das „Rattergeräusch" wäre nur ein Nebengeräusch, das nicht vorhanden zu sein braucht. KAHMANN und OSTERMANN vermuten, daß bei anderen kleinen Nagetieren (z. B. beim Siebenschläfer und beim Goldhamster) ein ähnlicher Mechanismus wirksam ist, der es diesen Tieren ermöglicht, auch nach Blendung beim Klettern und Springen Gegenstände durch „Raumlotung" mittels Ultraschall wahrzunehmen und zu erreichen bzw. zu vermeiden.

Um die Aufklärung des *Ortes* und der *Art der Erzeugung* dieser hochfrequenten Schallschwingungen und ihrer Wellenlänge haben sich auch GRIFFIN (*1*) und danach besonders MOTTA MANNO bemüht. Die Töne werden jedenfalls unter Mitwirkung des Kehlkopfes erzeugt und vom Mund des Tieres in stark gerichteter Weise abgestrahlt (DIJKGRAAF). GRIFFIN sieht den wesentlichen Mechanismus in den Stimmbändern und ihrem Spannapparat. Nach Durchschneidung der Nerven, die den M. cricothyreoideus innervieren, kann die Fledermaus noch Schallstöße normaler Dauer aussenden, aber die Frequenz sinkt auf 8—10 kHz, so daß sie auch für das menschliche Ohr deutlich hörbar werden. Auf Grund von Versuchen an geblendeten Fledermäusen und Untersuchung ihres Orientierungsvermögens nach Nervendurchschneidung und operativer Ausschaltung verschiedener Teile des Stimmapparates kommt MOTTA MANNO zu dem Schluß, daß das Orientierungsvermögen endgültig verlorengeht, wenn die *Plicae aryepiglotticae* durch Kauterisation zerstört sind oder ihre Anspannung durch Ausschaltung bestimmter Muskeln verhindert ist. Die Durchschneidung der N. laryngici caudales führte dagegen in nur $^1/_3$ der Fälle zu einer gewissen Störung und nur in 8% zu einer völligen Aufhebung des Orientierungsvermögens der blinden Tiere gegenüber Hindernissen. Nach MOTTA MANNO wären also die Plicae aryepiglotticae entscheidend für die Erzeugung des hochfrequenten Orientierungsschalles.

Hier sei an das oben (S. 249) über Spalttöne und über die vermutliche Entstehung der auch im Klang gerade tiefer Töne der menschlichen Bruststimme enthaltenen hohen Frequenzen von 4—8 kHz Gesagte erinnert. Wesentlich sind sowohl der Spalt (Stimmritze), aus dem während der Schwingungen der Stimmbänder in einer bestimmten Phase der Schwingungen ein Luftstrahl genügend hoher Geschwindigkeit austritt, als auch der Hohlraum mit seinen Falten, Leisten oder Polstern, die mit ihren Dimensionen die Frequenz der Wirbelablösung und damit des erzeugten Tones bestimmen. Die Gruppen von Schwingungen relativ hoher Frequenz, wie sie von F. und W. TRENDELENBURG im Anschluß an die Öffnung, aber auch bei der Schließung der Stimmritze bei der menschlichen Stimme nachgewiesen sind (s. Abb. 46, S. 225), können ebenso wie die Laute der Fledermäuse kaum anders gedeutet werden. Die 10fache Frequenz bei den Fledermäusen würde den um so viel kleineren Dimensionen ihres schallerzeugenden Apparates entsprechen. Die sehr hohe Intensität (wohl in geringer Entfernung gemessen) weist auf besonders günstige Abstrahlungsbedingungen hin, wobei die Konzentration der gesamten Energie auf einige Millisekunden von Bedeutung sein wird.

Jedenfalls wird es sich auch hier, ähnlich wie bei der GALTON-Pfeife, um einen Vorgang handeln, den man als „Anblasen" bezeichnen wird und schwerlich als „Resonanz" eines Luftraumes auf einen oder mehrere entsprechend kurze Luftstöße auffassen kann, die bereits die Stimmbänder mit ihren Schwingungen liefern müßten. So kann vielleicht am Ende dieser Darstellung, das was HERMANN mit seiner immer wieder mißverstandenen „Anblasetheorie" der Vokalentstehung sagen wollte, die tatsächlich der HELMHOLTZschen „Resonanztheorie" einen durchaus neuen Gedanken hinzufügt, auf Grund der vergleichend-physiologischen Betrachtung nochmals besonders deutlich werden.

Literaturverzeichnis.

(Die *kursiven* Zahlen in Klammern hinter dem Zitat beziehen sich auf die Seiten
dieses Buches.)

Gehör.

ADES, H. W., F. A. METTLER and E. A. CULLER: Effects of lesions in the medial geniculate
bodies upon hearing in the cat. Amer. J. Physiol. **125**, 15 (1939). [*126*]

ALBERT, K.: Die Schwebung 15 : 16 im Innenohr nach Ort und Zeit. Z. Biol. **104**, 321 (1951).
[*83, 89, 96, 150*]

ANDREJEW, A. M., A. A. ARAPOVA u. G. V. GERSUNI: (*1*) Über elektrische Erregbarkeit des
Gehörapparates bei verschiedenen funktionellen Zuständen desselben. (Russisch.) Fiziol.
Ž. **25**, 618 (1938). [*62*]

— — — (*2*) Über Potentiale der Schnecke beim Menschen. (Russisch.) Fiziol. Ž. **26**,
205 (1939). [*62*]

— A. I. BRONSTEIN u. G. V. GERSUNI: Über die Einwirkung von Wechselströmen auf den
des Trommelfells beraubten Gehörapparat. (Russisch.) Fiziol. Ž. **22**, 53 (1937). [*62*]

— G. V. GERSUNI u. A. A. WOLOCHOFF: Über die elektrische Erregbarkeit des menschlichen
Ohres: Über die Wirkung von Wechselströmen auf den verletzten Gehörapparat. (Russisch.) Fiziol. Ž. **18**, 250 (1935). [*62*]

— A. A. WOLOCHOFF u. G. V. GERSUNI: Über die elektrische Reizbarkeit des Gehörorgans.
(Russisch.) Fiziol. Ž. **17**, 546 (1934). [*62*]

ANDREJEW, L. A., u. A. PH. MUTLI: Mechanismus der anfänglichen Generalisierung im
akustischen Analysator. (Russisch.) Arch. biol. Nauk. **54**, Nr 1, 94 (1939). [*62*]

ARAPOVA, A. A., u. G. V. GERSUNI: Über das Verhältnis zwischen der Schwingungsfrequenz
des Wechselstromes und der Tonhöhe bei elektrischer Reizung der Cochlea. (Russisch.)
Fiziol. Ž. **25**, 430 (1938). [*62*]

— — and A. A. WOLOCHOFF: A further analysis of the action of alternating currents on
the auditory apparatus. J. of Physiol. **89**, 122 (1937). [*62*]

— Siehe ANDREJEW. [*62*]

ARDOUIN, P.: (*1*) Considérations anatomiques sur les osselets de l'ouie chez certains singes
anthropomorphes. Bull. Soc. Anthrop. Paris, VIII. s. **5**, 20 (1934). [*37*]

— (*2*) Contribution à l'étude de la chaîne des osselets de l'ouie chez les mammifères placen-
taires. Rev. de Laryng. etc. **62**, 1, 121, 155, 214, 310 (1941). [*37*]

AUTRUM, H.: Schallempfang bei Tier und Mensch. Naturwiss. **30**, 69 (1942). [*4, 75*]

BACKHAUS, H.: Nichtstationäre Schallvorgänge. Erg. exakt. Naturwiss. **16**, 237 (1937). [*29*]

BÁRÁNY, E.: Ein Beitrag zur Physiologie der Knochenleitung. Acta otolaryng. (Stockh.)
Suppl. **26** (1938). [*40*]

BARKHAUSEN, H.: Z. VDI **71**, 1471 (1927). [*12*]

BARRERA, S. E.: Siehe GUTTMAN. [*115*]

BAST, T. H., and J. A. E. EYSTER: In symposisium on the localization in the Cochlea. Ann.
of Otol. **44**, 792 (1935). [*114*]

BÉKÉSY, G. v.: (*1*) Zur Theorie des Hörens. Die Schwingungsform der Basilarmembran.
Phys. Z. **29**, 793 (1928). [*67, 70, 71, 78, 79, 97, 99, 130, 143, 152*]

— (*2*) Zur Theorie des Hörens. Über die Bestimmung des einem reinen Tonempfinden
entsprechenden Erregungsgebietes der Basilarmembran vermittels Ermüdungserschei-
nungen. Phys. Z. **30**, 115 (1929). [*132, 133, 135, 136*]

— (*3*) Zur Theorie des Hörens. Über die eben merkbare Amplituden- und Frequenzänderung
eines Tones. Die Theorie der Schwebungen. Phys. Z. **30**, 721 (1929). [*93, 125, 143,
144, 145, 146, 147, 149, 150, 152*]

— (*4*) Über das Richtungshören bei einer Zeitdifferenz oder Lautstärkenungleichheit der
beiderseitigen Schalleinwirkungen. Phys. Z. **31**, 824, 867 (1930). [*156, 157*]

— (*5*) Über das FECHNERsche Gesetz und seine Bedeutung für die Theorie der akustischen
Beobachtungsfehler und die Theorie des Hörens. Ann. Physik, V. F. **7**, 329 (1930). [*129*]

— (*6*) Zur Theorie des Hörens bei der Schallaufnahme durch Knochenleitung. Ann. Physik,
V. F. **13**, 111 (1932). [*55, 57, 59, 60*]

— (*7*) Über die Hörsamkeit der Ein- und Ausschwingvorgänge mit Berücksichtigung der
Raumakustik. Ann. Physik **16**, 844 (1933). [*148*]

— (*8*) Über die nichtlinearen Verzerrungen des Ohres. Ann. Physik, V. F. **20**, 809 (1934). [*61*]

— (*9*) Über den Knall und die Theorie des Hörens. Phys. Z. **34**, 577 (1933). [*97*]

— (*10*) Über akustische Rauhigkeit. Z. techn. Phys. **16**, 276 (1935). [*150*]

— (*11*) Über die Herstellung und Messung langsamer sinusförmiger Luftdruckschwankungen.
Ann. Physik, V. F. **25**, 413 (1936). [*141*]

— (*12*) Über die Hörschwelle und Fühlgrenze langsamer sinusförmiger Luftdruckschwankungen. Ann. Physik, V. F. **26**, 554 (1936). [*98, 140, 141*]

Békésy, G. v.: (13) Zur Physik des Mittelohres und über das Hören bei fehlerhaftem Trommelfell. Akust. Z. 1, 13 (1936). [39, 40, 41, 43, 53, 54]
— (14) Über die Entstehung der Entfernungsempfindung beim Hören. Akust. Z. 3, 21 (1938). [157]
— (15) Über die piezoelektrische Messung der absoluten Hörschwelle bei Knochenleitung. Akust. Z. 4, 113 (1939). [60]
— (16) Über die Messung der Schwingungsamplitude der Gehörknöchelchen mittels einer kapazitiven Sonde. Akust. Z. 6, 1 (1941). [36, 37, 38, 40, 41, 46, 47]
— (17) Über die Elastizität der Schneckentrennwand des Ohres. Akust. Z. 6, 265 (1941). [67, 105]
— (18) Über die Schallausbreitung bei Knochenleitung. Z. Hals- usw. Heilk. 47, 430 (1941). [57]
— (19) Über das Hören der eigenen Stimme. Arch. Sprach- u. Stimmheilk. 5, 117 (1941). [55]
— (20) Über die Schwingungen der Schneckentrennwand beim Präparat und Ohrenmodell. Akust. Z. 7, 173 (1942). [40, 45, 48, 67, 69, 70, 72, 84, 85, 87, 91, 119, 142]
— (21) Über die Resonanzkurve und die Abklingzeit der verschiedenen Stellen der Schneckentrennwand. Akust. Z. 8, 66 (1943). [89, 90, 91, 92, 100]
— (22) The variation of phase along the basilar membrane with sinusoidal vibrations. J. Acoust. Soc. Amer. 19, 452 (1947). [74, 79, 83, 93, 117]
— (23) Vibration of the head in a Sound field and its role in hearing by bone conduction. J. Acoust. Soc. Amer. 20, 749 (1948). [59, 102, 107, 141]
— (24) DC-potentials and energy balance of the cochlear partition. J. Acoust. Soc. Amer. 23, 576 (1951). [111, 112, 118, 122, 137]
— (25) Gross localisation of the place of origin of the cochlear micorphonics. J. Acoust. Soc. Amer. 24, 399 (1952). [111]
Benninghoff: Lehrbuch der Anatomie des Menschen, Bd. II/2. München: J. F. Lehmann 1940. [37, 38]
Beuningen, E. G. A. van: Zur Adaptation des Ohres. Pflügers Arch. 250, 431 (1948). [132, 138]
Bezold: Z. Ohrenheilk. 48, 107 (1904). Zit. nach H. G. Runge, Handbuch Bethe-Bergmann, Bd. 11, S. 447. 1926. [58]
Biddulph, R.: Siehe Shower. [109, 121, 144, 145]
Boenninghaus: Z. Ohrenheilk. 45, 31 (1903). Zit. nach H. G. Runge, Handbuch Bethe-Bergmann, Bd. 11, S. 447. 1926. [58]
Bogert, B. P.: Siehe Peterson. [78, 81, 84, 85, 92]
Bornschein, H., and B. Gernandt: Selective removal of the nerve discharge component from the cochlear potential during anoxia. Acta physiol. scand. (Stockh.) 21, 82 (1950). [122]
Bouman, H. D., et W. Kucharski: Année psychol. 29, 166 (1928). [147]
Bray, C. W.: Siehe E. G. Wever (1) [6, 110, 111, 113, 114, 123]; (2) [52].
— Siehe Wever, Bray u. Lawrence (1), (2) [61]; (3) [43, 61].
Brecher, G. A.: Die untere Hör- und Tongrenze. Pflügers Arch. 234, 380 (1934). [140]
Broemser, Ph.: (1) Beitrag zur Lehre von den erzwungenen Schwingungen. Z. Biol. 63, 377 (1914). [49]
— (2) Die Bedeutung der Lehre von den erzwungenen Schwingungen in der Physiologie. München: Kastner & Callwey 1918. [23]
— (3) Anwendung mathematischer Methoden auf dem Gebiet der physiologischen Mechanik. In Abderhaldens Handbuch der biologischen Arbeitsmethoden, Bd. V/1, S. 81. 1921. [23]
— (4) (mit O. F. Ranke) Beitrag zur Registrierung der Kurve der Strömungsgeschwindigkeit pulsierender Ströme, zugleich eine Erwiderung an O. Frank. Z. Biol. 91, 267 (1931). [69]
Brogden, W. J., E. Girden, F. A. Mettler and E. Culler: Acoustic value of the several components of the auditory system in cats. Amer. J. Physiol. 116, 252 (1936). [129]
Bronstein, A. I.: (1) Zur Charakteristik des funktionellen Zustandes des Gehörorganes bei Ermüdung. (Russisch.) Fiziol. Ž. 20, 1045 (1936). [138]
— (2) Über den sensibilisierenden Einfluß akustischer Reize auf das Gehörorgan. (Russisch.) Fiziol. Ž. 20, 1051 (1936). [138]
— Siehe Andrejew. [62]
Bürck, W., P. Kotowski u. H. Lichte: (1) Die Lautstärke von Knacken, Geräuschen und Tönen. Elektr. Nachr.-Techn. 12, 278 (1935). [148]
— (2) Logarithmische und lineare Lautstärkenskala. Ann. Physik, V. F. 27, 664 (1936).
Case, T. J.: Siehe Perlman. [53]
Chapin, E. K., and F. A. Firestone: The influence of phase on tone quality and loudness, the interference of subjective harmonics. J. Acoust. Soc. Amer. 15, 173 (1934). [29, 95]
Coppée, G. E.: Siehe Kemp. [126, 127]
Craik, K. J. W., A. F. Rawdon-Smith and R. S. Sturdy: Note on the effect of A.C. on the human ear. J. of Physiol. 90, 3 P (1937). [62]
Cremer, L.: (1) Geometrische Raumakustik. Stuttgart: S. Hirzel 1948. [159]

CREMER, L.: (2) Über die ungelösten Probleme in der Theorie der Tonempfindungen. Acustica 1, 83 (1951). [75, 160]

CROWE, S. J.: Anatomic changes in the labyrinth secondary to cerebellopontile and brain stem tumors. Arch. Surg. 18, 982 (1929). [115]

— Siehe HUGHSON. [118]

CULLER, E., G. FINCH and E. GIRDEN: Function of the round window in hearing. Amer. J. Physiol. 111, 416 (1935). [56, 118]

CULLER, E. A.: An symposium on tone localization in the cochlea. Ann. of Otol. 44, 809 (1935). [118]

— Siehe ADES u. BROGDEN. [126, 129]

DAVID-GALATZ, R.: Siehe RAMADIER. [62]

DAVIS, H., A. J. DERBYSHIRE, M. H. LURIE and L. J. SAUL: The electric response of the cochlea. Amer. J. Physiol. 107, 311 (1934). [114, 121]

— Siehe DERBYSHIRE. [122, 123]

— Siehe FERNÁNDEZ. [62]

— Siehe GALAMBOS. [124]

— Siehe LURIE. [109]

— Siehe NEWMAN. [33]

— Siehe STEVENS (1) [116, 117, 123]; (2) [6, 62, 94, 96, 109, 110, 111, 113, 117, 121, 124, 130, 145, 148, 155].

DERBYSHIRE, A. J.: Action potential of the auditory nerve. Thesis. Harvard University 1934. [124]

— and H. DAVIS: The action potentials of the auditory nerve. Amer. J. Physiol. 113, 476 (1935). [122, 123]

— Siehe DAVIS. [114, 121]

DISHOECK, H. A. E. VAN: Der Einfluß von Luftdruckvariationen auf das Gehör bei Luft- und Knochenleitung. Proc. Roy. Acad. Amsterd. 43, 104 (1940). [43]

EGMOND, A. A. J. VAN: Die Flüssigkeiten im Labyrinth. (Holländisch.) Tijdschr. Geneesk. 1935, 3618. [64]

EWALD, J. R.: Zur Physiologie des Labyrinths. VI. Mitteilung. Eine neue Hörtheorie. Pflügers Arch. 76, 147 (1899). — Zur Physiologie des Labyrinths. VII. Mitteilung. Die Erzeugung von Schallbildern in der Camera acustica. Pflügers Arch. 93, 485 (1903). [29, 66, 70, 75, 77, 96]

EYSTER, J. A. E.: Siehe BAST. [114]

FERNÁNDEZ, C., B. E. GERNANDT, H. DAVIS and D. R. McAULIFFE: Electrical injury of the cochlea of the guinea pig. Proc. Soc. Exper. Biol. a. Med. 75, 452 (1950). [62]

FINCH, GLEN: Siehe CULLER. [56, 118]

FIRESTONE, F. A.: Siehe CHAPIN. [29, 95]

— Siehe WIGHTMANN. [157]

FLEMING, N.: Resonance in the external auditory meatus. Nature (Lond.) 1939 I, 642. [36]

FLETSCHER, H.: Loudness, pitch and the timbre of musical tones and their relation to the intensity, the frequency and the overtone structure. J. Acoust. Soc. Amer. 6, 59 (1934). [138]

— and W. A. MUNSON: Loudness, its definition, measurement, and calculation. J. Acoust. Soc. Amer. 5, 82 (1933). [139, 140]

FORBES, A., R. H. MILLER and J. O'CONNOR: Electric responses to acoustic stimuli in the decerebrate animal. Amer. J. Physiol. 80, 363 (1927). [6, 111]

FOWLER, E. P.: Zit. nach K. SCHUBERT, Arch. Ohr- usw. Heilk. u. Z. Hals- usw. Heilk. 157, 328 (1950). — Arch. oto-laryng. 8, 151 (1924); 24, 131 (1936). [133, 141]

FRANK, O.: (1) Kritik der elastischen Manometer. Z. Biol. 44, 445 (1903). [21, 23]

— (2) Anwendung des Prinzips der gekoppelten Schwingungen auf einige physiologische Probleme. Sitzgsber. bayer. Akad. Wiss. I 1915, 289; I 1918, 107. [26]

— (3) Die Leitung des Schalles im Ohr. Sitzgsber. bayer. Akad. Wiss., Math.-physik. Kl. 1923, 11. [41, 45, 46]

— (4) Die Theorie der Pulswellen. Z. Biol. 85, 191 (1926). [84, 85]

— (5) Bemerkungen zu der vorhergehenden Abhandlung von OTTO RANKE, über die Regi-strierung der Strömungsgeschwindigkeit usw. Z. Biol. 90, 181 (1930). [69]

FREY, HUGO: Über eine besondere Form der subjektiven Geräusche. Mschr. Ohrenheilk. 70, 1034 (1936). [54]

GALAMBOS, R., and H. DAVIS: The response of single auditory-nerve fibers to acoustic stimu-lation. J. of Neurophysiol. 6, 39 (1943). [124]

— Siehe ROSENBLITH. [137]

GATSCHER, S.: Die Beteiligung der Chorda tympani an der Hörfunktion innerhalb der reflek-torischen Schutzmechanismen des Ohres. Wien. med. Wschr. 1935 II, 1274. [43]

GERNANDT, B.: Siehe BORNSCHEIN. [122]
— Siehe FERNÁNDEZ. [62]
GERSTNER, H.: (1) Die Schallstärkeschwelle des PREYERschen Ohrmuschelreflexes als quantitatives Hörprüfverfahren am Meerschweinchen. Pflügers Arch. 246, 265 (1942). [54]
— (2) Die Differentialgleichung der lokalen Erregung. Pflügers Arch. 252, 123 (1949). [125]
GERSUNI, G. V., u. A. A. WOLOCHOFF: (1) Über die Wirkung von Wechselströmen auf das unbeschädigte Gehörorgan. (Russisch.) Fiziol. Ž. 17, 1259 (1934). [62]
— — (2) Über die Refraktärphase des Gehörapparates. C. r. Soc. Biol. Paris 120, 957 (1935). [62]
— — (3) Über ein zweiohriges Phänomen bei elektrischer Reizung. C. r. Soc. Biol. Paris 120, 1099 (1935). [62]
— — (4) Über die elektrische Reizbarkeit des Gehörorgans, über den Einfluß von Wechselströmen auf den normalen Hörapparat. J. of Exper. Psychol. 19, 370 (1936). [62]
— — (5) Über die Wirkung von Wechselströmen auf die Cochlea. J. of Physiol. 89, 113 (1937). [62]
GERSUNI, G. V.: Siehe ANDREJEW u. ARAPOVA. [62]
GILDEMEISTER, M.: (1) Hörschwellen und Hörgrenzen. In Handbuch der normalen und pathologischen Physiologie, Bd. 11, S. 535. 1926. [76, 98, 140]
— (2) Probleme und Ergebnisse der neueren Akustik. Z. Hals- usw. Heilk. 27, 299 (1930). [71, 82, 95, 105]
GIRDEN, E.: Siehe BROGDEN. [129]
— Siehe CULLER. [56, 118]
GISSELSSON, L.: Experimental investigation into the problem of humoral transmission in the cochlea. Acta oto-laryngol. (Stockh.) Suppl. 82 (1950). [113, 122, 123]
GUILD, S. R.: Correlation of histologic observations and the acuity of hearing. Acta oto-laryngol. (Stockh.) 17, 207 (1932). [109]
— Siehe HOWE. [114]
GUTH, H.: Entwicklung und Grundlagen der Quantenphysik. In Handbuch der Physik, Bd. 4, S. 406. 1929. [75]
GUTTMAN, J., and S. E. BARRERA: The electrical potentials of the cochlea and auditory nerve in relation to hearing. Amer. J. Physiol. 120, 666 (1937). [115]
GYERGYAY, A. v., u. A. v. GYERGYAY jr.: Die Wirkungsweise der Schallwellen auf die Schnecke. Mschr. Ohrenheilk. 83, 233 (1949). [57]
HAAS, H.: Über den Einfluß eines Einfachechos auf die Hörsamkeit von Sprache. Acustica 1, 49 (1951). [157, 159]
HALLPIKE, C. S.: On the function of the tympanic muscles. Proc. Roy. Soc. Med. 28, 226 (1935). [53]
— and A. F. RAWDON SMITH: (1) The function of the tensor tympani muscle. J. of Physiol. 81, 25P (1934). [53]
— — (2) The WEVER and BRAY phenomenon — a summary of the data concerning the origin of the cochlear effect. Ann. of Otol. 46, 976 (1937). [114]
HANSEN, T., u. E. WARBURG: The theory for elastic liquid-containing membrane manometers. Acta physiol. scand. (Stockh.) 19, 306 (1950). [Abb. 15 u. 16, S. 24, 69].
HARDY, M.: The lenght of the organ of Corti in man. Amer. J. Anat. 62, 291 (1938). [64]
HAWKINS, J. E. jr.. and M. KNIAZUK: The recovery of auditory nerve action potential after masking. Science (Lancaster, Pa.) 111, 567 (1950). [137]
HELD, H.: Die Cochlea der Säuger und der Vögel, ihre Entwicklung und ihr Bau. In Handbuch der normalen und pathologischen Physiologie, Bd. 11, S. 467. 1924. [64, 105, 106, 108, 121, 125]
HELMHOLTZ, H. v.: (1) Die Mechanik der Gehörknöchelchen und des Trommelfells. Pflügers Arch. 1, 1 (1868). [38, 39, 41, 52, 61]
— (2) Die Lehre von den Tonempfindungen. 5. Aufl. Braunschweig: Vieweg & Sohn 1896. [26, 32, 36, 63, 65, 71, 72, 76, 89, 95, 148]
HENNEBERG, B.: Über die Bedeutung der Ohrmuschel. Die Ohrmuschel als Schließapparat für den äußeren Gehörgang. Z. Anat. 111, 307 (1941). [36]
HERZOG, H.: Die Mechanik der Knochenleitung im Modellversuch. Z. Hals- usw. Heilk. 27, 402 (1930). [56]
HIRSH, I. J.: Siehe ROSENBLITH. [137]
HOLMGREN, G.: (1) Operations on the temporal bone carried out with the help of the lens and the microscope. Acta oto-laryng. (Stockh.) 4, 383 (1922). [57]
— (2) Recherches expérimentales sur les fonctions de la trompe d'Eustache. Communication préalable. Acta oto-laryng. (Stockh.) 20, 381 (1934). [36]
HORNBOSTEL, E. M. v.: (1) Physiologische Akustik. Jber. Physiol. 1, 293 (1920). [153, 154]
— (2) Physiologische Akustik. Jber. Physiol. 3, 1, 372 (1922). [153, 154]

HORNBOSTEL, E. M. v., u. M. WERTHEIMER: Über die Wahrnehmung der Schallrichtung. Sitzgsber. preuß. Akad. Wiss. Berlin 1920, 388. [*153, 154*]

HOWE, H. A., and S. R. GUILD: Absence of the organ of CORTI and its possible relation to electric auditory nerve responses. Anat. Rec. 55 (Suppl. to Nr. 4) 20 (1933). [*114*]
— Siehe THOMPSON. [*43*]

HUGHSON, W.: A second experimental method for increasing auditory acuity. Science (Lancaster, Pa.) 1935 I, 232. [*56*]
— and S. J. CROWE: Immobilisation of the round window membrane, a further experimental study. Ann. of Otol. 41, 332 (1932). [*118*]
— Siehe THOMPSON. [*43*]

HUZISAWA, H.: Über die Veränderung des Hörvermögens bei der Atmosphärendruckerniedrigung. Okayama-Igakkai-Zasshi 50, 2118 (1938) (japanisch). [*43*]

IKEDA, Y., u. T. YOKOTE: Über einige, teils bisher noch unbekannte Eigentümlichkeiten in der Schnecke einer Art von Fledermaus (Rhonolophus Nippon Temminck). Nagasaki Igakkai Zasshi 17, 1041 (1939). [*69*]

JAHN, G.: Über die Schwingungsfähigkeit des menschlichen Felsenbeines im Hinblick auf die Theorie des Knochenleitungshörens. Z. Laryng. usw. 32, 439 (1953). [*59*]

JONES, C. R.: Siehe STEVENS. [*62*]

JUNG, H.: Untersuchungen zu den Theorien des Hörens. Akust. Z. 5, 268 (1940). [*75, 84, 86*]

KEEN, J. A.: (*1*) A note on the comparative size of the cochlear canal in mammals. J. of Anat. 73, 592 (1939). [*69*]
— (*2*) A note on the length of the basilar membrane in man and various mammals. J. of Anat. 74, 524 (1940). [*69*]

KEIBS, L.: Siehe WAETZMANN. [*50*]

KEIDEL, W.-D., u. L. SICK: Die objektive Hörschwelle im Frequenzbereich 2 bis 57,5 kHz an Meerschweinchen und Katze. J. of. Biol. 105, 443 (1953). [*101, 114*]
— Siehe RANKE (*1*) [*56, 118*]; (*2*) [*119*]

KEMP, E. H., G. E. COPPÉE and E. H. ROBINSON: Electric responses in the auditory tracts of the brain stem. Amer. J. Physiol. 120, 304 (1937). [*126, 127*]

KIETZ, H.: Siehe KUNZE. [*101, 141*]

KINGSBURY, B. A.: A direct comparison of the loudness of pure tones. Physic. Rev., II. s. 29, 588 (1927). [*139, 140*]

KNIAZUK, M.: Siehe HAWKINS. [*137*]

KNUDSEN, V. O.: The sensibility of the ear to small differences in intensity and frequency. Physic. Rev. 21, 84 (1923). [*130, 131*]

KOBRAK, H. G.: (*1*) Zur Physiologie der Binnenmuskeln des Ohres. Passow-Schaefers Beitr. 28, 138 (1930). [*52*]
— (*2*) Zur Physiologie der Binnenmuskeln des Ohres. II. Passow-Schaefers Beitr. 29, 383 (1932). [*46, 52*]
— (*3*) Untersuchungen über die pathologische Physiologie der Paukenmuskeln. Passow-Schaefers Beitr. 30, 255 (1932). [*52*]
— (*4*) Influence of the middle ear on labyrinthine pressure. Arch. of Otolaryng. 21, 547 (1935). [*41, 43, 52*]
— (*5*) Construction material of the sound conduction system of the human ear. J. Acoust. Soc. Amer. 20, 125 (1948). [*41*]
— (*6*) Round window membrane of the cochlea. Arch. of Otolaryng. 49, 36 (1949). [*61*]
— J. R. LINDSAY and H. B. PERLMAN: (*1*) Value of the reflex contraction of the muscles of the middle ear as an indicator of hearing. Arch. of Otolaryng. 21, 663 (1935). [*53*]
— — — (*2*) Investigation on bone conduction in the animal and in the human. Laryngoscope 45, 657 (1935). [*53*]
— — — (*3*) Acoustic stimulation of inner ear by application of sound into cavity of middle ear. Arch. of Otolaryng. 23, 39 (1936). [*51*]
— — — (*4*) The next step in auditory research. Arch. of Otolaryng. 31, 467 (1940). [*57*]
— Siehe LINDSAY. [*53*]

KOCH, H.: Die EWALDsche Hörtheorie. Eine Untersuchung der mathematisch-physikalischen Grundlagen der EWALDschen Hörtheorie, nebst einer allgemeinen Behandlung des Problems der erzwungenen, gedämpften Schwingungen inhomogener Systeme. Z. Sinnesphysiol. 59, 15 (1928). [*76, 84*]

KOTOWSKI, P.: Siehe BÜRCK (*1*). [*148*]

KRAFFCZYK, G.: Beobachtungen über Tonhöhenänderungen bei Intensitätsänderungen. Der inogene Frequenzsprung. Diss. Erlangen 1950. [*94*]

KRAUS, M.: Über das Erkennen der Schallrichtung. Arch. Ohr- usw. Heilk. 157, 301 (1950). [*157*]

KUCHARSKI, W.: Schwingungen von Membranen in einer pulsierenden Flüssigkeit. Physik. Z. 31, 264 (1930). [*70, 77, 78, 79, 84*]
— Siehe BOUMAN. [*147*]

Kulikowsky, G. G.: (1) Die Anwendung der experimentellen Methodik von Wever und Bray bei Erforschung des Problems der Knochenleitung. (Russisch.) Vestn. Otol. i.t.d. 1937, Nr. 4, 442. [56]
— (2) A propos de la conduction osseuse. Rev. de Laryng. etc. 59, 521 (1938). [56]
Kunze, W., u. H. Kietz: Über Hörempfindungen im Ultraschallgebiet bei Knochenleitung. Arch. Ohr- usw. Heilk. u. Z. Hals- usw. Heilk. 155, 683 (1949). [101, 141]
Kurtz, R.: Zur Messung von Absorptions- und Empfindlichkeitskurven des menschlichen Ohres. Akust. Z. 3, 74 (1938.) [50]
Lane, C. E.: Siehe Wegel. [92, 119, 134, 135, 145]
Lange, W.: Zur Physiologie des Walohres. Z. Hals- usw. Heilk. 3, 63 (1922). [58]
Langenbeck, B.: (1) Geräuschaudiometrische Diagnostik. Die Absolutauswertung. Arch. Ohr- usw. Heilk. u. Z. Hals- usw. Heilk. 158, 458 (1950). [98]
— (2) Leitfaden der praktischen Audiometrie. Stuttgart: Georg Thieme 1952. [98]
Larsen, M. J.: Siehe Lewis. [29]
Lawrence, M.: Siehe Wever. [56, 118]
— Siehe Wever u. Bray (1), (2). [61]
— Siehe Wever, Bray u. Lawrence (3). [43]
Leiri, F.: Sur la production dans l'oreille interne de phénomènes electriques homorythmiques aux excitants acoustiques. Acta oto-laryng. (Stockh.) 19, 265 (1934). [76]
Lerche, E.: Der Verdeckungseffekt im Tierexperiment. Pflügers Arch. 255, 417 (1952). [135]
Lewis, D., and M. J. Larsen: The cancellation, reinforcement and measurement of subjective tones. Nat. Acad. Sci. 23, 415 (1937). [29]
Lichte, H.: Siehe Bürck (1). [148]
Licklider, J. C. R.: A duplex theory of pitch perception. Experientia (Basel) 7, 128 (1951). [109, 125]
Lierle, D. M., and S. N. Reger: Threshold of feeling in the ear in relation to sound pressure. Arch. of Otolaryng. 23, 653 (1936). [39]
Lifshitz, S. J.: Apparent duration of sound perception and musical optimum reverberation. J. Acoust. Soc. Amer. 7, 213 (1936). [147]
Lindsay, J. R., H. G. Kobrak and H. B. Perlman: Relation of the stapedius reflex to hearing sensation in man. Arch. of Otolaryng. 23, 671 (1936). [53]
— Siehe Kobrak (1) [53]; (2) [53]; (3) [51]; (4) [57].
Littler, T. S.: Resonance in the external auditory meatus. Nature (Lond.) 1939 I, 118. [36]
Lorente de No, R.: Anatomy of the eighth nerve. The central projection of the nerve endings of the internal ear. Laryngoscope 43, 1 (1933). [108, 123, 125, 126]
Lorenz, K.: Die angeborenen Formen möglicher Erfahrung. Z. Tierpsychol. 5. [35]
Lüscher, E.: (1) Experimentelle Trommelfellbelastungen und Luftleitungsaudiogramme mit allgemeinen Betrachtungen zur normalen und pathologischen Physiologie des Schallleitungsapparates. Arch. Ohr- usw. Heilk. 146, 372 (1939). [51]
— (2) Untersuchungen über die Beeinflussung der Hörfähigkeit durch Trommelfellbelastung. Acta oto-laryng. (Stockh.) 27, 250 (1939). [51]
— (3) Über Regulationsmechanismen des Gehörorganes. Schweiz. med. Wschr. 1941 I, 430. [51, 53]
Lurie, M. H.: Siehe Davis. [114, 121]
— Siehe Stevens u. Davis. [109]
Lux, F. (mitgeteilt bei E. Budde): Über die Resonanztheorie des Hörens. Physik. Z. 18, 225 (1917). [72]
Malan, E.: Siehe Tanturri. [37].
McAuliffe, D. R.: Siehe Fernández. [62]
Mach, E.: Theorie des Gehörgangs. Sitzgsber. Akad. Wiss. Wien, Math.-naturwiss. Kl. 48, 289 (1863). [60]
Martini, V.: (1) Liberazione di sostanza acetileolinosimile nella perilinfa dell'orecchio interno del piccione durante la stimolazione sonora. Boll. Soc. ital. Biol. sper. 15, 1102 (1940). [122]
— (2) Presenza di colinesterasi nella perilinfa dell'orecchio interno del piccione. Boll. Soc. ital. Biol. sper. 16, 70 (1941). [122]
— (3) Azione dell'eserina sui riflessi sonori del piccione. Riv. Accad. med. Genova 1941. [122]
— (4) Liberazione di sostanza acetilcolino-simile nell'orecchio interno durante la stimolazione sonora. Arch. di Sci. biol. 27, 94 (1941). [122]
— (5) Sull'azione di farmaci del sistema nervoso autonomo sull'orecchio interno. Azione dell'eserina. Boll. Soc. ital. Biol. sper. 17, 12 (1942). [122]
Menzel, W.: Messungen der Hörschwelle und der Trommelfellabsorption an gesunden und kranken Ohren. Akust. Z. 5, 257 (1940). [50]
Mettler, F. A.: Siehe Ades. [126]
— Siehe Brogden. [129]
Miller, R. H.: Siehe Forbes. [6, 111]

MILSTEIN, T. N.: Zur Technik des Verschlusses des runden Fensters im Zusammenhang mit den zugehörigen Fragen der Ohrphysiologie und Pathologie. Arch. sovet. Otol. i. t. d. 3, 11 (1937). (Russisch.) [56]

MÖHRES, F. P.: Zur Funktion der Nasenaufsätze bei Fledermäusen. Naturwiss. 37, 526 (1950. [35]

MUNSON, W. A.: Siehe FLETSCHER. [139, 140]

MURALT, A. v.: Signalübermittlung im Nerven. Basel: Birkhäuser 1946. [120]

MUTLI, A. PH.: Siehe ANDREJEW. [62]

MYGIND, S. H.: (1) On some acoustic phenomena in connection with paracusis willisii. J. of Laryng. a. Otol. 43, 543 (1928). [57]

— (2) La théorie de l'audition. Ann. Mal. Oreille 47, 726 (1928). [57]

NEUBERT, K.: Die Basilarmembran des Menschen und ihr Verankerungssystem. Z. Anat. 114, 539 (1950). [105, 106, 107, 109]

NEWMAN, E. B., S. S. STEVENS and H. DAVIS: Factors in the production of aural harmonics and combination tones. J. Acoust. Soc. Amer. 9, 107 (1937). [33, 130]

— Siehe STEVENS. [61]

O'CONNOR, J.: Siehe FORBES. [6, 111]

PERLMAN, H. B.: The Eustachian tube, abnormal patency and normal physiologic state. Arch. of Otolaryng. 30, 212 (1939). [36]

— and T. J. CASE: Latent period of the crossed stapedius reflex in man. Ann. of Otol. 48, 663 (1939). [53]

— Siehe KOBRAK u. LINDSAY (1) [53]; (2) [53]; (3) [51]; (4) [57].

— Siehe LINDSAY. [53]

PETERSON, L. C., and B. P. BOGERT: A dynamical theory of the cochlea. J. Acoust. Soc. Amer. 22, 369 (1950). [78, 81, 84, 85, 92]

POHL, R. W.: Einführung in die Physik, Bd. I: Mechanik und Akustik. Berlin: Springer 1931. [Abb. 17, 18, S. 25]

POHLMAN, A. G.: The present status of the mechanics of sound conduction in its relation to the possible correction of conduction deafness. J. Acoust. Soc. Amer. 8, 112 (1936). [51]

POLJAK, S.: The connections of the acoustic nerve. J. of Anat. 60, 465 (1926). [126]

QUIETZSCH, G.: Zur Theorie der Lautstärke und Lautheit. Vortrag auf der Physiker-Tagung in Bad Salzuflen am 27. April 1953. [14]

RAMADIER, J., et R. DAVID-GALATZ fils: La rélation auditive au courant galvanique. Acta Soc. otol. etc. lat., 3. Conv. 1, 129 (1933). [62]

RANKE, O. F.: (1) Über die Registrierung der Kurve der Strömungsgeschwindigkeit bei ungleichmäßiger Strömung. Z. Biol. 90, 167 (1930). [69]

— (2) Die Gleichrichter-Resonanztheorie. Habil.schr. München 1931. [70, 76, 78, 84, Abb. 6, S. 16, Abb. 9, S. 17]

— (3) Das Massenverhältnis zwischen Membran und Flüssigkeit im Innenohr. Akust. Z. 7, 1 (1942). [79, 84, 85]

— (4) Leistung und Schutz der Sinnesorgane im Krieg. Klin. Wschr. 1942 II, 1069. [148]

— (5) Hydrodynamik der Schneckenflüssigkeit. Z. Biol. 103, 409 (1950). [79, 83, 84, 85, 92]

— (6) Folgerungen aus der Theorie der Flüssigkeitsschwingungen in der Schnecke. Ber. Physiol. 139, 183 (1950). [109, 125]

— (7) Registrierung laufender Wellen als Registrierprinzip (Festschrift für A. MÜLLER). Arch. Kreislaufforsch. 18, 99 (1952). [99]

— W.-D. KEIDEL u. H.-G. WESCHKE: (1) Das Hören bei Verschluß des runden Fensters. Akust. Beih. 1952, (3), 145. — Z. Laryng. usw. 31, 467 (1952). [56, 118]

— — — (2) Die zeitlichen Beziehungen zwischen Reiz und Reizfolgestrom (Cochleaeffekt) des Meerschweinchens. Z. Biol. 105, 380 (1953). [119]

RAWDON-SMITH, A. F.: Siehe CRAIK. [62]

— Siehe HALLPIKE (1) [53]; (2) [114].

RAYLEIGH, LORD: On our perception of sound direction. Phil. Mag., (6) 13, 214 (1907). [153]

REGER, S. N.: Siehe LIERLE. [39]

REIN, H.: Physiologie des Menschen, 10. Aufl. Berlin: Springer 1949. [Abb. 26, S. 34, Abb. 31, S. 39]

REJTÖ, A.: (1) Beiträge zur Physiologie der Knochenleitung. Verh. der Dtsch. Otol. Ges., 23. Verslg 1914, S. 268. [56]

— (2) Die Lehre von der Knochenleitung im Lichte der neuen Ergebnisse der Akustik. Hals- usw. Arzt I Orig. 32, 151 (1941). [56]

RHESE, H.: Pathologische Physiologie des Labyrinths und der Cochlearisbahn. In Handbuch der normalen und pathologischen Physiologie, Bd. 11, S. 619. 1926. [151]

RIESZ, R. R.: Differential intensity sensitivity of the ear for pure tones. Physic. Rev. 31, 867 (1928). [130, 149]

ROAF, H. E.: The analysis of sound waves by the cochlea. Phil. Mag. 43, 349 (1922). [72]

Robinson, E. H.: Siehe Kemp. [*126, 127*]

Rosenblith, W. A., R. Galambos and I. J. Hirsh: The effect of exposure to loud tones upon animal and human responses to acoustic clicks. Science (Lancaster, Pa.) 111, 569 (1950). [*137*]

Rossberg, G.: Hörschwellenkurve und Resonanzeigenschaften der knöchernen Labyrinthkapsel. Akad. Wiss. u. Lit., Mainz, Math.-naturwiss. Kl. 1950, Nr 14, 361. [*58, 98, 101*]

Rossi, G.: Sulla viscosita della endolinfa e della perilinfa. Arch. di Fisiol. 12, 415 (1914). [*107*]

Sato, M.: Experimentelle Studien über Flimmerbewegung in der Tuba Eustachii. Okayama-Igakkai-Zasshi 51, 1900 (1939) (japanisch). [*36*]

Saul, L. J.: Siehe Davis. [*114, 121*]

Scheminzky, F.: Die Welt des Schalles. Graz, Wien, Leipzig u. Berlin: Verl. „Das Bergland-Buch" 1935. [*14, 35*]

Schindler, B.: Untersuchungen über Schallhören und Schallfühlen an Normalhörenden und Taubstummen. Z. Biol. 97, 113 (1936). [*141*]

Seebeck, A.: Über Schwingungen unter Einwirkung veränderlicher Kräfte. Ann. Physik u. Chem. Poggendorf 62, 289 (1844). [*23*]

Sherrington, C. S. u. Mitarb.: Reflex activity. Oxford 1932. [*125*]

Shinomiya, M.: Siehe Tsukamoto. [*52*]

Shower, E. G., and R. Biddulph: Differential pitch sensitivity of the ear. J. Acoust. Soc. Amer. 3, 275 (1931). [*109, 121, 144, 145*]

Sick, L.: Siehe Keidel. [*101, 114*]

Sivian, L. J., and S. D. White: On minimum audible sound fields. J. Acoust. Soc. Amer. 4, 288 (1933). [Abb. 127, S. *154, 155*]

Snow, W. B.: Siehe Steinberg. [Abb. 128, S. *155*]

Stegemann, J.: Die Flüssigkeitsreibung bei Schwingungen. Erlanger Dissertation, noch unveröffentlicht. [*69, 99*]

Steinberg, J. C., and W. B. Snow: Physical factors in auditory perspective. Bell System. Tech. J. 13, 245 (1934). [Abb. 128, S. *155*]

Steudel, U.: Über Empfindung und Messung der Lautstärke. Hochfrequenztechnik und Elektroakustik 41, 116 (1933). [*148*]

Stevens, S. S.: (*1*) The relation of pitch to intensity. J. Acoust. Soc. Amer. 6, 150 (1935). [*94*]

— (*2*) On hearing by electrical stimulation. J. Acoust. Soc. Amer. 8, 191 (1937). [*62*]

— and H. Davis: (*1*) Psychophysiological acoustics: Pitch and loudness. J. Acoust. Soc. Amer. 8, 1 (1936). [*116, 117, 123*]

— — (*2*) Hearing, its psychology and physiology. New York: Wiley 1938. [*6, 62, 94, 96, 109, 110, 111, 113, 116, 117, 121, 124, 130, 145, 148, 155*]

— — and M. H. Lurie: The localization of pitch perception on the basilar membrane. J. Gen. Psychol. 13, 297 (1935). [*109*]

— and R. C. Jones: The mechanism of hearing by electrical stimulation. J. Acoust. Soc. Amer. 10, 261 (1939). [*62*]

— and E. B. Newman: On the nature of aural harmonics. Proc. Nat. Acad. Sci. U.S.A. 22, 668 (1936). [*61*]

— Siehe Newman. [*33*]

Sturdy, R. S.: Siehe Craik. [*62*]

Tanturri, V., e E. Malan: La connessione incudo-timpanica nei roditori. Rass. ital. Otol. 10, 1 (1936). [*37*]

Thompson, E., H. A. Howe and W. Hughson: Middle ear pressure and auditory acuity. Amer. J. Physiol. 110, 312 (1934). [*43*]

Timm, C.: Über die obere Hörgrenze des Menschen. Z. Laryng. usw. 30, 133 (1951). [*141*]

Toida, M.: Siehe Tsukamoto. [*52*]

Trendelenburg, F.: Akustik, 2. Aufl. Berlin: Springer 1950. [*16, 20, 32, 138*, Abb. 127, S. 154]

Tröger, J.: Die Schallaufnahme durch das äußere Ohr. Physik. Z. 31, 26 (1930). [*50*]

Tsukamoto, H.: Zur Physiologie der Binnenohrmuskeln. Z. Biol. 95, 146 (1934). [*53*]

— u. M. Shinomiya: Binnenohrmuskeln und Steigbügel. Z. Hals- usw. Heilk. 37, 249 (1935). [*52*]

— — u. M. Toida: Binnenohrmuskeln und Trommelfell. Arch. Ohr- usw. Heilk. 141, 185 (1936). [*52*]

Türk, W.: Über die physiologisch-akustischen Kennzeiten von Ausgleichsvorgängen. Akust. Z. 5, 129 (1940). [*49, 91*]

Tunturri, A. R.: A difference in the representation of auditory signals for the left and right ears in the iso-frequency contours of the right middle ectosylvian auditory cortex of the dog. Amer. J. Physiol. 168, 712 (1952). [*128*]

Waetzmann, E.: (*1*) Moderne Probleme der Akustik. Physik. Z. 26, 740 (1925). [*140*]

282 Literaturverzeichnis.

WAETZMANN, E.: (2) Ton, Klang und sekundäre Klangerscheinungen. In Handbuch der normalen und pathologischen Physiologie, Bd. 11, S. 563. 1926. [66, 74, 76]
— (3) Absorptionsmessungen am Trommelfell mit der SCHUSTERschen Brücke. Akust. Z. 3, 1 (1938). [50]
— u. L. KEIBS: Theoretischer und experimenteller Vergleich von Hörschwellenmessungen. Akust. Z. 1, 3 (1936). [50]
WAGNER, K. W.: (1) Vorschlag zu einer praktischen Definition der Lautheit. Hochfrequenztechn. 52, 14 (1938). [zu S. 13]
— (2) Lehre von den Schwingungen und Wellen. Wiesbaden: Dieterichsche Verlagsbuchhandlung 1947. [29]
WAGNER, R.: (1) Eine Membran, deren Eigenschwingungszahl in Richtung einer ihrer Dimensionen von Ort zu Ort sich ändert. Zugleich ein Modell der Membrana basilaris des Ohres im Sinne der HELMHOLTZschen Theorie des Hörens. Z. Biol. 87, 77 (1928). [70, 79]
— (2) Eine Reizelektrode zur punktförmigen Reizung und Vermeidung von Stromschleifen. Z. Biol. 92, 87 (1931). [121]
— u. H. ZINTL: Über die Schwingungsverteilung auf Membranen, die nach Art der HELMHOLTZschen Basilarmembranen schwingen. Z. Biol. 96, 436 (1935). [70, 72, 78]
WALKER, A. E.: The projection of the medical geniculate body to the cerebral cortex in the macaque monkey. J. of Anat. 71, 319 (1937). [126]
WANDERER, E.: Die Drehbewegungen der Steigbügelfußplatte. Z. Laryng. usw. 32, 158 (1953). [41]
WARBURG, E.: Siehe HANSEN. [69]
WEBER, E. H.: De pulsu auditu et tactu. Lipsiae 1834. [51, 53, 54, 60]
WEGEL, R. L.: (1) Physical examination of hearing. Proc. Nat. Acad. Sci. U.S.A. 8, 155 (1922). [46, 98]
— (2) Physical data and physiology of excitation of the auditory nerve. Ann. of Otol. 41, 740 (1932). [141]
— and C. E. LANE: The auditory maskin of one pure tone by another and its probable relation to the dynamics of the inner ear. Physic. Rev., II. s. 23, 266 (1924). [92, 119, 134, 135, 145]
WERTHEIMER, M.: Siehe v. HORNBOSTEL. [153, 154]
WESCHKE, H. G.: Siehe RANKE u. KEIDEL (1) [56, 118]; (2) [119].
WEVER, E. G.: The width of the basilar membrane in man. Ann. of Otol. 47, 37 (1938). [64]
— and C. W. BRAY: (1) Auditory nerve impulses. Science (Lancaster, Pa.) 1930 I, 215. [6, 110, 111, 113, 114, 123]
— — (2) The tensor tympani muscle and its relation to sound conduction. Ann. of Otol. 46, 947 (1937). [52]
— — and M. LAWRENCE: (1) Locus of distortion in the ear. J. Acoust. Soc. Amer. 11, 427 (1940). [61]
— — — (2) The origin of combination tones. J. of Exper. Psychol. 27, 217 (1940). [61]
— — — (3) The effect of middle ear pressure upon distortion. J. Acoust. Soc. Amer. 13, 182 (1941). [43, 61]
— and M. LAWRENCE: The function of the round window. Ann. of Otol. 57, 579 (1948). [56, 118]
WHITE, S. D.: Siehe SIVIAN. [155]
WIEN, M.: (1) Über die Empfindlichkeit des menschlichen Ohres für Töne verschiedener Höhe. Pflügers Arch. 97, 1 (1903). [98, 138]
— (2) Ein Bedenken gegen die HELMHOLTZsche Resonanztheorie des Hörens. Festschrift für A. WÜLLNER, Leipzig 1905, S. 28. [26, 73, 74, 142, 149]
WIGGERS, H.: The functions of the intra-aural muscles. Amer. J. Physiol. 120, 771 (1937). [53, 54]
WIGHTMAN, E. R., and F. A. FIRESTONE: Binaural localization of pure tones. J. Acoust. Soc. Amer. 2, 271 (1930). [157]
WILKINSON, G.: Some mechanical problems in the making of cochlear models. J. Laryng. a. Otol. 45, 833 (1930). [73]
WOLOCHOFF, A. A.: Siehe ANDREJEW. [62]
— Siehe ARAPOVA. [62]
— Siehe GERSUNI. [62]
WULLSTEIN, H.: (1) Erfahrungsbericht über 100 Fensterungsoperationen nach SHAMBAUGH-PASSE bei Otosklerose und Adhäsivprozeß. Dtsch. med. Wschr. 1949, 1549. [123]
— (2) Mißerfolge der Fensterungsoperation und Möglichkeiten ihrer Verhütung. Arch. Ohr- usw. Heilk. u. Z. Hals- usw. Heilk. 158, 383 (1950). [123]
— (3) Die extratympanale endokranielle Fensterung bei chronischer Otitis media und Labyrinthinnendruck-Störung im Vergleich zur typischen Fensterung am seitlichen Bogengange. Z. Laryng. usw. 30, 203 (1951). [61]

YOKOTE, T.: Siehe IKEDA. [69]

YOSHIDA, F.: (1) Über die Beeinflussung des Ohrmuschelreflexes durch einige Pharmaka des Zentralnervensystems. Nagasaki Igakkai Zassi 16, 2537 (1938) (japanisch). [54]

— (2) Über die Analyse der Muskelkontraktion beim Ohrmuschelreflex. Nagasaki Igakkai Zassi 16, 2639 (1938) (japanisch). [54]

YOUNG, R. C.: Binaural vs. monaural sensibility of the human ear to small differences in frequency. Amer. J. Psychol. 37, 313 (1926). [Abb. 121, S. 144]

ZANZUCCHI, G.: Sulle modificazione delle fibre elastiche della membrana timpanica in rapporto coll'età. Arch. ital. Otol., IV. s. 50, 203 (1938). [37]

ZAVATTARI, E.: (1) Significato e funzione delle bulle timpaniche ipertrofiche dei mammiferi sahariani. Riv. Biol. 1, 249 (1938). [37]

— (2) Un problema di biologia sahariana. L'ipertrofia delle bulle timpaniche dei mammiferi. Atti Accad. Gioenia Catania, VI. s. 3, mem. 11, 1 (1939). [37]

ZINTL, H.: Siehe R. WAGNER. [70, 72, 78]

ZÖLLNER, F.: Disk.-Bem. auf der 2. Tagg der Arbeitsgemeinschaft Dtsch. Audiologen, 19./20. Okt. 1951, Erlangen (unveröffentlicht). [56]

ZURMÜHL, G.: Abhängigkeit der Tonhöhenempfindung von der Lautstärke und ihre Beziehung zur HELMHOLTZschen Resonanztheorie des Hörens. Z. Sinnesphysiol. 61, 40 (1930). [94, 95].

ZWICKER, E.: Die Grenzen der Hörbarkeit der Amplitudenmodulation und der Frequenzmodulation eines Tones. Akust. Beih. 1952 (3), 134. [144]

ZWISLOCKI, J.: Theorie der Schneckenmechanik. Acta oto-laryng. (Stockh.) Suppl. 72, Solothurn (1948). [64, 76, 78, 79, 84, 85, 87, 107]

Stimme und Sprache.

AMERSBACH, K.: Elektrophysiologische Untersuchungen an den Kehlkopfmuskeln. Z. exper. Med. 28, 122 (1922). [214]

ANDREEV, L.: Über die hohe Gehörgrenze bei Hunden. Russk. fiziol. Ž. 11, 233 (1928). (Russisch.) Ber. Physiol. 47, 633 (1928). [271]

ARNOLD, G. E.: Siehe LUCHSINGER. [187, 229, 248, 249, 252, 257, 258, 262, 267—269].

BACKHAUS, H.: Über die Schwingungsform von Geigenkörpern. Z. Physik 62, 143 (1930); 72, 218 (1931). [205]

BARTH, E.: Einführung in die Physiologie, Pathologie und Hygiene der menschlichen Stimme. Leipzig 1911. [200, 233, 248, 253]

BÉKÉSY, G. v.: Über das Hören der eigenen Stimme. Arch. Sprach- u. Stimmheilk. 5, 117 (1941). [237]

BERGER, W.: Über die GUTZMANNsche Druckprobe (mit Klanganalysen). Z. Laryng. usw. 25, 341 (1934). [177, 218]

BERNSTEIN, F.: Zur Statistik der sekundären Geschlechtsmerkmale beim Menschen. Nachr. Ges. Wiss. Göttingen, Math.-physik. Kl. 1923, Sonderdruck S. 1. [Ber. Physiol. 23, 64 (1924).] [253]

— u. P. SCHLÄPER: Über die Tonlage der menschlichen Singstimme. Ein Beitrag zur Statistik der sekundären Geschlechtsmerkmale beim Menschen. Sitzgsber. preuß. Akad. Wiss. Berlin 1922, H. 5/8, 30. [Ber. Physiol. 14, 407 (1922).] [253]

BOEKE, I.: Die morphologische Grundlage der sympathischen Innervation der quergestreiften Muskelfaser. Z. mikrosk.-anat. Forsch. 8, 561 (1927). [185]

BONHOEFFER, K.: Über den Einfluß des Cerebellum auf die Sprache. Mschr. Psychiatr. 24, 379 (1908). [187]

BRAUS, H.: (1) Anatomie des Menschen, 1. Aufl., Bd. 2, Eingeweide. Berlin 1924. [167, 168, 171, 172]

— (2) Anatomie des Menschen, Bd. 3, Centrales Nervensystem von C. ELZE. Berlin 1932. [186, 189]

— (3) Anatomie des Menschen, 2. Aufl., Bd. 2, Eingeweide von C. ELZE. Berlin 1934. [167, 172, 173]

— (4) Anatomie des Menschen, Bd. 4, Periphere Leitungsbahnen von C. ELZE. Berlin 1940. [178]

BROECKART, J.: Die Sympathicusnerven des Kehlkopfs. Internat. Zbl. Laryng. 24, 126 (1908). [185]

BROEMSER, PH.: Die Bedeutung der Lehre von den erzwungenen Schwingungen in der Physiologie. Habil.-Schr. München 1918. [238, 239]

BRÜCKE, E.: Grundzüge der Physiologie und Systematik der Sprachlaute, 2. Aufl. Wien 1876. [231]

BRUIN, A. D.: Examen de la rapidité du muscle vocal aux contractions musculaires (enrégistrée chez le chien). Arch. néerl. Phonét. expér. 4, 26 (1929). [184]

BRUNNER, R.: Siehe LUCHSINGER. [218, 267]

BUDDE, E.: Mathematisches zur Phonetik. (Klanganalyse.) In ABDERHALDENS Handbuch der biologischen Arbeitsmethoden, Abt. V, Teil 7/1, S. 197. 1930. [219]

CAMPBELL, C. J.: Siehe MURTAGH. [183]

CLARK, R. A.: The Vocoder. Teleph. Engr. 43, 36 (1939). [245]

CONRAD, K.: (1) Über aphasische Sprachstörungen bei hirnverletzten Linkshändern. Nervenarzt 20, 148 (1949). [189]

— (2) Das Problem der gestörten Wortfindung in gestalttheoretischer Betrachtung. Schweiz. Arch. Neur. 63, 141 (1949). [189]

COOPER, S., and J. C. ECCLES: The isometric responses of mammalian muscles. J. of Physiol. 69, 377 (1930). [184, 214]

COTTON, J. C.: Étude quantitative de la résonance thoracique. Rev. franç. Phoniatr. 6, 165 (1938). [Ber. Physiol. 112, 132 (1939).] [237]

CRINIS, M. DE: Über den Sitz der Hörwahrnehmung in der menschlichen Hirnrinde. Forschgn u. Fortschr. 11, 342 (1936). [191]

CURRY, R.: The mechanism of pitch change in the voice. J. of Physiol. 91, 254 (1937). [234]

CZERMAK, J. N.: Der Kehlkopfspiegel. Leipzig 1863. Auch Ges. Schriften, Bd. 1, Abt. 2. Leipzig 1879. [167, 197]

DAVIS, H.: Siehe STEVENS. [213]

DIJIAN, A.: Siehe HUSSON. [212, 229, 257]

DIJKGRAAF, S.: Die Sinneswelt der Fledermäuse. Experientia (Basel) 2, 438 (1946). [272, 273]

DONDERS, C.: Über die Natur der Vokale. Arch. holländ. Beitr. Natur- u. Heilk. 1, 157 (1858). [222]

DREW, R. O., and E. W. KELLOY: Starting characteristics of speech sounds. J. Acoust. Soc. Amer. 12, 95 (1940). [260]

DU BOIS-REYMOND, R.: Über stimmphysiologische Versuche am Hunde. Arch. f. Physiol. 1905, 551. [234]

— Siehe KATZENSTEIN. [257]

— u. J. KATZENSTEIN: Beobachtungen über die Koordination der Atembewegungen. Arch. f. Physiol. 1901, 513. [186]

DUDLEY, H., R. R. RIESZ and S. S. A. WATKINS: A synthetic speaker. J. Franklin Inst. 227, 739 (1939). [243, 244]

DUMONT, P.: Étude chronaximetrique sur le larynx. Thèse Paris 1933. [184]

ECCLES, J. C.: Siehe COOPER. [184, 214]

ELZE, C.: Anatomie des Kehlkopfes und des Tracheobronchialbaumes. In DENKER-KAHLERS Handbuch der Hals-, Nasen- und Ohrenheilkunde, Bd. 1, S. 225 ff. Berlin u. München 1925. [167, 169, 179]

EWALD, J. R.: (1) Zur Physiologie des Labyrinths. 5. Mitt. Pflügers Arch. 63, 521 (1896). [189]

— (2) Die Physiologie des Kehlkopfes und der Luftröhre, Stimmbildung. In P. HEYMANNS Handbuch der Laryngologie und Rhinologie, Bd. 1, S. 165. Wien 1898. [200, 206]

— (3) Zur Kenntnis von Polsterpfeifen. Pflügers Arch. 152, 171 (1913). [200, 201, 205]

EXNER, S.: (1) Die Innervation des Kehlkopfes. Sitzgsber. Akad. Wiss. Wien, Math.-naturwiss. Kl. III 89, 63 (1884). [179, 180]

— (2) Zur Kenntnis der Innervation des Kehlkopfs. Zbl. Physiol. 2, 629 (1888). [179]

— (3) Bemerkungen über die Innervation des Musculus cricothyreoideus. Pflügers Arch. 43, 22 (1888). [179]

— (4) Zur Kenntnis des N. laryngeus superior des Pferdes. Zbl. Physiol. 5, 589 (1891). [180]

FEIN, I.: Über die sogenannte „Kadaverstellung" der Stimmbänder. Dtsch. med. Wschr. 1921, 591. [182]

FISCHER, J. F.: Siehe MÖLLER. [174, 256]

FLATAU, TH. S., u. H. GUTZMANN: (1) Die Bauchrednerkunst. Leipzig 1894. [248]

— (2) Die Stimme des Säuglings. Arch. f. Laryng. 18, 139—151 (1906). [252]

FLEISCH, A.: Die Pneumotachographie. In ABDERHALDENS Handbuch der biologischen Arbeitsmethoden, Abt. V, Teil 8, S. 845. Wien 1933. [195]

FOERSTER, O.: Die Pathogenese des epileptischen Krampfanfalles. Dtsch. Z. Nervenheilk. 94, 15 (1926). [188]

FRANK, O.: (1) Kritik der elastischen Manometer. Z. Biol. 45, 445 (1903). [201, 218]

— (2) Die Prinzipien der Schallregistrierung. Z. Biol. 64, 125 (1914). [218]

FRANZ, E.: Siehe F. TRENDELENBURG. [220, 226, 230, 264—266]

FREYSTEDT, E.: Das „Tonfrequenzspektrometer", ein Frequenzanalysator mit äußerst hoher Analysiergeschwindigkeit und unmittelbar sichtbarem Spektrum. Z. techn. Physik 16, 533 (1935). [219, 223]

FRÖSCHELS, E.: (1) Einige phonetische Beobachtungen an einem sprechenden Hunde. Wien. med. Wschr. 1917, 1771. [271]
— (2) Untersuchungen über die Kinderstimme. Zbl. Physiol. 34, 477 (1920). [252]
— (3) Singen und Sprechen. Leipzig u. Wien 1920. [252]
— (4) Ein Apparat zur Feststellung von wilder Luft. Z. Hals- usw. Heilk. 1, 306 (1922). [196]
— L. HAJEK u. D. WEISS: Untersuchungsmethoden der Stimme und Sprache. In ABDER-HALDENS Handbuch der biologischen Arbeitsmethoden, Abt. V, Teil 7/2, S. 1383. Berlin u. Wien 1937. [195, 228, 263]
GARCIA, M.: Physiological observations on human voice. Proc. Roy. Soc. Lond. Ser. A a. B 7, 399 (1855). Deutsch von L. SCHRÖTER: Beobachtungen über die menschliche Stimme. Mschr. Ohrenheilk. 1878, Nr 1 u. 3—6. [197, 234, 254, 256]
GARDE, E.-J.: (1) Toujours du larynx au cerveau: la neuro-phoniatrie. Les conférences du palais de la découverte, Université de Paris, Sér. A, Nr 156. 1951. [178, 188]
— (2) Observation stroboscopique de la vibration des cordes vocales dans le „petit registre" (ou registre „de sifflet") des soprani suraigus. Fol. phoniatr. (Basel) 3, 248 (1951). [212, 251, 254]
— (3) Apports de l'expérimentation clinique, pathologique et thérapeutique à la connaissance des niveaux encéphaliques d'intégration de la fonction phonatoire. Fol. phoniatr. (Basel) 4, 133 (1952). [178]
— Siehe HUSSON. [181]
GARTEN, S.: (1) Über die Verwendung der Seifenmembran zur Schallregistrierung. Z. Biol. 56, 41 (1911). [218]
— (2) Ein Schallschreiber mit sehr kleiner Seifenmembran. Ann. Physik 48, 273 (1915). [218, 222, 223]
— (3) Beiträge zur Vokallehre. I. Analyse der Vokale mit dem QUINCKESchen Interferenz-apparat. Abh. math.-physische Kl. sächs. Akad. Wiss. 38, Nr 7, 43 (1921). [218, 222, 223]
— (4) Beiträge zur Vokallehre. II. Eigentöne der Mundhöhle bei Einstellung auf verschiedene Vokale ohne Betätigung der Stimme. Abh. math.-physische Kl. sächs. Akad. Wiss. 38, Nr 8, 7 (1921). [227]
— u. F. KLEINKNECHT: Beiträge zur Vokallehre. III. Die automatische harmonische Analyse der gesungenen Vokale. Abh. math.-physische Kl. sächs. Akad. Wiss. 38, Nr 9, 43 (1921). [222]
GEIGEL: Untersuchungen über die Mechanik der Expektoration. Virchows Arch. 161, 173 (1900). [196]
GEMELLI, A., e G. PASTORI: L'analisi elettroacustica del linguaggio. Mailand 1934. [264]
GIERKE, H. v.: (1) Über Schneidentöne an kreisrunden Gasstrahlen und ebensolchen Lamellen. Diss. Karlsruhe 1944. [249]
— (2) Über die mit dem Mund hervorgebrachten Pfeiftöne. Pflügers Arch. 249, 307 (1949). [249]
GIESSWEIN, M.: Über „Resonanz" der Mundhöhle und der Nasenräume, im besonderen der Nebenhöhlen der Nase. Passow-Schaefers Beitr. 4, 305 (1911). [234]
GOERTTLER, K.: Die Anordnung, Histologie und Histogenese der quergestreiften Muskulatur im menschlichen Stimmband. Z. Anat. 115, 352 (1950). [175—177, 178, 215]
GOLTZ, FR.: Der Hund ohne Großhirn. Pflügers Arch. 51, 570 (1892). [188]
GRABOWER, H.: (1) Das Wurzelgebiet der motorischen Kehlkopfnerven. Zbl. Physiol. 3, 505 (1889). [186]
— (2) Über Nervenendigungen im menschlichen Muskel. Arch. mikrosk. Anat. 60, 1 (1902). [178]
— (3) Zur Frage eines Kehlkopfzentrums in der Kleinhirnrinde. Arch. f. Laryng. 26, 1 (1912). [187]
GREEN, H. C.: Siehe POTTER. [220]
GRIFFIN, D. R.: (1) Supersonic cries of bats. Nature (Lond.) 158, 46 (1946). [273]
— (2) Audible and ultrasonic sounds of bats. Experientia (Basel) 7, 448 (1951). [272]
— Siehe PIERCE. [272]
GROEBBELS, F.: Die Vogelstimme und ihre Probleme. Biol. Zbl. 45, 231 (1925). [270]
GRÜTZMACHER, M.: Eine neue Methode der Klanganalyse. Elektr. Nachr.-Techn. 4, 533 (1927). [219]
— u. W. LOTTERMOSER: (1) Über ein Verfahren zur trägheitslosen Aufzeichnung von Melodie-kurven. Akust. Z. 2, 242 (1937). [218, 267]
— — (2) Die Verwendung des Tonhöhenschreibers bei mathematischen, phonetischen und musikalischen Aufgaben. Akust. Z. 3, 183 (1938). [267]
GRÜTZNER, P.: (1) Physiologie der Stimme und Sprache. In L. HERMANNS Handbuch der Physiologie, Bd. 1, Teil 2, S. 1. Leipzig 1879. [166, 175, 183, 198, 199, 222, 228, 229, 241, 269—271]
— (2) Stimme und Sprache. Erg. Physiol. 1, 466 (1902). [184]

GUTZMANN, H.: (*1*) Zur Frage der gegenseitigen Beziehungen zwischen Bauch- und Brustatmung. Verh. dtsch. Ges. innere Med. (20. Kongr.) **1902**, 508. [*192*]
— (*2*) Physiologie der Stimme und Sprache. 1. Aufl. Braunschweig 1909. 2. Aufl. von H. GUTZMANN jr. Braunschweig 1928. [*192, 193, 198, 251—253, 261, 264, 268*]
— (*3*) Untersuchungen über das Wesen der Nasalität. Arch. f. Laryng. **27**, 389 (1913). [*230*]
— Siehe FLATAU. [*248, 252*]
— u. A. LOEWY: Über den intrapulmonalen Druck und den Luftverbrauch bei der normalen Atmung, bei phonetischen Vorgängen und bei der exspiratorischen Dyspnoe. Pflügers Arch. **180**, 111 (1920). [*196, 197, 230*]
HAJEK, L.: Siehe FRÖSCHELS. [*195, 228, 263*]
HANSEN, K., u. P. HOFFMANN: Über durch Vibration erzeugte Reflexreihen an Normalen und an Kranken. Z. Biol. **74**, 229 (1922). [*216*]
HARTMANN, W.: Zur Frage der Bewegungsform der Stimmlippen. Nach Versuchen mit zweifacher Schattenschrift. Arch. Sprach- u. Stimmheilk. **2**, 133 (1938). [*206*]
— Siehe W. TRENDELENBURG. [*204*]
— u. H. WULLSTEIN: Untersuchungen über den Bewegungsvorgang an den schwingenden Stimmlippen von Kehlkopfpräparaten mit verbesserter Photozellenmethode. Arch. Ohrusw. Heilk. **144**, 348 (1938). [*205*]
HELL, FR. J.: Physiologische und musikalische Untersuchungen über die Singstimme der Kinder. Arch. Sprach- u. Stimmheilk. **2**, 65 (1938). [*252*]
HELLWAG, C.: De formatione loquelae. Diss. Tübingen 1781. [*229*]
HELMHOLTZ, H. v.: Die Lehre von den Tonempfindungen. Braunschweig 1863. 6. Aufl. Braunschweig 1913. [*200, 218, 222, 223, 238, 241, 260*]
HENSEN, V.: (*1*) Über die Schrift von Schallbewegungen. Z. Biol. **23**, 291 (1887). [*218*]
— (*2*) Ein einfaches Verfahren zur Beobachtung der Tonhöhe eines gesungenen Tones. Arch. f. Physiol. **1879**, 155. [*261*]
HERMANN, L.: (*1*) Über das Verhalten der Vokale am neuen EDISONschen Phonographen. Pflügers Arch. **47**, 42 (1890). [*242*]
— (*2*) Phonophotographische Untersuchungen. I. Mitt. Pflügers Arch. **45**, 582 (1889). [*218*]
— (*3*) Phonophotographische Untersuchungen. II. Mitt. Pflügers Arch. **47**, 44 (1890). [*219*]
— (*4*) Phonophotographische Untersuchungen. III. Mitt. Pflügers Arch. **47**, 347 (1890). [*217, 218, 222, 225*]
— (*5*) Phonophotographische Untersuchungen. IV. Mitt. Untersuchungen mittels des neuen EDISONschen Phonographen. Pflügers Arch. **53**, 1 (1892). [*218, 222*]
— (*6*) Phonophotographische Untersuchungen. V. Mitt. Die Curven der Consonanten (mit FR. MATTHIAS). Pflügers Arch. **58**, 255 (1894). [*218, 232*]
— (*7*) Phonophotographische Untersuchungen. VI. Mitt. Nachtrag zur Untersuchung der Vocalcurven. Pflügers Arch. **58**, 264 (1894). [*220, 222, 223*]
— (*8*) Weitere Untersuchungen über das Wesen der Vokale. Pflügers Arch. **61**, 169 (1895). [*221, 222*]
— (*9*) Fortgesetzte Untersuchungen über die Konsonanten. Pflügers Arch. **83**, 1 (1901). [*231, 232*]
— (*10*) Über Synthese von Vokalen. Pflügers Arch. **91**, 135 (1902). [*242*]
— (*11*) Neue Beiträge zur Lehre von den Vokalen und ihrer Entstehung. Pflügers Arch. **141**, 1 (1911). [*238, 240, 242*]
— (*12*) Die theoretischen Grundlagen für die Registrierung akustischer Schwingungen. Pflügers Arch. **150**, 92 (1913). [*218*]
HOFFMANN, P.: Siehe HANSEN. [*216*]
HORSLEY, V.: Siehe SEMON. [*186*]
HÜLSE, EDITH: Atemvolumverbrauch bei den vier Stimmeinsätzen. Mschr. Ohrenheilk. **69**, 827 (1935). [*195, 260*]
HULTKRANZ, W.: Über die respiratorischen Bewegungen des menschlichen Zwerchfells. Skand. Arch. Physiol. (Berl. u. Lpz.) **2**, 79 (1891). [*192*]
HUSSON, R.: (*1*) Réaction du résonateur pharyngien sur la vibration des cordes vocales pendant la phonation. C. r. Acad. Sci. Paris **196**, 1535 (1933). [*234*]
— (*2*) Étude des phénomènes physiologiques et acoustiques fondamentaux de la voix chantée. Thèse. Édition de la revue scientifique, Paris 1950. [*205, 209, 210, 213*]
— (*3*) Étude stroboscopique des modifications réflexes de la vibration des cordes vocales déclenchées par des stimulations experimentales du nerf auditif et du nerf trijumeau. C. r. Acad. Sci. Paris **232**, 1247 (1951). [*178, 190*]
— (*4*) Relations neuro-psychologiques entre la phonation et l'audition. Ann. Télécommunications **6**, Nr 10 (1951). *178, 190*]
— (*5*) Sur la physiologie vocale. (Quelques données nouvelles et fondamentales.) Ann. d'Oto-Laryng. **1952**, H. 2, 124. [*178, 213*]

Husson, R., et A. Dijian: Tomographie et phonation. J. Radiol. et Électrol. 33, 127 (1952). [212, 229, 257]
— E. J. Garde et M. A. Richard: Étude de la vibration des cordes vocales et de la couverture du son sur le Mi 3 sous cocainisation profonde des thyro-aryténoidiens internes. C. r. Acad. Sci. Paris 230, 999 (1950). [181]
— et J. Tarneaud: (1) La mécanique des cordes vocales dans la phonation. Rev. de Laryng. etc. 53, 961 (1952). [205, 234]
— — (2) Les phénomènes réactionnels de la voix etc. Rev. franç. Phoniatr. 1, 251 (1933). [234]
Iwanoff, A.: Über die Sensibilität des Kehlkopfes. Z. Laryng. usw. 4, 145 (1911). [181]
Janker, R.: Röntgentonfilm der Sprache. Institut für Film und Bild, Göttingen, Hochschulfilm C 150. 1937. [229]
Joachim, G.: Siehe O. Weiss. [242]
Kâgén, B., u. R. Luchsinger: Bemerkungen zur neuro-muskulären Theorie R. Hussons. Fol. phoniatr. (Basel) 5, 46 (1953). [190]
— u. W. Trendelenburg: Zur Kenntnis der Wirkung von künstlichen Ansatzrohren auf die Stimmschwingungen. Arch. Sprach- u. Stimmheilk. 1, 129 (1937). [207]
Kahmann, H., u. K. Ostermann: Wahrnehmen und Hervorbringen hoher Töne bei kleinen Säugetieren. Experientia (Basel) 7, 268 (1951). [272]
Kaiser, L.: Kleiner Beitrag zur Kenntnis der Tiersprache. Arch. néerl. Phonét. expér. 12, 71 (1936). [271]
Kakeshita, T.: (1) Über eine neue Methode zur Messung der beim Stimmbandverschluß wirkenden Kräfte. I. Mitt. Pflügers Arch. 215, 19 (1927). [199]
— (2) Kehlkopf und Sympathicus. Pflügers Arch. 215, 22 (1927). [185, 186]
— Siehe Spiegel. [187, 190]
Kalischer, O.: Das Großhirn der Papageien in anatomischer und physiologischer Beziehung. Abh. preuß. Akad. Wiss., Physik.-math. Kl., Anhang IV 1905, 1. [271]
Katsuki, Y.: (1) The formant construction of Japanese voiced vowels and the natural frequency of the mouth and other accessory cavities. Shindo (Vibration) 1, 10 (1947). [225]
— (2) The function of the phonatory muscles. Jap. J. Physiol. 1, 29 (1950). [214, 215]
Katzenstein, J.: (1) Untersuchungen über den N. recurrens und seine Rindenzentren. Arch. f. Laryng. 10, 288 (1900). [182]
— (2) Über ein neues Rindenfeld und einen neuen Reflex des Kehlkopfs. Arch. f. Physiol. 1905, 396. [187, 188, 190, 191]
— (3) Über Brust- und Falsettstimme usw. II. Z. klin. Med. 62, 241 (1907). [234]
— (4) Über die Lautgebungsstelle in der Hirnrinde des Hundes. Arch. f. Laryng. 20, 509 (1908). [188, 190]
— (5) Über Probleme und Fortschritte in der Erkenntnis der Vorgänge bei der menschlichen Lautgebung usw. Passow-Schaefers Beitr. 3, 291 (1910). [230, 234]
— (6) Über Brust-, Mittel- und Falsettstimme. Passow-Schaefers Beitr. 4, 271 (1910). [196, 255, 257]
— (7) Methoden zur Erforschung des Kehlkopfes, sowie der Stimme und Sprache. In Abderhaldens Handbuch der biologischen Arbeitsmethoden, Abt. V, Teil 7/1, S. 261. Berlin u. Wien 1930. [195, 218, 228]
— Siehe Du Bois-Reymond. [186]
— Siehe Kuttner. [181]
— u. R. du Bois-Reymond: Über stimmphysiologische Versuche am Hunde. Arch. f. Physiol. 1905, 551. [257]
— u. M. Rothmann: Zur Lokalisation der Kehlkopfinnervation in der Kleinhirnrinde. Passow-Schaefers Beitr. 5, 380 (1912). [187]
Kelloy, E. W.: Siehe Drew. [260]
Kerrpola, W., u. D. F. Walle: Über die Genauigkeit eines nachgesungenen Tones. Skand. Arch. Physiol. (Berl. u. Lpz.) 33, 1 (1915). [261, 262]
Ketterer, K.: Elektrische Sprachanalyse. Naturwiss. 23, 685 (1935). [264]
Kickhefel, G.: Untersuchungen über die Exspiration und über das Pfeifen im luftverdichteten Raum. Arch. f. Laryng. 32, 495 (1919). [197]
Kitagawa, S.: Siehe Satta. [236]
Kleinknecht, F.: Siehe Garten. [222]
Klensch, H.: Serienentladungen an druckparabiotischen Nervenstellen. Pflügers Arch. 252, 369 (1950). [183]
Klünder, Ad.: (1) Ein Versuch die Fehler zu bestimmen, welche der Kehlkopf beim Halten eines Tones macht. Inaug.-Diss. Marburg 1872. [261]
— (2) Über die Genauigkeit der Stimme. Arch. f. Physiol. 1879, 119. [261]

KOKIN, P.: Über die sekretorischen Nerven der Kehlkopf- und Luftröhrenschleimdrüsen. Pflügers Arch. **63**, 622 (1896). [*186*]

KOPP, G. A.: Siehe POTTER. [*220*]

KRAUSE, H.: Über die Beziehungen der Großhirnrinde zu Kehlkopf und Rachen. Arch. f. Physiol. **1884**, 203. [*188*]

KRÜGER, E.: Theorie der Schneidentöne. Ann. Physik, 4. F. **62**, 673 (1920). [*212*]

KUTTNER, H., u. J. KATZENSTEIN: Zur Frage der Posticuslähmung. Arch. f. Laryng. **8**, 181 (1898). [*181*]

LAGET, P.: Reproduction expérimentale de la vibration des cordes vocales en l'absence de tout courant d'air par stimulation électrique d'un récurrent du chien avec observation stroboscopique de la réponse laryngée. Rev. de Laryng. etc. **74**, Suppl. 132 (1953). [*184, 214*]

LANDES, G.: Über objektive Auskultation. Dtsch. Arch. klin. Med. **185**, 210 (1939). [*217*]

LANDOIS, H.: Tierstimmen. Freiburg i. Br. 1874. [*269*]

LEGALLOIS, J. C.: Expériences sur le principe de la vie, Paris 1812, und Oeuvres, Bd. 1, S. 169. 1824. [*182*]

LEHFELDT: Nonnulla de vocis formatione. Inaug.-Diss. Berlin 1835. [*208*]

LESBRE, F. X., et F. MAIGNON: Sur l'innervation motrice du muscle crico-thyreoidien. C. r. Soc. Biol. Paris **64**, 21 (1908). [*186*]

LEWANDOWSKY, M.: Über die Verrichtungen des Kleinhirns. Arch. f. Physiol. **1903**, 174. [*187*]

LINDEMANN, E.: Studies of action currents in laryngeal nerves. Proc. Soc. Exper. Biol. a. Med. **27**, 479 (1930). [*189, 213, 216*]

LOEWY, A.: Siehe GUTZMANN. [*196, 197, 230*]

LOTTERMOSER, W.: Siehe GRÜTZMACHER. [*218, 267*]

LUCHSINGER, R.: (*1*) Untersuchungen über die Klangfarbe der menschlichen Stimme. Arch. Sprach- u. Stimmheilk. **6**, 1 (1942). [*249, 258*]
— (*2*) Die periphere isolierte Lähmung des N. laryngeus superior. Arch. Ohr- usw. Heilk. **151**, 393 (1942). [*177, 179*]
— (*3*) Die Elektrostroboskopie und harmonische Vibration mittels eines Tongenerators und ihre Anwendung in der Stimmheilkunde. Arch. Ohr- usw. Heilk. **154**, 305 (1944). [*202*]
— (*4*) Beitrag zur stroboskopischen Registrierung der Stimmstärke. Pract. otol. etc. (Basel) **8**, 436 (1946). [*199*]
— (*5*) Zur objektiven Klanganalyse des Näselns. Fol. phoniatr. (Basel) **1**, 15 (1947). [*230*]
— (*6*) Über die Bauchrednerstimme. Fol. phoniatr. (Basel) **1**, 117 (1948). [*249*]
— (*7*) Falsett und Vollton der Kopfstimme. (Beitrag zum Registerproblem.) Arch. Ohr- usw. Heilk. **155**, 505 (1949). [*211, 229, 254, 255, 257*]
— (*8*) Schalldruck- und Geschwindigkeitsregistrierung der Atemluft beim Singen. Fol. phoniatr. (Basel) **3**, 25 (1951). [*195*]
— (*9*) Physiologie der Stimme. Fol. phoniatr. (Basel) **5**, 58 (1953). [*206, 208, 209*]
— Siehe KÅGÉN. [*190*]
— u. G. E. ARNOLD: Lehrbuch der Stimm- und Sprachheilkunde. Wien 1949. [*187, 229, 248, 249, 252, 257, 258, 262, 267—269*]
— u. R. BRUNNER: Experimentell-phonetische Untersuchungen der Sprache und Sprachstörungen der Epileptiker. Fol. phoniatr. (Basel) **2**, 79 (1950). [*218, 267*]

LUDWIG, C.: Lehrbuch der Physiologie. Leipzig u. Heidelberg 1858. [*168*]

LULLIES, H.: Über die Entstehung der Klänge von Zungenpfeifen. Ein Beitrag zur Vokalfrage. Pflügers Arch. **211**, 373 (1926). [*238—240, 250*]

LUSCHKA, H. v.: Der Kehlkopf des Menschen. Tübingen 1871. [*179*]

MAATZ, R.: Die Atemstütze im Kunstgesang. Arch. Sprach- u. Stimmheilk. **1**, 110 (1937). [*194*]

MARCHAL, M.: De l'enregistrement des mouvements de la langue pendant la parole par la ciné-densigraphie. C. r. Acad. Sci. Paris **232**, 2257 (1951). [*192*]

MARX, H.: Untersuchungen zur Theorie des Hörens. Verh. physik.-med. Ges. Würzburg **54**, 68 (1929). [*271*]

MERING, J. v., u. N. ZUNTZ: Über die Stellung des Stimmbandes bei Lähmung des N. recurrens. Arch. f. Physiol. **1892**, 163. [*181*]

MERKEL, C. L.: Anatomie und Physiologie des menschlichen Stimm- und Sprachorgans (Anthropophonik). Leipzig 1856, 2. Aufl. 1863. — Physiologie der menschlichen Sprache. Leipzig 1866. [*177, 266*]

MEUMANN: Siehe ZONEFF. [*193*]

MEYER-EPPLER, W.: (*1*) Elektrische Klangerzeugung. — Elektronische Musik und synthetische Sprache. Bonn 1949. [*243—247*]
— (*2*) Die Sprache als Gegenstand physikalischer Forschung. Physik. Bl. **5**, 538 (1949). [*245—247*]

MILLER, D. C.: The science of musical sounds. New York 1922. [*241*]

Möller, J., u. J. F. Fischer: (1) Über die Wirkung der Mm. cricothyreoideus und thyreo-arytaenoideus internus. Arch. f. Laryng. 15 (1904). [174]
— — (2) Beiträge zur Kenntnis des Mechanismus der Brust- und Falsettstimme. Mschr. Ohrenheilk. 37, 411 (1908). [256]
Moreaux, R.: De quelques troubles vocaux secondaires à des troubles auditifs. Rev. franç. Phoniatr. 2, 91 (1933). [191]
Motta Manno, G.: Esperienze per la individuazione dell'organo produttore degli ultrasuoni nei pipistrelli mediante lo studio del volo ciece. I—V. Boll. Soc. ital. Biol. sper. 27, 859, 862, 865, 1164, 1167 (1951). [273]
Müller, E.: (1) Stimmphysiologische Untersuchungen an einem Kehlkopfmodell. Arch. Sprach- u. Stimmphysiol. 2, 1 (1938). [206]
— (2) Über den Einfluß von Ansatz- und Windrohr auf die Stimmlippenbewegung eines Kehlkopfmodells. Arch. Sprach- u. Stimmphysiol. 3, 1 (1939). [207, 234]
Müller, Joh.: (1) Handbuch der Physiologie des Menschen, Bd. 2, 3. Abschnitt: Von der Stimme und Sprache S. 133. Koblenz 1837. [198, 200, 208, 248, 251]
— (2) Über die Compensation der physischen Kräfte am menschlichen Stimmapparat. Berlin 1839. [198, 199]
Murtagh, J. A., and C. J. Campbell: Physiology of recurrent laryngeal nerve. Report on progress. J. Clin. Endocrin. 12, 1398 (1952). [183]
Musehold, H.: (1) Stroboskopische und photographische Studien über die Stellung der Stimmlippen im Brust- und Falsettregister. Arch. f. Laryng. 7, 1 (1898). [201, 203, 205, 208]
— (2) Allgemeine Akustik und Mechanik des menschlichen Stimmorgans. Berlin 1913. [202, 203, 205, 208]
Nadoleczny, M.: (1) Untersuchungen über den Kunstgesang. I. Atem- und Kehlkopf-bewegungen, S. 270. Berlin 1923. [192, 194, 196, 251, 256]
— (2) Physiologie der Stimme und Sprache. In Denker-Kahlers Handbuch der Hals-, Nasen- und Ohrenheilkunde, Bd. 1, S. 621. Berlin 1925. [192, 194, 196, 232, 252—254, 255, 257]
— (3) Was muß der Hals-Nasen-Ohrenarzt von Sprach- und Stimmheilkunde wissen? Z. Hals- usw. Heilk. 44, 1 (1938). [268]
Nagel, W.: Physiologie der Stimmwerkzeuge. In Nagels Handbuch der Physiologie des Menschen, Bd. 4, S. 691 ff. Braunschweig 1904. [190, 206, 212, 241, 261]
Nicolai, L.: (1) Die Beziehungen des Sympathicus zur quergestreiften Muskulatur. Schr. Königsberg. gelehrten Ges., Naturwiss. Kl. 11, 29 (1934). [185]
— (2) Über das Beugungsspektrum der Querstreifung des Skeletmuskels und einen direkten Beweis der Diskontinuität der tetanischen Kontraktion. Pflügers Arch. 237, 399 (1936). [214]
Oertel, M. J.: Das Laryngostroboskop und die laryngostroboskopische Untersuchung. Arch. f. Laryng. 3, 1 (1895). [201, 208]
Onodi, A.: Die Anatomie und Physiologie der Kehlkopfnerven. Berlin 1902. [185—187]
Ostermann, K.: Siehe Kahmann. [272]
Panconzelli-Calzia, G.: (1) Ein Einheitskriterium für die Untersuchung der Atembewe-gungen. Vox (Berl.) 1919, 186. [193]
— (2) Quellenatlas zur Geschichte der Phonetik. Hamburg 1940. [166]
— (3) Geschichtszahlen der Phonetik. Hamburg 1941. [166]
Pastori, G.: Siehe Gemelli. [264]
Paulsen, E.: (1) Über die Singstimme der Kinder. Pflügers Arch. 61, 407 (1895). [252]
— (2) Untersuchungen über die Tonhöhe der Sprache. Pflügers Arch. 74, 570 (1899). [252]
— (3) Die Singstimme im jugendlichen Alter und der Schulgesang. Kiel 1900. [252]
Pielke, W.: Über „offen" und „gedeckt" gesungene Vokale. Passow-Schaefers Beitr. 5, 215 (1912). Auch Gutzmann, H.: Bemerkungen zu vorstehendem Aufsatz von W. Pielke. Passow-Schaefers Beitr. 5, 232 (1912). [257]
Pierach, A.: (1) Studien über klinische Akustik. Dtsch. Arch. klin. Med. 171, 235 (1931). [234]
— (2) Studien über klinische Akustik. II. Teil. Dtsch. Arch. klin. Med. 176, 231 (1934). [235]
— (3) Klinische Akustik. Naturwiss. 25, 67 (1937). [234, 235]
Pierce, G. W., and D. R. Griffin: Experimental determination of supersonic notes emitted by bats. J. Mammal. 19, 454 (1938). [272]
Poirot, J.: Die Phonetik. In Tigerstdets Handbuch der physiologischen Methodik, Bd. 3, 6. Abt., S. 1. Leipzig 1911. [218, 228, 241]
Potter, R. K., G. A. Kopp and H. C. Green: Visible speech. New York: van Nostrand 1947. [220]
Preisendörfer, F.: Versuche über die Anpassung der willkürlichen Innervation an die Bewegung. Z. Biol. 70, 505 (1920). [216]

Pressmann, J. J.: Physiology of the vocal cords in phonation and respiration. Arch. of
Otolaryng. 35, Nr 3 (1942). [*203, 248*]
Pringle, J. W. S.: The excitation and contraction of the flight muscles of insects. J. of
Physiol. 108, 226—245 (1949). [*216*]
Rabotnow, L. D.: Zur Frage über die Stimmbildung bei Sängern. Z. Hals- usw. Heilk.
2, 322 (1922). [*196*]
Rayleigh, Lord: Theory of sound. London 1926. Auch Theorie des Schalls. Braunschweig
1880. [*217*]
Regen, J.: (*1*) Über die Anlockung des Weibchens von Gryllus campestris L. durch tele-
phonisch übertragene Stridulationslaute des Männchens. Pflügers Arch. 155, 193 (1913/14).
[*270*]
— (*2*) Über die Orientierung des Weibchens von Liogryllus campestris L. nach dem Stridula-
tionsschall des Männchens. Sitzgsber. Akad. Wiss. Wien, Math.-naturwiss. Kl. I 132,
81 (1923). [*270*]
Rethi, L.: (*1*) Experimentelle Untersuchungen über den Schwingungstypus und den Mechanismus der Stimmbänder bei der Falsettstimme. Sitzgsber. Akad. Wiss. Wien, Math.-
naturwiss. Kl. III 105, 197 (1896). [*205, 208, 209*]
— (*2*) Die Stimmbandspannung, experimentell geprüft. Sitzgsber. Akad. Wiss. Wien,
Math.-naturwiss. Kl. III 106, 244 (1897). [*199*]
Richard, M. A.: Siehe Husson. [*181*]
Richter, H.: Atemtechnik und Zwerchfellbewegungen im röntgenographischen Bewegungs-
bild. Fortschr. Röntgenstr. 51, 357 (1935). [*192*]
Riesz, R. R.: Siehe Dudley. [*243, 244*]
Rosemann, H. U.: Ein vereinfachtes Rechenverfahren zur harmonischen Analyse von
Vokalkurven. Z. Biol. 94, 67 (1933). [*219*]
Rothmann, M.: Über die Beziehungen des obersten Halsmarks zur Kehlkopfinnervation.
Neur. Zbl. 31, 274 (1912). [*88*]
— Siehe Katzenstein. [*187*]
Rothschuh, K. E.: Entwicklungsgeschichte physiologischer Probleme. München u. Berlin
1952. [*166*]
Rudolph, G.: Das Verhalten der Nervenimpulse bei lokalen physikalischen und chemischen
Einwirkungen auf den intakten Nerven. Ann. Univ. Saraviensis, Saarbrücken (Med.)
1, 102 (1953). [*183*]
Russel, R.: The influence of the cerebral cortex on the larynx. Proc. Roy. Soc. Lond.
58, 237 (1895). [*183*]
Satta, C., u. S. Kitagawa: Die Forschung über die Vokalitätslosigkeit der auskultierenden
Töne an der Kehlkopfgegend. Z. Oto- usw. (Tokyo) 46, 462, Dtsch. Zusammenfassung
16—17 (1940). [Ber. Physiol. 125, 89 (1941).] [*236*]
Sauberschwarz, E.: Interferenzversuche mit Vokalklängen. Pflügers Arch. 61, 1 (1895).
[*218, 222, 242*]
Scharrer, E.: Stimm- und Musikapparate bei Tieren und ihre Funktionsweise. In Bethe-
Bergmanns Handbuch der normalen und pathologischen Physiologie, Bd. 15/2, S. 1223.
Berlin 1931. [*234, 269—271*]
Scheier, M.: Die Bedeutung des Röntgenverfahrens für die Physiologie der Sprache und
der Stimme. Arch. f. Laryng. 22, 175 (1909). [*229*]
Scheminzky, F.: Die Welt des Schalles. „Das Bergland Buch“, Graz-Wien-Leipzig-Berlin
1935. [*269, 270*]
Schilling, R.: (*1*) Die Deckung des Gesangstons im Röntgenbild. Arch. exper. u. klin.
Phonetik 1, 129 (1914). [*258*]
— (*2*) Untersuchungen über das Stauprinzip. Z. Hals- usw. Heilk. 1, 314 (1922). [*194*]
— (*3*) Ein Diaphragmograph. Vox (Berl.) 1922, 54. [*192*]
— (*4*) Die Zwerchfellbewegungen beim Sprechen und Singen. Dtsch. med. Wschr. 1922,
1551. [*192*]
— (*5*) Die Atembewegungen in Sprache und Gesang, eine experimentalphonetische Studie.
Habil.-Schr. Freiburg i. Br. 1922. [*192*]
— (*6*) Untersuchungen über die Atembewegungen beim Sprechen und Singen. Mschr.
Ohrenheilk. 59, 51, 134, 313, 454, 581, 643 (1925). [*192, 197*]
— (*7*) Die Untersuchungsmethoden der Stimme und Sprache. In Denker-Kahlers Handbuch der Hals-, Nasen- und Ohrenheilkunde, Bd. 1, Teil 1, S. 861. Berlin u. München
1925. [*192, 195*]
— (*8*) Der Musculus sternothyreoideus und seine stimmphysiologische Bedeutung. Arch.
Sprach- u. Stimmheilk. 1, 65 (1937). [*177*]
— (*9*) Über den Spannungsmechanismus der Stimmlippen. Hals- usw. Arzt I Orig. 31,
112 (1940). [*177*]
Schläper, P.: Siehe Bernstein. [*253*]

Schleidt, W.: Töne hoher Frequenz bei Mäusen. Experientia (Basel) 4, 145 (1948). [271]
Schmid, B.: (1) Sichtbarmachung tierischer Laute. Biol. Zbl. 48, 513 (1928). [270, 271]
— (2) Tierphonetik. Z. vergl. Physiol. 12, 760 (1930). [271]
Schoen, M.: An experimental study of the pitch factor in artistic singing. Psychologic.
Monogr. 31, Nr 1, 230 (1922). [262]
Schultz, P.: Über einen Fall von willkürlichem laryngealen Pfeifen beim Menschen. Arch.
f. Physiol. Suppl. 1902, 523. [212]
Schultze, H.: Historisch-kritische Darstellung der Arbeiten über die Versorgung des Kehl-
kopfes mit vasomotorischen und sensiblen Nerven nebst eigenen Versuchen usw. Arch.
f. Laryng. 22, 31 (1909). [185, 186]
Scripture, E. W.: Researches in experimental phonetics. The study of speach curves.
Publ. by the Carnegie Inst. Washington 1906. [238]
Seemann, M.: Über somatische Befunde bei Stotterern. Mschr. Ohrenheilk. 68, 895 (1934).
[268]
Seiffert, A.: Untersuchungsmethoden des Kehlkopfes. In Denker-Kahlers Handbuch
der Hals-, Nasen- und Ohrenheilkunde, Bd. 1, S. 762. Berlin u. München 1925. [197]
Semon, F.: Die Nervenkrankheiten des Kehlkopfes und der Luftröhre. In Heymanns
Handbuch der Laryngologie und Rhinologie, Bd. 1, S. 62. 1898. [182]
— and V. Horsley: An experimental investigation of the central motor innervation of
the larynx. Part I. Excitation experiments. Philos. Trans. Roy. Soc. London 5, 181
(1890). [186]
Sennheiser, F.: Siehe Vierling. [220, 230, 239, 265]
Skramlik, E. v.: Physiologie des Kehlkopfs. In Denker-Kahlers Handbuch der Hals-,
Nasen- und Ohrenheilkunde, Bd. 1, S. 554. Berlin u. München 1925. [179, 182, 183,
185, 187, 201]
Sokolowsky, R.: (1) Über die Genauigkeit des Nachsingens von Tönen bei Berufssängern,
Passow-Schaefers Beitr. 5, 204 (1911). [261]
— (2) Analytisches zur Registerfrage. Passow-Schaefers Beitr. 6, 75 (1912/13). [255]
— (3) Zur Kenntnis der Sprachlaute von Tieren. Arch. exper. u. klin. Phonetik 1, 9 (1913).
[271]
— (4) Versuch einer Analyse fehlerhaft gebildeter Gesangstöne. Arch. exper. u. klin. Phonetik
1, 328 (1913). [230]
— (5) Untersuchungen über das Wesen der Nasalität. Arch. f. Laryng. 1913, H. 2. [230],
— (6) Zur Charakteristik der Vokale. Z. Hals- usw. Heilk. (Kongr.ber.) 6, 556 (1923). [230]
— (7) Pathologische Physiologie des Stimmapparates des Menschen. In Bethe-Bergmanns
Handbuch der normalen und pathologischen Physiologie, Bd. 15/2, S. 1380. Berlin 1931.
[248, 268, 269]
Spiegel, E. A., u. T. Kakeshita: Experimentalstudien am Nervensystem. II. Mitt. Zur
zentralen Lokalisation cochlearer Reflexe. Pflügers Arch. 212, 769 (1926). [187, 190]
Stahl, J.: Siehe W. Trendelenburg. [194, 234]
Stein, St. v.: Die Lehre von den Funktionen der einzelnen Teile des Ohrlabyrinths. (Rus-
sisch.) Übersetzt von C. v. Krzywicki. Jena 1894. [187]
Stern, H.: (1) Gesangsphysiologie und Gesangspädagogik in ihren Beziehungen zur Frage
der Muskelempfindungen und der beim Singen am Schädel und am Thorax fühlbaren
Vibrationen. Mschr. Ohrenheilk. 1911, 374. [256]
— (2) Hundert Jahre Stroboskopie. Mschr. Ohrenheilk. 68, 569 (1934). [201]
Stern, L. W.: Taubstummensprache und Bogengangsfunktion. Pflügers Arch. 60, 124
(1895). [189]
Stevens, S. S., and H. Davis: Psychophysiological acoustics. Pitch and loudness. J.
Acoust. Soc. Amer. 8, 1 (1936). [213]
Stumpf, C.: (1) Die Struktur der Vokale. Sitzgsber. preuß. Akad. Wiss., Physik.-math.
Kl. 1918, 333. [218, 222, 223, 241, 242]
— (2) Die Sprachlaute. Berlin 1926. [222, 223, 242, 260]
Sulze, W.: (1) Über die willkürliche Änderung der Höhe eines gesungenen Tones. Z. Biol.
70, 525 (1920). [262]
— (2) Die physikalische Analyse der Stimm- und Sprachlaute. In Bethe-Bergmanns
Handbuch der normalen und pathologischen Physiologie, Bd. 15/2, S. 1387. Berlin 1931.
[224, 241]
Sunder-Plassmann, P.: (1) Über den Nervenapparat des Musculus vocalis. Z. Hals- usw.
Heilk. 32, 493 (1933). [178, 185]
— (2) Über den Nervenapparat des menschlichen Glottisöffners, Musculus cricoarytaenoideus
posticus. Z. Hals- usw. Heilk. 32, 568 (1933). [185]
Tarneaud, J.: Siehe Husson. [205, 234]
Tarnoczy, T. H.: The opening-quotient of the vocal cords during phonation. J. Acoust.
Soc. Amer. 23, 42 (1951). [204, 239]

292   Literaturverzeichnis.

TERRACOL, J.: L'innervation sympathique du larynx. Acta oto-laryng. (Stockh.) **26**, 207 (1938). [*185*]

TOKIZANE, T.: The formant construction of Japanese vowels. Jap. J. Physiol. **1**, 297 (1951). [*225, 226*]

TRENDELENBURG, F.: (*1*) Objektive Klangaufzeichnung mittels des Kondensatormikrophons. I u. II. Wiss. Veröff. Siemens-Werken **3**, H. 2, 43 (1924) [*222*]; **4**, H. 1, 1 (1925). [*231*]
— (*2*) Physik der Sprachlaute. In GEIGER-SCHEELS Handbuch der Physik, Bd. 8, S. 450. Berlin 1927. [*221, 231, 232, 237*]
— (*3*) Elektrische Methoden zur Klanganalyse. In ABDERHALDENS Handbuch der biologischen Arbeitsmethoden, Abt. V, Teil 7/1, S. 787. 1930. [*221, 231*]
— (*4*) Objektive Messung und subjektive Beobachtung von Schallvorgängen. Naturwiss. **19**, 937 (1931). [*263*]
— (*5*) Fragen des Grenzgebietes der physikalischen und physiologischen Akustik. Naturwiss. **25**, 49 (1937). [*265*]
— (*6*) Einführung in die Akustik, 2. Aufl. Berlin-Göttingen-Heidelberg 1950. [*198, 217, 219, 220, 222—224, 237, 238, 241, 243, 263, 264, 267*]
— u. E. FRANZ: Sprachuntersuchungen mit Siebketten und Oszillograph. Wiss. Veröff. Siemens-Werken **15**, H. 2, 78 (1936). [*220, 226, 230, 264—266*]
— u. W. TRENDELENBURG: Über die Ermittlung der Verschlußzeit der Stimmritze aus Klangkurven von Vokalen. Sitzgsber. preuß. Akad. Wiss., Physik.-math. Kl. **1937**, Nr 20, 265. [*203, 225, 238, 239*]

TRENDELENBURG, W.: (*1*) Ein Apparat zur Vorführung und Ausmessung des Kehlkopfspiegelbildes. Z. Hals- usw. Heilk. **22**, 159 (1928). [*252*]
— (*2*) Physiologische Untersuchungen über die Stimmklangbildung. Sitzgsber. preuß. Akad. Wiss., Physik.-math. Kl. **1935**, Nr 31, 525. [*209, 216, 217, 234, 235, 237, 256, 271*]
— (*3*) Frequenz und Dekrement der Eigenschwingungen der Mundhöhle bei Vokalstellungen. Sitzgsber. preuß. Akad. Wiss., Physik.-math. Kl. **1936**, Nr 22, 308. [*227, 228*]
— (*4*) Physiologische Untersuchungen über Stimmklangbildung. II. Mitt. Körperwandschwingungen, Formdeutung von Vokalschwingungen, Stimmeinsatz bei Vokalen. Sitzgsber. preuß. Akad. Wiss., Physik.-math. Kl. **1936**, Nr 23, 338. [*236, 237, 256, 259*]
— (*5*) Zur Kenntnis des Vokaleinsatzes und des Glottisschlages. Sitzgsber. preuß. Akad. Wiss., Physik.-math. Kl. **1937**, Nr 13, 127. [*259, 260*]
— (*6*) Untersuchungen zur Kenntnis der Registerbruchstellen beim Gesang. 1. Mitt. Stimmklangstörungen bei künstlicher Verlängerung des Ansatzrohres. Sitzgsber. preuß. Akad. Wiss., Physik.-math. Kl. **1938**, Nr 1, 4. [*207*]
— (*7*) Untersuchungen zur Kenntnis der Registerbruchstellen beim Gesang. 2. Mitt. Stimmklangstörungen bei Wirkung des natürlichen Ansatzrohres. Sitzgsber. preuß. Akad. Wiss., Physik.-math. Kl. **1938**, Nr 21, 188. [*207*]
— (*8*) Über die Frage der Koppelung zwischen Ansatzrohr und Windrohr beim menschlichen Stimmorgan. Abh. preuß. Akad. Wiss., Math.-naturwiss. Kl. **1940**, Nr 9. [*194, 234, 235*]
— (*9*) Neuere Ergebnisse der Stimmphysiologie. Arch. Sprach- u. Stimmphysiol. u. Sprach- u. Stimmheilk. **6**, H. 3/4 (1942). [*204, 217, 235, 236*]
— Siehe KÅGÉN. [*207*]
— Siehe F. TRENDELENBURG. [*203, 225, 238, 239*]
— u. W. HARTMANN: Der Ausdruck der Öffnung und Schließung der Stimmritze in der Periode des Luftklanges. Sitzgsber. preuß. Akad. Wiss., Physik.-math. Kl. **1937**, Nr 28, 391. [*204*]
— u. J. STAHL: Zur Kenntnis der Resonanz von Luftröhre und Bronchien. Arch. Sprach- u. Stimmheilk. **2**, 40 (1938). [*194, 234*]
— u. H. WULLSTEIN: Untersuchungen über die Stimmbandschwingungen. Sitzgsber. preuß. Akad. Wiss., Physik.-math. Kl. **1935**, Nr 21, 401. [*203—206*]

TÜRCK, L.: Klinik der Krankheiten des Kehlkopfes und der Luftröhre. Wien 1866. [*197*]

VIERLING, O., u. F. SENNHEISER: Der spektrale Aufbau der langen und der kurzen Vokale. Akust. Z. **2**, 93 (1936). [*220, 230, 239, 265*]

VOGEL, H.: Die Zungenpfeife als gekoppeltes System. Ann. Physik, 4. F. **62**, 247 (1920). [*207*]

WAGNER, K. W.: (*1*) Der Frequenzbereich von Sprache und Musik. Elektrotechn. Z. **45**, 451 (1924). [*222, 223, 243*]
— (*2*) Der Umfang der Lautstärken in der Musik. Sitzgsber. preuß. Akad. Wiss., Physik.-math. Kl. **1932**, Nr 25, 372. [*264*]
— (*3*) Ein neues elektrisches Sprechgerät zur Nachbildung der Vokale. Abh. preuß. Akad. Wiss., Physik.-math. Kl. **1936**, Nr. 2. [*243*]

WALLE, D. F.: Siehe KERRPOLA. [*261, 262*]

WATKINS, S. S. A.: Siehe DUDLEY. [*243, 244*]

WEISS, D.: (*1*) Zur Funktionsfrage der Stimmlippen. Mschr. Ohrenheilk. **64**, 831 (1930). [*234*]

Weiss, D.: (2) Zur Frage der Registerbruchstellen. Die Wirkung vorgeschalteter Resonanzröhren auf die Stimme. Z. Hals- usw. Heilk. **30**, 353 (1932). [*207*]
— Siehe Fröschels. [*195, 228, 263*]
Weiss, O.: (1) Das Phonoskop, eine Vorrichtung zur Analyse und Registrierung schwacher Schallqualitäten. Med.-naturwiss. Arch. **1**, 437 (1907). [*218*]
— (2) Die photographische Registrierung geflüsterter Vokale und der Konsonanten Sch und S. Vorläufige Mitt. Zbl. Physiol. **21**, 619 (1907). [*222, 228, 232*]
— (3) Die Seifenlamelle als schallregistrierende Membran im Phonoskop. Z. biol. Technik u. Methodik **1**, 49 (1908). [*218*]
— (4) Zwei Apparate zur Reproduktion von Herztönen und Herzgeräuschen. Z. biol. Technik u. Methodik **1**, 121 (1908). [*242*]
— (5) Über künstliche Erzeugung von Sprachlauten. Med. Klin. **1910**, Nr 38. [*242*]
— (6) Die Kurven der geflüsterten und leise gesungenen Vokale und der Konsonanten Sch und Ss. Pflügers Arch. **142**, 567 (1911). [*222, 228, 232*]
— (7) Über die Entstehung der Vokale. I. Die Vorgänge in einer Pfeife mit membranöser durchschlagender Zunge. Arch. exper. u. klin. Phonetik **1**, 3 (1913). [*238*]
— (8) Über die Entstehung der Vokale. II. Die Vorgänge im ausgeschnittenen Kehlkopf. Arch. exper. u. klin. Phonetik **1**, 350 (1914). [*203, 238*]
— (9) Die Erzeugung von Geräuschen und Tönen. In Wintersteins Handbuch der vergleichenden Physiologie, Bd. 3, Teil 1, S. 249. Jena 1914. [*269*]
— (10) Stimmapparat des Menschen. In Bethe-Bergmanns Handbuch der normalen und pathologischen Physiologie, Bd. 15/2, S. 1255 ff. Berlin 1931. [*179, 183, 185, 208, 222, 256*]
— u. G. Joachim: Registrierung und Reproduktion menschlicher Herztöne und Herzgeräusche. Pflügers Arch. **123**, 341 (1908). [*242*]
Wien, M.: Über die Rückwirkung eines resonierenden Systems. Ann. Physik, N. F. **61**, 151 (1897). [*207*]
Willis, R.: Über die Vokaltöne und Zungenpfeifen. Ann. Physik **24**, 397 (1832). [*241*]
Wullstein, H.: Der Bewegungsvorgang an den Stimmlippen während der Stimmgebung. Arch. Ohr- usw. Heilk. **142**, 119 (1936). [*203, 205*]
— Siehe Hartmann. [*205*]
— Siehe W. Trendelenburg. [*203—206*]
Zimmermann, R.: Die Messung der Stimmlippenlänge bei Sängern und Sängerinnen. Arch. Sprach- u. Stimmheilk. **2**, 103 (1938). [*252*]
Zoneff u. Meumann: Über die Begleiterscheinungen psychischer Vorgänge in Atem und Puls. Wundts philos. Studien **18**, 1 (1903). [*193*]
Zuntz, N.: Siehe Mering. [*181*]

Sachverzeichnis.